入门很轻松

SQL Server 入门很轻松

（微课超值版）

云尚科技◎编著

清華大學出版社
北 京

内容简介

本书是针对零基础读者编写的 SQL Server 入门教材。书中侧重实战、结合流行有趣的热点案例，详细地介绍了 SQL Server 应用中的各项技术。全书分为 18 章，内容包括数据库与 SQL Server 2017、SQL Server 2017 管理工具的应用、数据库的创建与操作、数据表的创建与操作、数据表的完整性约束、插入、更新与删除数据记录、数据的简单查询、数据的连接查询、使用 T-SQL 语言、系统函数与自定义函数、视图的创建与应用、索引的创建与应用、存储过程的创建与应用、触发器的创建与应用、游标、事务和锁的应用、用户账户及角色权限的管理、数据库的备份与还原、SQL Server 数据库的维护。

本书通过大量案例，不仅可帮助初学者快速入门，还可以让读者积累数据库设计经验。通过微信扫码可以快速查看对应案例的微视频操作，随时解决学习中的困惑；通过实战练习，检验对知识点掌握的程度。本书还赠送大量超值的资源，包括精美幻灯片，案例源代码、教学大纲、求职资源库、面试资源库、笔试题库和小白项目实战手册。本书还提供技术支持 QQ 群，专为读者答疑解难，降低零基础学习编程的门槛，让读者轻松跨入编程的领域。

本书适合零基础的数据库自学者，同时也适合 SQL Server 数据库应用技术人员，还可作为高等院校以及相关培训机构的师生阅读和学习的参考书。

图书在版编目（CIP）数据

SQL Server 入门很轻松：微课超值版 / 云尚科技编著. —北京：清华大学出版社，2020.5
（入门很轻松）

ISBN 978-7-302-55243-7

Ⅰ. ①S… Ⅱ. ①云… Ⅲ. ①关系数据库系统 Ⅳ. ①TP311.132.3

中国版本图书馆 CIP 数据核字（2020）第 046256 号

责任编辑： 张 敏
封面设计： 杨玉兰
责任校对： 徐俊伟
责任印制： 沈 露

出版发行： 清华大学出版社
网 址：http: //www.tup.com.cn，http: //www.wqbook.com
地 址：北京清华大学学研大厦 A 座 邮 编：100084
社 总 机：010-62770175 邮 购：010-62786544
投稿与读者服务：010-62776969，c-service@tup.tsinghua.edu.cn
质量反馈：010-62772015，zhiliang@tup.tsinghua.edu.cn

印 装 者： 清华大学印刷厂
经 销： 全国新华书店
开 本： 185mm×260mm 印 张：20.75 字 数：675 千字
版 次： 2020 年 8 月第 1 版 印 次：2020 年 8 月第 1 次印刷
定 价： 79.80 元

产品编号：084856-01

前言 PREFACE

众所周知，SQL Server 是一种应用广泛的数据库管理系统，具有许多显著的优点：易用性、适合分布式组织的可伸缩性、用于决策支持的数据仓库功能、与许多其他服务器软件紧密关联的集成性、良好的性价比等。目前，国内 SQL Server 数据库应用需求旺盛，各大知名企业均高薪招聘技术能力强的 SQL Server 数据库管理人员。

本书内容

为满足初学者快速进入 SQL Server 数据库的殿堂的需求，本书以 SQL Server 2017 为基础，内容注重实战，结合流行有趣的热点案例，引领读者快速学习和掌握 SQL Server 数据库应用技术。本书的最佳学习模式如下图所示。

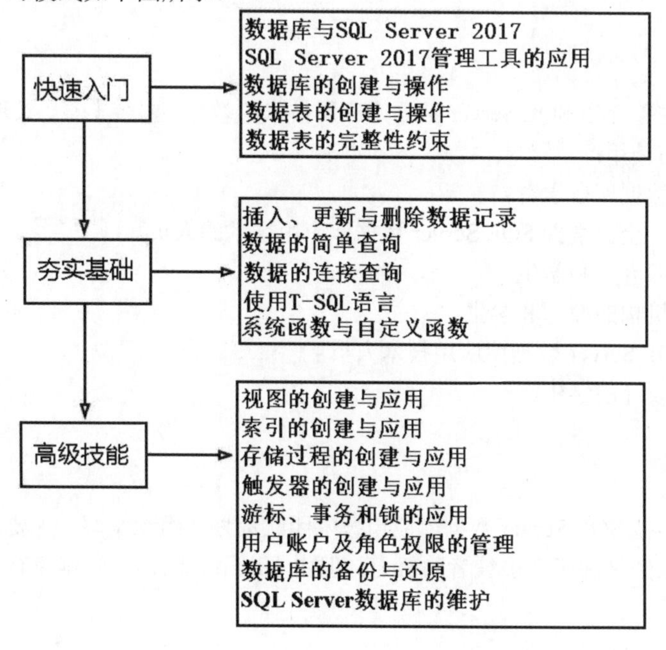

本书特色

由浅入深，编排合理：知识点由浅入深，结合流行有趣的热点案例，涵盖了所有 SQL Server 的基础知识，循序渐进地讲解了 SQL Server 数据库的应用技术。

扫码学习，视频精讲：为了让初学者快速入门并提高技能，本书提供了微视频，通过扫码，可以快速观看视频操作，微视频就像一个贴身老师，解决读者学习中的困惑。

项目实战，检验技能：为了更好地检验学习的效果，每章都提供了实战训练。读者可以边学习，边进行实战项目训练，强化实战开发能力。

提示技巧，积累经验：本书对读者在学习过程中可能会遇到的疑难问题以“提示”和“注意”的形式进行说明，辅助读者轻松掌握相关知识，规避数据库设计的陷阱，从而让读者在自学的过程中少走弯路。

超值资源，海量赠送：本书还赠送大量超值的资源，包括精美幻灯片、案例源代码、教学大纲、求职资源库、面试资源库、笔试题库和小白项目实战手册。

名师指导，学习无忧：读者在自学的过程中可以观看本书同步教学微视频。本书技术支持QQ 群 912560309，欢迎读者到 QQ 群获取本书的赠送资源和交流技术。

读者对象

本书是一本完整介绍 SQL Server 数据库应用技术的教程，内容丰富、条理清晰、实用性强，适合以下读者学习使用：

- 零基础的数据库自学者。
- 希望快速、全面掌握 SQL Server 数据库应用技术的人员。
- 高等院校的老师和学生。
- 相关培训机构的教师和学生。
- 初中级 SQL Server 数据库应用技术人员。
- 参加毕业设计的学生。

鸣谢

本书由云尚科技 SQL Server 数据库应用技术团队策划并组织编写，主要编写人员有王秀英和刘玉萍。本书虽然倾注了众多编者的努力，但由于水平有限，书中难免有疏漏之处，敬请广大读者谅解。

编　者

目录 CONTENTS

第1章 数据库与 SQL Server 2017

本章内容提要

数据库（Database）是按照数据结构来组织、存储和管理数据的仓库。在学习数据库之前，首先我们要知道数据库能够做什么以及如何安装数据库，这样才能够根据自己的需求来学习。本章就来介绍数据库的基本概念以及一些主流的数据库产品，并重点介绍 SQL Server 2017 数据库的安装过程。

1.1 数据库与关系数据库

微视频

在学习数据库之前，我们需要理解一些与数据库相关的基本概念，如数据库、数据库系统、数据库管理系统等，只有理解好这些概念，我们才能更好地学习与掌握数据库。

1.1.1 数据库简介

数据库（Database）简称 DB，是指用来存放数据的仓库。按照数据库的形象来理解，可以将数据库看作是电子化的文件柜，用户可以对文件柜中的数据进行新增、读取、更新、删除等操作。

例如，学校的人事部门常常要把本单位教师的基本情况（工号、姓名、年龄、性别、籍贯、学历等）存放在表中，这张表就可以看成一个数据库。有了这个“数据仓库”，用户就可以根据需要随时查询某教师的基本情况。

1.1.2 数据模型

数据模型是数据库系统的核心与基础，是关于描述数据与数据之间的联系，数据库的语义、数据一致性约束的概念性工具的集合。数据模型通常是由数据结构、数据操作和完整性约束 3 部分组成。

- 数据结构：是对系统静态特征的描述。描述对象包括数据的类型、内容、性质和数据之间的相互关系。
- 数据操作：是对系统动态特性的描述。是对数据库中各种对象实例的操作。
- 完整性约束：是完整性规则的集合。它定义了给定数据模型中数据及其联系所具有的制约和依存规则。

根据数据存储结构的不同，可以将数据模型分为层次模型、网状模型、关系模型。

1. 层次模型

用树状结构表示实体类型及实体间联系的数据模型称为层次模型，简单地讲，层次模型实质上是一种有根节点的定向有序树，如图 1-1 所示。用户可以把层次数据库理解为段的层次。一个段相当于一个文件系统的记录，在层次数据模型中，文件或记录之间的联系形成层次。

从层次模型的结构可以看出，这种类型的数据库具有层次分明、结构清晰、不同层次间的数据关联直接简单等优点。但其缺点是数据必须向外扩展，节点之间很难建立横向关联，对插入和删除操作限制较多，因此应用程序的编写比较复杂。

2. 网状模型

用有向图表示实体类型及实体间联系的数据模型称为网状模型，按照网状数据结构建立的数据库系统称为网状数据库系统。网络模型也使用倒置树形结构，与层次模型不同的是网状模型的节点间可以任意发生关系，能够表示各种复杂的联系。如图 1-2 所示为一个网状模型的结构。

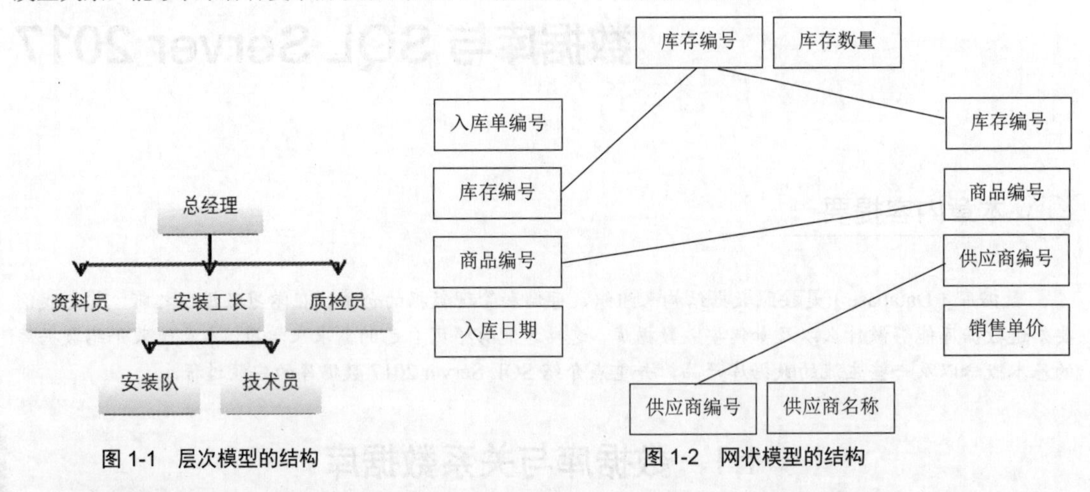

图 1-1　层次模型的结构　　图 1-2　网状模型的结构

从图 1-2 可以看出，网状模型的优点是可以避免数据的重复，缺点是关联性比较复杂，尤其是当数据库变得越来越大时，关联性的维护会非常复杂。

3. 关系模型

用二维表的形式表示实体和实体间联系的数据模型称为关系模型。关系模型中无论是实体还是实体间的联系均由单一的结构类型——关系来表示，在实际的关系数据库中的关系也称表，一个关系数据库就是由若干个表组成的。表 1-1 为一个关系结构模型。

表 1-1　关系结构模型

（a）员工表

号	姓　名	性　别	部门编号
1001	明铭	男	20
1002	张帅	女	30
1003	刘瑶	女	30
1004	李煜	男	20

（b）部门表

部门编号	部门名称
10	财务部
20	销售部
30	研发部
40	办公室

从表 1-1 可以看出，使用这种模型的数据库优点是结构简单，格式统一，理论基础扎实，而且数据表之间相对独立，可以在不影响其他数据表的情况下进行数据的增加、修改和删除；在进行查询时，还可以根据数据表之间的关联性，从多个数据表中查询抽取相关的信息。

1.1.3　关系数据库

关系数据库是建立在关系模型基础上的数据库，是利用数据库进行数据组织的一种方式，是现代流行的数据库管理系统中最为常用的一种，也是最有效率的数据组织方式之一，如常见的 SQL Server、Oracle、MySQL 等都是关系数据库系统。

关系数据库由数据表和数据表之间的关联组成，其中数据表通常是一个由行和列组成的二维表，每一个数据表分别说明数据库中某一特定的方面或部分的对象及其属性，表 1-2 为一个水果信息表。在这个数据表中，每行记录代表一种水果的完整信息，每列数据代表水果某一方面的信息。

关系数据库的特点在于它将每个具有相同属性的数据独立地存在一个表中，对任何一个表而言，用户都可以新增、修改、查询和删除表中的数据，而不影响表中的其他数据。下面我们来了解一下关系数据库中的一些常用术语，这对于后面章节的学习有很大的帮助。

表 1-2 水果信息表

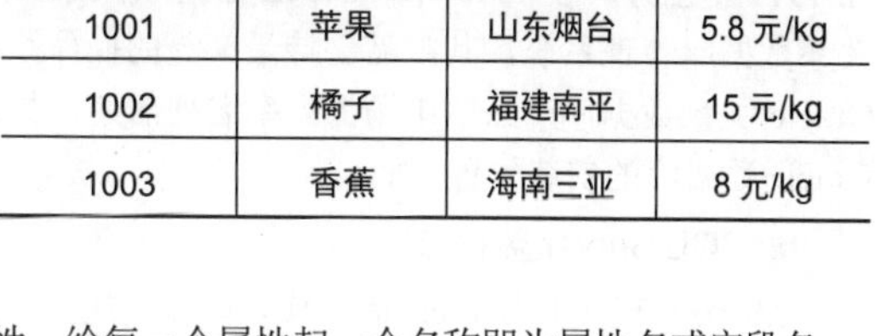

编 号	名 称	产 地	单 价
1001	苹果	山东烟台	5.8 元/kg
1002	橘子	福建南平	15 元/kg
1003	香蕉	海南三亚	8 元/kg

（1）关系：一个关系通常对应一张表。

（2）记录：表中的一行即为一条记录。

（3）属性：也被称为字段，表中的一列即为一个属性，给每一个属性起一个名称即为属性名或字段名。

（4）键：关系模型中的一个重要概念，在关系中用来标识行的一列或多列。

（5）主键：也称主关键字，是表中用于唯一确定一行的数据。关键字用来确保表中记录的唯一性，可以是一个字段或多个字段，常用作一个表的索引字段。每条记录的关键字都是不同的，因而可以唯一地标识一个记录。

1.2 常见数据库产品介绍

微视频

目前常见的数据库产品包括 SQL Server、Oracle、MySQL、Access 等，下面分别进行介绍。

1. Access 数据库

Microsoft Office Access 是由微软发布的关联式数据库管理系统。它结合了 Microsoft Jet Database Engine 和图形用户界面两项特点，是 Microsoft Office 的系统程序之一。主要为专业人士用来进行数据分析，目前在开发中一般不用。如图 1-3 所示为 Access 数据库工作界面。

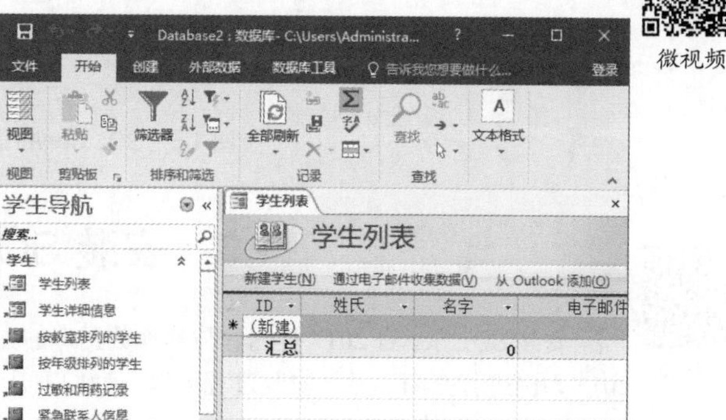

图 1-3 Access 数据库工作界面

2. MySQL 数据库

MySQL 数据库是一个小型关系型数据库管理系统，目前 MySQL 被广泛地应用在 Internet 上的中小型网站中，由于其体积小、速度快、总体拥有成本低，尤其是开放源码这一特点，许多中小型网站为了降低网站总体拥有成本而选择了 MySQL 作为网站数据库，如图 1-4 所示为 MySQL 数据库的登录成功界面。

另外，MySQL 还是一种关联数据库管理系统，关联数据库将数据保存在不同的表中，而不是将所有数据放在一个大仓库内，这样就增加了速度并提高了数据应用的灵活性。

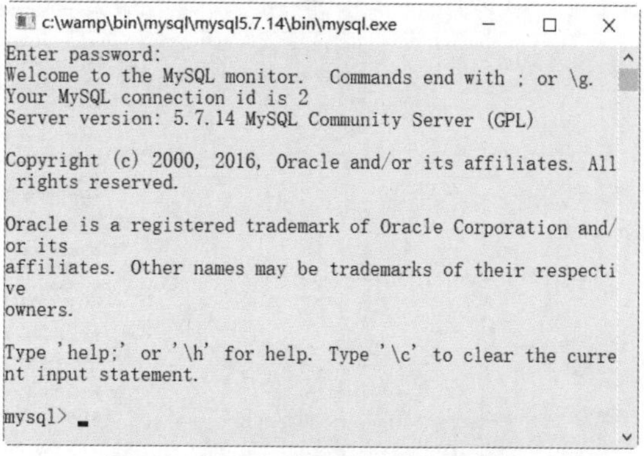

图 1-4 MySQL 数据库的登录成功界面

3. Oracle 数据库

Oracle 的前身叫 SDL，由 Larry Ellison 和另外两个编程人员在 1977 年创办。在 1979 年，Oracle 公司引入了第一个商用 SQL 关系数据库管理系统，其产品支持最广泛的操作系统平台，目前 Oracle 关系数据库产品的市场占有率名列前茅，如图 1-5 所示为 Oracle 数据库的安装配置界面。

图 1-5　Oracle 数据库的安装配置界面

4. SQL Server 数据库

Microsoft SQL Server 是微软公司开发的大型关系型数据库系统，SQL Server 的功能比较全面，效率较高，可以作为中型企业或单位的数据库平台，为用户提供了更安全可靠的存储功能。如图 1-6 所示为 SQL Server 2017 数据库的下载页面。

图 1-6　SQL Server 2017 数据库的下载页面

1.3　安装 SQL Server 2017

微视频

安装 SQL Server 2017 是创建与管理数据库的先决条件，下面以在 Windows 10 平台上安装 SQL Server 2017 为例进行介绍。具体安装过程可以分为如下几个步骤。

1）安装前的准备

（1）将 SQL Server 2017 安装光盘放入光驱，双击安装文件夹中的安装文件 setup.exe，进入 SQL Server 2017 的安装中心界面，单击安装中心左侧的第 2 个“安装”选项，该选项提供了多种功能，如图 1-7 所示。

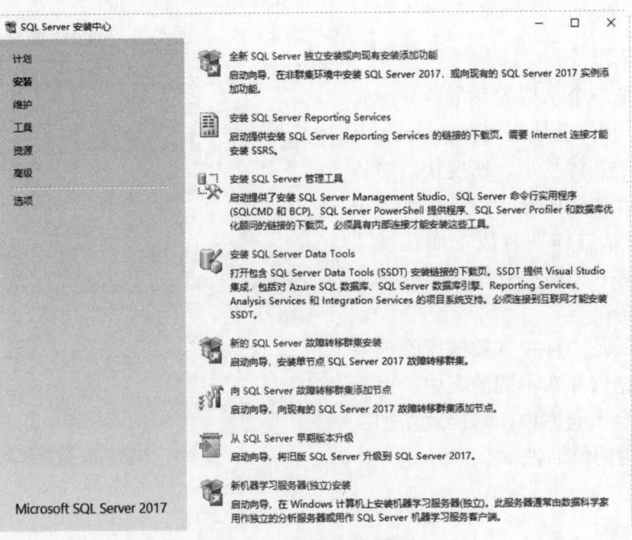

图 1-7　安装中心界面

（2）选择“全新 SQL Server 独立安装或向现有安装添加功能”选项，进入“产品密钥”窗口，在该窗口中可以输入购买的产品密钥。如果是使用体验版本，可以在下拉列表框中选择 Evaluation 选项，然后单击“下一步”按钮，如图 1-8 所示。

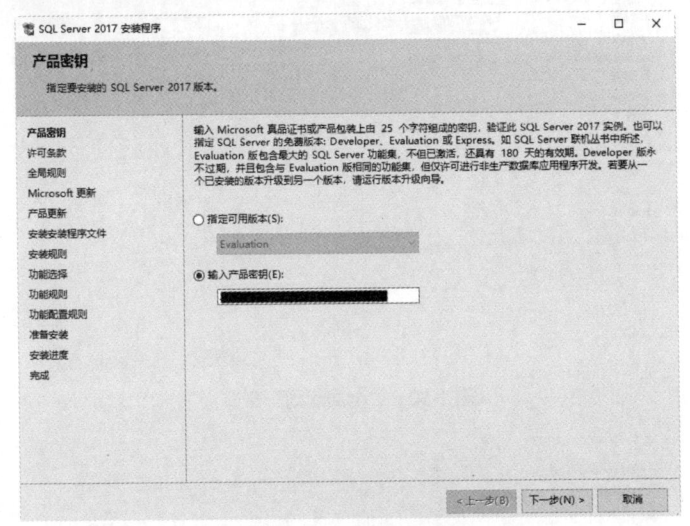

图 1-8　“产品密钥”窗口

（3）打开“许可条款”窗口，选中“我接受许可条款”复选框，单击“下一步”按钮，如图 1-9 所示。

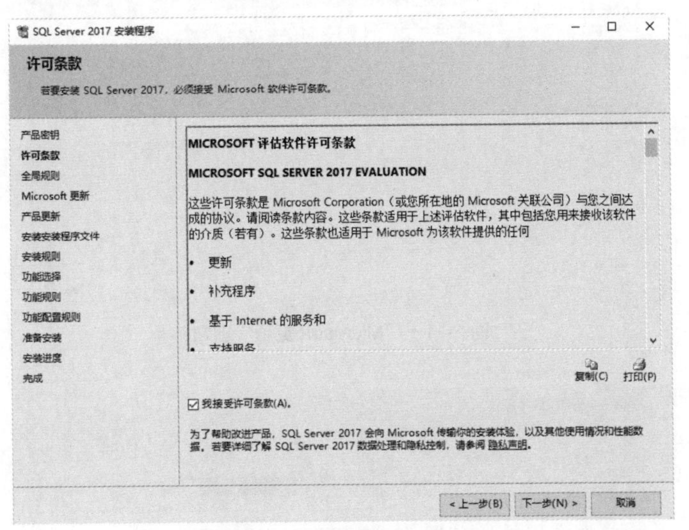

图 1-9　“许可条款”窗口

（4）进入“全局规则”窗口，SQL Server 安装程序将对系统进行一些常规的检测，如图 1-10 所示。

提示：如果缺少某个组件，可以直接在官方下载后安装即可。

（5）常规检测完毕后，打开“Microsoft 更新”窗口，选中“使用 Microsoft update 检查更新（推荐）”复选框，单击“下一步”按钮，如图 1-11 所示。

（6）产品开始更新，更新完毕后，进入“安装安装程序文件”窗口，在其中安装 SQL Server 程序所需的组件，如图 1-12 所示。

（7）安装完安装程序文件之后，安装程序将自动进行第二次安装规则的检测，全部通过之后单击“下一步”按钮，如图 1-13 所示。

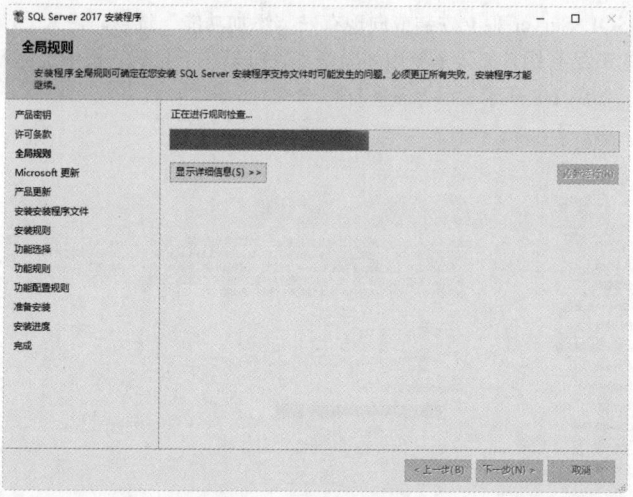

图 1-10 “全局规则”窗口

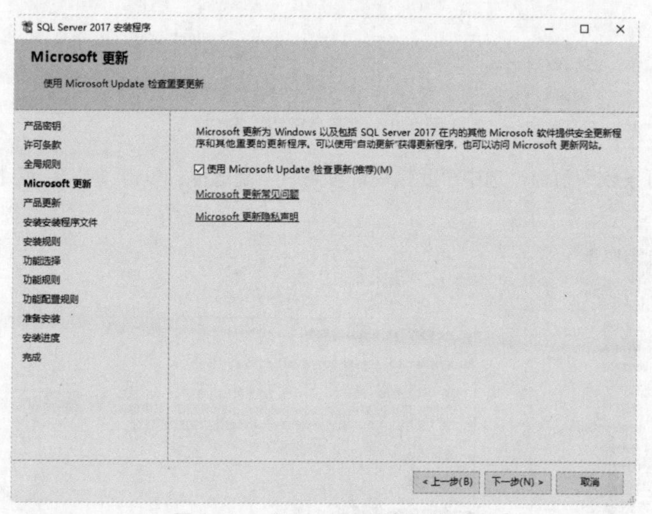

图 1-11 “Microsoft 更新”窗口

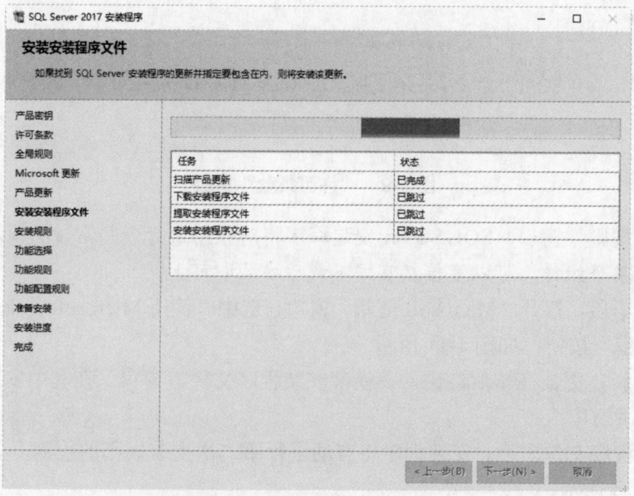

图 1-12 “安装安装程序文件”窗口

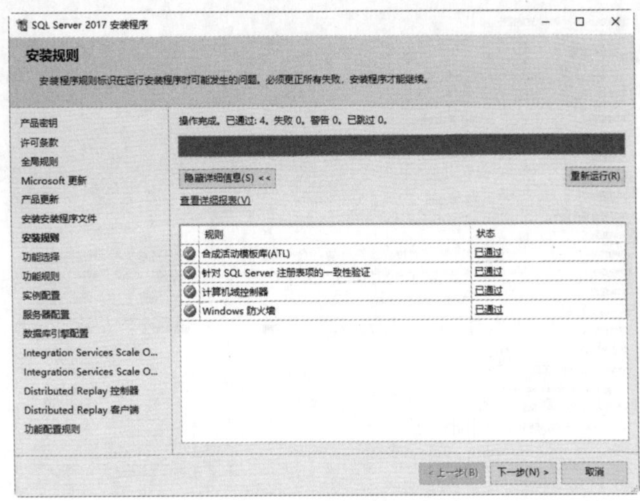

图 1-13　“安装规则”窗口

2）选择安装功能项

（1）在安装规则检测并通过后，打开“功能选择”窗口，如果需要安装某项功能，则选中对应的功能前面的复选框，也可以使用下面的“全选”或者“取消全选”按钮来选择，为了以后学习方便，这里单击“全选”按钮，然后单击“下一步”按钮，如图 1-14 所示。

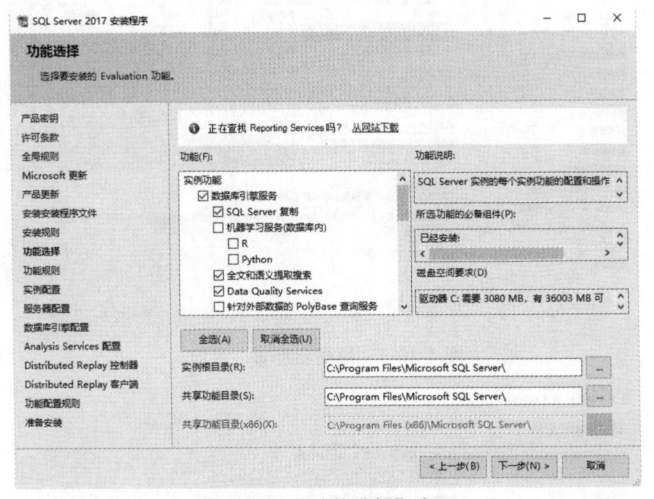

图 1-14　“功能选择”窗口

（2）打开“实例配置”窗口，在安装 SQL Server 的系统中可以配置多个实例，每个实例必须有唯一的名称，这里选中“默认实例”单选按钮，单击“下一步”按钮，如图 1-15 所示。

（3）打开“服务器配置”窗口，该步骤设置使用 SQL Server 各种服务的用户，单击“下一步”按钮，如图 1-16 所示。

（4）打开“数据库引擎配置”窗口，窗口中显示了设计 SQL Server 的身份验证模式，这里可以选择使用 Windows 身份验证模式，也可以选择第二种混合模式，此时需要为 SQL Server 的系统管理员设置登录密码，之后可以使用两种不同的方式登录 SQL Server。这里选择使用 Windows 身份验证模式。接下来单击“添加当前用户”按钮，将当前用户添加为 SQL Server 管理员。单击“下一步”按钮，如图 1-17 所示。

（5）打开“Analysis Services 配置”窗口，同样在该窗口中单击“添加当前用户”按钮，将当前用户添加为 SQL Server 管理员，然后单击“下一步”按钮，如图 1-18 所示。

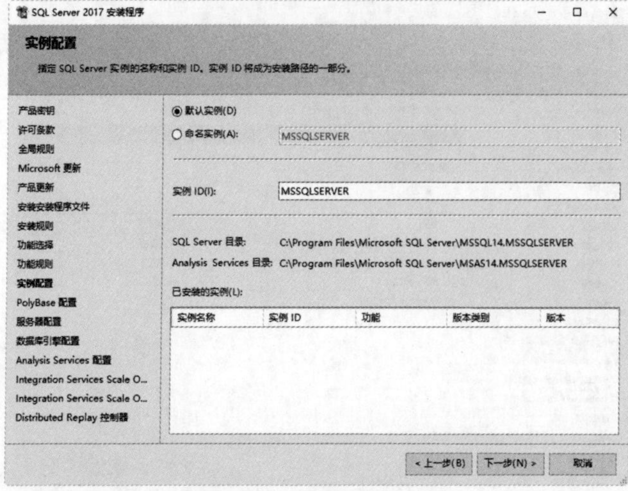

图 1-15 “实例配置”窗口

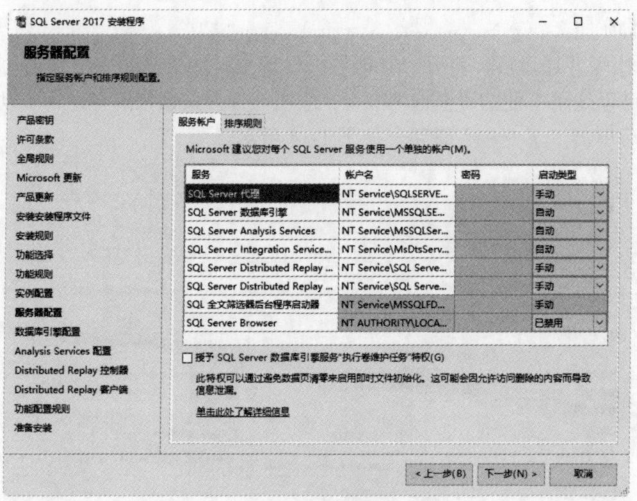

图 1-16 “服务器配置”窗口

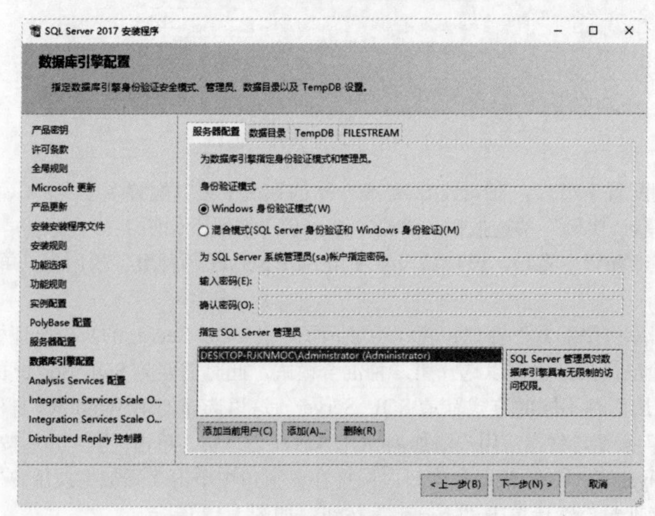

图 1-17 “数据库引擎配置”窗口

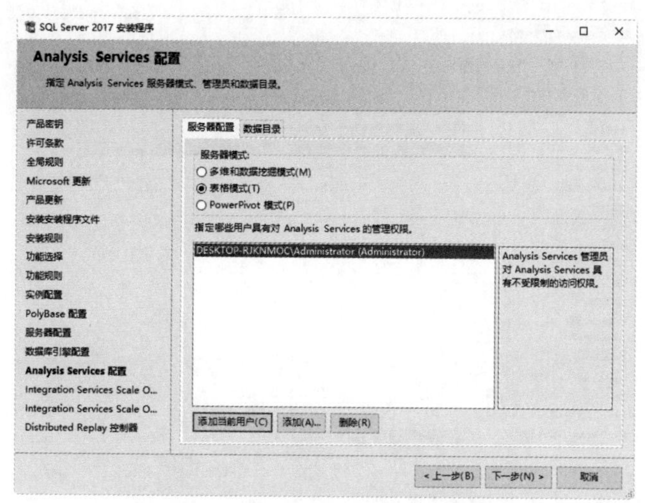

图 1-18　“Analysis Services 配置”窗口

（6）打开“Reporting Services 配置”窗口，选中“安装和配置”单选按钮，然后单击“下一步”按钮，如图 1-19 所示。

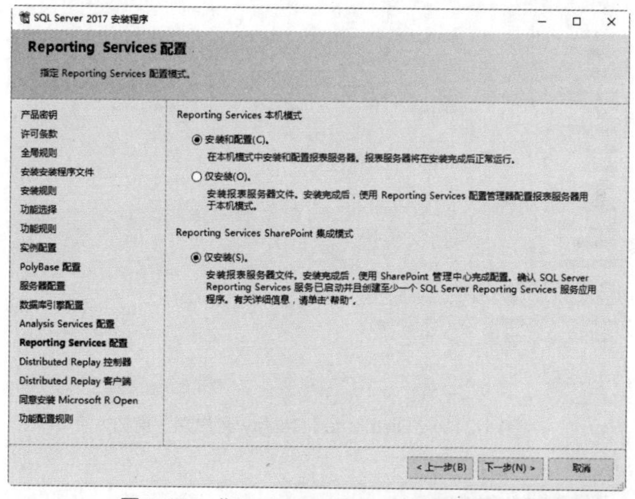

图 1-19　“Reporting Services 配置”窗口

（7）打开“Distributed Replay 控制器”窗口，指定向其授予针对分布式重播控制器服务的管理权限的用户。具有管理权限的用户将可以不受限制地访问分布式重播控制器服务。单击“添加当前用户”按钮，将当前用户添加为具有上述权限的用户，单击“下一步”按钮，如图 1-20 所示。

（8）打开“Distributed Replay 客户端”窗口，在“控制器名称”文本框中输入“控制器 1”为控制器的名称，然后设置工作目录和结果目录，单击“下一步”按钮，如图 1-21 所示。

（9）打开“同意安装 Microsoft R Open”窗口，单击“接受”按钮，然后单击“下一步”按钮，如图 1-22 所示。

3）开始安装

（1）在需要安装的功能都准备好之后，打开“准备安装”窗口，该界面只是描述了将要进行的全部安装过程和安装路径，单击“安装”按钮开始进行安装，如图 1-23 所示。

（2）安装完成后，单击“关闭”按钮，完成 SQL Server 2017 的安装过程，如图 1-24 所示。

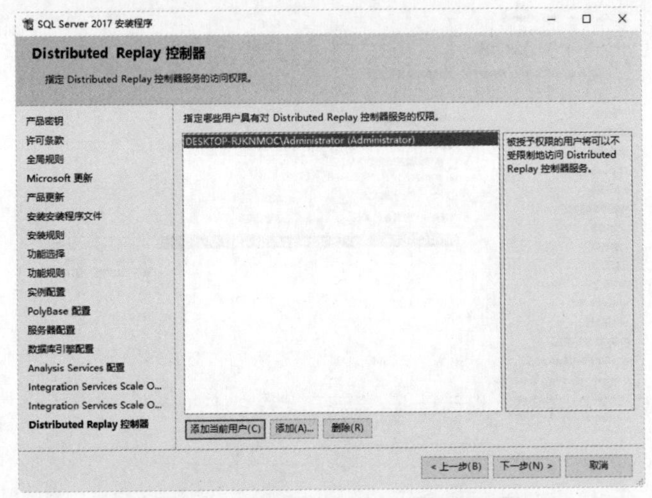

图 1-20 “Distributed Replay 控制器”窗口

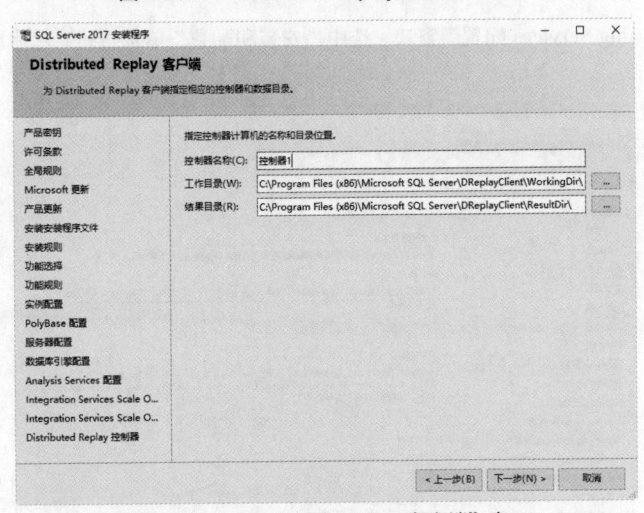

图 1-21 “Distributed Replay 客户端”窗口

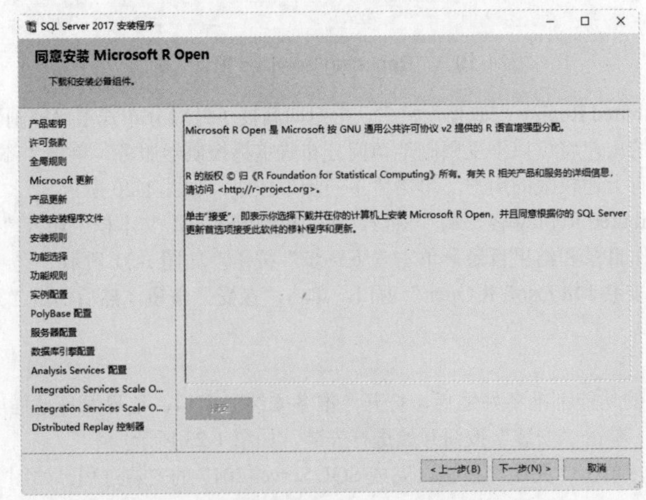

图 1-22 “同意安装 Microsoft R Open”窗口

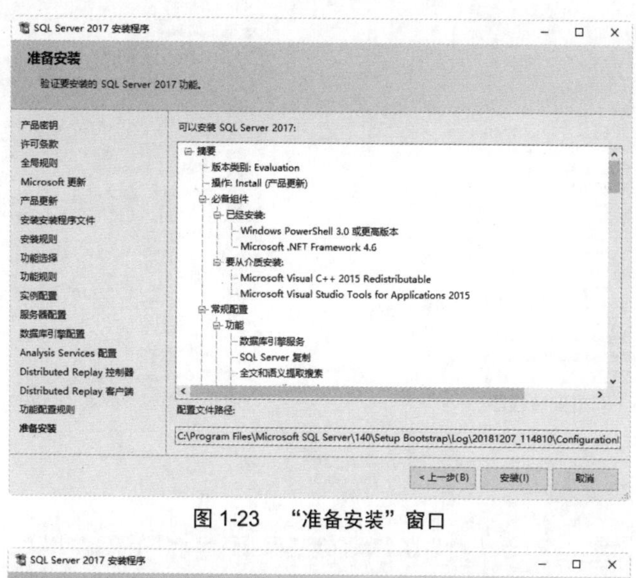

图 1-23　“准备安装”窗口

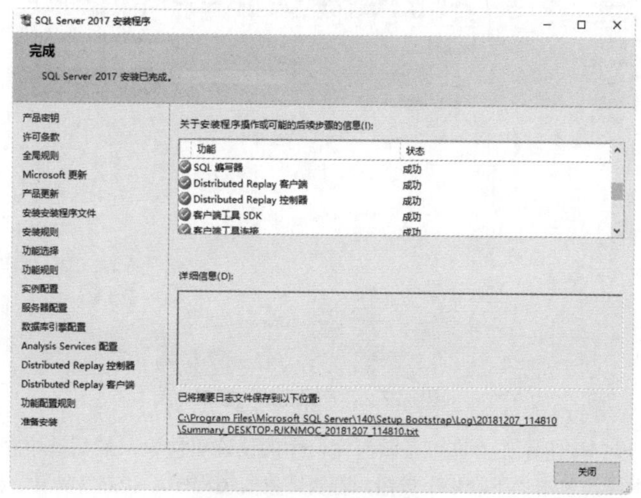

图 1-24　“完成”窗口

1.4　升级 SQL Server 2017

SQL Server 安装程序支持在各种版本的 SQL Server 间进行版本升级，下面介绍将 SQL Server 2016 升级到 SQL Server 2017 的方法。使用 SQL Server 2017 安装盘可以将低版本的 SQL Server 升级到 2017 版本。具体的升级过程可以分为如下几个步骤。

微视频

（1）插入 SQL Server 安装介质，在根文件夹中，双击 setup.exe 或者从配置工具中启动 SQL Server 安装中心，若要从网络共享进行安装，需要找到共享中的根文件夹，然后双击 setup.exe，如图 1-25 所示。

微视频

（2）若要将 SQL Server 的现有实例升级到另一版本，请在 SQL Server 安装中心中单击“维护”，然后选择“版本升级”，如图 1-26 所示。

提示：如果需要使用安装程序支持文件，SQL Server 安装程序将安装它们，如果安装程序指示重新启动计算机，请在继续操作之前重新启动。系统配置检查器将在用户的计算机上运行发现操作，若要继续，请单击“确定”按钮。

（3）在“产品密钥”窗口中，选中相应的单选按钮，这些按钮指示选择升级的类型，如升级到免费版本的 SQL Server，如图 1-27 所示。

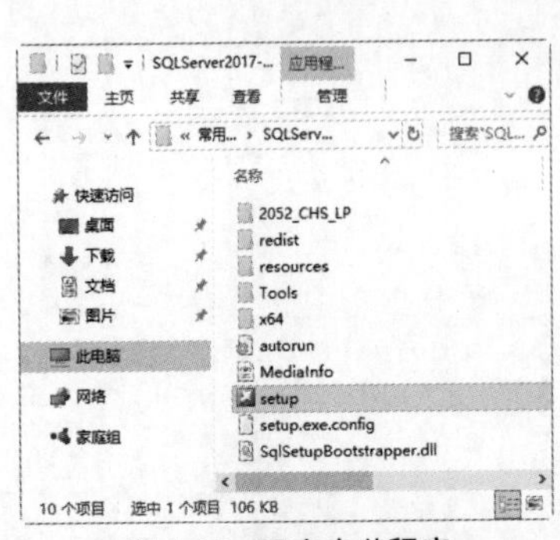

图 1-25 双击安装程序

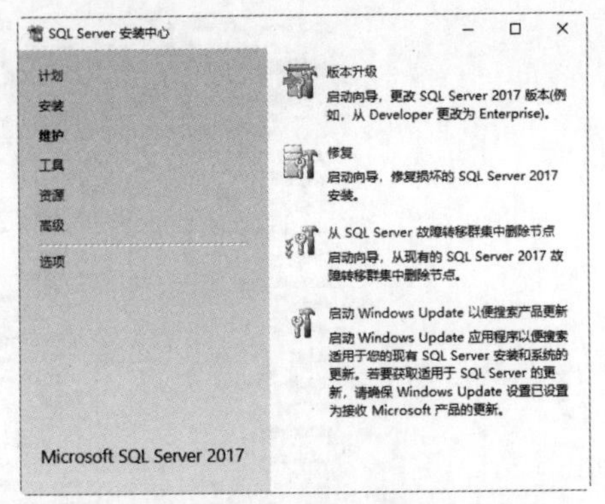

图 1-26 “SQL Server 安装中心”窗口

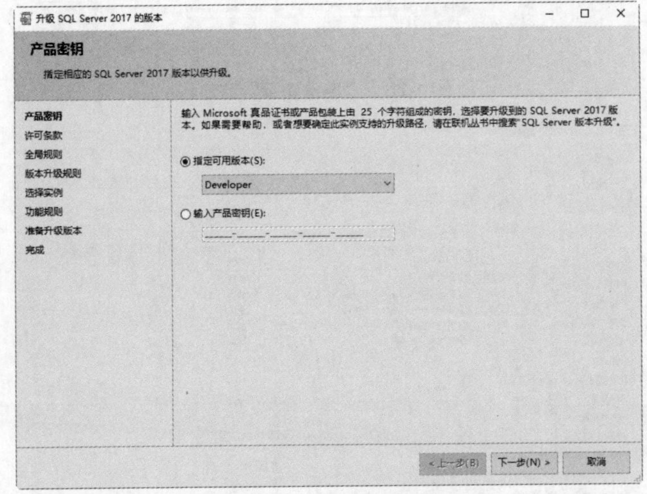

图 1-27 “产品密钥”窗口

（4）单击“下一步”按钮，在“许可条款”窗口中阅读许可协议，然后选中相应的复选框以接受许可条款和条件。若要继续，单击“下一步”按钮，若要结束安装程序，单击“取消”按钮，如图 1-28 所示。

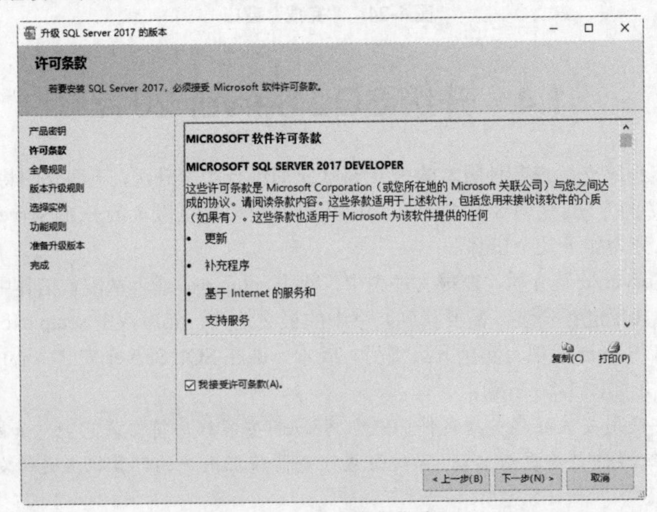

图 1-28 “许可条款”窗口

（5）单击“下一步”按钮，在“全局规则”窗口中，安装程序全局规则可确定在用户安装 SQL Server 安装程序支持文件时可能发生的问题，必须更正所有失败，安装程序才能继续，如图 1-29 所示。

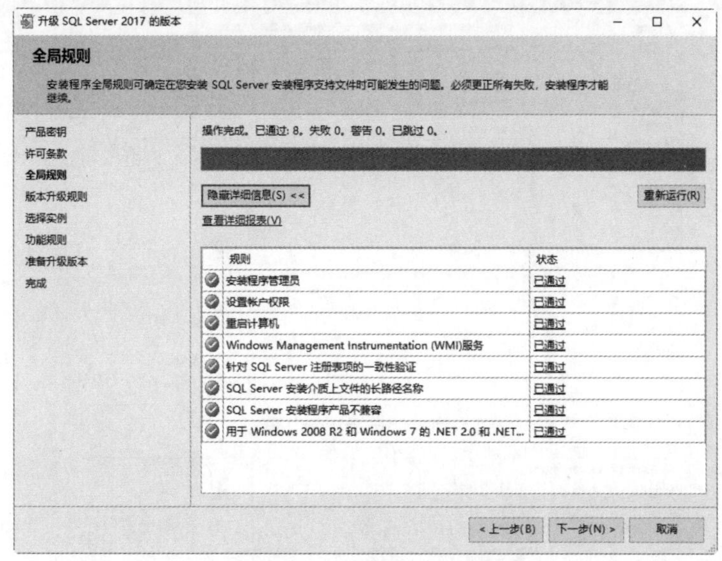

图 1-29　“全局规则”窗口

（6）单击“下一步”按钮，进入“版本升级规则”窗口，在版本升级操作开始之前，会在“版本升级规则”窗口中验证用户的计算机配置，如图 1-30 所示。

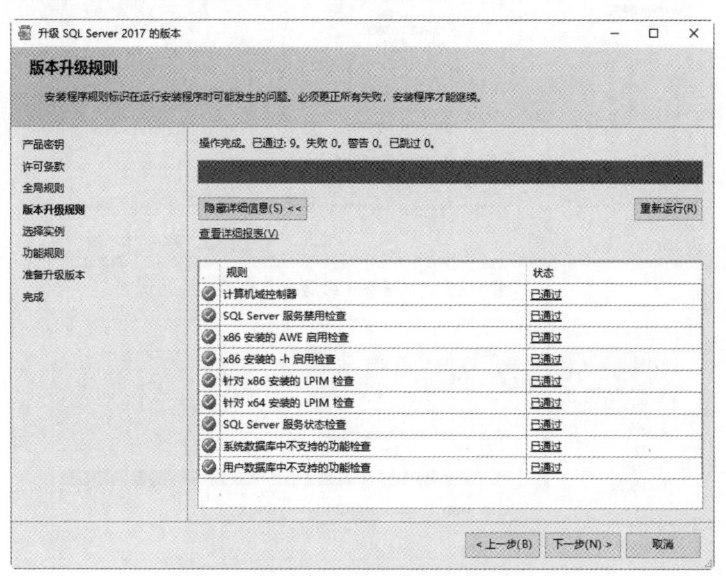

图 1-30　“版本升级规则”窗口

（7）单击“下一步”按钮，在“选择实例”窗口中指定要升级的 SQL Server 实例，如图 1-31 所示。

（8）单击“下一步”按钮，在“准备升级版本”窗口中显示用户在安装过程中指定的安装选项的树视图，若要继续，请单击“升级”按钮，如图 1-32 所示。

（9）在版本升级过程中，需要重新启动服务以便接受新设置。版本升级完成后，在“完成”窗口中提供指向版本升级摘要日志文件的超链接，若要关闭该向导，请单击“关闭”按钮，如图 1-33 所示。

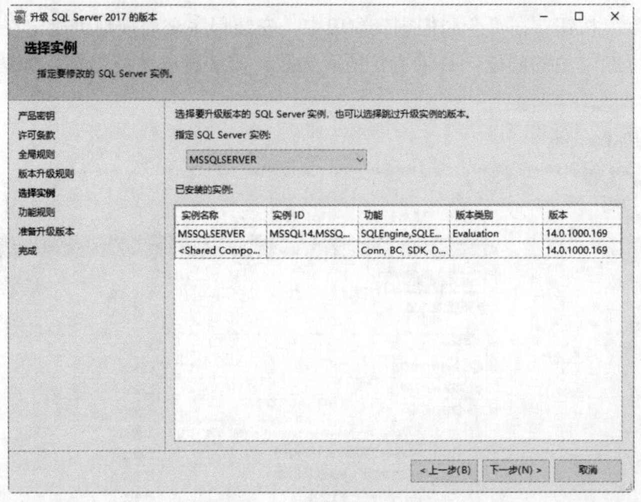

图 1-31 “选择实例”窗口

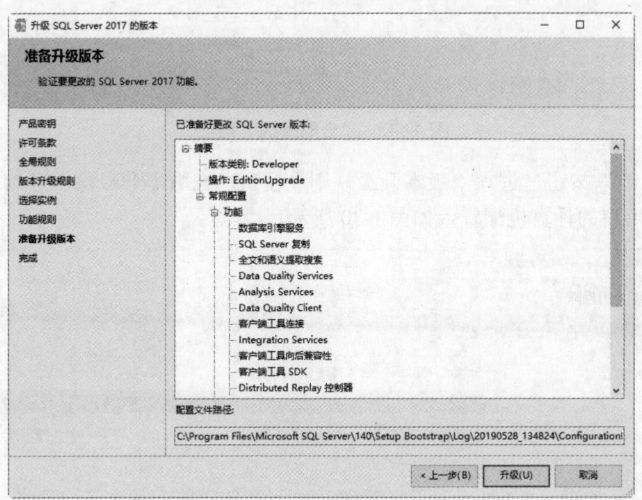

图 1-32 “准备升级版本”窗口

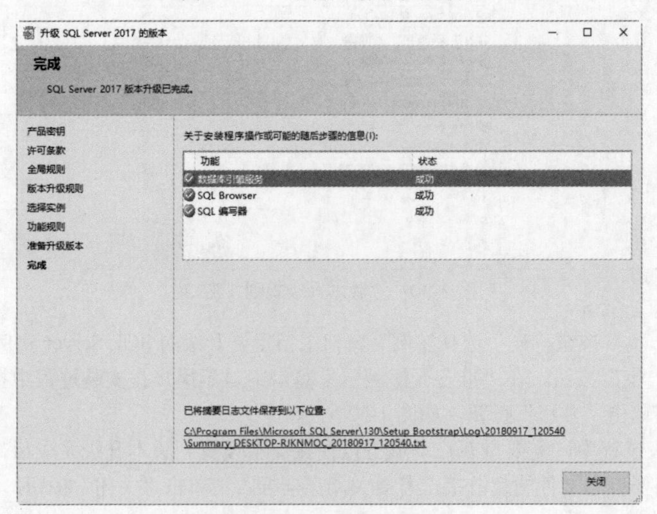

图 1-33 “完成”窗口

1.5　卸载 SQL Server 2017

微视频

如果 SQL Server 2017 被损坏或不再需要了，就可以将其从计算机中卸载，卸载过程可分为如下几步：

（1）在 Windows 10 操作系统中，单击左下角的“开始”按钮，在弹出的菜单中选择“Windows 系统”→“控制面板”命令，如图 1-34 所示。

（2）打开“所有控制面板项”窗口，如图 1-35 所示。

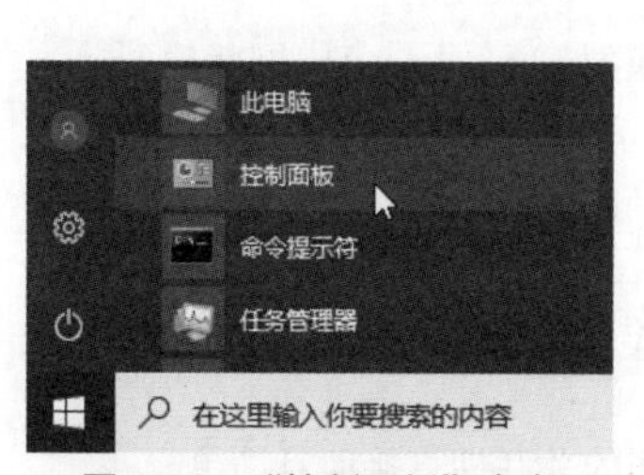

图 1-34　“控制面板”命令

图 1-35　“所有控制面板项”窗口

（3）单击“程序和功能”按钮，打开“程序和功能”窗口，在其中选择“Microsoft SQL Server 2017 安装程序（简体中文）”选项，如图 1-36 所示。

（4）单击“卸载”按钮，将弹出一个信息提示框，提示用户是否确实要删除 SQL Server 2017 安装程序，如图 1-37 所示。

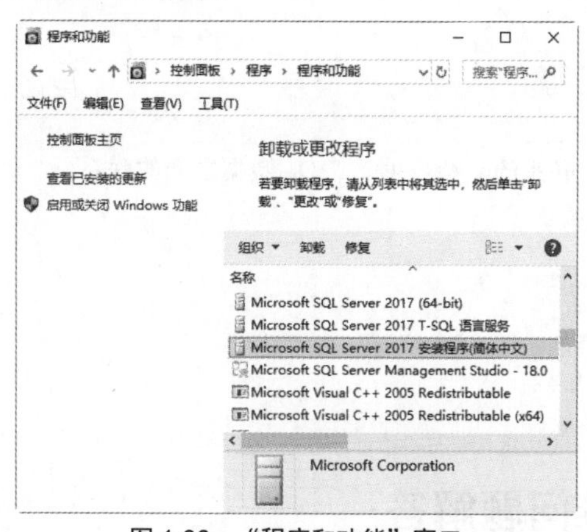

图 1-36　“程序和功能”窗口

图 1-37　信息提示框

（5）单击“是”按钮，即可根据向导卸载 SQL Server 2017 数据库系统。

1.6　课后习题与练习

一、填充题

1. 数据库（Database）简称______，是指用来存放数据的______。用户可以对数据库中的数据进行新增、______、______、______等操作。

答案：DB，仓库，读取，更新，删除

2. 数据模型通常是由数据结构、________和________3 部分组成。

答案：数据操作，完整性约束

3. 根据数据存储结构的不同，可以将数据模型分为________、网状模型、________。

答案：层次模型，关系模型

4. 用________的形式表示实体和实体间联系的数据模型称为关系模型。

答案：二维表

5. 常见的关系数据库系统有 SQL Server、________、________等。

答案：Oracle，MySQL

二、选择题

1. 以下不是数据模型的是________。

A. 层次模型　B. 关系模型　C. 概念模型　D. 网状模型

答案：C

2. 下面关于数据模型的描述，正确的是________。

A. 关系模型的缺点是这种关联错综复杂、维护关联困难

B. 层次模型的优点是结构简单、格式唯一、理论基础严格

C. 网状模型的缺点是不容易反映实体之间的关联

D. 层次模型的优点是数据结构类似金字塔，不同层次之间的关联性直接而且简单

答案：D

3. 在数据库中，下列说法不正确的是________。

A. 数据库避免了一切数据的重复

B. 数据库中的数据可以共享

C. 数据库减少了数据的冗余

D. 数据库中数据可以统一管理和控制

答案：A

4. 层次模型、网状模型和关系模型的划分原则是________。

A. 记录长度　B. 文件的大小　C. 联系的复杂程度　D. 数据之间的联系

答案：D

三、简答题

1. 简述关系模型数据库的优点与缺点。

2. 简述什么是关系数据库。

3. 简述安装 SQL Server 2017 的过程。

1.7 新手疑难问题解答

疑问 1：为什么要使用数据库系统？

解答：使用数据库系统有以下优点。

- 查询迅速、准确，而且可以节约大量纸质文件。
- 数据结构化，并由数据库管理系统统一管理。
- 数据冗余度小。
- 具有较高的数据独立性。
- 数据的共享性比较好。
- 数据库管理系统提供了数据控制功能。

疑问 2：数据库系统与数据库管理系统的主要区别是什么？

解答：数据库系统是指在计算机系统中引入数据库后的系统构成，一般由数据库、数据库管理系统、应用系统、数据库管理员和用户构成。

数据库管理系统是位于用户与操作系统之间的一层数据管理软件，是数据库系统的一个重要组成部分。

1.8　实战训练

设计一个企业进销存管理系统数据库，包括的数据表有供应商表、商品信息表、库存表、销售表、销售人员表、进货表、客户信息表。各个表中所涉及的具体信息内容如下：

（1）供应商表：供应商编号、供应商名称、负责人名称、联系电话。

（2）商品信息表：商品编号、供应商编号、商品名称、商品价格、商品单位、详细描述。

（3）库存表：库存编号、商品编号、库存数量。

（4）销售表：销售编号、商品编号、客户编号、销售数量、金额、销售员编号。

（5）销售人员表：人员编号、姓名、联系地址、电话。

（6）进货表：进货编号、商品编号、进货数量、销售员编号、进货时间。

（7）客户信息表：客户编号、姓名、联系地址、联系电话。

第2章

SQL Server 2017 管理工具的应用

本章内容提要

SQL Server Management Studio 是一套 SQL Server 数据库的管理工具，用于管理从属于 SQL Server 的组件，该工具包含用于编写和编辑脚本的代理编辑器，用于查找、修改、编写、运行脚本或运行 SQL Server 实例的对象资源管理器。本章介绍 SQL Server Management Studio 管理工具的应用，主要内容包括安装 SQL Server Management Studio 工具、进入 SQL Server 服务器、认识系统数据库、注册 SQL Server 服务器等。

微视频

2.1 安装 SQL Server Management Studio

SQL Server Management Studio 是 SQL Server 提供的图形化数据库开发和管理工具，极大地方便了开发人员和管理人员对 SQL Server 的访问和控制。要想进入 SQL Server 服务器，需要事先安装 SQL Server Management Studio。

具体安装过程可以分为如下几步。

（1）在“SQL Server 安装中心”窗口中选择“安装”选项，然后单击窗口右侧的“安装 SQL Server 管理工具”选项，如图 2-1 所示。

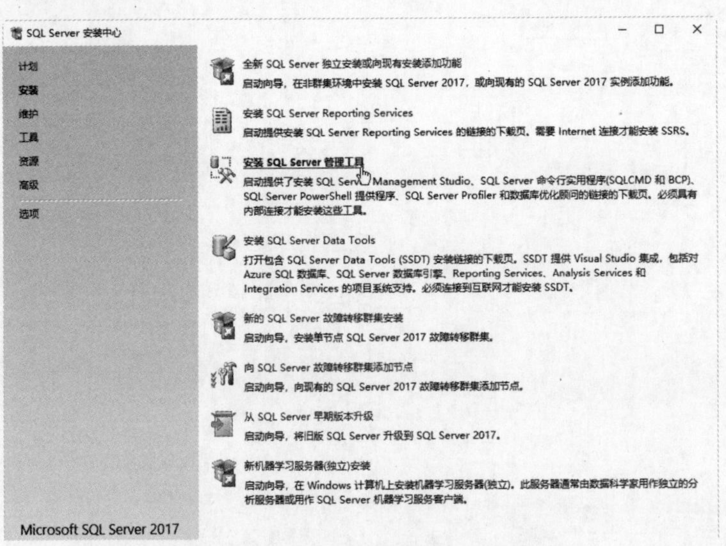

图 2-1　“SQL Server 安装中心”窗口

（2）打开 SQL Server Management Studio 18.0 的下载页面，在其中单击“下载 SQL Server Management

Studio 18.0”超链接，如图 2-2 所示。

（3）下载完成后，双击下载文件 SSMS-Setup-CHS.exe，即可打开 SQL Server Management Studio 的安装界面，如图 2-3 所示。

（4）单击“安装”按钮，SQL Server Management Studio 系统开始自动加载程序包，如图 2-4 所示。

（5）程序包加载完成后，SQL Server Management Studio 系统开始自动安装并显示安装进度，如图 2-5 所示。

（6）在所有指定组件安装完毕后，弹出如图所示界面，提示我们需要重启计算机才能完成安装程序，单击“重新启动”按钮，即可重新启动计算机，以完成程序的安装，如图 2-6 所示。

提示：SQL Server Management Studio（SSMS）为 SQL Server 提供一种集成化开发环境，其工作界面简易直观，我们可以使用该工具访问、配置、控制、管理和开发 SQL Server 的所有组件。

下载 SQL Server Management Studio (SSMS)

2019/04/25 • 作者

适用对象：SQL Server　Azure SQL 数据库　Azure SQL 数据仓库　并行数据仓库

SQL Server Management Studio (SSMS) 是一种集成环境，用于管理从 SQL Server 到 Azure SQL 数据库的任何 SQL 基础结构。SSMS 提供用于配置、监视和管理 SQL Server 和数据库实例的工具。使用 SSMS 部署、监视和升级应用程序使用的数据层组件，以及生成查询和脚本。

使用 SSMS 在本地计算机或云端查询、设计和管理数据库及数据仓库，无论它们位于何处。

SSMS 是免费的！

下载 SSMS 18.0 (GA)

SSMS 18.0 通用版本 (GA) 现已推出，它是为 SQL Server 2019（预览版）提供支持的最新一代 SQL Server Management Studio！

下载 SQL Server Management Studio 18.0 (GA)

图 2-2　下载页面

版本 18.0
Microsoft SQL Server Management Studio
欢迎使用。单击“安装”，立即开始体验吧。
位置(L):
C:\Program Files (x86)\Microsoft SQL Server Management Studio 18
更改(H)
单击“安装”按钮即表明本人接受 许可条款 和 隐私声明。
安装(I)　关闭(C)

图 2-3　安装界面

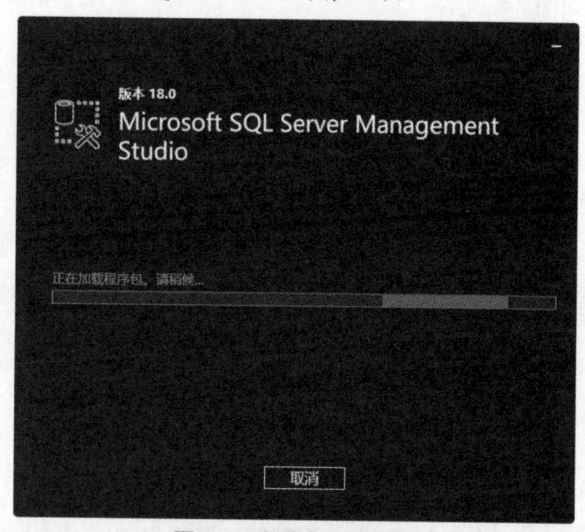

图 2-4　程序包加载界面

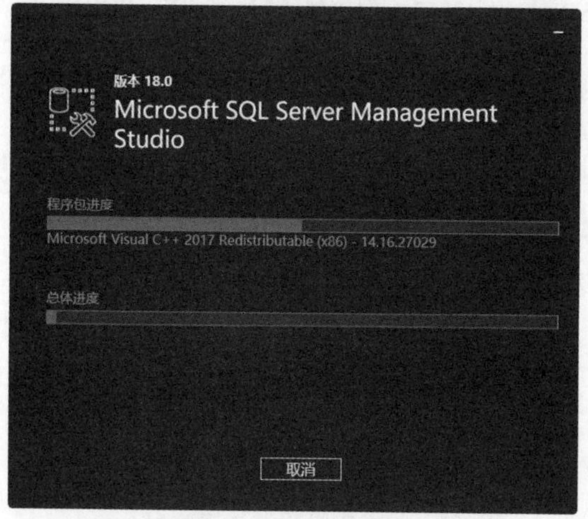

图 2-5　开始安装界面

图 2-6　安装完成界面

微视频

2.2 进入 SQL Server 2017 数据库

在安装好 SQL Server 2017 之后，如何才能进入 SQL Server 数据库中呢？可以分为三步，第 1 步安装 SQL Server Management Studio（2.1 小节已经介绍），第 2 步启动 SQL Server 数据库服务，第 3 步登录 SQL Server 2017 数据库。

2.2.1 启动 SQL Server 2017 数据库服务

SQL Server 2017 安装完毕后，其提供的服务都体现在系统服务的后台，我们只需要启动需要的服务就可以了。启动 SQL Server 数据库服务的方法有两种，一种是在计算机管理工具中的服务列表中启动；另一种是在 SQL Server 配置管理器中启动。

1. 在管理工具中的服务列表中启动

（1）选择“开始”→“控制面板”→“系统和安全”→“管理工具”选项，打开“管理工具”窗口，如图 2-7 所示。

（2）双击“管理工具”窗口中的“服务”选项，即可打开“服务”窗口，在其中选择需要启动的 SQL Server 服务，右击，在弹出的快捷菜单中选择“启动”命令，这样就可以启动该 SQL Server 数据库服务了，如图 2-8 所示。

图 2-7 “管理工具”窗口

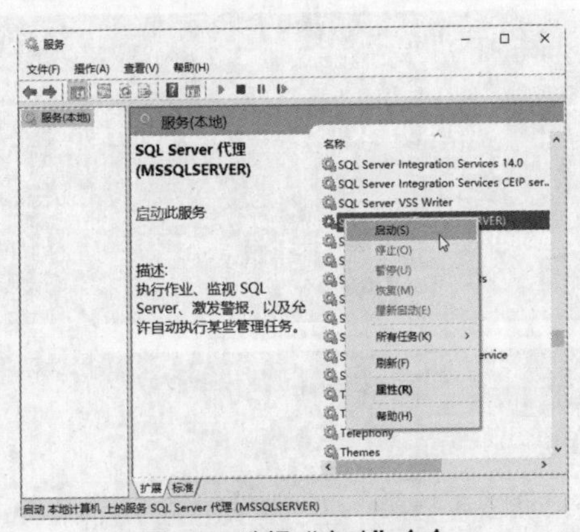

图 2-8 选择“启动”命令

2. 在 SQL Server 配置管理器中启动

（1）选择“开始”→Microsoft SQL Server 2017→“SQL Server 2017 配置管理器”选项，打开 SQL Server Configuration Manager 窗口，如图 2-9 所示。

（2）选择“SQL Server 服务”选项，即可在右侧窗格中展开 SQL Server 服务列表，选择需要启动的服务，右击，在弹出的快捷菜单中选择“启动”命令，即可启动所选中的服务，如图 2-10 所示。

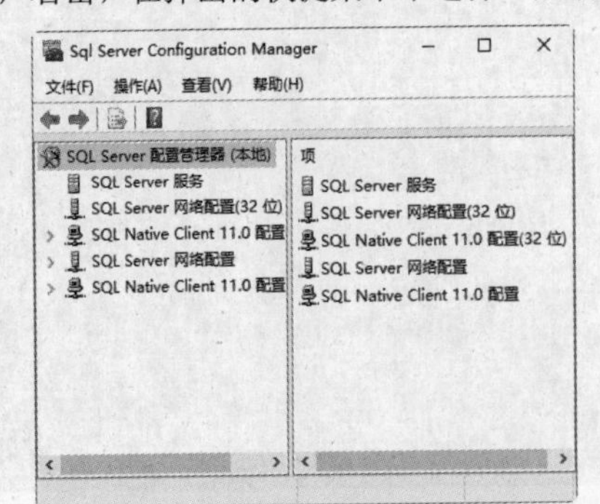

图 2-9 SQL Server Configuration Manager 窗口

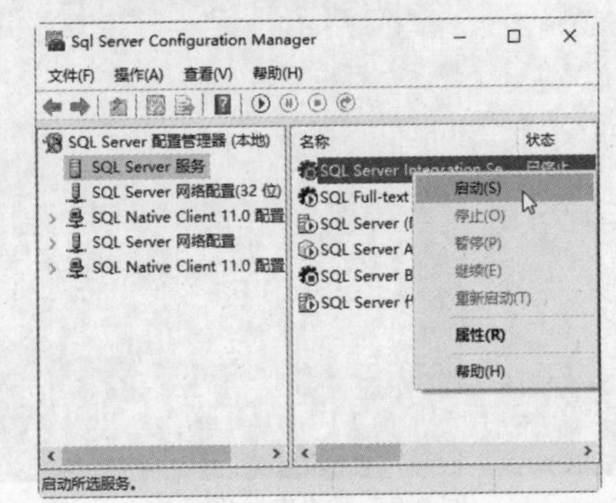

图 2-10 选择“启动”命令

2.2.2　登录 SQL Server 2017 数据库

SQL Server 数据库服务已经启动，SQL Server Management Studio 也已安装完毕，下面我们就可以登录 SQL Server 2017 数据库，来看看它的庐山真面目了。

1. 通过 SQL Server Management Studio 登录 SQL Server 2017 数据库

（1）选择“开始”→Microsoft SQL Server Tools 18→SQL Server Management Studio 选项，打开“连接到服务器”对话框，在其中设置服务器类型、服务器名称、身份验证等信息，如图 2-11 所示。

图 2-11　“连接到服务器”对话框

（2）单击“连接”按钮，即可登录到 SQL Server 2017 数据库，并进入其工作界面，如图 2-12 所示。

“连接到服务器”对话框中主要参数介绍如下。

（1）服务器类型：根据安装的 SQL Server 的版本，这里可能有多种不同的服务器类型，对于本书，将主要讲解数据库服务，所以这里选择“数据库引擎”。

（2）服务器名称：下拉列表框中列出了所有可以连接的服务器的名称，这里的 S4XOIEH28VVY02W 为笔者主机的名称，表示连接到一个本地主机；如果要连接到远程数据服务器，则需要输入服务器的 IP 地址。

（3）身份验证：最后一个下拉列表框中指定连接类型，如果设置了混合验证模式，可以在下拉列表框中使用 SQL Server 身份登录，此时，将需要输入用户名和密码；在前面安装过程中指定使用 Windows 身份验证，因此这里选择“Windows 身份验证”。

2. SQL Server Management Studio 的工作界面

在 SQL Server Management Studio 工作界面中，从上至下依次是菜单栏、工具栏和工作区，工作区左侧是对象资源管理器，右侧是操作时显示界面的位置。

对象资源管理器主要用来管理数据库中的对象，包括数据库、安全性、服务器对象、复制、管理以及 SQL Server 代理等。另外，还需要特别说明的是书写 SQL 语句的位置，通过单击“新建查询”按钮，可以打开书写 SQL 语句的位置，如图 2-13 所示。

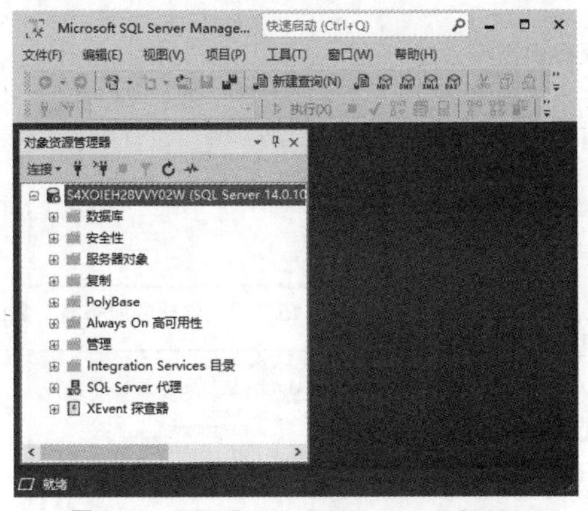

图 2-12　SQL Server Management Studio 工作界面

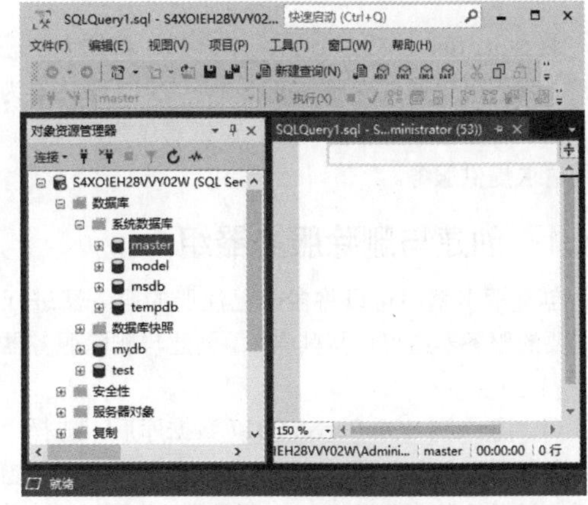

图 2-13　打开查询窗口

在书写 SQL 语句工作区域中，需要注意两个地方，一个是显示 master 的地方，它代表的是当前正在使用的数据库名称为 master；另一个地方是对象资源管理器右边的空白区域，它是用来书写 SQL 语句的地方，这在后面的章节中会经常用到。

微视频

2.3 认识 SQL Server 2017 系统数据库

在安装好 SQL Server 2017 之后，会自动建立 4 个系统数据库，分别是 master、model、msdb 和 tempdb。在登录到 SQL Server 2017 之后，在“对象资源管理器”中依次打开“数据库”→“系统数据库”节点，就可以看到这 4 个系统数据库了，如图 2-14 所示。

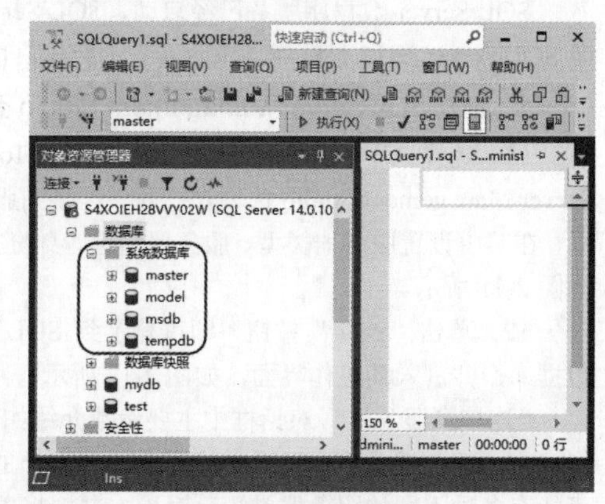

图 2-14 系统数据库

1. master 数据库

master 数据库是 SQL Server 2017 中最重要的数据库，是整个数据库服务器的核心。用户不能直接修改该数据库，如果损坏了 master 数据库，那么整个 SQL Server 服务器将不能工作。

2. model 数据库

model 数据库是 SQL Server 2017 中创建数据库的模板，对 model 数据库进行的修改，如数据库大小、排序规则、恢复模式和其他数据库选项等，将应用于以后创建的数据库。

3. msdb 数据库

msdb 数据库提供运行 SQL Server Agent 工作的信息。SQL Server Agent 是 SQL Server 中的一个 Windows 服务，该服务用来运行制定的计划任务。计划任务是在 SQL Server 中定义的一个程序，该程序不需要干预即可自动开始执行。

4. tempdb 数据库

tempdb 数据库是 SQL Server 中的一个临时数据库，用于存放临时对象或中间结果，SQL Server 关闭后，该数据库中的内容被清空，每次重新启动服务器之后，tempdb 数据库将被重建。

微视频

2.4 注册 SQL Server 2017 服务器

将 SQL Server 安装到系统中之后，将作为一个服务由操作系统监控，我们可以通过注册 SQL Server 2017 服务器为客户机确定一台 SQL Server 数据库所在的机器，该机器作为服务器，可以为客户端的各种请求提供服务。

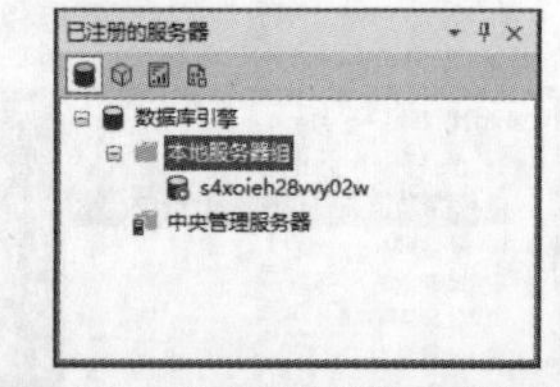

图 2-15 “已注册的服务器”窗口

2.4.1 创建与删除服务器组

创建服务器组可以将多个已注册的服务器进行分组管理，对于不需要的服务器组可以将其删除，创建与删除服务器组可以分为如下几步。

（1）登录到 SQL Server 2017 数据库后，选择“视图”→“已注册的服务器”命令，即可打开“已注册的服务器”窗口，在其中显示了所有已经注册的 SQL Server 服务器，如图 2-15 所示。

（2）右击“本地服务器组”节点，在弹出的快捷菜单中选择“新建服务器组”命令，如图 2-16 所示。

（3）打开“新建服务器组属性”对话框，在其中输入服务器组的名称和服务器组的说明信息，如图 2-17 所示。

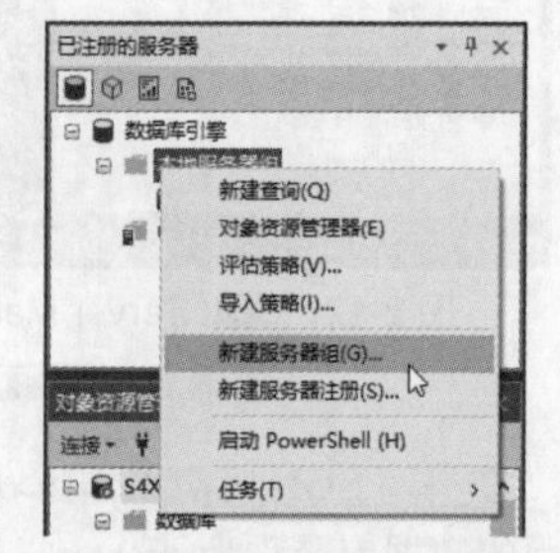

图 2-16 选择“新建服务器组”命令

（4）单击“确定”按钮，返回到“已注册的服务器”窗口，即可看到新建的服务器组，如图 2-18 所示。

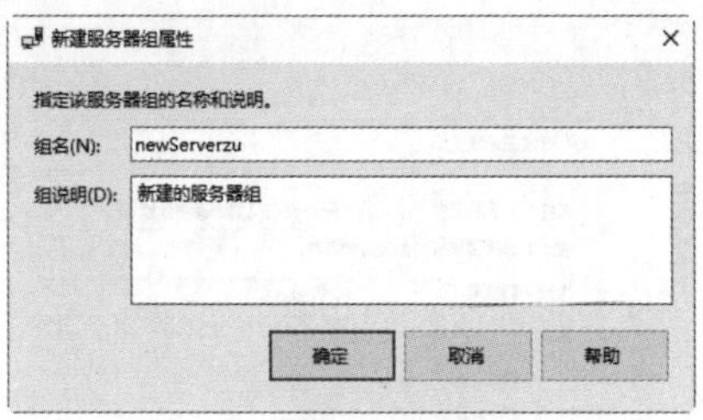

图 2-17　“新建服务器组属性”对话框

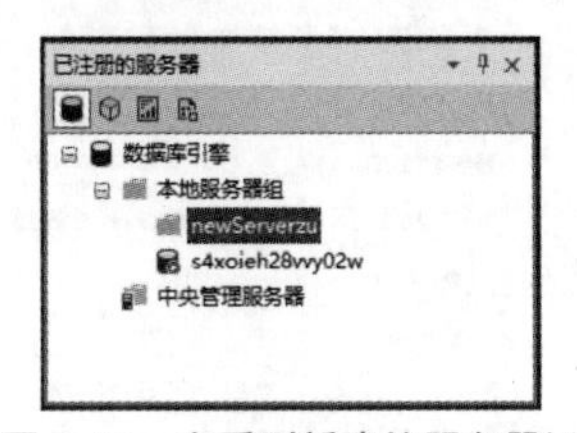

图 2-18　查看到新建的服务器组

（5）如果想删除不用的服务器组，可以在选择要删除的服务器组后，右击，在弹出的快捷菜单中选择“删除”命令，如图 2-19 所示。

（6）弹出“确认删除”对话框，单击 Yes 按钮，即可删除选择的服务器组，如图 2-20 所示。

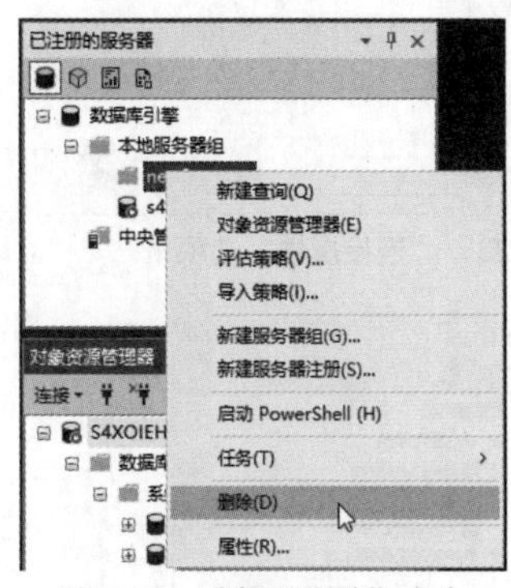

图 2-19　选择“删除”命令

图 2-20　删除服务器组

2.4.2　注册与删除服务器

通过注册服务器，可以存储服务器连接的信息，以供在连接该服务器时使用。注册与删除服务器可以分为如下几步。

（1）打开“已注册的服务器”窗口，选择需要注册服务器的服务器组后，右击，在弹出的快捷菜单中选择“新建服务器注册”命令，如图 2-21 所示。

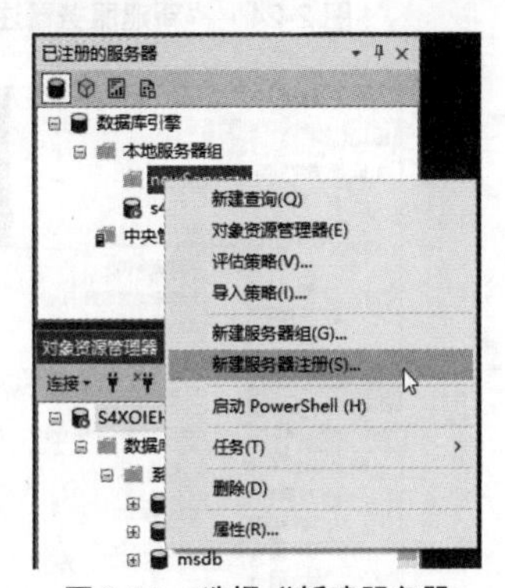

图 2-21　选择“新建服务器注册”命令

（2）打开“新建服务器注册”对话框，默认选择“常规”选项卡，这里包括了服务器类型、服务器名称、登录时身份验证的方式、登录所用的用户名、密码、已注册的服务器名称、已注册的服务器说明等设置信息，如图 2-22 所示。

（3）选择“连接属性”选项卡，包括了所要连接服务器中的数据库、连接服务器时使用的网络协议、发送的网络数据包的大小、连接时等待建立连接的秒数、连接后等待任务执行的秒数等，如图 2-23 所示。

（4）单击“测试”按钮，打开“新建服务器注册”对话框，提示连接测试成功，如图 2-24 所示。

（5）单击“保存”按钮，即可完成服务器的注册，如图 2-25 所示。

（6）对于不需要的注册服务器，可以将其删除，选择需要删除的服务器，右击，在弹出的快捷菜单中选择“删除”命令，如图 2-26 所示。

（7）打开“确认删除”对话框，单击 Yes 按钮，即可删除选择的服务器，如图 2-27 所示。

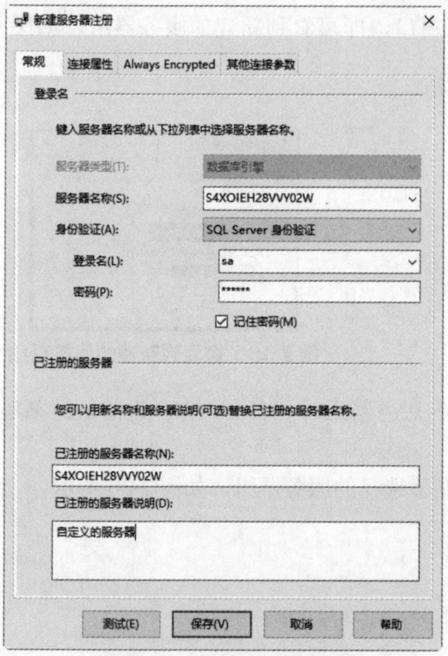

图 2-22 “常规”选项卡

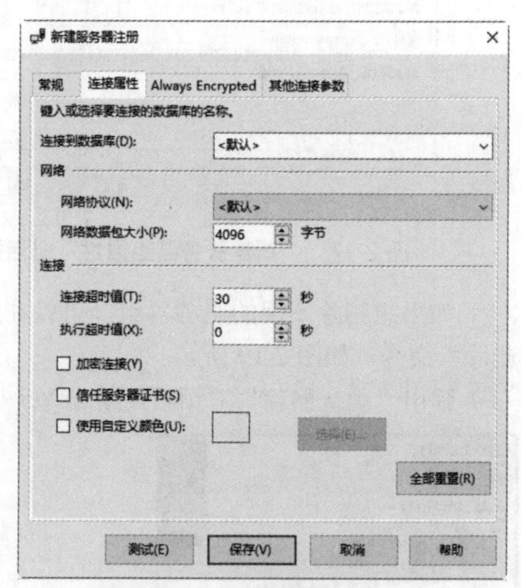

图 2-23 “连接属性”选项卡

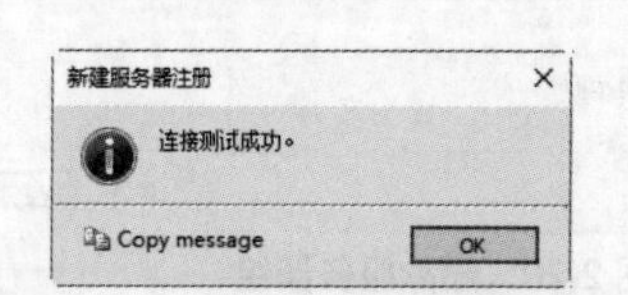

图 2-24 “新建服务器注册”对话框

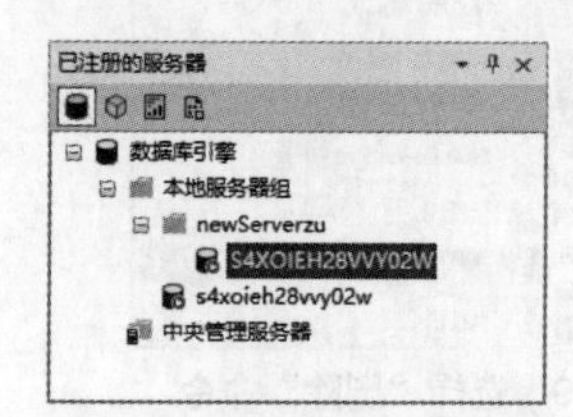

图 2-25 新注册的服务器

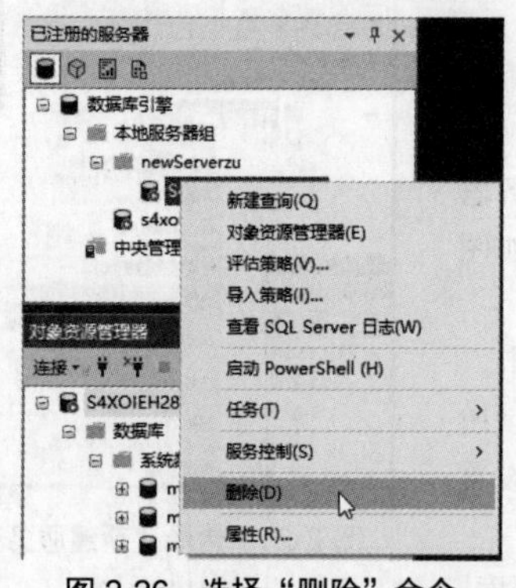

图 2-26 选择“删除”命令

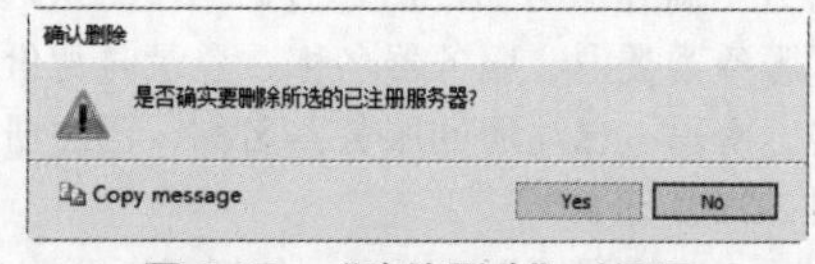

图 2-27 “确认删除”对话框

微视频

2.5 配置身份验证模式

通过配置服务器属性可以提高 SQL Server 服务器的安全性与稳定性。使用 SQL Server Management Studio 来配置服务器属性是最简单也是最常用的方法。配置服务器属性可以分为如下几步。

（1）运行 SQL Server Management Studio，以任意一种身份验证模式登录服务器，如图 2-28 所示。

（2）选择“对象资源管理器”窗口中当前登录的服务器，右击，在弹出的快捷菜单中选择“属性”命令，如图 2-29 所示。

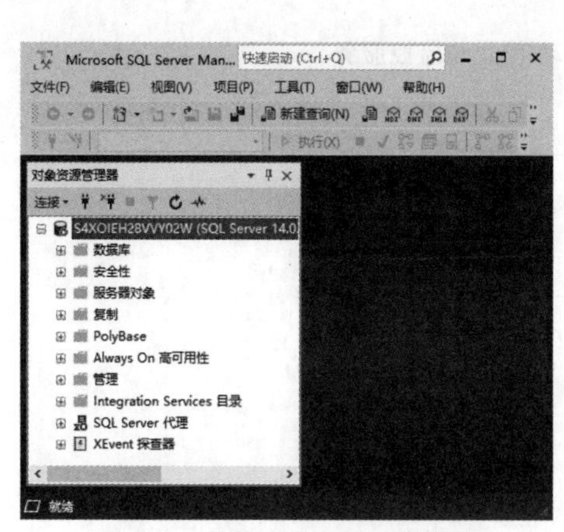

图 2-28　登录 SQL Server 服务器

图 2-29　选择“属性”命令

（3）在打开的“服务器属性”窗口中选择“安全性”选项，打开 SQL Server 服务器安全性配置页面。在“服务器身份验证”选项组中选中“SQL Server 和 Windows 身份验证模式”单选按钮，如图 2-30 所示。

（4）单击“确定”按钮进行保存，这时会弹出一个信息提示框，提示用户需要重新启动 SQL Server 后，所进行的修改配置才能生效，如图 2-31 所示。

（5）关闭信息提示框，返回到 SQL Server Management Studio 中，重启 SQL Server 服务器以后，身份验证模式才能生效，这时“连接到服务器”对话框中的身份验证模式变为 SQL Server 身份验证，如图 2-32 所示。

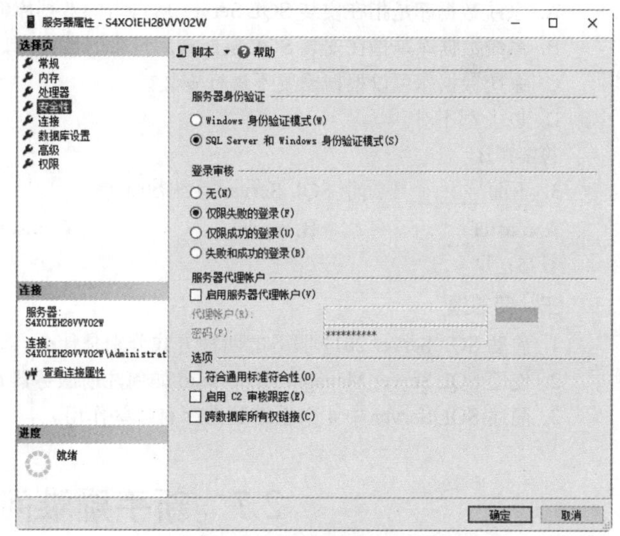

图 2-30　“服务器属性”对话框

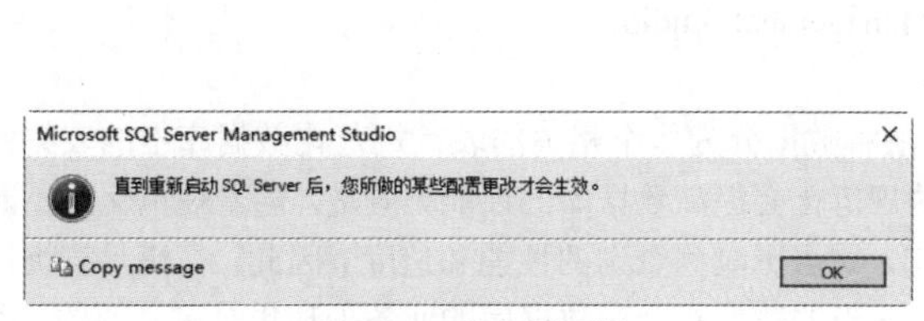

图 2-31　信息提示框

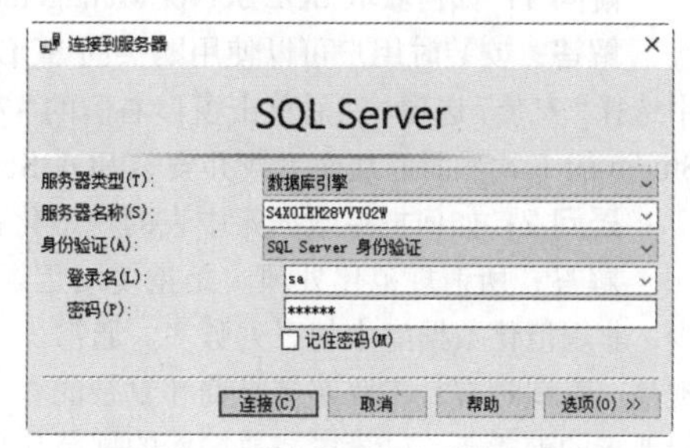

图 2-32　“连接到服务器”对话框

2.6　课后习题与练习

一、填充题

1. SQL Server 2017 的登录方式有________种。

答案：2

2. SQL Server 2017 使用____________管理工具来启动/停止与监控服务。

答案：SQL Server 配置管理器

3. SQL Server 2017 的系统数据库分别是 master、________、________、________。

答案：model，msdb，tempdb

二、选择题

1. 下面关于 SQL Server 2017 登录描述正确的是_______。

A. 该数据库不用启动任何服务就可以直接登录

B. 该数据库只能使用用户名和密码的方式登录

C. 该数据库只能使用 Windows 用户登录方式登录

D. 以上都不对

答案：D

2. 下面对系统数据库描述正确的是_______。

A. 系统数据库是指在安装 SQL Server 后自带的数据库，可以将其删除

B. 系统数据库是指在安装 SQL Server 后自带的数据库，不能将其删除

C. 系统数据库可以根据需要不进行安装

D. 以上都不对

答案：B

3. 下面_______不属于 SQL Server 系统数据库。

A. master　　B. model　　C. msdb　　D. pubs

答案：D

三、简答题

1. 启动 SQL Server 2017 服务的两种方式分别是什么，如何操作？

2. 使用 SQL Server Management Studio 如何注册服务器？

3. 简述 SQL Server 中 4 个系统数据库有哪些作用。

2.7　新手疑难问题解答

疑问 1：如何获取 SQL Server Management Studio 安装程序？

解答：安装时用户可以使用购买的 SQL Server 安装光盘进行安装，在“SQL Server 安装中心”界面中选择“安装”选项，然后单击窗口右侧的“安装 SQL Server 管理工具”选项，进入 SQL Server Management Studio 的下载界面，从而下载并安装 SQL Server Management Studio。

疑问 2：如何把握数据库中表的规范化程度？

解答：所谓规范化处理，是指使用正规的方法将数据分为多个相关的表，规范化数据库中的表列数少，非规范化数据库中的表列数多。通常，合理的规范化会提高数据库的性能。但是，随着规范化的不断提高，查询时常常需要连接查询和复杂的查询语句，这会影响到查询的性能和速度。因此，在满足查询性能要求的前提下，尽量提高数据库的规范化程度，适当的数据冗余对数据库的业务处理也是有必要的，不必刻意追求表的高规范化。

2.8　实战训练

使用 SQL Server Management Studio 执行简单查询。SQL Server Management Studio 是为了 SQL Server 特别设计的管理集成环境，与早期版本相比，SQL Server Management Studio 18 为用户提供了更多功能，

并具有更大的灵活性。本上机实训要求读者能够使用 SQL Server Management Studio 工具完成登录 SQL Server 2017 服务器，选择数据库，执行简单查询和查看查询结果等操作，如图 2-33 所示。

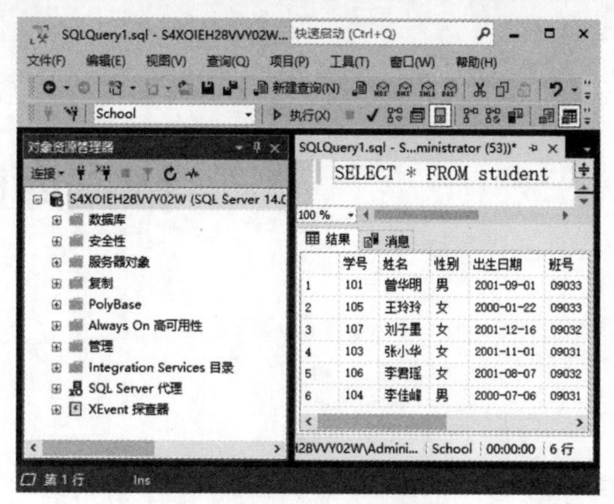

图 2-33　执行 SQL 查询

第3章

数据库的创建与操作

本章内容提要

数据库是指长期存储在计算机内，有组织的、有结构的、可共享的数据集合，形象地讲，数据库是存储数据的仓库。对于数据的操作，也只有创建了数据库之后才能进行。本章介绍数据库的创建与操作，主要内容包括创建数据库、修改数据库、删除数据库、查看数据库信息等。

3.1　创建数据库

微视频

在 SQL Server 2017 中，除了系统数据库之外，如果要使用其他数据库，第 1 步就是要创建数据库。在创建数据库前，首先需要确定的是数据库存放哪些数据，这样就可以根据数据库的用途来给数据库命名了。

3.1.1　了解数据库的结构

在创建数据库之前，还需要了解一下数据库的结构。在 SQL Server 数据库中，一个数据库通常由数据文件和事务日志组成，一个数据库可以由一个或多个数据文件和事务日志组成。

数据文件是存储数据的地方，事务日志是用来记录存储数据的时间和操作的，可以根据事务日志来恢复数据库中的数据。因此，不能随便将事务日志文件删除。数据文件的扩展名为.mdf，而事务日志文件的扩展名是.ldf。这样我们在看到扩展名后，就可以知道是数据库中哪种类型的文件了。

虽然数据库可以包含多个数据文件与日志文件，但是数据文件是有主次之分的，主要分为主要数据文件与次要数据文件，因此，一个数据库可以使用三类文件来存储信息。

- 主要数据文件：主要数据文件主要存储数据库的启动信息、用户数据和对象，如果有次要数据文件，其引用信息也包含在内。一个数据库只能有一个主要数据文件，默认文件扩展名为.mdf。
- 次要数据文件：如果主要数据文件超过了单个 Windows 文件的最大限制，可以使用次要数据文件存储用户数据。次要数据文件可以将数据分散到不同磁盘中，默认文件扩展名为.ndf。
- 事务日志文件：事务日志文件主要用来恢复数据库日志信息，每个数据库至少应该包括一个事务日志文件，默认文件扩展名为.ldf。

3.1.2　创建数据库的语法

在 SQL Server 2017 中，使用 CREATE 语句可以创建数据库，该语句的语法格式如下：

```
CREATE DATABASE database_name
[ ON
    [ PRIMARY ] [<filespec> [ ,...n ]]
]
[ LOG ON
[<filespec> [ ,...n ]]
];
```

主要参数介绍如下。

- database_name：数据库名称，不能与 SQL Server 中现有的数据库实例名称相冲突，最多可以包含 128 个字符。数据库名称不能以数据开头，一般是以英文单词或缩写或汉语拼音来命名。
- ON：显示定义，用来存储数据库数据部分的数据文件。如果省略了 ON 语句，系统也会默认创建一个数据库。数据库的数据文件和日志文件都与数据库的名称一样，只是扩展名不同而已。这样文件会存储到数据库安装的默认路径中。
- PRIMARY：主数据文件。所谓主数据文件就是在创建数据库时指定的第一个数据文件。一个数据库中只能有一个主数据文件，其他的数据文件被称为次要数据文件。如果在创建数据库时没有指定 PRIMARY，那么 CREATE DATABASE 语句中列出的第一个文件将成为主数据文件。
- LOG ON：指定用来存储数据库日志的日志文件。如果没有指定 LOG ON，系统也会为其自动创建一个日志文件。

3.1.3　一行语句创建数据库

一行语句其实就是创建数据库的语法只保留必要的关键字，其余的参数由系统自动创建，这一行语句就是 CREATE DATABASE database_name。

实例 1：创建名称为 MR_db 数据库。

在“查询编辑器”窗口中输入以下语句。

```
CREATE DATABASE MR_db;
```

单击“执行”按钮，即可创建 MR_db 数据库，这时，在“对象资源管理器”窗口中可以看到新创建的数据库，如图 3-1 所示。

提示：如果刷新 SQL Server 2017 中的数据库节点后，仍然看不到新建的数据库，可以重新连接对象资源管理器，即可看到新建的数据库。

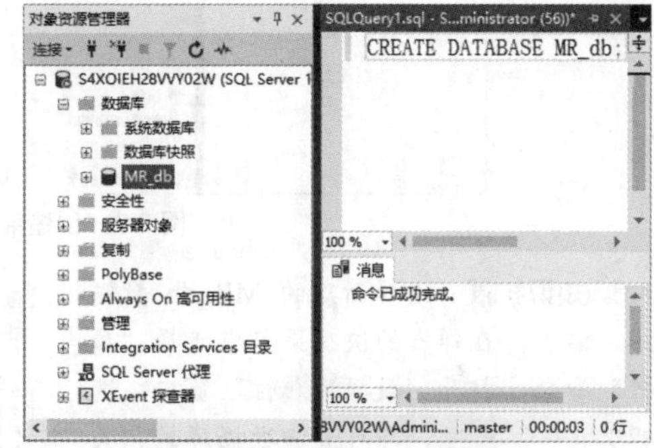

图 3-1　创建 MR_db 数据库

3.1.4　创建带有自定义参数的数据库

有时，为方便数据库管理员的管理，也便于查找数据库的位置，通常会在创建数据库时为数据库指定一个保存位置，并设置其他的相关参数。为数据库指定位置不仅可以指定数据文件的位置也可以指定日志文件的位置，一般情况下，会将数据文件和日志文件指定保存在同一个文件夹下。

实例 2：创建带有自定义参数的 MR_db 数据库。

创建 MR_db 数据库，该数据库的主数据文件逻辑名称为 sample-db，物理文件名称为 sample.mdf，初始文件大小为 10MB，最大尺寸为 30MB，增长速度为 5%；数据库日志文件的逻辑名称为 sample_log，保存日志的物理文件名称为 sample.ldf，初始文件大小为 5MB，最大尺寸为 15MB，增长速度为 10%。

在“查询编辑器”窗口中输入以下语句。

```
CREATE DATABASE [MR_db] ON PRIMARY
(
NAME = 'sample_db',                              --数据文件的逻辑名称
FILENAME = 'D:\database\sample.mdf',             --数据文件的存放位置
SIZE=10MB,                                       --数据文件的大小
MAXSIZE =30MB,                                   --数据文件的最大值
FILEGROWTH=5%                                    --数据文件的增长量
)
LOG ON
(
NAME = 'sample_log',                             --日志文件的逻辑名称
FILENAME = 'D:\database\sample_log.ldf',         --日志文件的存放位置
SIZE=5MB,                                        --日志文件的大小
MAXSIZE=15MB,                                    --日志文件的最大值
```

```
FILEGROWTH =10%                              --日志文件的增长量
)
GO
```

单击“执行”命令 ▶ 执行(X)，命令执行成功之后，在“消息”窗格中显示命令已成功完成的信息提示。刷新 SQL Server 2017 中的数据库节点，可以在子节点中看到新创建的名称为 MR_db 的数据库，如图 3-2 所示。

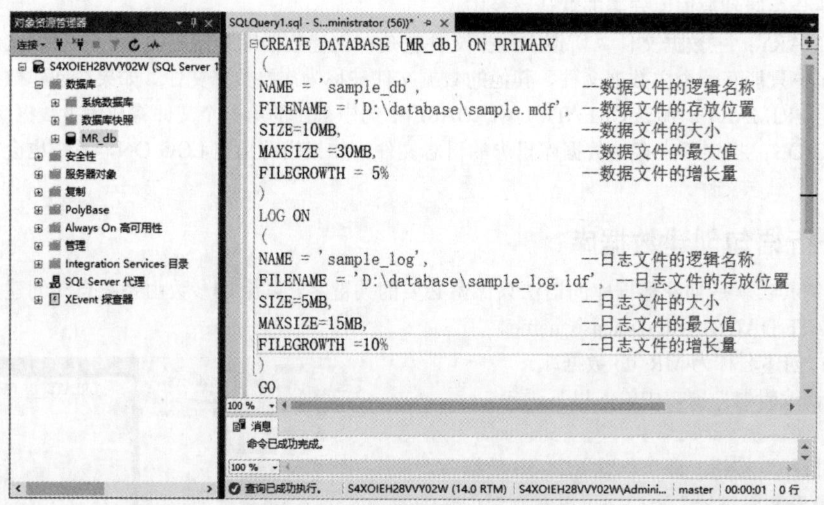

图 3-2 创建带有参数的 MR_db 数据库

知识扩展：选择新建的 MR_db 数据库，右击，在弹出的快捷菜单中选择“属性”命令，打开“数据库属性”窗口，选择“文件”选项，即可查看数据库的相关信息。可以看到，这里各个参数值与 SQL 代码中指定的值完全相同，如图 3-3 所示。

注意：在创建数据库之前，要先确保 D 盘下的 database 文件夹已经存在，否则在执行代码时，会在“消息”提示框中显示如图 3-4 所示的错误提示。

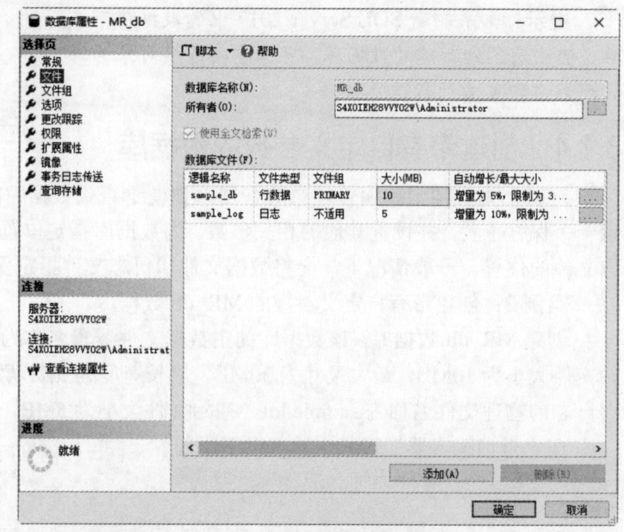

图 3-3 “数据库属性”窗口

图 3-4 错误提示信息

3.1.5 创建包含多个文件的数据库

一个数据库只能包含一个数据文件与一个日志文件吗？当然不是了。在创建数据库时，我们可以根据需要定义多个数据文件或日志文件。那么，一个数据库中会包含无数个数据文件吗？当然也不是了，它最大包含 32 767 个文件。

实例 3：创建包含有多个文件的数据库。

创建数据库 FU_db，该数据库包含两个数据文件和两个日志文件，在“查询编辑器”窗口中输入以下语句。

```
CREATE DATABASE [FU_db] ON PRIMARY
(
NAME = 'FU_db_1',                                   --数据文件的逻辑名称
FILENAME = 'D:\database\FU_db_1.mdf',               --数据文件的存放位置
SIZE=10MB,                                          --数据文件的大小
MAXSIZE =30MB,                                      --数据文件的最大值
FILEGROWTH = 5%                                     --数据文件的增长量
) ,
(
NAME ='FU_db_2',                                    --数据文件的逻辑名称
FILENAME = 'D:\database\FU_db_2.ndf',               --数据文件的存放位置
SIZE=20MB,                                          --数据文件的大小
MAXSIZE =50MB,                                      --数据文件的最大值
FILEGROWTH =10%                                     --数据文件的增长量
)
LOG ON
(
NAME = 'FU_db_log_1',                               --日志文件的逻辑名称
FILENAME = 'D:\database\FU_db_log_1.ldf',           --日志文件的存放位置
SIZE=5MB,                                           --日志文件的大小
MAXSIZE=15MB,                                       --日志文件的最大值
FILEGROWTH =10%                                     --日志文件的增长量
),
(
NAME = 'FU_db_log_2',                               --日志文件的逻辑名称
FILENAME = 'D:\database\FU_db_log_2.ldf',           --日志文件的存放位置
SIZE=10MB,                                          --日志文件的大小
MAXSIZE=30MB,                                       --日志文件的最大值
FILEGROWTH=5%                                       --日志文件的增长量
)
GO
```

单击“执行”按钮，命令执行成功之后，在“消息”窗格中显示命令已成功完成的信息提示。刷新 SQL Server 2017 中的数据库节点，可以在子节点中看到新创建的名称为 FU_db 的数据库，如图 3-5 所示。

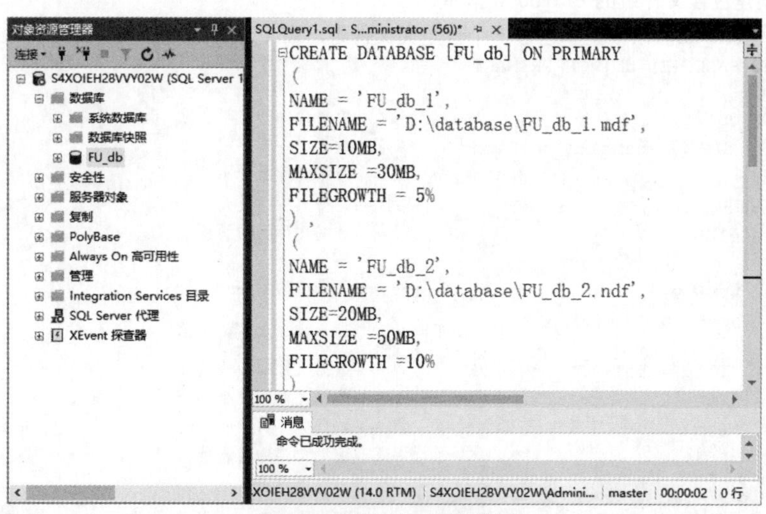

图 3-5 创建 FU_db 数据库

选择 FU_db 数据库，右击，在弹出的快捷菜单中选择“属性”命令，打开“数据库属性”窗口，选择“文件”选项，可以在“数据库文件”窗口中查看该数据库包含的文件信息，包括逻辑名称、文件类型、

文件组、大小等，如图3-6所示。

另外，打开D盘目录下的database文件夹，可以看到里面有4个与FU_db数据库相关的数据文件，如图3-7所示。

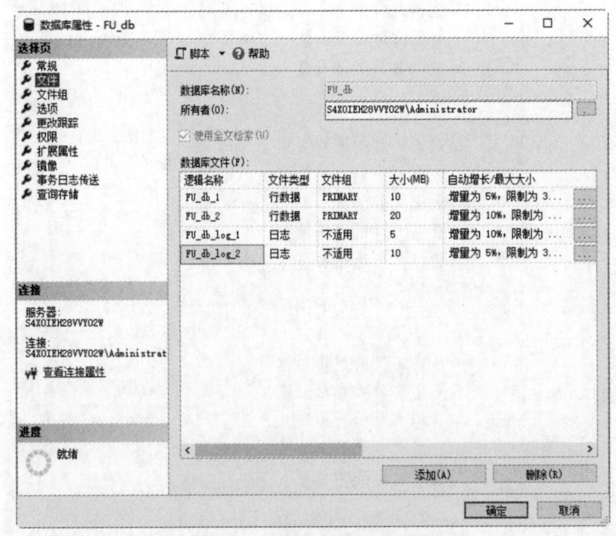

图3-6 “数据库属性”窗口

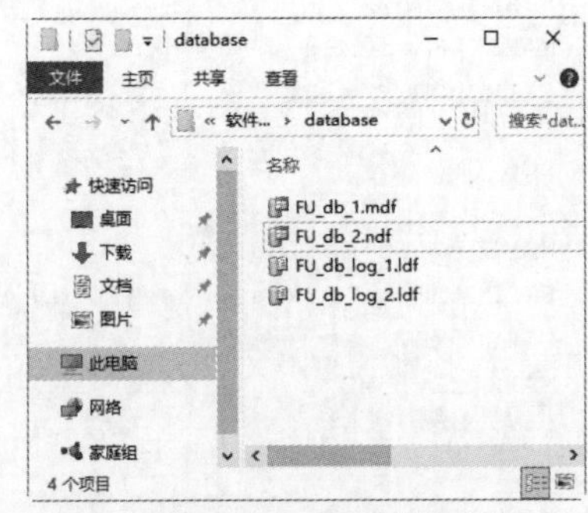

图3-7 database文件夹

注意：在数据库中，数据文件与日志文件是不能重名的。实际上，一个数据库只有一个主数据文件，扩展名为.mdf，其他数据文件为次要数据文件，其扩展名为.ndf。

3.1.6 创建包含文件组的数据库

创建包含文件组数据库的语法格式与创建包含多个文件数据库的语法类似。数据库中的文件组从字面上理解，就是在文件组中存放多个文件。在每一个数据库中都可以存在多个文件组，而且一定会有一个主文件组，其他的文件组为用户自定义文件组。

实例4：创建包含文件组的EM_db数据库。

创建数据库EM_db，该数据库包含一个自定义文件组，在“查询编辑器”窗口中输入以下语句。

```
CREATE DATABASE [EM_db] ON PRIMARY
(
NAME = 'EM_db_1',                          --数据文件的逻辑名称
FILENAME = 'D:\database\EM_db_1.mdf',      --数据文件的存放位置
SIZE=10MB,                                 --数据文件的大小
MAXSIZE =30MB,                             --数据文件的最大值
FILEGROWTH =10%                            --数据文件的增长量
),
FILEGROUP EM_db_group                      --文件组的名称
(
NAME ='EM_db_2',                           --数据文件的逻辑名称
FILENAME = 'D:\database\EM_db_2.ndf',      --数据文件的存放位置
SIZE=20MB,                                 --数据文件的大小
MAXSIZE =50MB,                             --数据文件的最大值
FILEGROWTH =10%                            --数据文件的增长量
)
LOG ON
(
NAME ='EM_db_log_1',                       --日志文件的逻辑名称
FILENAME = 'D:\database\EM_db_log_1.ldf',  --日志文件的存放位置
SIZE=5MB,                                  --日志文件的大小
```

```
    MAXSIZE=15MB,                                   --日志文件的最大值
    FILEGROWTH=5%                                   --日志文件的增长量
    )
```

单击“执行”按钮，命令执行成功之后，在“消息”窗格中显示命令已成功完成的信息提示。刷新 SQL Server 2017 中的数据库节点，可以在子节点中看到新创建的名称为 EM_db 的数据库，如图 3-8 所示。

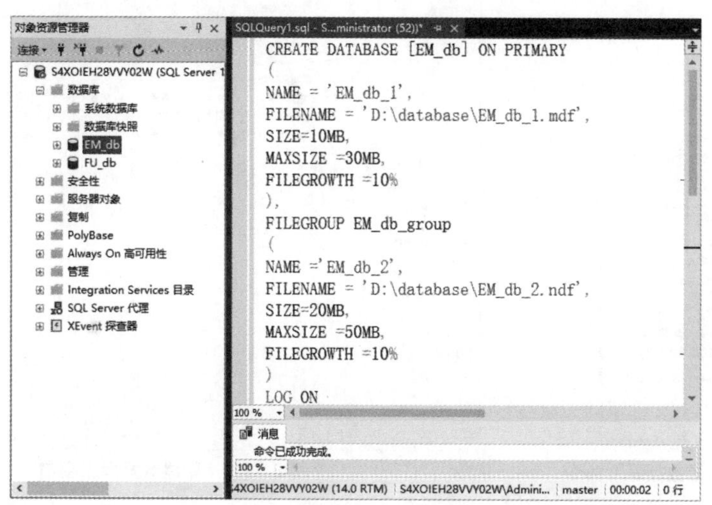

图 3-8　创建 EM_db 数据库

选择 EM_db 数据库，右击，在弹出的快捷菜单中选择“属性”命令，打开“数据库属性”窗口，选择“文件组”选项，可以在右侧的窗口中查看该数据库包含的文件组信息，包括文件组的名称、包含的文件数量等，如图 3-9 所示。

知识扩展： 在创建数据库时，数据文件或日志文件的大小一定要大于 512KB，否则就无法成功创建数据库。另外，文件的单位不仅可以为 KB 或 MB，还可以是 GB、TB 等单位。在文件增长量部分也可以使用百分比的形式，可使用 KB 或 MB 作为其单位。如果不能预测数据库的最大容量，可以将 maxsize 的值设置成 Unlimited（无限制）。

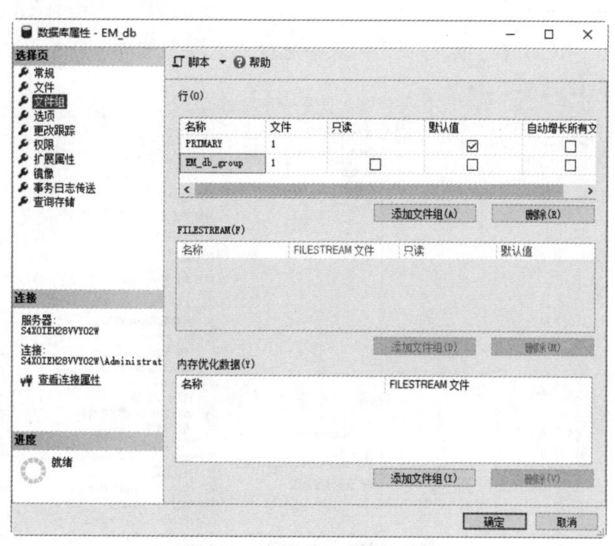

图 3-9　选择“文件组”选项

3.1.7　以图形向导方式创建数据库

在 SQL Server Management Studio 中，我们可以以图形向导方式创建数据库，还可以在创建数据库时更改数据文件的大小、文件的存放位置以及添加文件、使用文件组等操作。

创建 my_db 数据库的过程可以分为如下几步。

（1）启动 SQL Server Management Studio 并登录到 SQL Server 2017 数据库，在“对象资源管理器”中打开“数据库”节点，选择“数据库”节点，右击，在弹出的快捷菜单中选择“新建数据库”命令，如

图 3-10 所示。

（2）打开“新建数据库”窗口，默认选择“常规”选项，在“常规”选项卡中设置创建数据库的参数，这里输入数据库的名称，并设置初始大小等参数，如图 3-11 所示。

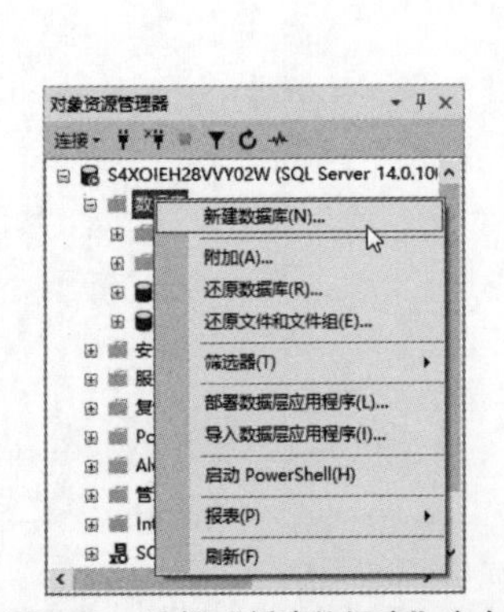

图 3-10 选择“新建数据库”命令

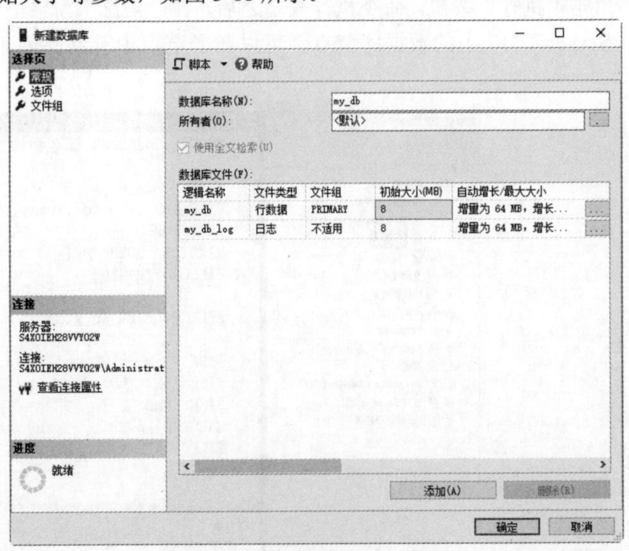

图 3-11 “新建数据库”窗口

注意：数据库名称中不能包含以下 Windows 不允许使用的非法字符：“"” “'” “*” “/” “?” “:” “\” “<” “>” “–”。

（3）在“选择页”列表中选择“选项”选项，在打开的界面中可以设置有关选项的相关参数，如图 3-12 所示。

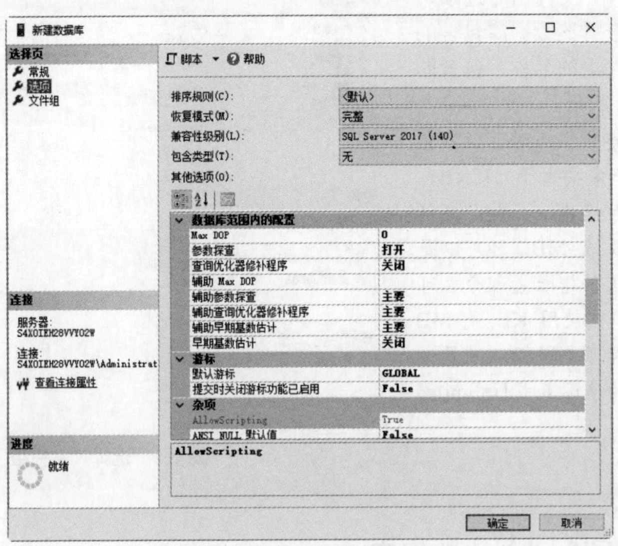

图 3-12 “选项”选项卡

（4）在“文件组”选项卡中，可以设置或添加数据库文件和文件组的属性，例如是否为只读，是否有默认值，如图 3-13 所示。

（5）单击“确定”按钮，即可创建 my_db 数据库，在“对象资源管理器”中可以查看新创建的名称为 my_db 的数据库，如图 3-14 所示。

图 3-13　“文件组”选项卡

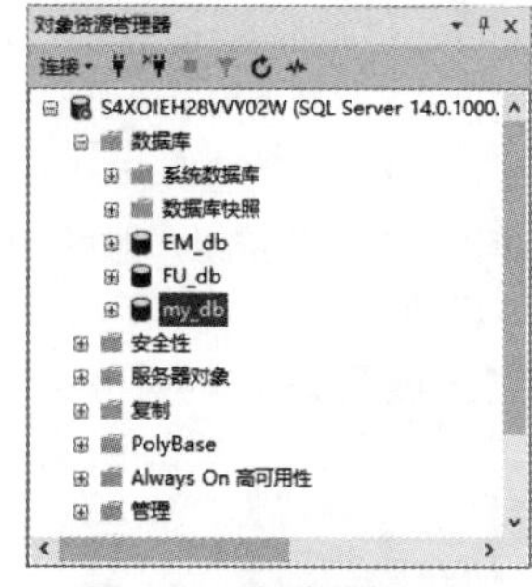

图 3-14　创建的数据库

注意：SQL Server 2017 在创建数据库的过程中，将对数据库进行检验，如果存在一个相同名称的数据库，则创建操作失败，并提示错误信息，如图 3-15 所示。

图 3-15　错误信息提示

3.2　修改数据库

微视频

数据库创建完毕后，它不是一成不变的，我们可以根据自己的需要对数据库进行修改操作，比如修改数据库的名称、修改数据库的初始大小与最大容量值、添加数据文件或文件组、清理无用的数据文件等。

3.2.1　修改数据库的名称

数据库创建完毕后，如果发现数据库的名称不符合需要，可以通过下面两个方法修改。

1. 使用 ALTER DATABASE 语句修改

具体的语法格式如下。

```
ALTER DATABASE old_database_name
MODIFY NAME=new_database_name
```

主要参数介绍如下。

- old_database_name：原来数据库的名称。
- new_database_name：指定新的数据库名称。

实例 5：将数据库 my_db 的名称修改为 my_dbase，在“查询编辑器”窗口中输入以下语句。

```
ALTER DATABASE my_db                    --指定要修改数据库的名称
MODIFY NAME = my_dbase;                 --指定新数据库的名称
```

单击“执行”按钮，即可更改数据库的名称，刷新数据库节点，可以看到修改后的新的数据库名称，如图 3-16 所示。

2. 使用存储过程 sp_renamedb 更改

使用存储过程 sp_renamedb 可以更改数据库的名称，最终结果与 ALTER DATABASE 语句的效果是一样的，不过使用 sp_renamedb 会更简单一些，具体的语法格式如下。

```
sp_renamedb old_database_name,new_database_name
```

主要参数介绍如下。

- old_database_name：原来数据库的名称。
- new_database_name：指定新的数据库名称。

实例 6：将数据库 my_dbase 的名称修改为 newmy_dbase，在“查询编辑器”窗口中输入以下语句。

```
sp_renamedb my_dbase,newmy_dbase;                --使用存储过程修改数据库的名称
```

单击“执行”按钮，即可更改数据库的名称，刷新数据库节点，可以看到修改后的新的数据库名称，如图 3-17 所示。

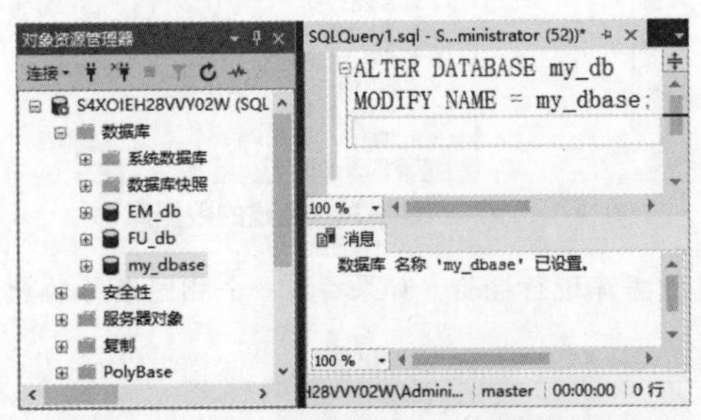

图 3-16 使用 ALTER 语句更改数据库的名称

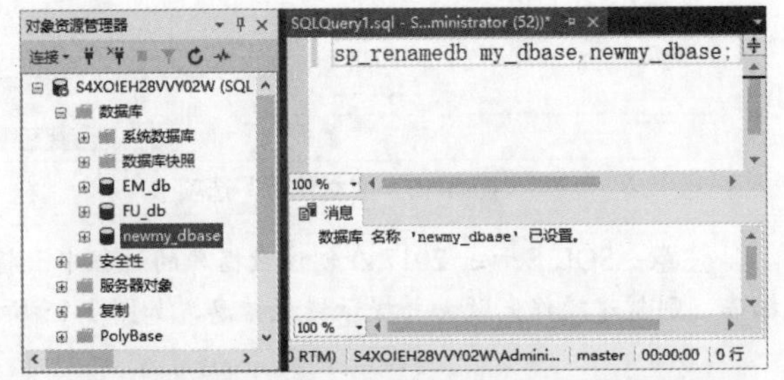

图 3-17 使用 SP_RENAMEDB 语句更改数据库的名称

3.2.2 修改数据库的初始大小

数据库的初始大小实际上就是数据库中数据文件的初始大小。使用 ALTER DATABASE 语句可以修改数据库的初始大小，具体的语法格式如下。

```
ALTER DATABASE database_name
MODIFY FILE
{
     NAME =datafile_name,
     NEWNAME =new_datafile_name,
     FILENAME ='file_path',
     SIZE=new_size,
     MAXSIZE =new_maxsize,
     FILEGROWTH=new_filegrowth
}
```

主要参数介绍如下。

- database_name：数据库的名称。
- NAME：数据文件名，也就是要修改的数据文件的名称。
- NEWNAME：更改后的数据文件名称，如果不需要修改数据文件的名称，该语句可以省略。
- FILENAME：设置数据文件保存的位置，如果不需要修改数据文件的保存位置，该语句可以省略。
- SIZE：数据文件的初始大小，如果不需要修改数据文件的初始大小，该语句可以省略。
- MAXSIZE：数据文件的最大值，如果不需要修改数据文件的最大值，该语句可以省略。
- FILEGROWTH：文件自动增长值，如果不需要修改数据文件的自动增长值，该语句可以省略。

实例 7：将 my_dbase 数据库中的主数据文件 my_db 的初始大小修改为 20MB，在“查询编辑器”窗口中输入以下语句。

```
ALTER DATABASE my_dbase --指定要修改数据库的名称
MODIFY FILE
(
     NAME=my_db,          --指定要修改数据文件的名称
```

```
        SIZE=20MB        --指定要修改数据文件的初始大小
    );
```

单击“执行”按钮，my_db 的初始大小将被修改为 20MB，如图 3-18 所示。打开 my_db 数据库的“数据库属性”窗口，在“文件”选项卡中可以看到 my_db 数据文件的初始大小被修改为 20MB，如图 3-19 所示。

图 3-18 输入并执行语句

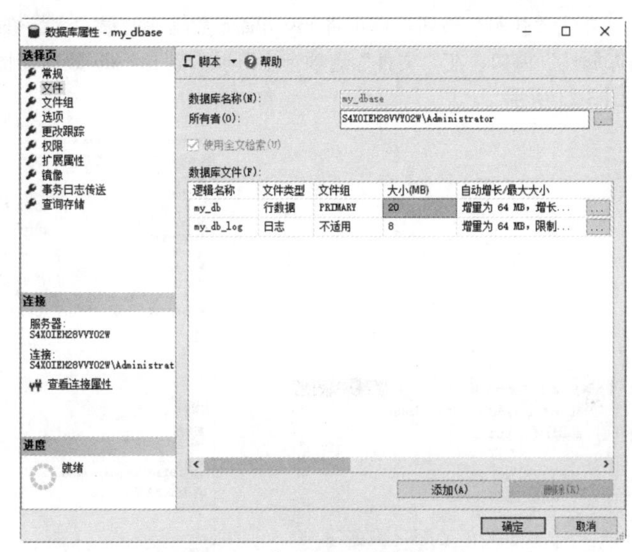

图 3-19 修改数据库的初始大小

注意：修改数据文件的初始大小时，指定的 SIZE 的大小必须大于或等于当前大小，如果小于，代码将不能被执行，并给出如图 3-20 所示的错误提示。

知识扩展：数据库的初始大小修改完毕后，除了可以在“数据库属性”窗口中查询修改后效果，还可以使用存储过程 sp_helpdb 来查看修改后的效果。在“查询编辑器”窗口中输入以下语句。

```
sp_helpdb my_dbase;              --查询指定数据库的文件信息
```

单击“执行”按钮，即可在“结果”窗格中显示查询结果，这时可以看到 my_dbase 数据库中的数据文件的初始大小已经更改为 20480KB 了，如图 3-21 所示。在这里，读者可能会有一个疑惑，我们设置的明明是 20MB，为什么显示的是 20480KB？实际上这个结果是正确的，这是因为 1MB=1024KB，那么 20MB 不就是 20480KB 吗！

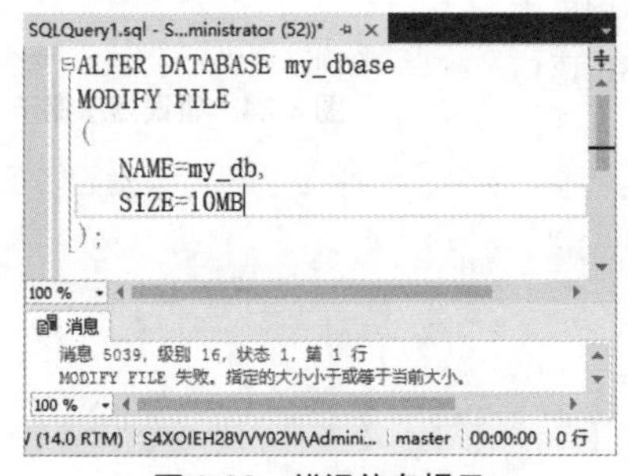

图 3-20 错误信息提示

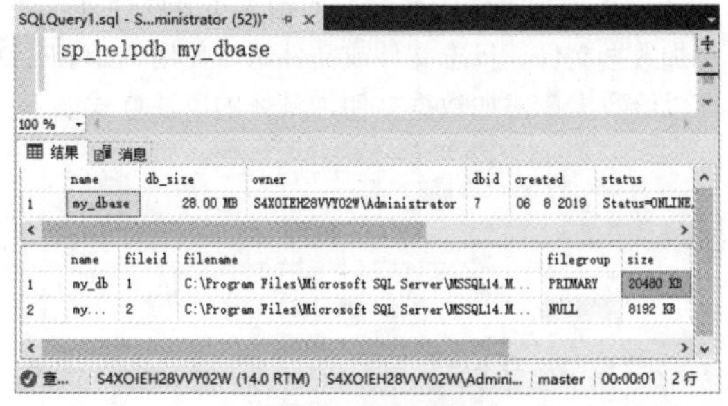

图 3-21 查询结果

3.2.3 修改数据库的最大容量

使用 ALTER DATABASE 语句，不仅可以修改数据库的初始大小，还可以修改数据库的最大容量。

实例 8：将 my_dbase 数据库中的主数据文件 my_db 的最大容量修改为 200MB，在“查询编辑器”窗口中输入以下语句。

```
ALTER DATABASE my_dbase        --指定要修改数据库的名称
MODIFY FILE
(
     NAME=my_db,               --指定要修改数据文件的名称
     MAXSIZE=200MB             --指定要修改数据文件的最大容量
);
```

单击“执行”按钮，即可将 my_dbase 数据库的最大容量修改为 200MB，如图 3-22 所示。打开“数据库属性”窗口，在“文件”选项卡中可以看到 my_db 数据文件的自动增长/最大大小被修改为 200MB，如图 3-23 所示。

图 3-22 输入并执行语句

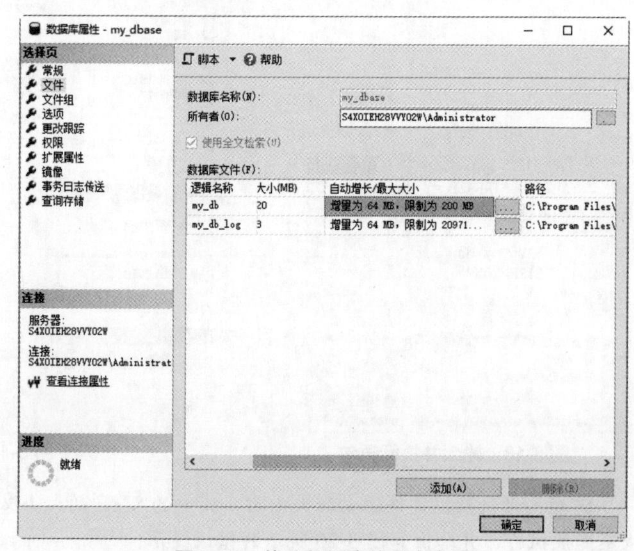

图 3-23 修改数据库的最大容量

提示：缩减数据库的最大容量与增加数据库容量的方法相同，只是在具体设置数值时，一定要大于数据文件的初始大小，例如 my_dbase 数据库的数据文件初始大小为 20MB，如果修改 MAXSIZE 的值为 19MB，则会出现如图 3-24 所示的错误提示。

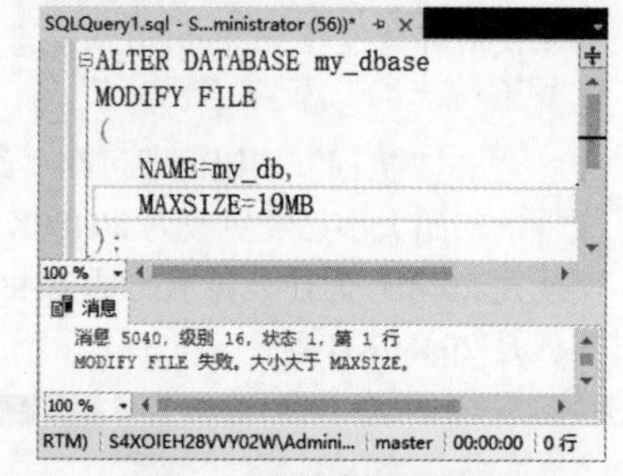

图 3-24 错误信息提示

3.2.4 给数据库添加数据文件

除更改数据库的名称、初始大小等属性外，还可以在数据库中添加数据文件、日志文件或文件组。使用 ALTER DATABASE 语句可以给数据库添加数据文件，具体的语法格式如下。

```
ALTER DATABASE database_name
[ADD FILE|LOG FILE]
(
     NAME =logic_file_name,
     FILENAME ='file_path',
     SIZE=new_size,
     MAXSIZE =new_maxsize,
     FILEGROWTH=new_filegrowth
)
ADD FILEGROUP filegroup_name
[TO FILEGROUP filegroup_name]
```

主要参数介绍如下。

- database_name：数据库的名称。
- ADD FILE：添加数据文件，添加数据文件和创建日志文件的文件结构是一样的。

- ADD LOG FILE：添加日志文件。
- ADD FILEGROUP：添加文件组。
- TO FILEGROUP：为数据文件指定文件组，如果没有指定文件组，默认情况下，数据文件会添加到 PRIMARY 文件组中。

实例 9：给数据库添加数据文件。

在 my_dbase 数据库中添加一个数据文件 sample_db，该数据文件的初始大小为 10MB，最大的文件大小为 100MB，增长速度为 2MB，数据库的存放地址为 D 盘下的 database 文件夹。

注意：在向数据库中添加文件前，首先需要通过 sp_helpdb 来查看一下现有的文件信息，以免在向数据库添加新文件时出现重名现象。打开“查询编辑器”窗口，在其中输入以下语句。

```
sp_helpdb my_dbase;                     --查询数据库的文件信息
```

单击“执行”按钮，即可在打开的“结果”窗格中查看当前数据库的数据文件信息，该数据库中保存了一个数据文件 my_db 和一个日志文件 my_db_log，如图 3-25 所示。

下面开始给 my_dbase 数据库添加一个数据文件 sample_db，打开“查询编辑器”窗口，在其中输入以下语句。

```
ALTER DATABASE my_dbase                        --指定要修改数据库的名称
ADD FILE
(
   NAME =sample_db,                            --指定要添加数据文件的名称
   FILENAME= 'D:\database\sample_db.mdf',      --指定添加数据文件的存储位置
   SIZE=10MB,                                  --指定添加数据文件的初始大小
   MAXSIZE =100MB,                             --指定添加数据文件的最大容量
   FILEGROWTH =2MB                             --指定添加数据文件的自动增长率
);
```

单击“执行”按钮，即可完成数据文件的添加操作，如图 3-26 所示。在“对象资源管理器”窗口中选择添加数据文件后的数据库，右击，在弹出的快捷菜单中选择“属性”命令，打开“数据库属性”窗口，选择“文件”选项，即可在“数据库文件”列表框中查看添加的数据文件 sample_db，如图 3-27 所示。另外，还可以使用 sp_helpdb 来查看一下现有的文件信息，数据库当前的数据文件组成如图 3-28 所示。

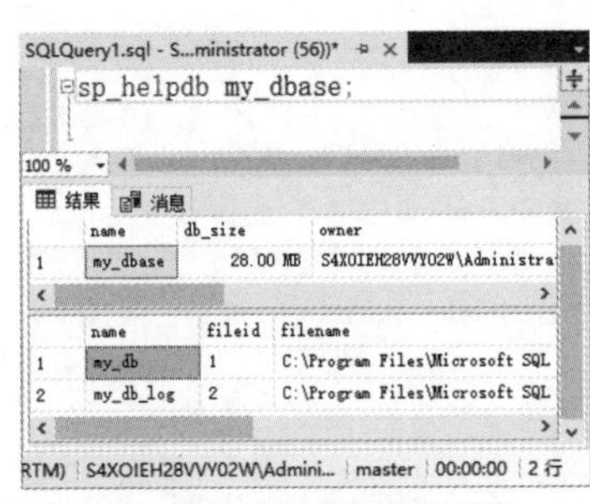

图 3-25　查看数据文件信息

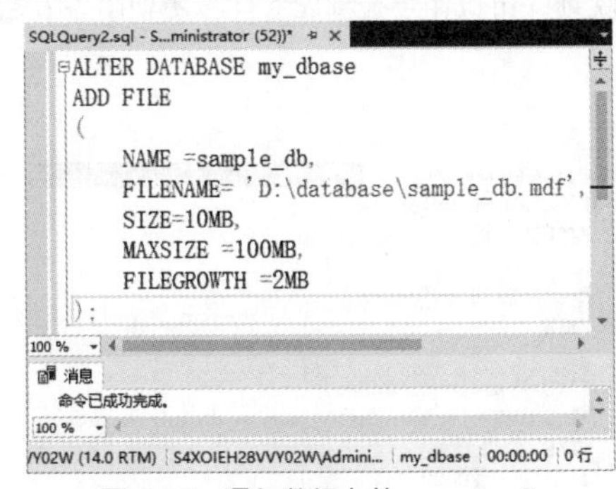

图 3-26　添加数据文件 sample_db

实例 10：给数据库添加文件组。

在数据库中，除了可以添加数据文件外，还可以添加文件组。在 my_dbase 数据库中添加一个文件组，名称为 my_dbase_group，然后再为文件组添加一个名称为 sample_db_addnew 的数据文件。

打开“查询编辑器”窗口，在其中输入以下语句。

```
ALTER DATABASE my_dbase
ADD FILEGROUP my_dbase_group        --添加文件组

ALTER DATABASE my_dbase             --指定要修改数据库的名称
ADD FILE
(
```

```
    NAME =sample_db_addnew,                              --指定要添加数据文件的名称
    FILENAME= 'D:\database\sample_db_addnew.ndf',        --指定添加数据文件的存储位置
    SIZE=20MB,                                           --指定添加数据文件的初始大小
    MAXSIZE =200MB,                                      --指定添加数据文件的最大容量
    FILEGROWTH =5MB                                      --指定添加数据文件的自动增长率
)
to filegroup my_dbase_group                              --将添加的数据文件指定到添加的文件组中
```

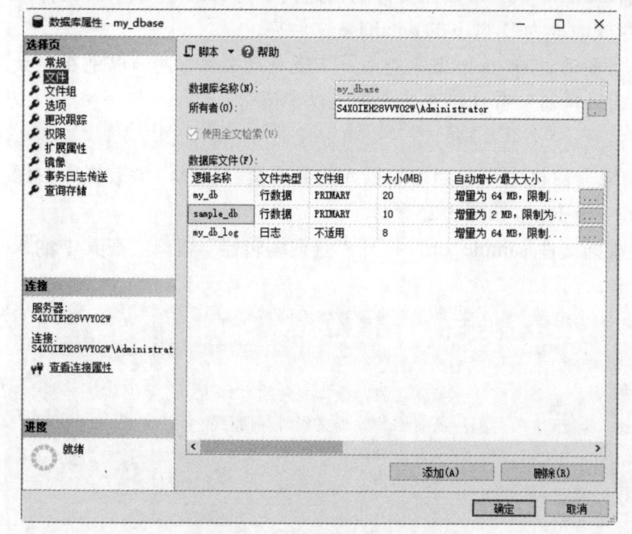

图 3-27 “数据库属性”窗口

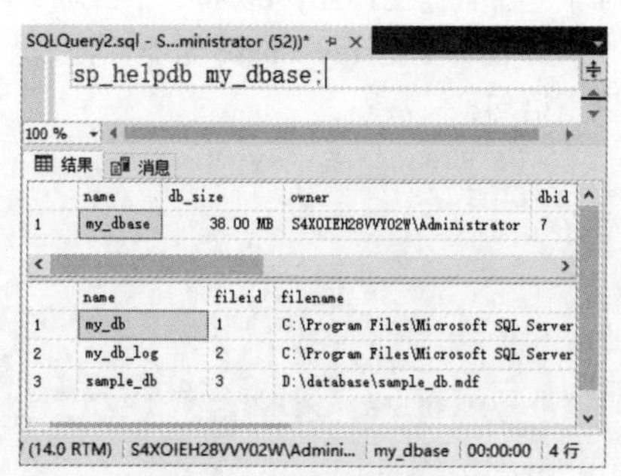

图 3-28 数据文件组成信息

单击“执行”按钮，即可完成文件组的添加操作，如图 3-29 所示。在“对象资源管理器”窗口中选择添加数据文件后的数据库，右击，在弹出的快捷菜单中选择“属性”命令，打开“数据库属性”窗口，选择“文件组”选项，即可在右侧窗格中查看添加的文件组 my_dbase_group，如图 3-30 所示。选择“文件”选项，可以在“数据库文件”类别中查看添加的数据文件信息，如图 3-31 所示。

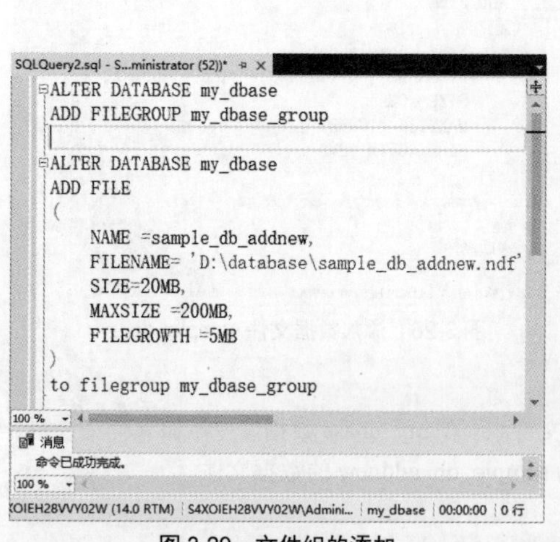

图 3-29 文件组的添加

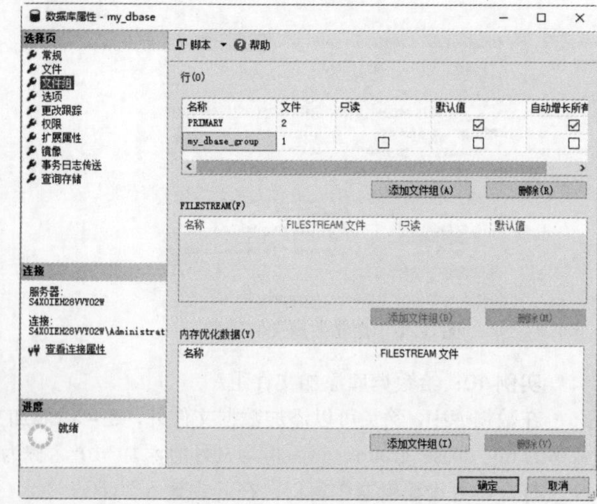

图 3-30 “文件组”选项

另外，还可以使用 sp_helpdb 来查看一下现有的文件信息，数据库当前的数据文件组成如图 3-32 所示。从这里可以看出在 my_dbase 数据库中数据文件列表中多出了一个名称为 sample_db_addnew 的数据文件，并且该数据文件在 my_dbase_group 文件组中。

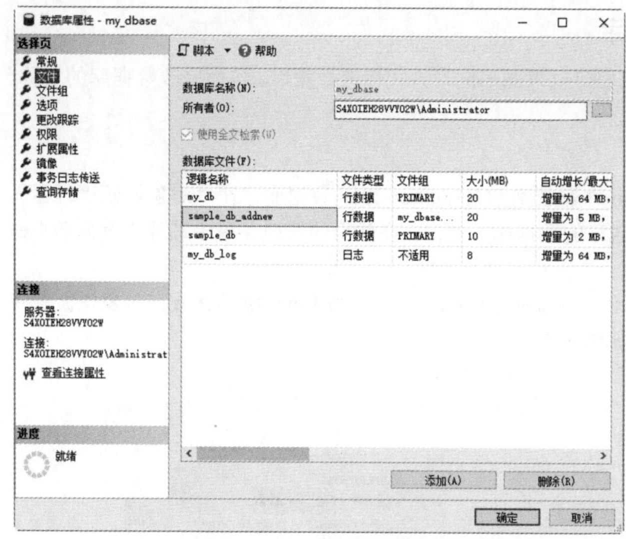

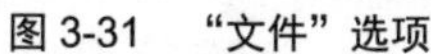
图 3-31　“文件”选项

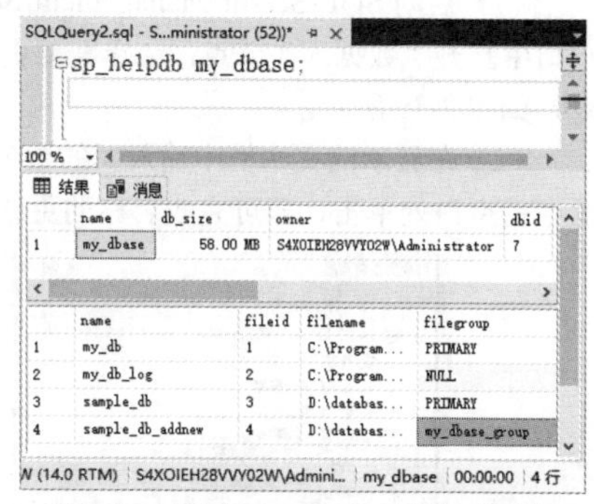

图 3-32　使用 sp_helpdb 查看文件信息

3.2.5　清理数据库中无用的文件

数据库中的文件不能一直添加，对于那些无用的数据文件、日志文件或文件组，我们要及时清理。与如何添加数据文件、日志文件或文件组相比，删除这些文件的操作就比较简单了，具体的语法格式如下。

```
ALTER DATABASE database_name
REMOVE FILE|FILEGROUP file_name|filegroup_name
```

主要参数介绍如下。

- database_name：要修改数据库的名称。
- REMOVE FILE：移除文件。移除的文件包括数据文件和日志文件。
- REMOVE FILEGROUP：移除数据库中的文件组。注意，要想成功移除文件组，前提是文件组中没有任何文件。

实例 11：移除数据库 my_dbase 中的 sample_db_addnew，打开“查询编辑器”窗口，在其中输入以下语句。

```
ALTER DATABASE my_dbase                    --指定要修改数据库的名称
REMOVE FILE sample_db_addnew;              --指定要移除的数据文件
```

单击“执行”按钮，即可将数据文件 sample_db_addnew 从数据库中移除，如图 3-33 所示。

实例 12：移除数据库 my_dbase 中的 my_dbase_group 文件组，打开“查询编辑器”窗口，在其中输入以下语句。

```
ALTER DATABASE my_dbase                    --指定要修改数据库的名称
REMOVE FILEGROUP my_dbase_group;           --指定要移除的文件组
```

单击“执行”按钮，即可将文件组 my_dbase_group 从数据库中移除，如图 3-34 所示。

注意：如果数据文件或文件组下存在有数据信息，那么在执行移除操作时，会出现如图 3-35 所示的错误提示，这就需要事先把数据文件或文件组清空，然后再执行移除操作。

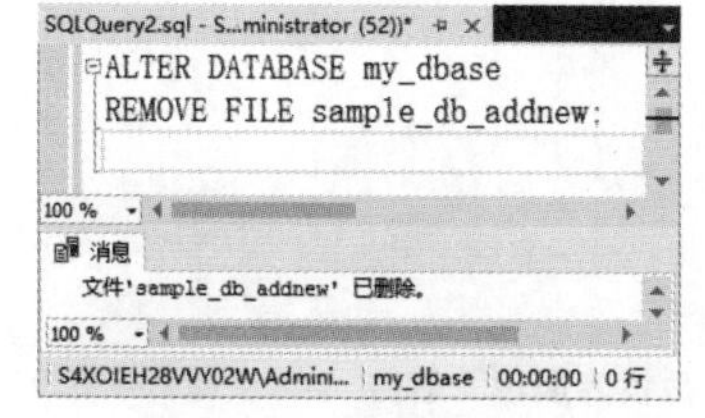

图 3-33　移除数据文件

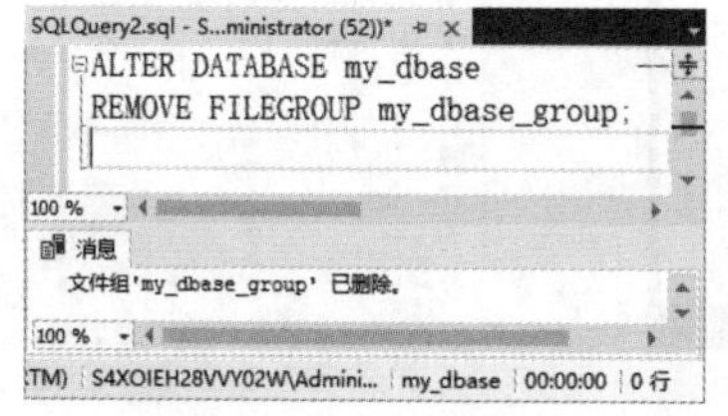

图 3-34　移除文件组

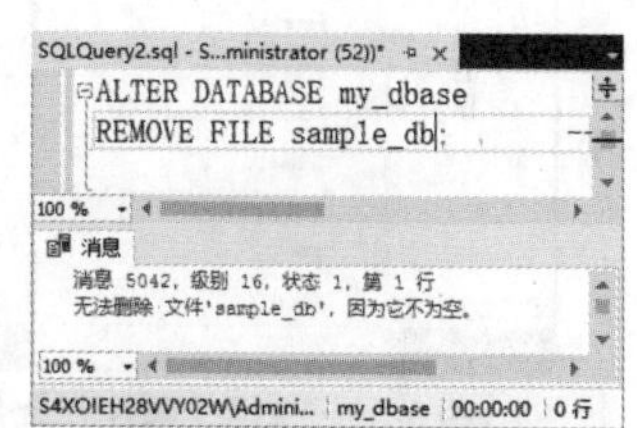

图 3-35　错误信息提示

3.2.6 以图形向导方式修改数据库

在 SQL Server Management Studio 中，我们可以以图形向导方式修改数据库，包括修改数据库的名称、初始大小、最大容量，添加文件或文件组等。

1. 修改数据库的名称

（1）启动 SQL Server Management Studio 并登录到 SQL Server 2017 数据库，在“对象资源管理器”窗口中打开“数据库”节点，选择需要更改名称的数据库，右击，在弹出的快捷菜单中选择“重命名”命令，如图 3-36 所示。

（2）在显示的文本框中输入新的数据库名称 newmy_dbase，然后，按 Enter 键确认或在对象资源管理器中的空白处单击，即可完成名称的更改，如图 3-37 所示。

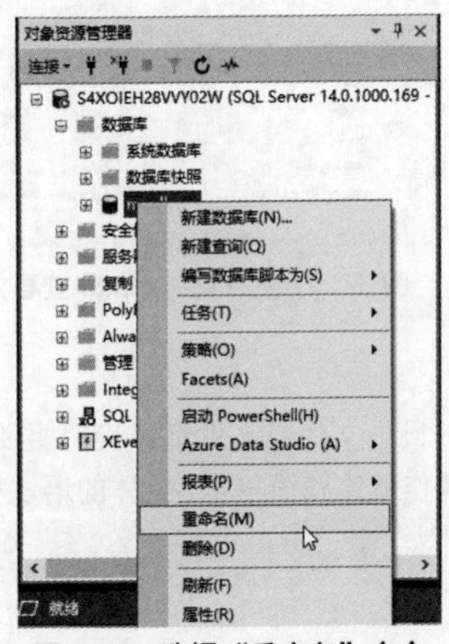

图 3-36 选择“重命名”命令

图 3-37 修改数据库名称

2. 修改数据库的所有者信息

（1）数据库连接成功之后，在“对象资源管理器”窗口中打开“数据库”节点，选择需要修改的数据库，右击，在弹出的快捷菜单中选择“属性”命令，如图 3-38 所示。

（2）打开“数据库属性”窗口，在“选择页”列表中选择“文件”选项，进入“文件”设置界面，如图 3-39 所示。

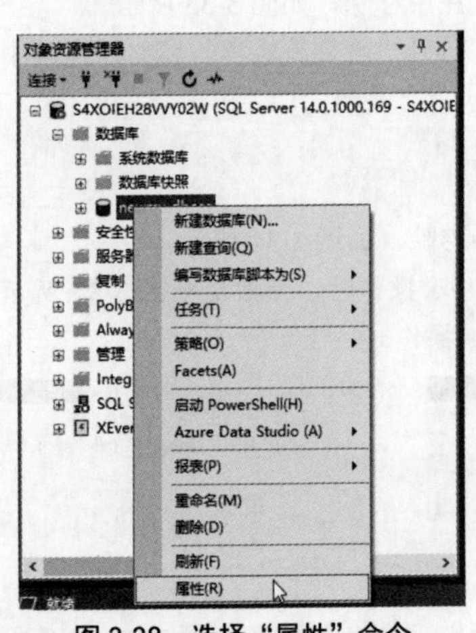

图 3-38 选择“属性”命令

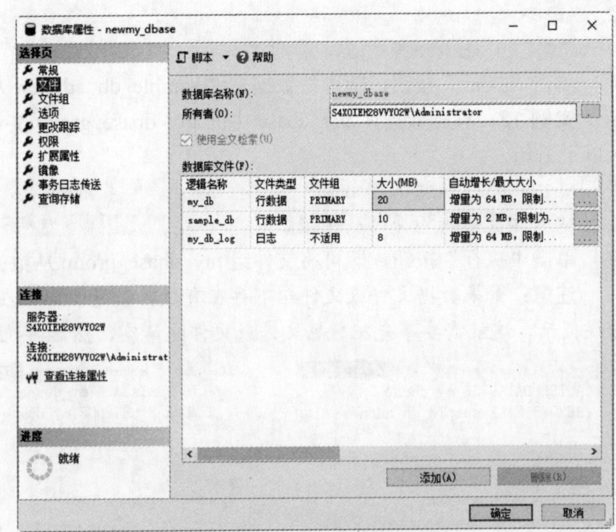

图 3-39 “数据库属性”窗口

（3）单击“所有者”右侧的“浏览”按钮，打开“选择数据库所有者”对话框，如图 3-40 所示。

（4）单击“浏览”按钮，打开“查找对象”对话框，在其中选择需要匹配的对象，如图 3-41 所示。

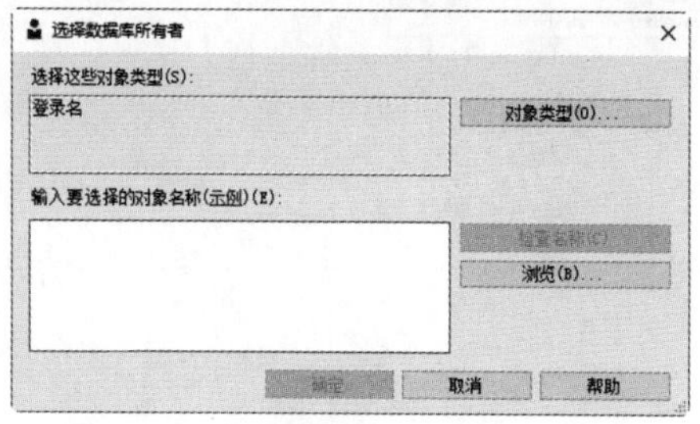

图 3-40　“选择数据库所有者”对话框

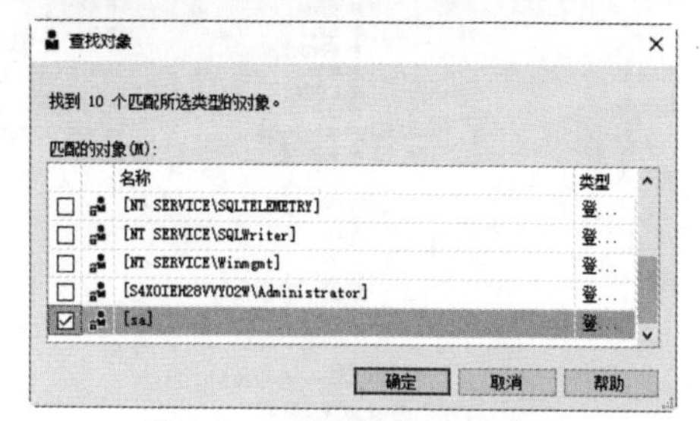

图 3-41　“查找对象”对话框

（5）单击“确定”按钮，返回到“选择数据库所有者”对话框中，在“输入要选择的对象名称”列表框中可以看到添加的所有者信息，如图 3-42 所示。

（6）单击“确定”按钮，返回到“数据库属性”窗口中，可以看到数据库的所有者发生了改变，如图 3-43 所示。

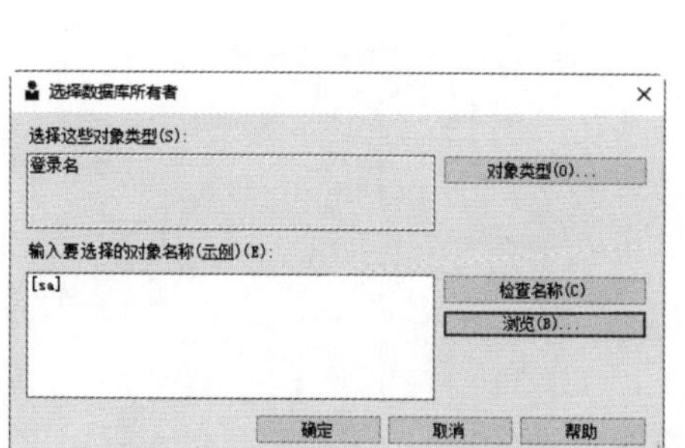

图 3-42　输入要选择的对象名称

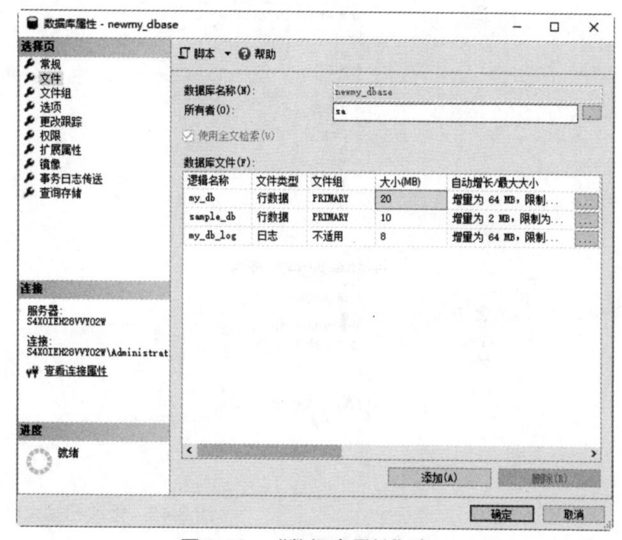

图 3-43　“数据库属性”窗口

3. 修改数据库的初始大小

（1）选择需要修改的数据库，右击，在弹出的快捷菜单中选择“属性”命令，打开“数据库属性”窗口，选择“文件”选项卡，如图 3-44 所示。

（2）单击 my_db 行的初始大小列下的文本框，重新输入一个新值，这里输入“25”，单击“确定”按钮，即可完成数据文件大小的修改，如图 3-45 所示。

提示：也可以单击旁边的两个小箭头按钮，增大或者减小值，修改完成之后，读者可以重新打开 newmy_dbase 数据库的属性窗口，查看修改结果。

4. 修改数据库的最大容量

（1）选择需要增加数据库容量的数据库，这里选择 newmy_dbase 数据库，然后打开“数据库属性”窗口，选择左侧的“文件”选项卡，在 my_db 行中，单击“自动增长”列下面“...”按钮，如图 3-46 所示。

（2）弹出“更改 my_db 的自动增长设置”对话框，在“最大文件大小”文本框输入值 350，增加数据库的增长限制，如图 3-47 所示。

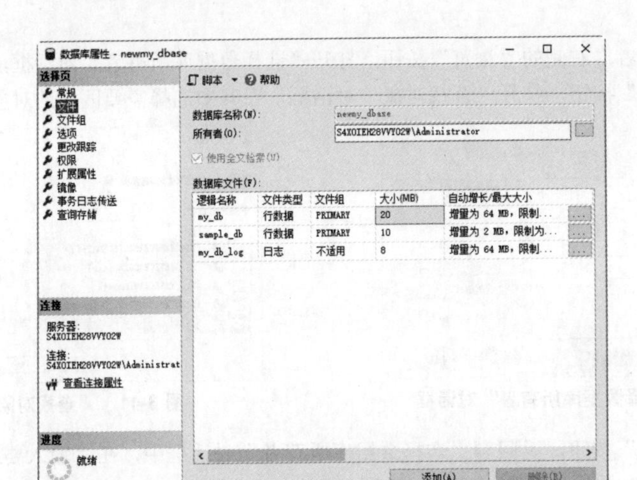

图 3-44 “文件”选项卡

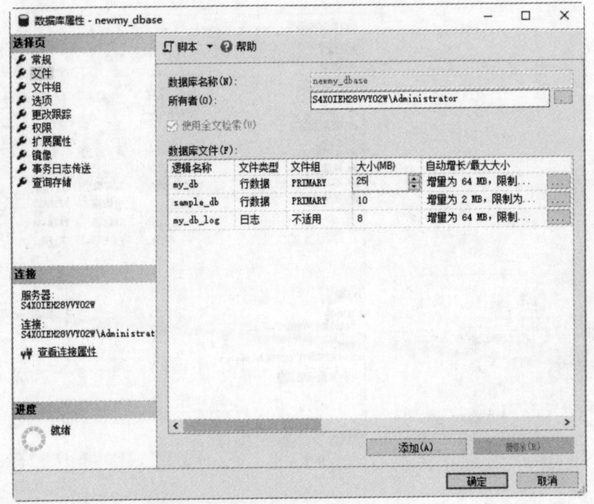

图 3-45 修改初始大小为 25

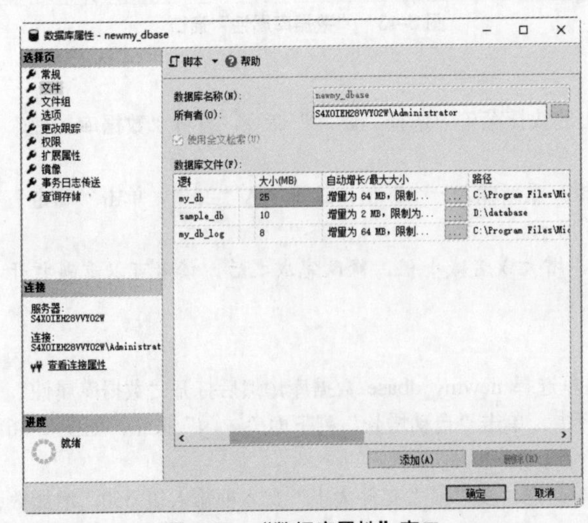

图 3-46 “数据库属性”窗口

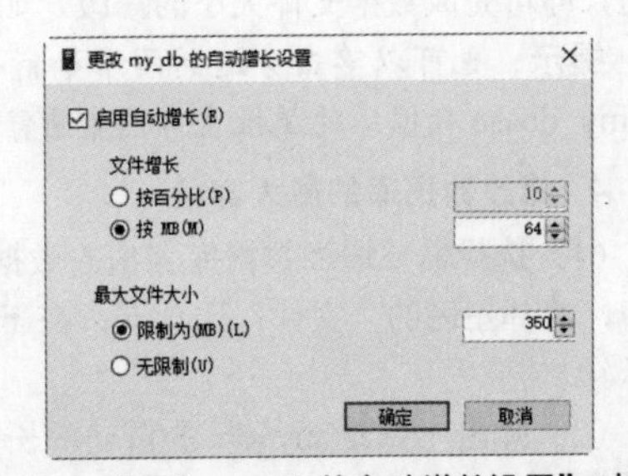

图 3-47 “更改 my_db 的自动增长设置”对话框

（3）单击“确定”按钮，返回到“数据库属性”窗口，即可看到修改后的结果，单击“确定”按钮完成修改，如图 3-48 所示。

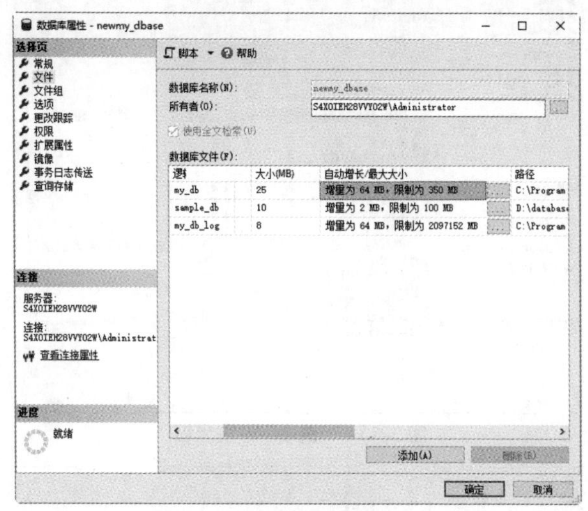

图 3-48　修改最大大小

5. 修改数据库的其他属性

（1）在“数据库属性”窗口中，选择“文件组”选项，进入“文件组”设置界面，通过单击“添加文件组”按钮，可以对数据库文件组进行添加操作，如图 3-49 所示。

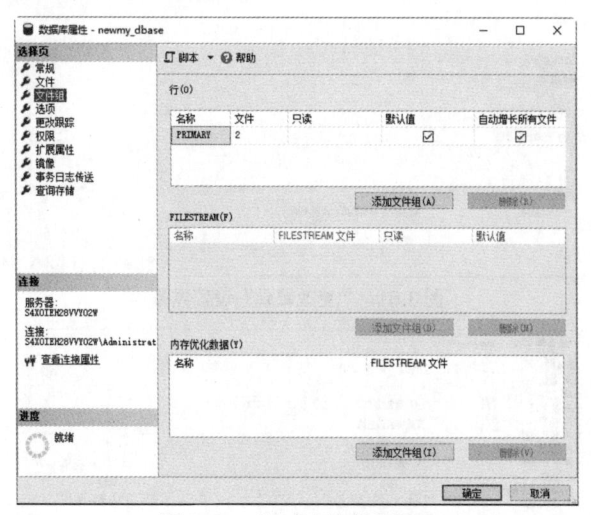

图 3-49　“文件组”设置界面

（2）选择“选项”选项，在打开的界面中可以对排序规则、恢复模式、兼容性级别等参数进行修改，如图 3-50 所示。

（3）选择“更改跟踪”选项，单击“更改跟踪”右侧的下拉按钮，可以设置是否对数据库启用更改跟踪，如图 3-51 所示。

（4）选择“权限”选项，在打开的界面中可以对服务器的名称、数据库的名称、用户或角色进行修改，如图 3-52 所示。

（5）选择“扩展属性”选项，在打开的界面中可以对数据库的排序规则、属性等参数进行设置，如图 3-53 所示。

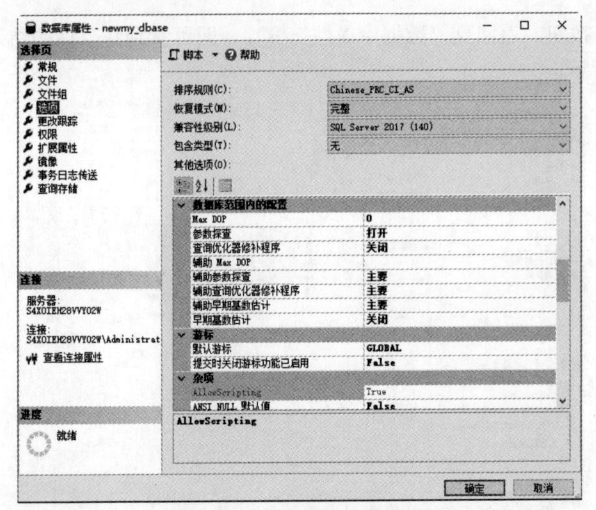

图 3-50 “选项”设置界面

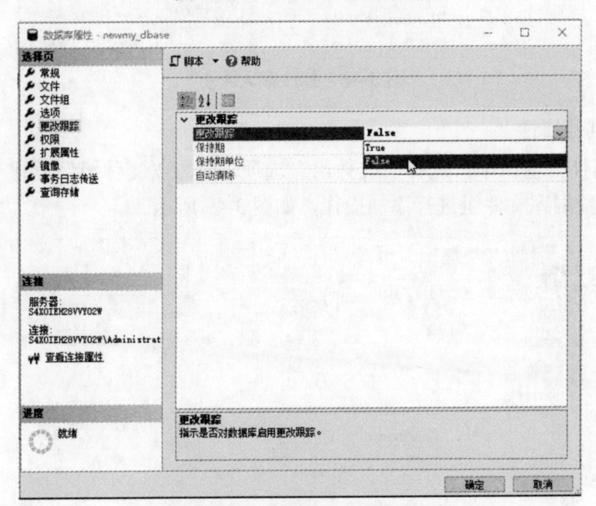

图 3-51 “更改跟踪”设置界面

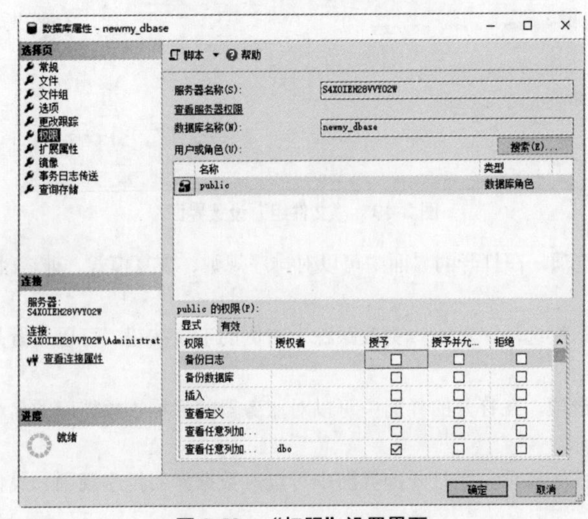

图 3-52 “权限”设置界面

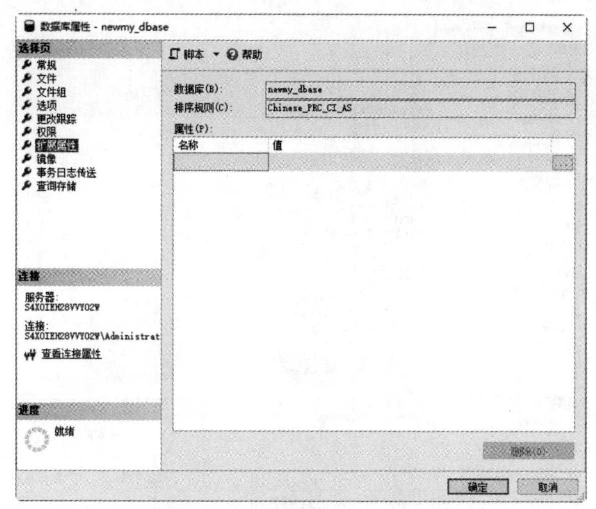

图 3-53　“扩展属性”设置界面

（6）选择“镜像”选项，在打开的界面中可以对数据库镜像进行安全设置，如图 3-54 所示。

（7）选择“事务日志传送”选项，在打开的界面中可以设置是否启用将此数据库作为日志传送配置中的主数据库，如图 3-55 所示。

（8）选择“查询存储”选项，在打开的界面中可以设置查询存储保留参数、操作模式等选项，如图 3-56 所示。

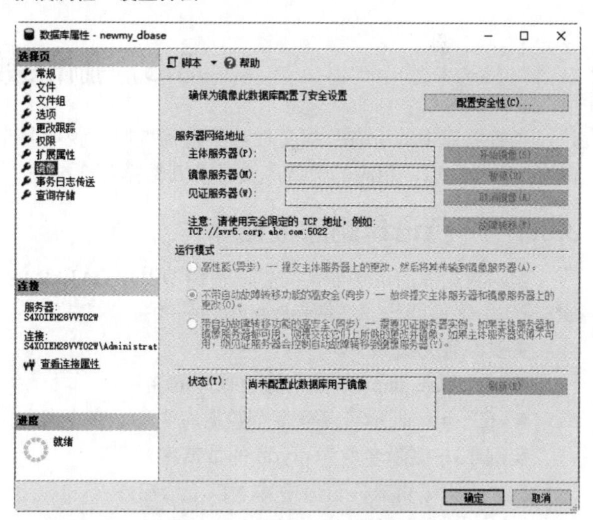

图 3-54　“镜像”设置界面

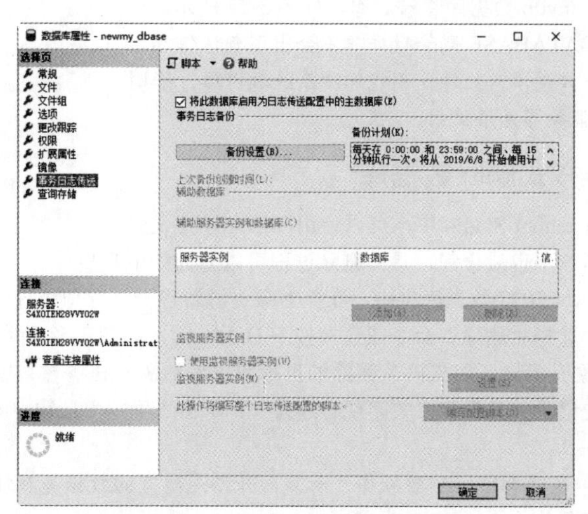

图 3-55　“事务日志传送”设置界面

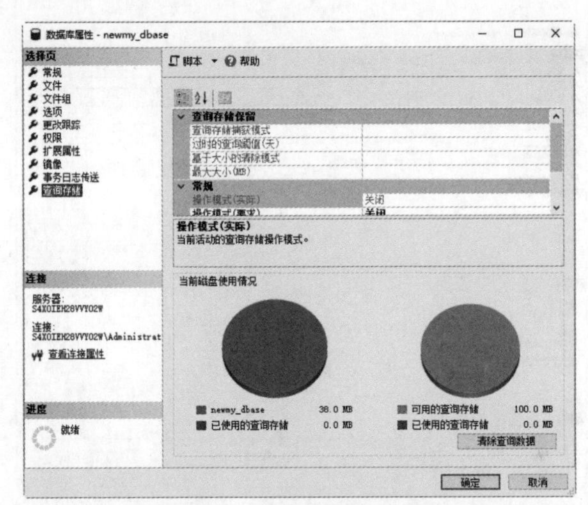

图 3-56 “查询存储”设置界面

3.3 删除数据库

微视频

当数据库中的所有数据文件都不再需要时，说明整个数据库就没有用了。这时，就可以将该数据库删除。删除之后，相应的数据库文件及其数据都会被删除，且不可恢复。

3.3.1 一行语句删除数据库

删除数据库的语句非常简单，使用 DROP DATABASE 语句就可以删除，具体的语法格式如下。

```
DROP DATABASE database_name[,…n];
```

主要参数介绍如下。

- database_name：要删除数据库的名称。
- [, …n]：表示可以有多个数据库名称，多个名称之间用逗号分隔。

实例 13：删除名称为 mydb 的数据库。

在“查询编辑器”窗口中输入以下语句。

```
DROP DATABASE mydb;
```

单击“执行”按钮，mydb 数据库将被删除，如图 3-57 所示。

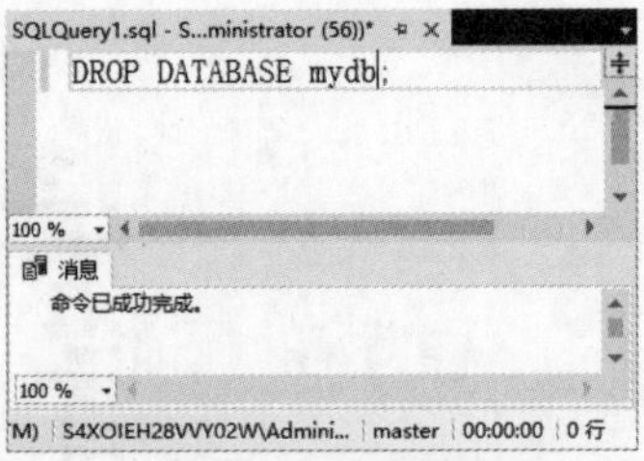

注意：使用 DROP DATABASE 删除数据库不会出现确认信息，因此使用这种方法时要小心谨慎。此外，不能删除系统数据库，否则会导致 SQL Server 2017 服务器无法使用。

图 3-57 删除数据库

3.3.2 以图形向导方式删除数据库

在 SQL Server Management Studio 中，可以使用图形向导方式删除数据库，这种方法最简单，也最直观。具体删除过程可以分为如下几步。

（1）登录到 SQL Server 2017 数据库之中，在“对象资源管理器”窗口中选中需要删除的数据库，右击，在弹出的快捷菜单中选择“删除”命令或直接按下 Delete 键，如图 3-58 所示。

（2）打开“删除对象”窗口，用来确认删除的目标数据库对象，在该窗口中也可以选择是否要“删除数据库备份和还原历史记录信息”和“关闭现有连接”，单击“确定”按钮，即可将数据库删除，如图 3-59 所示。

注意：每次删除时，只能删除一个数据库。而且，并不是所有的数据库在任何时候都可以被删除，删除数据库必须满足以下条件。

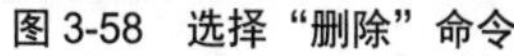
图 3-58 选择“删除”命令

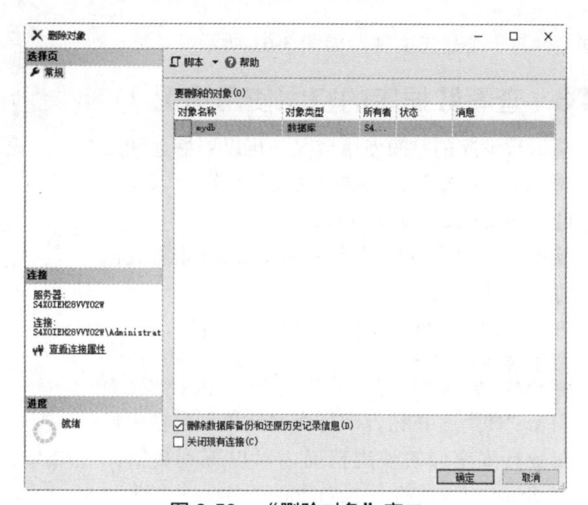

图 3-59 “删除对象”窗口

- 如果数据库涉及日志传送操作，在删除数据库之前必须取消日志传送操作。
- 如果要删除为事务复制发布的数据库，或删除为合并复制发布或订阅的数据库，必须首先从数据库中删除备份。如果数据库已经损坏，不能删除备份，可以先将数据库设置为脱机状态，然后再删除。
- 如果数据库上存在数据库快照，必须首选删除数据库快照，然后再执行删除数据库操作。

总之，只有处于正常状态下的数据库，才能被删除。当数据库处于正在使用、正在恢复、数据库包含用于复制的对象时，都不能被删除。

3.4 查看数据库信息

微视频

SQL Server 中可以使用多种方式查看数据库信息，查看系统中全部数据库信息、数据库中的数据文件、数据库的空间使用情况等。

3.4.1 查看系统中的全部数据库

使用存储过程 sp_helpdb 可以查看系统中的全部数据库信息，保存系统自带的数据库和用户自定义数据库。

实例 14：使用存储过程 sp_helpdb 查看全部数据库。

在“查询编辑器”窗口中输入以下语句。

```
sp_helpdb;
```

单击“执行”按钮，即可在“结果”窗格中显示当前系统中存在的全部数据库信息，其中 newmy_dbase 为自定义数据库，其余为系统数据库，如图 3-60 所示。

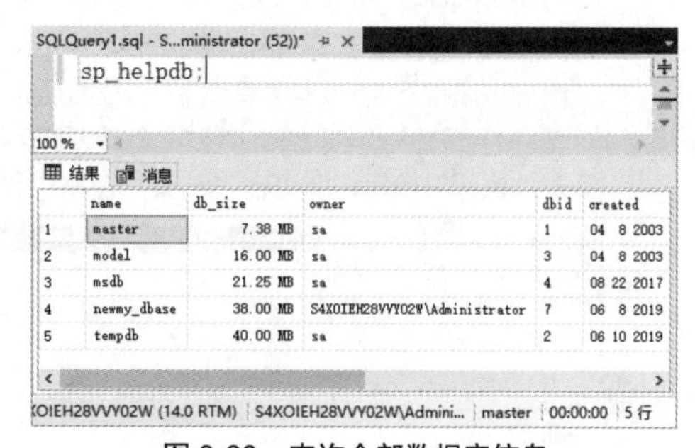

	name	db_size	owner	dbid	created
1	master	7.38 MB	sa	1	04 8 2003
2	model	16.00 MB	sa	3	04 8 2003
3	msdb	21.25 MB	sa	4	08 22 2017
4	newmy_dbase	38.00 MB	S4XOIEH28VVY02W\Administrator	7	06 8 2019
5	tempdb	40.00 MB	sa	2	06 10 2019

图 3-60 查询全部数据库信息

3.4.2 查看数据库中的文件信息

使用存储过程 sp_helpdb 可以查看数据库中的文件信息，具体的方法就是在存储过程 sp_helpdb 后面添加上数据库的名称就可以了。

实例 15：使用存储过程 sp_helpdb 查看数据库的文件。

在“查询编辑器”窗口中输入以下语句。

```
sp_helpdb newmy_dbase;
```

单击“执行”按钮，即可在“结果”窗格中显示当前数据库中存在的文件信息，该数据库包括两个数据文件与一个日志文件，如图 3-61 所示。

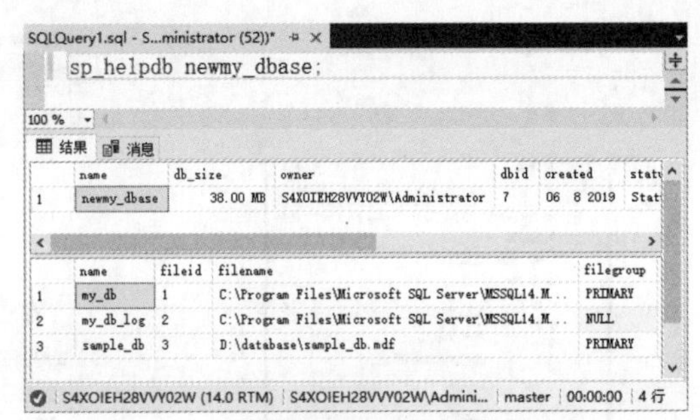

图 3-61 查看数据库中存在的文件信息

3.4.3 查看数据库的空间使用情况

查看数据库的空间使用情况，可以更好地利用数据的空间。查看数据库空间的使用情况可以使用存储过程 sp_spaceused 来查看。

实例 16：使用存储过程 sp_spaceused 查看数据库空间的使用情况。

在“查询编辑器”窗口中输入以下语句。

```
use newmy_dbase
exec sp_spaceused;
```

单击“执行”按钮，即可在“结果”窗格中显示当前数据库空间的使用情况，可以得到数据库 newmy_dbase 中数据的大小（database_size）、未分配的空间（unallocated space）和数据使用的容量（data）等信息，如图 3-62 所示。

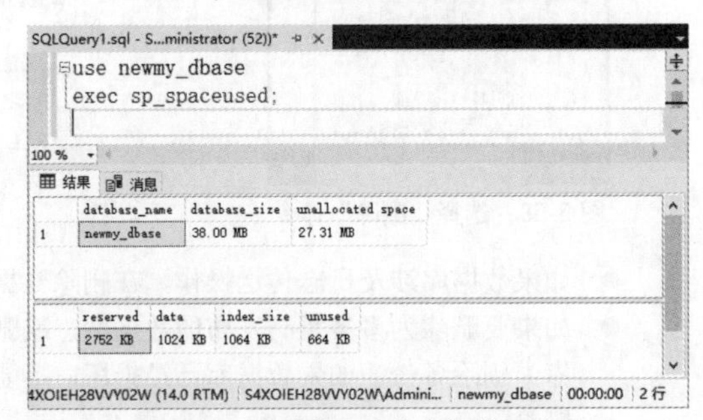

图 3-62 查看数据库的空间使用情况

3.4.4 查看数据库和文件的状态

通过查看数据库和文件的状态，可以了解当前数据库是否在线且处于可用状态。

1. 查看数据库的状态

使用 sys.databases 可以查看数据库的基本信息以及使用状态。

实例 17：查看数据库 newmy_dbase 的状态，在“查询编辑器”窗口中输入以下语句。

```
Select name AS '数据库名',state_desc AS '状态'
FROM sys.databases WHERE name='newmy_dbase';
```

单击“执行”按钮，即可在“结果”窗格中显示当前数据库的状态，该状态为 ONLINE，表示该数据库在线且可用，如图 3-63 所示。

2. 查看数据文件的状态

使用 sys.master_files 可以查看数据库中数据文件的使用状态。

实例 18：查看数据库 newmy_dbase 中 my_db 文件的状态，在“查询编辑器”窗口中输入以下语句。

```
Select name AS '数据文件名',state_desc AS '状态'
FROM sys.master_files WHERE name='my_db';
```

单击“执行”按钮，即可在“结果”窗格中显示当前数据文件的状态，该状态为 ONLINE，如图 3-64 所示。

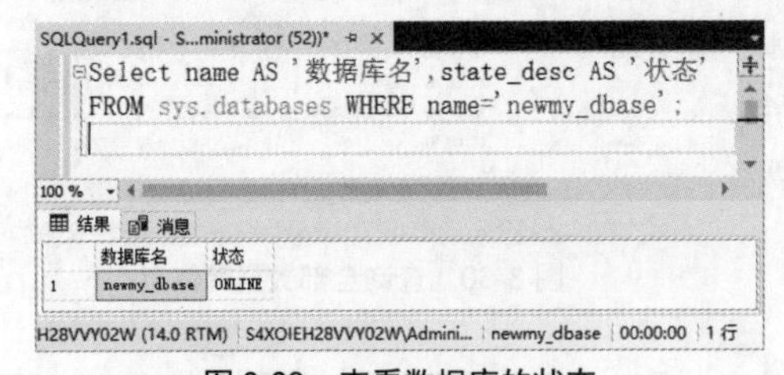

图 3-63 查看数据库的状态

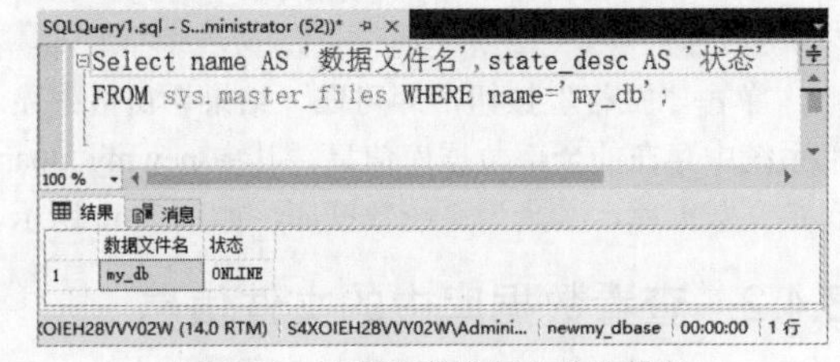

图 3-64 查看当前数据文件的状态

3. 使用函数查询数据库状态

使用 DATABASEPROPERTYEX()函数可以查看数据库的状态。

实例 19：查看 newmy_dbase 数据库的状态信息，在“查询编辑器”窗口中输入以下语句。

```
SELECT DATABASEPROPERTYEX('newmy_dbase', 'Status')
AS '数据库状态'
```

单击“执行”按钮，即可在“结果”窗格中显示当前数据库的状态，该状态为 ONLINE，如图 3-65 所示。

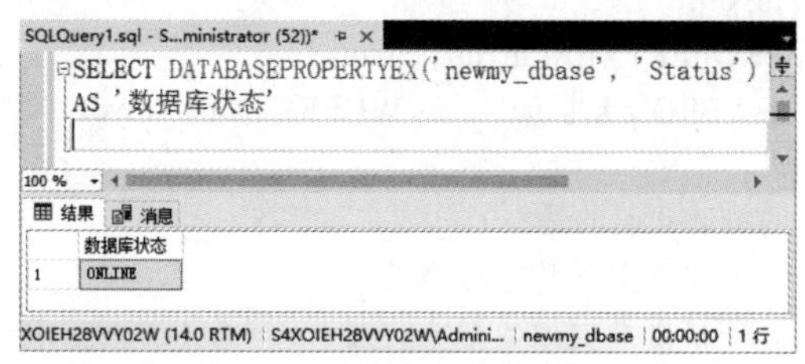

图 3-65　查看数据库状态信息

3.5　课后习题与练习

一、填充题

1. 数据库中主数据文件的扩展名是_______，次数据文件的扩展名是________，日志文件的扩展名是________。

答案：.mdf，.ndf，.ldf

2. 数据库通常由________和______组成。

答案：数据文件，日志文件

3. 数据库文件的______________状态，表示该数据库当前在线且可用。

答案：ONLINE

4. 删除数据库使用的语句是______________。

答案：DROP DATABASE

5. 如果需要将 test 数据库重命名为“测试数据库”，使用 sp_renamedb 存储过程的实现语句是______________________。

答案：sp_renamedb test，测试数据库;

二、选择题

1. 下面关于数据库的说法错误的是______。

A. 一个数据库中至少有一个数据文件，但可以没有日志文件

B. 一个数据库中至少有一个数据文件和一个日志文件

C. 一个数据库中可以有多个数据文件

D. 一个数据库中可以有多个日志文件

答案：A

2. 在创建数据库时，系统会自动将________系统数据库中的所有用户定义的对象复制到新建的数据库中。

A. master　　B. model　　C. msdb　　D. tempdb

答案：A

3. 下面关于创建数据库说法正确的是______。

A. 创建数据库时文件名必须带有扩展名

B. 创建数据库时文件名可以不带扩展名

C. 创建数据库时数据文件可以不带扩展名，日志文件必须带有扩展名

D. 创建数据库时日志文件可以不带扩展名，数据文件必须带有扩展名

答案：B

4. 如果想要查看数据库 mydb 的状态，下面______语句是不正确的。

A. sp_helpdb mydb;

B. SELECT state FROM mydb;

C. SELECT DATABASEPROPERTYEX('mydb', 'Status')

D. SELECT name,state_desc FROM sys.databases WHERE name='mydb';

答案：B

5. 下面对于修改数据库的描述正确的是________。

A. 数据库一旦创建完毕，不能对其名称进行修改

B. 在数据库创建完毕后，不能随意更改数据库的大小

C. 可以使用存储过程 sp_renamedb 修改数据库的名称

D. 以上说法都不对

答案：C

三、简答题

1. 简述更改数据库名称的方法。

2. 如何创建包含文件组的数据库？

3. 如何删除数据库中的文件？

3.6 新手疑难问题解答

疑问 1：在创建包含文件组的数据库时，为什么要指定自定义文件组，用户自定义文件组有什么用呢？

解答：通过指定自定义文件组，就可以指定在文件组中存放的数据文件了。如果没有自定义文件组，数据文件会自动地划分到文件组中。换言之，文件组为数据库管理员管理数据文件提供了方便。

疑问 2：如果数据库管理员忘记了创建数据库的文件夹，数据库就找不到了吗？

解答：肯定是可以找到的。我们可以使用存储过程 sp_helpdb 来查询系统中存在的全部数据库信息，然后可以从这些数据库列表中找到创建的数据库文件，包括数据库的名称、数据大小、拥有者、当前状态以及存放的位置。

3.7 实战训练

创建数据库 MyStudent，并对该数据库进行管理。具体内容如下：

（1）创建数据库 MyStudent，其中主要数据文件的逻辑名称为 MyStudentdate，对应的物理文件是“C:\MyStudentdate.mdf”，初始大小为 20MB，最大文件大小为 100MB，增长幅度为 2%，日志文件的逻辑名称为 MyStudentlog，对应的物理文件是“C:\MyStudentlog.ldf”，初始大小为 5MB，最大文件大小为 50MB，增长幅度为 2MB。

（2）查看 MyStudent 数据库的信息。

（3）修改数据库 MyStudent 的名称为 MyStudent_01。

（4）创建文件组 SCOREGROUP，添加数据文件 Score_data，对应的物理文件是“C:\ MyScore_date.nd”，将其文件组设置为新创建的 SCOREGROUP 文件组，将 Score_data 的文件增长幅度设置为“按 10%增长”，最大文件的大小设置为 100MB。

（5）删除数据库 MyStudent。

第4章

数据表的创建与操作

本章内容提要

数据库创建完毕后，那么，数据库中的数据是如何存放的呢？这就用到了数据库表，如果把数据库比喻成一个文件夹，那么在一个文件夹中可以存放多个文件，这个用于存储数据的容器就是数据表。本章介绍数据表的创建与操作，包括创建数据表、修改数据表与删除数据表等。

4.1 数据表中能存放的数据类型

微视频

一个数据库可以由多个数据表组成，每张数据表的名字都是唯一的，就像一个文件夹中的文件名都是唯一的一样。那么，数据表中能存放哪些类型的数据呢？本节就来详细介绍 SQL Server 数据表中使用的数据类型。

4.1.1 整数数据类型

整数数据类型是常用的一种数据类型，主要用于存储整数，可以直接进行数据运算而不必使用函数转换，如表 4-1 所示。

表 4-1 整数数据类型

数 据 类 型	取 值 范 围	描 述
bit	存储 0 或 1	表示位整数，除了 0 和 1 之外，也可以取值 NULL
int	-2^{31} 到 $2^{31}-1$	表示一般整数，占用 4 个字节
smallint	-2^{15} 到 $2^{15}-1$	表示短整数，占用 2 个字节
tinyint	0 到 $2^{8}-1$	表示小整数，占用 1 个字节
bigint	-2^{63} 到 $2^{63}-1$	表示大整数，占用 8 个字节

从表 4-1 中可以看出，整数类型主要包括 bit、int、smallint、tinyint、bigint。它们的取值范围是从小到大的。在实际应用中，我们要根据存储数据的大小来选择数据类型，这样能够节省数据库的存储空间。

4.1.2 浮点数据类型

浮点数据类型用于存储十进制小数，SQL Server 2017 数据库中的浮点数据类型如表 4-2 所示。

从表 4-2 中可以看出，如果要精确表示小数可以使用 decimal(m,n)或 numeric(m,n)，如果不需要精确并且表示更多的小数位数，可以使用 real 或 float。总之，还是要根据我们需要的数据的大小和精度来选择合适的浮点数。

表 4-2 浮点数据类型

数据类型	取值范围	描述
real	-3.40E+38 到 3.40E+38	占用 4 个字节
float	-1.79E+308 到 1.79E+308	占用 8 个字节
decimal(m,n)	$-10^{38}+1$ 到 $10^{38}-1$	表示固定精度和比例的数字。decimal(m,n)中的 m 代表有效位数，n 代表小数要保留的小数位数。例如，decimal(8,3)表示长度为 8 的数，并保留 3 位小数
numeric(m,n)	$-10^{38}+1$ 到 $10^{38}-1$	用法与 decimal(m,n)相同

4.1.3 字符数据类型

字符数据类型也是 SQL Server 中最常用的数据类型之一，用来存储各种字母、数字符号和特殊符号，在使用字符数据类型时，需要在其前后加上英文单引号或者双引号，如表 4-3 所示。

表 4-3 字符数据类型

数据类型	取值范围	描述
char(n)	1 到 8 000 个字符	表示固定长度的字符串。最多 8 000 个字符
varchar(n)	1 到 8 000 个字符	表示可变长度的字符串。最多 8 000 个字符
varchar(max)	1 到 $2^{31}-1$ 个字符	表示可变长度的字符串。最多 1 073 741 824 个字符
nchar(n)	1 到 4 000 个字符	表示固定长度的双字节数据，1 个字符占 2 个字节，与 char 类型一样，如果存放的数据没有达到定义时的长度，会自动用空格填充到该长度。最多 4 000 个字符
nvarchar(n)	1 到 4 000 个字符	表示变长的数据，与 varchar(n)的区别就是 1 个字符需要占用 2 个字节来表示
nvarchar(max)	1 到 $2^{31}-1$ 个字符	表示变长的数据，该数据类型表示的长度是输入数据实际长度的 2 倍再加上 2 个字节
text	1 到 $2^{31}-1$ 个字符	表示可变长度的字符串。1 个字符占用 1 个字节，最多可存储 2GB 的文本数据
ntext	1 到 $2^{31}-1$ 个字符	表示可变长度的字符串。1 个字符占用 2 个字节，最多可存储 2GB 的文本数据
binary(n)	1 到 8 000 个字符	表示固定长度的二进制数值。如果输入数据的长度没有达到定义的长度，用 0X00 填充
varbinary	1 到 8 000 个字符	用于定义一个变长的数据，存储的是二进制数据，输入的数据实际长度小于定义的长度也不需要填充数值
image	1 到 $2^{31}-1$ 个字符	用于定义一个变长的数据，image 类型不用指定长度，可以存储二进制文件数据

从表 4-3 中可以看出，字符串类型可以分为 3 类，一类是 1 个字符占用 1 字节的字符串类型，包括 char、varchar 和 text；一类是 1 个字符占用 2 个字节的字符串类型，包括 nchar、nvarchar 和 ntext；一类是存放二进制数据的字符串类型，包括 binary、varbinary 和 image。

另外，在每一类中，字符串类型又分为存放固定长度和可变长度的类型，在实际应用中，建议使用可变长度的类型，这样可以节省数据的存储空间。

提示：varchar(max) 和 nvarchar(max)类型是在 SQL Server 2005 版本上开始使用的，一直到 SQL Server 2017 版本还在使用。

4.1.4 日期时间数据类型

日期和时间数据类型用于存储日期类型和时间类型的组合数据，SQL Server 2017 数据库中的日期时间数据类型如表 4-4 所示。

表 4-4　日期和时间数据类型

数据类型	取值范围	描　述
datetime	1753 年 1 月 1 日到 9999 年 12 月 31 日	占用 8 个字节，精确到 3.33 毫秒
smalldatetime	1900 年 1 月 1 日到 2079 年 6 月 6 日	占用 4 个字节，精确到分钟
date	0001 年 1 月 1 日到 9999 年 12 月 31 日	仅存储日期
time	00:00:00.0000000 到 23:59:59.9999999	仅存储时间。精确到 100 纳秒
datetime2	日期：0001 年 1 月 1 日到 9999 年 12 月 31 日 时间：00:00:00.0000000 到 23:59:59.9999999	占用 8 个字节，精确到 100 纳秒
datetimeoffset	日期：0001 年 1 月 1 日到 9999 年 12 月 31 日 时间：00:00:00.0000000 到 23:59:59.9999999	与 datetime2 相同，外加时区偏移

4.1.5　货币数据类型

货币数据类型用于存储货币值，使用时在数据前加上货币符号，不加货币符号的情况下默认为“￥”，如表 4-5 所示。

表 4-5　货币数据类型

数据类型	描　述
money	介于-922 337 203 685 477.5808 与 922 337 203 685 477.5807 之间的货币数据
smallmoney	介于-214 748.3648 与 214 748.3647 之间的货币数据

4.1.6　其他数据类型

除上述介绍的数据类型外，SQL Server 还提供有大量其他数据类型供用户进行选择，常用的其他数据类型如表 4-6 所示。

表 4-6　其他数据类型

数据类型	描　述
timestamp	时间戳数据类型，提供数据库范围内的唯一值，反映数据修改的相对顺序，是一个单调上升的计数器，此列的值被自动更新
sql_variant	用于存储除文本、图形数据和 timestamp 数据外的其他任何合法的 SQL Server 数据，可以方便 SQL Server 的开发工作
uniqueidentifier	存储全局唯一标识符（GUID）
xml	存储 xml 数据的数据类型。可以在列中或者 xml 类型的变量中存储 xml 实例。存储的 xml 数据类型表示实例大小不能超过 2GB
cursor	游标数据类型，该类型类似于数据表，其保存的数据中包含行和列值，但是没有索引，游标用来建立一个数据的数据集，每次处理一行数据
table	用于存储对表或者视图处理后的结果集。这种新的数据类型使得变量可以存储一个表，从而使函数或过程返回查询结果更加方便、快捷

4.2　自定义数据类型

微视频

自定义数据类型并不是真正的数据类型，它只是提供了一种加强数据库内部元素和基本数据类型之间一致性的机制，通过使用用户自定义数据类型能够简化对常用规则和默认值的管理。

4.2.1　创建自定义数据类型

在 SQL Server 2017 中，创建用户自定义数据类型的方法有多种，下面分别进行介绍，不过在创建自定义数据类型之前，我们必须事先选择要创建数据类型所在的数据库。

1. 使用 CREATE 语句创建

使用 CREATE 语句可以创建自定义数据类型，具体的语法格式如下。

```
CREATE TYPE type_name
FROM datatype;
```

主要参数介绍如下。

- type_name：自定义的数据类型名称，名称不能以数字开头。
- datatype：数据类型，定义自定义数据类型表示的数据类型，除了指定数据类型外，还可以指定该类型是否为空值。

实例 1：在 mydbase 数据库中，创建一个用来存储说明信息的 remark 用户自定义字符串数据类型，它的长度为 20 并且不能为空值。

在“查询编辑器”窗口中输入以下语句。

```
CREATE TYPE remark
FROM varchar(20) not null;
```

单击“执行”按钮，即可完成用户定义数据类型的创建，如图 4-1 所示。执行完成之后，刷新“用户定义数据类型”节点，将会看到新增的数据类型，如图 4-2 所示。

2. 使用存储过程 sp_addtype 创建

在 SQL Server 2017 中，可以使用系统存储过程 sp_addtype 来创建用户自定义数据类型，其语法格式如下。

```
sp_addtype [@typename=] type,
[@phystype=] system_data_type
[, [@nulltype=] 'null_type']
```

主要参数介绍如下。

- type：用于指定用户定义的数据类型的名称。
- system_data_type：用于指定相应的系统提供的数据类型的名称及定义。注意，未能使用 timestamp 数据类型，当所使用的系统数据类型有额外说明时，需要用引号将其括起来。
- null_type：用于指定用户自定义的数据类型的 null 属性，其值可以为 null，not null 或 nonull。默认时与系统默认的 null 属性相同。用户自定义的数据类型的名称在数据库中应该是唯一的。

实例 2：在 mydbase 数据库中，创建一个用来存储邮政编码信息的 postcode 用户自定义数据类型，它的长度为 6 并且不能为空值。

在“查询编辑器”窗口中输入以下语句。

```
sp_addtype postcode,'char(6)','not null'
```

单击“执行”按钮，即可完成用户定义数据类型的创建，如图 4-3 所示。执行完成之后，刷新“用户定义数据类型”节点，将会看到新增的数据类型，如图 4-4 所示。

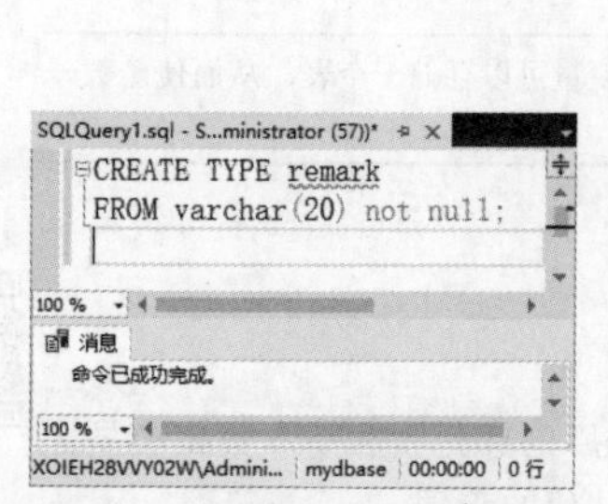

图 4-1 创建用户定义数据类型

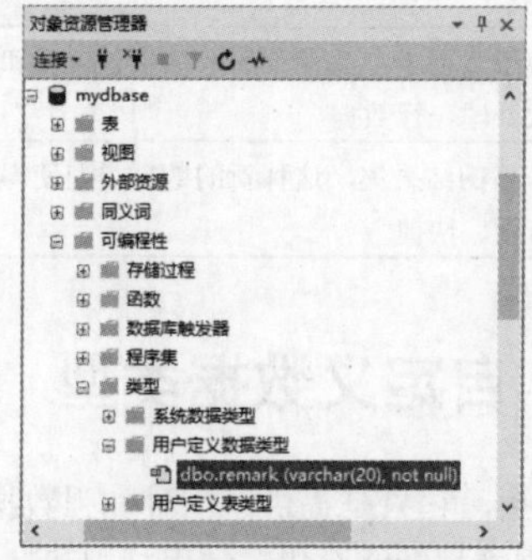

图 4-2 新建用户定义数据类型

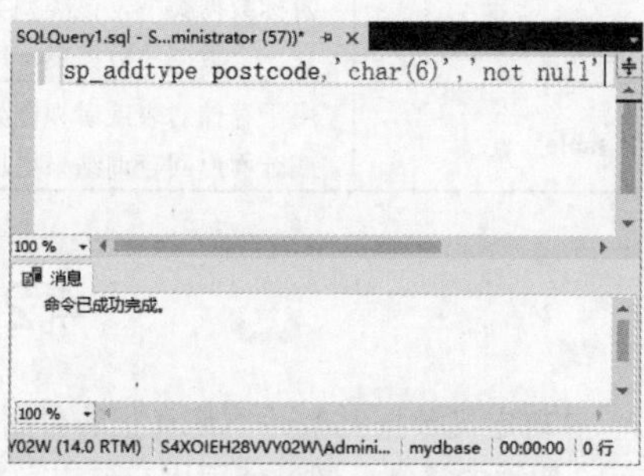

图 4-3 创建用户定义数据类型

3. 以图形向导方式来创建

使用 SQL Server Management Studio 工具，可以以图形向导方式来创建自定义数据类型。具体创建过程可以分为如下几个步骤。

（1）登录到 SQL Server 2017 数据库，在“对象资源管理器”窗口中选择需要创建自定义数据类型的数据库，如图 4-5 所示。

（2）依次打开 mydbase→“可编程性”→“类型”节点，选择“用户定义数据类型”节点，右击，在弹出的快捷菜单中选择“新建用户定义数据类型”命令，如图 4-6 所示。

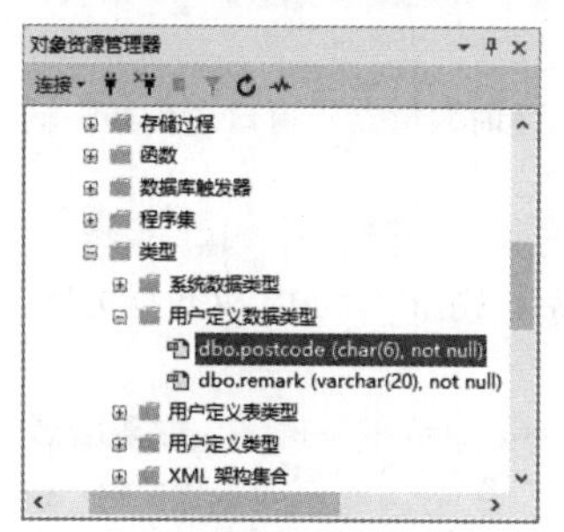

图 4-4　新建用户定义数据类型

图 4-5　选择数据库

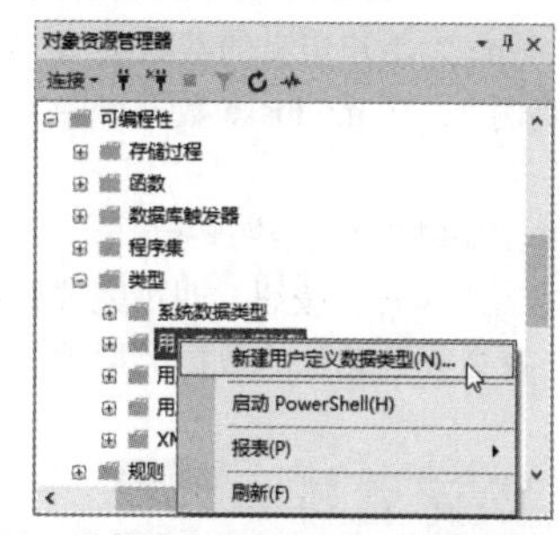

图 4-6　选择“新建用户定义数据类型”命令

（3）打开“新建用户定义数据类型”窗口，在“名称”文本框中输入需要定义的数据类型的名称，这里输入新数据类型的名称为“newtype”，在“数据类型”下拉列表框中选择 char 的系统数据类型，“长度”指定为 8000，如果用户希望该类型的字段值为空的话，可以选中“允许 NULL 值”复选框，其他参数不做更改，如图 4-7 所示。

（4）单击“确定”按钮，完成用户定义数据类型的创建，即可看到新创建的自定义数据类型，如图 4-8 所示。

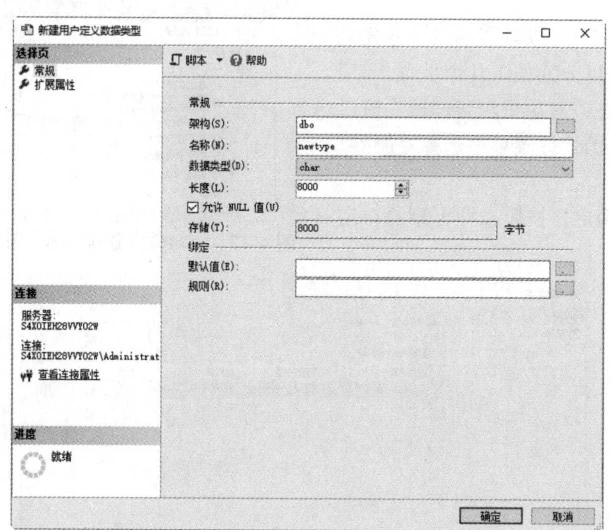

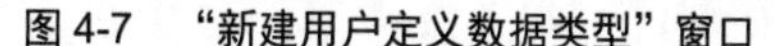
图 4-7　“新建用户定义数据类型”窗口

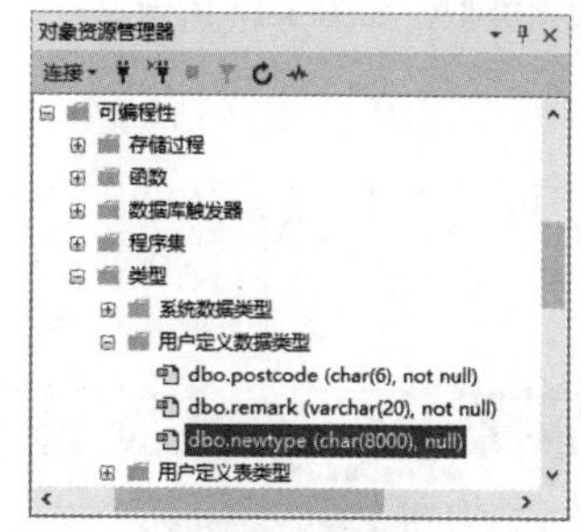

图 4-8　新创建的自定义数据类型

4.2.2　删除自定义数据类型

当不再需要用户自定义的数据类型时，可以将其删除，删除的方法有多种，下面进行介绍。

1. 使用 DROP 语句来删除

使用 DROP TYPE 语句可以删除自定义数据类型，

实例 3：在 mydbase 数据库中，删除自定义数据类型 remark，在“查询编辑器”窗口中输入以下语句。

```
DROP TYPE remark;
```

单击“执行”按钮，即可完成用户定义数据类型的删除操作，如图 4-9 所示。执行完成后，刷新“用户定义数据类型”节点，可以看到 remark 数据类型不存在了，如图 4-10 所示。

2. 使用存储过程 sp_droptype 来删除

使用 sp_droptype 来删除自定义数据类型，该存储过程从 systypes 删除别名数据类型，具体的语法格式如下。

```
sp_droptype type;
```

其中，type 为用户定义的数据类型。

实例 4：在 mydbase 数据库中，删除自定义数据类型 postcode。打开“查询编辑器”窗口，在其中输入以下语句。

```
sp_droptype postcode;
```

单击“执行”按钮，即可完成删除操作，如图 4-11 所示。执行完成之后，刷新“用户定义数据类型”节点，将会看到删除的数据类型消失，如图 4-12 所示。

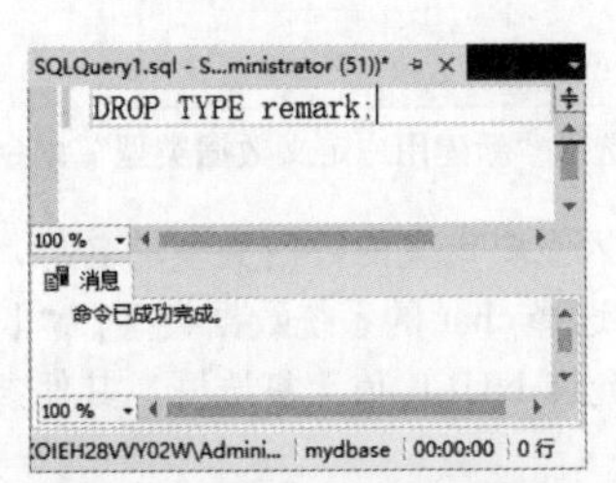

图 4-9 删除自定义数据类型

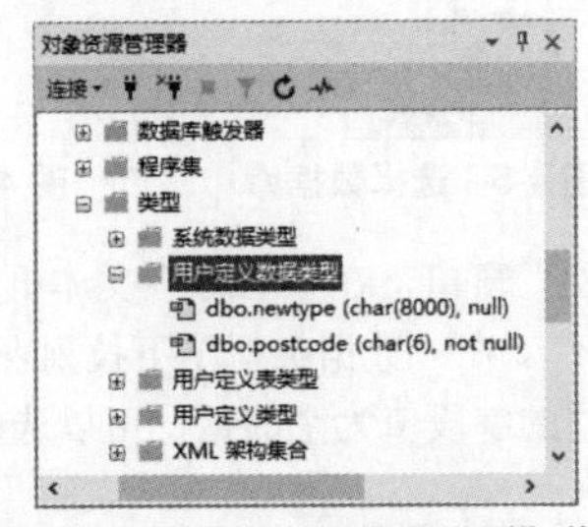

图 4-10 “用户定义数据类型”节点

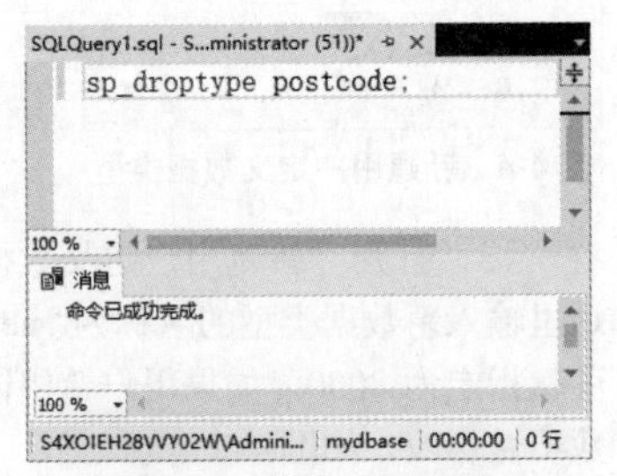

图 4-11 执行 SQL 语句

3. 以图形向导方式来删除

使用 SQL Server Management Studio 工具，可以以图形向导方式来删除用户自定义数据类型。具体删除过程可以分为如下几个步骤。

（1）登录到 SQL Server 2017 数据库，在“对象资源管理器”窗口中选择需要删除的数据类型，右击，在弹出的快捷菜单中选择“删除”命令，如图 4-13 所示。

（2）打开“删除对象”窗口，单击“确定”按钮，即可删除自定义数据类型，如图 4-14 所示。

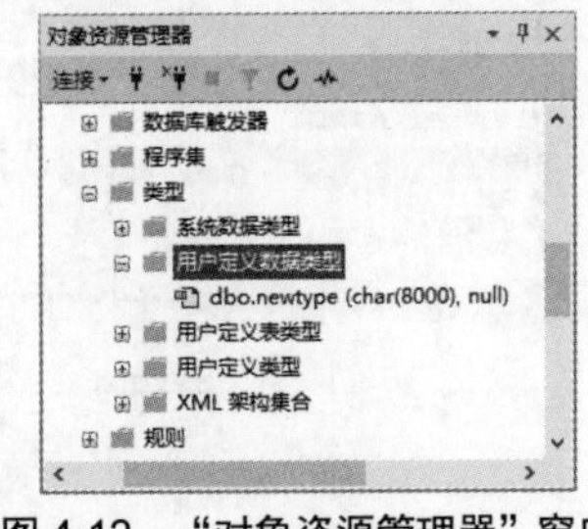

图 4-12 “对象资源管理器”窗口

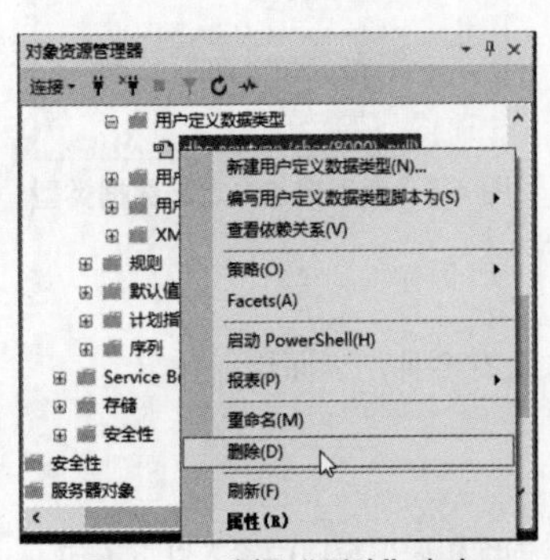

图 4-13 选择“删除”命令

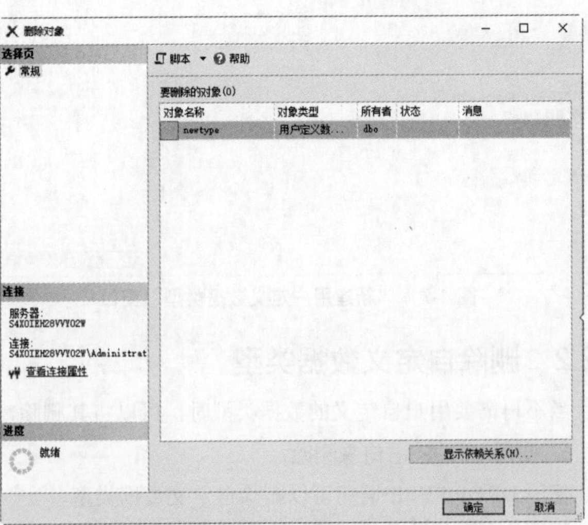

图 4-14 “删除对象”窗口

注意：数据库中正在使用的用户定义数据类型，不能被删除。

4.3 创建数据表

数据库创建完成后，如果没有数据表，那么这个数据库就是一个空数据库，没有任何存在的意义，既然数据表如此重要，下面就来介绍如何创建数据表。

4.3.1 创建数据表的基本语法

在 SQL Server 2017 中，创建数据表的语句比较多，也比较复杂，具体的语法格式如下。

```
CREATE TABLE table_name
(
column_name1  data_type,
column_name1  data_type,
…
);
```

主要参数介绍如下。

- table_name：指定创建数据表的名称。
- column_name：指定数据表中各个列的名称，列名称必须唯一。
- data_type：指定字段列的数据类型，可以是系统数据类型也可以是用户定义数据类型。

4.3.2 使用 CREATE 语句创建数据表

在了解了创建数据表的语法结构后，就可以使用 CREATE 语句创建数据表。不过，在创建数据表之前，需要弄清楚表中的字段名和数据类型。假如，要在酒店客户管理系统的数据库 Hotel 中创建一个数据表，用于保存房间信息，表的字段名和数据类型如表 4-7 所示。

表 4-7 房间信息表

编 号	字 段 名	数 据 类 型	说 明
1	Roomid	CHAR(10)	房间编号
2	Roomtype	VARCHAR(20)	房间类型
3	Roomprice	FLOAT	房间价格
4	Roomfloor	INT	所在楼层
5	Roomface	VARCHAR(10)	房间朝向

实例 5：创建数据库 Hotel，并在该数据库中创建一个房间信息表 Roominfo。

在“查询编辑器”窗口中输入以下语句。

```
CREATE DATABASE Hotel;                --创建 Hotel 数据库
```

单击“执行”按钮，即可完成数据库的创建操作，如图 4-15 所示。

接着在数据库 Hotel 中创建 Roominfo 数据表，在“查询编辑器”窗口中输入以下语句。

```
USE Hotel
CREATE TABLE Roominfo                 --创建 Roominfo 数据表
(
     Roomid        CHAR(10),          --定义房间编号
     Roomtype      VARCHAR(20),       --定义房间类型
     Roomprice     FLOAT,             --定义房间价格
     Roomfloor     INT,               --定义所在楼层
     Roomface      VARCHAR(10)        --定义房间朝向
);
```

单击“执行”按钮，即可完成数据表的创建操作，如图 4-16 所示。执行完成之后，刷新数据库列表，将会看到新创建的数据库与数据表以及表所包含的列信息，如图 4-17 所示。

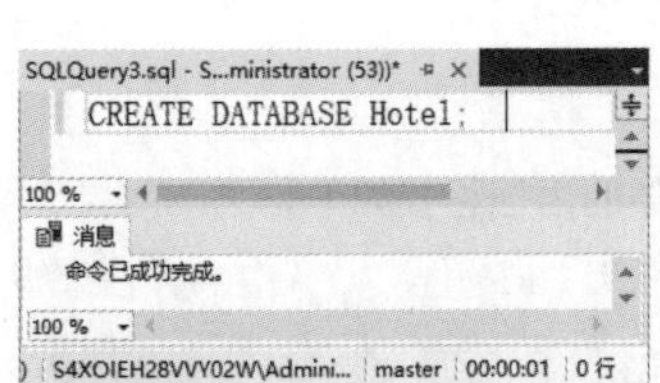

图 4-15 创建 Hotel 数据库

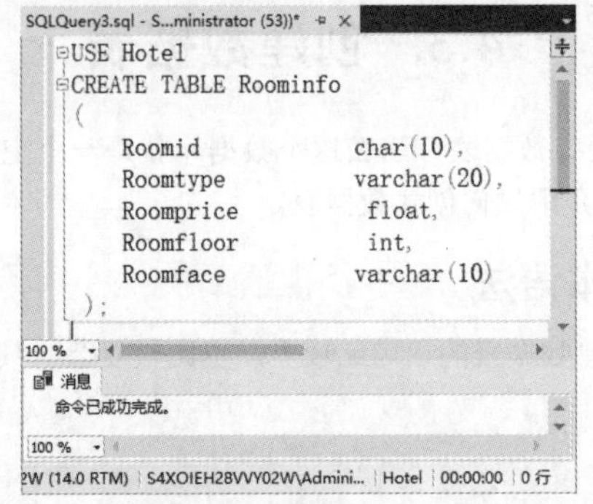

图 4-16 创建 Roominfo 表

图 4-17 新增加的 Roominfo 表

4.3.3 创建包含自动增长字段的数据表

自动增长字段就是让字段按照某一规律自动增加，这样在添加数据记录时，就可以做到该列的值是唯一的，从而避免了重复。

在 SQL Server 数据库中，设置带自动增长字段的前提是该字段是一个整数类型的数据。另外，在设置自动增长字段时，还需要指定字段的最小值以及每次增加的个数，具体的语法格式如下。

```
IDENTITY(minvalue,increment)
```

主要参数介绍如下。

- minvalue：最小值，也就是数据表中该列第一个要使用的值，默认情况下为 1。
- increment：每次增加值，默认情况下也是每次增加 1。

提示：如果采用默认地从 1 开始每次增加 1 的自动增长方式，则可以直接使用 IDENTITY，而不用再设置参数了。

实例 6：在数据库 Hotel 中，创建一个客户信息表 Hotel_userinfo，该表的字段与数据类型设置如表 4-8 所示，在表中设置客户编号列为自动增长列。

表 4-8 酒店客户信息表

编 号	字 段 名	数 据 类 型	说 明
1	id	INT	客户编号
2	name	VARCHAR(20)	姓名
3	sex	CHAR(4)	性别
4	age	INT	年龄
5	tel	VARCHAR(10)	联系方式
6	Roomid	CHAR(10)	入住房间编号

下面创建 Hotel_userinfo 数据表，在“查询编辑器”窗口中输入以下语句。

```
USE Hotel
CREATE TABLE  Hotel_userinfo              --创建 Hotel_userinfo 数据表
(
     Id       INT IDENTITY(1,2),          --定义客户编号列为自动增长列
     Name     VARCHAR(20),                --定义客户姓名
     Sex      CHAR(4),                    --定义客户性别
     Age      INT,                        --定义客户年龄
     Tel      VARCHAR(10) ,               --定义客户联系方式
     Roomid   CHAR(10)                    --定义客户入住房间编号
 );
```

单击“执行”按钮，即可完成包含自动增长字段数据表的创建操作，如图 4-18 所示。执行完成之后，刷新数据库列表，将会看到新创建的数据表以及表所包含的列信息，如图 4-19 所示。

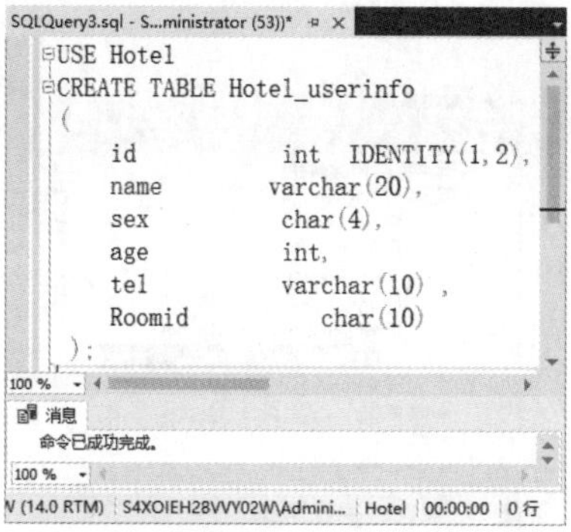

图 4-18　创建 Hotel_userinfo 数据表

图 4-19　新增加的 Hotel_userinfo 表

提示：在创建数据表时，如果需要设置自动增长字段，那么 IDENTITY 语句就需要放置在自动增长列数据类型的后面。

4.3.4　创建包含自定义数据类型的数据表

在前面小节中，我们已经介绍了自定义数据类型的创建操作。那么创建的自定义数据类型如何应用到数据表之中呢？本节就来介绍创建包含自定义数据类型数据表的方法。

提示：数据库管理员一般会将一个表或一个数据库中经常出现的数据类型定义成自定义数据类型。

实例 7：根据表 4-8 所示创建的酒店客户信息表 Hotel_userinfo_01，然后使用用户自定义数据类型 remark，在创建数据表之前，需要创建自定义数据类型，在“查询编辑器”窗口中输入以下语句。

```
USE Hotel
CREATE TYPE remark
FROM varchar(10) not null;
```

单击“执行”按钮，即可在 Hotel 数据库中创建自定义数据类型 remark，类型为 varchar(10)，如图 4-20 所示。

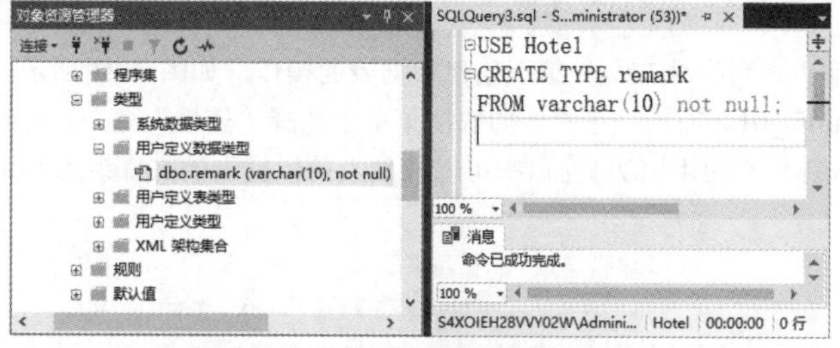

图 4-20　创建自定义数据类型 remark

下面创建客户信息表 Hotel_userinfo_01，并使用自定义数据类型 remark。

```
USE Hotel
CREATE TABLE   Hotel_userinfo_01         --创建 Hotel_userinfo_01 数据表
(
    Id         INT,                      --定义客户编号
    Sex        CHAR(4),                  --定义客户性别
    Age        INT,                      --定义客户年龄
    Tel        REMARK,                   --定义客户联系方式，使用自定义数据类型
    Name       REMARK,                   --定义客户姓名，使用自定义数据类型
    Roomid     CHAR(10)                  --定义客户入住房间编号
);
```

单击“执行”按钮，即可在 Hotel 数据库中创建包含自定义数据类型 remark 的数据表，如图 4-21 所示。执行完成之后，刷新数据库列表，将会看到新创建的数据表以及表所包含的列信息，如图 4-22 所示。

```
USE Hotel
CREATE TABLE Hotel_userinfo_01
(
    id          int,
    sex         char(4),
    age         int,
    tel           remark,
    name         remark,
    Roomid       char(10)
);
```

图 4-21 创建 Hotel_userinfo_01 数据表

图 4-22 新增加的 Hotel_userinfo_01 表

4.3.5 在文件组上创建数据表

一个数据库可以包含多个文件组，但是只有一个主文件组，默认情况下，创建的数据表都存放在数据库的主文件组中。不过，在创建数据表时，如果数据库已经创建了别的文件组，这时可以将新创建的数据表存放在指定文件组上。

实例 8：根据表 4-7 所示创建房间信息表 Roominfo_01，并将该数据表创建在 Hotel 数据库中的 Hotelfilegroup 文件组中，在“查询编辑器”窗口中输入以下语句。

```
USE Hotel
CREATE TABLE  Roominfo_01                         --创建 Roominfo_01 数据表
(
    Roomid         CHAR(10),                      --定义房间编号
    Roomtype       VARCHAR(20),                   --定义房间类型
    Roomprice      FLOAT,                         --定义房间价格
    Roomfloor      INT,                           --定义所在楼层
    Roomface       VARCHAR(10)                    --定义房间朝向
)
ON Hotelfilegroup;
```

单击“执行”按钮，即可完成在文件组上创建数据表的操作，如图 4-23 所示。在“表”节点下选中新创建的数据表 Roominfo_01，右击，在弹出的快捷菜单中选择“属性”命令，打开“表属性”窗口，选择“存储”选项，在右侧“文件组”信息窗口中可以看到当前数据表的文件组为 Hotelfilegroup，如图 4-24 所示。

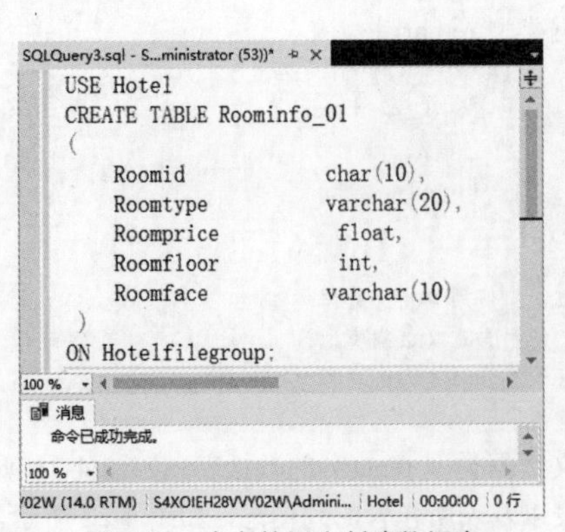

图 4-23 在文件组上创建数据表

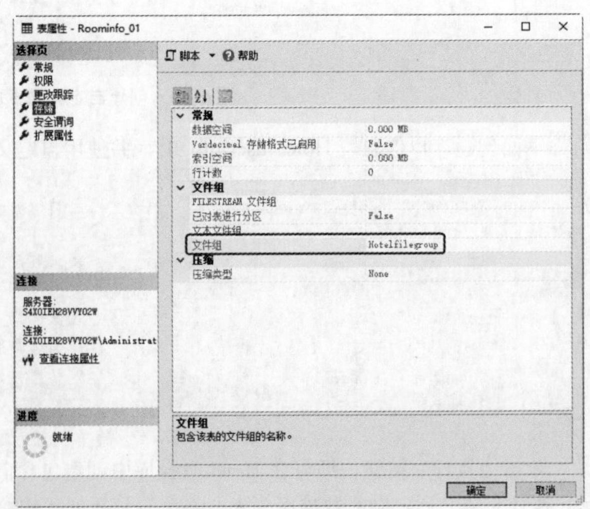

图 4-24 “表属性”窗口

4.3.6 认识数据库中的临时表

数据库中除了我们创建的数据表，还存在一种叫作临时表的数据表，这种数据表就好像我们常用的购物车，在使用时有存在的意义，当结完账后，临时表就不再需要了。那么如何创建临时表呢？本节就来详细介绍创建临时表的方法。

提示：顾名思义，临时表就是数据库中不永久存在的表。临时表可以分为本地临时表和全局临时表，本地临时表以“#”开头，只能在当前用户下使用；全局临时表以“##”开头，所有用户都能使用。

实例 9：创建一个临时表 usertemp，该表的字段与数据类型如表 4-9 所示。

表 4-9 用户信息临时表

编 号	字 段 名	数 据 类 型	说 明
1	id	INT	用户编号
2	name	VARCHAR(20)	用户名称
3	password	VARCHAR(20)	用户密码

下面创建临时表 usertemp，在“查询编辑器”窗口中输入以下语句。

```
CREATE TABLE        #usertemp            --创建 usertemp 临时表
(
     Id             INT,                 --定义用户编号
     Name           VARCHAR(20),         --定义用户名称
     Password       VARCHAR(20)          --定义用户密码
)
```

单击“执行”按钮，即可完成临时数据表的创建操作，如图 4-25 所示。执行完成之后，刷新数据库列表，打开“系统数据库”→tempdb→“临时表”节点，即可看到创建的临时表，如图 4-26 所示。

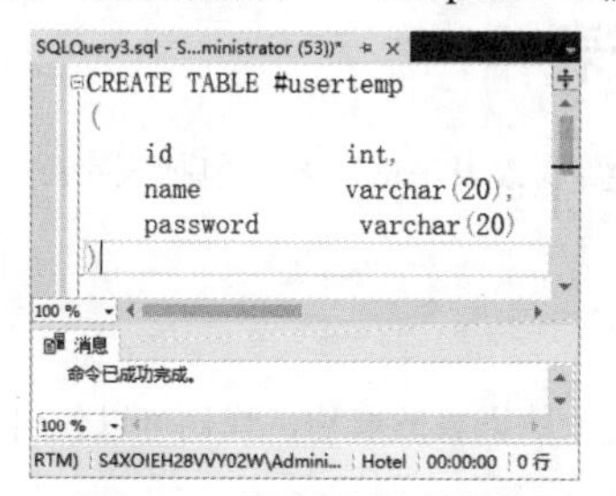

图 4-25 临时数据表的创建

图 4-26 “临时表”节点

注意：不管当前使用的是哪个数据库，临时表都会保存在系统数据库 tempdb 之中。

4.3.7 以图形向导的方式创建数据表

在 SQL Server Management Studio 中，我们可以以图形向导的方式来创建数据表，创建过程可以分为如下几步。

（1）登录到 SQL Server 2017 数据库中，在“对象资源管理器”窗口中打开“数据库”节点下面的 mydbase 数据库，选择“表”节点，右击，在弹出的快捷菜单中选择“新建”→“表”命令，如图 4-27 所示。

（2）打开“表设计”窗口，在该窗口中创建表中各个字段的字段名和数据类型，这里定义一个名称为 students 的表，其结构如下：

```
students
(
     Id        INT,
     Name      VARCHAR(50),
     Sex       CHAR(2),
     Age       INT,
 );
```

根据 students 表结构，分别指定各个字段的名称和数据类型，如图 4-28 所示。

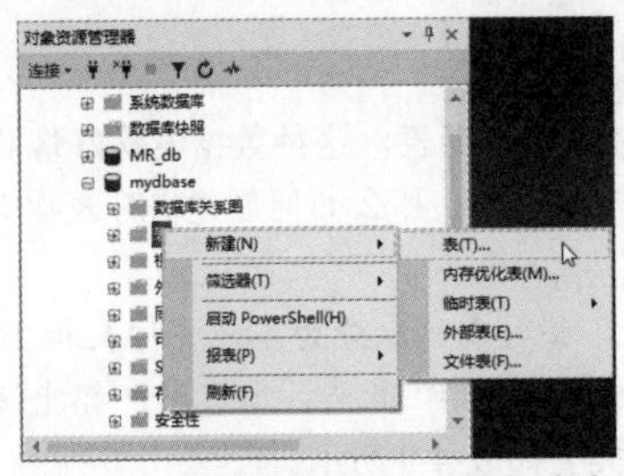

图 4-27　选择“新建”→“表”命令

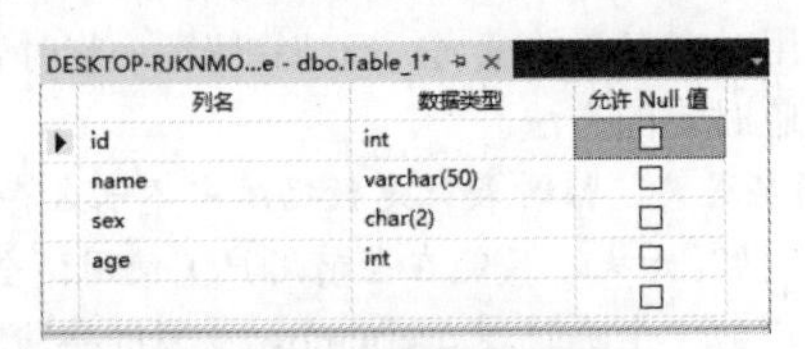

图 4-28　“表设计”窗口

（3）表设计完成之后，单击“保存”或者“关闭”按钮，弹出“选择名称”对话框，在“输入表名称”文本框中输入表名称 students，单击“确定”按钮，完成表的创建，如图 4-29 所示。

（4）单击“对象资源管理器”窗口中的“刷新”按钮，即可看到新增加的表，如图 4-30 所示。

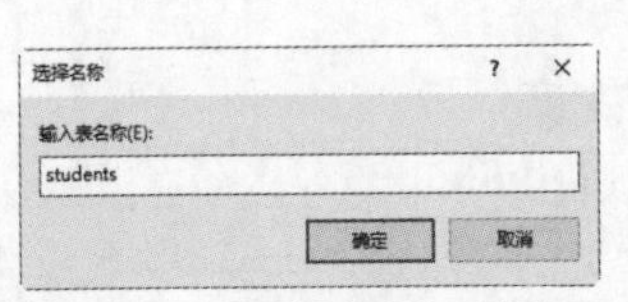

图 4-29　“选择名称”对话框

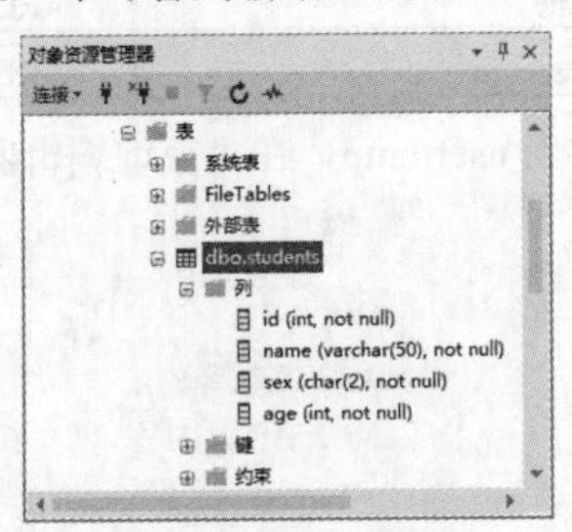

图 4-30　新增加的表

微视频

4.4　修改数据表

数据表创建完毕后，它不是一成不变的，我们可以根据需要修改表中的内容，包括表字段、表名称、数据类型等，可以说，几乎所有的表内容都是可以修改的。

4.4.1　变一变数据表的名称

数据表的表名不能使用 ALTER 语句来修改，如果想要更改数据表的名称，我们可以使用存储过程 sp_rename 来进行修改，具体的语法格式如下。

```
sp_rename old_tablename,new_tablename;
```

主要参数介绍如下。

- old_tablename：数据表原来的名称。
- new_tablename：数据表修改后的名称。

实例 10：修改 Hotel 数据库中房间信息表 Roominfo 的名称为 new_Roominfo，在“查询编辑器”窗口中输入以下语句。

```
USE Hotel;
sp_rename Roominfo,new_Roominfo;
```

单击“执行”按钮，即可完成数据表名称的修改操作，如图 4-31 所示。执行完成之后，刷新数据库列表，将会看到数据表名称更改后的显示效果，如图 4-32 所示。

图 4-31　修改数据表的名称

图 4-32　查看修改名称后的数据表

4.4.2　更改表字段的数据类型

使用 SQL 中的 ALTER TABLE 语句可以修改数据表中字段的数据类型，具体的语法格式如下。

```
ALTER TABLE table_name
ALTER COLUMN column_name  new_datatype;
```

主要参数介绍如下。

- table_name：要修改字段的数据表名称。
- column_name：要修改的字段的名称。
- new_datatype：要修改的字段新数据类型。

实例 11：在 Hotel 数据库中，修改房间信息表 Roominfo 中 Roomid 字段的数据类型为 varchar(10)。在“查询编辑器”窗口中输入以下语句。

```
ALTER TABLE Roominfo
ALTER COLUMN Roomid VARCHAR(10);
```

单击“执行”按钮，即可完成数据表字段数据类型的修改操作，如图 4-33 所示。执行完成之后，重新打开 Roominfo 的表设计窗口，将会看到修改之后数据表字段的数据类型，如图 4-34 所示。

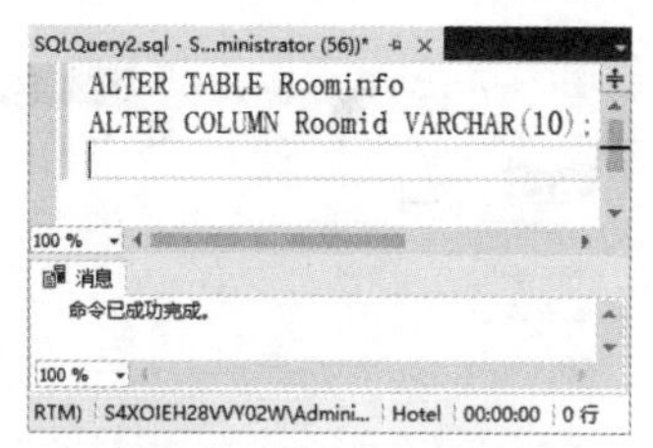

图 4-33　执行 SQL 语句

图 4-34　Roominfo 表结构

4.4.3　表字段的添加与删除

表创建完毕后，根据实际需要我们还可以对表字段进行添加或删除操作，下面进行详细介绍。

1. 添加表字段

使用 SQL 中的 ALTER TABLE 语句可以在数据表中添加字段，具体的语法格式如下。

```
ALTER TABLE table_name
ADD. column_name datatype;
```

主要参数介绍如下。

- table_name：新增加字段的数据表名称。
- column_name：新增加的字段的名称。
- datatype：新增加字段的数据类型。

实例 12：在 Hotel 数据库中，需要给表 Roominfo 添加名称为 Roomphone 的新字段，字段数据类型为 varchar(24)，不允许空值。在“查询编辑器”窗口中输入以下语句。

```
ALTER TABLE Roominfo
ADD. Roomphone varchar(24)  NOT NULL
```

单击“执行”按钮，即可完成数据表字段的添加操作，如图 4-35 所示。执行完成之后，重新打开 Roominfo 的表设计窗口，将会看到新添加的数据表字段，如图 4-36 所示。

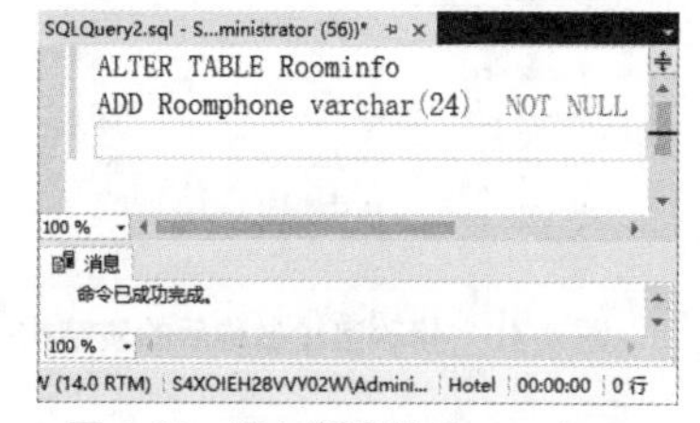

图 4-35　添加新字段 Roomphone

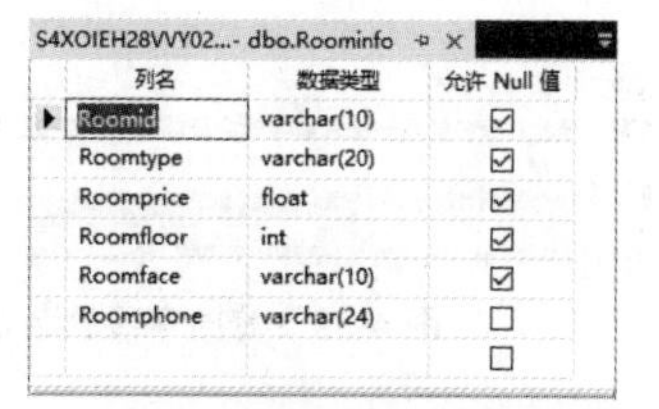

图 4-36　添加字段后的表结构

2. 删除表字段

使用 SQL 中的 ALTER TABLE 语句可以删除数据表中的字段，具体的语法格式如下。

```
ALTER TABLE  table_name
DROP COLUMN column_name;
```

主要参数介绍如下。

- table_name：要删除字段所在数据表的名称。
- column_name：要删除的字段的名称。

实例 13：删除 Roominfo 表中的 Roomphone 字段。在"查询编辑器"窗口中输入以下语句。

```
ALTER TABLE Roominfo
DROP COLUMN  Roomphone;
```

单击"执行"按钮，即可完成数据表字段的删除操作，如图 4-37 所示。执行完成之后，重新打开 Roominfo 的表设计窗口，将会看到删除字段后的数据表结构，Roomphone 字段已经不存在了，如图 4-38 所示。

图 4-37 删除字段

图 4-38 删除字段后的表结构

4.4.4 更改表字段的名称

对于数据表中的字段名称，我们也是可以根据需要进行修改的，但是使用 ALTER 语句是不行的。不过，使用存储过程 sp_rename 可以修改表字段的名称，具体的语法格式如下。

```
sp_rename 'tablename.columnname','new_columnname';
```

主要参数介绍如下。

- tablename.columnname：原来表中的字段名称。不过，表中的字段名一定要加上单引号。
- new_columnname：新字段的名称，新字段名也要加上单引号，而且不能与表中其他字段的名称重复。

实例 14：将数据表 Roominfo 表中的 Roomphone 字段名称修改为 phone。在"查询编辑器"窗口中输入以下语句。

```
sp_rename 'Roominfo.Roomphone','phone';
```

单击"执行"按钮，即可完成数据表字段名的修改操作，如图 4-39 所示。执行完成之后，重新打开 Roominfo 的表设计窗口，将会看到字段名修改后的数据表结构，如图 4-40 所示。

图 4-39 修改字段的名称

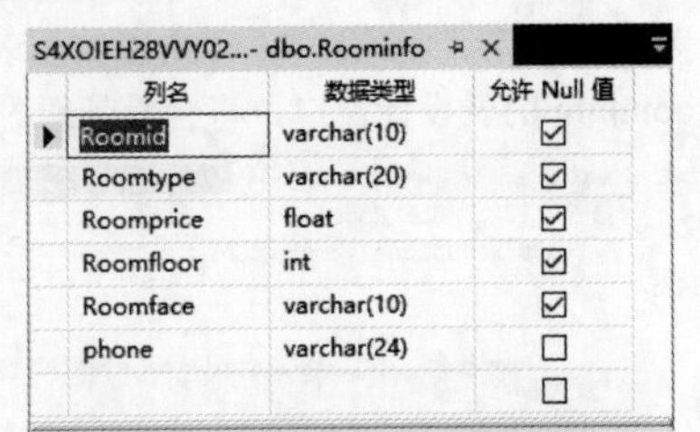

图 4-40 修改字段名称后的表结构

4.4.5　以图形向导方式修改表

在 SQL Server Management Studio 中，我们可以以图形向导方式修改数据表，如修改表的名称、添加与删除字段、修改字段的数据类型等。

1. 重命名表名称

（1）登录到 SQL Server 2017 数据库中，在“对象资源管理器”窗口中选择需要重命名的数据表，如这里选中 Roominfo_01 数据表，右击，在弹出的快捷菜单中选择“重命名”命令，进入数据表重命名状态，如图 4-41 所示。

（2）输入新的数据表名称，即可完成数据表的重命名操作，如图 4-42 所示。

2. 添加表字段

数据表创建完成后，如果字段不能满足需要，可以再根据需要添加字段，例如，在 Roominfo 数据表中，增加一个新的字段，名称为 Roomphone，数据类型为 varchar(10)，允许空值，具体操作步骤如下：

（1）选中 Roominfo 数据表，右击，在弹出的快捷菜单中选择“设计”命令，如图 4-43 所示。

图 4-41　重命名状态

图 4-42　数据表的重命名

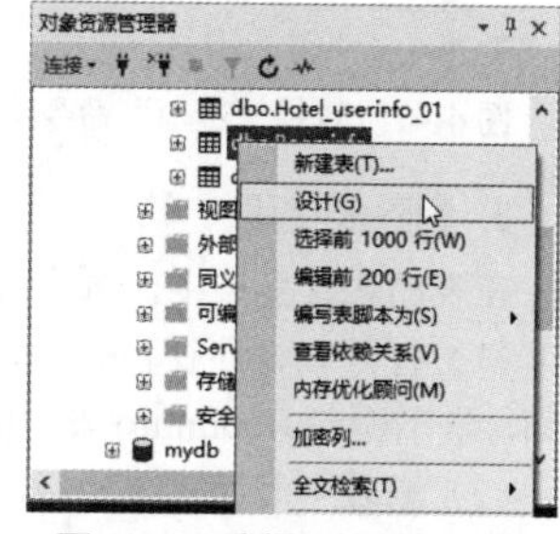

图 4-43　选择“设计”命令

（2）弹出的表设计窗口，在其中添加新字段 Roomphone，并设置字段数据类型为 varchar(10)，允许空值，如图 4-44 所示。

（3）修改完成之后，单击“保存”按钮，保存结果，增加新字段成功，如图 4-45 所示。

知识扩展：*在保存数据表的过程中，如果无法保存增加的表字段，会弹出相应的警告对话框，如图 4-46 所示。*

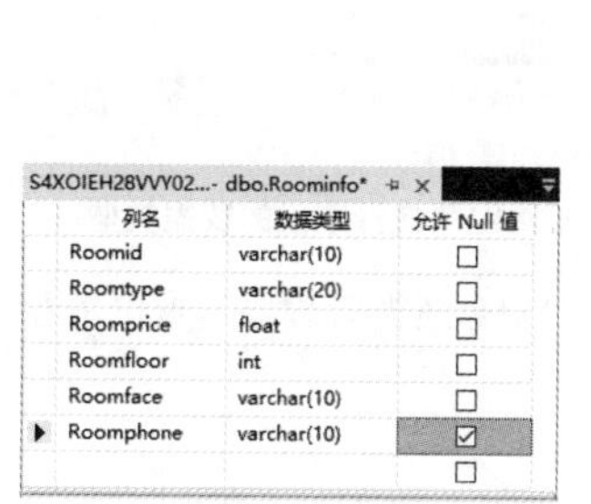

图 4-44　增加字段 Roomphone

图 4-45　增加的新字段

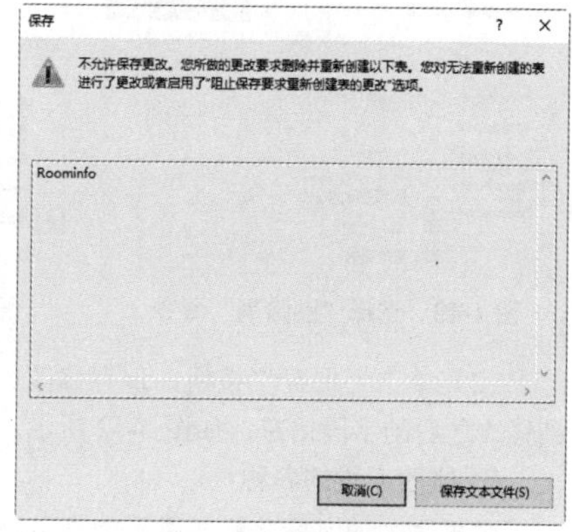

图 4-46　警告对话框

要想解决这一问题，我们可以按照如下步骤进行。

（1）选择“工具”→“选项”命令，如图 4-47 所示。

（2）打开“选项”对话框，选择“设计器”选项，在右侧面板中取消“阻止保存要求重新创建表的更改”复选框，单击“确定”按钮即可，如图 4-48 所示。

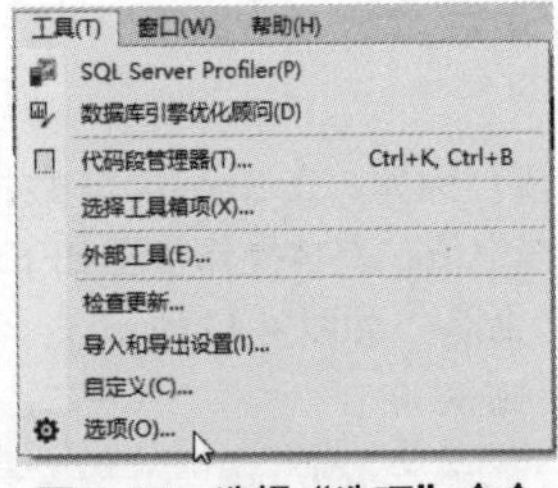

图 4-47 选择“选项”命令

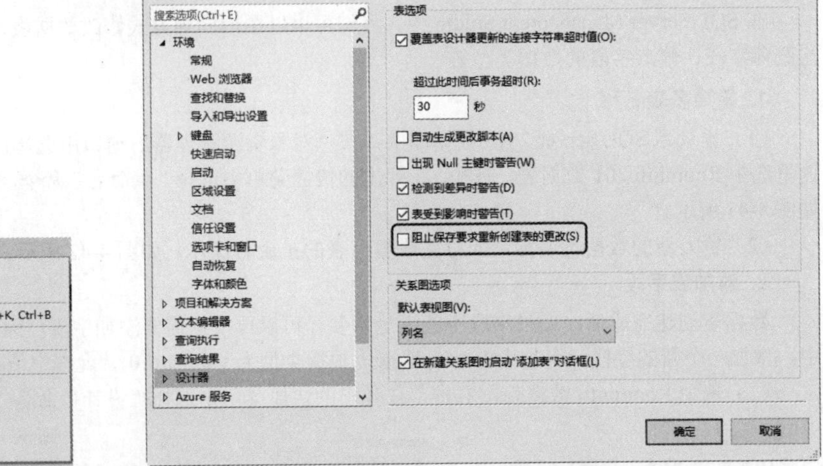

图 4-48 “选项”对话框

3. 删除表字段

在表的设计窗口中，每次可以删除表中的一个字段，操作过程比较简单，可以分为如下几步：

（1）打开表设计窗口之后，选中要删除的字段，右击，在弹出的快捷菜单中选择“删除列”命令。例如，这里删除 Roominfo 表中的 Roomface 字段，如图 4-49 所示。

（2）删除字段操作成功后，数据表的结构如图 4-50 所示。

4. 修改字段的数据类型

当数据表中字段不能满足需要时，可以对其进行修改，修改的内容包括改变字段的数据类型、是否允许空值等，修改字段数据类型可分为如下几步：

（1）在数据表设计窗口中，选择要修改的字段名称，单击数据类型，在弹出的下拉列表框中可以更改字段的数据类型，例如，将 Roomphone 字段的数据类型由 varchar(10)修改为 varchar(15)，允许为空值，如图 4-51 所示。

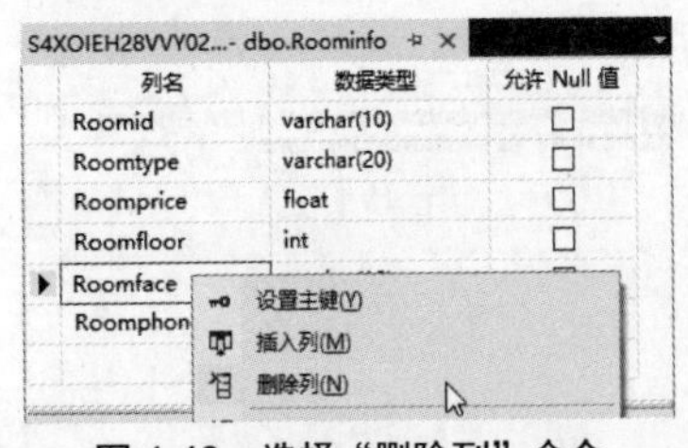

图 4-49 选择“删除列”命令

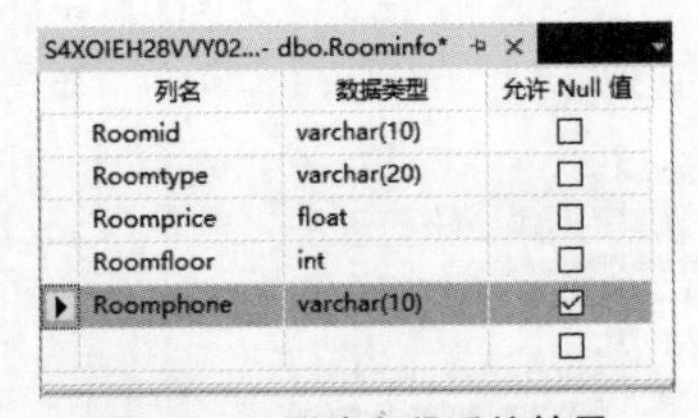

图 4-50 删除字段后的效果

图 4-51 选择字段的数据类型

（2）单击“保存”按钮，保存修改的内容，然后刷新数据库，即可在“对象资源管理器”窗口中看到修改之后的字段信息，如图 4-52 所示。

5. 修改字段的名称

数据表中的字段名称如果不能满足需要，可以对其进行修改，修改字段名称可分为如下几步：

（1）在数据表设计窗口中，选择要修改名称的字段，即可进入字段名称修改状态，如图 4-53 所示。

（2）修改字段的名称，保存修改的内容，然后刷新数据库，即可在“对象资源管理器”窗格中看到修改之后的字段名称，如图 4-54 所示。

图 4-52　修改后的字段（1）

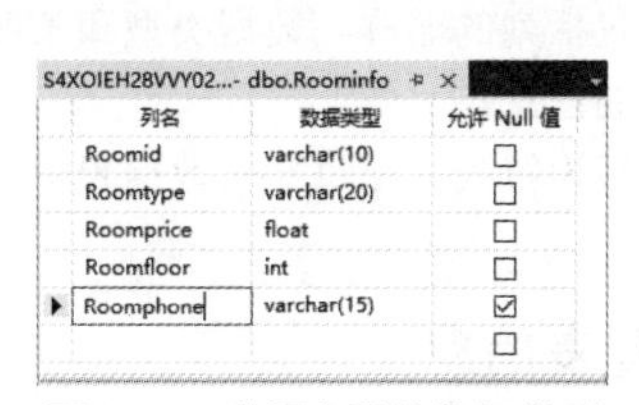

图 4-53　选择字段的数据类型

图 4-54　修改后的字段（2）

4.5　查看表信息

微视频

数据表创建完毕后，我们可以在 SQL Server Management Studio 中轻松查看表信息，如表字段名称、表字段的数据类型等。除了这个方法外，我们还可以使用其他方法来查看表信息吗？当然有了！下面就来详细介绍其他查看表信息的方法。

4.5.1　使用 sp_help 查看表信息

系统存储过程 sp_help 可以用来查看表信息，包括表的基本信息，如数据表的名称、类型与创建时间等。还可以查看数据库中的其他对象以及用户自定义的数据类型等信息。

实例 15：查看数据库 Hotel 中的表信息以及用户自定义的数据类型。在“查询编辑器”窗口中输入以下语句。

```
sp_help;
```

单击“执行”按钮，即可在“结果”窗口中显示查询结果，该查询结果分为两个部分，一部分用于显示数据库 Hotel 中所有的数据对象信息，一部分用于显示数据库中自定义的数据类型信息，如图 4-55 所示。

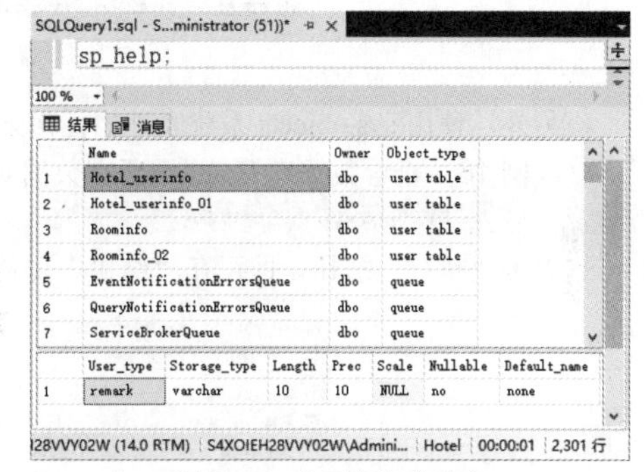

图 4-55　查看全部表信息

如果想要查询某个数据表的信息，需要在 sp_help 后面输入数据表的名称。

实例 16：查看数据库 Hotel 中的 Roominfo 表信息。在“查询编辑器”窗口中输入以下语句。

```
sp_help Roominfo;
```

单击“执行”按钮，即可在“结果”窗格中显示查询结果，如图 4-56 所示。

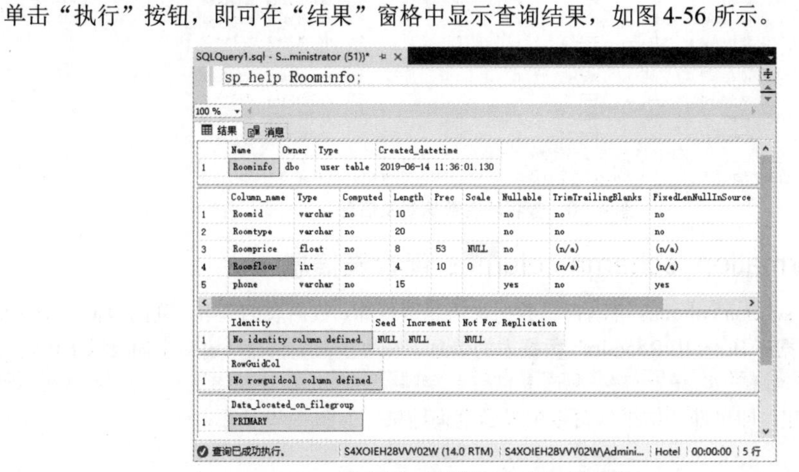

图 4-56　查看 Roominfo 表信息

查询结果可以分为 5 个部分，下面分别进行介绍。

第 1 部分：显示表创建时的基本信息，包括数据表的名称、类型、创建时间以及拥有者。

第 2 部分：显示表中列的信息，包括列的名称、数据类型和长度等信息。

第 3 部分：显示表中自动增长列的信息。

第 4 部分：显示表中的全局唯一标识符列。在每一个数据表中只能有一个全局唯一标识符列。

第 5 部分：显示表存在的文件组。

4.5.2 使用 sys.objects 查看表信息

使用存储过程 sp_help 查询出来的表信息比较全面，如果我们想要查询数据表中的某一点信息，就显得比较复杂了。不过，SQL Server 为用户提供了 sys.objects 系统表，使用它可以查看数据表的创建信息。

实例 17：查看数据库 Hotel 中的 Roominfo 表信息。在“查询编辑器”窗口中输入以下语句。

```
Select*from sys.objects where name='Roominfo';
```

单击“执行”按钮，即可在“结果”窗格中显示查询结果，如图 4-57 所示。从查询结果中可以看出使用 sys.objects 系统表可以查看到 Roominfo 表的创建时间、修改时间以及表的类型等信息。

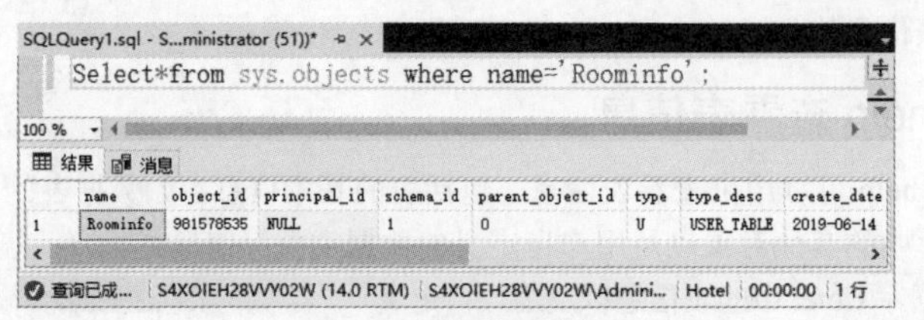

图 4-57 查看表信息

另外，使用 sys.objects 系统表不加任何条件可以查看数据库中所有的数据对象信息。

实例 18：查看数据库 Hotel 中所有数据对象信息。在“查询编辑器”窗口中输入以下语句。

```
Select*from sys.objects;
```

单击“执行”按钮，即可在“结果”窗格中显示查询结果，如图 4-58 所示。

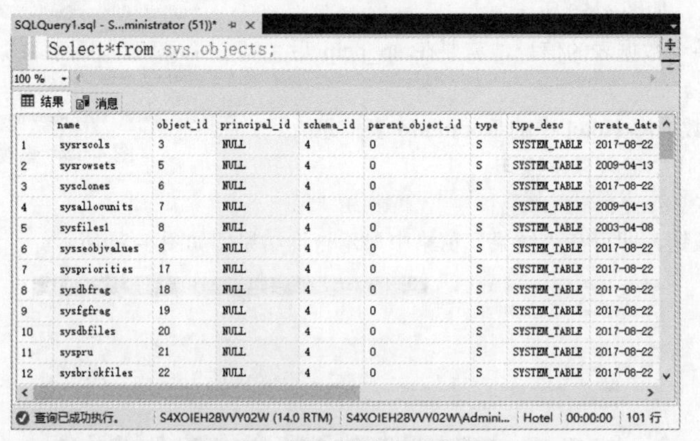

图 4-58 查看所有数据对象信息

4.5.3 使用 information_schema.columns 查看表信息

使用 information_schema.columns 可以查看数据表所属数据库、数据表的列名、列的数据类型等信息。

实例 19：查看数据库 Hotel 中 Roominfo 数据表的信息。在“查询编辑器”窗口中输入以下语句。

```
Select*from information_schema.columns where table_name='Roominfo';
```

单击“执行”按钮，即可在“结果”窗格中显示查询结果，如图 4-59 所示。

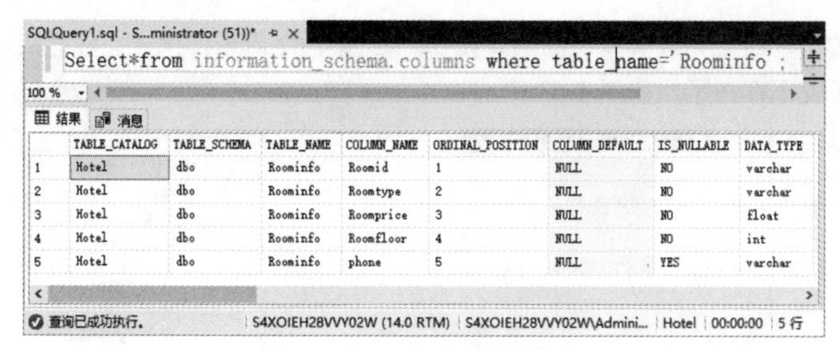

	TABLE_CATALOG	TABLE_SCHEMA	TABLE_NAME	COLUMN_NAME	ORDINAL_POSITION	COLUMN_DEFAULT	IS_NULLABLE	DATA_TYPE
1	Hotel	dbo	Roominfo	Roomid	1	NULL	NO	varchar
2	Hotel	dbo	Roominfo	Roomtype	2	NULL	NO	varchar
3	Hotel	dbo	Roominfo	Roomprice	3	NULL	NO	float
4	Hotel	dbo	Roominfo	Roomfloor	4	NULL	NO	int
5	Hotel	dbo	Roominfo	phone	5	NULL	YES	varchar

图 4-59　查看数据表信息

知识扩展：使用 sp_help、sys.objects、information_schema.columns 都可以查看数据表的信息，它们有什么区别呢？都在什么时候使用呢？sp_help 主要用于查询表中所有的信息，包括表的创建信息、列信息以及其他信息；sys.objects 主要用于查询表的创建信息；information_schema.columns 用于查询表的列信息，知道了它们之间的差异，相信读者可以根据自己的需要自行选择。

4.6　删除数据表

微视频

对于数据库中不再需要的数据表，我们可以将其删除，不过，删除后的数据表是很难恢复的。因此，在删除数据表前一定要先将数据表备份一份，以免带来不必要的损失。

4.6.1　使用 DROP 语句删除数据表

使用 DROP TABLE 语句可以删除指定的数据表，具体的语法格式如下。

```
DROP TABLE database_name.table_name1, database_name.table_name2,...
```

主要参数介绍如下。

- database_name：要删除数据表所在数据库的名称。
- table_name：是等待删除的数据表名称。

实例 20：删除 Hotel 数据库中的 Hotel_userinfo_01 表。在“查询编辑器”窗口中输入以下语句。

```
USE Hotel
GO
DROP TABLE Hotel_userinfo_01
```

单击“执行”按钮，即可完成删除数据表的操作，如图 4-60 所示。执行完成之后，刷新数据库列表，将会看到选择的数据表不存在了，如图 4-61 所示。

图 4-60　执行 SQL 语句

图 4-61　“对象资源管理器”窗口（1）

提示：上述删除数据表的操作还可以用 DROP TABLE Hotel.Hotel_ userinfo_01 语句来完成。

对于数据表的删除，我们可以一次删除多张数据表。

实例 21：一次删除 Hotel 数据库中的 Hotel_userinfo 与 Roominfo_02 表。在“查询编辑器”窗口中输入以下语句。

```
USE Hotel
DROP TABLE Hotel_userinfo, Roominfo_02;
```

单击“执行”按钮，即可完成数据表的删除操作，如图 4-62 所示。执行完成之后，刷新数据库列表，将会看到选择的数据表不存在了，如图 4-63 所示。

图 4-62 删除多个数据表

图 4-63 “对象资源管理器”窗口（2）

注意：如果要删除的数据表在数据库中不存在，在执行删除语句后，会出现如图 4-64 所示的错误提示框。

图 4-64 错误提示框

4.6.2 以图形向导方式删除数据表

在 SQL Server Management Studio 中，可以删除不需要的数据表，选择需要删除的数据表，如这里选择 Roominfo 数据表，如图 4-65 所示。右击，在弹出的快捷菜单中选择“删除”命令，弹出“删除对象”窗口，然后单击“确定”按钮，即可删除表，如图 4-66 所示。

图 4-65 选择要删除的数据表

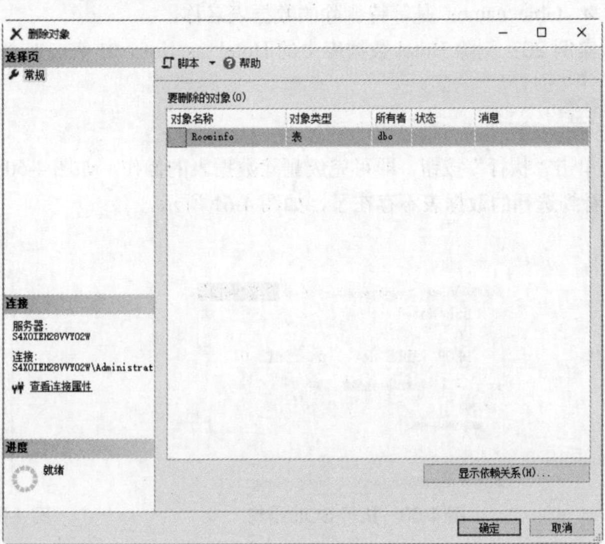

图 4-66 “删除对象”窗口

注意：当有对象依赖于该表时，该表不能被删除，单击“显示依赖关系”按钮，可以查看依赖于该表和该表依赖的对象，如图 4-67 所示。

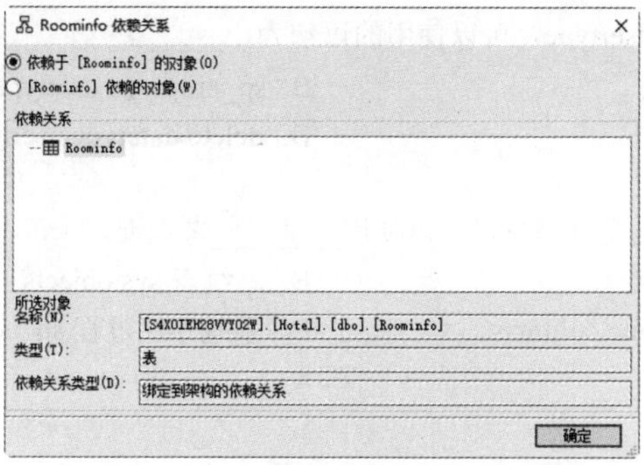

图 4-67 “Roominfo 依赖关系”对话框

注意：在 SQL Server Management Studio 中，以图形向导方式创建与管理数据表的方式虽然简单直观，但是这种方式不能将工作的过程保存下来，每次操作都需要重复进行，操作量大时不宜使用，因此，在很多情况下，还需要使用 SQL 语句来创建与管理数据表。

4.7 课后习题与练习

一、填充题

1. 常见的数据类型有______、_______、_______等。

答案：整数和浮点型，字符串类型，日期时间类型

2. 如果一个数据表表名使用______符号作为前缀，表示该表是一个全局临时表；如果一个数据表表名以______符号作为前缀，表示该表是一个局部临时表。

答案：##，#

3. 删除数据表 TEST 语句是__________________。

答案：DROP TABLE test。

4. 用户可以在任何数据库中创建临时数据表，但是这些临时数据表只能保存在_____数据库之中。

答案：tempdb

二、选择题

1. 下面关于数据表的描述正确的是_______。

A. 在 SQL Server 中，一个数据库中可以有重名的表

B. 在 SQL Server 中，一个数据库中不能有重名的表

C. 在 SQL Server 中，表的名称可以以数字来命名

D. 以上说法都不对

答案：B

2. 下面关于创建数据表的描述正确的是_______。

A. 使用 CREATE 语句可以创建不带字段的空表

B. 在创建表时，可以设置表中字段为自动增长字段

C. 在创建表时，数据表中的字段名可以重复

D. 以上都对

答案：B

3. 下面关于修改数据表的描述正确的是_______。

A. 可以修改表中字段的数据类型　　B. 可以修改表中字段的名称

C. 可以修改表的名称　　D. 以上描述都对

答案：D

4. 删除自定义数据类型 usertype，可以使用的语句为________。

A. drop datatype usertype; B. sp_droptype usertype;

C. remove type usertype; D. delete datatype usertype;

答案：B

5. 如果想要查询数据表的全部信息，可以使用________来查询。

A. 系统存储过程 sp_help B. 系统表 sys.objects

C. 使用 information_schema.columns D. 系统存储过程 sp_helpdb

答案：A

三、简答题

1. 如何给数据表进行重命名？
2. 简述使用 sp_help 查询表信息的过程。
3. 如何在其他文件组上创建数据表？

4.8 新手疑难问题解答

疑问 1：在创建数据表时，为什么 id 号或编号字段不能够重复呢？

解答：不能重复的原因是为了避免出现多条重复的记录。

疑问 2：为什么输入 SQL 语句却无法运行？

解答：首先，需要在 SQL Server Management Studio 窗口中，选择主菜单中的“查询”→“分析”命令，保证输入的 SQL 语句是正确的。确认正确后，再查看工具栏中的当前数据库下拉列表框中是否是我们需要的数据库，如果不是，请选择需要操作的数据库对象。或者在当前查询窗口中开头加入相应的语句，例如要操作 School 数据库，输入的语句为：USE School，这样也能完成数据库的切换。

4.9 实战训练

创建并操作用户信息表。

（1）根据本书所学知识，设计一个数据表用来保存用户基本信息，表的字段名和数据类型如表 4-10 所示，表的名称为 userinfo。

表 4-10 用户信息表

编 号	字 段 名	数 据 类 型	说 明
1	id	INT	编号
2	name	VARCHAR(20)	用户名
3	password	VARCHAR(10)	密码
4	email	VARCHAR(20)	邮箱
5	QQ	VARCHAR(15)	QQ 号码
6	tel	VARCHAR(15)	电话号码

（2）修改用户信息表 userinfo 的名称为“用户信息表”。

（3）添加一个 remark 字段，数据类型为 varchar(20)，用于保存对用户的备注信息。

（4）创建一个表示用户备注信息的自定义数据类型 usertype，该类型基于 varchar 类型，长度为 200，并允许为空。

（5）数据表创建完成后，使用存储过程 sp_help 查询用户信息表 userinfo 的全部信息。

（6）以图形向导的方式修改用户信息表的名称、添加字段、更改字段的名称与字段的数据类型。

第5章

数据表的完整性约束

本章内容提要

数据库中的数据必须是真实可信、准确无误的。对数据库表中的记录强制实施数据完整性约束，可以保证数据表中各个字段数据的完整性和合理性。本章介绍数据表中完整性约束的添加方法，主要内容包括主键约束的添加、外键约束的添加、默认约束的添加、唯一约束的添加、非空约束的添加等。

5.1 数据完整性及其分类

微视频

数据表中的完整性约束可以理解成是一种规则或者要求，它规定了在数据表中哪些字段可以输入什么样的值。

5.1.1 数据完整性的分类

数据库不仅要能存储数据，它也必须能够保证所保存的数据的正确性，为此 SQL Server 为用户提高了完整性约束条件。

数据完整性可分为实体完整性、域完整性和引用完整性，下面进行详细介绍。

（1）实体完整性：指通过表中字段或字段组合将表中各记录的唯一性区别开来。例如，在学生表中，学生之间可能姓名相同，班级编号相同，但是每个学生的学号必然不同。实体完整性的实施方法是添加 PRIMARY KEY 约束和 UNIQUE 约束。

（2）域完整性：指表中特定字段的值的有效取值。虽然每个字段都有数据类型，但实际并非满足该数据类型的值即为无效，应合乎情理。例如，学生的出生日期不可能比录入时的日期晚。域完整性的实施方法是添加 CHECK 约束和 DEFAULT 约束。

（3）引用完整性：数据库中的表和表之间的字段值是有联系的，甚至表自身的字段值也是有联系的，其中一个表中的某个字段值不但要符合其数据类型，而且必须是引用另一个表中某个字段现有的值。在输入或删除数据记录时，这种引用关系也不能被破坏，这就是引用完整性，它的作用是确保在所有表中具有相同意义的字段值一致，不能引用不存在的值。引用完整性的实施方法是添加 PRIMARY KEY 约束。

5.1.2 表中的约束条件有哪些

在数据表中添加约束条件归根到底就是要确保数据的准确性和一致性，即表内的数据不相互矛盾，表之间的数据不相矛盾，关联性不被破坏。为此，我们可以从以下几个方面检查数据表的完整性约束。

（1）对列的控制，包括主键约束（PRIMARY KEY）、唯一性约束（UNIQUE）。

（2）对列数据的控制，包括检查约束（CHECK）、默认值约束（DEFAULT）、非空约束（NOT NULL）。

（3）对表之间及列之间关系的控制，包括外键约束（FOREIGN KEY）。

满足完整性约束要求的数据必须具有以下三个特点：

（1）数据值正确无误：首先数据类型必须正确，其次数据的值必须处于正确的范围内。例如，“成绩”表中“成绩”字段的值必须大于或等于 0 小于或等于 100。

（2）数据的存储必须确保同一表格数据之间的和谐关系，例如，“成绩”表中的“学号”字段列中的每一个学号对应一个学生，不可能将一个学号对应多个学生。

（3）数据的存储必须确保维护不同表之间的和谐关系。例如，在“成绩”表中的“课程编号”列对应“课程”表中的“课程编号”列，在“课程”表中“教师编号”列对应“教师”表中的教师编号及相关信息。

5.2 PRIMARY KEY 约束

微视频

一个表由若干字段构成，其中的一个或一组字段值可以用来唯一标识表中每一行，这样的一个或一组字段称为表的主键，用于实施实体完整性约束。在创建或修改表时，可以通过添加 PRIMARY KEY 约束来创建主键。

5.2.1 创建表时创建主键

如果主键包含一个字段，则所有记录的该字段值不能相同或为空值；如果主键包含多个字段，则所有记录的该字段值的组合不能相同，而单个字段值可以相同，一个表中只能有一个主键，也就是说只能有一个 PRIMARY KEY 约束。

注意：数据类型为 image 和 text 的字段列不能定义为主键。

创建表时创建主键的方法是在数据列的后面直接添加关键字 PRIMARY KEY，并不指明主键约束的名字，这时的主键约束名字由数据库系统自动生成，具体的语法格式如下。

```
CREATE TABLE table_name
(
COLUMN_NAME1  DATATYPE  PRIMARY KEY,
COLUMN_NAME2  DATATYPE,
COLUMN_NAME3  DATATYPE
...
);
```

实例 1：假如，要在酒店客户管理系统的数据库 Hotel 中创建一个数据表，用于保存房间信息，并给房间编号添加主键约束，表的字段名和数据类型如表 5-1 所示。

表 5-1 房间信息表

编 号	字 段 名	数 据 类 型	说 明
1	Roomid	CHAR(10)	房间编号
2	Roomtype	VARCHAR(20)	房间类型
3	Roomprice	FLOAT	房间价格
4	Roomfloor	INT	所在楼层
5	Roomface	VARCHAR(10)	房间朝向

在 Hotel 数据库中定义数据表 Roominfo，为 Roomid 创建主键约束。在“查询编辑器”窗口中输入以下语句。

```
USE Hotel
CREATE TABLE      Roominfo                        --创建 Roominfo 数据表
(
    Roomid        CHAR(10)  PRIMARY KEY,          --定义房间编号并添加主键约束
    Roomtype      VARCHAR(20),                    --定义房间类型
    Roomprice     FLOAT,                          --定义房间价格
    Roomfloor     INT,                            --定义所在楼层
    Roomface      VARCHAR(10)                     --定义房间朝向
);
```

单击“执行”按钮，即可完成创建数据表并创建主键的操作，如图 5-1 所示。执行完成之后，选择新创建的数据表，然后打开该数据表的设计图，即可看到该数据表的结构，其中前面带钥匙标志的列被定义为主键约束，如图 5-2 所示。

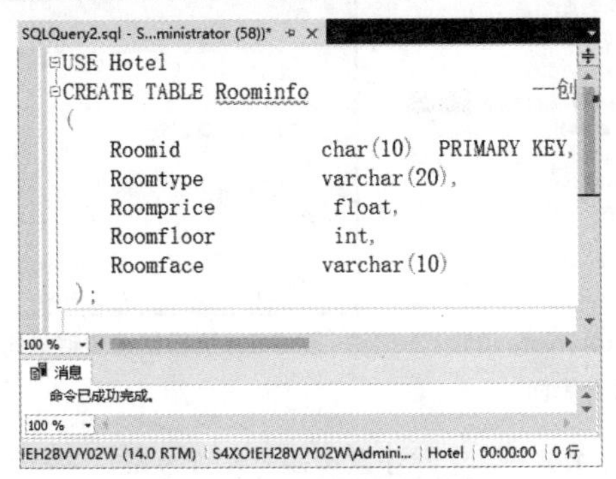

图 5-1　执行创建数据表语句

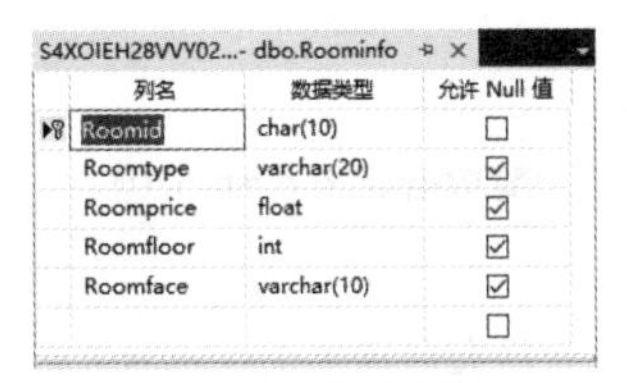

图 5-2　表设计界面

5.2.2　修改表时创建主键

数据表创建完成后，如果还需要为数据表创建主键约束，此时不需要再重新创建数据表。我们可以使用 ALTER 语句或在 SQL Server Management Studio 中对现有表创建主键。

1. 使用 ALTER 语句创建主键

使用 ALTER 语句在现有数据表中创建主键，具体的语法格式如下。

```
ALTER TABLE table_name
ADD CONSTRAINT pk_name PRIMARY KEY (column_name1, column_name2,…)
```

主要参数介绍如下。

- CONSTRAINT：创建约束的关键字。
- pk_name：设置主键约束的名称。
- PRIMARY KEY：表示所添加约束的类型为主键约束。

实例 2：在 Hotel 数据库中定义数据表 Roominfo_01，创建完成之后，在该表中的 Roomid 字段上创建主键约束，在“查询编辑器”窗口中输入以下语句。

```
USE Hotel
CREATE TABLE        Roominfo_01              --创建 Roominfo_01 数据表
(
    Roomid          CHAR(10)  NOT NULL,      --定义房间编号
    Roomtype        VARCHAR(20),             --定义房间类型
    Roomprice       FLOAT,                   --定义房间价格
    Roomfloor       INT,                     --定义所在楼层
    Roomface        VARCHAR(10)              --定义房间朝向
);
```

单击“执行”按钮，即可完成创建数据表操作，如图 5-3 所示。执行完成之后，选择新创建的数据表，然后打开该数据表的设计图，即可看到该数据表的结构，在其中未定义数据表的主键，如图 5-4 所示。

下面创建数据表的主键，在“查询编辑器”窗口中输入创建主键的语句。

```
GO
ALTER TABLE Roominfo_01
ADD
CONSTRAINT 编号
PRIMARY KEY(Roomid)
```

单击“执行”按钮，即可完成创建主键的操作，如图 5-5 所示。执行完成之后，选择创建主键的数据表，然后打开该数据表的设计图，即可看到该数据表的结构，其中前面带钥匙标志的列被定义为主键，如图 5-6 所示。

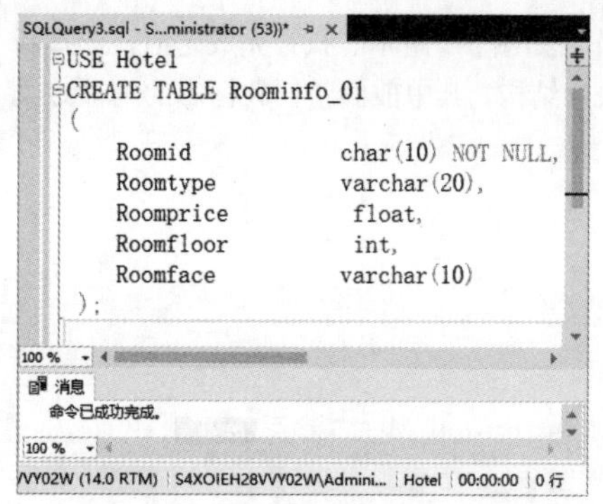

图 5-3 创建数据表 Roominfo_01

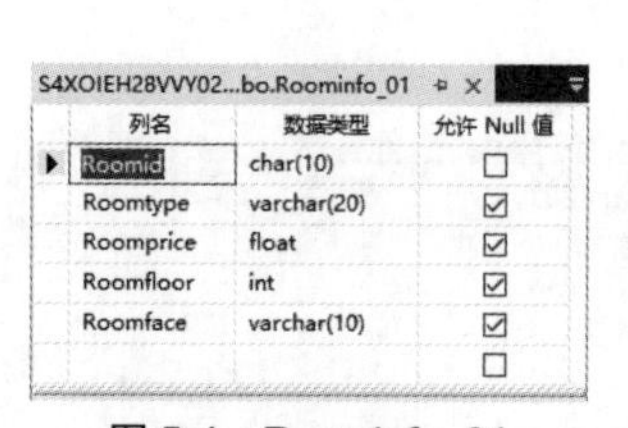

图 5-4 Roominfo_01 表设计界面

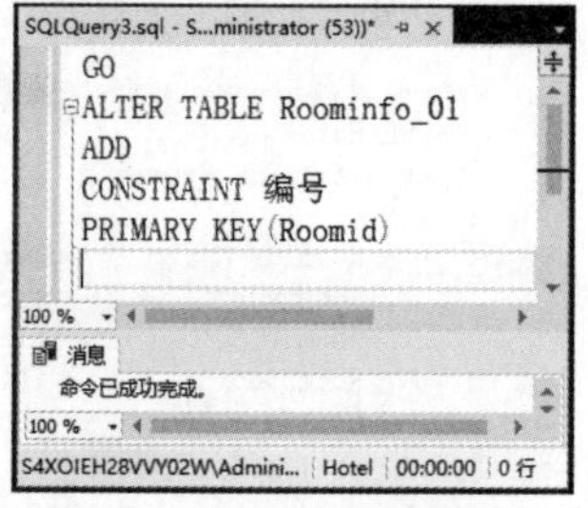

图 5-5 执行创建主键语句

注意：*数据表创建完成后，如果需要给某个字段创建主键约束，该字段必须不允许为空，如果为空的话，在创建主键约束时会给出如图 5-7 所示的错误提示信息。*

2. 以图形向导方式创建主键

在 SQL Server Management Studio 中，可以以图形向导方式创建主键。例如，在 Hotel 数据库中，对 Roominfo 数据表中的 Roomid 创建主键约束，创建过程可以分为如下几步。

（1）登录到 SQL Server 2017 数据库，在“对象资源管理器”窗口中选择 Hotel 数据库中的 Roominfo 表，右击，在弹出的快捷菜单中选择“设计”命令，如图 5-8 所示。

图 5-6 为 Roomid 列添加主键约束

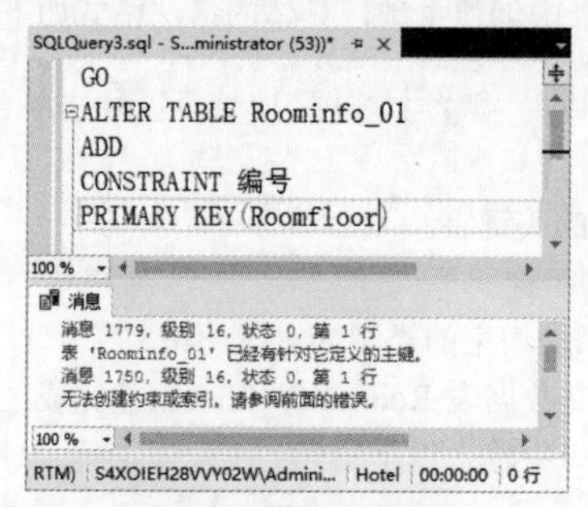

图 5-7 错误提示信息

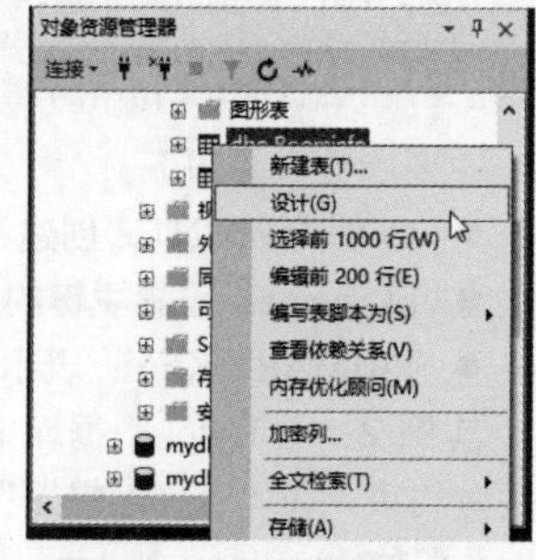

图 5-8 选择“设计”命令

（2）打开表设计窗口，在其中选择 Roomid 字段对应的行，右击，在弹出的快捷菜单中选择“设置主键”命令，如图 5-9 所示。

（3）设置完成之后，Roomid 所在行会有一个钥匙图标，表示这是主键列，如图 5-10 所示。

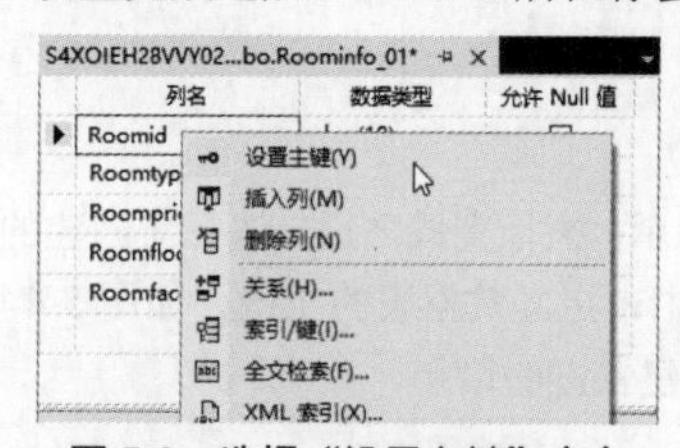

图 5-9 选择“设置主键”命令

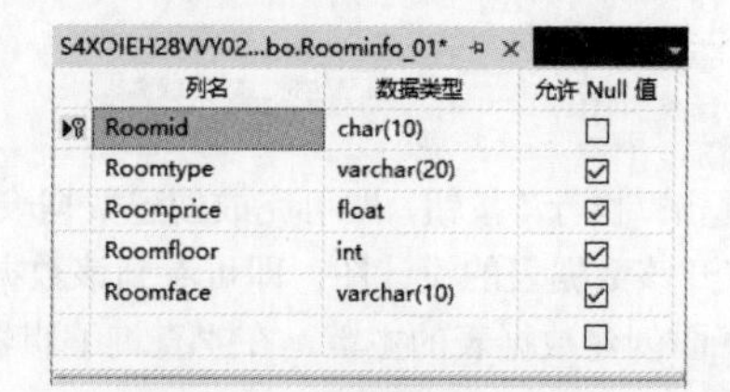

图 5-10 设置“主键”列

5.2.3 创建联合主键约束

在数据表中，可以定义多个字段为联合主键约束，如果对多字段定义了 PRIMARY KEY 约束，则一列中的值可能会重复，但来自 PRIMARY KEY 约束定义中所有列的任何值组合必须唯一。

实例 3：在 Hotel 数据库中，定义数据表 userinfo，假设表中没有主键 id，为了唯一确定一个人员信息，可以把 name、tel 联合起来作为主键。在“查询编辑器”窗口中输入创建主键的语句。

```
USE Hotel
CREATE TABLE  userinfo              --创建 userinfo 数据表
(
      name      VARCHAR(20),        --定义客户姓名
      age       INT,                --定义客户年龄
      tel       VARCHAR(10) ,       --定义客户联系方式
      Roomid    CHAR(10)            --定义客户入住房间编号
CONSTRAINT 姓名联系方式
PRIMARY KEY(name,tel)
);
```

单击“执行”按钮，即可完成创建数据表的操作，如图 5-11 所示。执行完成之后，选择新创建的数据表，然后打开该数据表的设计图，即可看到该数据表的结构，其中，name 字段和 tel 字段组合在一起成为 userinfo 的多字段联合主键，如图 5-12 所示。

另外，还可以在 SQL Server Management Studio 中创建多字段联合主键约束，具体的方法为：在“表设计”界面中按 Ctrl 键选择多行，右击，在弹出的快捷菜单中选择“主键”命令，即可将多列设为主键约束，如图 5-13 所示。

图 5-11　执行创建联合主键语句

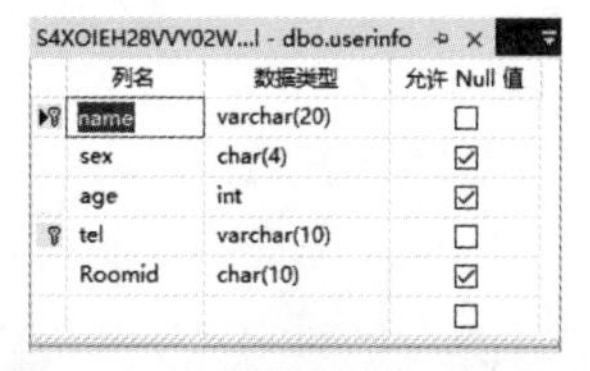

图 5-12　为表添加联合主键约束

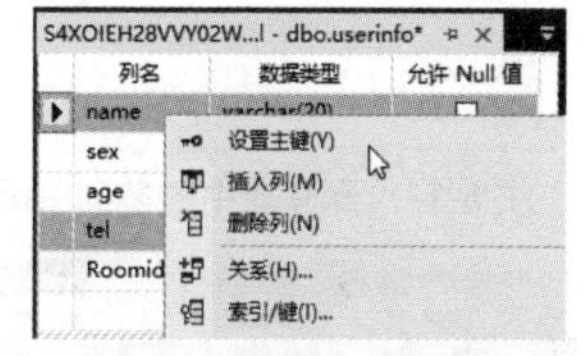

图 5-13　设置多列为主键

5.2.4　删除表中的主键

当表中不需要指定 PRIMARY KEY 约束时，可以使用两种方法将其删除，下面分别进行介绍。

1. 使用 DROP 语句删除

通过 DROP 语句删除 PRIMARY KEY 约束的语法格式如下。

```
ALTER TABLE table_name
DROP CONSTRAINT pk_name
```

主要参数介绍如下。

- table_name：要去除主键约束的表名。
- pk_name：主键约束的名字。

实例 4：在 Hotel 数据库中，删除 Roominfo_01 表中定义的主键，在“查询编辑器”窗口中输入以下语句。

```
ALTER TABLE Roominfo_01
DROP
CONSTRAINT 编号
```

单击“执行”按钮，即可完成删除主键的操作，并在“消息”窗格中显示命令已成功完成的信息提示，如图 5-14 所示。

执行完成之后，选择删除主键操作的数据表，然后打开该数据表的设计图，即可看到该数据表的结构，其中，Roomid 字段主键约束消失，如图 5-15 所示。

2. 以图形向导方式删除 PRIMARY KEY 约束

使用 SQL Server Management Studio 可以以图形向导方式删除主键约束，删除过程可以分为如下几个步骤。

（1）打开数据表 userinfo 的表结构设计窗口，单击工具栏上的“删除主键”按钮，如图 5-16 所示。

图 5-14 执行删除主键约束 SQL 语句

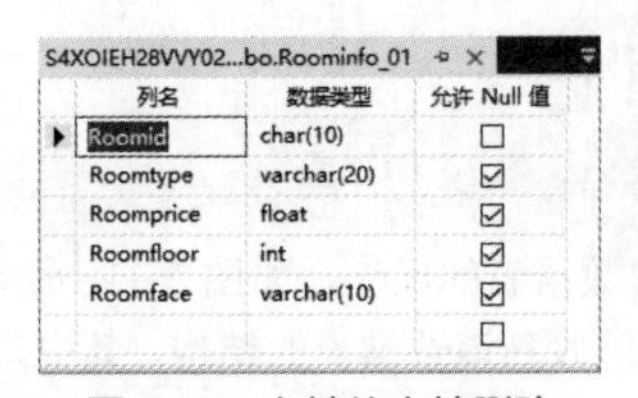

图 5-15 主键约束被删除

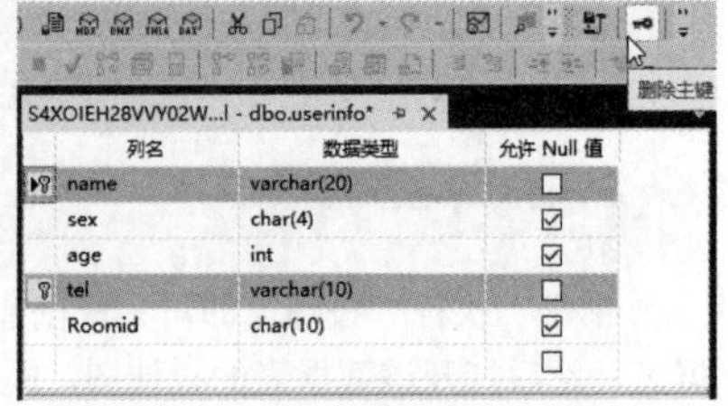

图 5-16 单击“删除主键”按钮

（2）表中的主键被删除，如图 5-17 所示。

另外，通过“索引/键”对话框也可以删除主键，具体操作可以分为如下几步。

（1）打开数据表 userinfo 的表结构设计窗口，单击工具栏中的“管理索引和键”按钮或者右击，在弹出的快捷菜单中选择“索引/键”命令，如图 5-18 所示。

（2）打开“索引/键”对话框，选择要删除的索引或键，如图 5-19 所示。

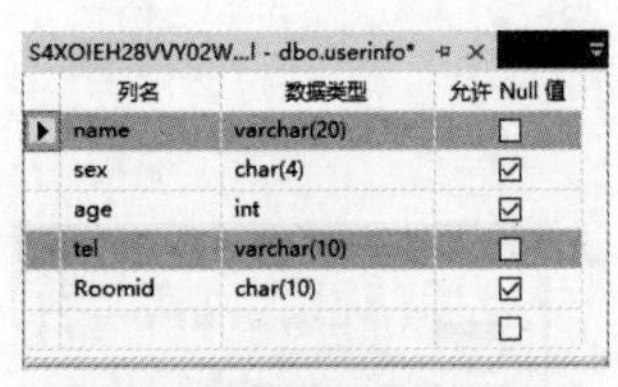

图 5-17 删除表中的多列主键

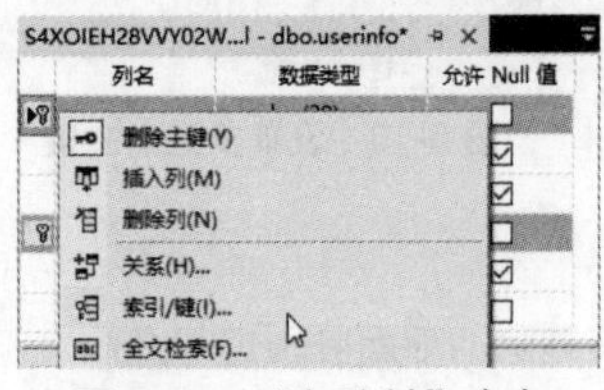

图 5-18 “索引/键”命令

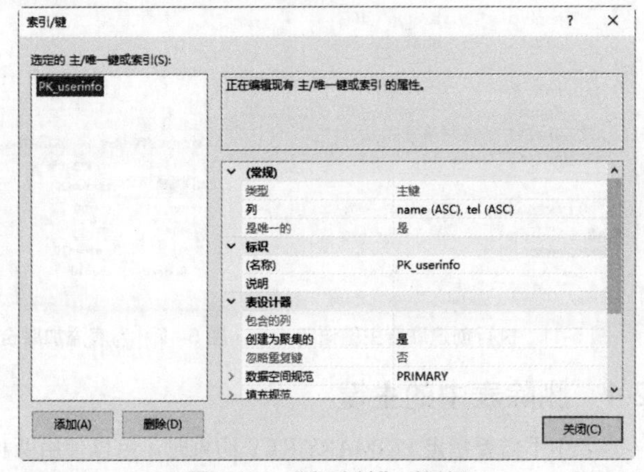

图 5-19 “索引/键”对话框

（3）单击“删除”按钮，用户在这里可以选择删除 userinfo 表中的主键，如图 5-20 所示。

（4）删除完成之后，单击“关闭”按钮，删除主键操作成功，如图 5-21 所示。

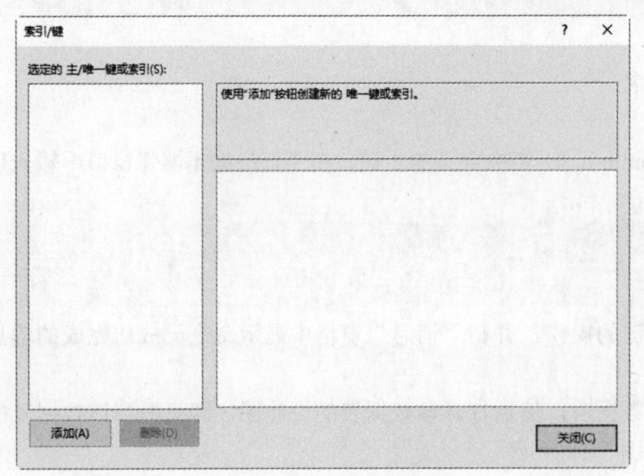

图 5-20 删除主键约束

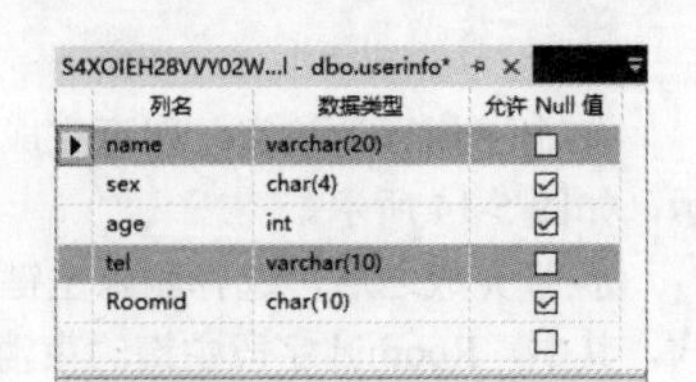

图 5-21 userinfo 表结构

5.3 FOREIGN KEY 约束

外键用于建立一个或多个表的字段之间的引用联系。首先，被引用表的关联字段上应该创建 PRIMARY KEY 约束或 UNIQUE 约束，然后，在应用表的字段上创建 FOREIGN KEY 约束，从而创建外键。

5.3.1 创建表时创建外键

外键约束的主要作用是保证数据引用的完整性，定义外键后，不允许删除在另一个表中具有关联的行。创建外键约束的语法规则如下。

```
CREATE TABLE table_name
(
col_name1 datatype,
col_name2 datatype,
col_name3 datatype
…
CONSTRAINT    fk_name FOREIGN KEY(col_name1, col_name2, …) REFERENCES
referenced_table_name(ref_col_name1, ref_col_name2, …)
);
```

主要参数介绍如下。

- fk_name：定义的外键约束的名称，一个表中不能有相同名称的外键。
- col_name1：表示从表需要创建外键约束的字段列，可以由多个列组成。
- referenced_table_name：即被从表外键所依赖的表的名称。
- ref_col_name1：被应用的表中的列名，也可以由多个列组成。

这里以图书信息表 Bookinfo（表 5-2）与图书分类表 Booktype（表 5-3）为例，介绍创建外键约束的过程。

表 5-2　图书信息表结构

字 段 名 称	数 据 类 型	备　注
id	INT	编号
ISBN 号	VARCHAR(20)	书号
图书名称	VARCHAR(100)	图书名称
所属分类	INT	图书所属类型
作者	VARCHAR(20)	作者名称
价格	Float	图书价格
出版日期	Datatime	图书出版日期

表 5-3　图书分类表结构

字 段 名 称	数 据 类 型	备　注
分类 id	INT	自动编号
分类名称	VARCHAR(50)	名称

实例 5：在 test 数据库中，定义数据表 Bookinfo，并在 Bookinfo 表上创建外键约束。

首先创建图书分类表 Booktype，在“查询编辑器”窗口中输入以下语句。

```
CREATE TABLE Booktype
(
分类 id     INT             PRIMARY KEY,
分类名称    VARCHAR(50)     NOT NULL,
);
```

单击“执行”按钮，即可完成创建数据表的操作，如图 5-22 所示。执行完成之后，选择创建的数据表，然后打开该数据表的设计图，即可看到该数据表的结构，如图 5-23 所示。

图 5-22 创建表 Booktype

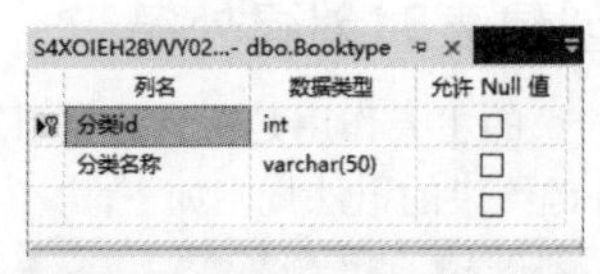

图 5-23 Booktype 表的设计图

下面定义数据表 Bookinfo，让它的键“所属分类”作为外键关联到 Booktype 的主键“分类 id”，在“查询编辑器”窗口中输入以下语句。

```
CREATE TABLE Bookinfo
(
id              INT                 PRIMARY KEY,
ISBN号          VARCHAR(20),
图书名称        VARCHAR(100),
所属分类        INT                 NOT NULL,
作者            VARCHAR(20),
价格            FLOAT,
出版日期        Datetime,
CONSTRAINT      fk_图书分类编号     FOREIGN KEY(分类 id) REFERENCES Bookinfo(id)
);
```

单击“执行”按钮，即可完成在创建数据表时创建外键约束的操作，如图 5-24 所示。选择创建的数据表 Bookinfo，然后打开该数据表的设计图，即可看到该数据表的结构，这样就在表 Bookinfo 上添加了名称为“fk_图书分类编号”的外键约束，外键名称为“所属分类”，其依赖于表 Booktype 的主键“分类 id”，如图 5-25 所示。

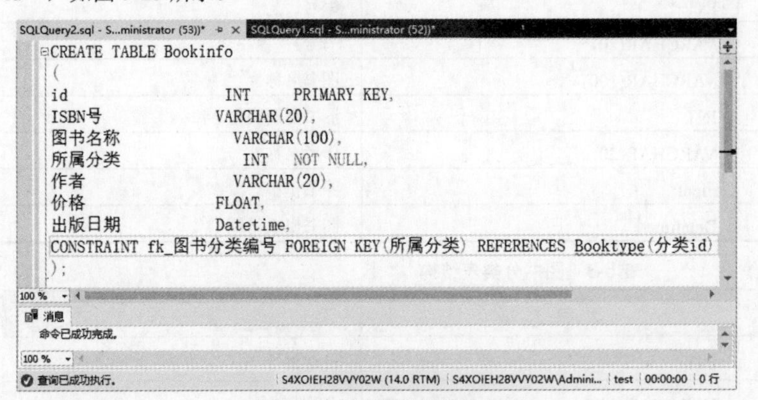

图 5-24 创建表的外键约束

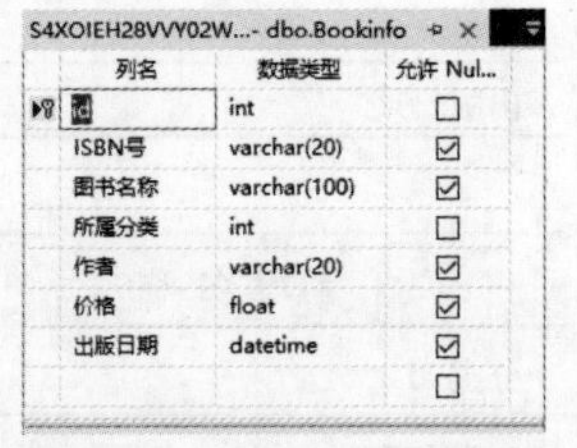

图 5-25 Bookinfo 表的设计

外键约束创建完成后，我们还可以对其进行查看，查看方法为：选择要查看的数据表节点，例如这里选择 Booktype 表，右击，在弹出的快捷菜单中选择“查看依赖关系”命令，打开“对象依赖关系”窗口，将显示与外键约束相关的信息，如图 5-26 所示。

提示：外键一般不需要与相应的主键名称相同，但是，为了便于识别，当外键与相应主键在不同的数据表中时，通常使用相同的名称。另外，外键不一定要与相应的主键在不同的数据表中，也可以在同一个数据表中。

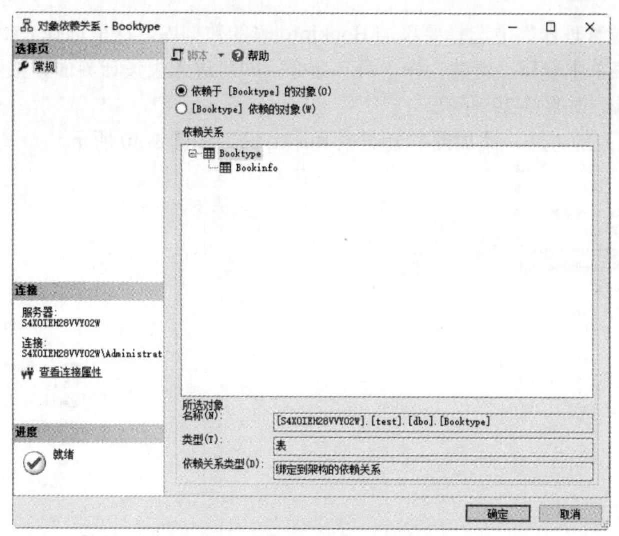

图 5-26　“对象依赖关系”窗口

5.3.2　修改表时创建外键

如果创建数据表时没有创建外键，我们可以使用 ALTER 语句或在 SQL Server Management Studio 中对现有表创建外键。

1. 使用 ALTER 语句创建外键

使用 ALTER 语句可以将 FOREIGN KEY 约束添加到数据表中，添加外键约束的语法格式如下：

```
ALTER TABLE table_name
ADD CONSTRAINT fk_name FOREIGN KEY(col_name1, col_name2,…) REFERENCES
referenced_table_name(ref_col_name1, ref_col_name2,…);
```

主要参数介绍如下。

- CONSTRAINT：创建约束的关键字。
- fk_name：设置外键约束的名称。
- FOREIGN KEY：表示所创建约束的类型为外键约束。

实例 6：在 test 数据库中，假设创建 Bookinfo 数据表时没有设置外键约束，如果想要添加外键约束，需要在“查询编辑器”窗口中输入如下语句。

```
ALTER TABLE Bookinfo
ADD
CONSTRAINT fk_图书分类
FOREIGN KEY(所属分类) REFERENCES Booktype(分类 id)
```

单击“执行”按钮，即可完成在创建数据表后创建外键约束的操作，如图 5-27 所示。在创建完外键约束之后，可以查看创建的外键约束，这里选择 Booktype 表，右击，在弹出的快捷菜单中选择“查看依赖关系”命令，打开“对象依赖关系”窗口，将显示与外键约束相关的信息，如图 5-28 所示。该语句执行之后的结果与创建数据表时创建外键约束的结果是一样的。

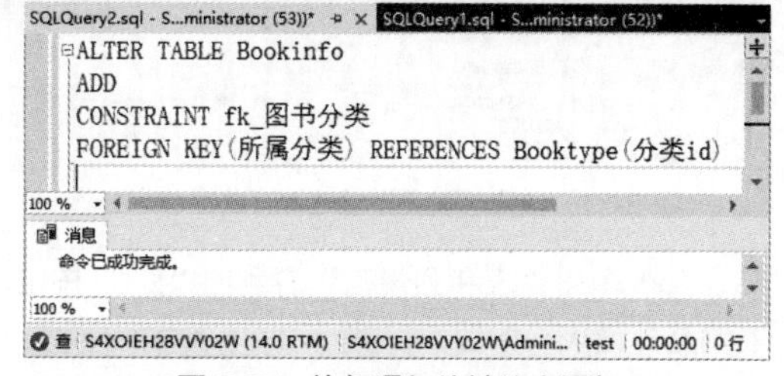

图 5-27　执行添加外键约束语句

2. 以图形向导方式添加外键约束

使用 SQL Server Management Studio 创建数据表的外键要比创建主键复杂一些，具体过程可以分为如下几步：

（1）在“对象资源管理器”中选择要添加 Bookinfo 表的数据库，这里选择 test 数据库，展开表节点，右击，在弹出的快捷菜单中选择“新建”→“表”命令，即可进入表设计界面，按照表 5-2 所示的结构添加图书信息表 Bookinfo，如图 5-29 所示。

（2）参照步骤（1）的方法，添加图书分类表 Booktype，如图 5-30 所示。

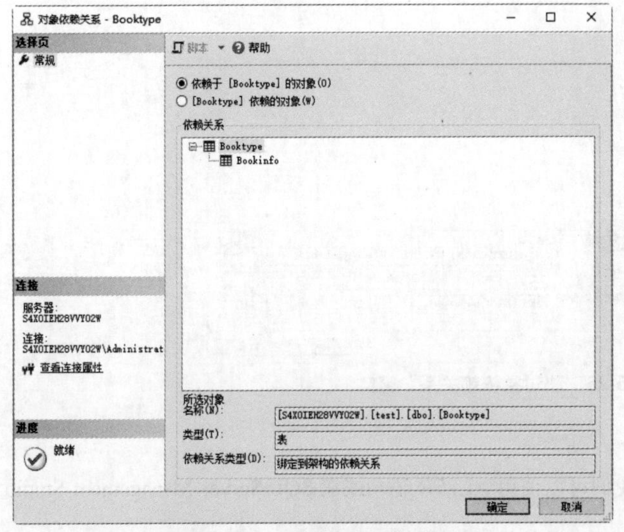

图 5-28 “对象依赖关系”窗口

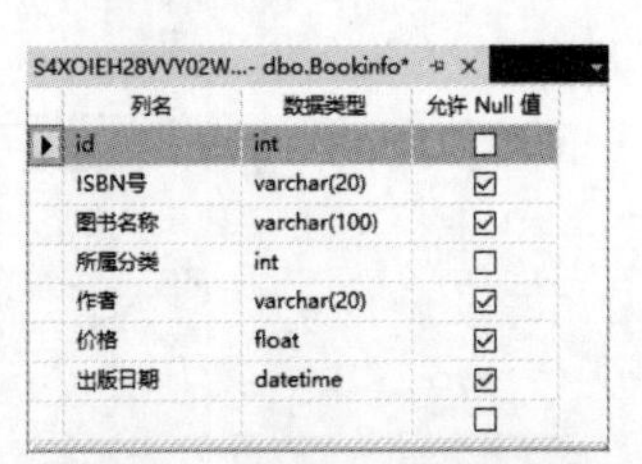

S4XOIEH28VVY02W...- dbo.Bookinfo*

列名	数据类型	允许 Null 值
id	int	☐
ISBN号	varchar(20)	☑
图书名称	varchar(100)	☑
所属分类	int	☐
作者	varchar(20)	☑
价格	float	☑
出版日期	datetime	☑
		☐

图 5-29 图书信息表设计界面

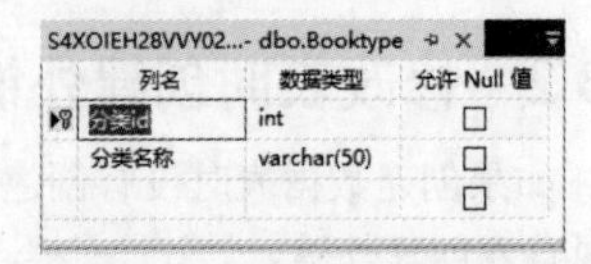

S4XOIEH28VVY02...- dbo.Booktype

列名	数据类型	允许 Null 值
分类id	int	☐
分类名称	varchar(50)	☐
		☐

图 5-30 图书分类表设计界面

（3）选择图书信息表 Bookinfo，在表设计界面中右击，在弹出的快捷菜单中选择“关系”命令，如图 5-31 所示。

（4）打开“外键关系”对话框，在其中单击“添加”按钮，即可添加选定的关系，然后选择“表和列规范”选项，如图 5-32 所示。

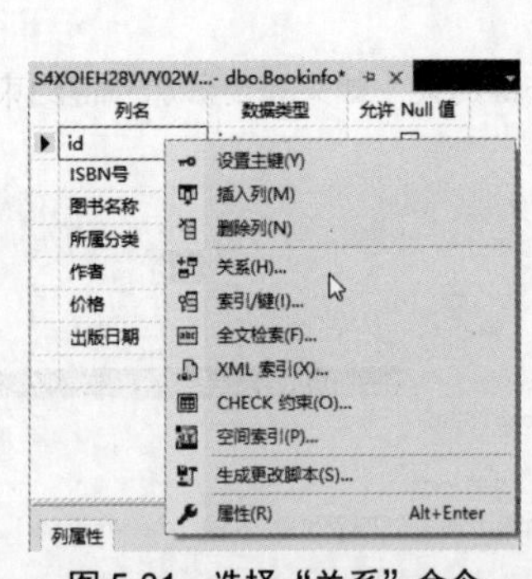

图 5-31 选择“关系”命令

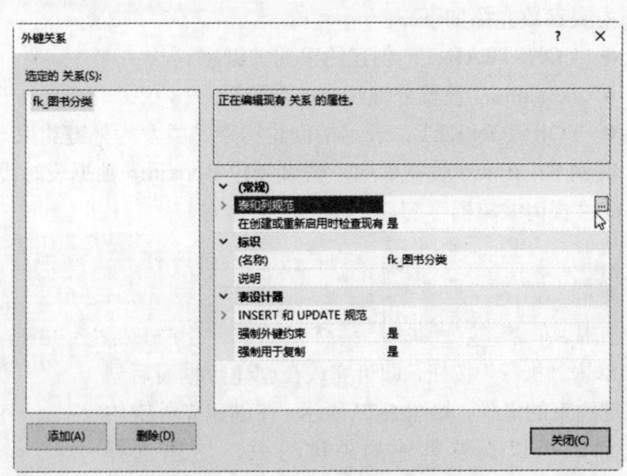

图 5-32 “外键关系”对话框

（5）单击“表和列规范”右侧的“...”按钮，打开“表和列”对话框，从中可以看到左侧是主键表，右侧是外键表，如图 5-33 所示。

（6）这里要求给图书信息表 Bookinfo 创建外键，因此外键表是图书信息表，主键表是图书分类表 Booktype，根据要求，设置主键表与外键表，如图 5-34 所示。

（7）设置完毕后，单击“确定”按钮，即可完成外键的创建操作。

注意：在为数据表创建外键时，主键表与外键表，必须创建相应的主键约束，否则在创建外键的过程中，会给出警告信息。

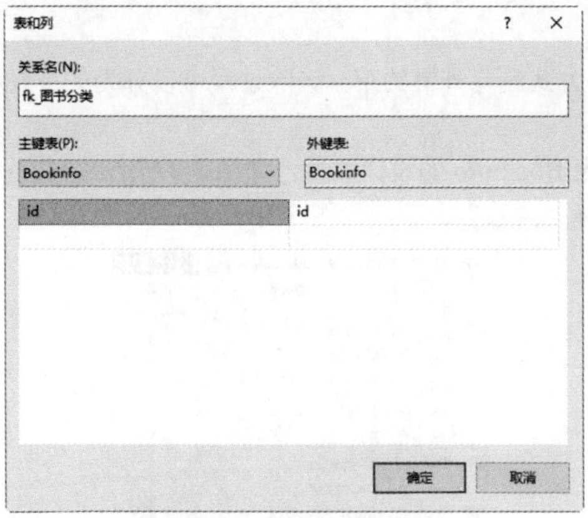

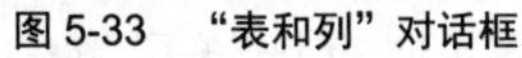

图 5-33 “表和列”对话框

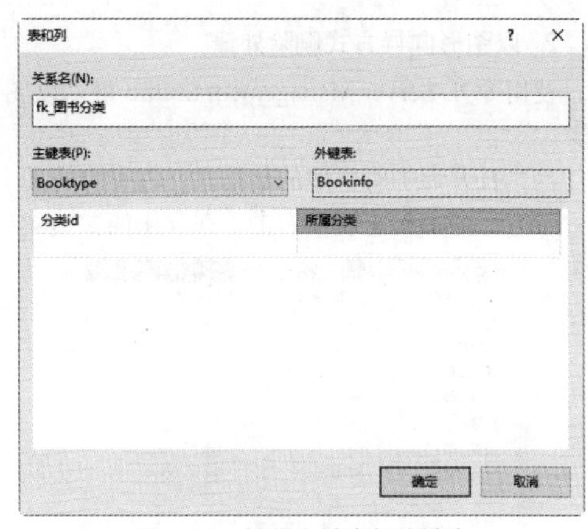

图 5-34 设置主键表与外键表

5.3.3 删除表中的外键

当数据表中不需要使用外键时，可以将其删除，删除外键约束的方法和删除主键约束的方法相同，删除时指定外键名称。

1. 使用 DROP 语句删除外键

通过 DROP 语句删除 FOREIGN KEY 约束的语法格式如下。

```
ALTER TABLE table_name
DROP CONSTRAINT fk_name
```

主要参数介绍如下。

- table_name：要去除外键约束的表名。
- fk_name：外键约束的名字

实例 7：在 test 数据库中，删除 Bookinfo 表中添加的“fk_图书分类”外键，在“查询编辑器”窗口中输入如下语句。

```
ALTER TABLE Bookinfo
DROP CONSTRAINT fk_图书分类;
```

单击“执行”按钮，即可完成删除外键的操作，如图 5-35 所示。再次打开该表与其他依赖关系的窗口，可以看到依赖关系消失，确认外键删除成功，如图 5-36 所示。

图 5-35 删除外键约束

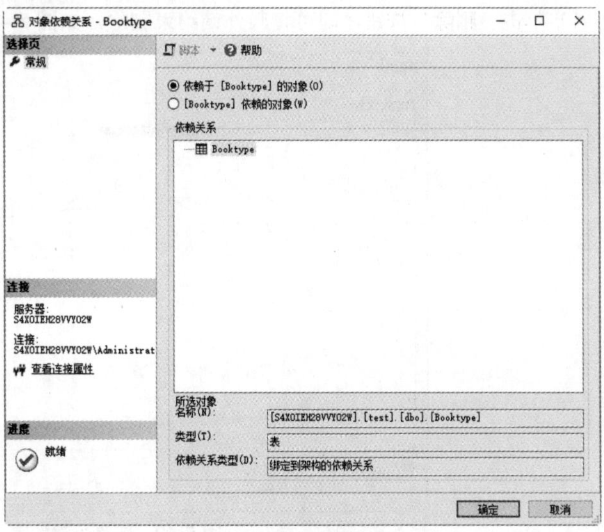

图 5-36 “对象依赖关系”窗口

2. 以图形向导方式删除外键

使用 SQL Server Management Studio 可以以图形向导方式删除外键约束，删除过程可以分为如下几个步骤。

（1）打开添加有外键的数据表，这里打开图书信息表 Bookinfo 的设计页面，如图 5-37 所示。

（2）在图书信息表中右击，在弹出的快捷菜单中选择“关系”命令，如图 5-38 所示。

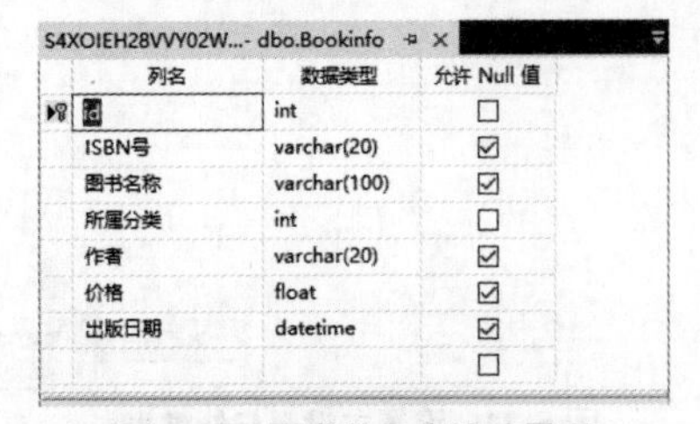

图 5-37　图书信息表设计界面

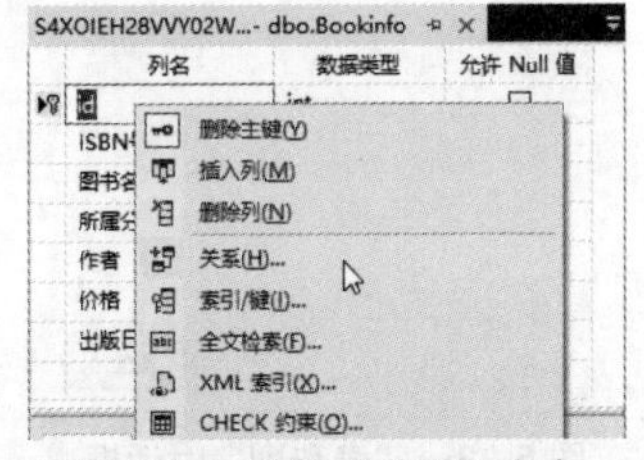

图 5-38　选择“关系”命令

（3）打开“外键关系”对话框，在“选定的关系”列表中选择要删除的外键约束，如图 5-39 所示。

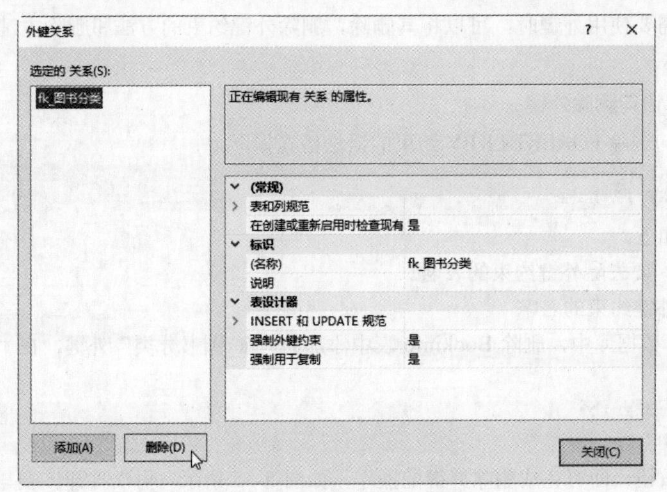

图 5-39　“外键关系”对话框

（4）单击“删除”按钮，即可将其外键约束删除，如图 5-40 所示。

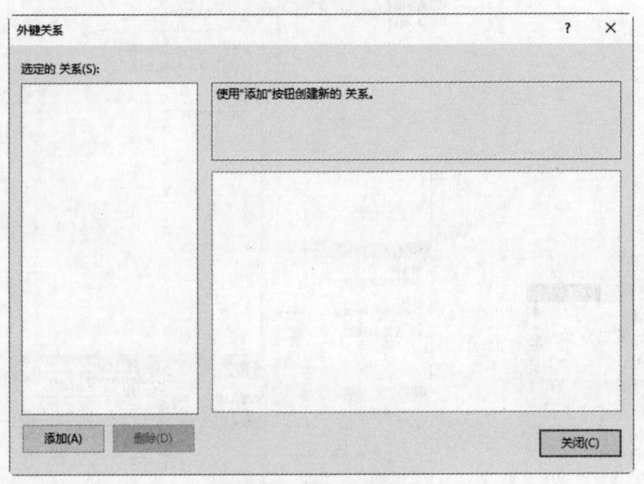

图 5-40　删除外键约束

5.4　DEFAULT 约束

微视频

在实际操作的过程中，有时希望数据库系统能为某些没有确定值的字段赋予一个默认值，而不是设为 NULL，这就需要为字段创建一个 DEFAULT 约束，DEFAULT 约束也被称为默认值约束。注意，一个字段只有在不可为空的时候才能设置 DEFAULT 约束。

5.4.1　创建表时创建 DEFAULT 约束

数据表的 DEFAULT 约束可以在创建表时创建，一般添加 DEFAULT 约束的字段有两种情况，一种是该字段不能为空，另一种是该字段添加的值总是某一个固定值。

1. 使用 CREATE 语句创建

定义 DEFAULT 约束的语法格式如下。

```
CREATE TABLE table_name
(
COLUMN_NAME1  DATATYPE DEFAULT constant_expression,
COLUMN_NAME2  DATATYPE,
COLUMN_NAME3  DATATYPE
…
);
```

主要参数介绍如下。

- DEFAULT：默认值约束的关键字，它通常放在字段的数据类型之后。
- constant_expression：常量表达式，该表达式可以直接是一个具体的值，也可以是通过表达式得到的一个值，但是，这个值必须与该字段的数据类型相匹配。

提示：除了可以为表中的一个字段设置 DEFAULT 约束，还可以为表中的多个字段同时设置 DEFAULT 约束，不过，每一个字段只能设置一个 DEFAULT 约束。

实例 8：在数据库 test 中，创建一个账号信息表，为账号级别字段添加一个默认值“普通”，在“查询编辑器”窗口中输入以下语句。

```
CREATE TABLE 账号表
(
编号       INT     PRIMARY KEY,
用户名      VARCHAR(50) NOT NULL,
用户密码     VARCHAR(50) NOT NULL,
账号级别      INT  DEFAULT '普通' NOT NULL
);
```

单击“执行”按钮，即可完成创建 DEFAULT 约束的操作，如图 5-41 所示。打开账号表的设计界面，选择添加默认值的列，即可在“列属性”列表中查看添加的 DEFAULT 约束信息，如图 5-42 所示。

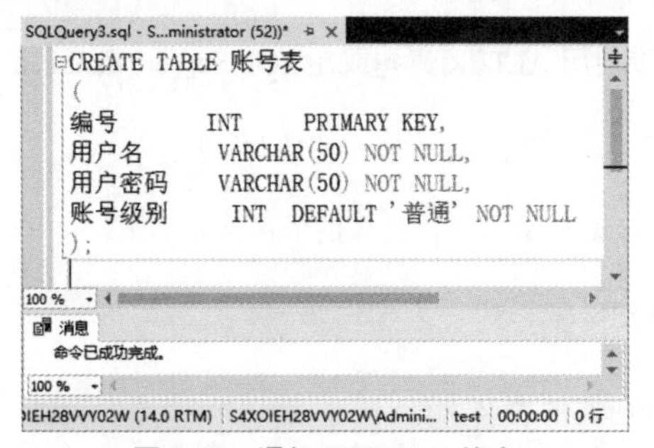

图 5-41　添加 DEFAULT 约束

图 5-42　“列属性”列表界面

2. 以图形向导方式创建 DEFAULT 约束

下面以创建水果信息表并创建 DEFAULT 约束为例，来介绍以图形向导方式添加 DEFAULT 约束的方法，具体创建过程可分为如下几步。

（1）登录到SQL Server 2017数据库，在“对象资源管理器”窗口中打开要创建数据表的数据库节点，选择表节点，右击，在弹出的快捷菜单中选择“新建”→“表”命令，进入新建表工作界面，如图5-43所示。

（2）录入水果信息表的字段信息，如图5-44所示。

（3）单击“保存”按钮，打开“选择名称”对话框，在其中输入表名“水果信息表”，单击“确定”按钮，即可保存创建的数据表，如图5-45所示。

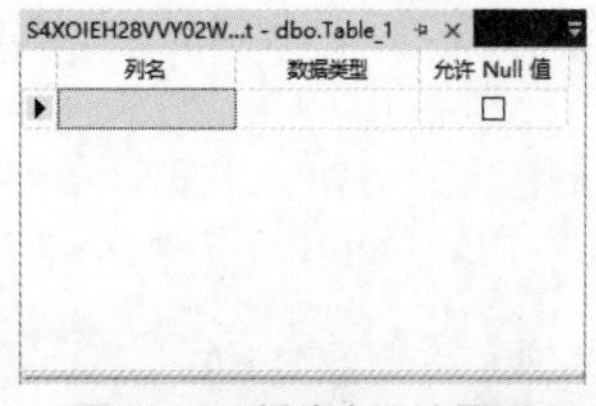

图5-43 新建表设计界面

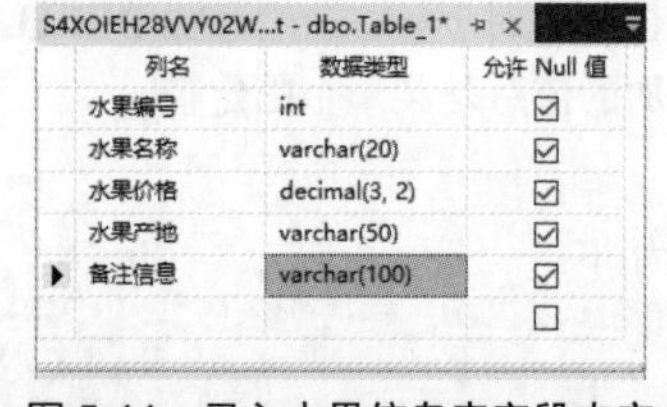

图5-44 录入水果信息表字段内容

图5-45 “选择名称”对话框

（4）选择需要添加DEFAULT约束的列，这里选择“水果产地”列，展开列属性界面，如图5-46所示。

（5）选择“默认值或绑定”选项，在右侧的文本框中输入DEFAULT约束的值，这里输入“海南”，如图5-47所示。

（6）单击“保存”按钮，即可完成添加数据表时添加DEFAULT约束的操作，如图5-48所示。

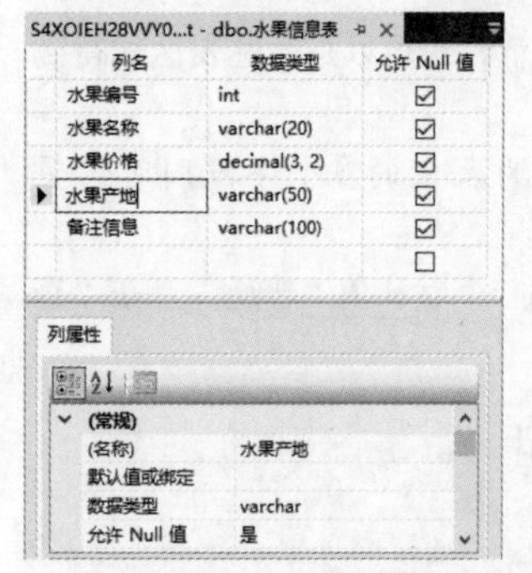

图5-46 展开列属性界面

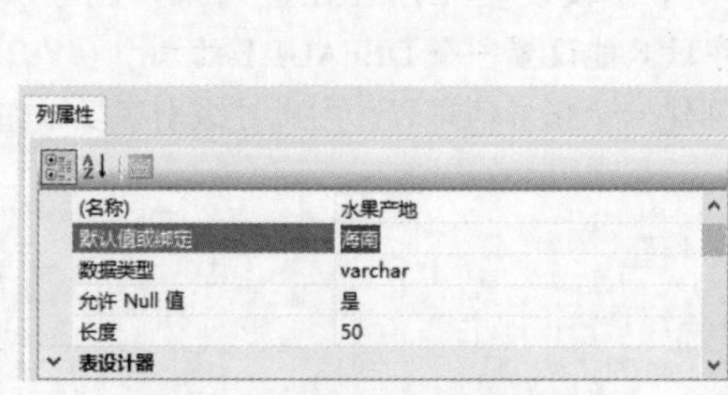

图5-47 输入默认值约束的值

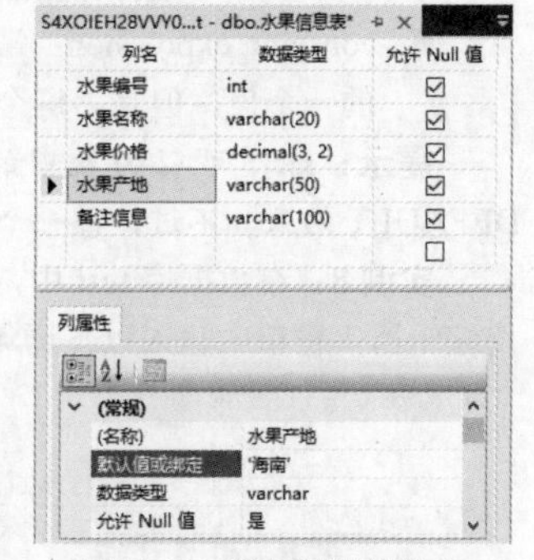

图5-48 添加默认值约束

提示：在“对象资源管理器”中，给表中的列设置默认值时，可以对字符串类型的数据省略单引号，如果省略了单引号，系统会在保存表信息时自动为其加上单引号的。

5.4.2 修改表时创建DEFAULT约束

如果创建数据表时没有添加DEFAULT约束，我们可以使用ALTER语句或在SQL Server Management Studio中对现有表添加默认值约束。

1. 使用ALTER语句添加DEFAULT约束

修改表时添加DEFAULT约束可以通过ALTER TABLE语句来完成，具体的语法格式如下。

```
ALTER TABLE table_name
ADD. CONSTRAINT default_name DEFAULT constant_expression FOR col_name;
```

主要参数介绍如下。

- table_name：表名，它是要添加DEFAULT约束列所在的表名。
- default_name：DEFAULT约束的名字，该名字可以省略，省略后系统将会为该DEFAULT约束自动生成一个名字，系统自动生成的DEFAULT约束名字是通过df_表名_列名_随机数这种格式。
- DEFAULT：DEFAULT约束的关键字，如果省略DEFAULT约束的名字，那么DEFAULT关键字直接放到ADD后面，同时去掉CONSTRAINT。

- constant_expression：常量表达式，该表达式可以直接是一个具体的值，也可以是通过表达式得到的一个值，但是，这个值必须与该字段的数据类型相匹配。
- col_name：设置 DEFAULT 约束的列名。

实例 9：水果信息表创建完成后，下面给水果的备注说明列添加 DEFAULT 约束，将其默认值设置为“保质期为 2 天，请注意冷藏！”。

在“查询编辑器”窗口中输入如下语句。

```
ALTER TABLE 水果信息表
ADD CONSTRAINT df_备注说明 DEFAULT '保质期为 2 天，请注意冷藏！' FOR 备注信息;
```

单击“执行”按钮，即可完成在 DEFAULT 约束的添加操作，如图 5-49 所示。打开水果信息表的设计界面，选择添加默认值的列，即可在“列属性”列表中查看添加的 DEFAULT 约束信息，如图 5-50 所示。

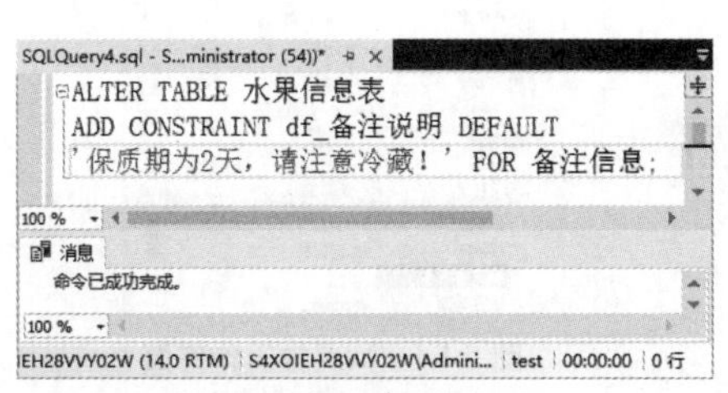

图 5-49　添加默认值约束

图 5-50　查看添加的默认值约束

2. 以图形向导方式添加默认值约束

在 SQL Server Management Studio 中，用户可以以图形向导方式添加默认值约束，添加过程可以分为如下几步。

（1）选择需要添加默认值约束的表，这里选择账号表，右击，在弹出的快捷菜单中选择“设计”命令，进入表的设计工作界面，如图 5-51 所示。

（2）选择要添加默认值约束的列，这里选择用户密码列，打开列属性界面，在“默认值或绑定”选项后，输入默认值约束的值，这里输入“123456”，表示账号用户密码默认为“123456”，单击“保存”按钮，即可完成添加默认值约束的操作，如图 5-52 所示。

图 5-51　水果信息表设计界面

图 5-52　输入默认值约束的值

5.4.3　删除表中的 DEFAULT 约束

当表中的某个字段不再需要默认值时，可以将默认值约束删除掉，这个操作非常简单。

1. 使用 DROP 语句删除

使用 DROP 语句删除默认值约束的语法格式如下。

```
ALTER TABLE table_name
```

```
DROP CONSTRAINT default_name;
```

主要参数介绍如下。

- table_name：表名，它是要删除默认值约束列所在的表名。
- default_name：默认值约束的名字。

实例 10：将水果信息表中添加的名称为“df_备注说明”默认值约束删除，在“查询编辑器”窗口中输入如下语句。

```
ALTER TABLE 水果信息表
DROP CONSTRAINT df_备注说明;
```

单击“执行”按钮，即可完成删除默认值约束的操作，如图 5-53 所示。打开水果信息表的设计界面，选择删除默认值的列，即可在“列属性”列表中看到该列的默认值约束信息已经被删除，如图 5-54 所示。

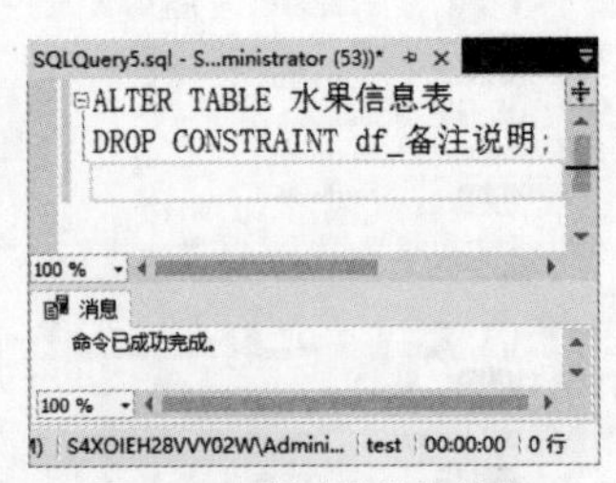

图 5-53　删除默认值约束

图 5-54　列属性工作界面

2. 以图形向导方式删除默认值约束

在 SQL Server Management Studio 工作界面中，删除默认值约束与添加默认值约束很相像，只需要将默认值或绑定右侧的值清空即可。

（1）选择需要删除默认值约束的工作表，这里选择账号表，右击，在弹出的快捷菜单中选择“设计”命令，进入表的设计工作界面，选择需要删除默认值约束的列，这里选择“账号级别”列，打开列属性界面，如图 5-55 所示。

（2）选择“默认值或绑定”列，然后删除其右侧的值，最后单击“确定”按钮，即可保存删除默认值约束后的数据表，如图 5-56 所示。

图 5-55　账号级别列属性界面

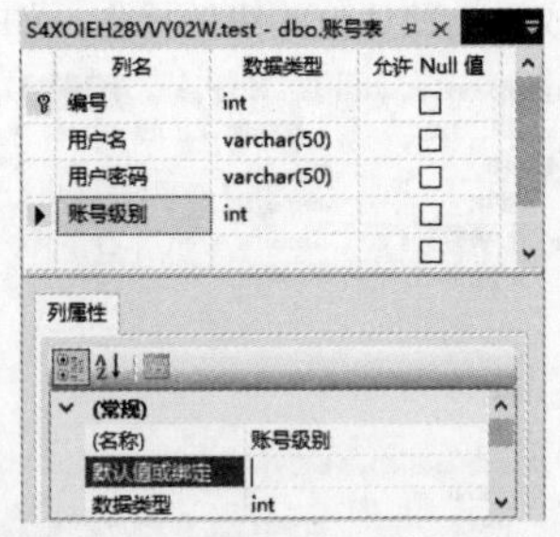

图 5-56　删除列的默认值约束

5.5　CHECK 约束

微视频

表中的字段值不仅必须与该字段的数据类型一致，还应具备合理的意义，比如学生表中学生的出生日期，如果现实该学生当前年龄大于 100 岁或者小于 10 岁，就是不合理的。这种对字段值的进一步限制被称为域的完整性，可以通过 CHECK 约束来实现，CHECK 也被称为检查约束。

5.5.1　创建表时创建 CHECK 约束

在一张数据表中，检查约束可以有多个，但是每一列只能设置一个检查约束，用户可以在创建表时添加检查约束。

1. 创建表时创建检查约束

创建表时创建检查约束的语法格式如下。

```
CREATE TABLE table_name
(
COLUMN_NAME1  DATATYPE CHECK(expression),
COLUMN_NAME2  DATATYPE,
COLUMN_NAME3  DATATYPE
…
);
```

主要参数介绍如下。

- CHECK：检查约束的关键字。
- expression：约束的表达式，可以是 1 个条件，也可以同时有多个条件。例如：设置该列的值大于 10，那么表达式可以写成 COLUMN_NAME1>10；如果设置该列的值在 10～20，就可以将表达式写成 COLUMN_NAME1>10 and COLUMN_NAME1<20。

实例 11：在创建水果信息表时，给水果价格列添加检查约束，要求水果的价格大于 0 小于 20。在“查询编辑器”窗口中输入如下语句。

```
CREATE TABLE 水果信息表
(
水果编号          INT                 PRIMARY KEY,
水果名称          VARCHAR(20),
水果价格          DECIMAL(6,2)        CHECK(水果价格>0 and 水果价格<20),
水果产地          VARCHAR(20),
备注信息          VARCHAR(200),
);
```

单击“执行”按钮，即可完成创建检查约束的操作，如图 5-57 所示。打开水果表的设计界面，选择添加检查约束的列，右击，在弹出的快捷菜单中选择“CHECK 约束”命令，即可打开“CHECK 约束”对话框，在其中查看添加的检查约束，如图 5-58 所示。

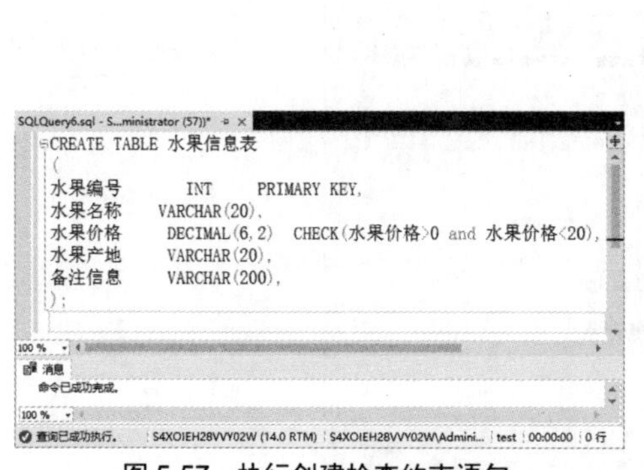

图 5-57　执行创建检查约束语句

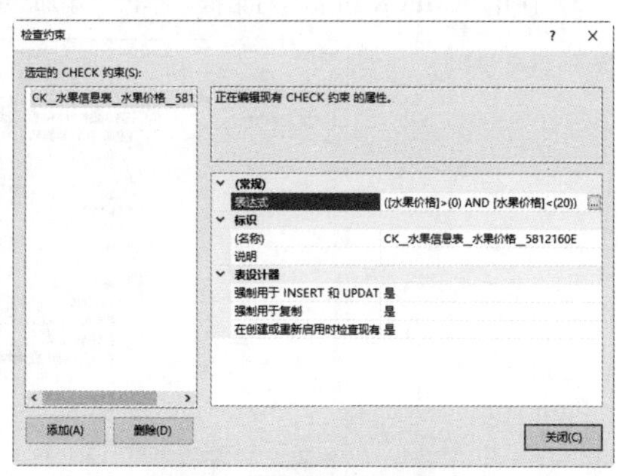

图 5-58　“检查约束”对话框

注意：检查约束可以帮助数据表检查数据，确保数据的正确性，但是也不能给数据表中的每一列都设置检查约束，否则，就会影响数据表中数据操作的效果。因此，在给表设置检查约束前，也要尽可能地确保设置检查约束是否真的有必要。

2. 以图形向导方式创建检查约束

（1）登录到 SQL Server 2017 数据库表，在“对象资源管理器”窗口中，打开要创建数据表的数据库节点，选择表节点，右击，在弹出的快捷菜单中选择“新建”→“表”命令，进入新建表工作界面，如图 5-59 所示。

（2）录入员工信息表的列信息，如图 5-60 所示。

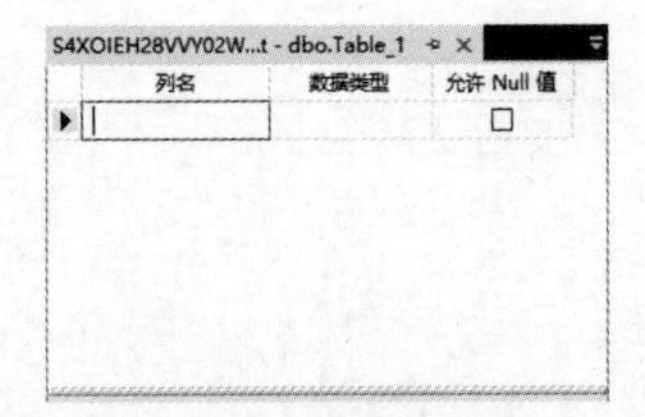

图 5-59　新建表设计界面

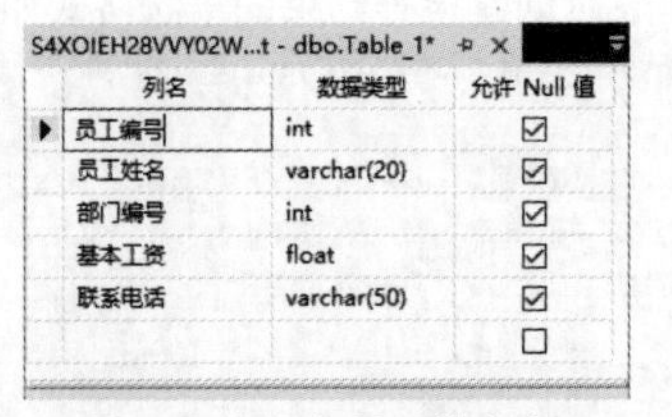

图 5-60　录入员工信息表

（3）单击“保存”按钮，打开“选择名称”对话框，在其中输入表名“员工信息表”，单击“确定”按钮，即可保存创建的数据表，如图 5-61 所示。

（4）选择需要添加检查约束的列，这里选择“基本工资”列，右击，在弹出的快捷菜单中选择“CHECK 约束”命令，如图 5-62 所示。

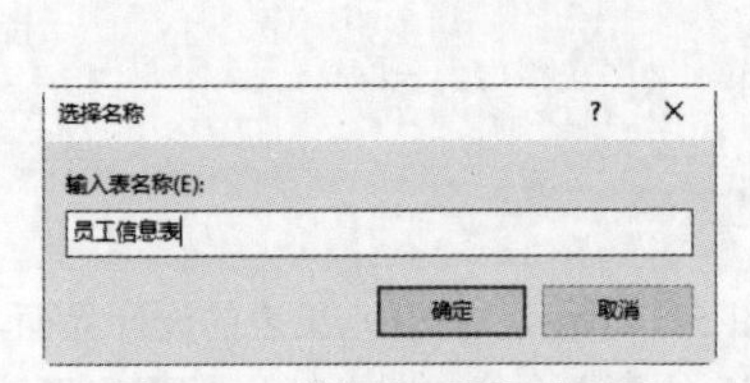

图 5-61　“选择名称”对话框

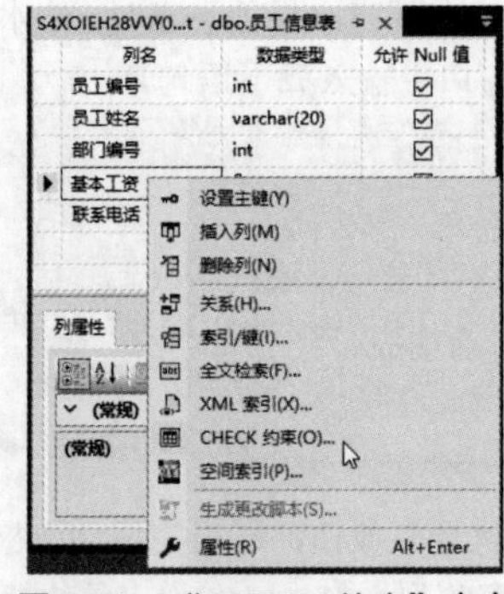

图 5-62　“CHECK 约束”命令

（5）打开“CHECK 约束”对话框，单击“添加”按钮，进入检查约束编辑状态，如图 5-63 所示。

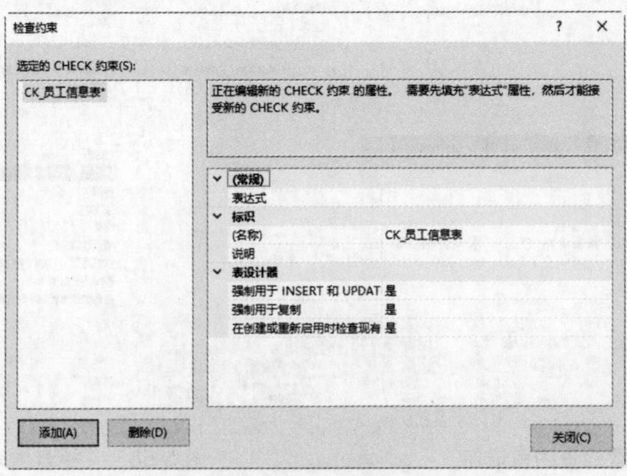

图 5-63　检查约束编辑状态

（6）选择表达式，在右侧输入检查约束的条件，这里输入“基本工资>1800 AND 基本工资<3000”，如图 5-64 所示。

（7）单击“关闭”按钮，关闭“CHECK 约束”对话框，然后单击“保存”按钮，保存数据表，即可完成检查约束的创建操作。

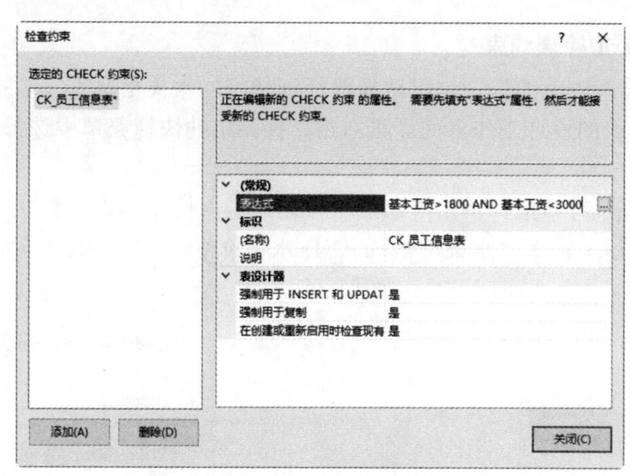

图 5-64　输入表达式

5.5.2　修改表时创建 CHECK 约束

如果在创建表时没有直接创建检查约束，这时可以在修改表时创建检查约束。

1. 使用 ALTER 语句创建检查约束

修改表时创建检查约束可以通过 ALTER TABLE 语句来完成，具体的语法格式如下。

```
ALTER TABLE table_name
ADD CONSTRAINT ck_name CHECK (expression);
```

主要参数介绍如下。

- table_name：表名，它是要添加检查约束列所在的表名。
- CONSTRAINT ck_name：添加名为 ck_name 的约束。该语句可以省略，省略后系统会为添加的约束自动生成一个名字。
- CHECK (expression)：检查约束的定义，CHECK 是检查约束的关键字，expression 是检查约束的表达式。

实例 12：首先创建员工信息表，然后再给员工工资列创建检查约束，要求员工的工资大于 1800 小于 3000。在“查询编辑器”窗口中输入如下语句。

```
ALTER TABLE 员工信息表
ADD CHECK (基本工资>1800 AND 基本工资<3000);
```

单击“执行”按钮，即可完成创建检查约束的操作，如图 5-65 所示。打开员工信息表的设计界面，选择添加检查约束的列，右击，在弹出的快捷菜单中选择“CHECK 约束”命令，即可打开“检查约束”对话框，在其中查看添加的检查约束，如图 5-66 所示。

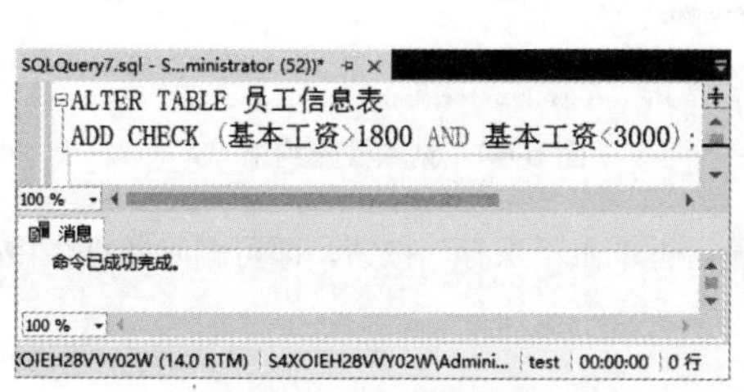

图 5-65　添加检查约束

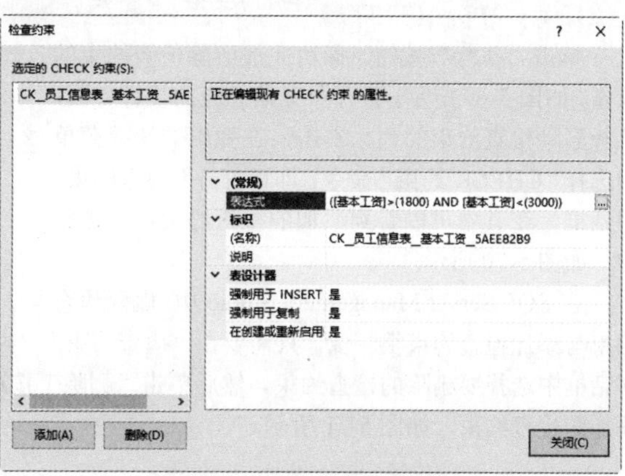

图 5-66　查看添加的检查约束

2. 以图形向导方式添加检查约束

（1）选择需要创建检查约束的表，这里选择已经创建好的水果信息表，右击，在弹出的快捷菜单中选择“设计”选项，进入表的设计工作界面，再右击，在弹出的快捷菜单中选择“CHECK 约束”命令，如图 5-67 所示。

（2）打开“检查约束”对话框，单击“添加”按钮，进入检查约束编辑状态，选择表达式，然后右侧输入检查约束的条件，这里输入“水果价格>0 AND 水果价格< 20”，如图 5-68 所示。

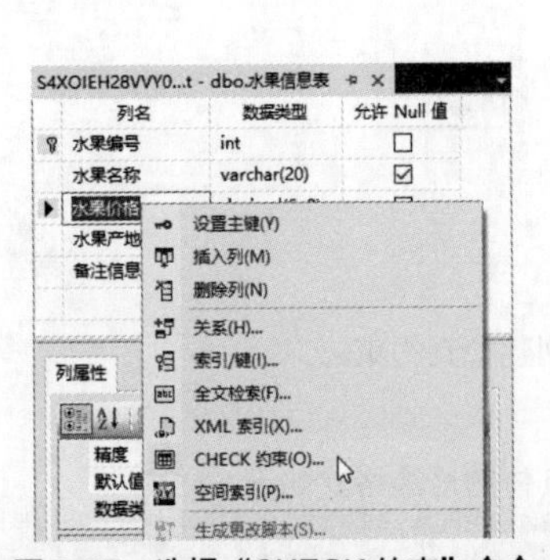

图 5-67 选择“CHECK 约束”命令

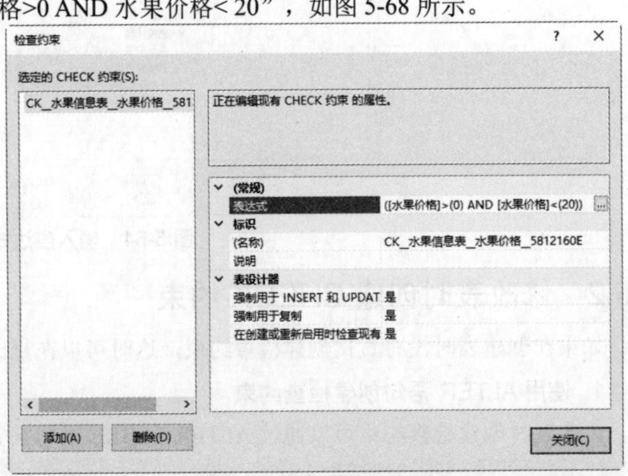

图 5-68 “检查约束”对话框

（3）单击“关闭”按钮，关闭“CHECK 约束”对话框，然后单击“保存”按钮，保存数据表，即可完成检查约束的添加。

5.5.3 删除表中的 CHECK 约束

当不再需要 CHECK 约束时，可以将其删除，删除 CHECK 约束的语法格式如下。

```
ALTER TABLE table_name
DROP CONSTRAINT ck_name;
```

主要参数介绍如下。

- table_name：表名。
- ck_name：检查约束的名字。

实例 13：删除员工信息表中添加的检查约束，检查约束的条件为员工的工资大于 1800 小于 3000，名字为：CK__员工信息表__基本工资__5AEE82B9，在“查询编辑器”窗口中输入如下语句。

```
ALTER TABLE 员工信息表
DROP CONSTRAINT CK__员工信息表__基本工资__5AEE82B9;
```

单击“执行”按钮，即可完成删除检查约束的操作，如图 5-69 所示。打开员工信息表的设计界面，选择删除检查约束的列，右击，在弹出的快捷菜单中选择“CHECK 约束”命令，即可打开“检查约束”对话框，在其中可以看到添加的检查约束已经被删除，如图 5-70 所示。

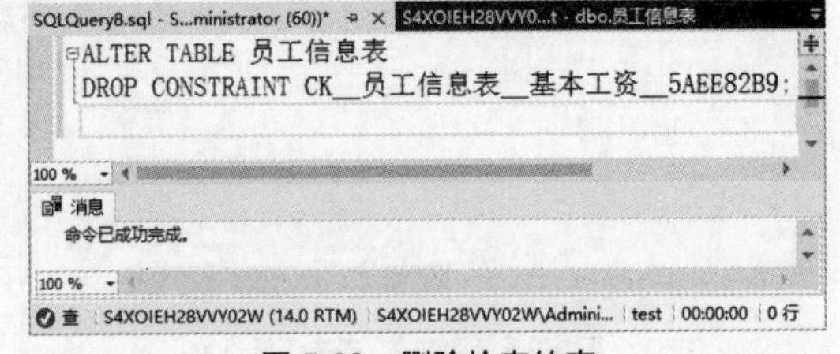

图 5-69 删除检查约束

在 SQL Server Management Studio 中，删除检查约束与添加检查约束很相像，只需要在“检查约束”对话框中选择要删除的检查约束，然后单击“删除”按钮，最后再单击“保存”按钮，即可删除数据表中添加的检查约束，如图 5-71 所示。

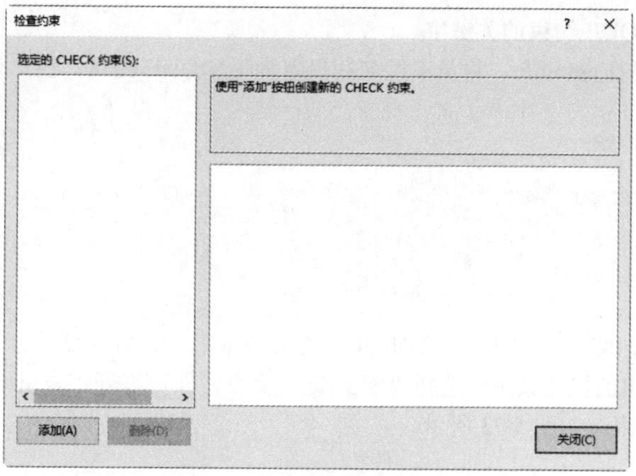

图 5-70　“检查约束”对话框

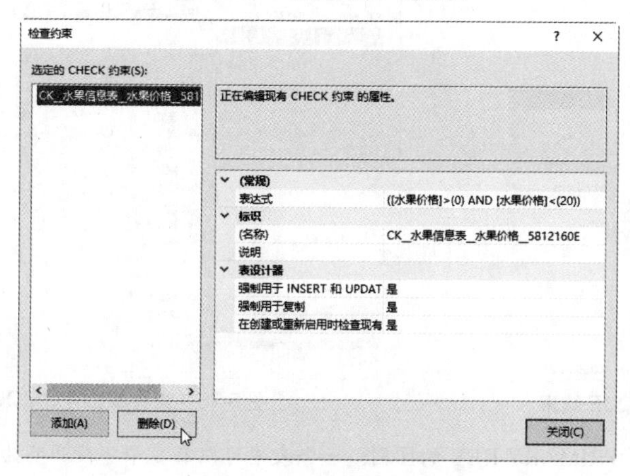

图 5-71　删除选择的检查约束

5.6　UNIQUE 约束

微视频

当表中除主键列外，还有其他字段需要保证取值不重复时，可以使用 UNIQUE 约束。尽管 UNIQUE 约束与 PRIMARY KEY 约束都具有强制唯一性，但对于非主键字段应使用 UNIQUE 约束，而非 PRIMARY KEY 约束，UNIQUE 约束也被称为唯一约束。

5.6.1　创建表时创建 UNIQUE 约束

在 SQL Server 中，创建 UNIQUE 约束比较简单，只需要在列的数据类型后面加上 UNIQUE 关键字就可以了。

1. 创建表时创建 UNIQUE 约束

具体的语法格式如下。

```
CREATE TABLE table_name
(
COLUMN_NAME1  DATATYPE  UNIQUE,
COLUMN_NAME2  DATATYPE,
COLUMN_NAME3  DATATYPE
…
);
```

主要参数介绍如下。

● UNIQUE：UNIQUE 约束的关键字。

实例 14：定义数据表 empinfo，将员工姓名列设置为 UNIQUE 约束。在“查询编辑器”窗口中输入如下语句。

```
CREATE TABLE empinfo
(
id        INT     PRIMARY KEY,
name     VARCHAR(20)  UNIQUE,
tel        VARCHAR(20) ,
remark    VARCHAR(200),
);
```

单击“执行”按钮，即可完成在创建 UNIQUE 约束的操作，如图 5-72 所示。打开数据表 empinfo 的设计界面，右击，在弹出的快捷菜单中选择“索引/键”命令，即可打开“索引/键”对话框，在其中可以查看创建的 UNIQUE 约束，如图 5-73 所示。

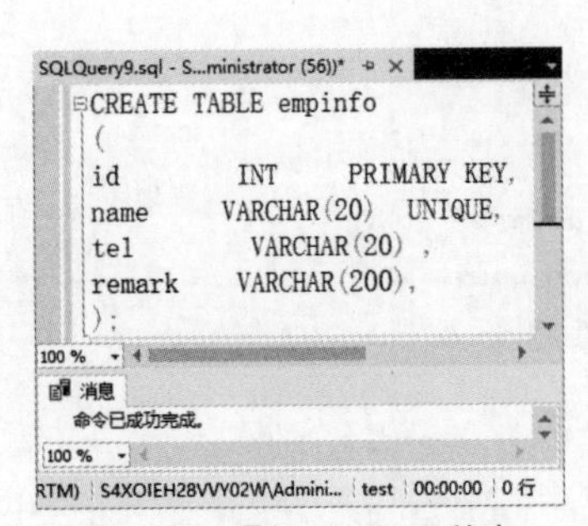

图 5-72　添加 UNIQUE 约束

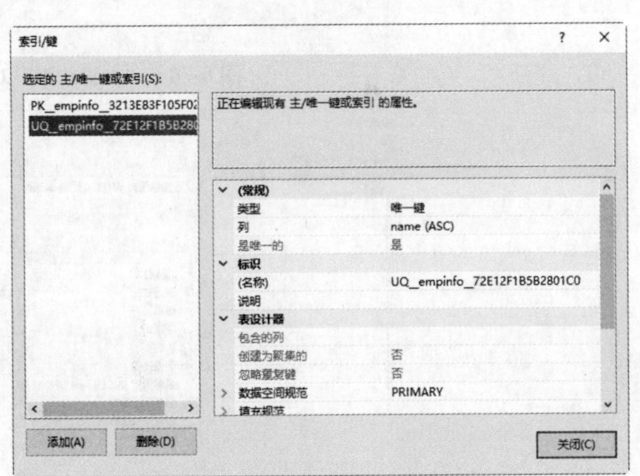

图 5-73　查看添加的 UNIQUE 约束

注意：UNIQUE 和 PRIMARY KEY 的区别：一个表中可以有多个字段声明为 UNIQUE，但只能有一个 PRIMARY KEY 声明；声明为 PRIMAY KEY 的列不允许有空值，但是声明为 UNIQUE 的字段允许空值（NULL）的存在。

2. 以图形向导方式创建 UNIQUE 约束

（1）登录到 SQL Server 017 数据库，在“对象资源管理器”窗口中打开要创建数据表的数据库节点，选择表节点，右击，在弹出的快捷菜单中选择“新建”→“表”命令，进入新建表工作界面，如图 5-74 所示。

（2）录入用户信息表的列信息，如图 5-75 所示。

（3）单击“保存”按钮，打开“选择名称”对话框，在其中输入表名为“用户信息表”，单击“确定”按钮，即可保存创建的数据表，如图 5-76 所示。

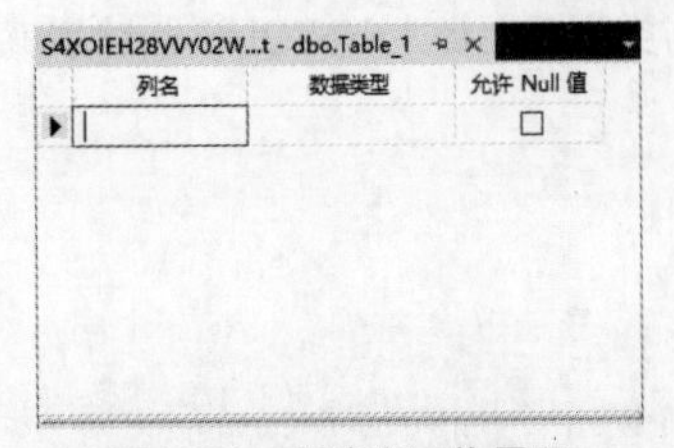

图 5-74　新建表工作界面

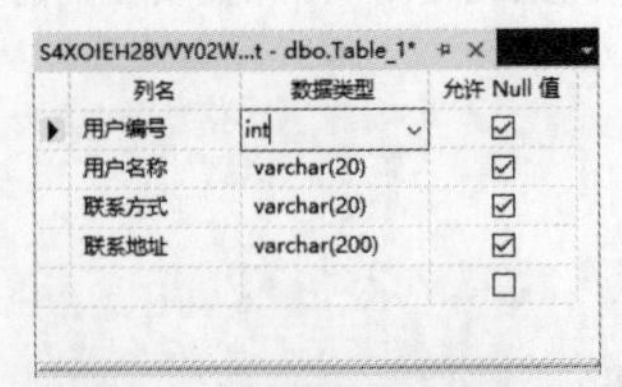

图 5-75　录入用户信息表

图 5-76　输入表的名称

（4）进入用户信息表设计界面，右击，在弹出的快捷菜单中选择“索引/键”命令，如图 5-77 所示。

（5）打开“索引/键”对话框，单击“添加”按钮，进入 UNIQUE 约束编辑状态，如图 5-78 所示。

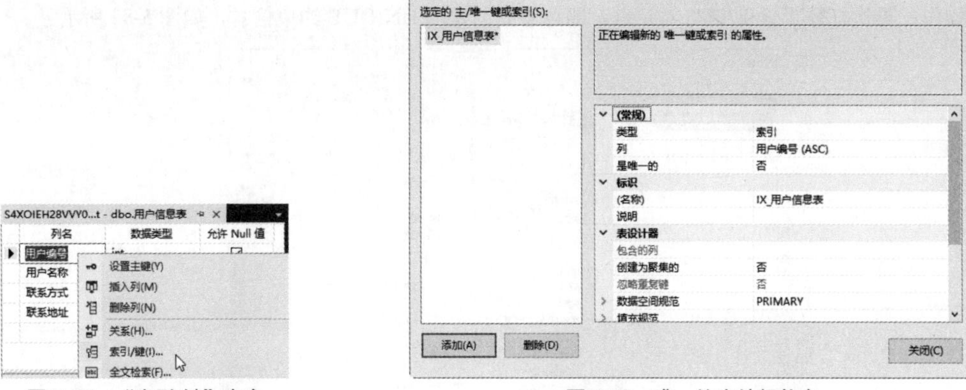

图 5-77　“索引/键”命令　　　　图 5-78　唯一约束编辑状态

（6）这里为用户信息表的名称添加 UNIQUE 约束，设置“类型”为“唯一键”，如图 5-79 所示。

（7）单击“列”右侧的按钮 ...，打开“索引列”对话框，在其中设置列名为“用户名称”，排序方式为“升序”，如图 5-80 所示。

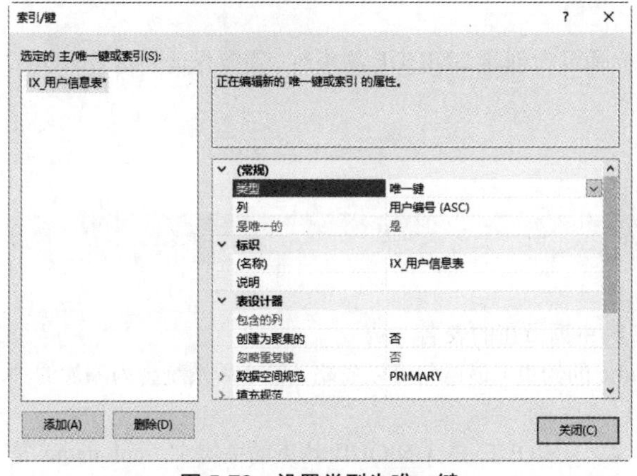

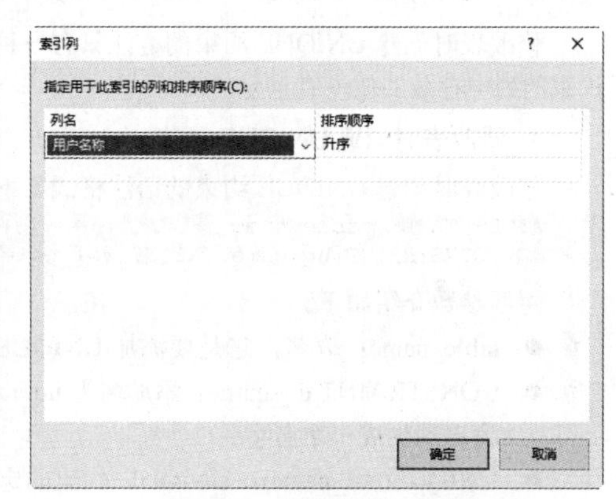

图 5-79　设置类型为唯一键　　　　图 5-80　“索引列”对话框

（8）单击“确定”按钮，返回到“索引/键”对话框，在其中设置 UNIQUE 约束的名称为“uq_用户信息表_用户名称”，如图 5-81 所示。

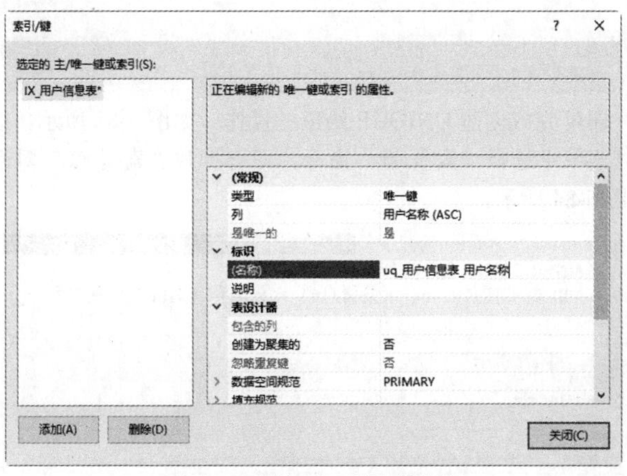

图 5-81　输入唯一约束的名称

（9）单击“关闭”按钮，关闭“索引/键”对话框，然后单击“保存”按钮，即可完成UNIQUE约束的创建操作，再次打开“索引/键”对话框，即可看到创建的UNIQUE约束信息，如图5-82所示。

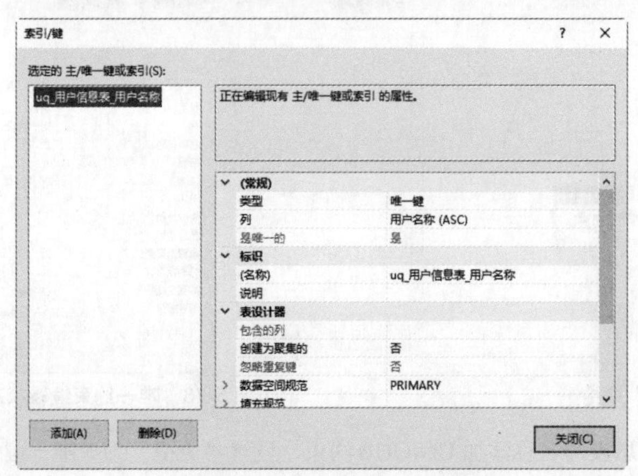

图5-82 查看UNIQUE约束信息

5.6.2 修改表时创建UNIQUE约束

修改表时创建UNIQUE约束的方法只有一种，而且在创建UNIQUE约束时，需要保证创建UNIQUE约束的列中存放的值没有重复的。

1. 修改表时创建UNIQUE约束

修改表时创建UNIQUE约束的语法格式如下。

```
ALTER TABLE table_name
ADD CONSTRAINT uq_name UNIQUE(col_name);
```

主要参数介绍如下。

- table_name：表名，它是要添加UNIQUE约束列所在的表名。
- CONSTRAINT uq_name：添加名为uq_name的约束。该语句可以省略，省略后系统会为添加的约束自动生成一个名字。
- UNIQUE(col_name)：UNIQUE约束的定义，UNIQUE是UNIQUE约束的关键字，col_name是UNIQUE约束的列名。如果想要同时为多个列设置UNIQUE约束，就要省略掉UNIQUE约束的名字，名字由系统自动生成。

实例15：首先创建水果信息表，然后给水果信息表中的名称添加UNIQUE约束，在“查询编辑器”窗口中输入如下语句。

```
ALTER TABLE 水果信息表
ADD CONSTRAINT uq_水果信息表_水果名称 UNIQUE(水果名称);
```

单击“执行”按钮，即可完成创建UNIQUE约束的操作，如图5-83所示。打开水果信息表的设计界面，右击，在弹出的快捷菜单中选择“索引/键”命令，即可打开“索引/键”对话框，在其中可以查看添加的UNIQUE约束，如图5-84所示。

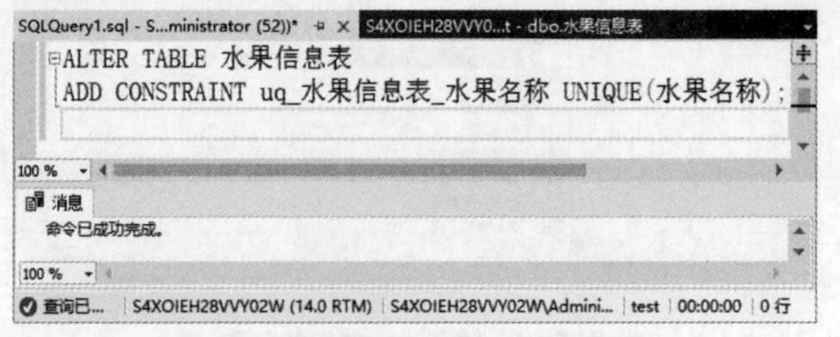

图5-83 执行添加UNIQUE约束语句

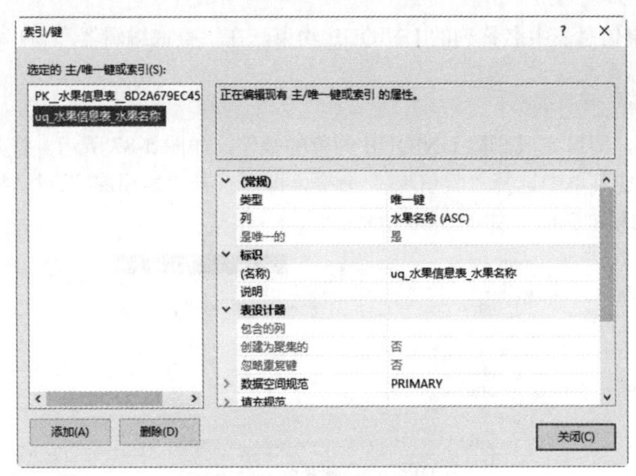

图 5-84　“索引/键”对话框

2. 以图形向导方式创建 UNIQUE 约束

数据表创建完成后，也可以创建 UNIQUE 约束，创建过程可分为如下几步：

（1）选择需要添加 UNIQUE 约束的表，这里选择用户信息表，将联系方式添加 UNIQUE 约束，右击，在弹出的快捷菜单中选择“设计”命令，进入表的设计工作界面，右击，在弹出的快捷菜单中选择“索引/键”命令，如图 5-85 所示。

（2）打开“索引/键”对话框，单击“添加”按钮，进入 UNIQUE 约束编辑状态，在其中设置联系方式的 UNIQUE 约束条件，如图 5-86 所示。

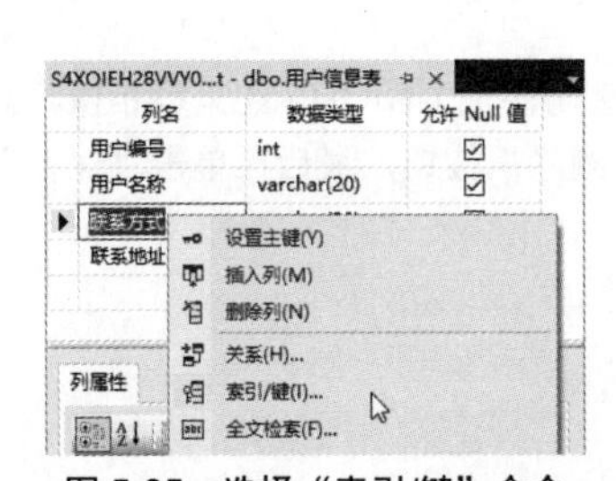

图 5-85　选择“索引/键”命令

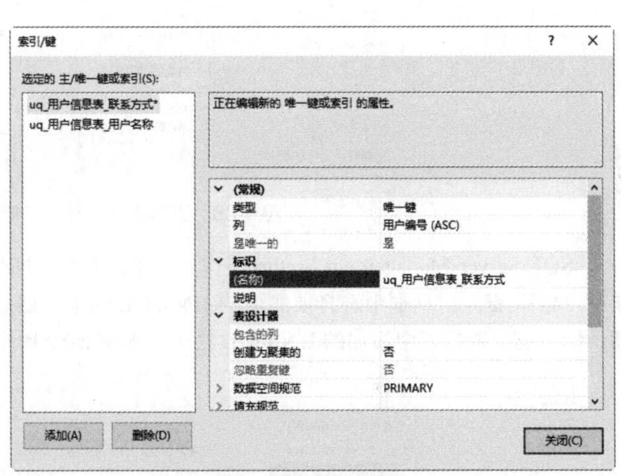

图 5-86　设置联系方式列的 UNIQUE 约束条件

（3）单击“关闭”按钮，关闭“索引/键”对话框，然后单击“保存”按钮，即可完成 UNIQUE 约束的添加操作。

5.6.3　删除表中的 UNIQUE 约束

任何一个约束都是可以被删除的，删除 UNIQUE 约束的方法很简单，具体的语法格式如下。

```
ALTER TABLE table_name
DROP CONSTRAINT uq_name;
```

主要参数介绍如下。

- table_name：表名。
- uq_name：唯一约束的名字。

实例 16：删除水果信息表中名称列的 UNIQUE 约束，在“查询编辑器”窗口中输入如下语句。

```
ALTER TABLE 水果信息表
DROP CONSTRAINT uq_水果信息表_水果名称;
```

单击“执行”按钮，即可完成删除 UNIQUE 约束的操作，如图 5-87 所示。打开水果信息表的设计界面，右击，在弹出的快捷菜单中选择“索引/键”命令，即可打开“索引/键”对话框，在其中可以看到用户名称列的 UNIQUE 约束被删除，如图 5-88 所示。

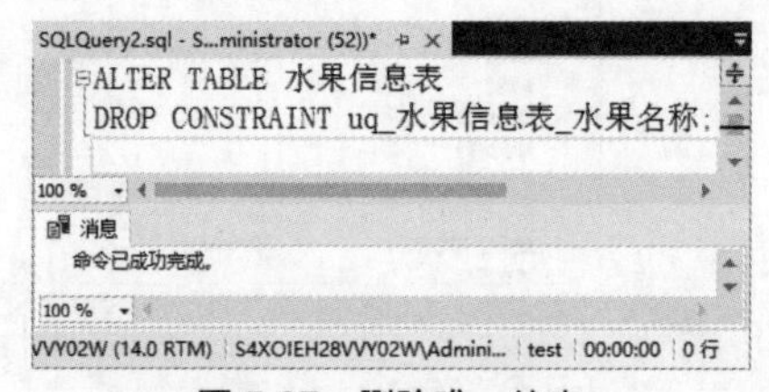

图 5-87 删除唯一约束

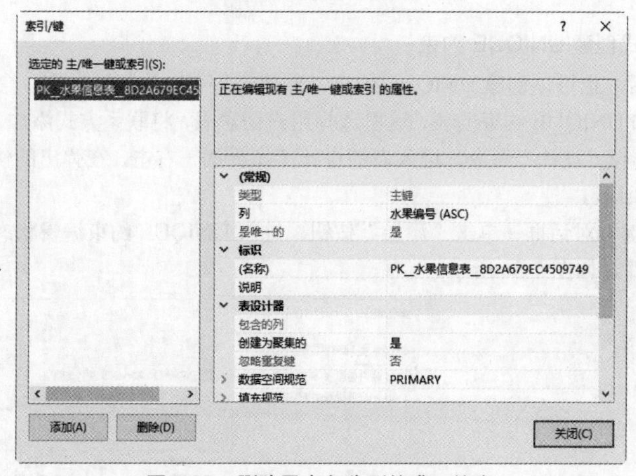

图 5-88 删除用户名称列的唯一约束

在 SQL Server Management Studio 工作界面中，删除 UNIQUE 约束与添加 UNIQUE 约束很相像，只需要在“索引/键”对话框中选择要删除的 UNIQUE 约束，然后单击“删除”按钮，最后再单击“保存”按钮，即可删除数据表中添加的 UNIQUE 约束，如图 5-89 所示。

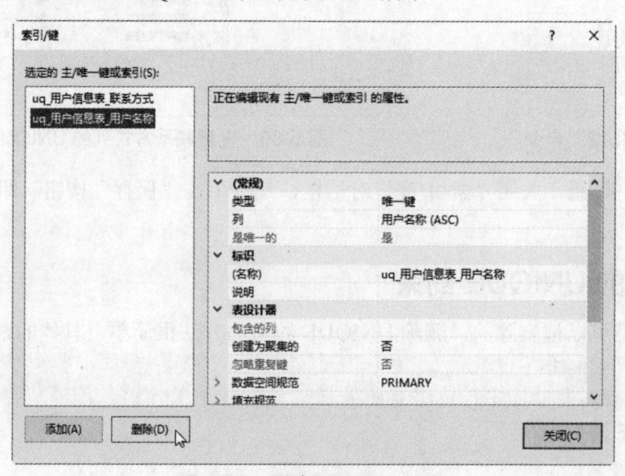

图 5-89 删除 UNIQUE 约束

5.7 NOT NULL 约束

NOT NULL 为非空约束，空值（或 NULL）不同于零、空白或为零的字符串，NULL 的意思是没有输入，出现 NULL 通常表示值未知或未定义。定义为主键的列，系统强制为非空约束。一张表中可以设置多个非空约束，它主要是用来规定某一列必须要输入值，有了非空约束，就可以避免表中出现空值了。

5.7.1 创建表时创建 NOT NULL 约束

非空约束通常都是在创建数据表时就创建了，创建非空约束的操作很简单，只需要在列后添加 NOT NULL。对于设置了主键约束的列，就没有必要设置非空约束了，添加非空约束的语法格式如下。

```
CREATE TABLE table_name
(
COLUMN_NAME1  DATATYPE NOT NULL,
COLUMN_NAME2  DATATYPE NOT NULL,
COLUMN_NAME3  DATATYPE
...
);
```

实例 17：定义数据表人员信息表，将人员名称和出生日期列设置为非空约束，在“查询编辑器”窗口中输入如下语句。

```
CREATE TABLE 人员信息表
(
人员编号        INT           PRIMARY KEY,
人员名称        VARCHAR(25)       NOT NULL,
出生日期        DATETIME          NOT NULL,
描述信息        VARCHAR(200),
);
```

单击“执行”按钮，即可完成创建非空约束的操作，如图 5-90 所示。打开人员信息表的设计界面，在其中可以看到人员编号、人员名称和出生日期列不允许为 NULL 值，如图 5-91 所示。

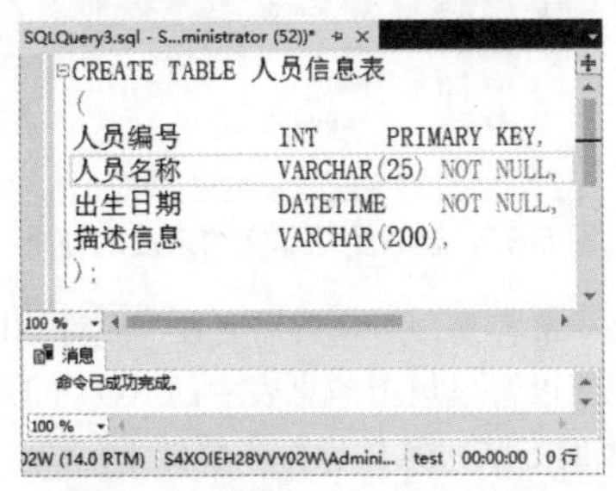

图 5-90　添加 NOT NULL 约束

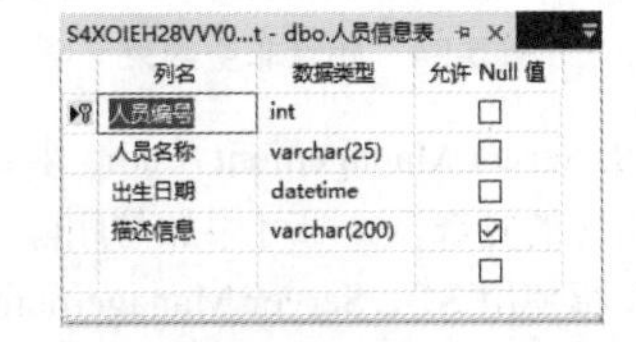

图 5-91　查看添加的 NOT NULL 约束

5.7.2 修改表时创建 NOT NULL 约束

当创建好数据表后，也可以为其创建 NOT NULL 约束，具体的语法格式如下。

```
ALTER TABLE table_name
ALTER COLUMN col_name datatype NOT NULL;
```

主要参数介绍如下。

- table_name：表名。
- col_name：列名，要为其添加 NOT NULL 约束的列名。
- datatype：数据类型。列的数据类型，如果不修改数据类型，还要使用原来的数据类型。
- NOT NULL：NOT NULL 约束的关键字。

实例 18：在现有员工信息表中，为员工姓名创建 NOT NULL 约束，在“查询编辑器”窗口中输入以下语句。

```
ALTER TABLE 员工信息表
ALTER COLUMN 员工姓名 VARCHAR(20) NOT NULL;
```

单击“执行”按钮，即可完成创建 NOT NULL 约束的操作，如图 5-92 所示。打开人员信息表的设计界面，在其中可以看到员工姓名列不允许为 NULL 值，如图 5-93 所示。

图 5-92 执行 SQL 语句

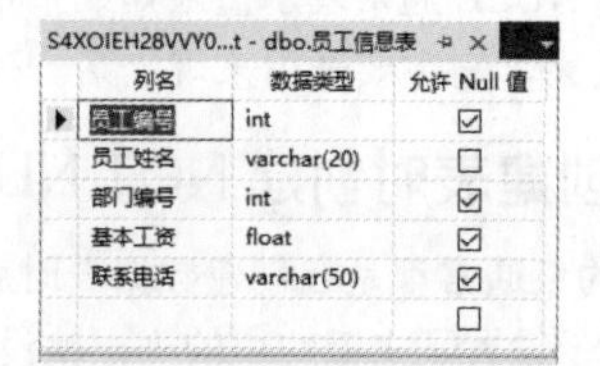

图 5-93 查看添加的非空约束

5.7.3 删除表中的 NOT NULL 约束

NOT NULL 约束的删除操作很简单，只需要将数据类型后的 NOT NULL 修改为 NULL 即可，具体的语法格式如下。

```
ALTER TABLE table_name
ALTER COLUMN col_name datatype NULL;
```

实例 19：在现有员工信息表中，删除员工姓名列的 NOT NULL 约束，在“查询编辑器”窗口中输入如下语句。

```
ALTER TABLE 员工信息表
ALTER COLUMN 员工姓名 VARCHAR(20) NULL;
```

单击“执行”按钮，即可完成删除 NOT NULL 约束的操作，如图 5-94 所示。打开员工信息表的设计界面，在其中可以看到员工姓名列允许为 NULL 值，如图 5-95 所示。

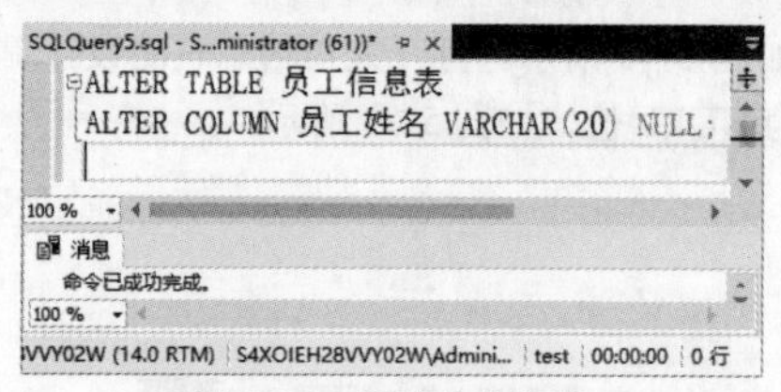

图 5-94 删除非空约束

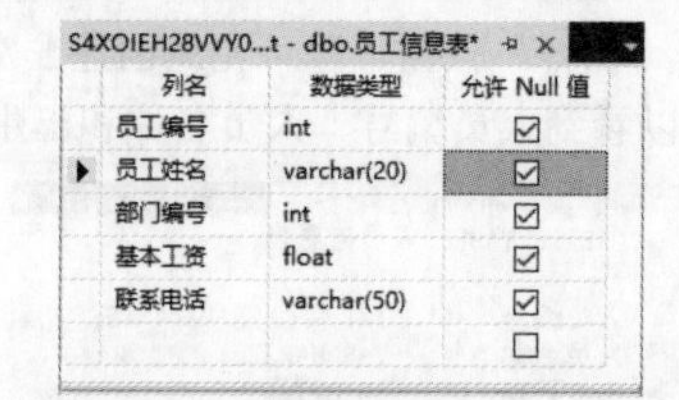

图 5-95 查看删除非空约束后的效果

在 SQL Server Management Studio 中管理 NOT NULL 约束非常容易，用户只需要在“允许 NULL 值”列中选中相应的复选框，即可添加与删除 NOT NULL 约束。下面以管理员工信息表中的 NOT NULL 约束为例，来介绍使用 SQL Server Management Studio 管理非空约束的方法，具体操作步骤如下：

（1）在“对象资源管理器”窗格中，选择需要添加或删除 NOT NULL 约束的数据表，这里选择员工信息表，右击，在弹出的快捷菜单中选择“设计”命令，进入员工信息表的设计界面，如图 5-96 所示。

（2）在“允许 NULL 值”列，取消员工姓名和部门编号列的选中状态，即可为这两列添加 NOT NULL 约束，相反地，如果想要取消某列的 NOT NULL 约束，只需要选中该列的“允许 NULL 值”复选框即可，如图 5-97 所示。

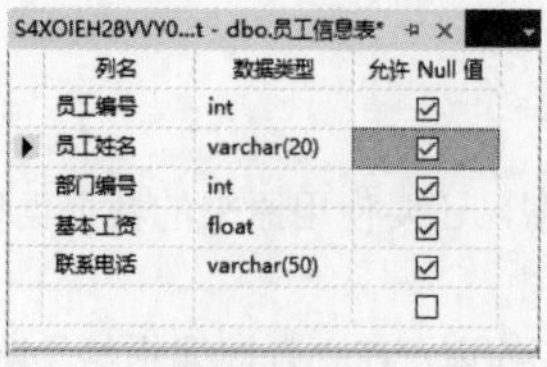

图 5-96 员工信息表设计界面

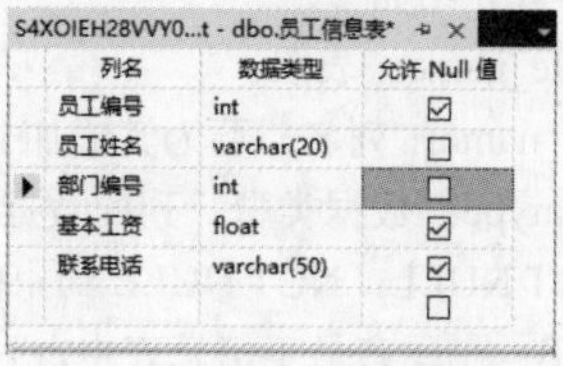

图 5-97 设置列的非空约束

5.8　课后习题与练习

一、填充题

1. 数据表中的约束主要有______、_______、_______、________、_______、________等。

答案：主键约束，外键约束，默认值约束，检查约束，唯一性约束，非空约束

2. 主键约束的关键字是__________、默认值约束的关键字是__________。

答案：PRIMARY KEY，DEFAULT

3. 每个表中只能有一列或组合被定义为__________，所以该列不能含有_______，并且______和______类型的列不能定义为主键。

答案：主键约束，空值，IMAGE，TEXT

4. 具有强制数据唯一性的约束包括_________和________。

答案：主键约束，唯一性约束

5. 不能创建默认值约束的数据列有________和_______。

答案：具有 timestamp 类型的列，具有 IDENTITY 属性的列

二、选择题

1. 关于主键约束描述正确的是_______。

A. 一张表中可以有多个主键约束　　B. 一张表中只能有一个主键约束

C. 主键约束只能由一个字段组成　　D. 以上说法都不对

答案：B

2. 下面关于约束描述正确的是_______。

A. UNIQUE 约束列可以为 NULL

B. 自动编号的列数据都是有固定差值的

C. 一个列只能有一个 CHECK 约束

D. 表数据的完整性用表约束就足够了

答案：C

3. 下面哪一个约束要涉及两张数据表_______。

A. 外键约束　　B. 主键约束　　C. 非空约束　　D. 默认值约束

答案：A

4. 下面关于检查约束描述正确的是_______。

A. 一个列可以设置多个检查条件

B. 一个列只能设置一个检查约束

C. 检查约束中只能写一个检查条件

D. 以上都不对

答案：B

三、简答题

1. 数据表中约束有哪些作用？

2. 数据表中添加默认值约束的作用是什么？

3. 主键约束和唯一约束的区别是什么？

5.9　新手疑难问题解答

疑问 1：对数据表设置数据完整性约束后，为什么没有马上起作用？

解答：数据完整性设置的调整和表结构修改一样，在保存之后才能对数据表起作用。

疑问 2：对数据表设置数据完整性后，为什么不能保存？

解答：在保存时，SQL Server 会根据调整后的数据完整性设置对现有记录进行检查，如果有冲突，那么将不能保存调整后的数据完整性设置。

5.10 实战训练

创建图书管理数据库 Library，该数据库中包含图书馆所需要管理的书籍和读者信息。数据库中包含的表有读者表 Reader、读者分类表 Readertype、图书信息表 Book、图书分类表 Booktype 和借阅记录表 Record。

具体实训内容如下：

（1）创建用户自定义数据类型 Bookidtype，用于设置所有表中的图书编号为长度是 20 的字符串。

（2）创建读者表 Reader、读者分类表 Readertype、图书信息表 Book、图书分类表 Booktype 和借阅记录表 Record。其中，读者表 Reader 的表结构如表 5-4 所示，读者分类表 Readertype 的表结构如表 5-5 所示，图书信息表 Book 的表结构如表 5-6 所示，图书分类表 Booktype 的表结构如表 5-7 所示，借阅记录表 Record 的表结构如表 5-8 所示。

（3）在读者表中，读者编号必须不为空而且各个读者编号不相同。

（4）在读者表中，性别默认值为“男”，值必须为“男”或“女”。

（5）在读者表中，注册日期在录入时如果为空则为系统当前日期。

（6）在读者表中，类别编号必须是读者分类表中已经出现过的类别编号。

（7）在图书信息表中，图书编号必须是图书分类表中已经出现过的类别编号。

（8）借阅记录表中，读者编号必须是读者表中已出现过的读者编号，图书编号必须是图书信息表中已出现过的图书编号。

表 5-4 读者表 Reader 的结构

字段名称	字段内容	数据类型	说　明
Readerid	读者编号	CHAR(13)	不可为空，不可相同
Readername	读者名称	NVARCHAR(20)	不可为空
Typeid	类别编号	TINYINT	可为空，引用读者分类表中的类别编号
Birthday	出生日期	DATETIME	可为空
Sex	性别	NCHAR(1)	不可为空
Address	联系地址	NVARCHAR(40)	可为空
Tel	联系电话	VARCHAR(15)	可为空
Enrolldate	注册日期	DATETIME	不可为空
State	当前状态	NVARCHAR(10)	可为空
Memo	备注信息	NVARCHAR(200)	可为空

表 5-5 读者分类表 Readertype 的结构

字段名称	字段内容	数据类型	说　明
Typeid	类别编号	TINYINT	不可为空，标识列
Typename	类别名称	NVARCHAR(20)	不可为空
Booksum	借书最大数量	TINYINT	不可为空
Bookday	借书期限	TINYINT	不可为空

表 5-6　图书信息表 Book 的结构

字段名称	字段内容	数据类型	说　明
Bookid	图书编号	BOOKIDTYPE	不可为空，不可相同
Bookname	图书名称	NVARCHAR(40)	不可为空
Typeid	图书类别	TINYINT	可为空，引用图书分类表的类别编号
Author	作者	NVARCHAR(30)	可为空
Price	图书价格	SMALLMONEY	可为空
Regdate	入库日期	DATETIME	可为空
State	当前状态	NVARCHAR(10)	可为空

表 5-7　图书分类表 Booktype 的结构

字段名称	字段内容	数据类型	说　明
Typeid	类别编号	TINYINT	不可为空，标识列
Typename	类别名称	NVARCHAR(20)	不可为空

表 5-8　借阅记录表 Record 的结构

字段名称	字段内容	数据类型	说　明
Recordid	记录编号	INT	不可为空，不可相同
Readerid	读者编号	CHAR(13)	不可为空，引用读者表的读者编号
Bookid	图书编号	CHAR(20)	不可为空，引用图书信息表的图书编号
Outdate	借出日期	DATETIME	不可为空
Indate	还入日期	DATETIME	可为空
State	当前状态	NVARCHAR(10)	不可为空

第6章

插入、更新与删除数据记录

本章内容提要

数据库中的数据表是用来存放数据的，这些数据用表格的形式显示，每一行称为一个记录。用户可以像使用电子表格一样插入、修改或删除这些数据。为此，SQL Server 中提供了功能丰富的数据管理语句，包括向表中插入数据的 INSERT 语句，更新数据的 UPDATE 语句以及删除数据的 DELETE 语句，本章介绍数据的插入、修改与删除操作。

6.1 向数据表中插入数据

微视频

数据库与数据表创建完毕后，就可以向数据表中添加数据了，也只有数据表中有了数据，数据库才有意义，那么，如何向数据表中添加数据呢？向数据表中添加数据的方法有两种，一种是通过 T-SQL 语句添加，一种是在 SQL Server Management Studio 中以图形向导方式添加。

6.1.1 给表里的所有字段插入数据

使用 SQL 语句中的 INSERT 语句可以向数据表中添加数据，INSERT 语句的基本语法格式如下。

```
INSERT INTO table_name (column_name1, column_name2,...)
VALUES (value1, value2,...);
```

主要参数介绍如下。

- table_name：指定要插入数据的表名。
- column_name：可选参数，列名。用来指定记录中显示插入的数据的字段，如果不指定字段列表，则后面的 column_name 中的每一个值都必须与表中对应位置处的值相匹配。
- value：值。指定每个列对应插入的数据。字段列和数据值的数量必须相同，多个值之间使用逗号隔开。

向表中所有的字段同时插入数据，是一个比较常见的应用，也是 INSERT 语句形式中最简单的应用。在演示插入数据操作之前，需要准备一张数据表，这里创建一个课程信息表，数据表的结构如表 6-1 所示。

表 6-1 课程信息表结构

字段名称	数据类型	备注
编号	INT	编号
课程名称	VARCHAR(50)	课程名称
所属类别	VARCHAR(50)	课程所属分类
课时安排	INT	课时安排

续表

字段名称	数据类型	备注
授课教师	VARCHAR(20)	教师的名称
联系电话	VARCHAR(20)	教师电话信息
上课时间	VARCHAR(100)	上课时间安排
上课地点	VARCHAR(100)	上课教室信息

根据表 6-1 的结构，在数据库 mydb 中创建课程信息表，在“查询编辑器”窗口中输入如下语句。

```
USE mydb
CREATE TABLE 课程信息表
(
编号        INT                 PRIMARY KEY,
课程名称    VARCHAR(50) ,
所属类别    VARCHAR(50) ,
课时安排    INT,
授课教师    VARCHAR(20) ,
联系电话    VARCHAR(20) ,
上课时间    VARCHAR(100) ,
上课地点    VARCHAR(100) ,
);
```

单击“执行”按钮，即可完成数据表的创建操作，并在“消息”窗格中显示“命令已成功完成”的信息提示，如图 6-1 所示。

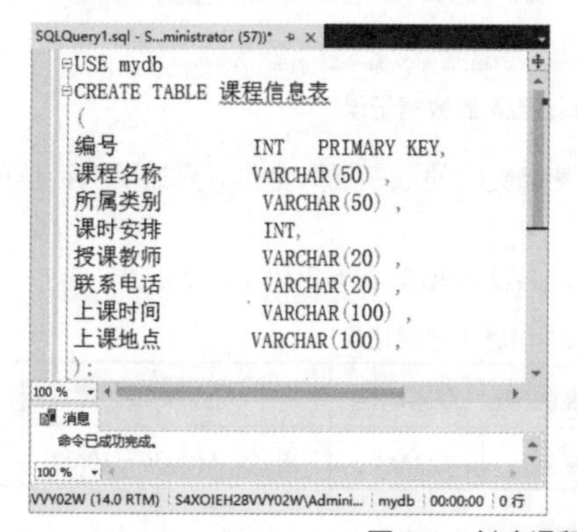

图 6-1 创建课程信息表

实例 1：向课程信息表中添加数据，添加的数据信息如表 6-2 所示。

表 6-2 课程信息表数据记录

编号	课程名称	所属类别	课时安排	授课教师	联系电话	上课时间	上课地点
101	舞蹈(启蒙 1)	舞蹈类	48	陈倩倩	123****	周六、日 8:30—10:00	B105 丝路花雨

向课程信息表中插入数据记录，需在“查询编辑器”窗口中输入如下语句。

```
USE mydb
INSERT INTO 课程信息表 (编号,课程名称,所属类别,课时安排,授课教师,联系电话,上课时间,上课地点)
VALUES (101,'舞蹈(启蒙 1)','舞蹈类',48,'陈倩倩','123****','周六、日 8:30—10:00','B105 丝路
花雨');
```

单击“执行”按钮，即可完成数据的插入操作，并在“消息”窗格中显示“1 行受影响”的信息提示，如图 6-2 所示，这就说明有一条数据插入到数据表中了。

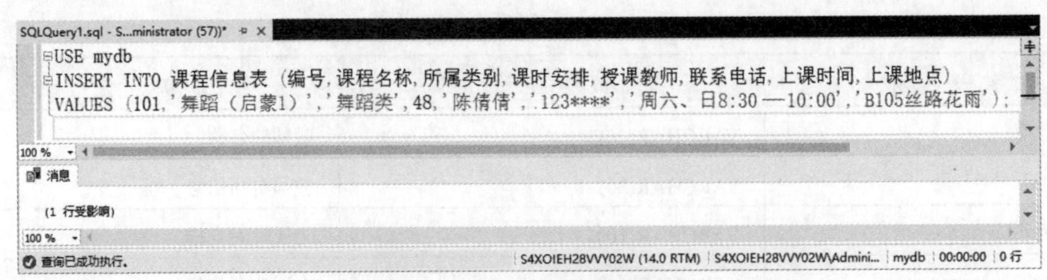

图 6-2　插入第 1 条数据记录

如果想要查看插入的数据记录，需要使用如下语句，具体的语法格式如下。

```
Select *from table_name;
```

其中，table_name 为数据表的名称。

实例 2：查询课程信息表中添加的数据，在“查询编辑器”窗口中输入如下语句。

```
USE mydb
Select *from 课程信息表;
```

单击“执行”按钮，即可完成数据的查看操作，并在“结果”窗格中显示查看结果，如图 6-3 所示。

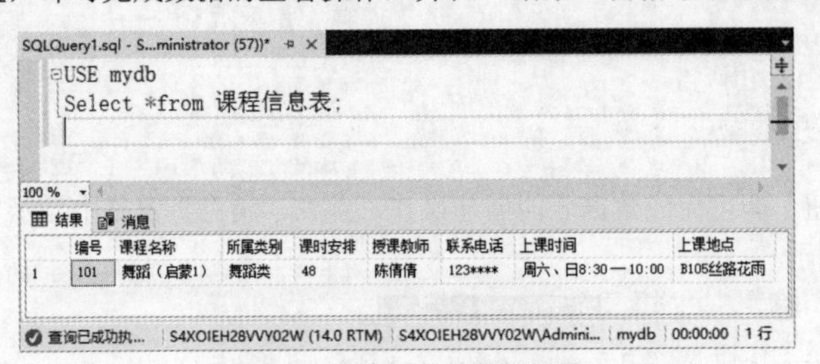

图 6-3　查询插入的数据记录

INSERT 语句后面的列名称可以不按照数据表定义时的顺序插入数据，只需要保证值的顺序与列字段的顺序相同即可。

实例 3：在课程信息表中，插入一条新记录，具体数据如表 6-3 所示。

表 6-3　课程信息表数据记录

编号	课程名称	所属类别	课时安排	授课教师	联系电话	上课时间	上课地点
102	舞蹈（启蒙 2）	舞蹈类	48	陈媛	123****	周六、日 8:30—10:00	B106 百花争艳

在“查询编辑器”窗口中输入如下语句。

```
USE mydb
INSERT INTO 课程信息表(课程名称,编号,所属类别,授课教师,课时安排,联系电话,上课时间,上课地点)
VALUES ('舞蹈(启蒙 2)',102,'舞蹈类', '陈媛',48,'123****','周六、日 8:30—10:00','B106 百花争艳');
```

单击“执行”按钮，即可完成数据的插入操作，并在“消息”窗格中显示“1 行受影响”的信息提示，如图 6-4 所示，这就说明有一条数据插入到数据表中了。

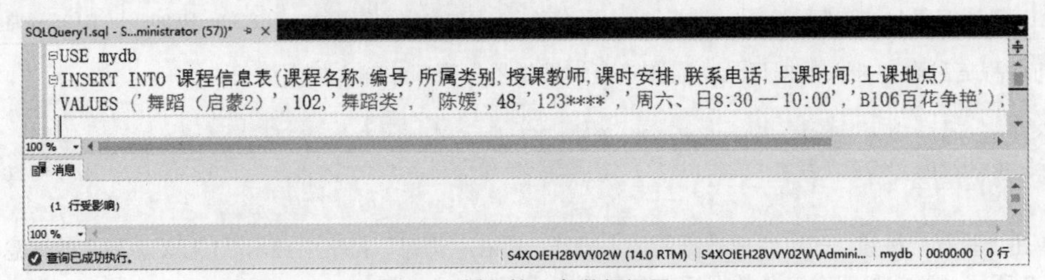

图 6-4　插入第 2 条数据记录

查询课程信息表中添加的数据，在“查询编辑器”窗口中输入如下语句。

```
USE mydb
Select *from 课程信息表;
```

单击“执行”按钮，即可完成数据的查看操作，并在“结果”窗格中显示查看结果，如图 6-5 所示。

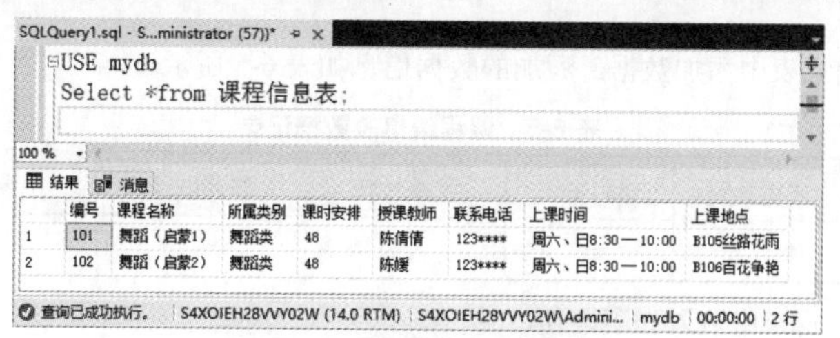

图 6-5　查询插入的数据记录

使用 INSERT 语句插入数据时，允许插入的字段列表为空，此时，值列表中需要为表的每一个字段指定值，并且值的顺序必须和数据表中字段定义时的顺序相同。

实例 4：向课程信息表中添加数据，添加的数据信息如表 6-4 所示。

表 6-4　课程信息表数据记录

编号	课程名称	所属类别	课时安排	授课教师	联系电话	上课时间	上课地点
103	舞蹈(启蒙 3)	舞蹈类	48	邓娟	123****	周六、日 8:30—10:00	B104 扇舞丹青

在“查询编辑器”窗口中输入如下语句。

```
USE mydb
INSERT INTO 课程信息表
VALUES (103,'舞蹈(启蒙 3)','舞蹈类',48,'邓娟','123****','周六、日 8:30—10:00','B104 扇舞丹青');
```

单击“执行”按钮，即可完成数据的插入操作，并在“消息”窗格中显示“1 行受影响”的信息提示，如图 6-6 所示，这就说明有一条数据插入到数据表中了。

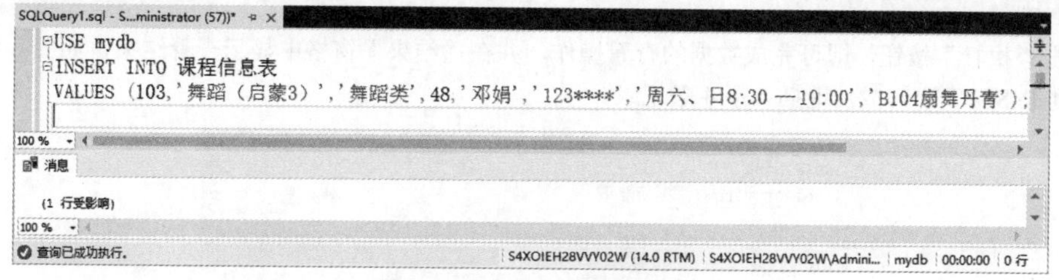

图 6-6　插入第 3 条数据记录

查询课程信息表中添加的数据，在“查询编辑器”窗口中输入如下语句。

```
USE mydb
Select *from 课程信息表;
```

单击“执行”按钮，即可完成数据的查看操作，并在“结果”窗格中显示查看结果，如图 6-7 所示。可以看到 INSERT 语句成功地插入了 3 条记录。

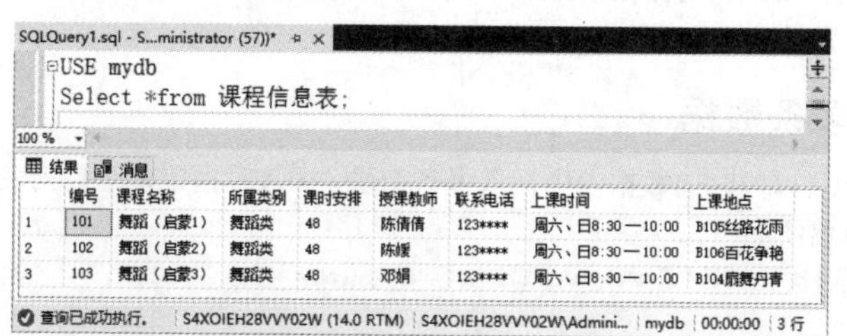

图 6-7　查询插入的数据记录

6.1.2 向表中添加数据时使用默认值

为表的指定字段插入数据，就是在 INSERT 语句中只向部分字段中插入值，而其他字段的值为表定义时的默认值。

实例 5：向课程信息表中添加数据，添加的数据信息如表 6-5 所示。

表 6-5　课程信息表数据记录

编号	课程名称	所属类别	课时安排	授课教师	联系电话	上课时间	上课地点
104	舞蹈(初级 1)	舞蹈类	48	古丽			

在“查询编辑器”窗口中输入如下语句。

```
USE mydb
INSERT INTO 课程信息表 (编号, 课程名称,所属类别, 课时安排,授课教师)
VALUES (104,'舞蹈(初级1)', '舞蹈类',48, '古丽');
```

单击“执行”按钮，即可完成数据的插入操作，并在“消息”窗格中显示“1 行受影响”的信息提示，如图 6-8 所示，这就说明有一条数据插入到数据表中了。

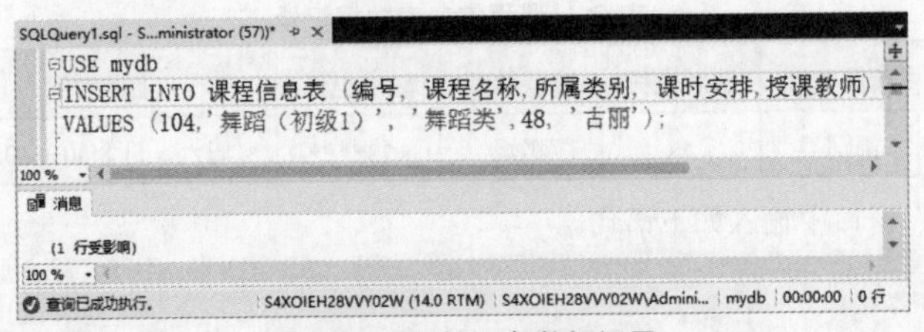

图 6-8　插入第 4 条数据记录

查询课程信息表中添加的数据，在“查询编辑器”窗口中输入如下语句。

```
USE mydb
Select *from 课程信息表;
```

单击“执行”按钮，即可完成数据的查看操作，并在“结果”窗格中显示查看结果，如图 6-9 所示。可以看到 INSERT 语句成功地插入了 4 条记录。

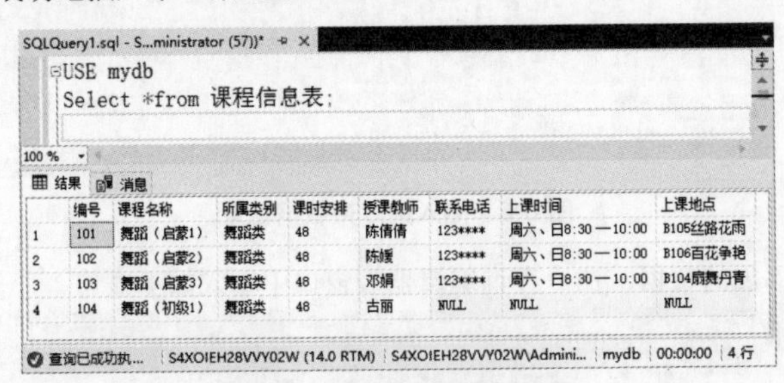

图 6-9　查询插入的数据记录

从结果中可以看到，虽然没有指定插入的字段和字段值，INSERT 语句仍可以正常执行，SQL Server 自动向相应字段插入了默认值。

6.1.3 一次插入多条数据

使用 INSERT 语句可以同时向数据表中插入多条记录，插入时指定多个值列表，每个值列表之间用逗号分隔开，具体的语法格式如下。

```
INSERT INTO table_name (column_name1, column_name2,…)
VALUES (value1, value2,…),
(value1, value2,…),
…
```

实例 6：向课程信息表中添加多条数据，添加的数据信息如表 6-6 所示。

表 6-6　课程信息表数据记录

编号	课程名称	所属类别	课时安排	授课教师	联系电话	上课时间	上课地点
105	舞蹈(初级 2)	舞蹈类	48	沙雅	123****	周六、日 15:30—17:00	B103 天山朵朵
106	声乐(启蒙 1)	声乐类	36	宋玉娇	123****	周六、日 8:30—10:00	B205 踏歌
107	声乐(启蒙 2)	声乐类	36	陈红梅	123****	周六、日 8:30—10:00	B204 听声

在“查询编辑器”窗口中输入如下语句。

```
USE mydb
INSERT INTO 课程信息表
VALUES(105,'舞蹈(初级2)','舞蹈类',48,'沙雅','123****','周六、日 15:30—17:00','B103 天山朵朵'),
(106,'声乐(启蒙1)','声乐类',36,'宋玉娇','123****','周六、日 8:30—10:00','B205 踏歌'),
(107,'声乐(启蒙2)','声乐类',36,'陈红梅','123****','周六、日 8:30—10:00','B204 听声');
```

单击“执行”按钮，即可完成数据的插入操作，并在“消息”窗格中显示“3 行受影响”的信息提示，如图 6-10 所示，这就说明有 3 条数据插入到数据表中了。

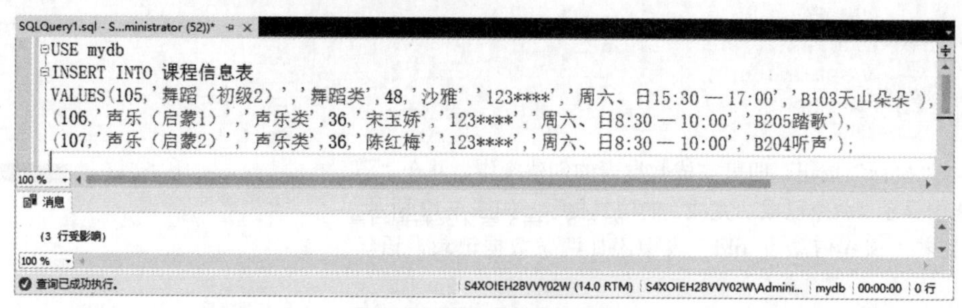

图 6-10　插入多条数据记录

查询课程信息表中添加的数据，在“查询编辑器”窗口中输入如下语句。

```
USE mydb
Select *from 课程信息表;
```

单击“执行”按钮，即可完成数据的查看操作，并在“结果”窗格中显示查看结果，如图 6-11 所示。可以看到 INSERT 语句一次成功地插入了 3 条记录。

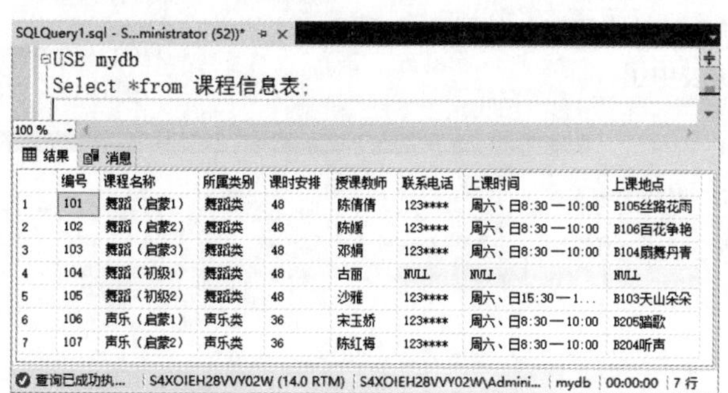

图 6-11　查询数据表数据记录

6.1.4　通过复制表数据插入数据

INSERT 还可以将 SELECT 语句查询的结果插入到表中，而不需要把多条记录的值一个一个地输入，只需要使用一条 INSERT 语句和一条 SELECT 语句组成的组合语句即可快速地从一个或多个表中向另一个表中插入多个行。

具体的语法格式如下：

```
INSERT INTO table_name1(column_name1, column_name2,…)
SELECT column_name_1, column_name_2,…
FROM table_name2
```

主要参数介绍如下。

- table_name1：插入数据的表。
- column_name1：表中要插入值的列名。
- column_name_1：table_name2 中的列名。
- table_name2：取数据的表。

实例 7：从“课程信息表_old”表中查询所有的记录，并将其插入到课程信息表中。

首先，创建一个名为“课程信息表_old”的数据表，其表结构与课程信息表结构相同，语句如下。

```
USE mydb
CREATE TABLE 课程信息表_old
(
编号        INT        PRIMARY KEY,
课程名称    VARCHAR(50) ,
所属类别    VARCHAR(50) ,
课时安排    INT ,
授课教师    VARCHAR(20) ,
联系电话    VARCHAR(20) ,
上课时间    VARCHAR(100) ,
上课地点    VARCHAR(100) ,
);
```

单击“执行”按钮，即可完成数据表的创建操作，并在“消息”窗格中显示“命令已成功完成”的信息提示，如图 6-12 所示。

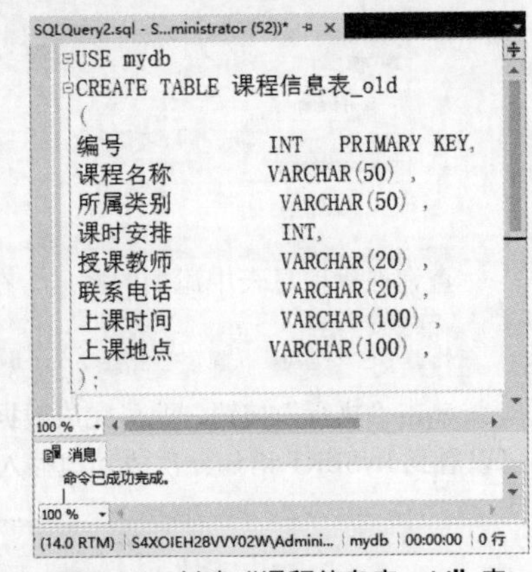

图 6-12　创建“课程信息表_old”表

接着向“课程信息表_old”表中添加两条数据记录，语句如下。

```
USE mydb
INSERT INTO 课程信息表_old
VALUES(108,'儿童画（启蒙 1）','绘画类',24,'陈家伟',
'123****','周六 8:30—10:00','A204 水墨'),
(109,'儿童画（启蒙 2）','绘画类',24,'孙倩','123****','周日
8:30—10:00','A202 丹青');
```

单击“执行”按钮，即可完成数据的插入操作，并在“消息”窗格中显示“2 行受影响”的信息提示，如图 6-13 所示，这就说明有 2 条数据插入到数据表中了。

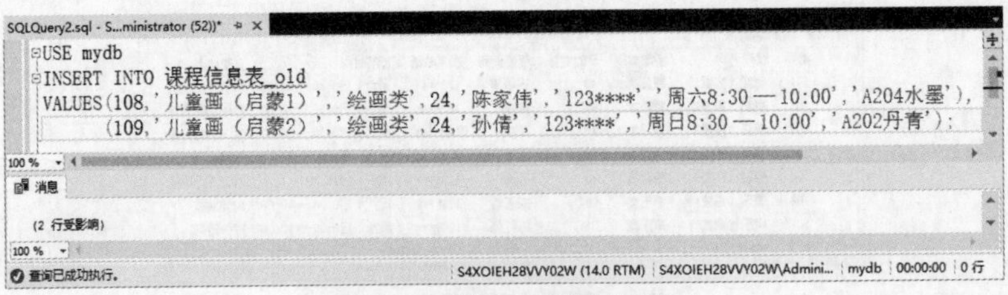

图 6-13　插入 2 条数据记录

查询数据表“课程信息表_old”中添加的数据，在“查询编辑器”窗口中输入如下语句。

```
USE mydb
Select *from 课程信息表_old;
```

单击“执行”按钮，即可完成数据的查看操作，并在“结果”窗格中显示查看结果，如图 6-14 所示。可以看到 INSERT 语句一次成功地插入了 2 条记录。

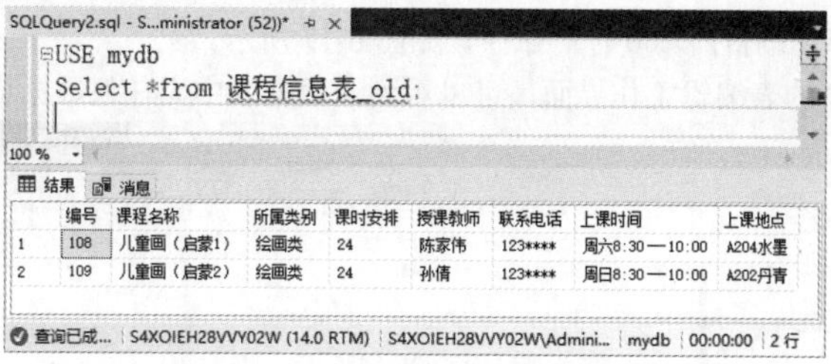

SQLQuery2.sql - S...ministrator (52))*

```
USE mydb
Select *from 课程信息表_old;
```

	编号	课程名称	所属类别	课时安排	授课教师	联系电话	上课时间	上课地点
1	108	儿童画（启蒙1）	绘画类	24	陈家伟	123****	周六8:30—10:00	A204水墨
2	109	儿童画（启蒙2）	绘画类	24	孙倩	123****	周日8:30—10:00	A202丹青

查询已成... | S4XOIEH28VVY02W (14.0 RTM) | S4XOIEH28VVY02W\Admini... | mydb | 00:00:00 | 2 行

图 6-14 查询“课程信息表_old”表

“课程信息表_old”表中现在有 2 条记录。接下来将“课程信息表_old”表中所有的记录插入到课程信息表中，语句如下。

```
INSERT INTO 课程信息表(编号,课程名称,所属类别,课时安排,授课教师,联系电话,上课时间,上课地点)
SELECT 编号,课程名称,所属类别,课时安排,授课教师,联系电话,上课时间,上课地点 FROM 课程信息表_old;
```

单击“执行”按钮，即可完成数据的插入操作，并在“消息”窗格中显示“2 行受影响”的信息提示，如图 6-15 所示，这就说明有 2 条数据插入到数据表中了。

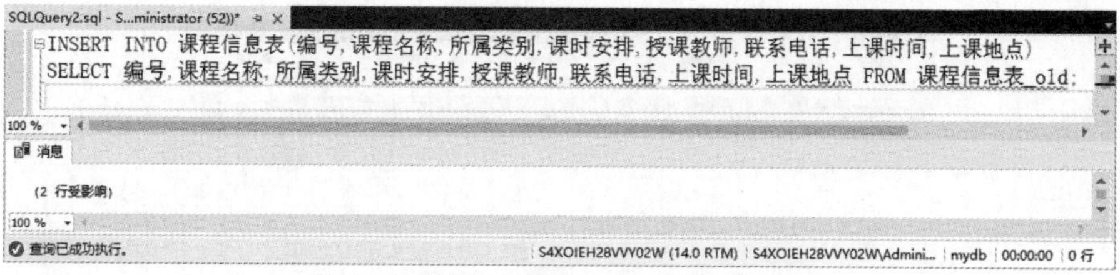

SQLQuery2.sql - S...ministrator (52))*

```
INSERT INTO 课程信息表(编号,课程名称,所属类别,课时安排,授课教师,联系电话,上课时间,上课地点)
SELECT 编号,课程名称,所属类别,课时安排,授课教师,联系电话,上课时间,上课地点 FROM 课程信息表_old;
```

消息

(2 行受影响)

查询已成功执行。 | S4XOIEH28VVY02W (14.0 RTM) | S4XOIEH28VVY02W\Admini... | mydb | 00:00:00 | 0 行

图 6-15 插入 2 条数据记录到课程信息表中

查询课程信息表中添加的数据，在“查询编辑器”窗口中输入如下语句。

```
USE mydb
Select *from 课程信息表;
```

单击“执行”按钮，即可完成数据的查看操作，并在“结果”窗格中显示查看结果，如图 6-16 所示。从结果中可以看到，INSERT 语句执行后，课程信息表中多了 2 条记录，这 2 条记录和课程信息_old 表中的记录完全相同，数据转移成功。

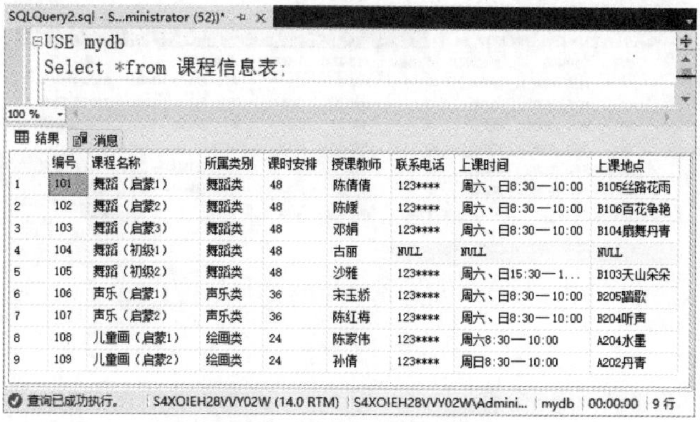

SQLQuery2.sql - S...ministrator (52))*

```
USE mydb
Select *from 课程信息表;
```

	编号	课程名称	所属类别	课时安排	授课教师	联系电话	上课时间	上课地点
1	101	舞蹈（启蒙1）	舞蹈类	48	陈倩倩	123****	周六、日8:30—10:00	B105丝路花雨
2	102	舞蹈（启蒙2）	舞蹈类	48	陈媛	123****	周六、日8:30—10:00	B106百花争艳
3	103	舞蹈（启蒙3）	舞蹈类	48	邓娟	123****	周六、日8:30—10:00	B104鹿舞丹青
4	104	舞蹈（初级1）	舞蹈类	48	古丽	NULL	NULL	NULL
5	105	舞蹈（初级2）	舞蹈类	48	沙雅	123****	周六、日15:30—1...	B103天山朵朵
6	106	声乐（启蒙1）	声乐类	36	宋玉娇	123****	周六、日8:30—10:00	B205黐歌
7	107	声乐（启蒙2）	声乐类	36	陈红梅	123****	周六、日8:30—10:00	B204听声
8	108	儿童画（启蒙1）	绘画类	24	陈家伟	123****	周六8:30—10:00	A204水墨
9	109	儿童画（启蒙2）	绘画类	24	孙倩	123****	周日8:30—10:00	A202丹青

查询已成功执行。 | S4XOIEH28VVY02W (14.0 RTM) | S4XOIEH28VVY02W\Admini... | mydb | 00:00:00 | 9 行

图 6-16 将查询结果插入到表中

6.1.5 以图形向导方式添加数据

数据表创建成功后，就可以在 SQL Server Management Studio 中以图形向导方式添加数据记录了，下面以 mydbase 数据库中的课程信息表为例，具体添加过程可分为如下几步。

（1）在“对象资源管理器”窗口中打开 mydbase 数据库，并选择表节点下的“课程信息表”，右击，在弹出的快捷菜单中选择“编辑前 200 行”命令，如图 6-17 所示。

（2）进入课程信息表的表编辑工作界面，可以看到该数据表中无任何数据记录，如图 6-18 所示。

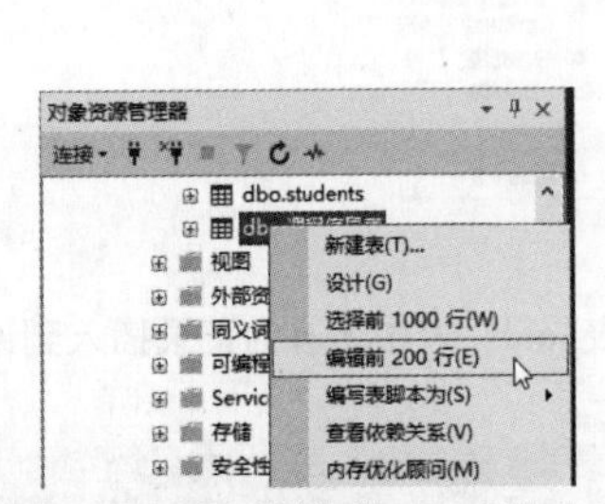

图 6-17 选择“编辑前 200 行”命令

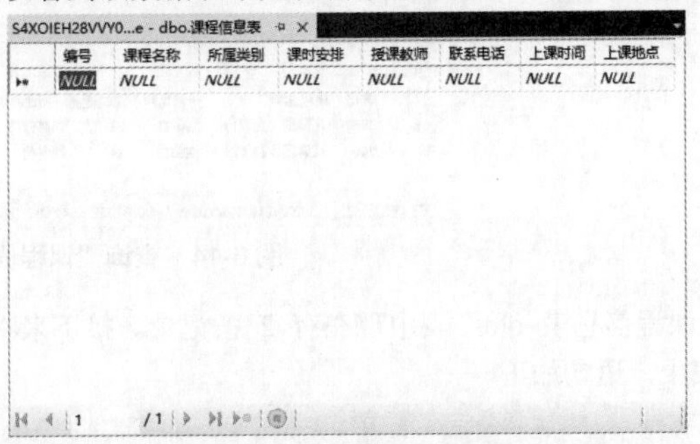

编号	课程名称	所属类别	课时安排	授课教师	联系电话	上课时间	上课地点
NULL	NULL	NULL	NULL	NULL	NULL	NULL	NULL

图 6-18 表编辑工作界面

（3）添加数据记录，添加的方法就像在 Excel 表中输入信息一行，录入一行数据信息后的显示效果如图 6-19 所示。

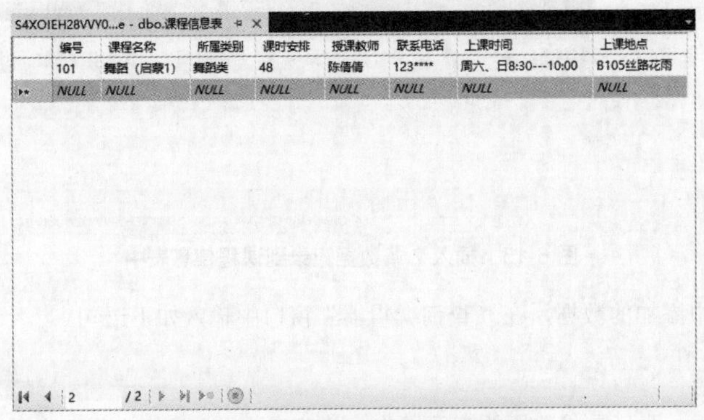

编号	课程名称	所属类别	课时安排	授课教师	联系电话	上课时间	上课地点
101	舞蹈（启蒙1）	舞蹈类	48	陈倩倩	123****	周六、日8:30---10:00	B105丝路花雨
NULL	NULL	NULL	NULL	NULL	NULL	NULL	NULL

图 6-19 添加数据表的第 1 行数据

（4）添加好一行数据记录后，无须进行数据的保存，只需将光标移动到下一行，则上一行数据会自动保存，这里再添加一些其他的数据记录，如图 6-20 所示。

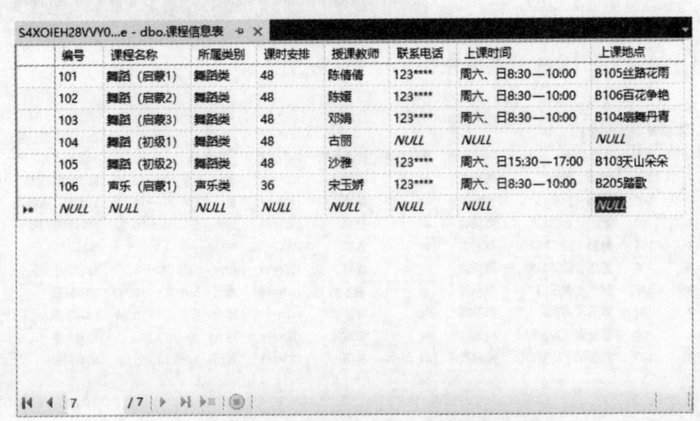

编号	课程名称	所属类别	课时安排	授课教师	联系电话	上课时间	上课地点
101	舞蹈（启蒙1）	舞蹈类	48	陈倩倩	123****	周六、日8:30—10:00	B105丝路花雨
102	舞蹈（启蒙2）	舞蹈类	48	陈媛	123****	周六、日8:30—10:00	B106百花争艳
103	舞蹈（启蒙3）	舞蹈类	48	邓娟	123****	周六、日8:30—10:00	B104翩舞丹青
104	舞蹈（初级1）	舞蹈类	48	古丽	NULL	NULL	NULL
105	舞蹈（初级2）	舞蹈类	48	沙雅	123****	周六、日15:30—17:00	B103天山朵朵
106	声乐（启蒙1）	声乐类	36	宋玉娇	123****	周六、日8:30—10:00	B205踏歌
NULL	NULL	NULL	NULL	NULL	NULL	NULL	NULL

图 6-20 添加数据表的其他数据记录

6.2 更新数据表中的数据

微视频

如果发现数据表中的数据不符合要求，用户是可以对其进行更新的。更新数据的方法有多种，比较常用的是使用 UPDATE 语句进行更新，该语句可以更新特定的数据，也可以同时更新所有的数据行。

UPDATE 语句的基本语法格式如下。

```
UPDATE table_name
SET column_name1 = value1,column_name2=value2,…,column_nameN=valueN
WHERE search_condition
```

主要参数介绍如下。

- table_name：要更新的数据表名称。
- SET 子句：指定要更新的字段名和字段值，可以是常量或者表达式。
- column_name1,column_name2,……,column_nameN：需要更新的字段的名称。
- value1,value2,……,valueN：相对应的指定字段的更新值，更新多个列时，每个“列=值”对之间用逗号隔开，最后一列之后不需要逗号。
- WHERE 子句：指定待更新的记录需要满足的条件，具体的条件在 search_condition 中指定。如果不指定 WHERE 子句，则对表中所有的数据行进行更新。

6.2.1　更新表中的全部数据

更新表中某列所有数据记录的操作比较简单，只要在 SET 关键字后设置更新条件即可。

实例 8：在课程信息表中，将“课时安排”全部更新为“48”，在“查询编辑器”窗口中输入如下语句。

```
USE mydb
UPDATE 课程信息表
SET 课时安排=48;
```

单击“执行”按钮，即可完成数据的更新操作，并在“消息”窗格中显示“9 行受影响”的信息提示，如图 6-21 所示。

查询课程信息表中更新的数据，在“查询编辑器”窗口中输入如下语句。

```
USE mydb
Select *from 课程信息表;
```

单击“执行”按钮，即可完成数据的查看操作，并在“结果”窗格中显示查看结果，如图 6-22 所示。从结果中可以看到，UPDATE 语句执行后，课程信息表中“课时安排”列的数据全部更新为“48”。

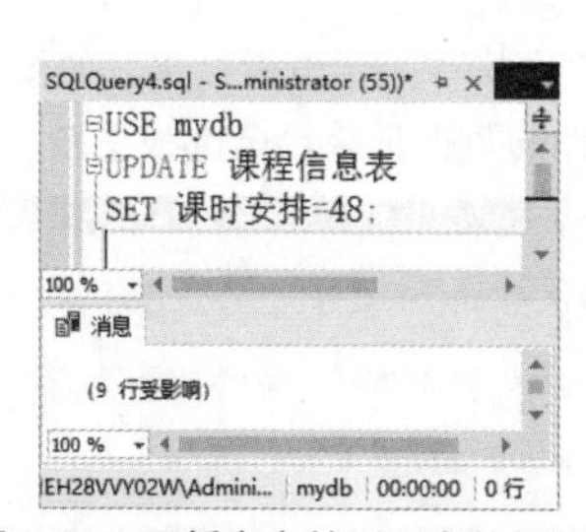

图 6-21　更新表中某列所有数据记录

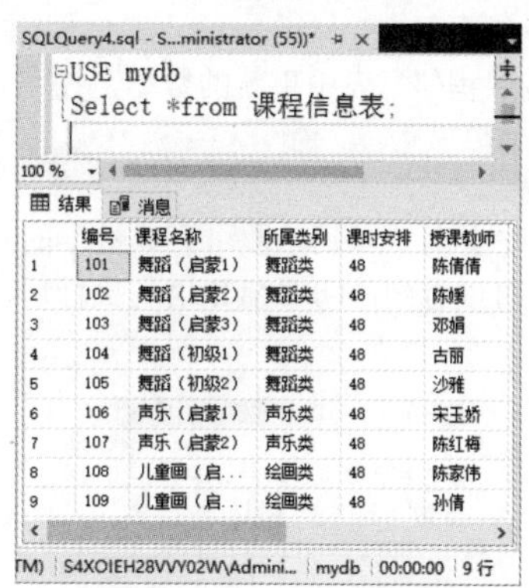

图 6-22　查询更新后的数据表

6.2.2　更新表中指定单行数据

通过设置条件，可以更新表中指定单行数据记录，下面给出一个实例。

实例 9：在课程信息表中，更新编号为 104 的记录，将“联系电话”字段值改为 567****，将“上课地点”字段值改为“B102 轻舞风扬”，在“查询编辑器”窗口中输入如下语句。

```
USE mydb
UPDATE 课程信息表
SET 联系电话='567****',上课地点='B102 轻舞风扬'
```

```
WHERE 编号=104;
```

单击“执行”按钮，即可完成数据的更新操作，并在“消息”窗格中显示“1 行受影响”的信息提示，如图 6-23 所示。

查询课程信息表中更新的数据，在“查询编辑器”窗口中输入如下语句。

```
USE mydb
SELECT * FROM 课程信息表 WHERE 编号=104;
```

单击“执行”按钮，即可完成数据的查看操作，并在“结果”窗格中显示查看结果，如图 6-24 所示。从结果中可以看到，UPDATE 语句执行后，课程信息表中编号为 104 的数据记录已经被更新。

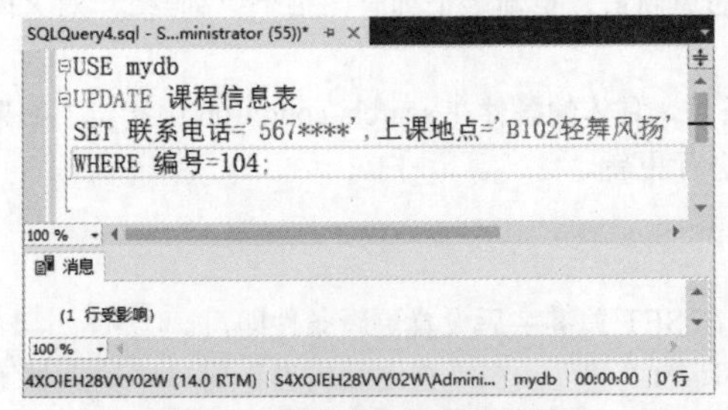

图 6-23 更新表中指定数据记录

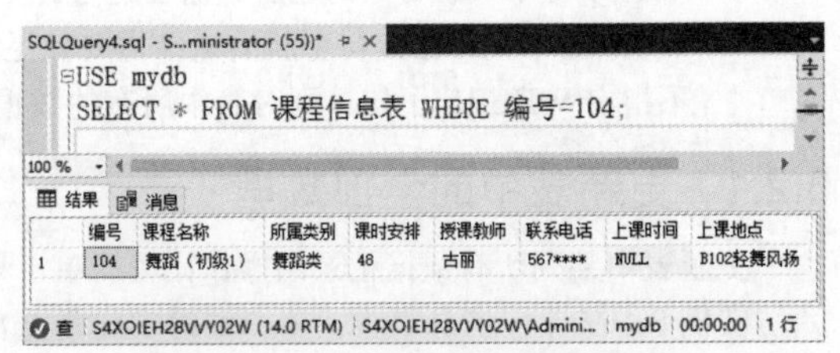

图 6-24 查询更新后的数据记录

6.2.3 更新表中指定多行数据

通过指定条件，可以同时更新表中指定多行数据记录，下面给出一个实例。

实例 10：在课程信息表中，更新编号字段值为 102 到 106 的记录，将“课时安排”字段值都更新为 36，在“查询编辑器”窗口中输入如下语句。

```
USE mydb
UPDATE 课程信息表
SET 课时安排=36
WHERE 编号 BETWEEN 102 AND 106;
```

单击“执行”按钮，即可完成数据的更新操作，并在“消息”窗格中显示“5 行受影响”的信息提示，如图 6-25 所示。

查询课程信息表中更新的数据，在“查询编辑器”窗口中输入如下语句。

```
USE mydb
SELECT * FROM 课程信息表 WHERE 编号 BETWEEN 102 AND 106;
```

单击“执行”按钮，即可完成数据的查看操作，并在“结果”窗格中显示查看结果，如图 6-26 所示。从结果中可以看到，UPDATE 语句执行后，课程信息表中符合条件的数据记录已全部被更新。

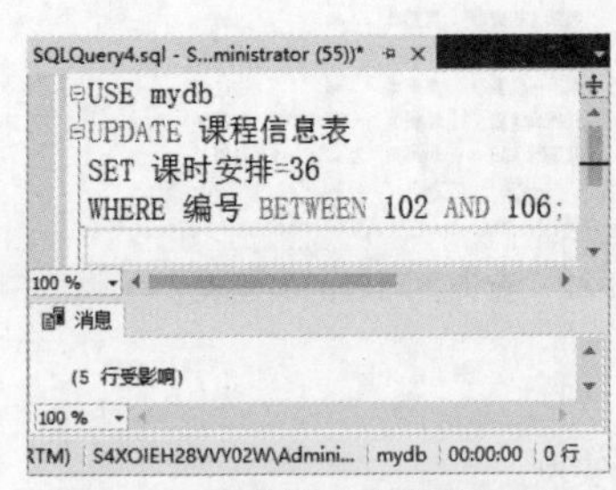

图 6-25 更新表中多行数据记录

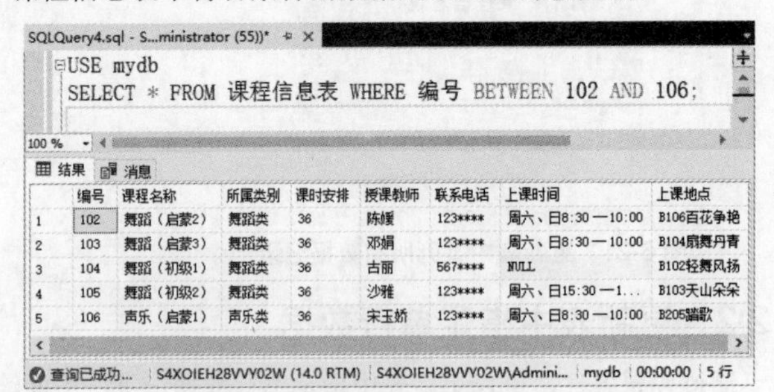

图 6-26 查询更新后的多行数据记录

6.2.4 更新表中前 N 条数据

如果用户想要更新满足条件的前 N 条数据记录，单单使用 UPDATE 语句是无法完成的，这时就需要添加 TOP 关键字了，具体的语法格式如下。

```
UPDATE TOP(n) table_name
SET column_name1 = value1,column_name2=value2,…,column_nameN=valueN
WHERE search_condition
```

其中，n 是指前几条记录，是一个整数。

实例 11：在课程信息表中，更新“所属类别”为“舞蹈类”的前 3 条记录，将“上课地点”更新为“B101 舞动青春”，在“查询编辑器”窗口中输入如下语句。

```
USE mydb
UPDATE TOP(3) 课程信息表
SET 上课地点='B101 舞动青春'
WHERE 所属类别='舞蹈类';
```

单击“执行”按钮，即可完成数据的更新操作，并在“消息”窗格中显示“3 行受影响”的信息提示，如图 6-27 所示。

查询课程信息表中更新的数据，在“查询编辑器”窗口中输入如下语句。

```
USE mydb
SELECT * FROM 课程信息表 WHERE 所属类别='舞蹈类';
```

单击“执行”按钮，即可完成数据的查看操作，并在“结果”窗格中显示查看结果，如图 6-28 所示。从结果中可以看到，UPDATE 语句执行后，“所属类别”字段值为“舞蹈类”的前 3 条记录的“上课地点”被更新为“B101 舞动青春”。

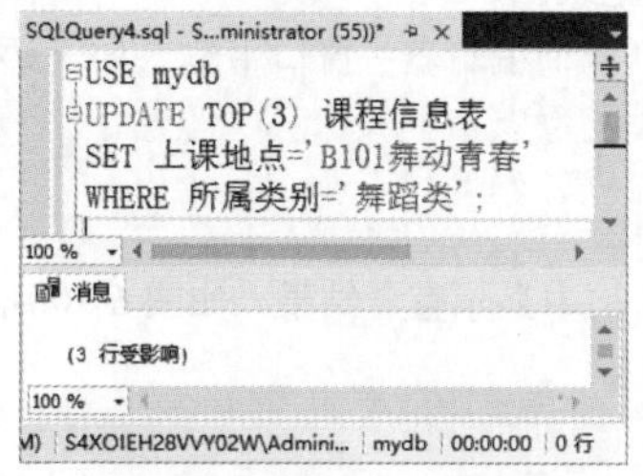

图 6-27　更新表中前 3 条数据记录

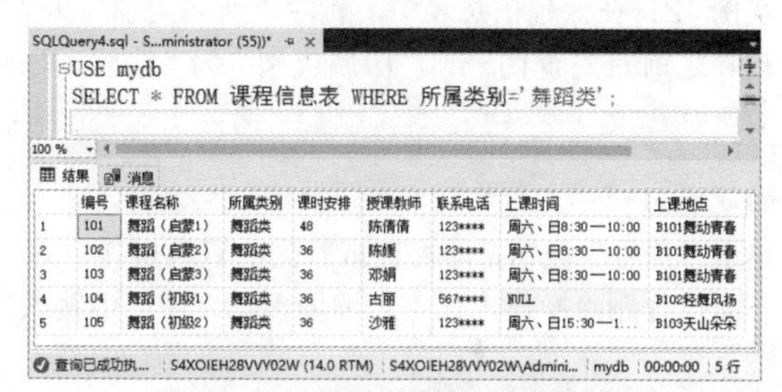

图 6-28　查询更新后的数据记录

6.2.5　以图形向导方式更新数据

数据添加完成后，如果某一数据符合用户要求，可以对这些数据进行更新，具体的更新方法很简单，只需要打开数据表的表编辑工作界面，然后直接在相应的单元格中对数据进行更新即可，例如更新课程信息表中“编号”为 104 数据记录“上课时间”字段值为“周六、日 9:00—10:30”，这时数据表的信息状态为“单元格已修改”，更新完成后，直接将光标移动到其他单元格中，就可以保存更新后的数据了，如图 6-29 所示。

编号	课程名称	所属类别	课时安排	授课...	联系电话	上课时间	上课地点
101	舞蹈（启蒙1）	舞蹈类	48	陈倩倩	123****	周六、日8:30—10:00	B101舞动青春
102	舞蹈（启蒙2）	舞蹈类	36	陈媛	123****	周六、日8:30—10:00	B101舞动青春
103	舞蹈（启蒙3）	舞蹈类	36	邓娟	123****	周六、日8:30—10:00	B101舞动青春
104	舞蹈（初级1）	舞蹈类	36	古丽	567****	周六、日9:00—10:30	B102轻舞风扬
105	舞蹈（初级2）	舞蹈类	36	沙雅	123****	周六、日15:30—17:00	B103天山朵朵
106	声乐（启蒙1）	声乐类	36	宋玉娇	123****	周六、日8:30—10:00	B205踏歌
107	声乐（启蒙2）	声乐类	48	陈红梅	123****	周六、日8:30—10:00	B204听声
108	儿童画（启蒙1...	绘画类	48	陈家伟	123****	周六8:30—10:00	A204水墨
109	儿童画（启蒙2...	绘画类	48	孙倩	123****	周日8:30—10:00	A202丹青
NU...	NULL	NULL	NULL	NULL	NULL	NULL	NULL

4 /9 单元格已修改。

图 6-29　更新数据表中的数据记录

微视频

6.3 删除数据表中的数据

如果数据表中的数据无用了，用户可以将其删除，需要注意的是，删除数据操作不容易恢复，因此需要谨慎操作。在删除数据表中的数据之前，如果不能确定这些数据以后是否还会有用，最好对其进行备份处理。

删除数据表中的数据使用 DELETE 语句，DELETE 语句允许 WHERE 子句指定删除条件，具体的语法格式如下。

```
DELETE FROM table_name
WHERE <condition>;
```

主要参数介绍如下。

- table_name：指定要执行删除操作的表。
- WHERE <condition>：为可选参数，指定删除条件。如果没有 WHERE 子句，DELETE 语句将删除表中的所有记录。

6.3.1 根据条件清除数据

当要删除数据表中部分数据时，需要指定删除记录的满足条件，即在 WHERE 子句后设置删除条件，下面给出一个实例。

实例 12：在课程信息表中，删除“所属类别”为“绘画类”的记录。

删除之前首先查询一下“所属类别”为“绘画类”的记录，在“查询编辑器”窗口中输入如下语句。

```
USE mydb
SELECT * FROM 课程信息表
WHERE 所属类别='绘画类';
```

单击“执行”按钮，即可完成数据的查看操作，并在“结果”窗格中显示查看结果，如图 6-30 所示。

下面执行删除操作，在“查询编辑器”窗口中输入如下语句。

```
USE mydb
DELETE FROM 课程信息表
WHERE 所属类别='绘画类';
```

单击“执行”按钮，即可完成数据的删除操作，并在“消息”窗格中显示“2 行受影响”的信息提示，如图 6-31 所示。

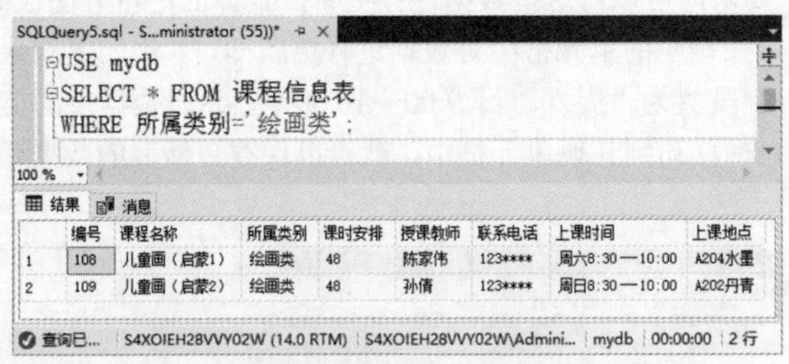

图 6-30 查询删除前的数据记录

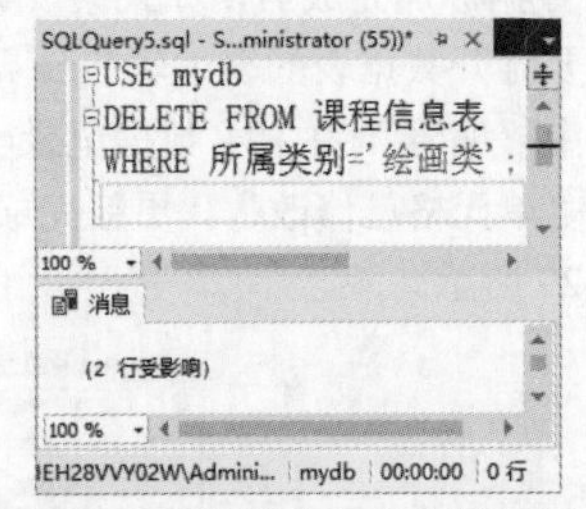

图 6-31 删除符合条件的数据记录

再次查询一下“所属类别”为“绘画类”的记录，在“查询编辑器”窗口中输入如下语句。

```
USE mydb
SELECT * FROM 课程信息表
WHERE 所属类别='绘画类';
```

单击“执行”按钮，即可完成数据的查看操作，并在“结果”窗格中显示查看结果，该结果表示为 0 行记录，说明数据已经被删除，如图 6-32 所示。

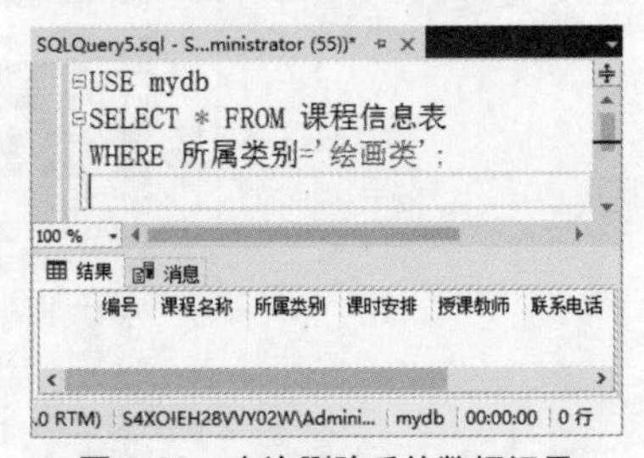

图 6-32 查询删除后的数据记录

6.3.2　删除前 N 条数据

使用 top 关键字可以删除符合条件的前 N 条数据记录，具体的语法格式如下。

```
DELETE TOP(n) FROM table_name
WHERE <condition>;
```

其中，n 是指前几条记录，是一个整数，下面给出一个实例。

实例 13：在课程信息表中，删除“所属类别”为“舞蹈类”的前 3 条记录。

删除之前，首先查询一下符合条件的记录，在“查询编辑器”窗口中输入如下语句。

```
USE mydb
SELECT * FROM 课程信息表
WHERE 所属类别='舞蹈类';
```

单击“执行”按钮，即可完成数据的查看操作，并在“结果”窗格中显示查看结果，如图 6-33 所示。

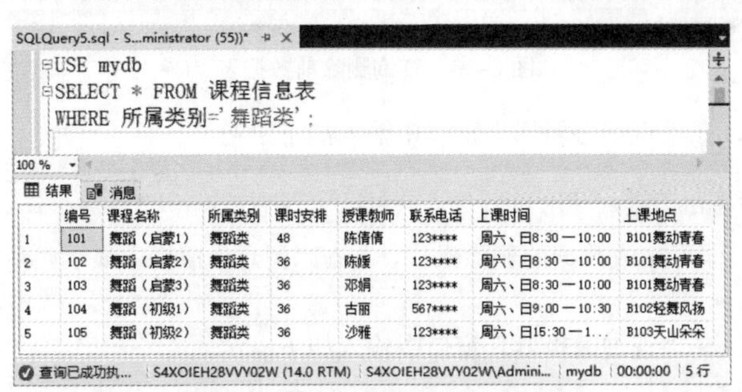

图 6-33　查询删除前的数据记录

下面执行删除操作，在“查询编辑器”窗口中输入如下语句。

```
USE mydb
DELETE TOP(3) FROM 课程信息表
WHERE 所属类别='舞蹈类';
```

单击“执行”按钮，即可完成数据的删除操作，并在“消息”窗格中显示“3 行受影响”的信息提示，如图 6-34 所示。

再次查询字段所属类别为“舞蹈类”的记录，在“查询编辑器”窗口中输入如下语句。

```
USE mydb
SELECT * FROM 课程信息表
WHERE 所属类别='舞蹈类';
```

单击“执行”按钮，即可完成数据的查看操作，并在“结果”窗格中显示查看结果，通过对比两次查询结果，符合条件的前 3 条记录已经被删除，只剩下 2 条数据记录，如图 6-35 所示。

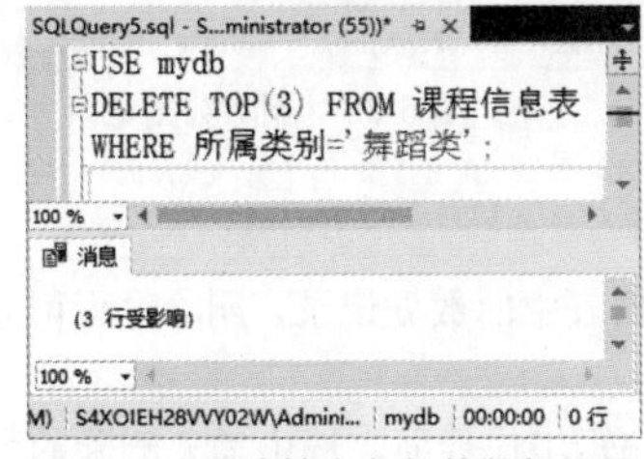

图 6-34　删除符合条件的数据记录

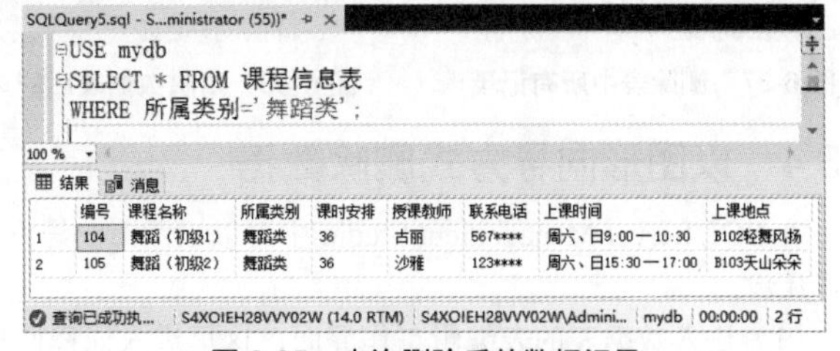

图 6-35　查询删除后的数据记录

6.3.3　清空表中的数据

删除表中的所有数据记录也就是清空表中所有数据，该操作非常简单，只需要抛掉 WHERE 子句就可以了。

实例 14：清空课程信息表中的所有记录，删除之前，首先查询一下数据记录，在“查询编辑器”窗口中输入如下语句。

```
USE mydb
SELECT * FROM 课程信息表;
```

单击“执行”按钮，即可完成数据的查看操作，并在“结果”窗格中显示查看结果，如图 6-36 所示。

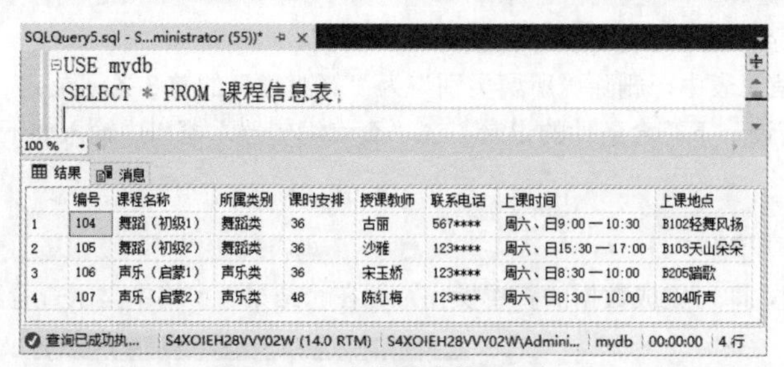

图 6-36　查询删除前数据表

下面执行删除操作，在“查询编辑器”窗口中输入如下语句。

```
USE mydb
DELETE FROM 课程信息表;
```

单击“执行”按钮，即可完成数据的删除操作，并在“消息”窗格中显示“4 行受影响”的信息提示，如图 6-37 所示。

再次查询数据记录，在“查询编辑器”窗口中输入如下语句。

```
USE mydb
SELECT * FROM 课程信息表;
```

单击“执行”按钮，即可完成数据的查看操作，并在“结果”窗格中显示查看结果，通过对比两次查询结果，可以得知数据表已经清空，删除表中所有记录成功，现在课程信息表中已经没有任何数据记录。如图 6-38 所示。

知识扩展：使用 TRUNCATE 语句也可以删除数据，具体的方法为：TRUNCATE TABLE table_name，其中，table_name 为要删除数据表的名称。使用 TRUNCATE 语句删除数据记录成功的提示为“命令已成功完成”，如图 6-39 所示。

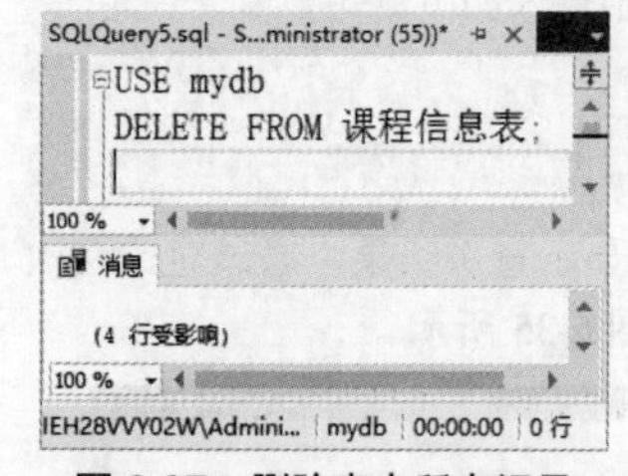

图 6-37　删除表中所有记录

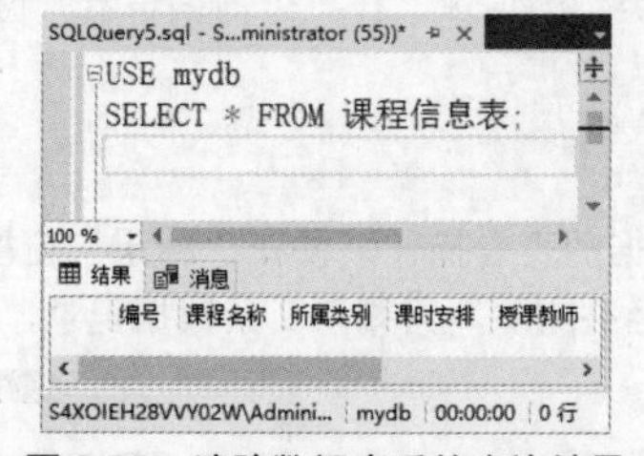

图 6-38　清除数据表后的查询结果

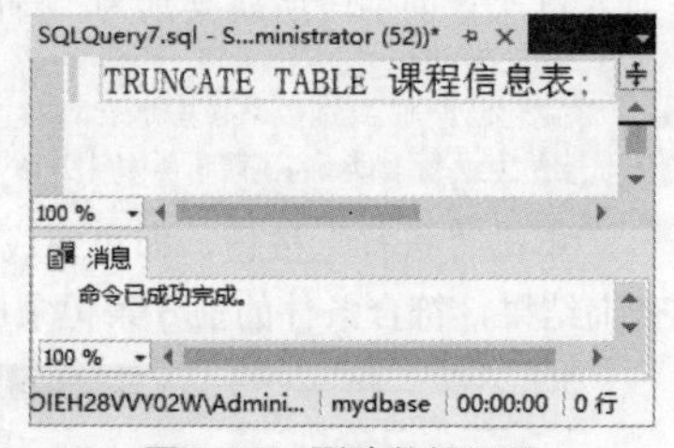

图 6-39　删除数据记录

6.3.4　以图形向导方式删除数据

在 SQL Server Management Studio 中可以以图形向导方式删除数据表中的数据记录，删除过程可分为如下几步：

（1）进入数据表的表编辑工作界面，这里进入课程信息表的表编辑工作界面，选中需要删除的数据记录，右击，在弹出的快捷菜单中选择“删除”命令，如图 6-40 所示。

（2）随即弹出一个警告信息提示框，提示用户是否删除这一行记录，如图 6-41 所示。

（3）单击“是”按钮，即可将选中的数据记录永久地删除，如图 6-42 所示。

（4）如果想要一次删除多行记录，可以在按住 Shift 或 Ctrl 键的同时选中多行记录，然后右击，在弹出的快捷菜单中选择“删除”命令即可，如图 6-43 所示。

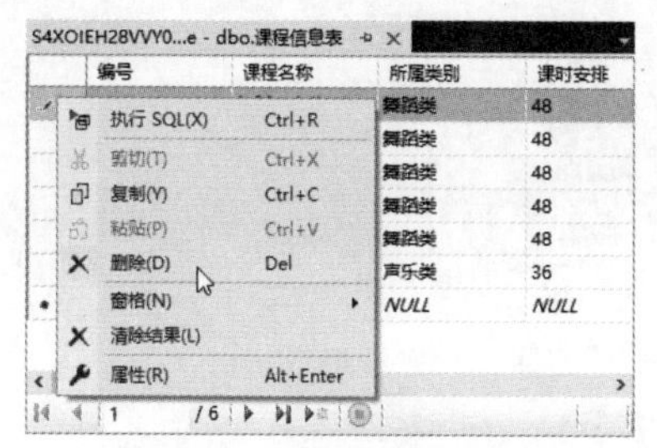

图 6-40　选择“删除”命令

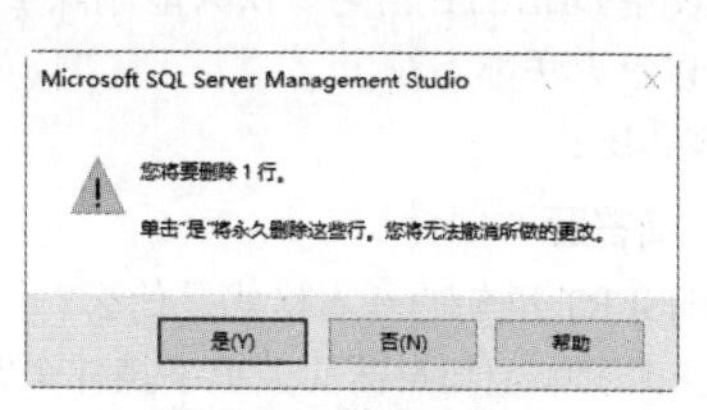

图 6-41　警告信息框

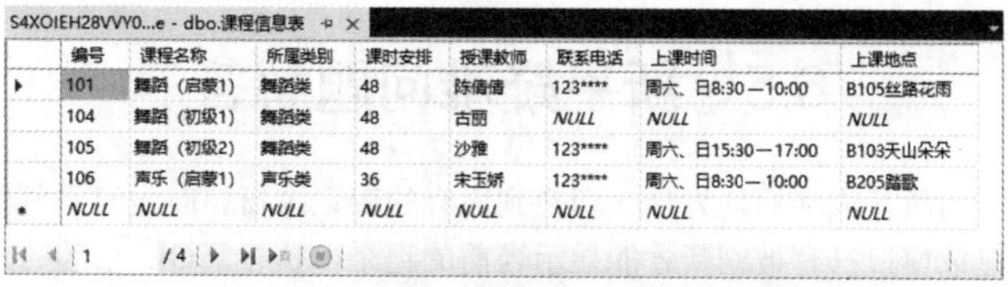

S4XOIEH28VVY0...e - dbo.课程信息表

	编号	课程名称	所属类别	课时安排	授课教师	联系电话	上课时间	上课地点
▶	101	舞蹈（启蒙1）	舞蹈类	48	陈倩倩	123****	周六、日8:30—10:00	B105丝路花雨
	104	舞蹈（初级1）	舞蹈类	48	古丽	NULL	NULL	NULL
	105	舞蹈（初级2）	舞蹈类	48	沙雅	123****	周六、日15:30—17:00	B103天山朵朵
	106	声乐（启蒙1）	声乐类	36	宋玉娇	123****	周六、日8:30—10:00	B205踏歌
*	NULL	NULL	NULL	NULL	NULL	NULL	NULL	NULL

1　/4

图 6-42　删除数据表的第 1 条数据记录

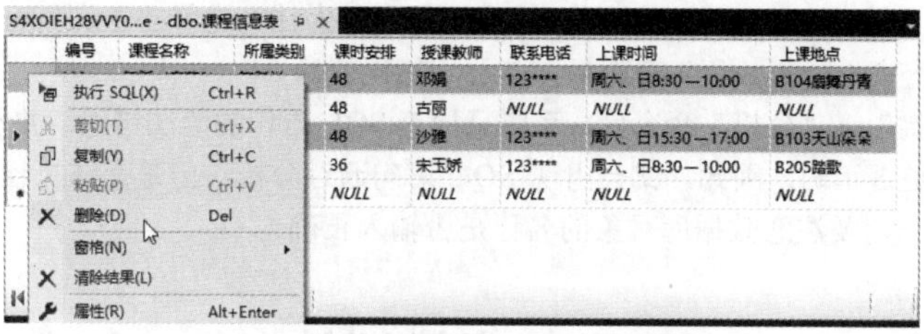

S4XOIEH28VVY0...e - dbo.课程信息表

	编号	课程名称	所属类别	课时安排	授课教师	联系电话	上课时间	上课地点
				48	邓娟	123****	周六、日8:30—10:00	B104扇舞丹青
				48	古丽	NULL	NULL	NULL
▶				48	沙雅	123****	周六、日15:30—17:00	B103天山朵朵
				36	宋玉娇	123****	周六、日8:30—10:00	B205踏歌
*				NULL	NULL	NULL	NULL	NULL

执行 SQL(X)　Ctrl+R
剪切(T)　Ctrl+X
复制(Y)　Ctrl+C
粘贴(P)　Ctrl+V
删除(D)　Del
窗格(N)
清除结果(L)
属性(R)　Alt+Enter

图 6-43　同时删除多条数据记录

6.4　课后习题与练习

一、填充题

1. 向表中添加数据记录的关键字是______。

答案：INSERT

2. 修改表中数据的关键字是________。

答案：UPDATE

3. 删除表中数据的关键字是________。

答案：DELETE

二、选择题

1. 下面关于向数据表中添加数据描述正确的是______。

A. 可以一次向表中的所有字段添加数据　　B. 可以根据条件向表中的字段添加数据

C. 可以一次性向表中添加多条数据记录　　D. 以上说法都对

答案：D

2. 下面关于修改表中数据描述正确的是______。

A. 一次只能修改表中的一条数据　　B. 一次可以指定修改前 N 条数据

C. 不能修改表中为主键的字段　　D. 以上说法都不对

答案：B

3. 下面关于删除表中数据描述正确的是______。

A. 使用 DELETE 语句只能删除表中全部数据

B. 使用 DELETE 语句可以删除表中 1 条或多条数据

C. 使用 DELETE 语句一次只能删除 1 条数据

D. 以上说法都不对

答案：B

三、简答题

1. INSERT 语句的基本格式是什么？
2. 修改表中全部数据的关键字是什么？
3. 删除表中前 N 条记录，需要添加的关键字是什么？

6.5 新手疑难问题解答

疑问 1：T-SQL 语句执行成功后，为什么切换到原有的表记录窗口时没有看到变化？

解答：原有的表记录窗口只有被刷新才能显示当前的记录，执行 SQL 语句的方法是在 SQL Server Management Studio 工作界面中，选择“查询”→“执行”命令或者单击工具栏上的“执行”按钮。

疑问 2：在 SQL Server Management Studio 工作界面中，为什么选择“查询”→“分析”命令后系统没有报错，而选择“查询”→“执行”命令后，却显示错误信息？

解答：选择“查询”→“分析”命令后，系统只检查 SQL 语句的语法错误，并不检查 SQL 语句中数据库各个对象的名称是否正确，因此，就会出现 SQL 语句通过分析，但是无法执行的问题，所以在输入 SQL 语句的过程中，一定要注意数据库对象的名称是否输入正确。

6.6 实战训练

在创建好的图书管理数据库 Library 中，包含了读者表 Reader、读者分类表 Readertype、图书信息表 Book、图书分类表 Booktype 和借阅记录表 Record。

下面对这些表进行插入、更新与删除数据记录，具体实训内容如下：

（1）录入读者表 Reader、读者分类表 Readertype、图书信息表 Book、图书分类表 Booktype 和借阅记录表 Record 的数据记录。其中，读者分类表 Readertype 的数据记录如表 6-7 所示，图书分类表 Booktype 的数据记录如表 6-8 所示，读者表 Reader 的数据记录如表 6-9 所示，图书信息表 Book 的数据记录如表 6-10 所示，借阅记录表 Record 的数据记录如表 6-11 所示。

（2）在图书信息表中插入一条记录，图书编号为“141810”，图书名称为“好妈妈胜过好老师”，类型为 3，作者为“伊建莉”，价格为 39，入库日期为“2019-1-5”，状态为“可借”。

（3）将所有女性读者记录插入新建 FemaleReader 表中，该表结构与读者表相同。

（4）将所有价格大于 100 的图书的状态修改为“不可借”。

（5）将所有教育类的图书的状态修改为“不可借”。

（6）删除第 2 项添加的图书记录。

（7）删除读者表中无效的数据记录。

（8）清空 FemaleReader 表中的所有数据记录。

表 6-7　读者分类表 Readertype

Typeid	Typename	Booksum	Bookday
1	普通	10	60
2	VIP	20	90

表 6-8　图书分类表 Booktype

Typeid	Typename
1	文学
2	生活
3	教育
4	经济
5	技术

表 6-9　读者表 Reader

Readerid	Readername	Typeid	Birthday	Sex	Address	Tel	Enrolldate	State	Memo
1001	小明	1	2000-1-8	男	南京市	**	2018-1-2	无效	
1002	小花	1	1989-1-2	女	北京市	**	2018-10-1	有效	
1003	小琪	2	1990-10-1	女	北京市	**	2017-5-3	无效	
1004	小米	2	1992-2-3	女	上海市	**	2019-5-4	有效	
1005	小光	1	1997-5-3	男	上海市	**	2018-12-2	有效	
1006	小华	1	1998-6-7	男	武汉市	**	2019-5-1	有效	
1007	小伟	2	2001-5-1	男	郑州市	**	2019-5-7	有效	
1008	小玲	1	2002-5-7	女	郑州市	**	2019-6-5	有效	
1009	小敏	2	2000-9-5	女	天津市	**	2018-7-1	有效	
1010	小品	1	1997-5-9	女	天津市	**	2018-5-1	有效	

注意：这里只是演示，联系方式用**替代。

表 6-10　图书信息表 Book

Bookid	Bookname	Typeid	Author	Price	Regdate	State
141801	苏菲的世界	1	乔斯坦・贾德	38	2017-10-10	可借
141802	平凡的世界	1	路遥	108	2017-05-01	借出
141803	回家做面包	2	爱和自由	59	2019-04-01	借出
141804	精选家常菜大全	2	悦然生活	39	2019-06-01	可借
141805	爱的教育	3	亚米契斯	14.8	2012-07-5	可借
141806	自卑与超越	3	阿尔弗雷德.阿德勒	39.8	2017-01-10	借出
141807	经济学原理	4	曼昆	59	2015-05-01	可借
141808	MySQL 经典实例	5	Paul，DuBois	148	2019-05-10	可借
141809	MySQL 技术内幕	5	保罗・迪布瓦	139	2015-07-6	可借

表 6-11　借阅记录表 Record

Recordid	Readerid	Bookid	Outdate	Indate	State
1	1002	141801	2018-12-5	2019-1-4	已还
2	1008	141801	2019-7-1		借出
3	1004	141803	2019-6-1		借出
4	1005	141807	2019-2-1	2019-3-1	已还
5	1009	141802	2019-7-2		借出
6	1010	141808	2019-1-2	2019-2-2	已还
7	1007	141805	2019-6-5		借出
8	1006	141808	2019-6-5		借出
9	1008	141808	2019-7-5		借出
10	1005	141804	2019-7-25		借出

第7章

数据的简单查询

本章内容提要

将数据录入数据库的目的是为了查询方便，在 SQL Server 中，查询数据可以通过 SELECT 语句来实现，通过设置不同的查询条件，可以根据需要对查询数据进行筛选，从而返回需要的数据信息。本章介绍数据的简单查询，主要内容包括简单查询、使用 WHERE 子句进行条件查询、使用聚合函数进行统计查询等。

7.1 认识 SELECT 语句

SQL Server 从数据表中查询数据的基本语句为 SELECT 语句，SELECT 语句的基本格式如下。

```
SELECT {ALL | DISTINCT} select_list
[TOP n [PERCENT]]
[INTO table_name]
FROM table_name
{WHERE 条件}
{GROUP BY 分组条件}
{HAVING 分组条件}
{ORDER BY 排序字段 ASC|DESC }
```

主要参数介绍如下。

- DISTINCT：去掉记录中的重复值，在有多列的查询语句中，可使多列组合后的结果唯一。
- TOP n [PERCENT]：表示只取前面的 n 条记录。如果指定 PERCENT，则表示取表中前面的 n%行。
- INTO<表名>：表示是将查询结果插入到另一个表中。
- FROM 表 1 别名 1，表 2 别名 2：FROM 关键字后面指定查询数据的来源，可以是表、视图。
- WHERE 子句是可选项，如果选择该项，[查询条件]将限定查询行必须满足的查询条件；查询中尽量使用有索引的列以加速数据检索的速度。
- GROUP BY <字段>：该子句告诉 SQL Server 如何显示查询出来的数据，并按照指定的字段分组。
- HAVING：指定分组后的数据查询条件。
- ORDER BY <字段 >：该子句告诉 SQL Server 按什么样的顺序显示查询出来的数据，可以进行的排序有：升序（ASC）、降序（DESC）。

7.2 数据的简单查询

一般来讲，简单查询是指对一张表的查询操作，使用的关键字是 SELECT。相信读者对该关键字并不陌生，但是要想真正使用好查询语句，并不是一件很容易的事情，本节就来介绍简单查询数据的方法。

7.2.1　查询表中所有数据

SELECT 查询记录最简单的形式是从一个表中检索所有记录，实现的方法是使用星号（*）通配符指定查找所有的列，具体的语法格式如下。

```
SELECT * FROM 表名;
```

为演示数据的查询操作，在数据库 School 中创建学生信息表（student 表）、成绩表（score 表）、课程表（course 表）、教师表（teacher 表），具体的表结构如图 7-1～图 7-4 所示。

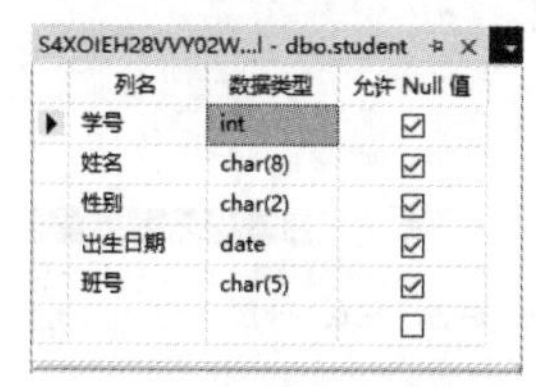

列名	数据类型	允许 Null 值
学号	int	☑
姓名	char(8)	☑
性别	char(2)	☑
出生日期	date	☑
班号	char(5)	☑

图 7-1　student 表结构

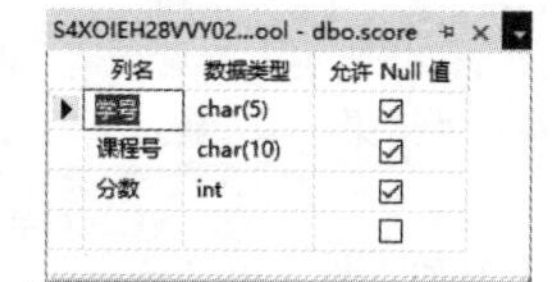

列名	数据类型	允许 Null 值
学号	char(5)	☑
课程号	char(10)	☑
分数	int	☑

图 7-2　score 表结构

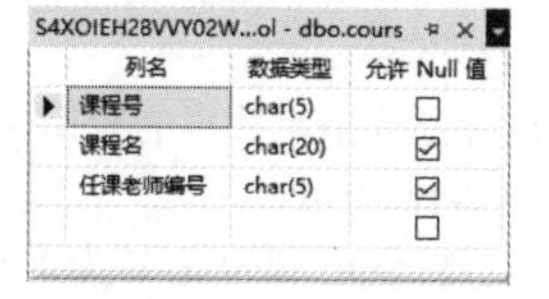

列名	数据类型	允许 Null 值
课程号	char(5)	☐
课程名	char(20)	☑
任课老师编号	char(5)	☑

图 7-3　course 表结构

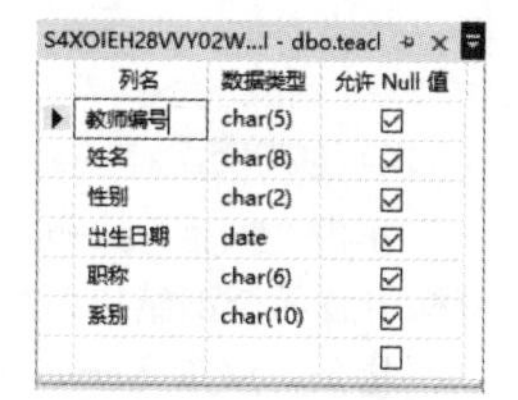

列名	数据类型	允许 Null 值
教师编号	char(5)	☑
姓名	char(8)	☑
性别	char(2)	☑
出生日期	date	☑
职称	char(6)	☑
系别	char(10)	☑

图 7-4　teacher 表结构

创建好数据表后，下面分别向这四张表中输入表数据。如图 7-5 所示为 student 表数据记录、如图 7-6 所示为 score 表数据记录、如图 7-7 所示为 course 表数据记录、如图 7-8 所示为 teacher 表数据记录。

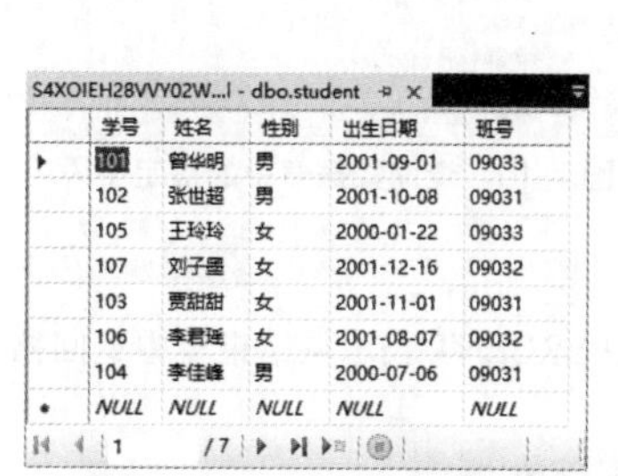

学号	姓名	性别	出生日期	班号
101	曾华明	男	2001-09-01	09033
102	张世超	男	2001-10-08	09031
105	王玲玲	女	2000-01-22	09033
107	刘子墨	女	2001-12-16	09032
103	贾甜甜	女	2001-11-01	09031
106	李君瑶	女	2001-08-07	09032
104	李佳峰	男	2000-07-06	09031
NULL	NULL	NULL	NULL	NULL

图 7-5　student 表数据记录

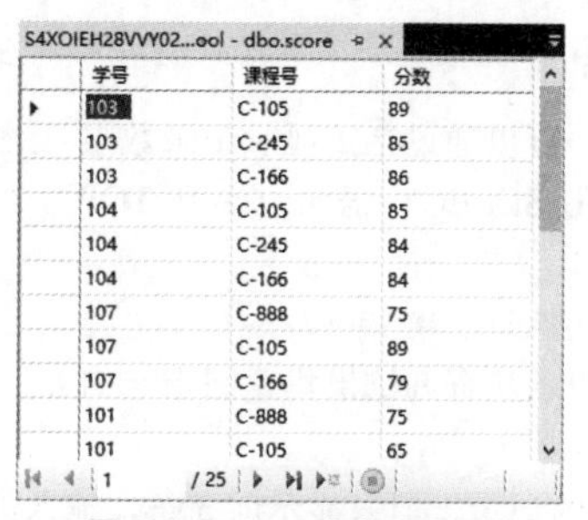

学号	课程号	分数
103	C-105	89
103	C-245	85
103	C-166	86
104	C-105	85
104	C-245	84
104	C-166	84
107	C-888	75
107	C-105	89
107	C-166	79
101	C-888	75
101	C-105	65

图 7-6　score 表数据记录

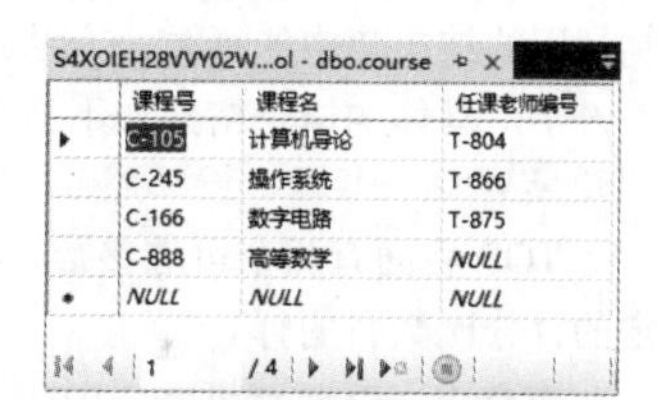

课程号	课程名	任课老师编号
C-105	计算机导论	T-804
C-245	操作系统	T-866
C-166	数字电路	T-875
C-888	高等数学	NULL
NULL	NULL	NULL

图 7-7　course 表数据记录

实例 1：从 student 表中查询所有字段数据记录，打开“查询编辑器”窗口，在其中输入查询数据记录的语句。

```
USE School
SELECT * FROM student;
```

单击“执行”按钮，即可完成数据的查询，并在“结果”窗格中显示查询结果，如图 7-9 所示。从结果中可以看到，使用星号（*）通配符时，将返回所有数据记录，数据记录按照定义表的时候的顺序显示。

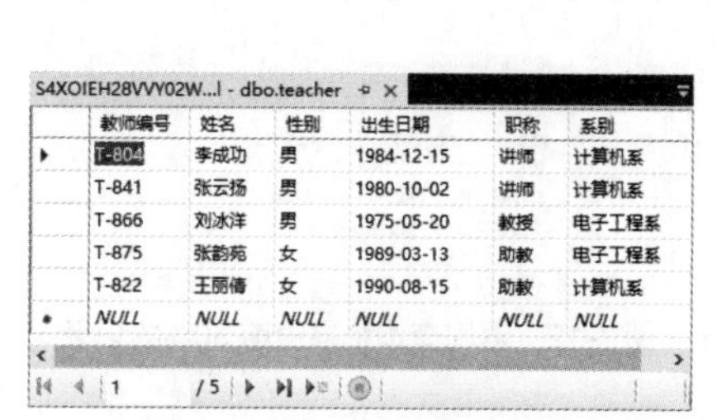

教师编号	姓名	性别	出生日期	职称	系别
T-804	李成功	男	1984-12-15	讲师	计算机系
T-841	张云扬	男	1980-10-02	讲师	计算机系
T-866	刘冰洋	男	1975-05-20	教授	电子工程系
T-875	张韵苑	女	1989-03-13	助教	电子工程系
T-822	王丽倩	女	1990-08-15	助教	计算机系
NULL	NULL	NULL	NULL	NULL	NULL

图 7-8　teacher 表数据记录

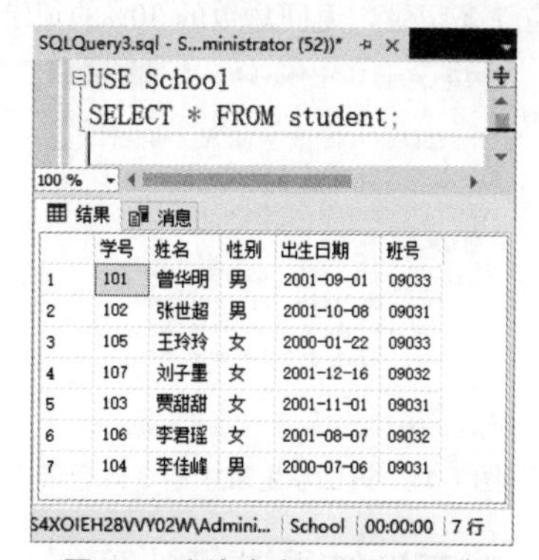

	学号	姓名	性别	出生日期	班号
1	101	曾华明	男	2001-09-01	09033
2	102	张世超	男	2001-10-08	09031
3	105	王玲玲	女	2000-01-22	09033
4	107	刘子墨	女	2001-12-16	09032
5	103	贾甜甜	女	2001-11-01	09031
6	106	李君瑶	女	2001-08-07	09032
7	104	李佳峰	男	2000-07-06	09031

图 7-9　查询表中所有数据记录

7.2.2 查询表中想要的数据

使用 SELECT 语句，可以获取多个字段下的数据，只需要在关键字 SELECT 后面指定要查找的字段的名称，不同字段名称之间用逗号（，）分隔开，最后一个字段后面不需要加逗号，使用这种查询方式可以获得有针对性的查询结果，具体的语法格式如下。

```
SELECT 字段名 1,字段名 2,…,字段名 n  FROM 表名;
```

实例 2：从 student 表中获取学号、姓名和性别，打开“查询编辑器”窗口，在其中输入查询指定数据记录的语句。

```
USE School
SELECT 学号,姓名, 性别 FROM student;
```

单击“执行”按钮，即可完成指定数据的查询，并在“结果”窗格中显示查询结果，如图 7-10 所示。

提示：SQL Server 中的 T-SQL 语句是不区分大小写的，因此 SELECT 和 select 作用是相同的，但是，许多开发人员习惯将关键字使用大写，而数据列和表名使用小写，读者也应该养成一个良好的编程习惯，这样写出来的代码更容易阅读和维护。

图 7-10　查询数据表中的指定字段

7.2.3 使用 TOP 查询数据

当数据表中包含大量的数据时，可以通过指定显示记录数限制返回的结果集中的行数，方法是在 SELECT 语句中使用 TOP 关键字，具体的语法格式如下。

```
SELECT TOP [n | PERCENT] FROM table_name;
```

TOP 后面有两个可选参数，n 表示从查询结果集返回指定的 n 行，PERCENT 表示从结果集中返回指定的百分比数目的行。

实例 3：查询 student 表中所有的记录，但只显示前 3 条，输入如下语句。

```
USE School
SELECT TOP 3 * FROM student;
```

单击“执行”按钮，即可完成指定数据的查询，并在“结果”窗格中显示查询结果，如图 7-11 所示。

实例 4：从 student 表中选取前 30%的数据记录，输入如下语句。

```
USE School
SELECT TOP 30 PERCENT * FROM student;
```

单击“执行”按钮，即可完成指定数据的查询，并在“结果”窗格中显示查询结果，学生表 student 中一共有 7 条记录，返回总数的 30%的记录，即表中前 3 条记录，如图 7-12 所示。

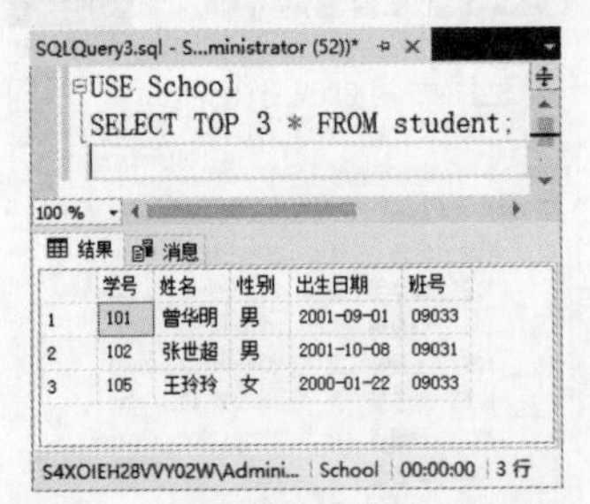

图 7-11　返回学生表中前 3 条记录

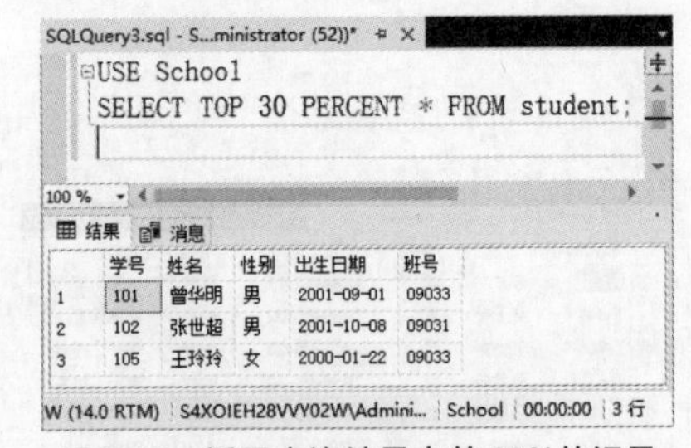

图 7-12　返回查询结果中前 30%的记录

7.2.4 对查询结果进行计算

在 SELECT 查询结果中，可以根据需要使用算术运算符或者逻辑运算符，对查询的结果进行处理。

实例 5：查询 score 表中所有学生的学号、考试分数，并对分数加 1 之后输出查询结果。

```
    USE School
    SELECT 学号,课程号,分数 原来的分数,分数+1
加 1 后的分数值
    FROM score;
```

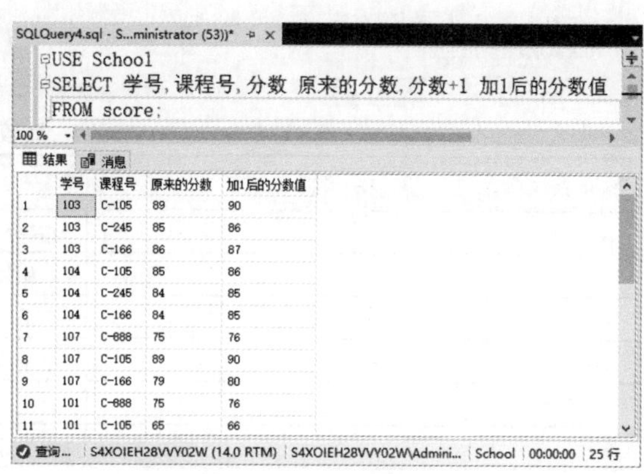

图 7-13　查询列表达式

单击“执行”按钮，即可完成数据的查询，并在“结果”窗格中显示查询结果，如图 7-13 所示。

7.2.5　为结果列使用别名

当显示查询结果时，选择的列通常是以原表中的列名作为标题，这些列名在建表时，出于节省空间的考虑，通常比较短，含义也模糊。为了改变查询结果中显示的列表，可以在 SELECT 语句的列名后使用“AS 标题名”，这样，在显示时便以该标题名来显示新的列名。

实例 6：查询 student 表中所有的记录，并重命名列名，输入如下语句。

```
    USE School
    SELECT 学号 AS 'SNO', 姓名 AS 'SNAME', 性别 AS
'SEX', 班号 AS 'CLASS',FROM student;
```

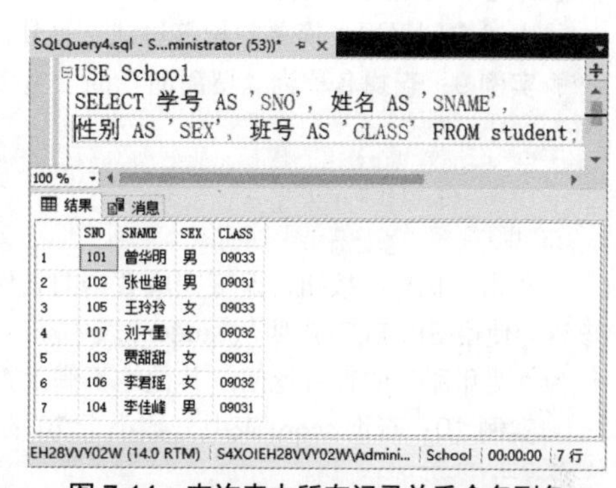

图 7-14　查询表中所有记录并重命名列名

单击“执行”按钮，即可完成指定数据的查询，并在“结果”窗格中显示查询结果，如图 7-14 所示。

7.2.6　在查询时去除重复项

使用 DISTINCT 选项可以在查询结果中避免重复项。

实例 7：查询 teacher 表中教师所在的系别，并去除重复项，输入如下语句。

```
    USE School
    SELECT DISTINCT 系别 FROM teacher;
```

单击“执行”按钮，即可完成指定数据的查询，并在“结果”窗格中显示查询结果，如图 7-15 所示。

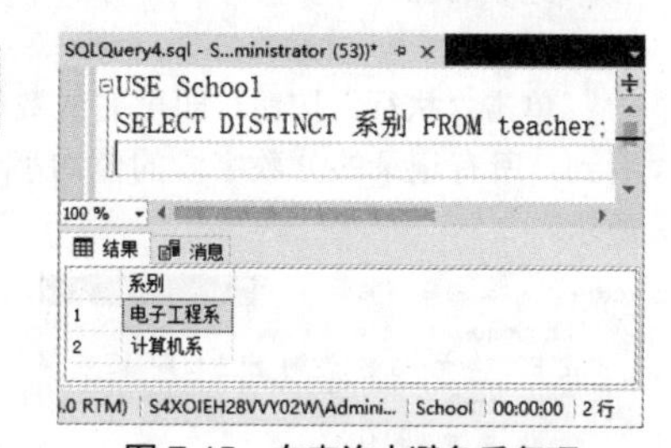

图 7-15　在查询中避免重复项

7.3　使用 WHERE 子句进行选择查询

WHERE 子句用于给定源表和视图中记录的筛选条件，只有符合筛选条件的记录才能为结果集提供数据，否则将不入选结果集。WHERE 子句中的筛选条件由一个或多个条件表达式组成。

微视频

7.3.1　条件表达式的数据查询

SQL Server 在条件表达式中使用比较运算符如表所示。比较字符串数据时，字符的逻辑顺序由字符数据的排序规则来定义。系统将从两个字符串的第一个字符自左至右进行对比，直到对比出两个字符串的大小。

实例 8：查询 student 表中班号为 09031 的学生信息，语句如下。

```
    USE School
```

```
SELECT 学号,姓名,性别,出生日期,班号
FROM student
WHERE 班号=09031;
```

表 7-1 比较运算符表

操 作 符	说 明
=	相等
<>	不相等
<	小于
<=	小于或者等于
>	大于
>=	大于或者等于

单击“执行”按钮，即可完成数据的条件查询，并在“结果”窗格中显示查询结果，该语句使用 SELECT 声明从 student 表中获取班号等于 09031 的学生信息，从结果中可以看到，班号为 09031 的学生有三位，其他的均不满足查询条件，查询结果如图 7-16 所示。

上述实例采用了简单的相等过滤。另外，相等判断还可以用来比较字符串。

实例 9：查找名称为“贾甜甜”的学生信息，语句如下。

```
USE School
SELECT 学号,姓名,性别,出生日期,班号
FROM student
WHERE 姓名= '贾甜甜';
```

单击“执行”按钮，即可完成数据的条件查询，并在“结果”窗格中显示查询结果，如图 7-17 所示。该语句使用 SELECT 声明从 student 表中获取名称为“贾甜甜”的学生信息，从结果中可以看到，只有名称为“贾甜甜”的行被返回，其他均不满足查询条件。

实例 10：查询 score 表中分数小于 70 的所有数据记录，语句如下。

```
USE School
SELECT *
FROM score
WHERE 分数<70;
```

单击“执行”按钮，即可完成数据的条件查询，并在“结果”窗格中显示查询结果，从结果中可以看到，所有记录的分数字段的值均小于 70，而大于或等于 70 的记录没有被返回，查询结果如图 7-18 所示。

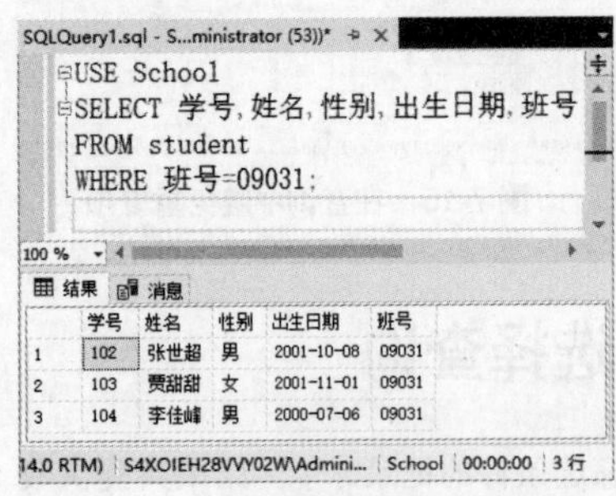

图 7-16 使用相等运算符对数值判断

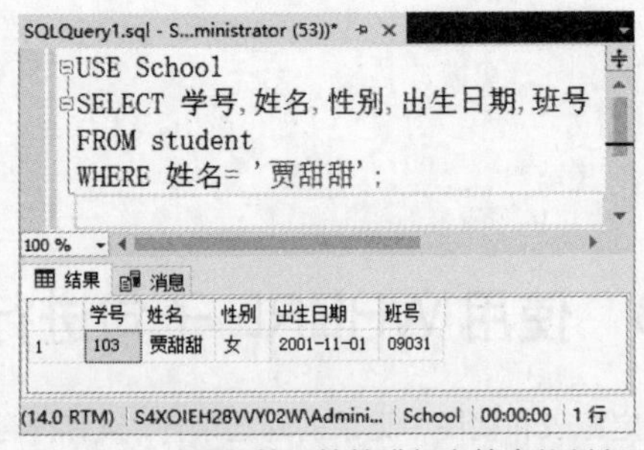

图 7-17 使用相等运算符进行字符串值判断

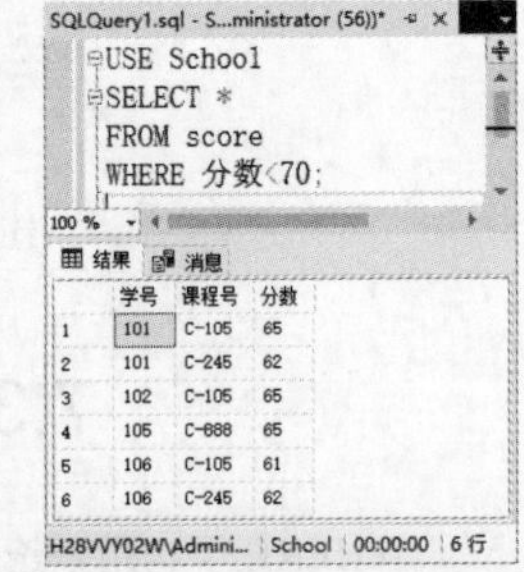

图 7-18 使用小于运算符进行查询

7.3.2 范围条件的数据查询

使用 BETWEEN AND 可以进行范围查询，该运算符需要两个参数，即范围的开始值和结束值，如果记录的字段值满足指定的范围查询条件，则这些记录被返回。

实例 11：查询 score 表分数在 70 到 80 之间的数据记录，语句如下。

```
USE School
SELECT *
FROM score
WHERE 分数 BETWEEN 70 AND 80;
```

单击“执行”按钮，即可完成数据的条件查询，并在“结果”窗格中显示查询结果，从结果中可以看到，返回结果包含了分数从 70 到 80 之间的字段值，并且端点值 80 也包括在返回结果中，即 BETWEEN 匹配范围中所有值，包括开始值和结束值，如图 7-19 所示。

BETWEEN AND 运算符前可以加关键字 NOT，表示指定范围之外的值，如果字段值不满足指定范围内的值，则这些记录被返回。

实例 12：查询 score 表分数不在 70 到 80 之间的数据记录，语句如下。

```
USE School
SELECT *
FROM score
WHERE 分数 NOT BETWEEN 70 AND. 80;
```

单击“执行”按钮，即可完成数据的条件查询，并在“结果”窗格中显示查询结果，从结果中可以看到，返回的记录只有分数字段大于 80 的，而分数字段小于 70 的记录也满足查询条件。因此如果表中有分数字段小于 70 的记录，也应当作为查询结果，如图 7-20 所示。

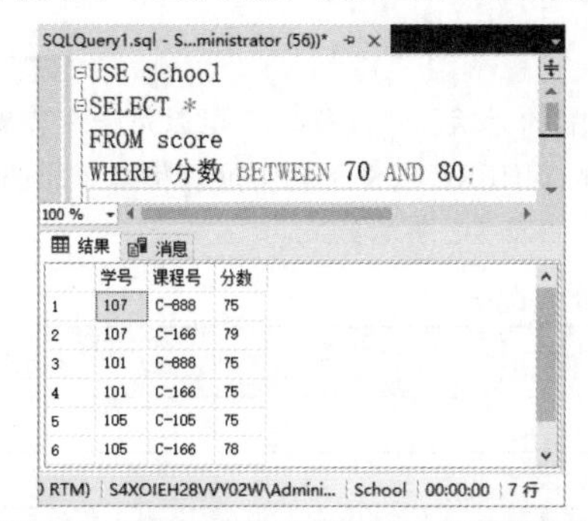

图 7-19 使用 BETWEEN AND 运算符查询

图 7-20 使用 NOT BETWEEN AND 运算符查询

7.3.3 列表条件的数据查询

IN 关键字用来查询满足指定条件范围内的记录，使用 IN 关键字时，将所有检索条件用括号括起来，检索条件用逗号分隔开，只要满足条件范围内的一个值即为匹配项。

实例 13：查询学号为 101 和 102 的学生数据记录，语句如下。

```
USE School
SELECT *
FROM student
WHERE 学号 IN (101,102);
```

单击“执行”按钮，即可完成数据的条件查询，并在“结果”窗格中显示查询结果，执行结果如图 7-21 所示。

相反的，可以使用关键字 NOT 来检索不在条件范围内的记录。

实例 14：查询所有学号不等于 101 也不等于 102 的学生数据记录，语句如下。

```
USE School
SELECT 学号,姓名,性别,出生日期,班号
FROM student
WHERE 学号 NOT IN (101,102);
```

单击“执行”按钮，即可完成数据的条件查询，并在“结果”窗格中显示查询结果，如图 7-22 所示。从结果中可以看到，该语句在 IN 关键字前面加上了 NOT 关键字，这使得查询的结果与上述实例的结果正好相反，前面检索了学号等于 101 和 102 的记录，而这里所要求查询的记录中的学号字段值不等于这两个值中的任一个。

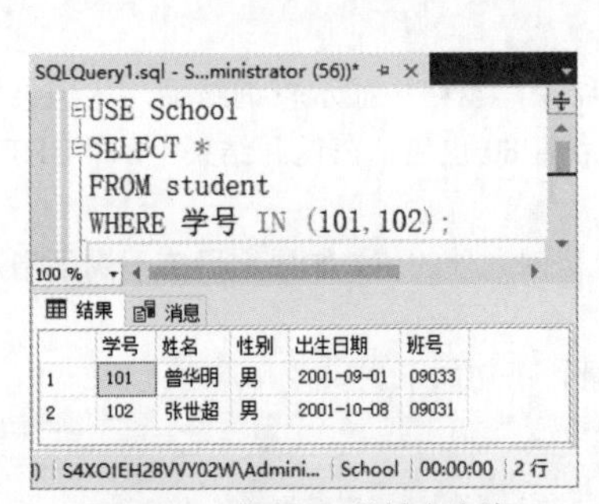

图 7-21 使用 IN 关键字查询

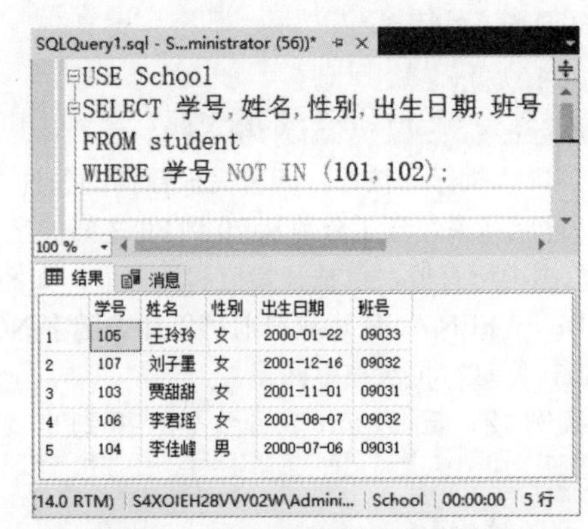

图 7-22 使用 NOT IN 运算符查询

7.3.4 使用 LIKE 模糊查询

利用字符串的匹配运算可以进行模糊查询，使用的关键字是 LIKE，LIKE 关键字可以用来进行字符串的匹配运算，其一般语法格式如下。

```
[NOT] LIKE '匹配串' [ESCAPE '匹配串']
```

该语句的含义是查找指定的属性列值与“匹配串”相匹配的元组。“匹配串”可以是一个完整的字符串，也可以含有通配符%和-。其中，通配符是一种在 SQL 的 WHERE 条件子句中拥有特殊意思的字符，SQL 语句中支持多种通配符，可以和 LIKE 一起使用的通配符如表 7-2 所示。

表 7-2 LIKE 关键字中使用的通配符

通 配 符	说 明
%	包含零个或多个字符的任意字符串
_	任何单个字符
[]	指定范围（[a-f]）或集合（[abcdef]）中的任何单个字符
[^]	不属于指定范围（[a-f]）或集合（[abcdef]）的任何单个字符

1. 百分号通配符“%”，匹配任意长度的字符，甚至包括零字符

实例 15：查找 student 表中所有姓李的学生信息，语句如下。

```
USE School
SELECT 学号,姓名,性别,出生日期,班号
FROM student
WHERE 姓名 LIKE '李%';
```

单击“执行”按钮，即可完成数据的条件查询，并在“结果”窗格中显示查询结果，如图 7-23 所示。该语句查询的结果返回所有姓李的学生信息，'%'告诉 SQL Server，返回所有姓名字段以'李'开头的记录，不管'李'后面有多少个字符。

在搜索匹配时，通配符“%”可以放在不同位置。

实例 16：在 course 表中，查询课程名称中包含字符'数'的记录，语句如下。

```
USE School
SELECT *
FROM course
WHERE 课程名 LIKE '%数%';
```

单击“执行”按钮，即可完成数据的条件查询，并在“结果”窗格中显示查询结果，如图 7-24 所示。该语句查询课程名字段描述中包含'数'的课程信息，只要描述中有字符'数'，而前面或后面不管有多少个字符，都满足查询的条件。

实例 17：查询学生姓名以'李'开头，并以'峰'结尾的学生信息，语句如下。

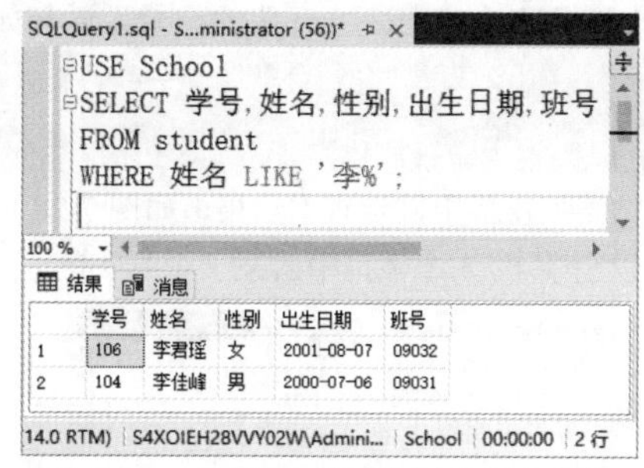

图 7-23　查询姓名以'李'开头的学生信息

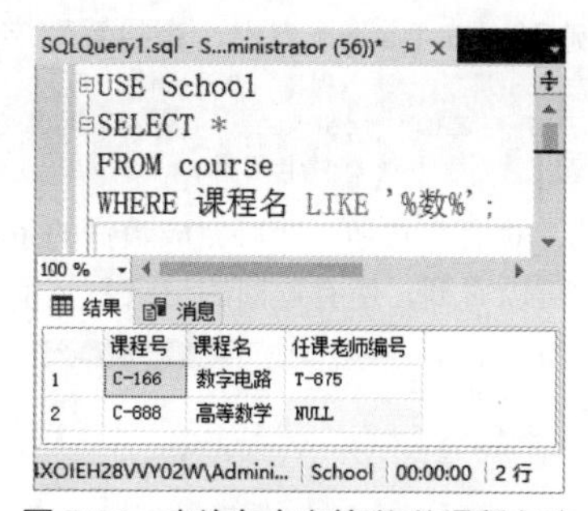

图 7-24　查询包含字符'数'的课程名称

```
USE School
SELECT *
FROM student
WHERE 姓名 LIKE '李%峰';
```

单击“执行”按钮，即可完成数据的条件查询，并在“结果”窗格中显示查询结果，如图 7-25 所示。从结果中可以看到，“%”用于匹配在指定的位置的任意数目的字符。

2. 下画线通配符“_”，一次只能匹配任意一个字符

下画线通配符“_”，一次只能匹配任意一个字符，该通配符的用法和“%”相同，区别是“%”匹配多个字符，而“_”只匹配任意单个字符，如果要匹配多个字符，则需要使用相同个数的“_”。

实例 18：在 teacher 表中，查询老师职称以字符'师'结尾，且'师'前面只有 1 个字符的记录，语句如下。

```
USE School
SELECT *
FROM teacher
WHERE 职称 LIKE '_师';
```

单击“执行”按钮，即可完成数据的条件查询，并在“结果”窗格中显示查询结果，如图 7-26 所示。从结果中可以看到，以'师'结尾且前面只有 1 个字符的记录有 2 条。

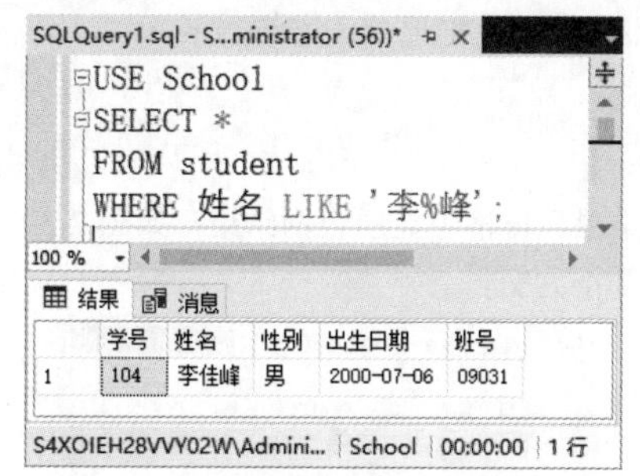

图 7-25　查询指定条件的学生信息

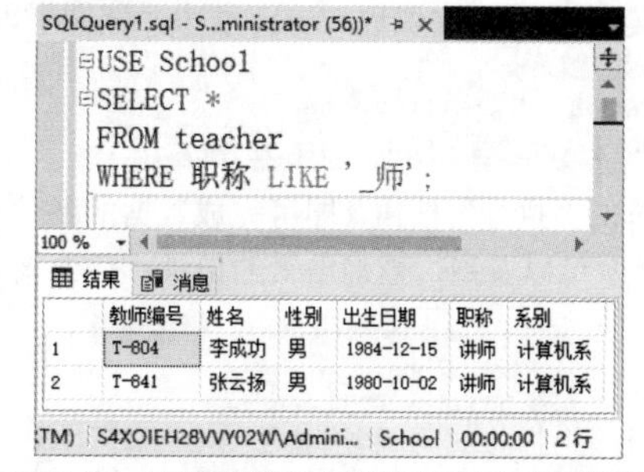

图 7-26　查询职称以字符'师'结尾的教师信息

3. 匹配指定范围中的任何单个字符

方括号“[]”指定一个字符集合，只要匹配其中任何一个字符，即为所查找的文本。

实例 19：在 teacher 表中，查找系别字段值中以'计算机' 3 个字符之一开头的记录，语句如下。

```
USE School
SELECT * FROM teacher
WHERE 系别 LIKE '[计算机]%';
```

单击“执行”按钮，即可完成数据的条件查询，并在“结果”窗格中显示查询结果，如图 7-27 所示。从结果中可以看到，所有返回的记录系别字段的值中都以'计算机' 3 个字符中的某一个开头。

4. 匹配不属于指定范围的任何单个字符

“[^字符集合]”匹配不在指定集合中的任何字符。

实例 20：在 teacher 表中，查找系别字段值中不是以'计算机' 3 个字符之一开头的记录，语句如下。

```
USE School
SELECT * FROM teacher
WHERE 系别 LIKE '[^计算机]%';
```

单击“执行”按钮，即可完成数据的条件查询，并在“结果”窗格中显示查询结果，如图 7-28 所示。从结果中可以看到，所有返回的记录系别字段的值中都不是以'计算机' 3 个字符中的某一个开头的。

图 7-27　查询以'计算机' 3 个字符之一开头的学生信息

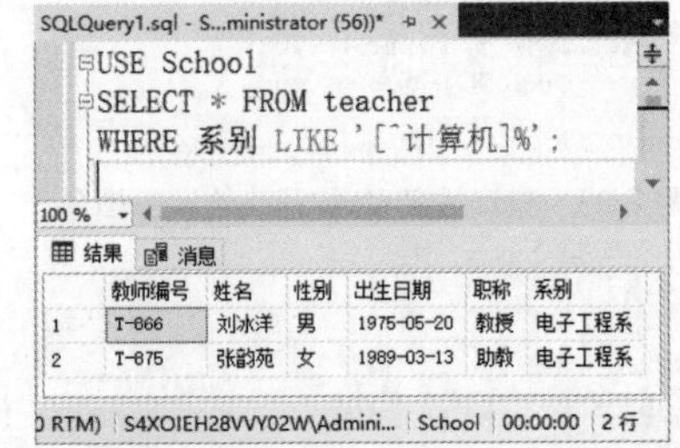

图 7-28　查询不以'计算机' 3 个字符之一开头的学生信息

7.3.5　未知空数据的查询

数据表创建的时候，设计者可以指定某列中是否可以包含空值（NULL）。空值不同于 0，也不同于空字符串，空值一般表示数据未知、不适用或将在以后添加。在 SELECT 语句中使用 IS NULL 子句，可以查询某字段内容为空记录。

实例 21：查询课程 course 表中“任课老师编号”字段为空的数据记录，语句如下。

```
USE School
SELECT * FROM course
WHERE 任课老师编号 IS NULL;
```

单击“执行”按钮，即可完成数据的条件查询，并在“结果”窗格中显示查询结果，如图 7-29 所示。

与 IS NULL 相反的是 IS NOT NULL，该子句查找字段不为空的记录。

实例 22：查询课程 course 表中“任课老师编号”字段不为空的数据记录，语句如下。

```
USE School
SELECT * FROM course
WHERE 任课老师编号 IS NOT NULL;
```

单击“执行”按钮，即可完成数据的条件查询，并在“结果”窗格中显示查询结果，如图 7-30 所示。从结果中可以看到，查询出来的记录“任课老师编号”字段都不为空值。

图 7-29　查询“任课老师编号”字段为空的记录

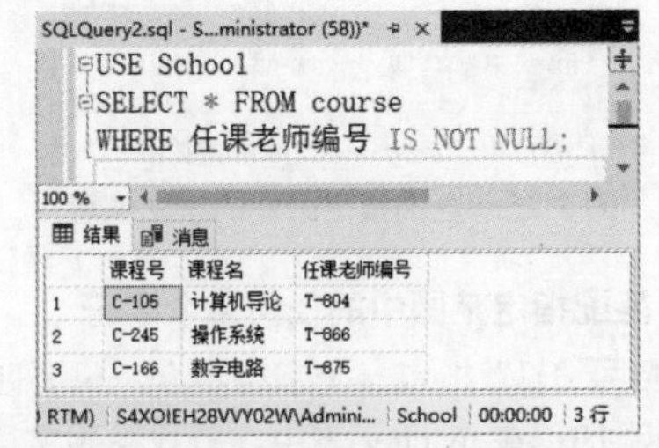

图 7-30　查询“任课老师编号”字段不为空的记录

7.4　操作查询的结果

微视频

对于数据表中的数据查询结果，我们可以进行排序显示，可以进行分组显示，还可以对结果集进行分组过滤等操作。

7.4.1　对查询结果进行排序

在说明 SELECT 语句语法时介绍了 ORDER BY 子句，使用该子句可以根据指定的字段的值，对查询的结果进行排序，并且可以指定排序方式（降序或者升序）。

实例 23：查询成绩表 score 中的分数信息，并按照分数由高到低进行排序，输入如下语句。

```
USE School
SELECT * FROM score ORDER BY 分数 DESC;
```

单击“执行”按钮，即可完成数据的排序查询，并在“结果”窗格中显示查询结果，查询结果中返回了成绩表的所有记录，这些记录根据分数字段的值进行了一个降序排列，如图 7-31 所示。

提示：ORDER BY 子句也可以对查询结果进行升序排列，升序排列是默认的排序方式，在使用 ORDER BY 子句升序排列时，可以使用 ASC 关键字，也可以省略该关键字，如图 7-32 所示。

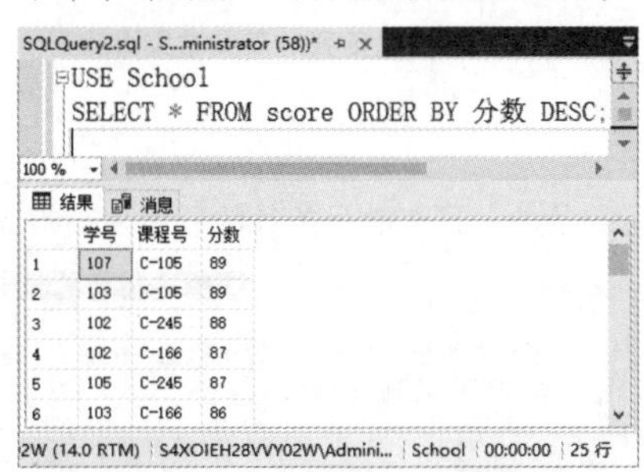

图 7-31　对查询结果降序排序

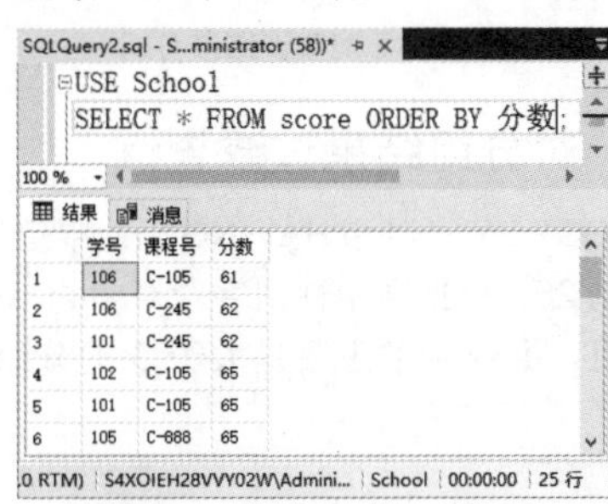

图 7-32　对查询结果升序排序

7.4.2　对查询结果进行分组

分组查询是对数据按照某个或多个字段进行分组，SQL Server 中使用 GROUP BY 子句对数据进行分组，具体的语法形式如下。

```
[GROUP BY  字段] [HAVING <条件表达式>]
```

主要参数介绍如下。

- “字段”表示进行分组时所依据的列名称。
- “HAVING <条件表达式>”指定 GROUP BY 分组显示时需要满足的限定条件。

1. 创建分组

GROUP BY 子句通常和聚合函数一起使用，例如：MAX()、MIN()、COUNT()、SUM()、AVG()。

实例 24：根据学生性别对 student 表中的数据进行分组，语句如下。

```
USE School
SELECT 性别, COUNT(*) AS 数量 FROM student
GROUP BY 性别;
```

单击“执行”按钮，即可完成数据的查询，并在“结果”窗格中显示查询结果，如图 7-33 所示。从查询结果显示，数量字段使用 COUNT()函数计算得出，GROUP BY 子句按照性别字段分组显示数据。

2. 多字段分组

使用 GROUP BY 可以对多个字段进行分组，GROUP BY 子句后面跟需要分组的字段，SQL Server 根据多字段的值来进行层次分组，分组层次从左到右，即先按第 1 个字段分组，然后在第 1 个字段值相同的记录中，再根据第 2 个字段的值进行分组……依次类推。

实例 25：根据学生名称和学生性别字段对 student 表中的数据进行分组，语句如下。

```
USE School
SELECT 名称,性别 FROM student
GROUP BY 名称,性别;
```

单击“执行”按钮，即可完成数据的查询，并在“结果”窗格中显示查询结果，如图 7-34 所示。从结果中可以看到，查询记录先按照姓名进行分组，再对学生性别字段按不同的取值进行分组。

图 7-33 对查询结果分组

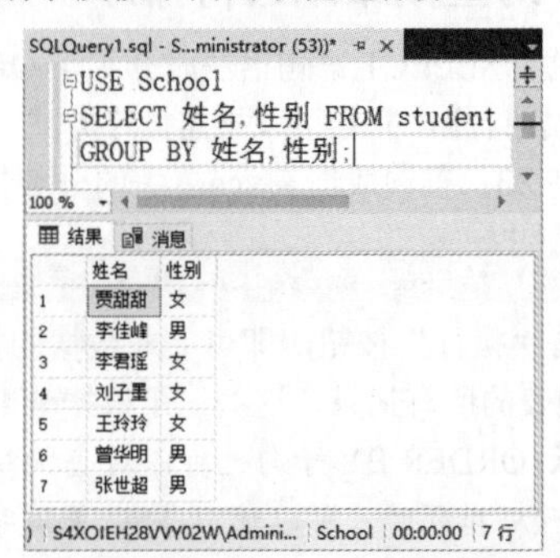

图 7-34 根据多列对查询结果排序

7.4.3 对分组结果过滤查询

GROUP BY 可以和 HAVING 一起限定显示记录所需满足的条件，只有满足条件的分组才会被显示。

实例 26：根据学生性别字段对 student 表中的数据进行分组，并显示学生数量大于 3 的分组信息，语句如下。

```
USE School
SELECT 性别, COUNT(*) AS 数量 FROM student
GROUP BY 性别 HAVING COUNT(*) > 3;
```

单击“执行”按钮，即可完成数据的查询，并在“结果”窗格中显示查询结果，如图 7-35 所示。从结果中可以看到，性别为女的学生数量大于 3，满足 HAVING 子句条件，因此出现在返回结果中。

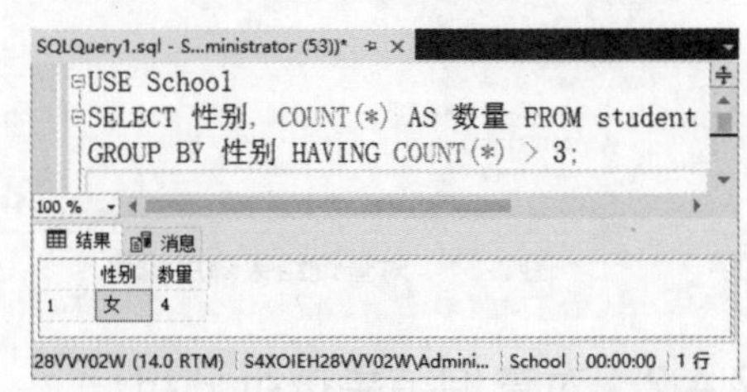

图 7-35 使用 HAVING 子句对分组查询结果过滤

7.5 使用聚合函数进行统计查询

微视频

有时候并不需要返回实际表中的数据，而只是对数据进行总结，SQL Server 提供了一些查询功能，可以对获取的数据进行分析和报告，这就是聚合函数，具体的名称和作用如表 7-3 所示。

表 7-3 聚合函数

函　数	作　用
AVG()	返回某列的平均值
COUNT()	返回某列的行数
MAX()	返回某列的最大值
MIN()	返回某列的最小值
SUM()	返回某列值的和

7.5.1 使用 SUM()求列的和

SUM()是一个求总和的函数，返回指定列值的总和。

实例 27：在 score 表中查询学号为'101'的学生总分数，语句如下。

```
USE School
SELECT SUM(分数) AS 总分数
FROM score
WHERE 学号='101';
```

单击“执行”按钮，即可完成数据的计算操作，并在“结果”窗格中显示查询结果，如图 7-36 所示。从结果中可以看到，SUM(分数)函数返回学号为“101”的学生成绩总和，WHERE 子句指定查询学号为“101”。

另外，SUM()可以与 GROUP BY 一起使用，来计算每个分组的总和。

实例 28：在 score 表中，使用 SUM()函数统计不同学号的学生总成绩，语句如下。

```
USE School
SELECT 学号,SUM(分数) AS 总分数
FROM score
GROUP BY 学号;
```

单击“执行”按钮，即可完成数据的计算操作，并在“结果”窗格中显示查询结果，如图 7-37 所示。从结果中可以看到，GROUP BY 按照学号进行分组，SUM()函数计算每个组中学生的成绩总和。

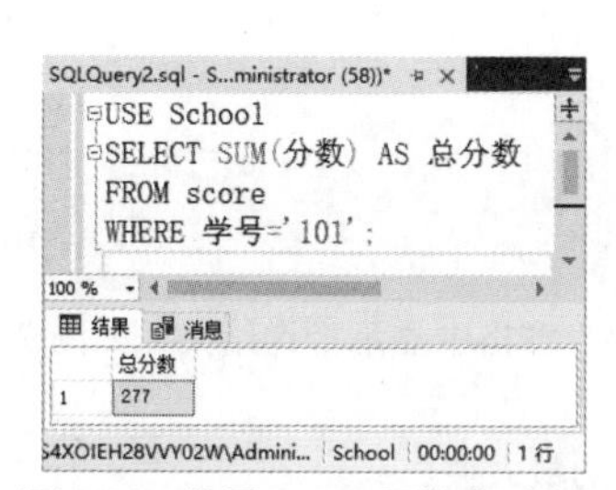

图 7-36　使用 SUM()函数求列总和

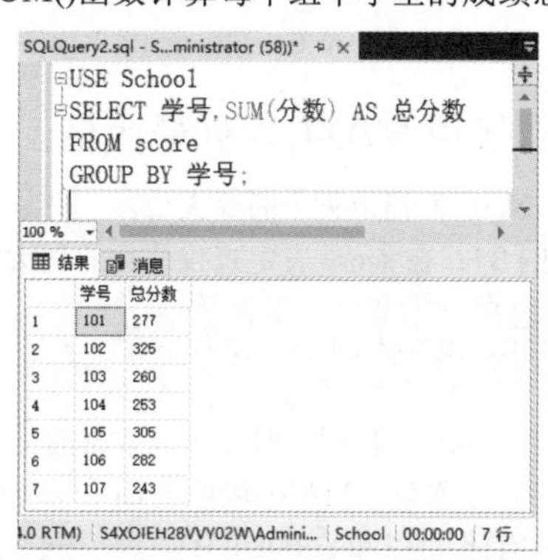

图 7-37　使用 SUM()函数对分组结果求和

注意：SUM()函数在计算时，忽略列值为 NULL 的行。

7.5.2　使用 AVG()求列平均值

AVG()函数通过计算返回的行数和每一行数据的和，求得指定列数据的平均值。

实例 29：在 score 表中，查询学号为'101'的学生成绩平均值，语句如下。

```
USE School
SELECT AVG(分数) AS 平均分
FROM score
WHERE 学号='101';
```

单击“执行”按钮，即可完成数据的计算操作，并在“结果”窗格中显示查询结果，如图 7-38 所示。该例中通过添加查询过滤条件，计算出指定学号学生的成绩平均值，而不是所有学生的成绩平均值。

另外，AVG()可以与 GROUP BY 一起使用，来计算每个分组的平均值。

实例 30：在 score 表中，查询每个学生成绩平均值，语句如下。

```
USE School
SELECT 学号, AVG (分数) AS 平均分
FROM score
GROUP BY 学号;
```

单击“执行”按钮，即可完成数据的计算操作，并在“结果”窗格中显示查询结果，如图 7-39 所示。

提示：GROUP BY 子句根据学号字段对记录进行分组，然后计算出每个分组的平均值，这种分组求平均值的方法非常有用，例如：求不同班级学生成绩的平均值，求不同部门工人的平均工资，求各地的年平均气温等。

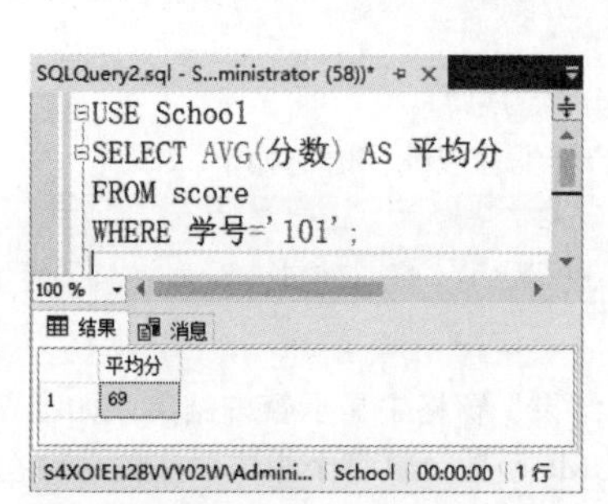

图 7-38 使用 AVG()函数对列求平均值

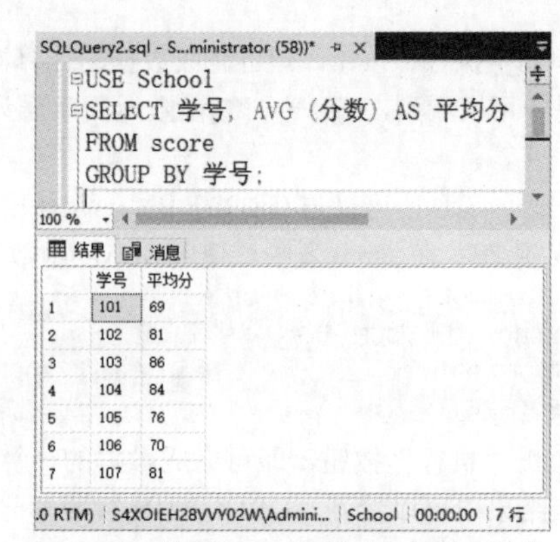

图 7-39 使用 AVG()函数对分组求平均值

7.5.3 使用 MAX()求列最大值

MAX()返回指定列中的最大值。

实例 31：在 score 表中查找分数的最大值，语句如下。

```
USE School
SELECT MAX(分数) AS 最高分
FROM score;
```

单击“执行”按钮，即可完成数据的计算操作，并在“结果”窗格中显示查询结果，如图 7-40 所示。从结果中可以看到，MAX()函数查询出了分数字段的最大值 89。

MAX()也可以和 GROUP BY 子句一起使用，求每个分组中的最大值。

实例 32：在 score 表中查找每个学生成绩中的最高分，语句如下。

```
USE School
SELECT 学号, MAX(分数) AS 最高分
FROM score
GROUP BY 学号;
```

单击“执行”按钮，即可完成数据的计算操作，并在“结果”窗格中显示查询结果，如图 7-41 所示。从结果中可以看到，GROUP BY 子句根据学号字段对记录进行分组，然后计算出每个分组中的最大值。

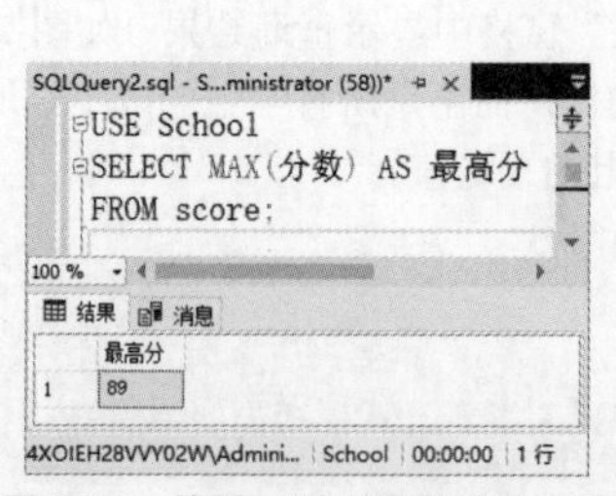

图 7-40 使用 MAX()函数求最大值

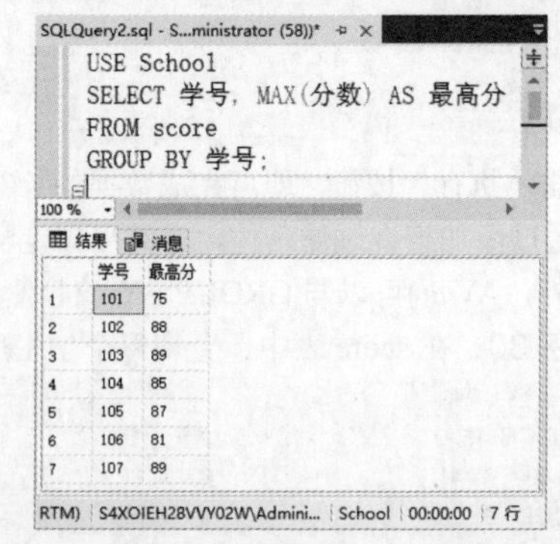

图 7-41 使用 MAX()函数求每个分组中的最大值

MAX()函数不仅适用于查找数值类型，也可以用于字符类型。

实例 33：在 student 表中查找姓名的最大值，语句如下。

```
USE School
SELECT MAX(姓名) FROM student;
```

单击“执行”按钮，即可完成数据的计算操作，并在“结果”窗格中显示查询结果，如图 7-42 所示。从结果中可以看到，MAX()函数可以对字符进行大小判断，并返回最大的字符或者字符串值。

提示：MAX()函数除了用来找出最大的列值或日期值之外，还可以返回任意列中的最大值，包括返回字符类型的最大值。在对字符类型数据进行比较时，按照字符的 ASCII 码值大小比较，从 a 到 z，a 的 ASCII 码最小，z 的最大。在比较时，先比较第一个字母，如果相等，继续比较下一个字符，一直到两个字符不相等或者字符结束为止。例如，'b'与't'比较时，'t'为最大值；"bcd"与"bca"比较时，"bcd"为最大值。

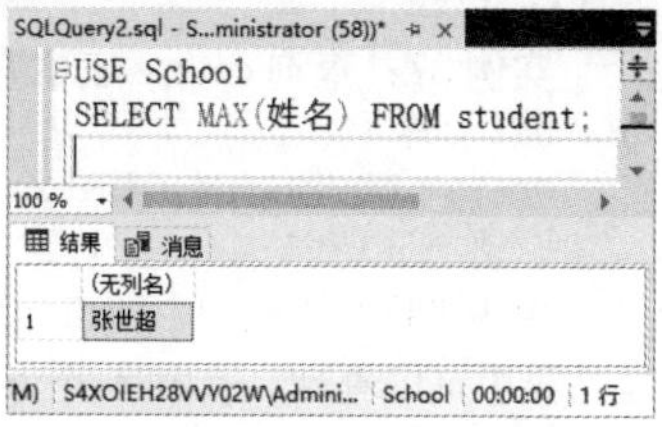

图 7-42　使用 MAX()函数求每个分组中字符串最大值

7.5.4　使用 MIN()求列最小值

MIN()返回查询列中的最小值。

实例 34：在 score 表中查找学生的最低分数，语句如下。

```
USE School
SELECT MIN(分数) AS 最低分
FROM score;
```

单击“执行”按钮，即可完成数据的计算操作，并在“结果”窗格中显示查询结果，如图 7-43 所示。从结果中可以看到，MIN()函数查询出了分数字段的最小值为 61。

另外，MIN()也可以和 GROUP BY 子句一起使用，求每个分组中的最小值。

实例 35：在 score 表中查找每个学生成绩中的最低分，语句如下。

```
USE School
SELECT 学号, MIN(分数) AS 最低分
FROM score
GROUP BY 学号;
```

单击“执行”按钮，即可完成数据的计算操作，并在“结果”窗格中显示查询结果，如图 7-44 所示。从结果中可以看到，GROUP BY 子句根据学号字段对记录进行分组，然后计算出每个分组中的最小值。

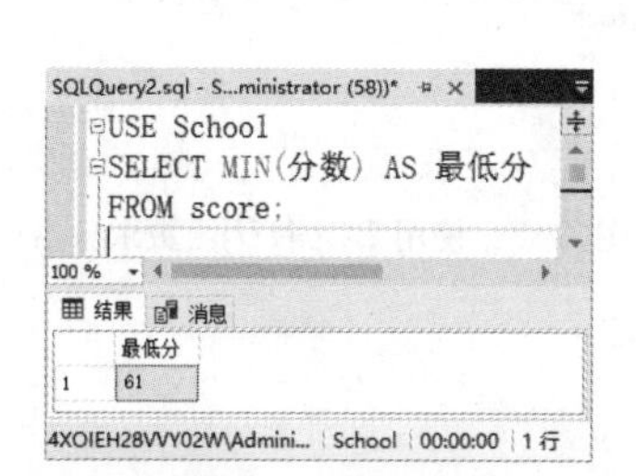

图 7-43　使用 MIN()函数求列最小值

图 7-44　使用 MIN()函数求分组中的最小值

提示：MIN()函数与 MAX()函数类似，不仅适用于查找数值类型，也可用于字符类型。

7.5.5　使用 COUNT()统计

COUNT()函数统计数据表中包含的记录行的总数，或者根据查询结果返回列中包含的数据行数。其使用方法有两种。

- COUNT(*)：计算表中总的行数，不管某列有数值或者为空值。
- COUNT(字段名)：计算指定列下总的行数，计算时将忽略字段值为空值的行。

实例 36：查询 course 表中总的行数，语句如下。

```
USE School
SELECT COUNT(*) AS 课程总数
FROM course;
```

单击“执行”按钮，即可完成数据的计算操作，并在“结果”窗格中显示查询结果，如图 7-45 所示。

从结果中可以看到，COUNT(*)返回课程表course中记录的总行数，不管其值是什么，返回的总数的名称为课程总数。

实例37：查询course表中有任何老师编号的课程总数，语句如下。

```
USE School
SELECT COUNT(任课老师编号) AS 存在任课老师编号
FROM course;
```

单击“执行”按钮，即可完成数据的计算操作，并在“结果”窗格中显示查询结果，如图7-46所示。从结果中可以看到，表中4个课程记录只有1个没有任课老师编号，因此，任课老师编号为空值NULL的记录没有被COUNT()函数计算。

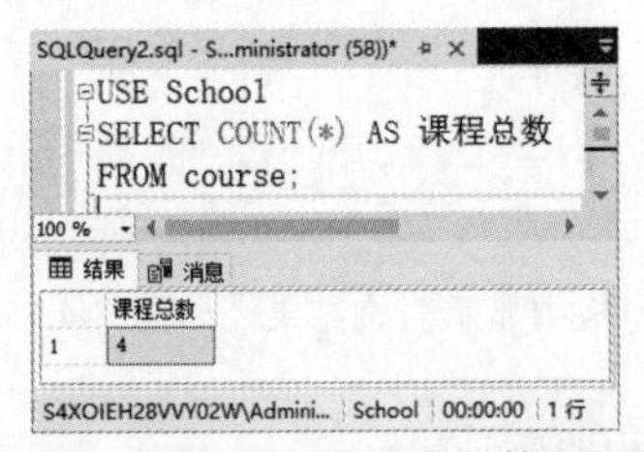

图7-45 使用COUNT()函数计算总记录数

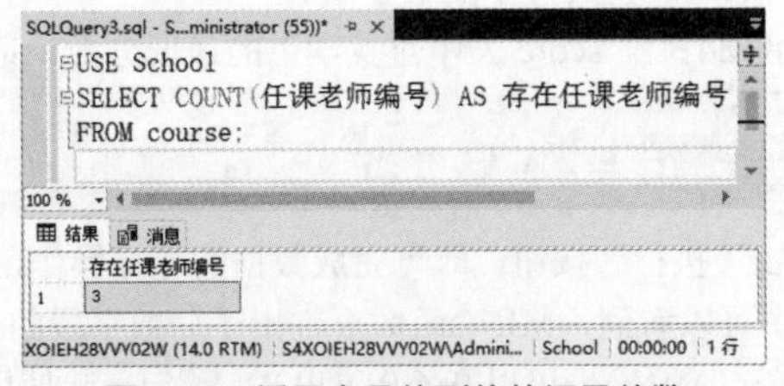

图7-46 返回有具体列值的记录总数

提示：两个例子中不同的数值，说明了两种方式在计算总数的时候对待NULL值的方式的不同。即指定列的值为空的行被COUNT()函数忽略；但是如果不指定列，而是在COUNT()函数中使用星号“*”，则所有记录都不会被忽略。

另外，COUNT()函数与GROUP BY子句可以一起使用，用来计算不同分组中的记录总数。

实例38：在score表中，使用COUNT()函数统计不同课程号的学生数量，语句如下。

```
USE School
SELECT 课程号 '课程号', COUNT(学号) '学生数量'
FROM score
GROUP BY 课程号;
```

单击“执行”按钮，即可完成数据的计算操作，并在“结果”窗格中显示查询结果，如图7-47所示。从结果中可以看到，GROUP BY子句先按照课程号进行分组，然后计算每个分组中的学生数量。

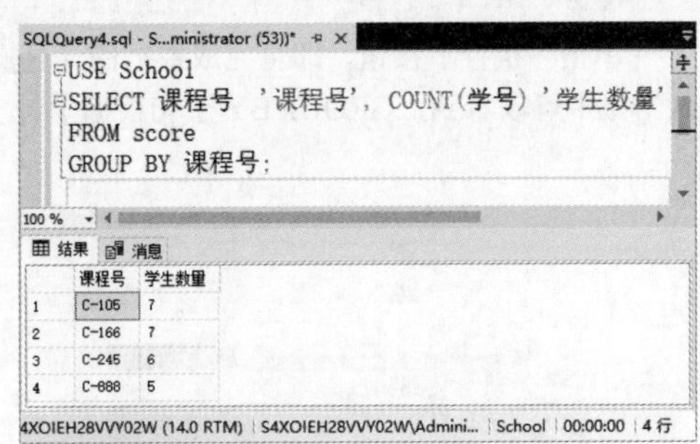

图7-47 使用COUNT()函数求分组记录和

7.6 课后习题与练习

一、填充题

1. 在SELECT查询语句中使用________关键字可以消除重复行。

答案：DISTINCT

2. 查询表中的前几行使用的关键字是________。

答案：TOP关键字

3. 在WHERE子句中，使用字符匹配查询时，通配符________可以表示任意多个字符。

答案：%

4. 在为列名指定别名时，有时为了方便，可以将________关键字省略掉。

答案：AS

5. 使用GROUP BY进行查询结果排序时，使用ASC关键字升序，使用______关键字降序。

答案：DESC

二、选择题

1. WHERE 子句用来指定________。

A. 查询结果的分组条件　　B. 限定结果集的排序条件

C. 组或聚合的搜索条件　　D. 限定返回行的搜索条件

答案：D

2. 使用________关键字可以将返回的结果集数据按照指定的条件进行排序。

A. GROUP BY　　B. HAVING　　C. ORDER BY　　D. DISTINCT

答案：C

3. GROUP BY 分组查询中可以使用的聚合函数是________。

A. MAX()　　B. MIN()　　C. COUNT()　　D. 以上都可以

答案：D

4. 使用________函数可以统计数据表中包含的记录行的总数。

A. COUNT()　　B. SUM()　　C. AVG()　　D. 以上都可以

答案：A

5. 如果想要对查询结果进行分组显示，需要______关键字一起限定查询条件。

A. GROUP BY 和 HAVING　　B. GROUP BY 和 DISTINCT

C. ORDER BY 和 HAVING　　D. ORDER BY 和 DISTINCT

答案：A

三、简单题

1. 简述 SELECT 语句的基本语法。

2. WHERE 子句中可以使用哪些搜索条件？

3. HAVING 子句在查询过程中的作用有哪些？

7.7 新手疑难问题解答

疑问 1：在查询时，有时需要给列添加别名，在添加别名时，需要注意的事项有哪些？

解答：在给列添加别名时，需要注意以下两个事项。

（1）当引用中文别名时，不能使用全角引号，否则查询会出错。

（2）当引用英文别名超过两个单词时，则必须用引号将其引起来。

疑问 2：在 SELECT 语句中，何时使用分组子句，何时不必使用分组子句？

解答：SELECT 语句中使用分组子句的先决条件是要有聚合函数，当聚合函数值与其他属性的值无关时，不必使用分组子句。当聚合函数值与其他属性的值有关时，必须使用分组子句。

7.8 实战训练

查询图书管理数据库 Library 中的数据信息。

（1）查询图书信息表 Book，并且为列名增加别名。

（2）查询图书信息表 Book，并且按图书价格降序排序。

（3）查询读者表 Reader，列出男性读者的信息。

（4）查询读者表 Reader，列出当前状态为“无效”的信息。

（5）查询图书信息表 Book，列出图书价格在 50 到 100 的图书信息。

第8章

数据的连接查询

本章内容提要

实际的数据查询往往会涉及两个甚至更多的数据表，这时，就要使用连接来完成查询任务了。通过连接，可以从两个或多个表中根据各个表之间的逻辑关系来查询记录。根据连接的不同，可以将多表连接分为内连接、外连接、交叉连接和自连接。本章介绍数据的连接查询，内容包括子查询、内连接查询、外连接查询等。

8.1　子查询

微视频

子查询也被称为嵌套查询，就是在一个查询语句中嵌套另一个查询。具体来讲，就是在一个查询语句找那个可以使用另一个查询语句中得到的查询结果，子查询可以基于一个表或者多个表。

8.1.1　子查询概述

子查询是一个嵌套在 SELECT 语句或其他子查询中的查询，任何允许使用表达式的地方都可以使用子查询，但是要求它返回的是单个值。子查询中可以使用比较运算符，如“<”“<=”“>”“>=”和“!=”等，子查询中常用的操作符有 ANY、SOME、ALL、IN、EXISTS 等。

8.1.2　简单的子查询

简单子查询中的内层子查询通常作为搜索条件的一部分呈现在 WHERE 子句中，例如，把一个表达式的值和一个由子查询生成的值相比较，这类似于简单比较测试，这里常用的比较运算符有“<”“<=”“=”“>=”和“!=”等。

为演示子查询操作，这里仍然使用 School 数据库中的学生信息表（student 表）、成绩表（score 表）、课程表（course 表）、教师表（teacher 表），具体的表结构如图 8-1～图 8-4 所示。

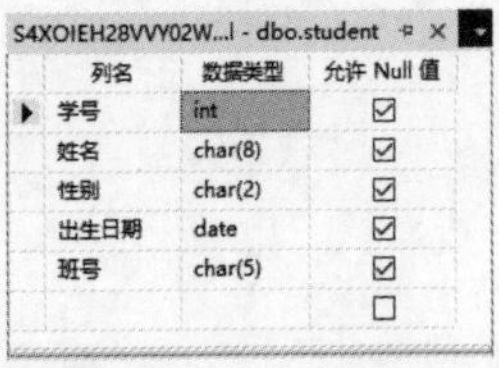

S4XOIEH28VVY02W...l - dbo.student

列名	数据类型	允许 Null 值
学号	int	☑
姓名	char(8)	☑
性别	char(2)	☑
出生日期	date	☑
班号	char(5)	☑
		☐

图 8-1　student 表结构

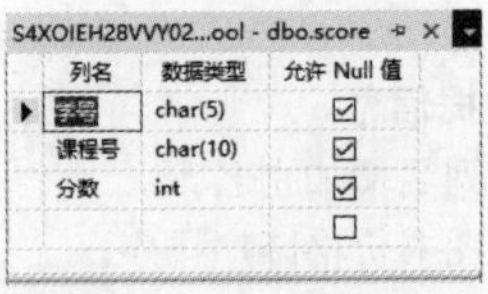

S4XOIEH28VVY02...ool - dbo.score

列名	数据类型	允许 Null 值
学号	char(5)	☑
课程号	char(10)	☑
分数	int	☑
		☐

图 8-2　score 表结构

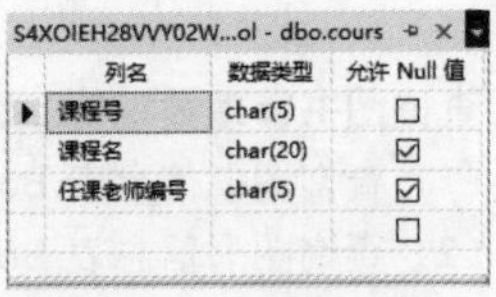

S4XOIEH28VVY02W...ol - dbo.cours

列名	数据类型	允许 Null 值
课程号	char(5)	☐
课程名	char(20)	☑
任课老师编号	char(5)	☑
		☐

图 8-3　course 表结构

数据表创建完成后，分别向这四张表中输入表数据。如图 8-5 所示为 student 表数据记录、如图 8-6 所示为 score 表数据记录、如图 8-7 所示为 course 表数据记录、如图 8-8 所示为 teacher 表数据记录。

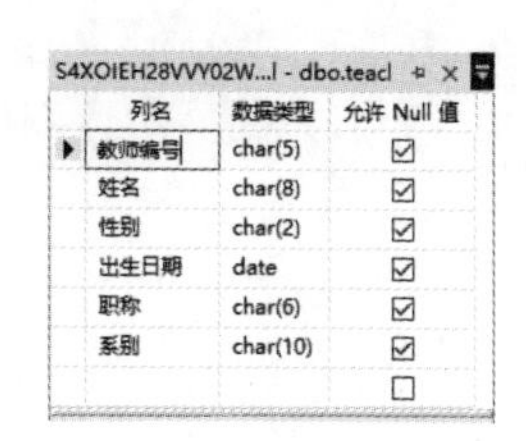

列名	数据类型	允许 Null 值
教师编号	char(5)	☑
姓名	char(8)	☑
性别	char(2)	☑
出生日期	date	☑
职称	char(6)	☑
系别	char(10)	☑
		☐

图 8-4　teacher 表结构

学号	姓名	性别	出生日期	班号
101	曾华明	男	2001-09-01	09033
102	张世超	男	2001-10-08	09031
105	王玲玲	女	2000-01-22	09033
107	刘子墨	女	2001-12-16	09032
103	贾甜甜	女	2001-11-01	09031
106	李君瑶	女	2001-08-07	09032
104	李佳峰	男	2000-07-06	09031
NULL	NULL	NULL	NULL	NULL

图 8-5　student 表数据记录

学号	课程号	分数
103	C-105	89
103	C-245	85
103	C-166	86
104	C-105	85
104	C-245	84
104	C-166	84
107	C-888	75
107	C-105	89
107	C-166	79
101	C-888	75
101	C-105	65

图 8-6　score 表数据记录

课程号	课程名	任课老师编号
C-105	计算机导论	T-804
C-245	操作系统	T-866
C-166	数字电路	T-875
C-888	高等数学	NULL
NULL	NULL	NULL

图 8-7　course 表数据记录

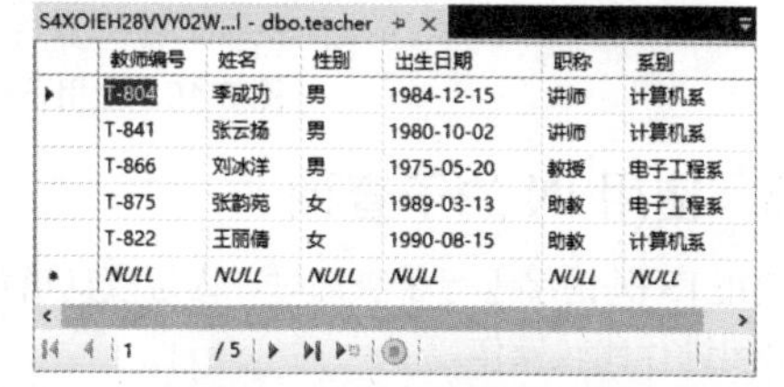

教师编号	姓名	性别	出生日期	职称	系别
T-804	李成功	男	1984-12-15	讲师	计算机系
T-841	张云扬	男	1980-10-02	讲师	计算机系
T-866	刘冰洋	男	1975-05-20	教授	电子工程系
T-875	张韵苑	女	1989-03-13	助教	电子工程系
T-822	王丽倩	女	1990-08-15	助教	计算机系
NULL	NULL	NULL	NULL	NULL	NULL

图 8-8　teacher 表数据记录

实例 1：查询 student 表中与学号为“101”的学生同年出生的学生信息，语句如下。

```
USE School
SELECT 学号,姓名,性别,YEAR(出生日期) AS '出生年份'
FROM student
WHERE YEAR(出生日期)=
(SELECT YEAR(出生日期) FROM student WHERE 学号='101');
```

单击“执行”按钮，即可完成数据的查询操作，并在“结果”窗格中显示查询结果，如图 8-9 所示。该子查询首先在 student 表中查找学号为“101”的学生出生年份，得出是 2001，然后再执行主查询，在 student 表中查找出生年份等于子查询 2001 的学生信息，结果表明，出生年份为 2001 的学生有 5 位。

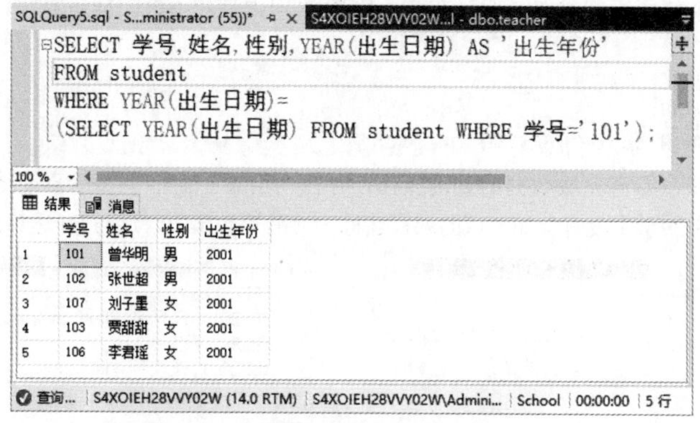

	学号	姓名	性别	出生年份
1	101	曾华明	男	2001
2	102	张世超	男	2001
3	107	刘子墨	女	2001
4	103	贾甜甜	女	2001
5	106	李君瑶	女	2001

图 8-9　使用等号运算符进行比较子查询

除了使用等号运算符进行比较子查询，我们还可以使用不等于运算符来查询数据。

实例 2：查询 student 表中与学号为“101”的学生不同年出生的学生信息，语句如下。

```
USE School
SELECT 学号,姓名,性别,YEAR(出生日期) AS '出生年份'
FROM student
WHERE YEAR(出生日期) <>
(SELECT YEAR(出生日期) FROM student WHERE 学号='101');
```

单击“执行”按钮，即可完成数据的查询操作，并在“结果”窗格中显示查询结果，如图 8-10 所示。该子查询执行过程与实例 1 相同，在这里使用了不等于“<>”运算符，因此返回的结果和实例 1 中的结果正好相反。

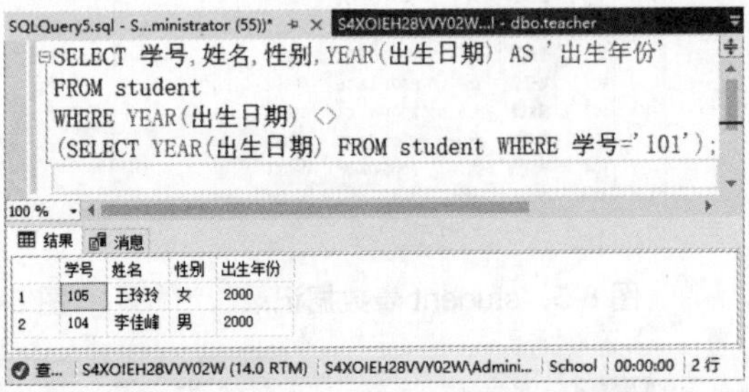

图 8-10 使用不等号运算符进行比较子查询

8.1.3 使用 IN 的子查询

使用 IN 关键字进行子查询时，内层查询语句仅仅返回一个数据列，这个数据列里的值将提供给外层查询语句进行比较操作。

实例 3：在 score 表中查询学号为“103”的学生参加考试的课程号，然后根据课程号查询其课程名称，语句如下。

```
USE School
SELECT 课程名 FROM course
WHERE 课程号 IN
(SELECT 课程号 FROM score WHERE 学号= '103');
```

单击“执行”按钮，即可完成数据的查询操作，并在“结果”窗格中显示查询结果，如图 8-11 所示。这个查询过程可以分步执行，首先内层子查询查出 score 表中符合条件的课程编号，然后再执行外层查询，在 course 表中查询课程编号所对应的课程名称。

SELECT 语句中可以使用 NOT IN 运算符，其作用与 IN 正好相反。

实例 4：与前一个例子语句类似，但是在 SELECT 语句中使用 NOT IN 运算符，语句如下。

```
USE School
SELECT 课程名 FROM course
WHERE 课程号 NOT IN
(SELECT 课程号 FROM score WHERE 学号= '103');
```

单击“执行”按钮，即可完成数据的查询操作，并在“结果”窗格中显示查询结果，如图 8-12 所示。这就说明学号为“103”的学生没有参加考试的课程名称为“高等数学”，这与 IN 运算符返回的结果相反。

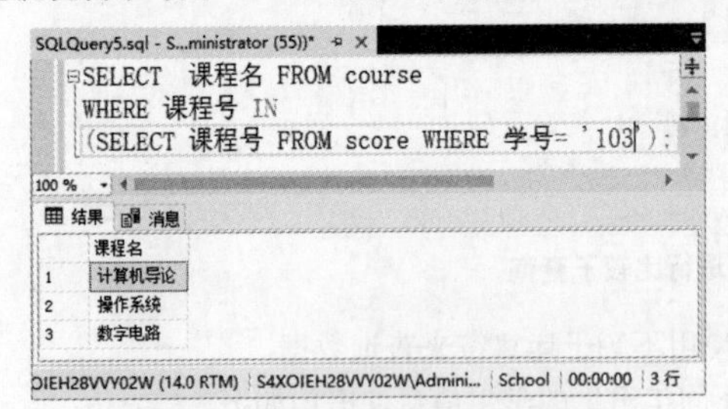

图 8-11 使用 IN 关键字进行子查询

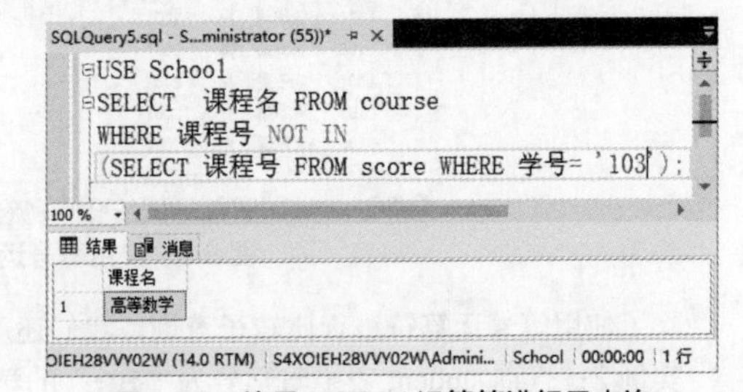

图 8-12 使用 NOT IN 运算符进行子查询

8.1.4 使用 ANY 的子查询

ANY 关键字也是在子查询中经常使用的，通过都会使用比较运算符来连接 ANY 得到的结果，它可以用于比较某一列的值是否全部都大于 ANY 后面子查询中查询的最小值，或者小于 ANY 后面子查询中查询的最大值。

实例 5：查询课程编号为“C-105”课程且成绩至少高于课程编号为“C-245”课程的学生的课程号、学号和分数，并按分数从高到低次序排列。

```
USE School
SELECT 课程号,学号,分数 FROM score
WHERE 课程号='C-105' and 分数>ANY
(SELECT 分数 FROM score WHERE 课程号= 'C-245')
ORDER BY 分数 DESC;
```

单击“执行”按钮，即可完成数据的查询操作，并在“结果”窗格中显示查询结果，如图 8-13 所示。

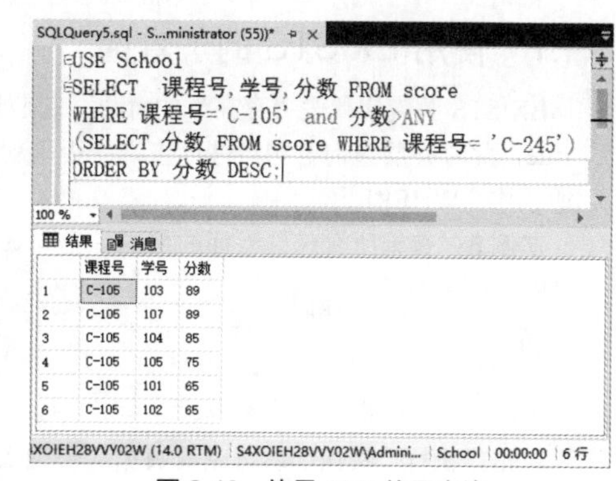

图 8-13　使用 ANY 的子查询

从结果中可以看出，ANY 前面的运算符“>”代表了对 ANY 后面子查询的结果中任意值进行是否大于的判断，如果要判断小于可以使用“<”，判断不等于可以使用“！=”运算符。

8.1.5　使用 ALL 的子查询

ALL 关键字与 ANY 不同，使用 ALL 时需要同时满足所有内层查询的条件。例如，修改前面的例子，用 ALL 操作符替换 ANY 操作符。

实例 6：查询课程编号为“C-105”课程且成绩都高于课程编号为“C-245”课程的学生的课程号、学号和分数，并按分数从高到低次序排列。

```
USE School
SELECT 课程号,学号,分数 FROM score
WHERE 课程号='C-105' and 分数>ALL
(SELECT 分数 FROM score WHERE 课程号= 'C-245')
ORDER BY 分数 DESC;
```

单击“执行”按钮，即可完成数据的查询操作，并在“结果”窗格中显示查询结果，如图 8-14 所示。从结果中可以看出，课程号等于 C-105 的信息只返回成绩大于课程号为 C-245 成绩最大值的信息。

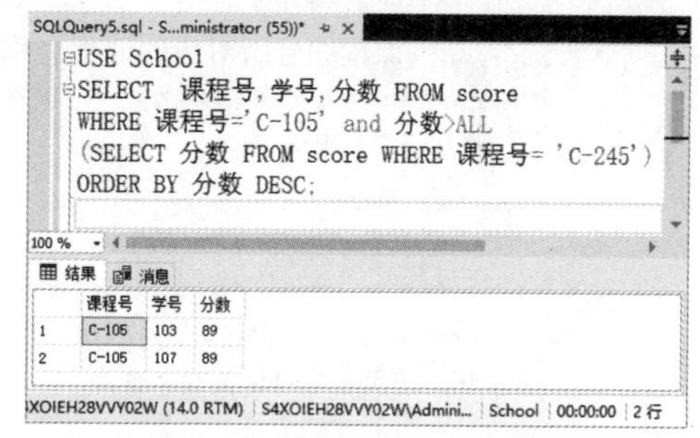

图 8-14　使用 ALL 关键字查询

8.1.6　使用 SOME 的子查询

SOME 关键字的用法与 ANY 关键字的用法相似，但是意义不同。SOME 通常用于比较满足查询结果中的任意一个值，而 ANY 要满足所有值才可以。因此，在实际应用，需要特别注意查询条件。

实例 7：在 score 表中查询学号为“103”的学生参加考试的课程号，然后根据课程号查询其课程名称，语句如下。

```
USE School
SELECT 课程名 FROM course
WHERE 课程号=SOME(SELECT 课程号 FROM score WHERE
学号= '103');
```

单击“执行”按钮，即可完成数据的查询操作，并在“结果”窗格中显示查询结果，如图 8-15 所示。

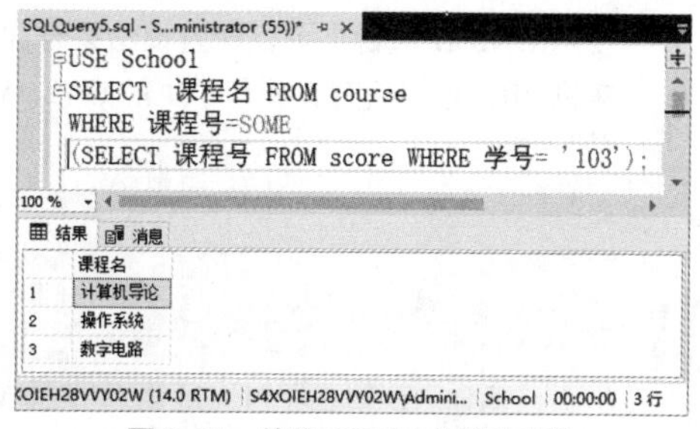

图 8-15　使用 SOME 关键字查询

从结果中可以看出，SOME 关键字与 IN 关键字可以完成相同的功能，也就是说，当在 SOME 运算符前面使用“=”时，就代表了 IN 关键字的用途。

8.1.7 使用 EXISTS 的子查询

EXISTS 关键字代表“存在”的意思，它应用于子查询中，只要子查询返回的结果为空，那么返回就是 true，此时外层查询语句将进行查询；否则就是 false，外层语句将不进行查询。通常情况下，EXISTS 关键字用在 WHERE 子句中。

实例 8：查询所有任课教师的信息，语句如下。

```
USE School
SELECT * FROM teacher a
WHERE EXISTS
(SELECT * FROM course b
WHERE A.教师编号=B.任课老师编号);
```

单击“执行”按钮，即可完成数据的查询操作，并在“结果”窗格中显示查询结果，如图 8-16 所示。

从结果中可以看到，内层查询结果表明课程表 course 表中存在与教师表 teacher 表中相等的教师编号，因此 EXISTS 表达式返回 true；外层查询语句接收 true 之后对表 teacher 进行查询，返回所有的记录。

NOT EXISTS 与 EXISTS 使用方法相同，返回的结果相反。子查询如果至少返回一行，那么 NOT EXISTS 的结果为 false，此时外层查询语句将不进行查询；如果子查询没有返回任何行，那么 NOT EXISTS 返回的结果是 true，此时外层语句将进行查询。

实例 9：查询所有非任课教师的信息，语句如下。

```
USE School
SELECT * FROM teacher a
WHERE NOT EXISTS
(SELECT * FROM course b
WHERE A.教师编号=B.任课老师编号);
```

单击“执行”按钮，即可完成数据的查询操作，并在“结果”窗格中显示查询结果，如图 8-17 所示。

图 8-16 使用 EXISTS 关键字查询

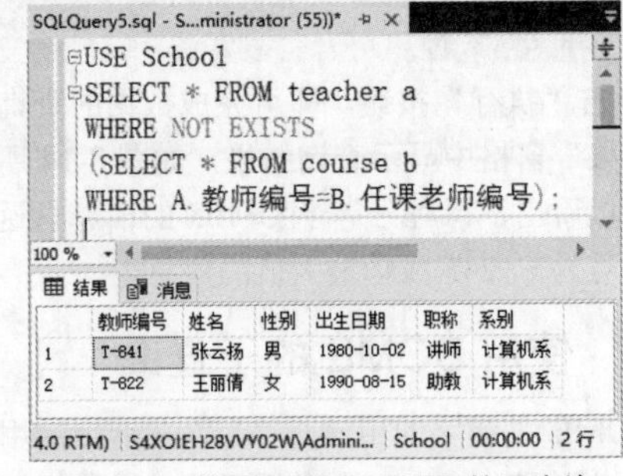

图 8-17 使用 NOT EXISTS 的子查询

注意：EXISTS 和 NOT EXISTS 的结果只取决于是否会返回行，而不取决于这些行的内容，所以这个子查询输入列表通常是无关紧要的。

8.1.8 使用 UNION 的子查询

使用 UNION 关键字可以使查询结果合并显示。

实例 10：查询所有教师和学生的姓名、性别和出生年份，语句如下。

```
USE School
SELECT 姓名,性别,YEAR(出生日期)AS '出生年份'
FROM student
UNION
SELECT 姓名,性别,YEAR(出生日期)AS '出生年份'
FROM teacher
```

单击“执行”按钮，即可完成数据的查询操作，并在“结果”窗格中显示查询结果，如图 8-18 所示。

如果需要将查询结果按照出生年份进行排序，可以使用下面语句。

```
USE School
```

```
SELECT 姓名,性别,YEAR(出生日期)AS '出生年份'
FROM student
UNION
SELECT 姓名,性别,YEAR(出生日期)AS '出生年份'
FROM teacher
ORDER BY 出生年份
```

单击“执行”按钮，即可完成数据的查询操作，并在“结果”窗格中显示查询结果，可以看到出生年份以升序方式排序，如图 8-19 所示。

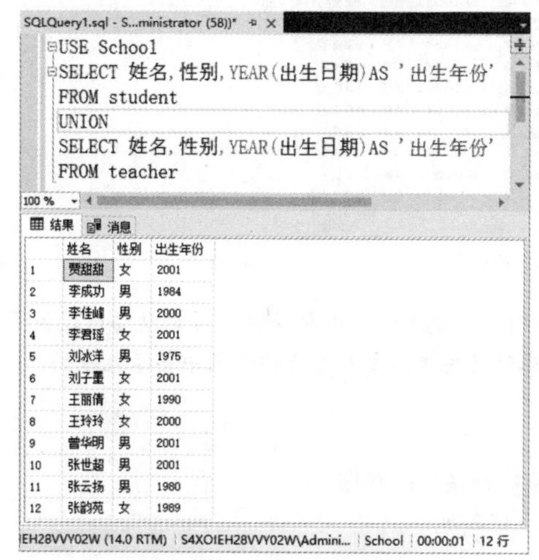

	姓名	性别	出生年份
1	费甜甜	女	2001
2	李成功	男	1984
3	李佳峰	男	2000
4	李君瑶	女	2001
5	刘冰洋	男	1975
6	刘子墨	女	2001
7	王丽倩	女	1990
8	王玲玲	女	2000
9	曾华明	男	2001
10	张世超	男	2001
11	张云扬	男	1980
12	张韵苑	女	1989

图 8-18　合并查询结果

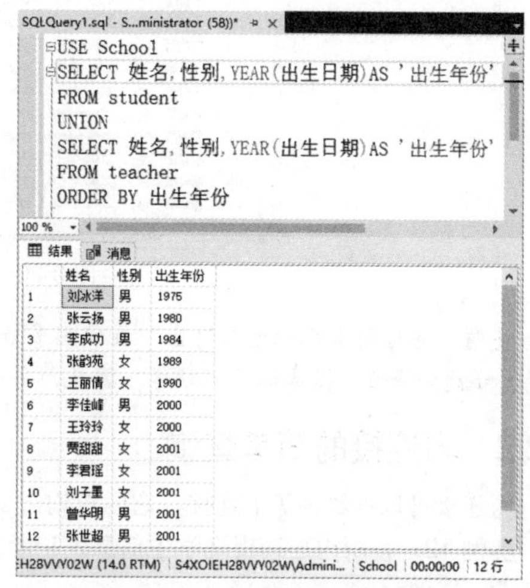

	姓名	性别	出生年份
1	刘冰洋	男	1975
2	张云扬	男	1980
3	李成功	男	1984
4	张韵苑	女	1989
5	王丽倩	女	1990
6	李佳峰	男	2000
7	王玲玲	女	2000
8	费甜甜	女	2001
9	李君瑶	女	2001
10	刘子墨	女	2001
11	曾华明	男	2001
12	张世超	男	2001

图 8-19　合并后并排序查询结果

8.2　内连接查询

微视频

连接是关系数据库模型的主要特点，连接查询是关系数据库中最主要的查询，主要包括内连接、外连接等。内连接查询操作列出与连接条件匹配的数据行，它使用比较运算符比较被连接列的列值。

具体的语法格式如下。

```
SELECT column_name1, column_name2,...
FROM table1 INNER JOIN table2
ON conditions;
```

主要参数介绍如下。

- table1：数据表 1。通常在内连接中被称为左表。
- table2：数据表 2。通常在内连接中被称为右表。
- INNER JOIN：内连接的关键字。
- ON conditions：设置内连接中的条件。

8.2.1　笛卡儿积查询

笛卡儿积是针对一种多种查询的特殊结果来说的，它的特殊之处在于多表查询时没有指定查询条件，查询的是多个表中的全部记录，返回到具体结果是每张表中列的和、行的积。

实例 11：不适用任何条件查询学生信息表与教师信息表中的全部数据，语句如下。

```
USE School
SELECT *FROM student,teacher;
```

单击“执行”按钮，即可完成数据的查询操作，并在“结果”窗格中显示查询结果，如图 8-20 所示。

从结果中可以看出，返回的列共有 11 列，返回的行是 35 行，这是两个表行的乘积，即 5*7=35。

```
USE School
SELECT *FROM student,teacher;
```

	学号	姓名	性别	出生日期	班号	教师编号	姓名	性别	出生日期	职称	系别
1	101	曾华明	男	2001-09-01	09033	T-804	李成功	男	1984-12-15	讲师	计算机系
2	102	张世超	男	2001-10-08	09031	T-804	李成功	男	1984-12-15	讲师	计算机系
3	105	王玲玲	女	2000-01-22	09033	T-804	李成功	男	1984-12-15	讲师	计算机系
4	107	刘子墨	女	2001-12-16	09032	T-804	李成功	男	1984-12-15	讲师	计算机系
5	103	贾甜甜	女	2001-11-01	09031	T-804	李成功	男	1984-12-15	讲师	计算机系
6	106	李君瑶	女	2001-08-07	09032	T-804	李成功	男	1984-12-15	讲师	计算机系
7	104	李佳峰	男	2000-07-06	09031	T-804	李成功	男	1984-12-15	讲师	计算机系
8	101	曾华明	男	2001-09-01	09033	T-841	张云扬	男	1980-10-02	讲师	计算机系
9	102	张世超	男	2001-10-08	09031	T-841	张云扬	男	1980-10-02	讲师	计算机系
10	105	王玲玲	女	2000-01-22	09033	T-841	张云扬	男	1980-10-02	讲师	计算机系
11	107	刘子墨	女	2001-12-16	09032	T-841	张云扬	男	1980-10-02	讲师	计算机系
12	103	贾甜甜	女	2001-11-01	09031	T-841	张云扬	男	1980-10-02	讲师	计算机系
13	106	李君瑶	女	2001-08-07	09032	T-841	张云扬	男	1980-10-02	讲师	计算机系
14	104	李佳峰	男	2000-07-06	09031	T-841	张云扬	男	1980-10-02	讲师	计算机系
15	101	曾华明	男	2001-09-01	09033	T-866	刘冰洋	男	1975-05-20	教授	电子工程系

查询已成功执行... | S4XOIEH28VVY02W (14.0 RTM) | S4XOIEH28VVY02W\Admini... | School | 00:00:00 | 35 行

图 8-20　笛卡儿积查询结果

注意：通过笛卡儿积可以得出，在使用多表连接查询时，一定要设置查询条件，否则就会出现笛卡儿积，这样就会降低数据库的访问效率，因此，每一个数据库的使用者都要避免查询结果中笛卡儿积的产生。

8.2.2　内连接的简单查询

内连接可以理解为等值连接，它的查询结果全部都是符合条件的数据。

实例 12：使用内连接查询学生信息表和考试成绩表，语句如下。

```
USE School
SELECT * FROM student INNER JOIN score
ON student.学号 = score.学号;
```

单击“执行”按钮，即可完成数据的查询操作，并在“结果”窗格中显示查询结果，如图 8-21 所示。从结果中可以看出，内连接查询的结果就是符合条件的全部数据。

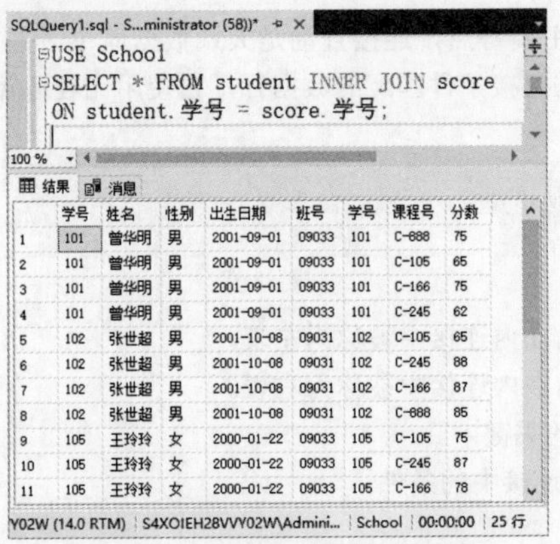

```
USE School
SELECT * FROM student INNER JOIN score
ON student.学号 = score.学号;
```

	学号	姓名	性别	出生日期	班号	学号	课程号	分数
1	101	曾华明	男	2001-09-01	09033	101	C-888	75
2	101	曾华明	男	2001-09-01	09033	101	C-105	65
3	101	曾华明	男	2001-09-01	09033	101	C-166	75
4	101	曾华明	男	2001-09-01	09033	101	C-245	62
5	102	张世超	男	2001-10-08	09031	102	C-105	65
6	102	张世超	男	2001-10-08	09031	102	C-245	88
7	102	张世超	男	2001-10-08	09031	102	C-166	87
8	102	张世超	男	2001-10-08	09031	102	C-888	85
9	105	王玲玲	女	2000-01-22	09033	105	C-105	75
10	105	王玲玲	女	2000-01-22	09033	105	C-245	87
11	105	王玲玲	女	2000-01-22	09033	105	C-166	78

Y02W (14.0 RTM) | S4XOIEH28VVY02W\Admini... | School | 00:00:00 | 25 行

图 8-21　内连接的简单查询结果

8.2.3　等值内连接查询

等值连接就是指表之间通过“等于”关系连接起来，产生一个连接临时表，然后对该临时表进行处理后生成最终结果。

实例 13：查询所有学生的姓名、课程号和分数列，语句如下。

```
USE School
SELECT student.姓名,score.课程号,score.分数
FROM student,score
WHERE student.学号=score.学号;
```

单击“执行”按钮，即可完成数据的查询操作，并在“结果”窗格中显示查询结果，如图 8-22 所示。

该语句属于等值连接方式，先按照 student.学号=score.学号连接条件将 student 和 score 表连接起来，产生一个临时表，再从其中选择出 student.姓名、score.课程号、score.分数 3 个列的数据并输出。

注意：这里的查询语句中，连接的条件使用 WHERE 子句而不是 ON，ON 和 WHERE 后面指定的条件相同。

另外，T-SQL 为了简化输入，允许在查询中使用表的别名，以缩写表名，可以在 FROM 子句中为表定义一个临时别名，然后在查询中引用。

实例 14：查询“09031”班级所选课程的平均分，语句如下。

```
USE School
SELECT y.课程号, AVG(y.分数) AS '分数'
FROM student x,score y
WHERE x.学号=y.学号 AND x.班号='09031' AND y.分数 IS NOT NULL
GROUP BY y.课程号
```

单击“执行”按钮，即可完成数据的查询操作，并在“结果”窗格中显示查询结果，如图 8-23 所示。

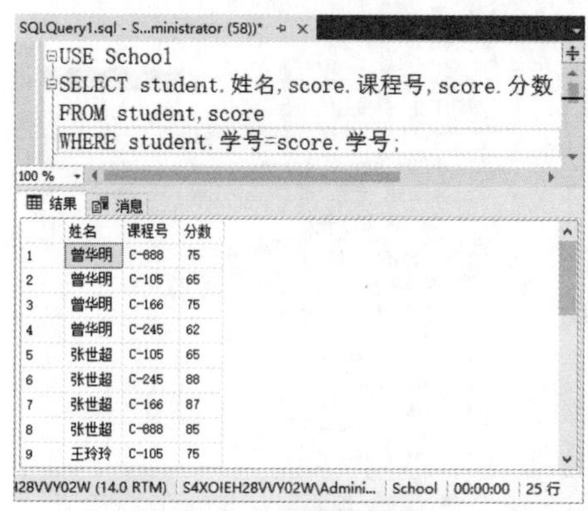

图 8-22　等值内连接查询

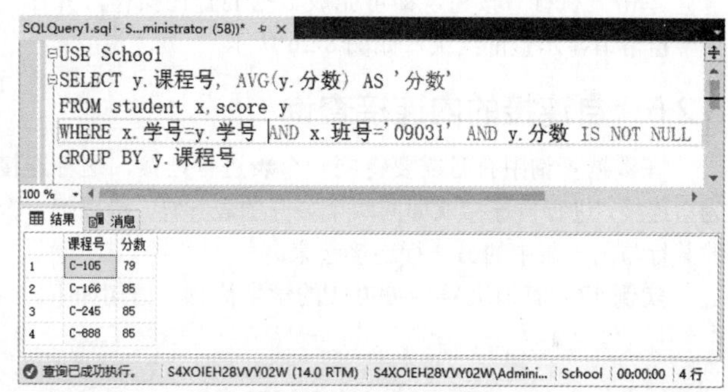

图 8-23　查询结果

8.2.4　非等值内连接查询

非等值连接是指表之间连接关系不是“等于”，而是其他关系。通过指定的非等值关系将两个表连接起来，产生一个连接临时表，然后对该临时表进行处理后生成最终结果。这些非等值关系包括“>”“> =”“<=”“<”“!>”“! <”“<>”和 BETWEEN…AND 等。

实例 15：在学生信息表和考试成绩表之间使用 INNER JOIN 语法进行非等值内连接查询，语句如下。

```
USE School
SELECT * FROM student INNER JOIN score
ON student.学号 <> score.学号;
```

单击“执行”按钮，即可完成数据的查询操作，并在“结果”窗格中显示查询结果，如图 8-24 所示。

实例 16：假设在 School 数据库中建立一个 grade 表，语句如下。

```
USE School
CREATE TABLE grade(low int,upp int,等级 char(1))
INSERT INTO grade VALUES(90,100,'A')
INSERT INTO grade VALUES(80,89,'B')
INSERT INTO grade VALUES(70,79,'C')
INSERT INTO grade VALUES(60,69,'D')
INSERT INTO grade VALUES(0,59,'E')
```

单击“执行”按钮，即可完成数据表的创建，并在“结果”窗格中显示结果，如图 8-25 所示。

下面使用非等值方式进行内连接查询，即查询所有学生的学号、课程号和等级列，语句如下。

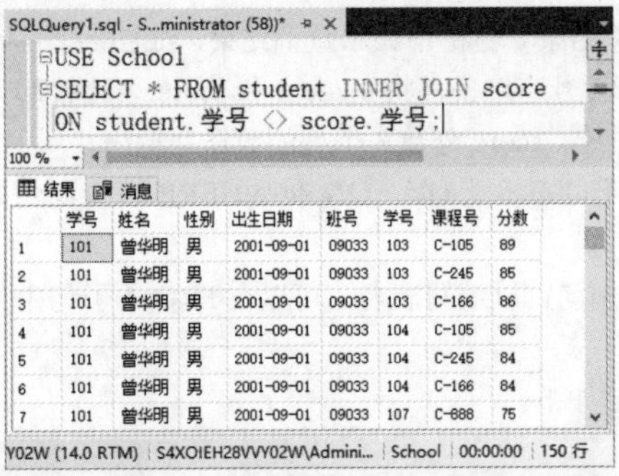

图 8-24 使用 INNER JOIN 进行不相等内连接查询

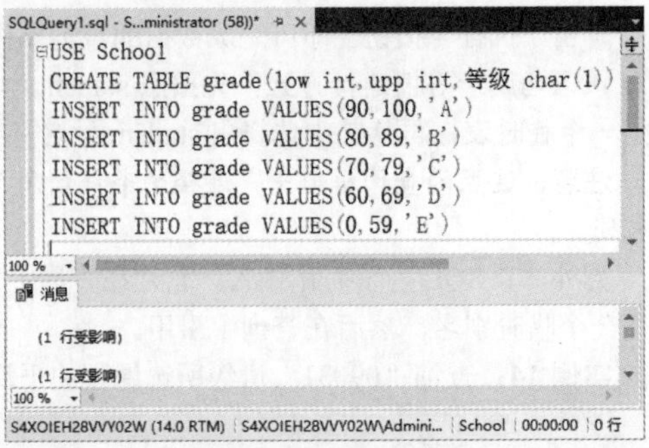

图 8-25 创建 grade 表

```
USE School
SELECT 学号,课程号,等级
FROM student,grade
WHERE 分数 BETWEEN low AND up
ORDER BY 等级
```

单击“执行”按钮，即可完成数据的查询操作，并在“结果”窗格中显示查询结果，如图 8-26 所示。

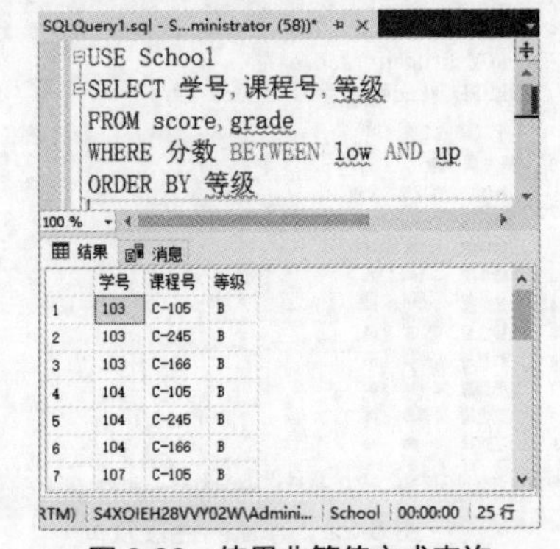

图 8-26 使用非等值方式查询

8.2.5 自连接的内连接查询

在数据查询中有时需要将同一个表进行连接，这种连接称为自连接，进行自连接就如同两个分开的表一样，可以把一个表的某行与同一表中的另一行连接起来。

实例 17：查询班号 ='09031'的学生信息，语句如下。

```
USE School
SELECT s1.学号, s1.姓名, s1.性别
FROM student AS s1, student AS s2
WHERE s1.学号=s2.学号 AND s2.班号= '09031';
```

单击“执行”按钮，即可完成数据的查询操作，并在“结果”窗格中显示查询结果，如图 8-27 所示。

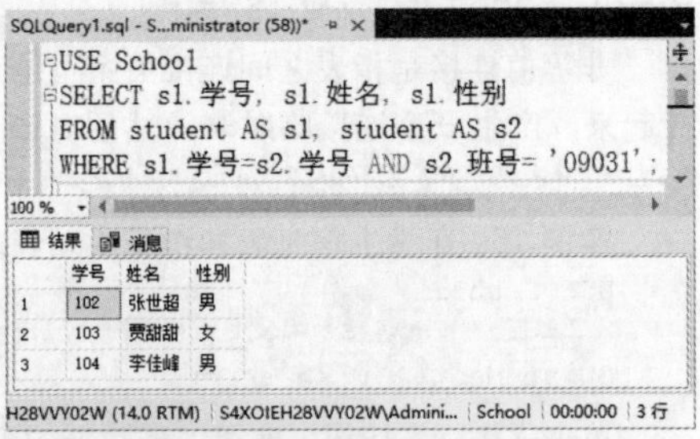

图 8-27 自连接的内连接查询

8.2.6 带条件的内连接查询

带选择条件的连接查询是在连接查询的过程中，通过添加过滤条件限制查询的结果，使查询的结果更加准确。

实例 18：查询选项 C-105 课程的成绩高于学号为“105”学生成绩的所有学生记录，并将成绩从高到低排序，语句如下。

```
USE School
SELECT x.课程号,x.学号,x.分数
FROM score x, score y
WHERE x.课程号='C-105' AND. x.分数>y.分数 AND. y.学号='105' AND. y.课程号='C-105'
ORDER BY x.分数 DESC
```

单击“执行”按钮，即可完成数据的查询操作，并在“结果”窗格中显示查询结果，如图 8-28 所示。

此处查询的两个表是相同的表，为了防止产生二义性，对表使用了别名。score 表第一次出现的别名为 x，第二次出现的别名为 y，使用 SELECT 语句返回列时明确指出返回以 x 为前缀的列的全名，WHERE 连接两个表，并按照设置的条件对数据进行过滤，然后返回所需数据。

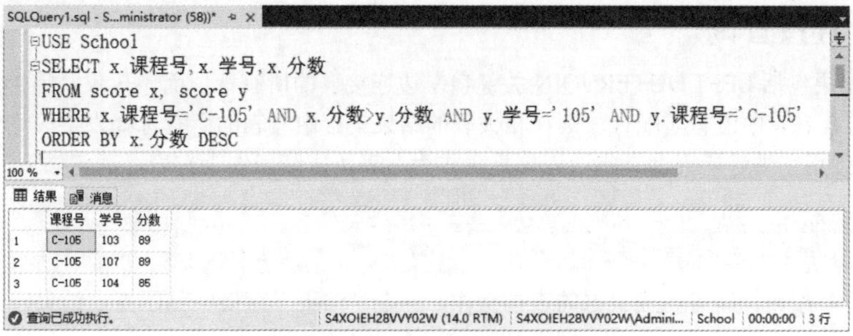

```
USE School
SELECT x.课程号,x.学号,x.分数
FROM score x, score y
WHERE x.课程号='C-105' AND x.分数>y.分数 AND y.学号='105' AND y.课程号='C-105'
ORDER BY x.分数 DESC
```

	课程号	学号	分数
1	C-105	103	89
2	C-105	107	89
3	C-105	104	86

图 8-28　带条件的内连接查询

8.3　外连接查询

微视频

几乎所有的查询语句，查询结果全部都是需要符合条件才能查询出来。换句话说，如果执行查询语句后没有符合条件的结果，那么，在结果中就不会有任何记录。而外连接查询则与之相反，通过外连接查询，可以在查询出符合条件的结果后还能显示出某张表中不符合条件的数据。

8.3.1　认识外连接查询

外连接查询包括左外连接、右外连接以及全外连接。具体的语法格式如下。

```
SELECT column_name1, column_name2,...
FROM table1 LEFT|RIGHT|FULL OUTER JOIN table2
ON conditions;
```

主要参数介绍如下。

- table1：数据表 1。通常在外连接中被称为左表。
- table2：数据表 2。通常在外连接中被称为右表。
- LEFT OUTER JOIN（左连接）：左外连接，使用左外连接时得到的查询结果中，除了符合条件的查询部分结果，还要加上左表中余下的数据。
- RIGHT OUTER JOIN（右连接）：右外连接，使用右外连接时得到的查询结果中，除了符合条件的查询部分结果，还要加上右表中余下的数据。
- FULL OUTER JOIN（全连接）：全外连接。使用全外连接时得到的查询结果中，除了符合条件的查询结果部分，还要加上左表和右表中余下的数据。
- ON conditions：设置外连接中的条件，与 WHERE 子句后面的写法一样。

为了显示三种外连接的演示效果，首先将两张数据表中，根据课程号相等作为条件时的记录查询出来，这是因为成绩表与课程表是根据课程号字段关联的。

实例 19：根据课程号相等作为条件，来查询两张表的数据记录，语句如下。

```
USE School
SELECT * FROM course,score
WHERE course.课程号=score.课程号;
```

单击“执行”按钮，即可完成数据的查询操作，并在“结果”窗格中显示查询结果，如图 8-29 所示。

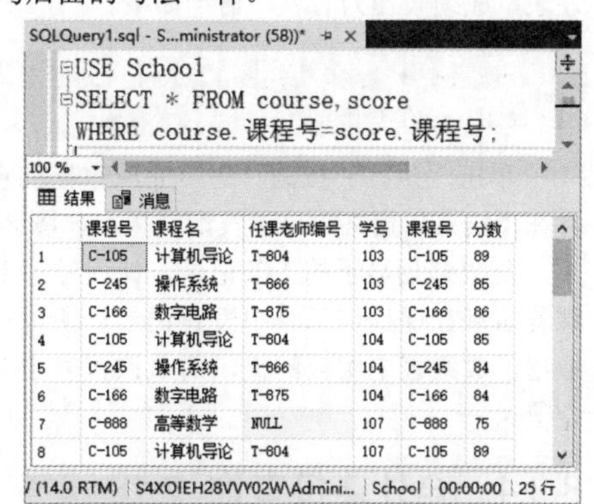

```
USE School
SELECT * FROM course, score
WHERE course.课程号=score.课程号;
```

	课程号	课程名	任课老师编号	学号	课程号	分数
1	C-105	计算机导论	T-804	103	C-105	89
2	C-245	操作系统	T-866	103	C-245	85
3	C-166	数字电路	T-875	103	C-166	86
4	C-105	计算机导论	T-804	104	C-105	85
5	C-245	操作系统	T-866	104	C-245	84
6	C-166	数字电路	T-875	104	C-166	84
7	C-888	高等数学	NULL	107	C-888	75
8	C-105	计算机导论	T-804	107	C-105	89

图 8-29　查看两表的全部数据记录

从查询结果中可以看出，在查询结果左侧是课程信息表中符合条件的全部数据，在右侧是成绩表中符合条件的全部数据。下面就分别使用 3 种外连接来根据“course.课程号=score.课程号”这个条件查询数据，请注意观察查询结果的区别。

8.3.2 左外连接查询

左连接的结果包括 LEFT OUTER JOIN 关键字左边连接表的所有行，而不仅仅是连接列所匹配的行。如果左表的某行在右表中没有匹配行，则在相关联的结果集行中右表的所有选择表字段均为空值。

实例 20：使用左外连接查询，将课程信息表作为左表，成绩表作为右表，语句如下。

```
USE School
SELECT * FROM course LEFT OUTER JOIN score
ON course.课程号=score.课程号;
```

单击“执行”按钮，即可完成数据的查询操作，并在“结果”窗格中显示查询结果，如图 8-30 所示。

SQLQuery1.sql - S...ministrator (58))*

```
USE School
SELECT * FROM course LEFT OUTER JOIN score
ON course.课程号=score.课程号;
```

100 %

结果 消息

	课程号	课程名	任课老师编号	学号	课程号	分数
15	C-166	数字电路	T-675	104	C-166	84
16	C-166	数字电路	T-675	107	C-166	79
17	C-166	数字电路	T-675	101	C-166	75
18	C-166	数字电路	T-675	102	C-166	87
19	C-166	数字电路	T-675	105	C-166	78
20	C-166	数字电路	T-675	106	C-166	78
21	C-688	高等数学	NULL	107	C-688	75
22	C-688	高等数学	NULL	101	C-688	75
23	C-688	高等数学	NULL	102	C-688	85
24	C-688	高等数学	NULL	105	C-688	65
25	C-688	高等数学	NULL	106	C-688	81
26	C-189	大学英语	T-800	NULL	NULL	NULL

28VVY02W (14.0 RTM) | S4XOIEH28VVY02W\Admini... | School | 00:00:00 | 26 行

图 8-30 左外连接查询

结果最后显示的 1 条记录，课程号等于 C-189 的课程在成绩表中没有记录，所以该条记录只取出了课程表中相应的值，而从成绩表中取出的值为空值。

8.3.3 右外连接查询

右连接是左连接的反向连接。将返回 RIGHT OUTER JOIN 关键字右边的表中的所有行。如果右表的某行在左表中没有匹配行，左表将返回空值。

实例 21：使用右外连接查询，将课程信息表作为左表，成绩表作为右表，语句如下。

```
USE School
SELECT * FROM course RIGHT OUTER JOIN score
ON course.课程号=score.课程号;
```

单击“执行”按钮，即可完成数据的查询操作，并在“结果”窗格中显示查询结果，如图 8-31 所示。

结果最后显示的 1 条记录，课程号等于 C-100 的课程信息在课程信息表中没有记录，所以该条记录只取出了成绩表中相应的值，而从课程表中取出的值为空值。

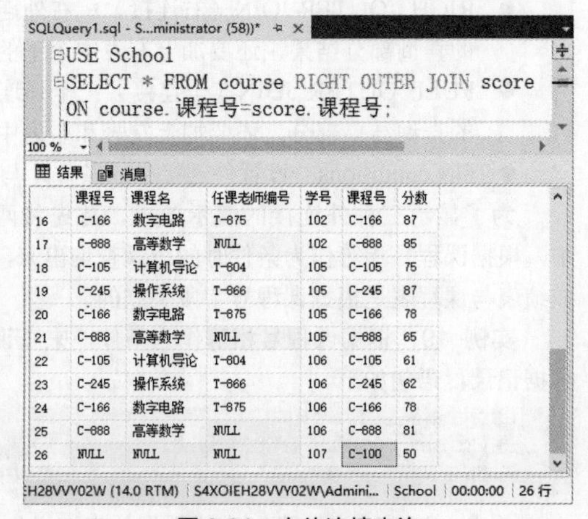

	课程号	课程名	任课老师编号	学号	课程号	分数
16	C-166	数字电路	T-675	102	C-166	87
17	C-688	高等数学	NULL	102	C-688	85
18	C-105	计算机导论	T-604	105	C-105	75
19	C-245	操作系统	T-666	105	C-245	87
20	C-166	数字电路	T-675	105	C-166	78
21	C-688	高等数学	NULL	105	C-688	65
22	C-105	计算机导论	T-604	106	C-105	61
23	C-245	操作系统	T-666	106	C-245	62
24	C-166	数字电路	T-675	106	C-166	78
25	C-688	高等数学	NULL	106	C-688	81
26	NULL	NULL	NULL	107	C-100	50

图 8-31 右外连接查询

8.3.4 全外连接查询

全外连接又称为完全外连接，该连接查询方式返回两个连接中所有的记录数据。根据匹配条件，如果满足匹配条件时，则返回数据；如果不满足匹配条件时，同样返回数据，只不过在相应的列中填入空值，全外连接返回的结果集中包含了两个完全表的所有数据。全外连接使用关键字 FULL OUTER JOIN。

实例 22：使用全外连接查询，将课程信息表作为左表，成绩表作为右表，语句如下。

```
USE School
SELECT * FROM course FULL OUTER JOIN score
ON course.课程号=score.课程号;
```

单击“执行”按钮，即可完成数据的查询操作，并在“结果”窗格中显示查询结果，如图 8-32 所示。结果最后显示的 2 条记录，是左表和右表中全部的数据记录。

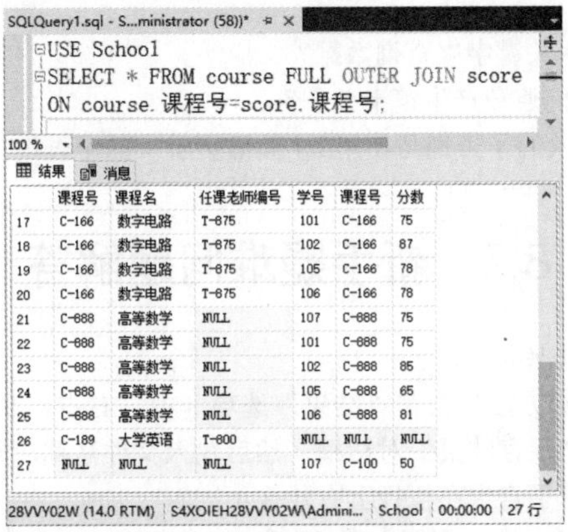

SQLQuery1.sql - S...ministrator (58))*

```
USE School
SELECT * FROM course FULL OUTER JOIN score
ON course.课程号=score.课程号;
```

100 %

结果　消息

	课程号	课程名	任课老师编号	学号	课程号	分数
17	C-166	数字电路	T-675	101	C-166	75
18	C-166	数字电路	T-675	102	C-166	87
19	C-166	数字电路	T-675	105	C-166	78
20	C-166	数字电路	T-675	106	C-166	78
21	C-888	高等数学	NULL	107	C-888	75
22	C-888	高等数学	NULL	101	C-888	75
23	C-888	高等数学	NULL	102	C-888	85
24	C-888	高等数学	NULL	105	C-888	65
25	C-888	高等数学	NULL	106	C-888	81
26	C-189	大学英语	T-800	NULL	NULL	NULL
27	NULL	NULL	NULL	107	C-100	50

28VVY02W (14.0 RTM) | S4XOIEH28VVY02W\Admini... | School | 00:00:00 | 27 行

图 8-32　全外连接查询

8.4　课后习题与练习

一、填充题

1. 在 T-SQL 中，关键字“EXISTS”含义是_______。

答案：存在

2. 能与比较运算符一起使用的关键字有______、ANY 和 ALL。

答案：SOME

3. 左外连接在 OUTER JOIN 语句前使用______关键字。

答案：LEFT

4. 若在查询语句中包含一个或多个字查询，这种查询方式就是______。

答案：嵌套查询

5. 合并查询结果的关键字是_______。

答案：UNION

二、选择题

1. 判断一个查询语句是否能够查询出结果，使用的关键字是______。

A. IN　　B. NOT　　C. EXISTS　　D. 以上都不对

答案：C

2. 在 T-SQL 中，与“NOT IN”等价的操作符是_______。

A. =SOME　　B. <>SOME　　C. =ALL　　D. <>ALL

答案：D

3. 当 FROM 子句中出现多个基本表或视图时，系统将执行_______操作。

A. 等值连接　　B. 自然连接　　C. 左外连接　　D. 笛卡儿积

答案：D

4. SELECT 语句执行的结果是_______。

A. 数据项　　B. 数据库　　C. 临时表　　D. 基本表

答案：C

5. 当子查询的条件需要依赖父查询时，这类查询也被称为______。

A. 相关子查询　　B. 等值内连接查询　　C. 全外连接查询　　D 自然连接查询

答案：A

三、简答题

1. 在什么情况下，使用 IN 关键字来查询数据？

2. 在进行多表查询时，如何避免产生笛卡儿积？

3. 使用 EXISTS 关键字引入的子查询与使用 IN 关键字引入的子查询在语法上有什么不同？

8.5　新手疑难问题解答

疑问 1：检查的结果集可以保存吗？

解答：可以的。具体保存的方法为：在“结果”选项卡中，右击，在弹出的快捷菜单中选择“将结果保存为”命令，系统会弹出“保存结果”对话框，然后输入文件名称，即可完成结果集的保存。

疑问 2：相关子查询与简单子查询在执行上有什么不同？

解答：简单子查询中内查询的查询条件与外查询无关，因此，内查询在外层查询处理之前执行；而相关子查询中子查询的查询条件依赖于外层查询中的某个值，因此，每当系统从外查询中检索一个新行时，都要重新对内查询求值，以供外层查询使用。

8.6　实战训练

查询图书管理系统借阅信息。

假设图书管理借阅系统中包含以下几个表。

- BorrowerInfo：包含 CardNumber、BookNumber、BorrowerDate、ReturnDate、RenewDate 和 BorrowState 列。
- CardInfo：包含 CardNumber、UserId、CreateTime、Scope 和 MaxNumber 列。
- UserInfo：包含 ID、UserName、Sex、Age、IdCard、Phone 和 Address 列。

根据具体功能创建表查询需要的语句，具体要求如下：

（1）查询借书卡表 CardInfo 中的所有信息，但要求同时列出每一张借书卡对应的用户信息。

（2）查询借书卡表 CardInfo 中的所有信息，并且同时列出每一张借书卡对应的用户信息，不过这里要求值连接查询出某个时间以前创建的借书卡信息。

（3）查询借书卡表 CardInfo 中的所有信息，但要求同时列出每一张借书卡对应的用户名称。

（4）使用左外连接查询 UserInfo 表和 CardInfo 表中的内容，并将表 UserInfo 作为左外连接的主表，CardInfo 作为左外连接的从表。

第9章 使用T-SQL语言

本章内容提要

T-SQL（Transact-SQL）是在SQL Server中使用的语言，它是对结构化查询语言SQL的扩展，具有功能强大、易于掌握等优点，使用T-SQL语言可以完成所有数据库的管理工作。本章介绍T-SQL语言的基础知识，主要内容包括常量和变量、注释、运算符以及流程语句等。

9.1 T-SQL语言简介

微视频

SQL（Structured Query Language）语句最初是由IBM的研究员们开发的。在SQL的正式版本推出之前，SQL被称为SEQUEL（Structured English Query Language，结构化英语查询语言），在第一个正式版本推出后，SEQUEL被重新命名为SQL。

T-SQL中的T是Transact缩写，它是在标准SQL基础上改进的SQL Server数据库中使用的T-SQL语言。在T-SQL中，集合了ANSI89和ANSI92标准，并在此基础上对其进行扩展。T-SQL拥有自己的数据类型、表达式和关键字等。

在SQL Server 2017数据库中，按照功能来划分，可以将T-SQL分为三种类型，分别是数据控制语言、数据定义语言和数据操纵语言。

1. 数据控制语言

数据控制语言用于设置或者更改数据库用户或角色的权限。默认情况下，只有sysadmin、dbcreator、db_owner等角色的用户成员才有权限执行数据控制语句。常见的数据控制语言有以下几种。

- GRANT：用于将语句权限或者对象权限授予其他用户或角色。
- REVOKE：用于删除授予的权限，但是该语句并不影响用户或角色作为其他角色中的成员继承过来的权限。
- DENY：用于拒绝给当前数据库内的用户或者角色授予权限，并防止用户或角色通过组或角色成员继承权限。

2. 数据定义语言

数据定义语言是最基础的T-SQL语言类型，用来定义数据的结构，例如创建、修改或删除数据库对象。这些数据库对象包括数据库、表、触发器、存储过程、索引、视图、函数、类型以及用户等。常见的数据定义语言有以下几种。

- CREATE语句：用于创建对象。
- ALTER语句：用于修改对象。
- DROP语句：用于删除对象。

3. 数据操纵语言

使用数据定义语言可以创建表和视图，而表和视图中的数据则需要通过数据操纵语言进行管理，例如查询、插入、更新或删除表中的数据。常见的数据操纵语言有以下几种。

- SELECT（查询）语句：用于查询表或视图中的数据。
- INSERT（插入）语句：用于向表或视图中插入数据。
- UPDATE（修改）语句：用于更新表或视图中的数据。
- DELETE（删除）语句：用于删除表或视图中的数据。

9.2 常量和变量

微视频

常量也称为文字值或标量值，是表示一个特定数据值的符号。常量的格式取决于它所表示的值的数据类型，在对数据的操作中，常量被经常使用，例如，在 SELECT 语句中，可以使用常量设置查询条件。变量则是相对于常量而言的，变量的值是可以改变的，在使用的过程中，会设置一个标识符来存储变量。

9.2.1 常量

在 SQL Server 中，所有基本数据类型表示的值，都可以作为常量来使用。根据数据类型的不同，常量主要包括字符串常量、二进制常量、日期时间常量和数值型常量等。

1. 数值型常量

在 T-SQL 语言中，数值型常量包括整数也包括小数，不过，小数或整数都不需要使用单引号将其括上，例如：

```
2019.41、3.0
```

注意：在使用数值型常量的过程中，若要指示一个数是正数还是负数，对数值型常量应用“+”或“–”一元运算符，如果没有应用“+”或“–”一元运算符，数值常量将使用正数。

2. 货币常量

货币常量以前缀为可选的小数点和可选的货币符号的数字字符串来表示，货币常量不使用引号括起来。例如：

```
$12、￥542023.14
```

3. 整型常量

整型常量可以说是我们最常用和熟悉的常量了。它是指不包含小数点的数，此外，该常量不需要使用单引号括起来，例如：

```
2018、5、-8
```

注意：在数字常量的各个位之间不要加逗号，例如，123456 这个数字不能表示为：123,456。

4. 字符串常量

字符串常量括在单引号内，包含字母和数字字符（a～z、A～Z 和 0～9）以及特殊字符，如感叹号（!）、at 符（@）和数字号（#）。

如果单引号中的字符串包含一个嵌入的引号，可以使用两个单引号表示嵌入的单引号。如下列出了常见字符串常量示例：

```
'Time'
'L' 'Ning!'
'I Love SQL Server!'
```

5. 日期和时间常量

在 T-SQL 语言中，日期和时间常量使用特定格式的字符日期值来表示，并用单引号括起来。例如：

```
'December 1, 2020'
'1 December, 2020'
```

```
'201105'
'12/6/20'
```

9.2.2　变量

变量可以保存查询之后的结果，可以在查询语句中使用变量，也可以将变量中的值插入到数据表中，在 T-SQL 中变量的使用非常灵活方便，可以在任何 T-SQL 语句集合中声明使用，根据其生命周期，可以分为全局变量和局部变量。

1. 局部变量

局部变量是用户可自定义的变量，它是一个能够拥有特定数据类型的对象，其作用范围仅限制在程序内部。局部变量被引用时要在其名称前加上标志“@”，而且必须先用 DECLARE 命令声明后才可以使用。

定义局部变量的语法形式如下。

```
DECLARE {@local-variable data-type}  [...n]
```

主要参数介绍如下。

- @local-variable：用于指定局部变量的名称，变量名必须以符号“@”开头，且必须符合 SQL Server 的命名规则。
- data-type：用于设置局部变量的数据类型及其大小。data-type 可以是任何由系统提供的或用户定义的数据类型。但是，局部变量不能是 text、ntext 或 image 数据类型。

实例 1：创建 3 个名为@Name、@Phone 和@Address 的局部变量，并将每个变量都初始化为 NULL，输入如下语句。

```
DECLARE @Name varchar(30), @Phone varchar(20), @Address char(2);
```

单击“执行”按钮，即可完成局部变量的创建，不过，使用 DECLARE 命令声明并创建局部变量之后，会将其初始值设为 NULL，如图 9-1 所示。

如果想要设置局部变量的值，必须使用 SELECT 命令或者 SET 命令，具体的语法形式如下。

```
SET {@local-variable=expression} 或者 SELECT {@local-variable=expression } [,...n]
```

主要参数介绍如下。

- @local-variable 是给其赋值并声明的局部变量。
- expression 是任何有效的 SQL Server 表达式。

实例 2：使用 SELECT 语句为@MyCount 变量赋值，最后输出@MyCount 变量的值，在“查询编辑器”窗口中输入如下语句。

```
USE School
DECLARE @MyCount INT
SELECT @MyCount =888
SELECT @MyCount
GO
```

单击“执行”按钮，即可完成局部变量的赋值，并输出@MyCount 变量的值，如图 9-2 所示。

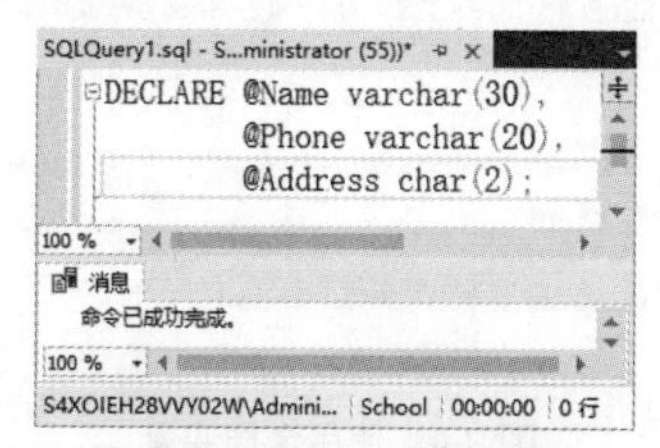

图 9-1　创建 3 个局部变量

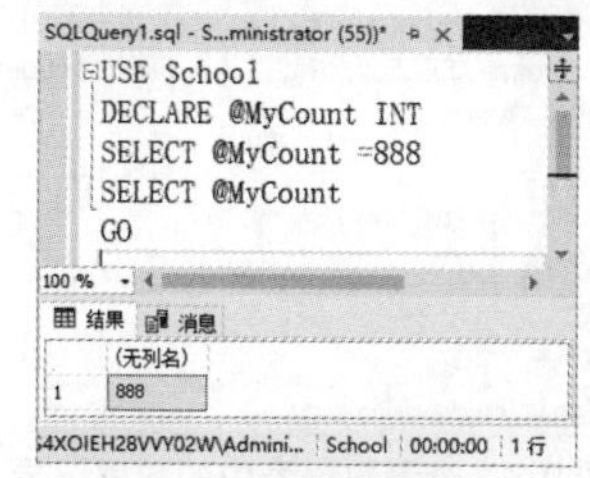

图 9-2　查看局部变量值

实例 3：使用 SET 语句给变量赋值，查询 student 表中总的记录数，并将其保存在 rows 局部变量，在“查询编辑器”窗口中输入如下语句。

```
USE School
DECLARE @rows int
SET @rows=(SELECT COUNT(*) FROM student)
SELECT @rows
GO
```

单击“执行”按钮，即可完成通过查询语句给变量赋值的操作，从运算结果可以看出 student 表中有 6 行数据记录，并将数值保存 rows 局部变量中，如图 9-3 所示。

2. 全局变量

全局变量是 SQL Server 系统提供的内部使用的变量，不用用户定义，就可以直接使用，对用户而言，其作用范围并不仅仅局限于某一程序，而是任何程序均可以随时调用。在 SQL Server 中，引用全局变量时，必须以标记符“@@”开头。常用的全局变量及其含义如表 9-1 所示。

表 9-1 常用的全局变量

全局变量名称	含 义
@@ERROR	返回执行的上一个 Transac SQL 语句的错误号
@@FETCH_STATUS	返回针对连接当前打开的任何游标，发出的上一条游标 FETCH 语句的状态
@@IDENTITY	返回插入到表的 IDENTITY 列的最后一个值
@@LANGUAGE	返回当前所用语言的名称
@@NESTLEVEL	返回对本地服务器上执行的当前存储过程的嵌套级别（初始值为 0）
@@OPTIONS	返回有关当前 SET 选项的信息
@@PACK_RECEIVED	返回 SQL Server 自上次启动后从网络读取的输入数据包数
@@PACK_SENT	返回 SQL Server 自上次启动后写入网络的输出数据包个数
@@PACKET_ERRORS	返回自上次启动 SQL Server 后，在 SQL Server 连接上发生的网络数据包错误数
@@ROWCOUNT	返回上一次语句影响的数据行的行数
@@SERVERNAME	返回运行 SQL Server 的本地服务器的名称
@@SPID	返回当前用户进程的会话 ID
@@TIMETICKS	返回每个时钟周期的微秒数
@@VERSION	返回当前安装的日期、版本和处理器类型
@@TRANCOUNT	返回当前连接的活动事务数

下面给出一个实例，来介绍全局变量的使用方法。

实例 4：查看当前 SQL Server 的版本信息和服务器名称，在“查询编辑器”窗口中输入如下语句。

```
SELECT @@VERSION AS 'SQL Server 版本', @@SERVERNAME AS '服务器名称'
```

单击“执行”按钮，即可完成通过全局变量查询当前 SQL Server 的版本信息和服务器名称的操作，显示结果，如图 9-4 所示。

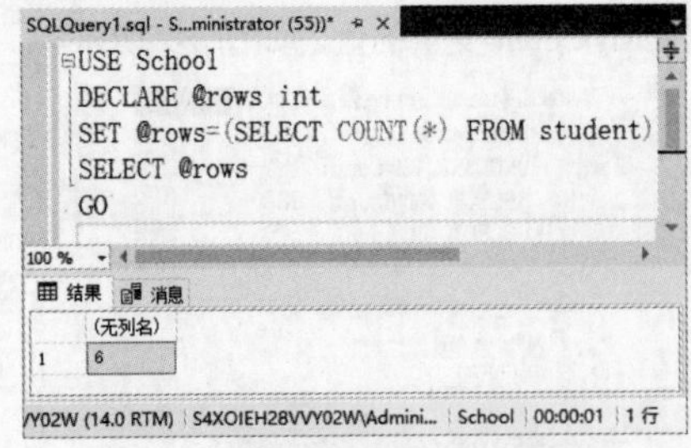

图 9-3 查看数据表中的数据记录

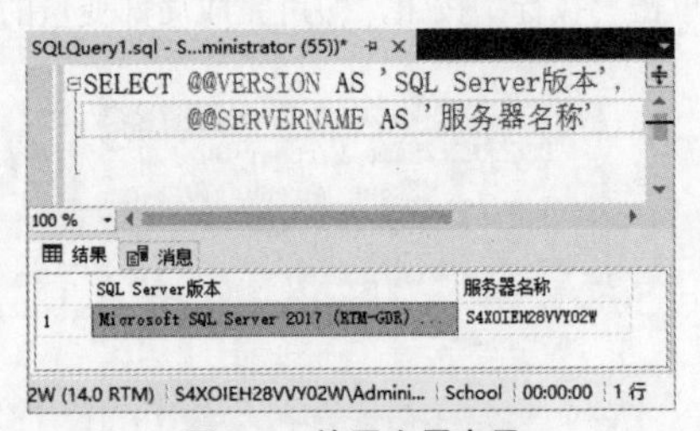

图 9-4 使用全局变量

9.3　流程控制语句

流程控制语句是 T-SQL 语言中的主要组成部分，使用流程控制语句可以提高编程语言的处理能力，T-SQL 中的流程控制语句主要包括 BEGIN…END 语句、IF…ELSE 语句、CASE 语句、WHILE 语句、GOTO 语句、BREAK 语句、WAITFOR 语句和 RETURN 语句。

9.3.1　BEGIN…END 语句

BEGIN…END 语句相当于程序设计语句中的一对括号，在其括号中存放的是一组 T-SQL 语句。一个 BEGIN…END 语句，可以视为一个整体，BEGIN…END 语句块允许嵌套，具体的语法格式如下。

```
BEGIN
{
    sql_statement | statement_block
}
END
```

主要参数介绍如下。

- BEGIN…END：语句关键字，它允许嵌套。
- {sql_statement | statement_block}项：指任何有效的 SQL 语句或语句块，其中，语句块为多条 SQL 语句。

实例 5：定义局部变量@count，如果@count 值小于 5，执行 WHILE 循环操作中的语句块，在“查询编辑器”窗口中输入如下语句。

```
USE School
DECLARE @count INT;
SELECT @count=0;
WHILE @count < 5
BEGIN
    PRINT 'count = ' + CONVERT(VARCHAR(8), @count)
    SELECT @count= @count +1
END
PRINT 'loop over count = ' + CONVERT(VARCHAR(8), @count);
```

单击“执行”按钮，即可完成定义局部变量@count 的操作，同时在“消息”窗格中显示执行的结果，如图 9-5 所示。

在上述代码中执行了一个循环过程，当局部变量@count 值小于 5 的时候，执行 WHILE 循环内的 PRINT 语句打印输出当前@count 变量的值，对@count 执行加 1 操作之后回到 WHILE 语句的开始重复执行 BEGIN…END 语句块中的内容。直到@count 的值大于等于 5，此时 WHILE 后面的表达式不成立，将不再执行循环。最后打印输出当前的@count 值，结果为 5。

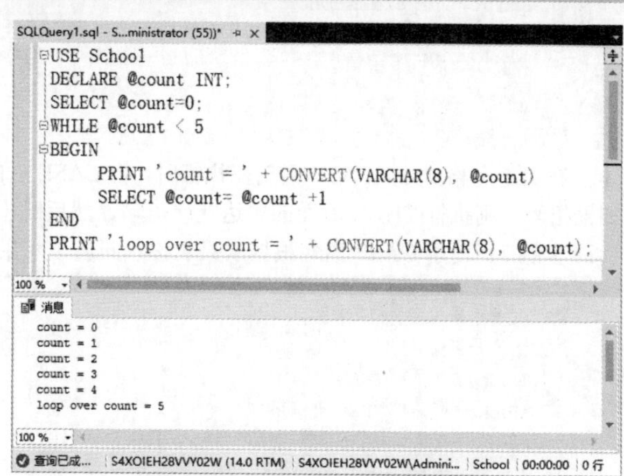

图 9-5　BEGIN…END 语句块

9.3.2　IF…ELSE 语句

IF…ELSE 语句用于在执行一组代码之前进行条件判断，根据判断的结果执行不同的代码。它的执行过程是，如果满足 IF 条件，则执行 IF 后面的语句，否则就不执行，具体的语法格式如下。

```
IF Boolean_expression
{ sql_statement | statement_block }
[ ELSE
{ sql_statement | statement_block } ]
```

主要参数介绍如下。

- Boolean_expression 是一个表达式，表达式计算的结果为逻辑真值（true）或假值（false）。当条件成立时，执行某段程序；条件不成立时，执行另一段程序。IF…ELSE 语句可以嵌套使用。
- {sql_statement | statement_block}项：指任何有效的 T-SQL 语句或语句块，其中，语句块为多条 T-SQL 语句。

实例 6：IF…ELSE 流程控制语句的使用，在“查询编辑器”窗口中输入如下语句。

```
USE School
DECLARE @age INT;
SELECT @age=18
IF  @age <40
   PRINT '这是个年轻人!'
ELSE
   PRINT '这是个中年人!'
```

单击“执行”按钮，即可完成 IF…ELSE 流程控制语句的操作，同时在“消息”窗格中显示执行的结果，如图 9-6 所示。

从结果中可以看到，变量@age 值为 18，小于 40，因此表达式@age<40 成立，返回结果为逻辑真值（true），所以执行第 5 行的 PRINT 语句，输出结果为字符串“这是个年轻人”。

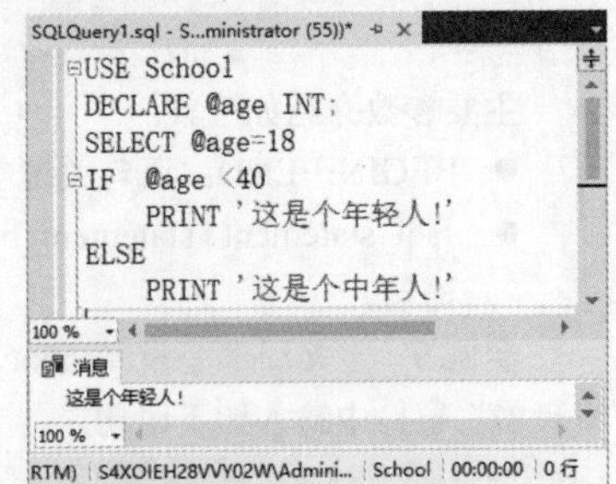

图 9-6 IF…ELSE 流程控制语句

9.3.3 CASE 语句

CASE 语句与 IF…ELSE 语句类似，都被称为选择语句。使用 CASE 语句可以很方便地实现多重选择的情况，CASE 是多条件分支语句，相比 IF…ELSE 语句，CASE 语句进行分支流程控制可以使代码更加清晰，易于理解。

CASE 语句根据表达式逻辑值的真假来决定执行的代码流程，CASE 语句有两种格式。

1. 格式 1

```
CASE input_expression
   WHEN when_expression1 THEN result_expression1
   WHEN when_expression2 THEN result_expression2
   [...n ]
   [    ELSE else_result_expression   ]
END.
```

在第一种格式中，CASE 语句在执行时，将 CASE 后的表达式的值与各 WHEN 子句的表达式值比较，如果相等，则执行 THEN 后面的表达式或语句，然后跳出 CASE 语句；否则，返回 ELSE 后面的表达式。

实例 7：使用 CASE 语句根据水果名称判断各个水果的产地，输入如下语句。

```
USE test
SELECT 水果编号,水果名称,
CASE 水果名称
   WHEN '苹果' THEN '山东'
   WHEN '香蕉' THEN '海南'
   WHEN '芒果' THEN '海南'
   ELSE '无'
END.
AS '产地'
FROM 水果信息表
```

单击“执行”按钮，即可完成使用 CASE 语句根据水果名称判断各个水果产地的操作，同时在“消息”窗格中显示执行的结果，如图 9-7 所示。

2. 格式 2

```
CASE
   WHEN Boolean_expression1 THEN result_expression1
```

```
    WHEN Boolean_expression2 THEN result_expression2
    [...n ]
    [   ELSE else_result_expression     ]
END
```

在第二种格式中，CASE 关键字后面没有表达式，多个 WHEN 子句中的表达式依次执行，如果表达式结果为真，则执行相应 THEN 关键字后面的表达式或语句，执行完毕之后跳出 CASE 语句。如果所有 WHEN 语句都为 false，则执行 ELSE 子句中的语句。

实例 8：使用 CASE 语句对水果价格进行综合评定，输入如下语句。

```
USE test
SELECT 水果编号,水果名称,水果价格,
CASE
    WHEN 水果价格> 10 THEN '很贵'
    WHEN 水果价格> 8 THEN '稍贵'
    WHEN 水果价格> 6 THEN '一般'
    WHEN 水果价格>4 THEN '平价'
    ELSE '便宜'
END.
AS '价格评定'
FROM 水果信息表
```

单击“执行”按钮，即可完成使用 CASE 语句根据水果价格进行综合评定的操作，同时在“消息”窗格中显示执行的结果，如图 9-8 所示。

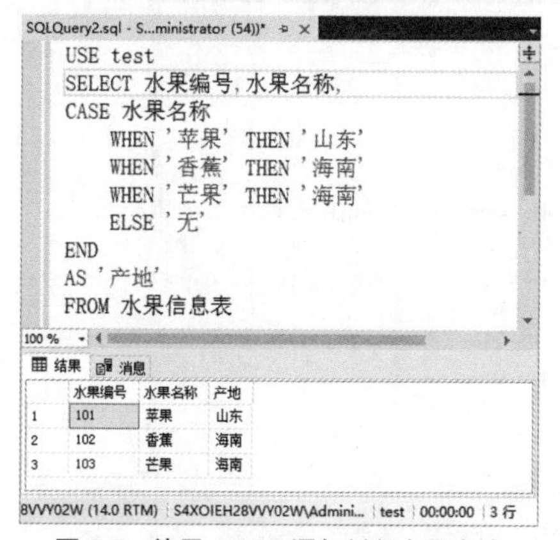

图 9-7　使用 CASE 语句判断水果产地

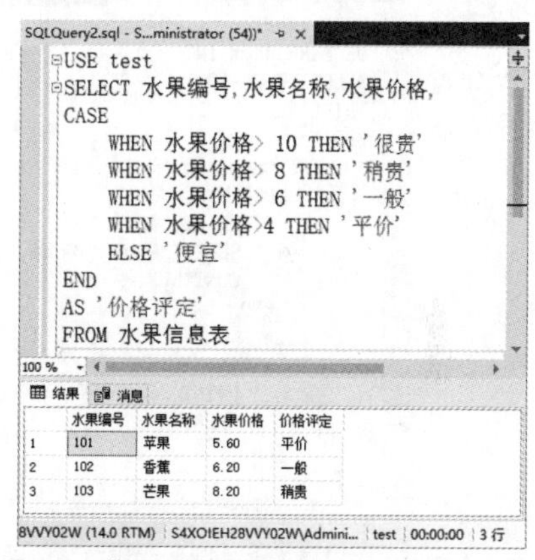

图 9-8　使用 CASE 语句对水果价格进行评价

9.3.4　WHILE 语句

WHILE 语句是循环语句，它可以根据条件重复执行一条或多条 T-SQL 代码，只要条件表达式为真，就循环执行语句。在 WHILE 语句中可以通过 CONTINUE 或者 BREAK 语句跳出循环，WHILE 语句的基本语法格式如下。

```
WHILE Boolean_expression
{ sql_statement | statement_block }
[ BREAK | CONTINUE ]
```

主要参数介绍如下。

- Boolean_expression：返回 true 或 false 的表达式。如果布尔表达式中含有 SELECT 语句，则必须用括号将 SELECT 语句括起来。
- {sql_statement | statement_block}：T-SQL 语句或用语句块定义的语句分组。若要定义语句块，需要使用控制流关键字 BEGIN 和 END。
- BREAK：导致从最内层的 WHILE 循环中退出。将执行出现在 END 关键字（循环结束的标记）后面的任何语句。

● CONTINUE：使 WHILE 循环重新开始执行，忽略 CONTINUE 关键字后面的任何语句。

实例 9：WHILE 循环语句的使用，输入如下语句。

```
USE test
DECLARE @num INT;
SELECT @num=10;
WHILE @num > -1
BEGIN
   If @num > 5
      BEGIN
         PRINT '@num 等于' +CONVERT(VARCHAR(4), @num)+ '大于 5 循环继续执行';
         SELECT @num = @num - 1;
         CONTINUE;
      END
   else
      BEGIN
         PRINT '@num 等于'+ CONVERT(VARCHAR(4), @num);
         BREAK;
      END
END
PRINT '循环终止之后@num 等于' + CONVERT(VARCHAR(4), @num);
```

单击“执行”按钮，即可完成 WHILE 循环语句的操作，同时在“消息”窗格中显示执行的结果，如图 9-9 所示。

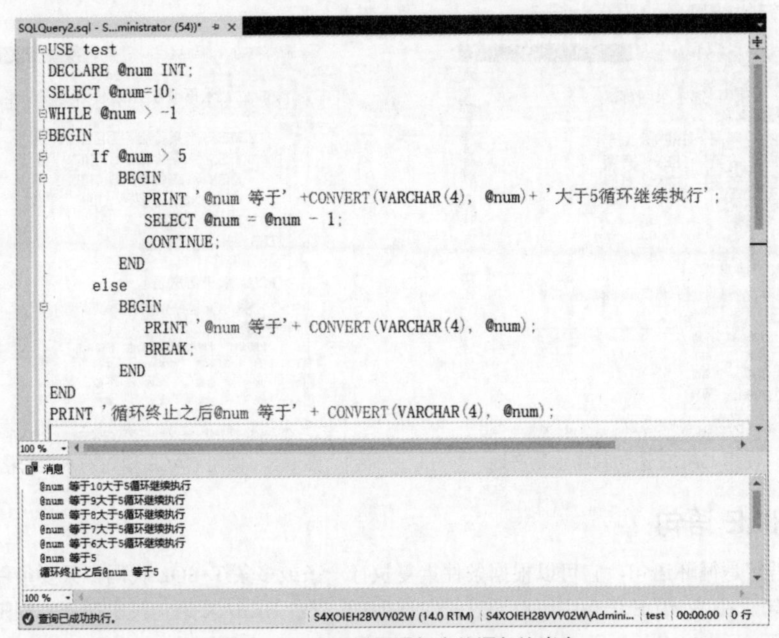

图 9-9 WHILE 循环语句中的语句块嵌套

9.3.5 GOTO 语句

GOTO 语句表示将执行流更改到标签处，跳过 GOTO 后面的 T-SQL 语句，并从标签位置继续处理。GOTO 语句和标签可在过程、批处理或语句块中的任何位置使用。GOTO 语句的语法格式如下。

定义标签名称，使用 GOTO 语句跳转时，要指定跳转标签名称。

```
label :
```

使用 GOTO 语句跳转到标签处。

```
GOTO label
```

实例 10：GOTO 语句的使用，输入如下语句。

```
USE test
```

```
BEGIN
SELECT 水果名称 FROM 水果信息表;
GOTO jump
SELECT 水果价格 FROM 水果信息表
jump:
PRINT '第二条 SELECT 语句没有执行';
END
```

单击“执行”按钮，即可完成 GOTO 语句的操作，同时在“消息”窗格中显示执行的结果，如图 9-10 所示。

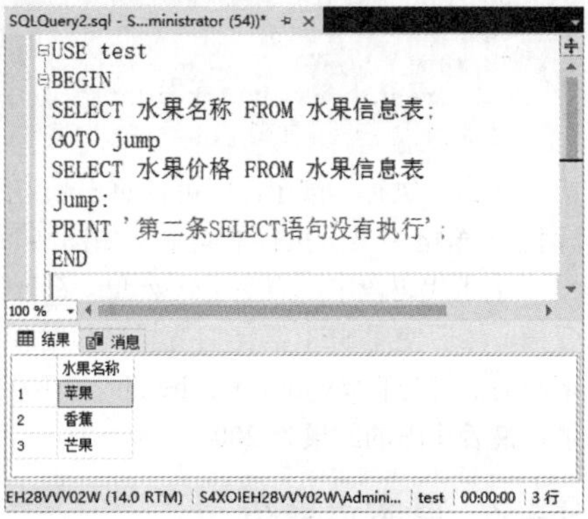

图 9-10　GOTO 语句

9.3.6　WAITFOR 语句

WAITFOR 语句可以控制语句执行的时间。例如，1 分钟之后执行语句或在 14:00 执行语句等。但是，需要注意的是 WAITFOR 语句只能够控制 24 小时之内的时间范围，具体的语法格式如下。

```
WAITFOR
{
    DELAY 'time_to_pass'
  | TIME 'time_to_execute'
  | [ ( receive_statement ) | ( get_conversation_
group_statement ) ]
    [ , TIMEOUT timeout ]
}
```

主要参数介绍如下。

- DELAY：指定可以继续执行批处理、存储过程或事务之前必须经过的指定时段，最长可为 24 小时。
- TIME：指定运行批处理、存储过程或事务的时间点。只能使用 24 小时制的时间值，最大延迟为一天。

实例 11：10s 的延迟后执行 SET 语句，输入如下语句。

```
USE test
DECLARE @name VARCHAR(50);
SET @name='admin';
BEGIN
WAITFOR DELAY '00:00:10';
PRINT @name;
END;
```

单击“执行”按钮，即可完成 WAITFOR 语句的操作，同时在“消息”窗格中显示执行的结果，如图 9-11 所示。该段代码的作用是为@name 赋值后，并不能立刻显示该变量的值，而是延迟 10 秒钟后，才看到输出结果。

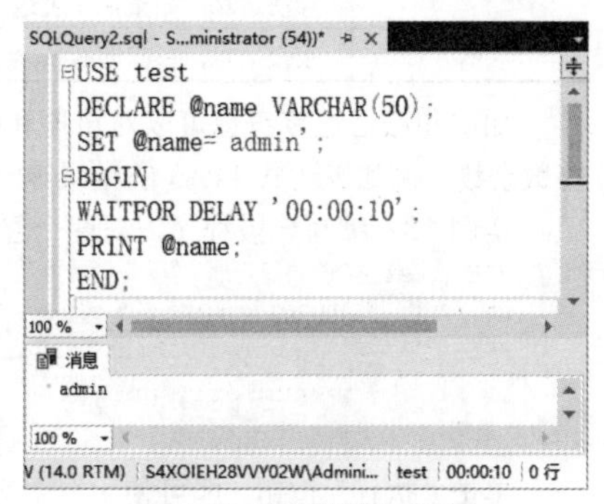

图 9-11　WAITFOR 语句

9.4　认识运算符

微视频

在 SQL Server 中，运算符是一些特殊的符号，用于指定在一个或者多个表达式中执行的计算操作，例如，连接两个数字类型的变量，将一个日期变量与字符变量相加或者相比较等。T-SQL 语言中的运算符主要包括赋值运算符、算术运算符、比较运算符、逻辑运算符、连接运算符以及按位运算符。

9.4.1 赋值运算符

T-SQL 语言中的赋值运算符只有等号“=”一个，它的主要作用为：用于将表达式的值赋值给一个变量，或者在列标题和定义列值的表达式之间建立关系。

实例 12：编写一段程序，用于计算长方形的面积，输入如下语句。

```
USE test
DECLARE @width int, @height int, @result int=0
SET @width=20
SET @height=10
SET @result=@width*@height
SELECT @width '宽',@height '高',@result '结果'
```

单击“执行”按钮，即可计算出长方形的面积，同时在“消息”窗格中显示执行的结果，如图 9-12 所示。

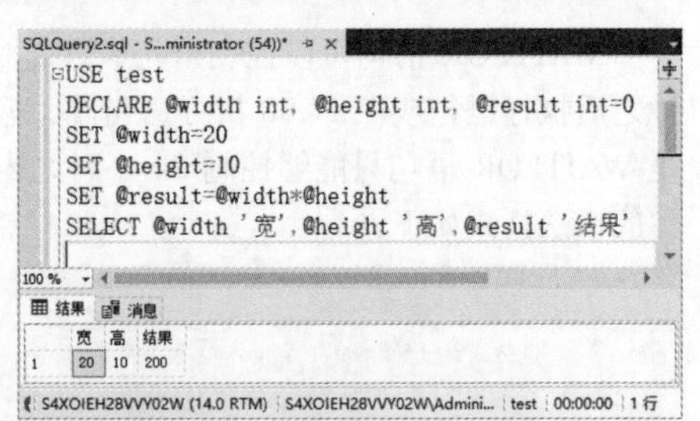
图 9-12　赋值运算符的应用

上述代码段中，声明了@width、@height、@result 三个变量，然后使用 SET 语句为变量赋值时使用了赋值运算符，下面的语句是将@width 和@height 的乘积赋值给@result 变量，最后输出的结果为 200。

9.4.2 算术运算符

算术运算符用于对两个表达式进行数学运算，一般得到的结果是数值型，如下表列出了 T-SQL 语言中的算术运算符。

表 9-2　T-SQL 语言中的算术运算符

运　算　符	作　用
+	加法运算
-	减法运算
*	乘法运算
/	除法运算，如果两个表达式的值都是整数，那么结果只取整数部分，小数部分将忽略
%	求余运算，返回两数相除后的余数

加法和减法运算符也可以对日期和时间类型的数据执行算术运算，求余运算即返回一个除法运算的整数余数，例如表达式 14%3 的结果等于 2。

实例 13：编写一段程序，对两个整数使用算术运算符并输出结果，输入如下语句。

```
USE test
DECLARE @number1 int=30, @number2 int=20
SELECT '加'=@number1+@number2, '减'=@number1-@number2,
       '乘'=@number1*@number2, '除'=@number1/@number2,
'余'=@number1%@number2
```

单击“执行”按钮，即可使用算术运算符计算出两个整数的和差积等结果，并在“消息”窗格中显示执行的结果，如图 9-13 所示。

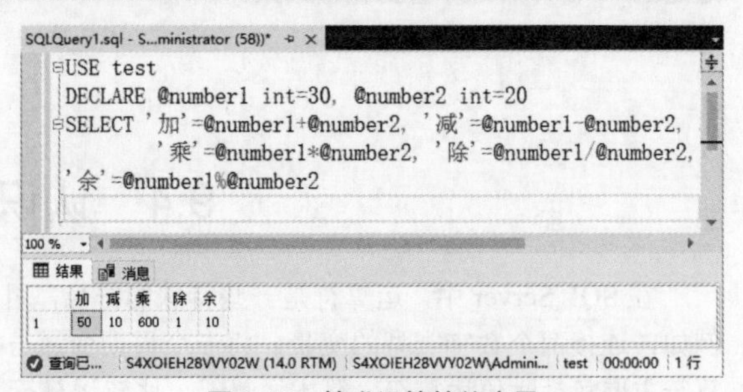
图 9-13　算术运算符的应用

9.4.3 比较运算符

比较运算符用来比较两个表达式的大小，比较完成后，返回到的值为布尔值，比较表达式通常作为控制语句的判断条件。在 SQL Server 中，除了 text、ntext 与 image 数据类型的表达式外，比较运算符可以用于所有的表达式。表 9-3 列出了 T-SQL 语言中的比较运算符。

表 9-3　T-SQL 语言中的比较运算符

运　算　符	含　　义
=（等于）	A=B，判断两个表达式 A 和 B 是否相等，如果相等，则返回 ture，否则返回 false
>（大于）	A>B，判断表达式 A 的值是否大于表达式 B 的值，如果大于，则返回 ture，否则返回 false
<（小于）	A<B，判断表达式 A 的值是否小于表达式 B 的值，如果小于，则返回 ture，否则返回 false
>=（大于等于）	A>=B，判断表达式 A 的值是否大于等于表达式 B 的值，如果大于等于，则返回 ture，否则返回 false
<=（小于等于）	A<=B，判断表达式 A 的值是否小于等于表达式 B 的值，如果小于等于，则返回 ture，否则返回 false
<>（不等于）	A<>B，判断表达式 A 的值是否不等于表达式 B 的值，如果不等于，则返回 ture，否则返回 false
!=（不等于）	A!=B，非 ISO 标准
!<（不小于）	A!<B，非 ISO 标准
!>（不大于）	A!>B，非 ISO 标准

实例 14：在 School 数据库中，查询 student 表中，性别“男”的学生信息，输入如下语句。

```
USE School
SELECT * FROM student
WHERE 性别<>'女';
```

单击“执行”按钮，即可查询出性别为“男”的学生信息，这里用到的是<>（不等于）比较运算符。如图 9-14 所示。

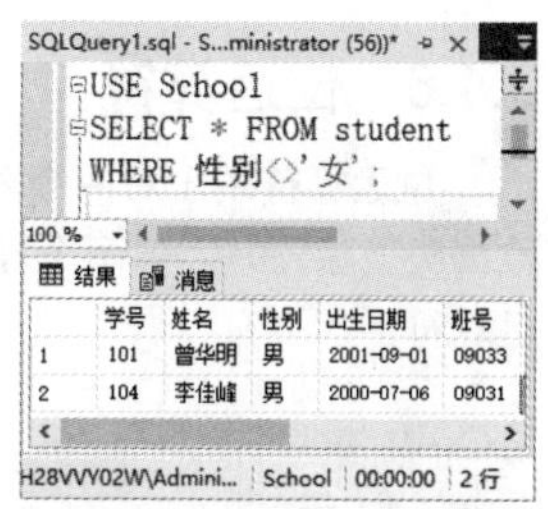

图 9-14　比较运算符的应用

9.4.4　逻辑运算符

逻辑运算符是指对某些条件进行测试，并返回最终结果。与比较运算符相同，逻辑运算符的返回结果为 true（真）或者 false（假）。如表 9-4 所示列出了 T-SQL 语言中的逻辑运算符。

表 9-4　T-SQL 语言中的逻辑运算符

运　算　符	含　　义
ALL	如果一组的比较都为 true，那么就为 true
AND	如果两个布尔表达式都为 true，那么就为 true
ANY	如果一组的比较中任何一个为 true，那么就为 true
BETWEEN	如果操作数在某个范围之内，那么就为 true
EXISTS	如果子查询包含一些行，那么就为 true
IN	如果操作数等于表达式列表中的一个，那么就为 true
LIKE	如果操作数与一种模式相匹配，那么就为 true
NOT	对任何其他布尔运算符的值取反
OR	如果两个布尔表达式中的一个为 true，那么就为 true
SOME	如果在一组比较中，有些为 true，那么就为 true

实例 15：在 School 数据库中，查询 student 表中，性别“女”且班号为“09031”的学生信息，输入如下语句。

```
USE School
SELECT * FROM student
WHERE 性别='女' and 班号='09031';
```

单击“执行”按钮，即可查询出性别为“女”且班号为“09031”的学生信息，这里用到的是 and 逻辑运算符，如图 9-15 所示。

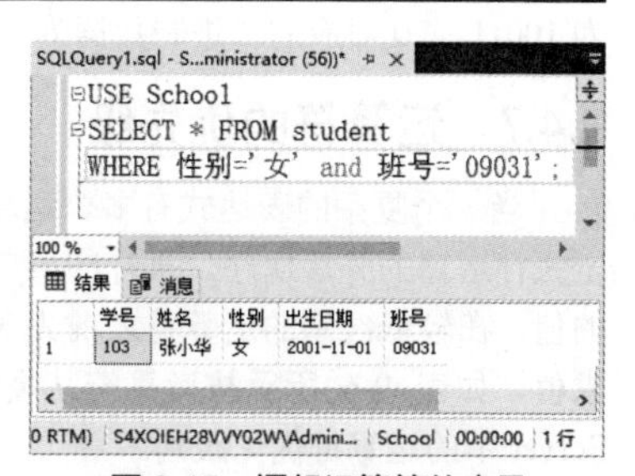

图 9-15　逻辑运算符的应用

9.4.5 一元运算符

一元运算符仅能对一个表达式执行操作，SQL Server 提供的一元运算符有+（正）、-（负）、~（位反）。其中，+（正）与-（负）运算符可用于数字数据类型中的任一数据类型的表达式，而~（位反）运算符只能用于整数数据类型中任一数据类型的表达式。

实例 16：编写一段程序，声明一个变量@Num，然后对该变量赋值，最后对变量执行取正操作并输出结果，输入如下语句。

```
USE test
DECLARE @Num float
SET @Num=-2020.15
SELECT -@Num
```

单击“执行”按钮，即可对变量@Num 进行取正操作，其中在变量@Num 前加上“-”（负）号就是对变量进行取正运算的，输入结果为 2020.15，如图 9-16 所示。

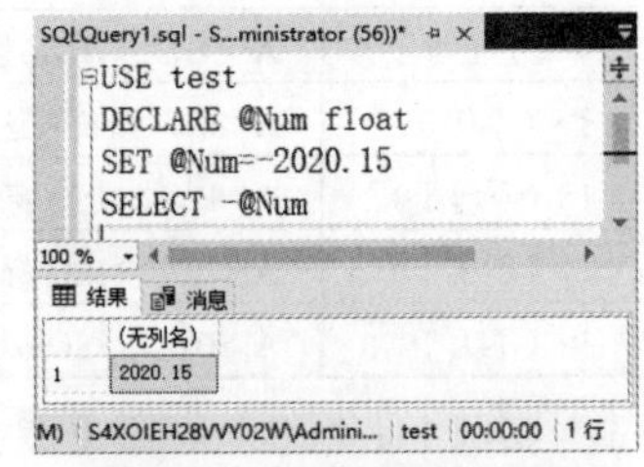

图 9-16 一元运算符的应用

9.4.6 位运算符

位运算符用于对两个表达式执行位操作，这两个表达式可以是整数或二进制字符串数据类型（image 数据类型除外），但两个操作数不能同时是二进制字符串数据类型，如表 9-5 所示为 T-SQL 语言中的位运算符。

表 9-5 T-SQL 语言中的位运算符

运 算 符	含 义
&（位与）	位与逻辑运算，从两个表达式中取对应的位，当且仅当两个表达式中的对应位的值都为 1 时，结果中的位才为 1，否则，结果中的位为 0
|（位或）	位或逻辑运算，从两个表达式中取对应的位，如果两个表达式中的对应位只有一个位的值为 1，结果的位就被设置为 1；两个位的值都为 0 时，结果中的位才被设置为 0
^（位异或）	位异或逻辑运算。从两个表达式中取对应的位，如果两个表达式中的对应位只有一个位的值为 1，结果的位就被设置为 1；而当两个位的值都为 0 或 1 时，结果中的位被设置为 0

实例 17：编写一段程序，使用位运算符对 19 和 20 进行计算，输入如下语句。

```
USE test
DECLARE @Num1 int, @Num2 int, @Num3 int
SET @Num1=19&20
SET @Num2=19|20
SET @Num3=19^20
SELECT @Num1 AS '19&20',
@Num2 AS '19|20',
@Num3 AS '19^20'
```

单击“执行”按钮，即可得出结果，如图 9-17 所示。当对整型数据进行位运算时，整型数据首先被转换为二进制数据，然后再对二进制数据进行位运算。19 对应的二进制数据为 10011，20 对应的二进制数据为 10100。

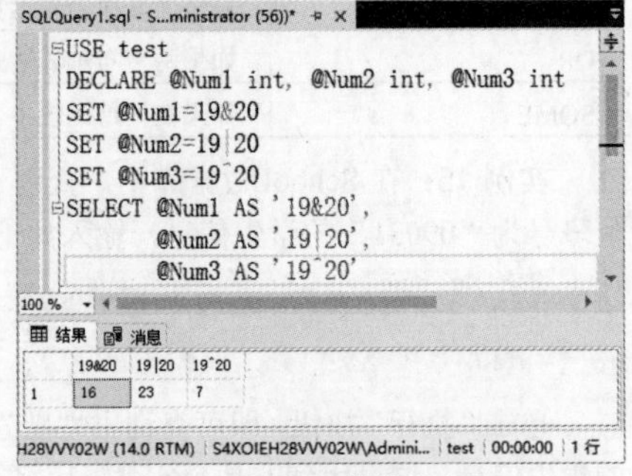

图 9-17 位运算符的应用

9.4.7 运算符的优先级

当一个复杂的表达式有多个运算符时，运算符优先级决定执行运算的先后次序。执行的顺序可能严重地影响所得到的值，在较低级别的运算符之前先对较高级别的运算符进行求值，如表 9-6 所示按运算符从高到低的顺序列出了 SQL Server 中的运算符优先级别。

当一个表达式中的两个运算符有相同的运算符优先级别时，将按照它们在表达式中的位置对其从左到右进行求值。当然，在无法确定优先级的情况下，可以使用圆括号()来改变优先级，并且这样会使计算过程更加清晰。

表 9-6　SQL Server 运算符的优先级

级　别	运　算　符
1	~（位反）
2	*（乘）、/（除）、%（取余）
3	+（正）、-（负）、+（加）、-（减）、&（位与）
4	=、>、<、>=、<=、<>、!=、!>、!<（比较运算符）
5	^（位异或）、|（位或）
6	NOT
7	AND
8	ALL、ANY、BETWEEN、IN、LIKE、OR、SOME
9	=（赋值）

9.5　注释与通配符

在 T-SQL 语言中，注释与通配符的作用也是很大的，例如当编写的语句过长或者复杂时，可以在代码中添加注释，来解释语句的含义，从而增强可读性；在模糊查询时，通配符是必不可少的元素。

微视频

9.5.1　注释

在 SQL Server 数据库系统中，支持两种形式的程序注释语句，一种是使用（/*）和（*/）括起来的可以书写多行的注释语句，另一种是使用两个短线“--”表示的只能书写一行的注释语句。

实例 18：使用两种不同的注释方式，注释语句，输入如下语句。

```
--打开 School 数据库
USE School
DECLARE @n int        --声明一个变量@n,类型为 int
/*
对变量@n 赋值 2020
然后输出该变量@n 的值
*/
SET @n=2020
SELECT @n
```

单击“执行”按钮，即可返回执行结果，从结果中可以看出注释语句对查询语句没有任何影响，如图 9-18 所示。

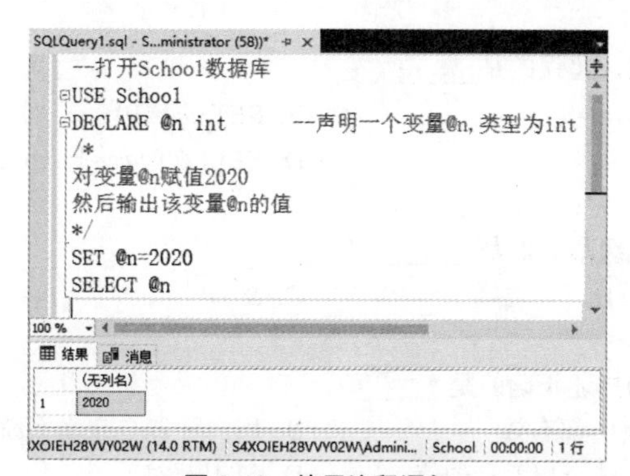

图 9-18　使用注释语句

9.5.2 通配符

查询时，有时无法指定一个清楚的查询条件，此时可以使用 T-SQL 通配符，通配符用来代替一个或多个字符，在使用通配符时，要与 LIKE 运算符一起使用。表 9-7 为 T-SQL 语言中常用的通配符。

表 9-7 T-SQL 语言中常用的通配符

通配符	说明
%	匹配任意长度的字符，甚至包括零字符
_	匹配任意单个字符
[字符集合]	匹配字符集合中的任何一个字符
[^]或[!]	匹配不在括号中的任何字符

9.6 课后习题与练习

一、填充题

1. T-SQL 语言是________语言，简单易学。

答案：结构化查询

2. 在 T-SQL 中，局部变量名前要加上的前缀是_______，全局变量名前要加上的前缀是______。

答案：@，@@

3. _______语句为循环控制语句，它用于重复执行符合条件的 T-SQL 语句或语句块。

答案：WHILE

4. 使用______符号，只能书写一行的注释语句。

答案：“--”

5. 使用______语句可以定义一个 T-SQL 语句块，从而可以将语句块中的 T-SQL 语句作为一组语句来执行

答案：BEGIN…END

二、选择题

1. T-SQL 语言具有_______的功能。

A. 数据定义，数据操纵，数据控制　　B. 关系规范化，数据操纵，数据控制

C. 数据定义，关系规范化，数据控制　　D. 数据定义，数据操纵，关系规范化

答案：A

2. 使用 T-SQL 语言，用户可以直接操作______。

A. 基本表　　B. 视图　　C. 基本表和视图　　D. 以上都不对

答案：C

3. 下面关于变量的使用，错误的是______。

A. DECLARE @d int=0　　B. SET @d=10

C. SET @a=1,@b=2　　D. SELECT @a=1,@b=2

答案：A

4. 下列运算符中，优先级最高的是______。

A. /　　B. |　　C. &　　D. OR

答案：A

5. 下面关于全局变量的描述正确的是______。

A. 全局变量在所有程序中都有效　　B. 用户不能自定义系统全局变量

C. 用户不能手工修改系统全局变量的值　　D. 以上都对

答案：D

三、简答题

1. 简述定义字符串常量与字符串变量的方法。
2. 在T-SQL语句中使用注释有哪些方法？
3. 在编写复杂表达式时，如何才能更改运算符的优先级？

9.7 新手疑难问题解答

疑问1：在使用WHILE循环语句时，会不会出现不停地执行WHILE中的语句的现象呢？

解答：当然会了，我们把这种一直重复执行的语句叫作死循环。如果想要避免发生死循环，就要为WHILE语句设置合理的判断条件，并且可以使用BREAK和CONTINUE关键字来控制循环的执行。

疑问2：给变量赋值后，能不能查看赋值后变量的值？

解答：可以查看。用户可以通过PRINT语句将变量的值输出，也可以直接使用SELECT语句来显示变量的值。具体使用方法如下：

```
PRINT @name;
```

或者

```
SELECT @name;
```

9.8 实战训练

练习使用T-SQL语言中的相关内容。

（1）计算1+2+3+4+…+100的结果。

（2）编写一段程序，用于计算长方形的周长。

（3）使用WHILE循环输出一个倒三角，具体效果如下：

```
*****
****
***
**
*
```

（4）查看当前SQL Server 2017的服务器名称、语言以及版本。

（5）假设创建一个学生成绩表，并输入成绩信息。要求使用CASE语句实现查询学生成绩评级标准的功能。

第 10 章

系统函数与自定义函数

本章内容提要

SQL Server 提供了众多功能强大、方便易用的函数，从功能上划分，可以分为系统函数与自定义函数。所谓系统函数，可以理解为 SQL Server 安装后就有的函数，可以直接使用。当系统函数满足不了需求时，可以自定义函数。本章介绍 SQL Server 函数的应用，主要内容包括系统函数与自定义函数的应用。

微视频

10.1 系统函数

为了方便用户执行各种统计或处理操作，SQL Server 提供了大量的内置函数，也就是系统函数，这些系统函数包括字符串函数、数学函数、时间和日期函数、类型转换函数等。

10.1.1 数学函数

SQL Server 提供了 20 多个用于处理整数与浮点值的数学函数，这些数学函数可以在 SQL 语句的任何位置调用。表 10-1 为常见的数学函数及其含义。

在了解了常用的数学函数后，下面给出几个实例，来具体介绍数学函数的使用方法。

实例 1：使用函数计算 10 的平方以及 100 的平方根，语句如下。

```
SELECT SQUARE (10), SQRT(100);
```

单击“执行”按钮，即可完成使用函数计算数值的操作，并在“结果”窗格中显示查询结果，如图 10-1 所示。

实例 2：使用函数计算半径为 10 的圆的面积，语句如下。

```
SELECT SQUARE (10)*PI();
```

单击“执行”按钮，即可完成使用函数计算圆面积的操作，并在“结果”窗格中显示查询结果，如图 10-2 所示。

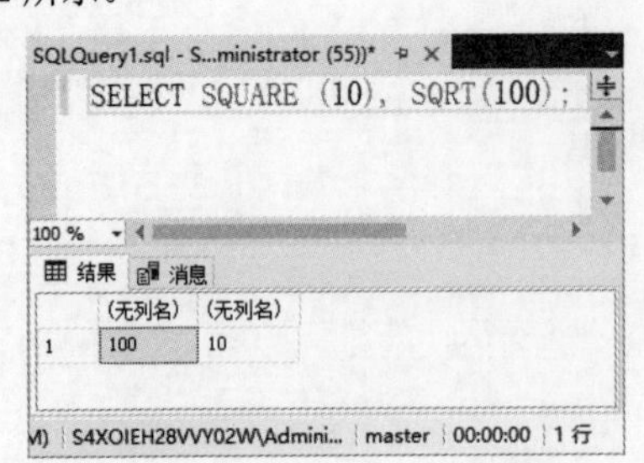

图 10-1 SQUARE()与 SQRT()函数

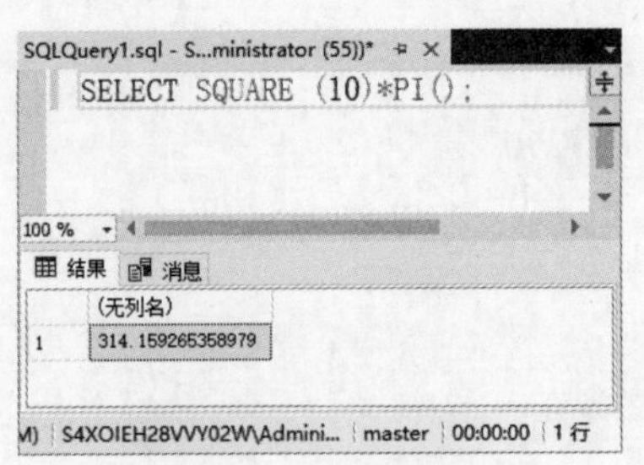

图 10-2 PI()函数

表 10-1　常用的数学函数

名　称	说　明
ABS(x)	返回数值表达式的绝对值
RAND(x)	返回一个随机数值，范围在 0 到 1 之间
CEILING(x)	返回大于或等于数值表达式的最小整数
FLOOR(x)	返回小于或等于数值表达式的最大整数
PI()	返回圆周率的常量值
SQRT(x)	返回数值表达式的平方根
ROUND(x,y)	返回舍入到指定长度或精度的数值表达式
POWER(x,y)	返回对数值表达式进行幂运算的结果
SQUARE(x)	返回数值表达式的平方
EXP(x)	返回指定表达式中以 e 为底的指数
LOG(x)	返回数值表达式中以 10 为底的对数
SIGN(x)	返回数值表达式的正号(+)、负号(-)或零(0)
SIN(x)	取 x 的三角正弦值。该函数只有一个参数，参数是 float 类型的
COS(x)	取 x 的三角余弦值。该函数只有一个参数，参数是 float 类型的
TAN(x)	取 x 的三角正切值。该函数只有一个参数，参数是 float 类型的
COT(x)	取 x 的三角余切值。该函数只有一个参数，参数是 float 类型的
ASIN(x)	取 x 的反正弦值。该函数只有一个参数，参数是 float 类型的
ACOS(x)	取 x 的反余弦值。该函数只有一个参数，参数是 float 类型的
ATAN(x)	取 x 的反正切值。该函数只有一个参数，参数是 float 类型的
ACOT(x)	取 x 的反余切值。该函数只有一个参数，参数是 float 类型的

实例 3：使用函数计算 3 的 5 次幂，语句如下。

```
SELECT POWER (3,5);
```

单击“执行”按钮，即可完成使用函数计算数值的操作，并在“结果”窗格中显示查询结果，如图 10-3 所示。

实例 4：使用函数获取数值的最小整数，语句如下。

```
SELECT CEILING (-8.21),CEILING(9.35);
```

单击“执行”按钮，即可完成使用函数计算数值的操作，并在“结果”窗格中显示查询结果，如图 10-4 所示。

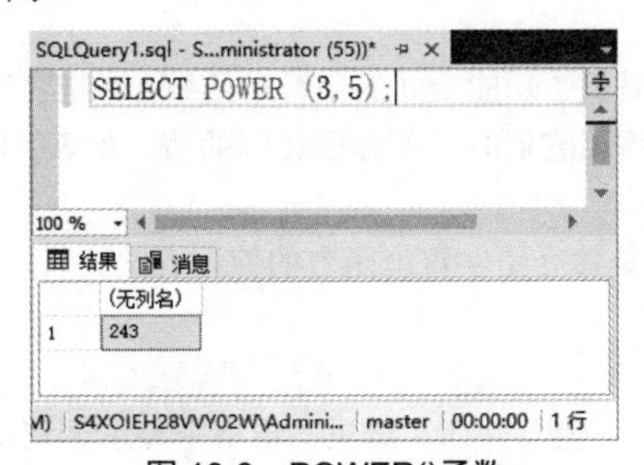

图 10-3　POWER()函数

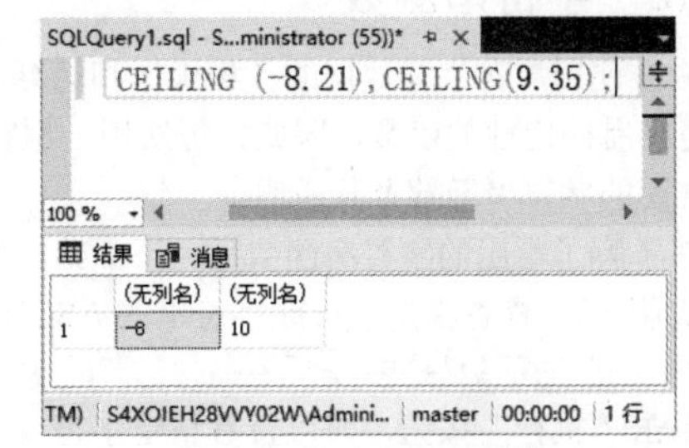

图 10-4　CEILING()函数

实例 5：使用函数获取数值的最大整数，语句如下。

```
SELECT FLOOR (-8.21), FLOOR (9.35);
```

单击“执行”按钮，即可完成使用函数计算数值的操作，并在“结果”窗格中显示查询结果，如图 10-5 所示。

实例 6：使用函数获取数值的自然对数或以 10 为底的对数，语句如下。

```
SELECT LOG(10), LOG10(100);
```

单击“执行”按钮，即可完成使用函数计算数值的操作，并在“结果”窗格中显示查询结果，如图 10-6 所示。

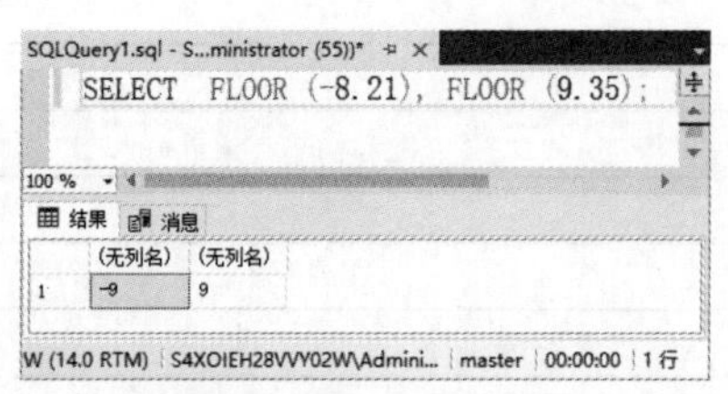

图 10-5 FLOOR()函数

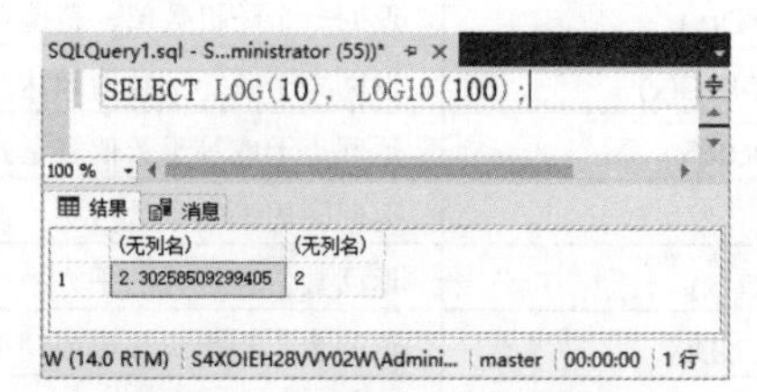

图 10-6 LOG()与 LOG10()函数

实例 7：计算数值的正弦值和余弦值，语句如下。

```
SELECT SIN(10), COS(10);
```

单击“执行”按钮，即可完成使用函数计算数值的操作，并在“结果”窗格中显示查询结果，如图 10-7 所示。

实例 8：计算数值的正切值和余切值，语句如下。

```
SELECT TAN(0.5), COT(0.5);
```

单击“执行”按钮，即可完成使用函数计算数值的操作，并在“结果”窗格中显示查询结果，如图 10-8 所示。

实例 9：计算数值的反正弦值和反正切值，语句如下。

```
SELECT ASIN(0.5), ATAN(0.5);
```

单击“执行”按钮，即可完成使用函数计算数值的操作，并在“结果”窗格中显示查询结果，如图 10-9 所示。

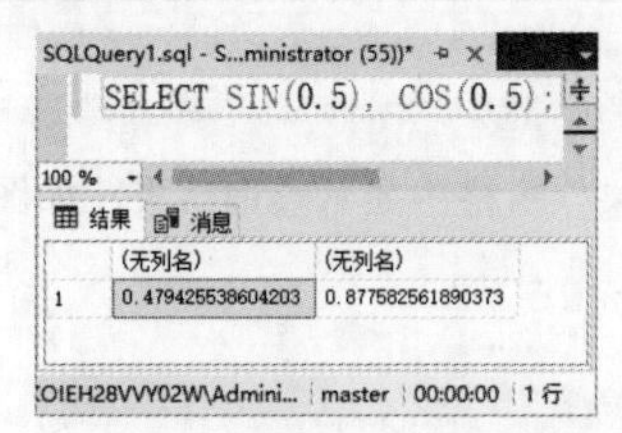

图 10-7 SIN()与 COS()函数

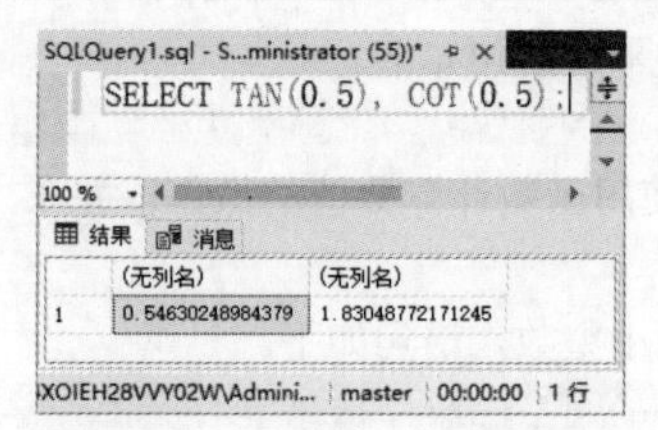

图 10-8 TAN()与 COT()函数

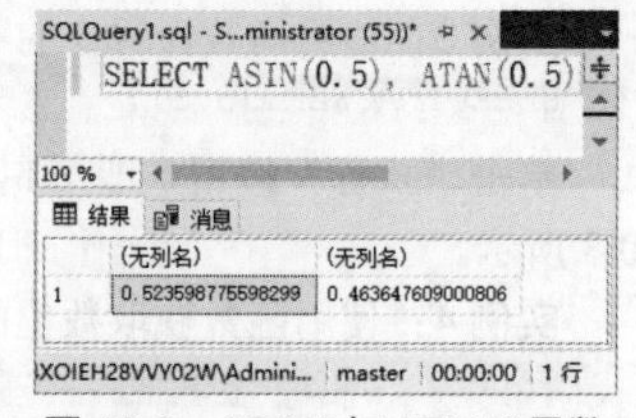

图 10-9 ASIN()与 ATAN()函数

10.1.2 字符串函数

为方便用户对字符数据的各种操作和运算，SQL Server 提供了功能全面的字符串函数，这些字符串函数都是具有确定性的函数，因此，每次用一组特定的输入值调用它们时，都返回相同的值，如表 10-2 所示为常用的字符串函数及其说明。

在了解了常用的字符串函数后，下面给出几个实例，来具体介绍字符串函数的使用方法。

实例 10：查看指定字符或字符串的 ASCII 值，语句如下。

```
SELECT ASCII('abc'),ASCII('efg'), ASCII(10);
```

单击“执行”按钮，即可查看指定字符或字符串的 ASCII 值，并在“结果”窗格中显示查询结果，如图 10-10 所示。

注意：对于纯数字的字符串，可以不使用单引号括起来。

实例 11：转换指定字符串中所有字母的大小写，语句如下。

```
SELECT UPPER('sql'),UPPER('SQL Server'), LOWER('SERVER'), LOWER ('SQL Server');
```

单击“执行”按钮，即可将字符串中字母的大小写转换，并在“结果”窗格中显示查询结果，如图 10-11 所示。

表 10-2　常用的字符串函数

名　称	说　明
ASCII(x)	用于获取 x 的 ASCII 值。该函数只有一个参数，该参数可以是一个字符串，也可以是一个表达式
CHAR(x)	用于获取 x 转换为 ASCII 值所对应的字符。该函数只有一个参数，该参数必须是一个介于 0 和 255 之间的整数，如果该整数表达式不在此范围内，将返回 NULL 值
LEFT(x,y)	用于获取字符串 x 中从左边开始指定个数 y 的字符。该函数有两个参数，x 代表的是一个给定的字符串，y 代表取字符串的个数，y 为整数类型
RIGHT(x,y)	用于获取字符串 x 中从右边开始指定个数 y 的字符。该函数有两个参数，x 代表的是一个给定的字符串，y 代表取字符串的个数，y 为整数类型
LTRIM(x)	用于去除字符串左边多余的空格。x 是一个字符串表达式，可以是常量、变量，也可以是字符字段或二进制数据列
RTRIM(x)	用于去除字符串右边多余的空格。x 是一个字符串表达式，可以是常量、变量，也可以是字符字段或二进制数据列
STR(x)	用于将数值数据转换为字符数据。x 是一个带小数点的近似数字（float）数据类型的表达式
REVERSE(x)	用于获取 x 字符串逆序的结果。该函数需要一个字符串类型的参数
LEN(x)	用于获取字符串 x 的长度。该函数需要一个字符串类型的参数
CHARINDEX(x,y)	用于获取字符串 y 中指定表达式 x 的开始位置。该函数有 2 个参数，x 代表的是要查找的字符串，y 代表的是指定的字符串
SUBSTRING(x,y,z)	用于获取字符串 x 中从 y 处开始的 z 个字符。该函数有 3 个参数，x 代表字符串或表达式，y 代表从哪个位置开始截取字符串，z 代表取几个字符。这里，y 和 z 都是整数类型
LOWER(x)	将大写字符数据转换为小写字符数据后返回字符表达式。x 是指定要进行转换的字符串
UPPER()	将小写字符数据转换为大写字符数据后返回字符表达式。x 是指定要进行转换的字符串
REPLACE(x,y,z)	用 z 替换 x 字符串中出现的所有 y 字符串，该函数需要 3 个字符串类型的参数

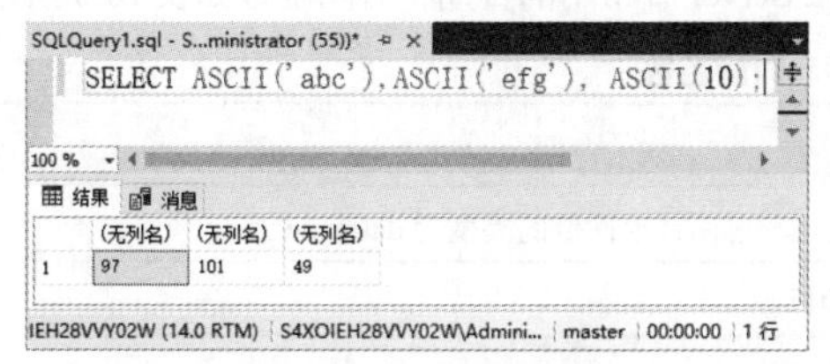

图 10-10　ASCII()函数

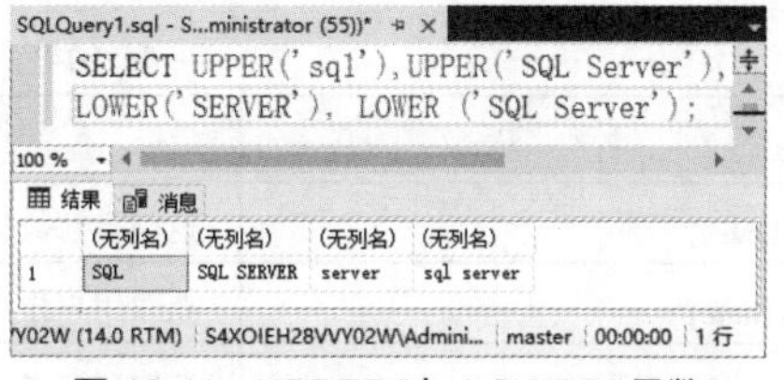

图 10-11　UPPER()与 LOWER()函数

从结果中可以看到，经过 UPPER()函数转换之后，小写字母都变成了大写字母，大写字母保持不变。经过 LOWER()函数转换之后，大写字母都变成了小写字母，小写字母保持不变。

实例 12：返回指定字符串中右边（左边）给定的字符，语句如下。

```
SELECT RIGHT('abcdefg', 4), LEFT('abcdefg', 4);
```

单击“执行”按钮，即可完成字符串的返回操作，并在“结果”窗格中显示查询结果，如图 10-12 所示。

实例 13：计算字符串的长度，并将其逆序输出，语句如下。

```
SELECT LEN('abcdefgabcdefg'), REVERSE('abcdefgabcdefg');
```

单击“执行”按钮，即可完成字符串的长度计算与逆序操作，并在“结果”窗格中显示查询结果，如图 10-13 所示。

实例 14：查找字符串中指定子字符串的开始位置，语句如下。

```
SELECT CHARINDEX('a','banana'), CHARINDEX('a','banana',4),CHARINDEX('na', 'banana',4);
```

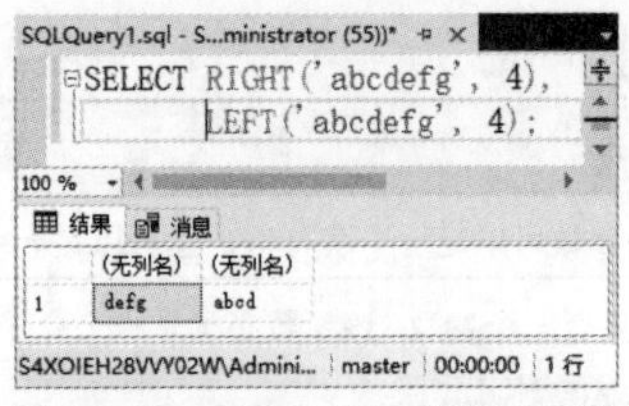

图 10-12　RIGHT()与 LEFT()函数

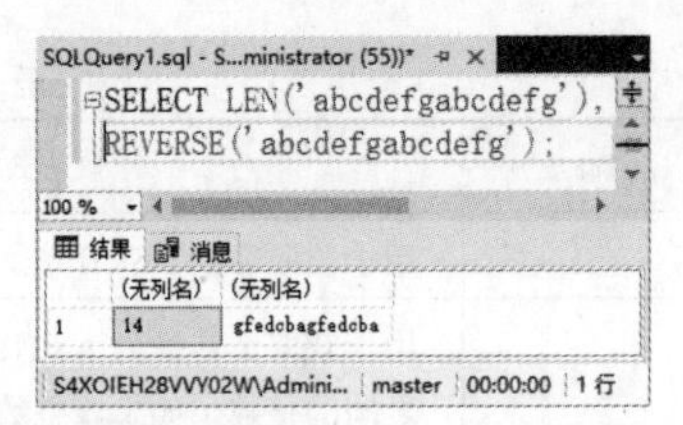

图 10-13　LEN()与 REVERSE()函数

单击“执行”按钮，即可完成字符串的匹配操作，并在“结果”窗格中显示查询结果，如图 10-14 所示。从结果中可以看出，CHARINDEX('a','banana')返回字符串'banana'中子字符串'a'第一次出现的位置，结果为 2；CHARINDEX('a','banana',4)返回字符串'banana'中从第 4 个位置开始子字符串'a'的位置，结果为 4；CHARINDEX('na', 'banana',4)返回从第 4 个位置开始子字符串'na'第一次出现的位置，结果为 5。

实例 15：使用 REPLACE()函数进行字符串替代操作，语句如下。

```
SELECT REPLACE('abcdefgabcdefg', 'a', 'A');
```

单击“执行”按钮，即可完成字符串中指定字母的替换操作，并在“结果”窗格中显示查询结果，如图 10-15 所示。从结果中可以看出，字符串中的小写'a'被替换为大写'A'。

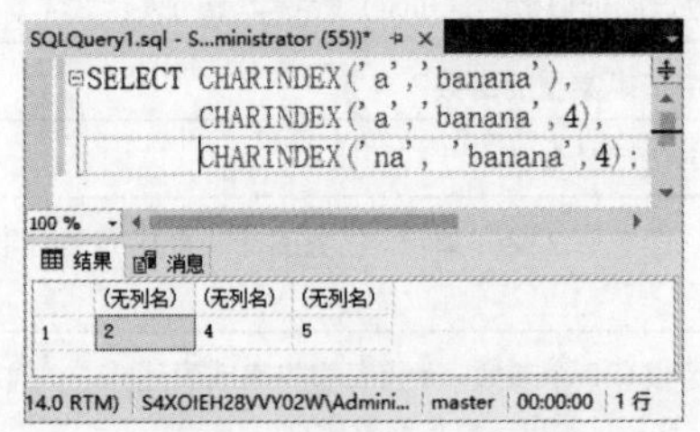

图 10-14　CHARINDEX()函数

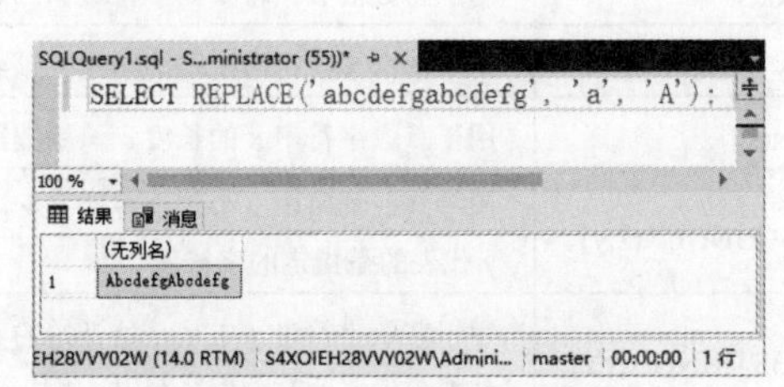

图 10-15　REPLACE()函数

10.1.3　日期和时间函数

日期和时间函数主要用来处理日期和时间值，是系统函数中的一个重要组成部分，使用日期和时间函数可以方便地获取系统的时间以及与时间相关的信息。SQL Server 中常用的日期和时间函数如表 10-3 所示。

表 10-3　常用的日期和时间函数

名　称	说　明
GetDate()	返回当前数据库系统的日期和时间，返回值的类型为 datetime
Day(date)	获取用户指定日期 date 的日数
Month(date)	获取用户指定日期 date 的月数
Year(date)	获取用户指定日期 date 的年数
DatePart(datepart,date)	获取日期值 date 中 datepart 指定的部分值，datapart 可以是 year、day、week 等
DateAdd(datepart,num,date)	在指定的日期 date 中添加或减少指定 num 的值
DateDiff(datepart,begindate,enddate)	计算 begindate 和 enddate 两个日期之间的时间间隔

在了解了常用的日期和时间函数后，下面给出几个实例，来具体介绍日期和时间函数的使用方法。

实例 16：获取当前的系统时间，语句如下。

```
SELECT GETDATE();
```

单击“执行”按钮，即可完成获取当前系统时间的操作，并在“结果”窗格中显示查询结果，如图 10-16 所示。从结果中可以看出，这里返回的值为笔者电脑上的当前系统时间。

实例 17：获取当前系统时间或日期值中的年份值，语句如下。

```
SELECT YEAR(GETDATE()),YEAR('2020-02-03');
```

单击“执行”按钮，即可获取当前时间中的年份，并在“结果”窗格中显示查询结果，如图 10-17 所示。从结果中可以看出，第一个返回的值为笔者电脑上的当前系统时间中的年份，第二个返回的值为指定时间中的年份。

实例 18：在当前时间的基础上，添加 10 天，并返回结果，语句如下。

```
SELECT DATEADD(day,10,GETDATE());
```

单击“执行”按钮，即可获取在当前时间的基础上添加 10 天后的日期和时间，并在“结果”窗格中显示查询结果，如图 10-18 所示。

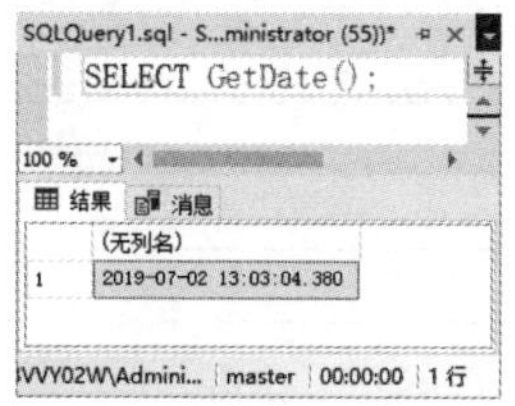

图 10-16　GETDATE()函数

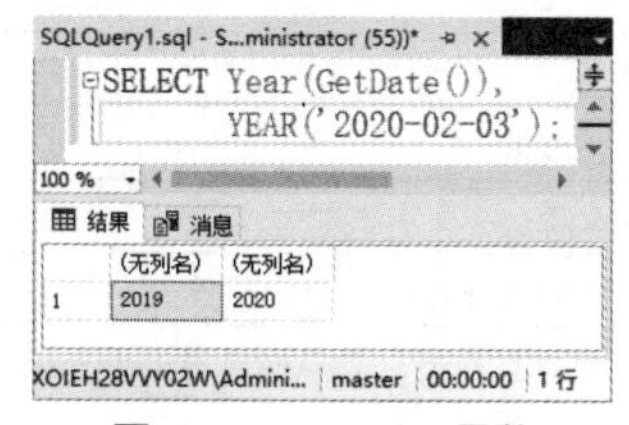

图 10-17　YEAR()函数

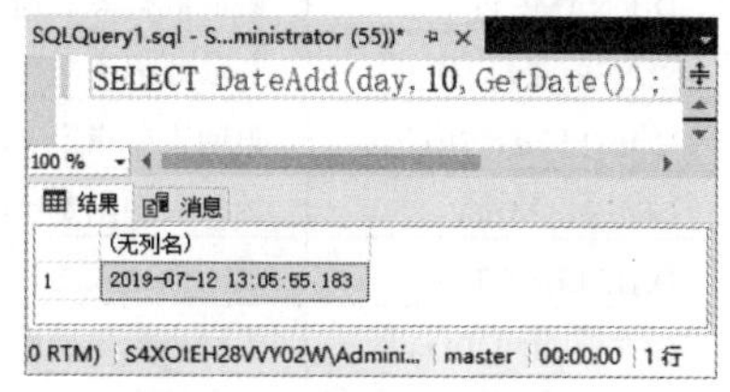

图 10-18　DATEADD()函数

实例 19：获取当前时间到 2020-01-01 的时间间隔，语句如下。

```
SELECT DATEDIFF(day,GETDATE(),'2020-01-01');
```

单击“执行”按钮，即可获取当前时间到 2020-01-01 的时间间隔天数，并在“结果”窗格中显示查询结果，如图 10-19 所示。

实例 20：使用 DATEPART()函数返回日期中指定部分的整数值，语句如下。

```
SELECT DATEPART (year,'2019-12-12 01:01:01'),
DATEPART (month, '2019-12-12 01:01:01'),
DATEPART (dayofyear, '2019-12-12 01:01:01');
```

单击“执行”按钮，即可获取日期中指定部分的整数值，并在“结果”窗格中显示查询结果，如图 10-20 所示。

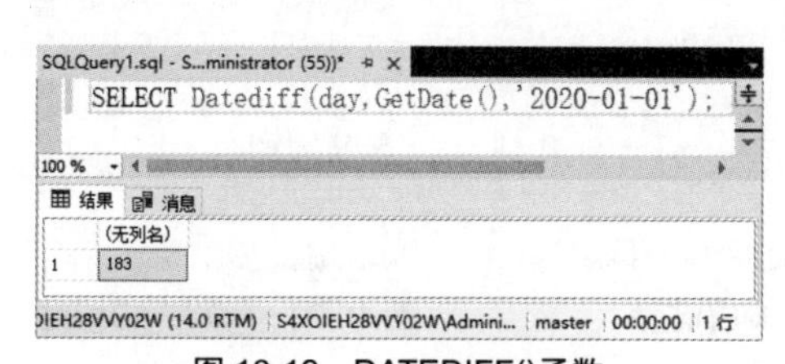

图 10-19　DATEDIFF()函数

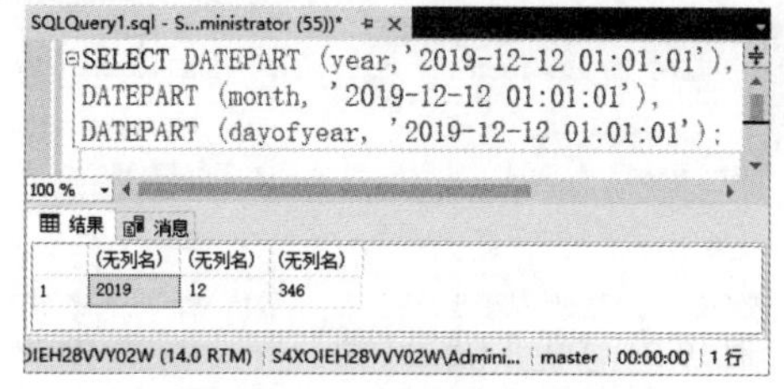

图 10-20　DATEPART()函数

10.1.4　获取系统参数函数

所谓系统参数，是指 SQL Server 数据库所在计算机的一些信息以及数据库的信息，如计算机名称、数据库名称以及应用程序名称等。使用 SQL Server 中的获取系统参数函数可以在需要的时候获取这些信息。常用的获取系统参数函数如表 10-4 所示。

在了解了常用的系统信息函数后，下面给出几个实例，来具体介绍系统信息函数的使用方法。

实例 21：查看 test 数据库的数据库编号，语句如下。

```
SELECT DB_ID('test');
```

单击“执行”按钮，即可查看 test 数据库的数据库编号，并在“结果”窗格中显示查询结果，如图 10-21 所示。

实例 22：返回指定 ID 的数据库的名称，语句如下。

```
USE mydb
SELECT DB_NAME(),DB_NAME(DB_ID('test'));
```

表 10-4 获取系统参数函数

名　称	说　明
HOST_ID()	获取数据库所在计算机的标识号
HOST_NAME()	获取数据库所在的计算机名称
DB_ID()	获取数据库的标识号
USER_NAME(id)	获取数据库用户的名称
DB_NAME ()	获取数据库名称
SUSER_SNAME ()	获取数据库的登录名
COL_LENGTH()	返回表中指定字段的长度值
COL_NAME()	返回表中指定字段的名称
DATALENGTH()	返回数据表达式的数据的实际长度，即字节数
GETANSINULL()	返回当前数据库默认的 NULL 值，其返回值类型为 int
OBJECT_NAME()	返回数据库对象的名称
OBJECT_ID()	返回数据库对象的编号，其返回值类型为 int

单击“执行”按钮，即可查看指定 ID 数据库的名称，并在“结果”窗格中显示查询结果，如图 10-22 所示。

USE 语句将 mydb 选择为当前数据库，因此 DB_NAME()返回值为当前数据库 mydb；DB_NAME(DB_ID('test'))返回值为 test 本身。

实例 23：查看当前服务器端计算机的标识号，语句如下。

```
SELECT HOST_ID();
```

单击“执行”按钮，即可查看当前服务端计算机的标识号，并在“结果”窗格中显示查询结果，如图 10-23 所示。

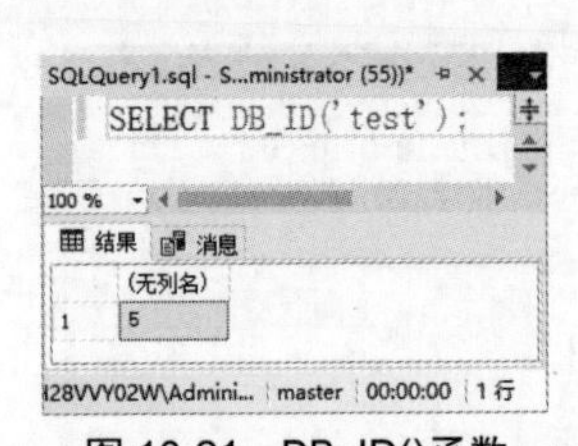

图 10-21 DB_ID()函数

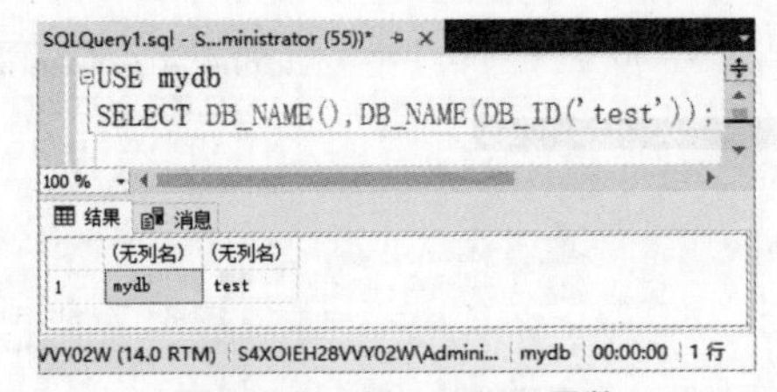

图 10-22 DB_NAME()函数

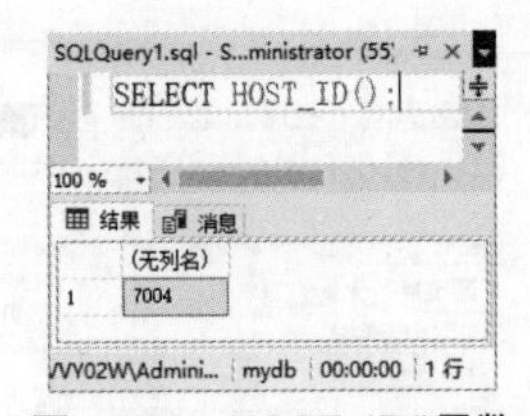

图 10-23 HOST_ID()函数

实例 24：查看当前服务器端计算机的名称，语句如下。

```
SELECT HOST_NAME();
```

单击“执行”按钮，即可查看当前服务器端计算机的名称，并在“结果”窗格中显示查询结果，如图 10-24 所示。

实例 25：显示当前用户的数据库标识号，语句如下。

```
USE mydb;
SELECT USER_ID();
```

单击“执行”按钮，即可查看当前用户的数据库标识号，并在“结果”窗格中显示查询结果，如图 10-25 所示。

实例 26：查看当前数据库用户的名称，语句如下。

```
USE mydb;
SELECT USER_NAME();
```

单击“执行”按钮，即可查看当前数据库用户的名称，并在“结果”窗格中显示查询结果，如图 10-26 所示。

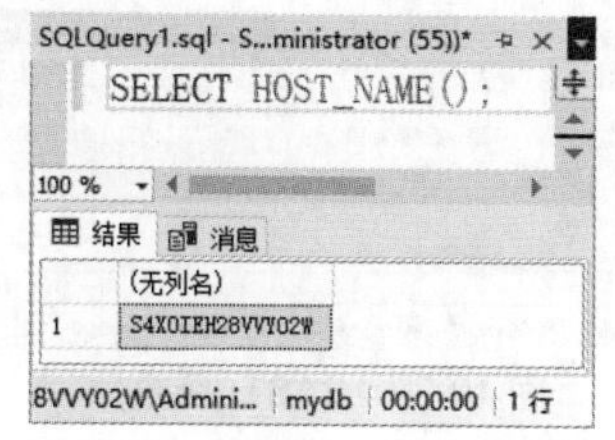

图 10-24 HOST_NAME()函数

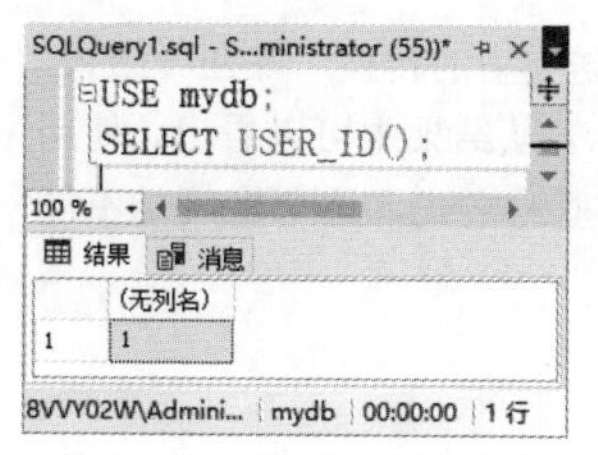

图 10-25 USER_ID()函数

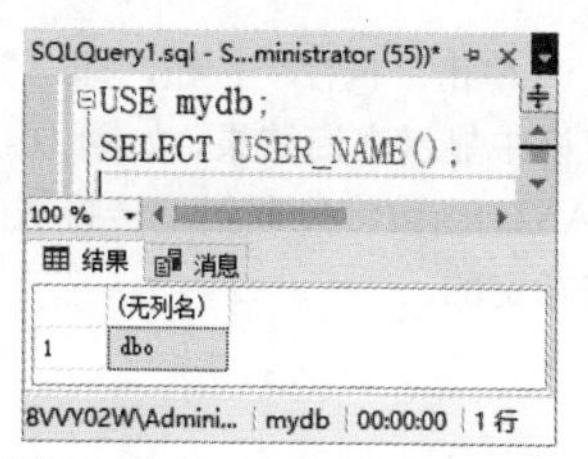

图 10-26 USER_NAME()函数

10.1.5 数据类型转换函数

在 SQL Server 中，类型转换函数主要有两个，一个是 CAST()函数，另一个是 CONVERT()函数。

1. CAST()函数

CAST()函数主要用于不同数据类型之间数据的转换。比如：数值型转换成字符串型、字符串类型转换成日期类型、日期类型转换成字符串类型等，CAST()函数的语法格式如下。

```
CAST(expression AS date_type [(length)])
```

主要参数介绍如下。

- expression：表示被转换的数据，可以是任意数据类型的数据。
- date_type：要转换的数据类型，如：varchar、float 和 datetime。
- length：指定数据类型的长度，如果不指定数据类型的长度，则默认的长度是 30。

实例 27：使用 CAST()函数将字符串型数据转换成数值型，语句如下。

```
SELECT CAST('1.3215' AS decimal (3,2));
```

单击“执行”按钮，即可完成数据类型的转换，并在“结果”窗格中显示查询结果，如图 10-27 所示。

2. CONVERT()函数

CONVERT()函数与 CAST()函数的作用是一样的，只不过 CONVERT()函数的语法格式稍微复杂一些，具体的语法格式如下。

```
CONVERT(data_type [(length)],expression [,style])
```

主要参数介绍如下。

- date_type：要转换的数据类型，如：varchar、float 和 datetime。
- length：指定数据类型的长度，如果不指定数据类型的长度，则默认的长度是 30。
- expression：表示被转换的数据，可以是任意数据类型的数据。
- style：将数据转换后的格式。

实例 28：使用 CONVERT()函数将当前日期转换成字符串类型，语句如下。

```
SELECT CONVERT(varchar(20), GetDate(),111);
```

单击“执行”按钮，即可完成数据类型的转换，并在“结果”窗格中显示查询结果，如图 10-28 所示。

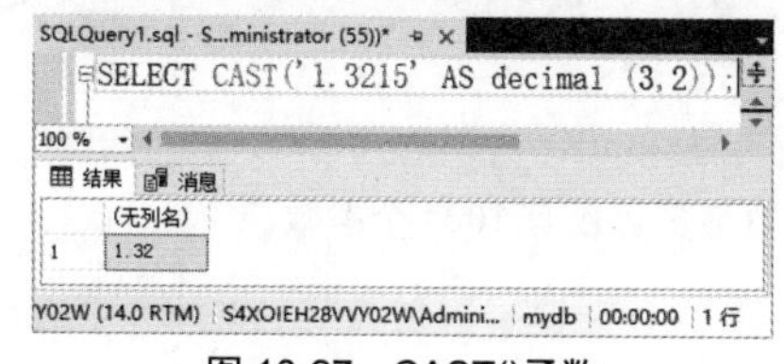

图 10-27 CAST()函数

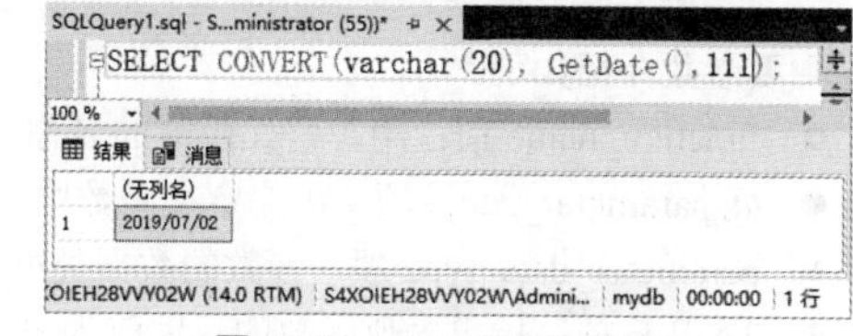

图 10-28 CONVERT()函数

从结果中可以看出，使用了 111 的日期格式，转换的字符串就成为“2019/07/02”了。

为了比较 CONVERT()函数与 CAST()函数之间的区别，下面使用 CAST()函数将当前日期转换成字符串类型。

实例 29：使用 CAST()函数将当前日期转换成字符串类型，语句如下。

```
SELECT CAST(GetDate() AS varchar(20));
```

单击“执行”按钮，即可完成数据类型的转换，并在“结果”窗格中显示查询结果，如图 10-29 所示。从结果中可以看出，使用 CAST()函数将日期类型转换成字符串型的格式，这个格式是不能被指定的。

图 10-29 CAST()函数

10.2 使用 T-SQL 语句管理自定义函数

微视频

用户自定义函数可以像系统函数一样在查询或存储过程中调用，也可以像存储过程一样使用 EXECUTE 命令来执行。与编程语言中的函数类似，SQL Server 用户自定义函数可以接受参数、执行操作并将结果以值的形式返回。

10.2.1 创建自定义函数的语法

根据自定义函数的功能，一般可以将自定义函数分为两种，一种是标量函数，另一种是表值函数，常用的自定义函数是标量函数。

标量函数是通过函数计算得到一个具体的数值，具体的语法格式如下。

```
CREATE FUNCTION function_name (@parameter_name parameter_data_type...)
RETURNS return_data_type
   [ AS ]
   BEGIN
         function_body
     RETURN scalar_expression
   END
```

主要参数介绍如下。

- function_name 项：用户定义函数的名称。
- @ parameter_name 项：用户定义函数中的参数，函数最多可以有 1024 个参数。
- parameter_data_type 项：参数的数据类型。
- return_data_type：标量用户定义函数的返回值。
- function_body：指定一系列定义函数值的 SQL 语句。function_body 仅用于标量函数和多语句表值函数。
- scalar_expression：指定标量函数返回的标量值。

表值函数是通过函数返回数据表中的查询结果，具体的语法格式如下。

```
CREATE FUNCTION function_name (@parameter_name parameter_data_type...)
RETURNS TABLE
   [ AS ]
   RETURN [ ( ] select_stmt [ ) ]
```

主要参数介绍如下。

- function_name 项：用户定义函数的名称。
- @ parameter_name 项：用户定义函数中的参数，函数最多可以有 1024 个参数。
- parameter_data_type 项：参数的数据类型。
- TABLE 项：指定表值函数的返回值为表。
- select_stmt 项：定义内联表值函数的返回值的单个 SELECT 语句。

10.2.2 创建标量值函数

标量值函数返回一个确定类型的标量值，其返回的值类型为除了 text、ntext、image、cursor、timestamp 和 table 类型以外的其他数据类型。

实例 30：创建标量函数，计算长方形的面积，创建函数的语句如下。

```
CREATE function fun1(@width int, @height int)
RETURNS INT
    AS
    BEGIN
        RETURN @width*@height
    END
```

单击“执行”按钮，即可完成函数的创建，并在“结果”窗格中显示命令已成功完成，如图 10-30 所示。

下面调用自定义函数并返回计算结果，调用自定义函数与系统函数类似，但是也略有不同。在调用自定义函数时，需要在该函数前面加上 dbo。下面就来调用新创建的函数 fun1，语句如下。

```
SELECT dbo.fun1(4,7)'面积';
```

单击“执行”按钮，即可完成自定义函数的调用，并在“结果”窗格中显示计算结果，如图 10-31 所示。从结果中可以看出，返回值是 28，因为设置长方形的长度为 4，高度为 7。

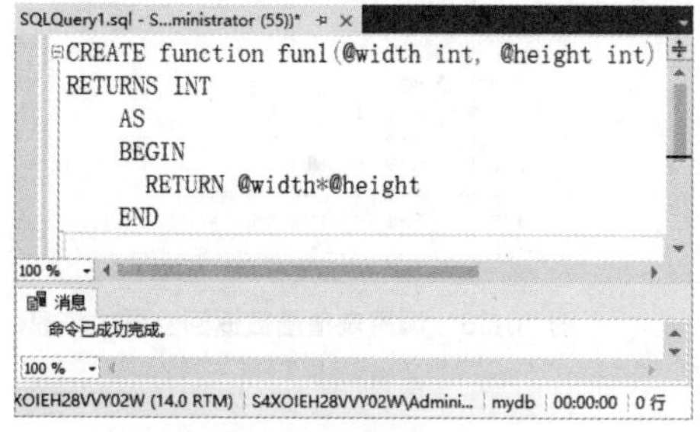

图 10-30 创建自定义函数

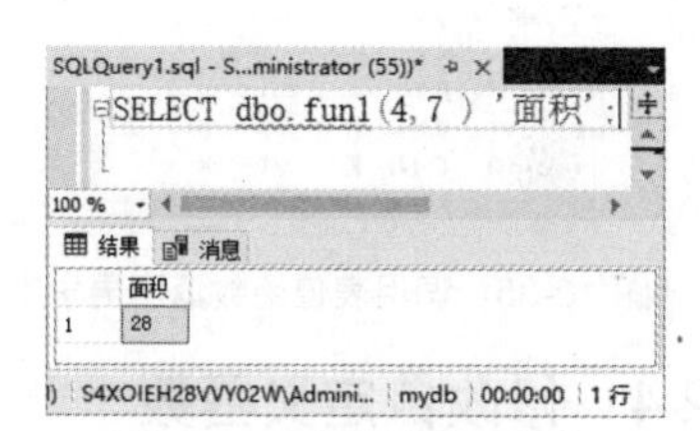

图 10-31 调用自定义函数

10.2.3 创建表值函数

使用表值函数，一般是为了根据某一个条件，查询出相应的查询结果。下面给出一个实例，在 School 数据库中，通过创建表值函数，返回学生信息表 student 中的男学生信息。如图 10-32 所示为 student 表结构，如图 10-33 所示为 student 表中的数据记录。

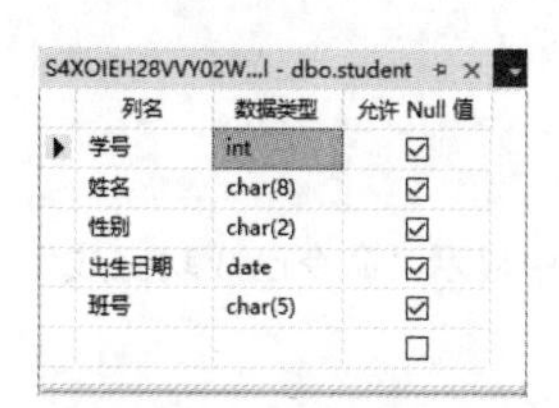

列名	数据类型	允许 Null 值
学号	int	☑
姓名	char(8)	☑
性别	char(2)	☑
出生日期	date	☑
班号	char(5)	☑
		☐

图 10-32 student 表结构

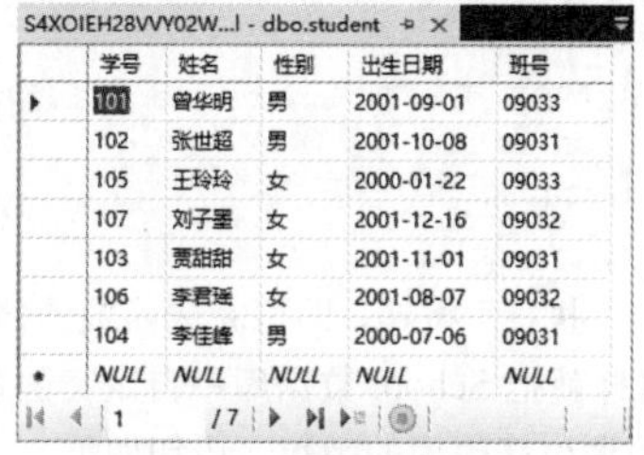

学号	姓名	性别	出生日期	班号
101	曾华明	男	2001-09-01	09033
102	张世超	男	2001-10-08	09031
105	王玲玲	女	2000-01-22	09033
107	刘子墨	女	2001-12-16	09032
103	贾甜甜	女	2001-11-01	09031
106	李君瑶	女	2001-08-07	09032
104	李佳峰	男	2000-07-06	09031
NULL	NULL	NULL	NULL	NULL

图 10-33 student 表数据记录

实例 31：创建表值函数，返回 student 表中的学生信息，创建函数的语句如下。

```
CREATE FUNCTION getstuSex(@性别 CHAR(2) )
RETURNS TABLE
AS
RETURN
(
  SELECT 学号,姓名,性别,出生日期
  FROM student
  WHERE 性别=@性别
)
```

单击“执行”按钮，即可完成函数的创建，并在“结果”窗格中显示命令已成功完成，如图 10-34 所示。

上述代码创建了一个表值函数，该函数根据用户输入的参数值，分别返回所有男学生或女学生的记录。

SELECT 语句查询结果集组成了返回表值的内容。输入用于返回男学生数据记录的 SQL 语句。

```
SELECT * FROM getstuSex('男');
```

单击“执行”按钮，即可完成自定义函数的调用，并在“结果”窗格中显示计算结果，如图 10-35 所示。

从结果中可以看到，这里返回了所有男学生的信息，如果想要返回女学生的信息，这里将 SQL 语句修改如下。

```
SELECT * FROM getstuSex('女');
```

然后单击“执行”按钮，即可完成自定义函数的调用，并在“结果”窗格中显示计算结果，如图 10-36 所示。

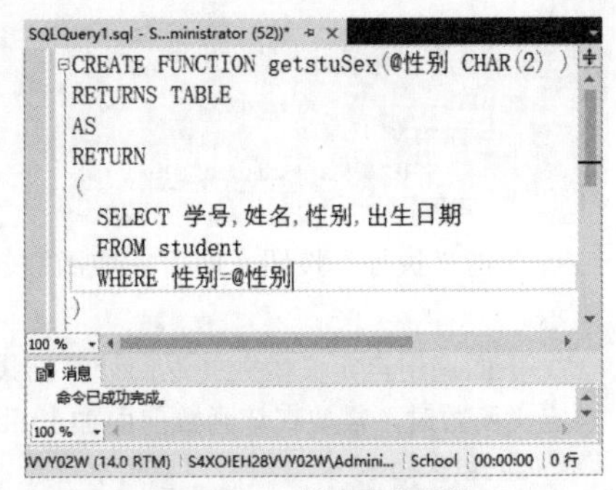

图 10-34 创建表值函数

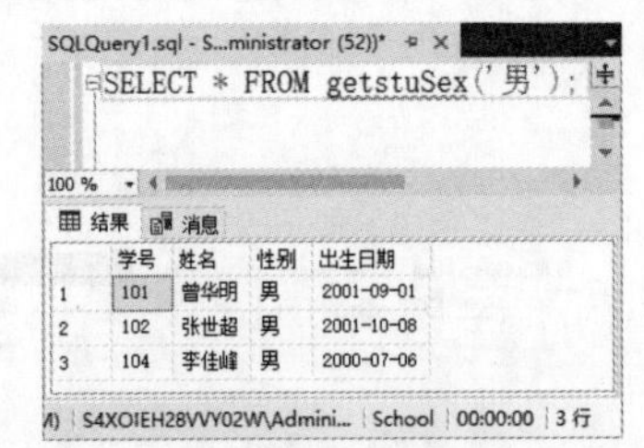

图 10-35 调用表值函数返回男学生信息

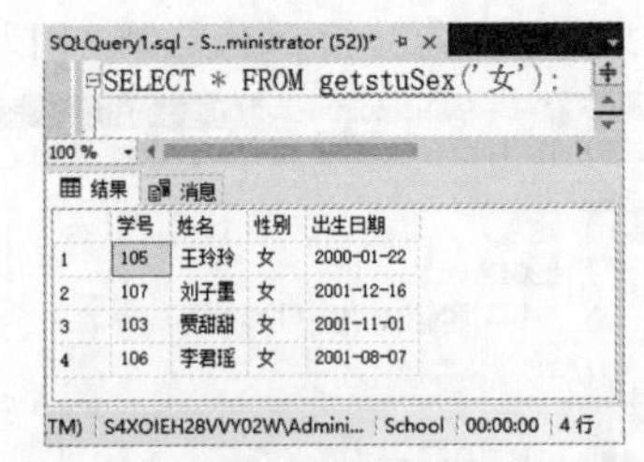

图 10-36 调用表值函数返回女学生信息

10.2.4 修改自定义函数

自定义函数的修改与创建很相似，只要将创建自定义函数语法中的 CREATE 语句换成 ALTER 语句就可以了。

实例 32：修改表值函数，返回学生信息表中学生的班级信息，创建函数的语句如下。

```
ALTER FUNCTION getstuSex(@班号 CHAR(5) )
RETURNS TABLE
AS
RETURN
(
    SELECT 学号,姓名,性别,出生日期,班号
    FROM student
    WHERE 班号=@班号
)
```

单击“执行”按钮，即可完成函数的修改，并在“结果”窗格中显示“命令已成功完成”，如图 10-37 所示。这样就把 School 数据库中自定义函数修改了。

下面调用修改后的函数，语句如下。

```
SELECT * FROM getstuSex('09031');
```

单击“执行”按钮，即可完成自定义函数的调用，并在“结果”窗格中显示计算结果，如图 10-38 所示。

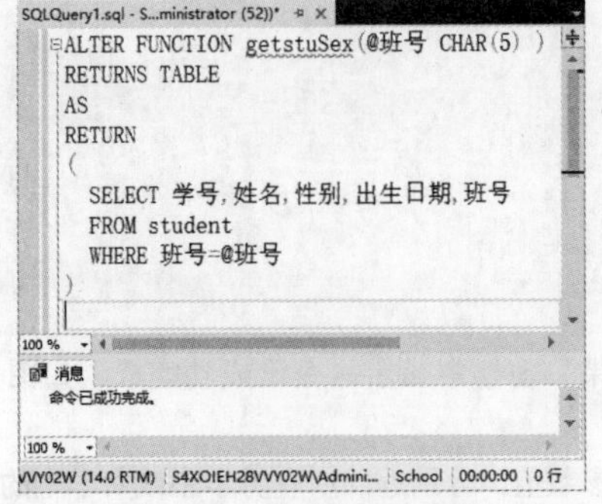

图 10-37 修改自定义函数

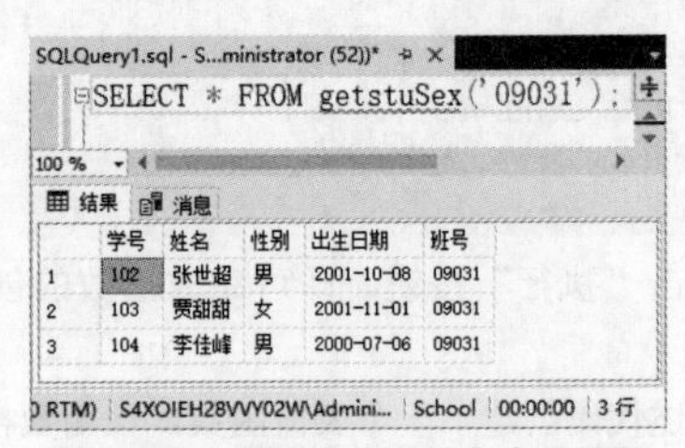

图 10-38 调用修改后的自定义函数

10.2.5　删除自定义函数

当自定义函数不再需要时，可以将其删除，使用 SQL 语言中的 DROP 语句可以删除自定义函数。无论是标量函数还是表值函数，删除的语句都是一样的，具体的语法格式如下。

```
DROP FUNCTION dbo.fun_name;
```

另外，DROP 语句可以从当前数据库中删除一个或多个用户定义函数。

实例 33：删除前面定义的标量函数 fun1，语句如下。

```
DROP FUNCTION dbo.fun1;
```

单击“执行”按钮，即可完成自定义函数的删除，并在“结果”窗格中显示“命令已成功完成”，如图 10-39 所示。

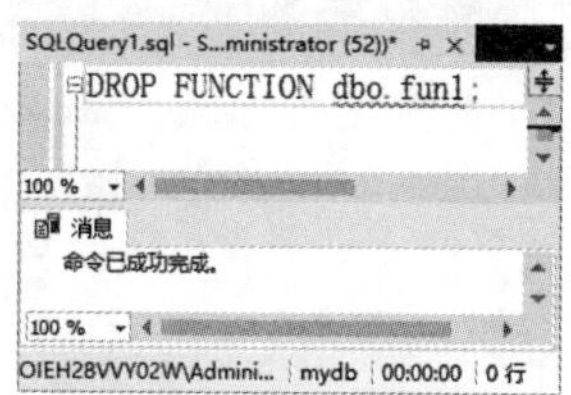

图 10-39　使用 DROP 语句删除自定义函数

注意：删除函数之前，需要先打开函数所在的数据库。

10.3　以图形向导方式管理自定义函数

微视频

使用 SQL 语句可以创建和管理自定义函数，实际上，在 SQL Server Management Studio 中也可以实现同样的功能，如果一时忘记创建自定义函数的语法格式，就可以在 SQL Server Management Studio 中借助提示来创建与管理自定义函数。

10.3.1　创建自定义函数

在 SQL Server Management Studio 中，可以以图形向导方式创建自定义函数，具体创建过程可以分为如下几步：

（1）登录到 SQL Server 2017 数据库，在“对象资源管理”中选择需要创建自定义函数的数据库，这里选择 School 数据库，如图 10-40 所示。

（2）打开 School 数据库，然后打开其下的“可编程性”→“函数”节点，这里以创建表值函数为例，所以选择“表值函数”选项，如图 10-41 所示。

（3）选择“表值函数”节点，右击，在弹出的快捷菜单中选择“新建内联表值函数”命令，如图 10-42 所示。

图 10-40　选择数据库

图 10-41　表值函数

图 10-42　选择“新建内联表值函数”命令

（4）进入“新建表值函数界面”，在其中可以看到创建表值函数的语法框架已经显示出来，如图 10-43 所示。

（5）这里根据需要添加创建自定义函数的内容，如图 10-44 所示，输入如下语句。

```
CREATE FUNCTION getstuSex(@性别 CHAR(2) )
RETURNS TABLE
AS
RETURN
```

```
(
    SELECT 学号,姓名,性别,出生日期
    FROM student
    WHERE 性别=@性别
)
```

```
SQLQuery2.sql - S...ministrator (54))   SQLQuery1.sql - S...ministrator (52))*
-- ================================================
SET ANSI_NULLS ON
GO
SET QUOTED_IDENTIFIER ON
GO
-- =============================================
-- Author:      <Author,,Name>
-- Create date: <Create Date,,>
-- Description: <Description,,>
-- =============================================
CREATE FUNCTION <Inline_Function_Name, sysname, FunctionName>
(
    -- Add the parameters for the function here
    <@param1, sysname, @p1> <Data_Type_For_Param1, , int>,
    <@param2, sysname, @p2> <Data_Type_For_Param2, , char>
)
RETURNS TABLE
AS
RETURN
(
    -- Add the SELECT statement with parameter references here
    SELECT 0
)
GO
100 %
已连接。(1/1)   S4XOIEH28VVY02W (14.0 RTM)   S4XOIEH28VVY02W\Admini...   School   00:00:00   0 行
```

图 10-43　表值函数的语法框架

（6）输入完毕后，单击“保存”按钮，打开“另存文件为”对话框，即可保存函数信息，这样自定义表值函数 getstuSex 就创建成功了，如图 10-45 所示。

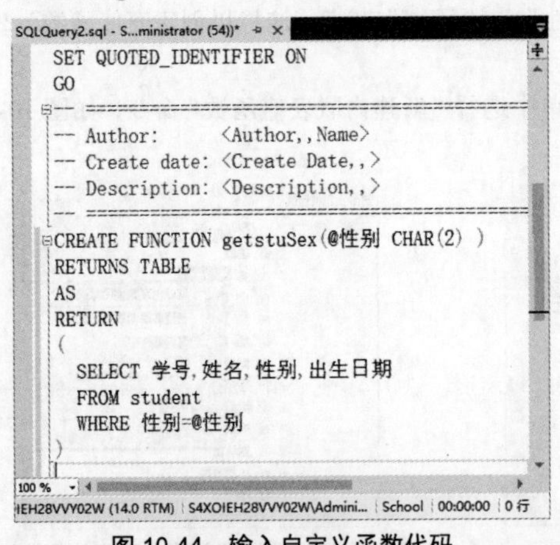

图 10-44　输入自定义函数代码

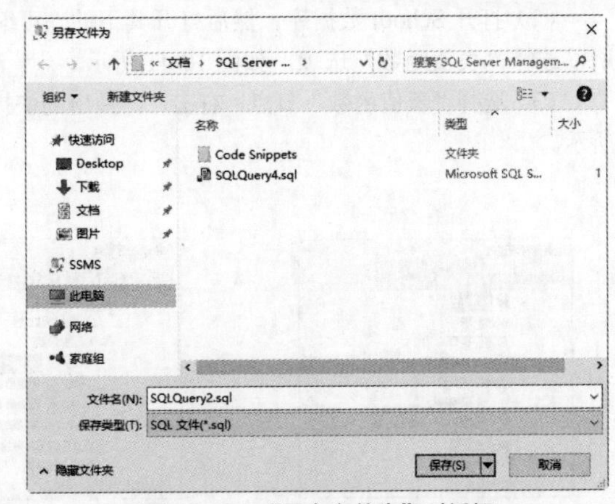

图 10-45　“另存文件为”对话框

10.3.2　修改自定义函数

相对于创建自定义函数来说，在 SQL Server Management Studio 中修改自定义函数比较简单一些，例如，在 test 数据库中选择“可编程性”→“表值函数”选项，然后在表值函数列表中选择需要修改的自定义函数，这里选择 getstuSex，右击，在弹出的快捷菜单中选择“修改”命令，如图 10-46 所示。

进入自定义函数的修改界面，然后对自定义函数进行修改，最后保存即可完成函数的修改操作，如图 10-47 所示。

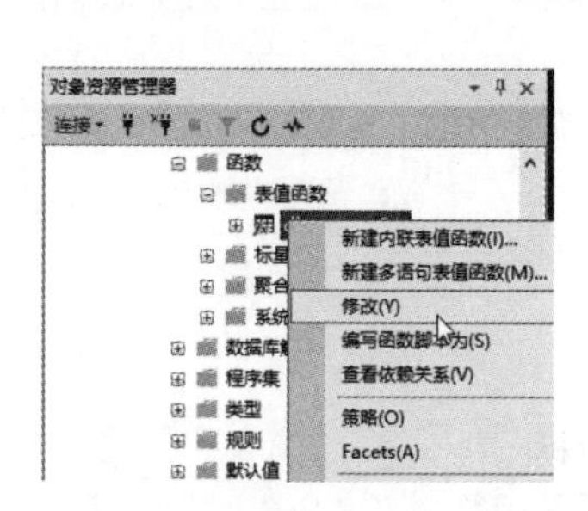

图 10-46　选择“修改”命令

图 10-47　自定义函数修改界面

10.3.3　删除自定义函数

删除自定义函数可以在 SQL Server Management Studio 中轻松地完成，具体操作步骤如下。

步骤 1：选择需要删除的自定义函数，右击，在弹出的快捷菜单中选择“删除”命令，如图 10-48 所示。

步骤 2：打开“删除对象”窗口，单击“确定”按钮，完成自定义函数的删除，如图 10-49 所示。

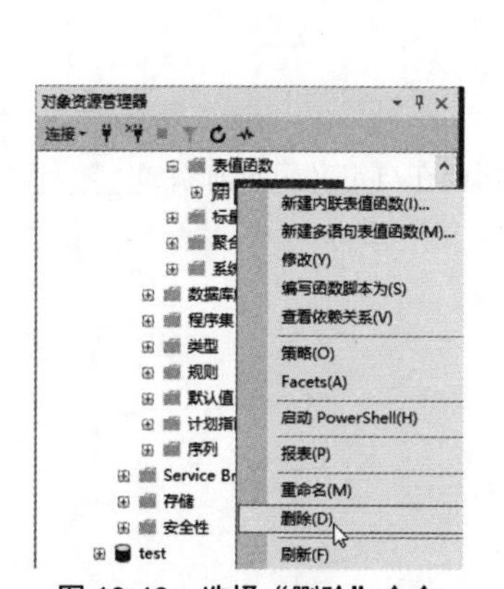

图 10-48　选择“删除”命令

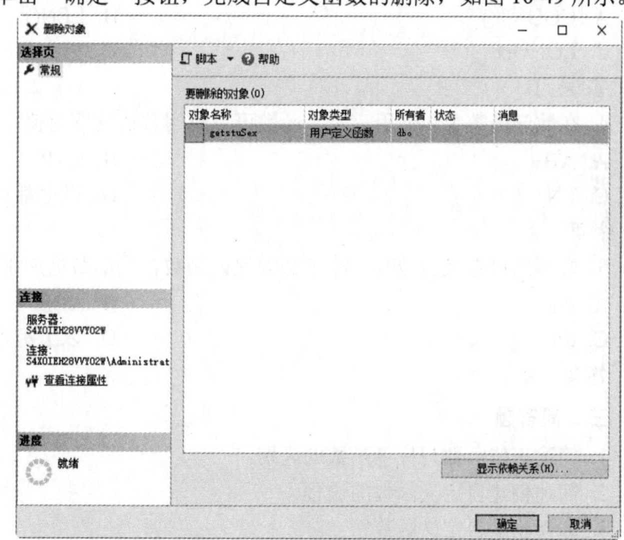

图 10-49　“删除对象”窗口

注意：用该方法一次只能删除一个自定义函数。

10.4　课后习题与练习

一、填充题

1. 数据库中，系统函数主要包括______、______、_______等。

答案：数学函数，字符串函数，日期和时间函数

2. 在 SQL Server 数据库中，按照函数返回值的多少，可以将自定义函数分为______和______。

答案：标量函数，表值函数

3. 创建自定义函数的语句是______。

答案：CREATE FUNCTION

4. 调用函数时，如果函数返回值为单个值，则该函数为______，如果函数返回值是一个表，则该函数为______。

答案：标量函数，表值函数

5. 当两个不同类型的数据进行运算时，必须将它们转换为统一类型，为此，SQL Server 提供了类型转换函数，分别是______和______。

答案：CAST()函数，CONVERT()函数

二、选择题

1. 在自定义函数中不能______。

A. 声明变量　　　　B. 使用游标

C. 对不在函数上的局部游标进行操作　　　　D. 调用系统函数

答案：C

2. 下面关于自定义函数的描述正确的是______。

A. 自定义函数可以重名　　　　B. 自定义函数必须有参数

C. 自定义函数可以有 0 到多个参数　　　　D. 以上都不对

答案：C

3. 使用系统函数中______函数可以获取字符串的长度。

A. COUNT()　　　　B. LEN()

C. LONG()　　　　D. 以上都不对

答案：B

4. 在数学函数中，使用______函数可以返回数值的绝对值。

A. ABS　　　　B. EXP

C. LN　　　　D. 以上都不对

答案：A

5. 要调用自定义函数时，除了必须保证函数在当前数据库中，还需要在自定义函数前添加______。

A. dbo　　　　B. ABS

C. db　　　　D. 以上都不对

答案：A

三、简答题

1. 简述表值函数与标量函数的区别。

2. 简述创建自定义函数的过程。

3. 如何删除自定义函数？

10.5 新手疑难问题解答

疑问 1：在什么情况下，需要创建多语句表值函数？

解答：当要解决的问题需要以表结构体现的情况下，就需要使用表值函数。进一步分析，当所需结果不是一次查询就可以完成的时候，也就是结果需要多次查询操作的时候，需要使用多语句表值函数。

疑问 2：函数创建完成后，为什么没有立即起作用？

解答：函数创建完成后，应该在查询编辑器中调用该函数，才会将函数的运行结果显示出来，这样才能看到函数的作用。

10.6 实战训练

在 Student 数据库中创建用户自定义函数，并实现以下功能。

（1）创建函数 StdCount 用来统计某个班级学生人数，并在查询编辑器中使用该函数。

（2）创建函数 nameSheet 用来实现点名册功能，点名册内容包含学号、姓名、性别。创建完成之后在查询编辑器中使用该函数。

（3）创建函数 totalScore 实现总成绩单功能，成绩单内容包括学号、姓名、性别和总成绩。创建完成之后在查询编辑器中使用该函数。

（4）修改函数 nameSheet，在点名册中增加年龄一列。

（5）删除函数 StdCount。

第11章

视图的创建与应用

本章内容提要

视图是数据库中常用的一种对象，它将查询的结果以虚拟表的形式存储在数据中。同真实的表一样，视图包含一系列带有名称的行和列数据。本章介绍视图的创建与应用，主要内容包括创建视图、修改视图、删除视图、通过视图修改数据等。

11.1　了解视图

微视频

视图可以理解为一个虚拟表，它并不在数据库中以存储数据集的形式存在。视图的结构和内容是建立在对表的查询基础上的，和表一样包括行和列。这些行列数据都来源于其所引用的表，并且在引用视图过程中动态生成的。

11.1.1　视图的作用

数据库中为什么会有视图这一对象呢？下面给出一个实例来说明。这里定义两个数据表，分别是水果表 fruit 和 fruit_info 表，在 fruit 表中包含了水果的 id 号和名称，fruit_info 包含了水果的 id 号、名称、价格和产地，而现在需要知道水果价格信息，只需要 id 号、名称和价格，这该如何解决呢？通过学习视图就可以找到完美的解决方案，这样既能满足要求也不破坏表原来的结构。

总之，视图可以给用户带来的好处有以下几点：

1. 降低 T-SQL 语句的复杂度

所见即所需。也就是说，视图不仅可以简化用户对数据的理解，也可以简化他们的操作。那些被经常使用的查询可以被定义为视图，从而使得用户不必为以后的操作每次指定全部的条件。

2. 提高数据库的安全性

数据库的安全性，也就是数据表的安全性，如果直接在数据表中查询数据，在查询语句中就会涉及数据表的名称和列名，这样就给数据表的安全带来了隐患，如果将数据表的查询命令放到视图中存放，那么，使用视图查询数据时就可以避免数据表名称泄露了。因此，使用视图是可以提高数据库的安全性的。

3. 便于数据共享

如果将数据表的不同查询命令放到多个视图中存放，每次查询都只查询视图，这样就在数据共享的基础上提高了查询速度。

注意：任何一个事物的存在都不是完美的，视图也不例外，它也是有缺点的，例如：视图定义中的 SELECT 子句不能包括下列内容。

（1）COMPUTE 或 COMPUTE BY 子句。

（2）ORDER BY 子句，除非在 SELECT 语句的选择列表中也有一个 TOP 子句。

（3）INTO 关键字。

（4）OPTION 子句。

（5）引用临时表或表变量。

11.1.2　视图的分类

SQL Server 中的视图可以分为 3 类，分别是：标准视图、索引视图和分区视图。

1. 标准视图

标准视图组合了一个或多个表中的数据，可以获得使用视图的大多数好处，包括将重点放在特定数据上及简化数据操作。

2. 索引视图

索引视图是被具体化了的视图，即它已经过计算并存储。可以为视图创建索引，即对视图创建一个唯一的聚集索引。索引视图可以显著提高某些类型查询的性能。索引视图尤其适于聚合许多行的查询，但它们不太适于经常更新的基本数据集。

3. 分区视图

分区视图在一台或多台服务器间水平连接一组成员表中的分区数据。这样，数据看上去如同来自一个表。连接同一个 SQL Server 实例中的成员表的视图是一个本地分区视图。

11.2　创建视图

微视频

创建视图是使用视图的第一步，视图中包含了 SELECT 查询的结果，因此视图的创建是基于 SELECT 语句和已存在的数据表，视图既可以由一张表组成也可以由多张表组成。

11.2.1　创建视图的语法规则

创建视图的语法与创建表的语法一样，都是使用 CREATE 语句来创建的。在创建视图时，只能用到 SELECT 语句，具体的语法格式如下。

```
CREATE VIEW view_name
AS select_statement
[ WITH CHECK OPTION ]
[ENCRYPTION];
```

主要参数介绍如下。

- view_name：视图的名称。视图名称必须符合有关标识符的规则。可以选择是否指定视图所有者名称。
- AS：指定视图要执行的操作。
- select_statement：定义视图的 SELECT 语句。该语句可以使用多个表和其他视图。
- WITH CHECK OPTION：强制针对视图执行的所有数据修改语句，都必须符合在 select_statement 中设置的条件。通过视图修改行时，WITH CHECK OPTION 可确保提交修改后，仍可通过视图看到数据。
- ENCRYPTION：对创建视图的语句加密。该选项是可选的。

11.2.2　在单表上创建视图

在单表上创建视图通常都是选择一张表中的几个经常需要查询的字段，为演示视图创建与应用的需要，下面在数据库 newdb 中创建学生信息表（studentinfo 表）和课程信息表（subjectinfo 表），具体的表结构如图 11-1 和图 11-2 所示。

创建好数据表后，下面分别向这两张表中输入表的数据，具体数据信息如图 11-3 与图 11-4 所示。

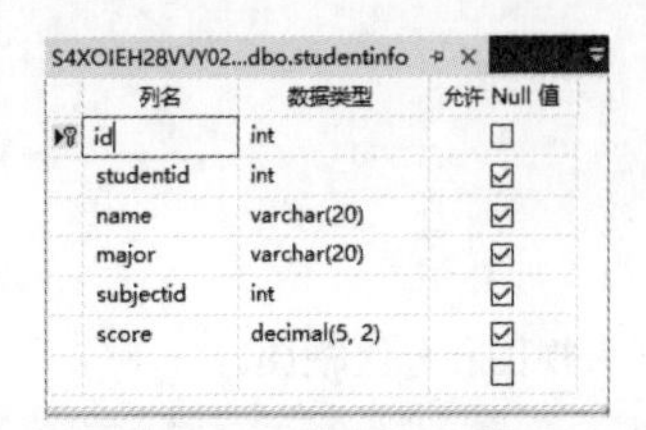

列名	数据类型	允许 Null 值
id	int	☐
studentid	int	☑
name	varchar(20)	☑
major	varchar(20)	☑
subjectid	int	☑
score	decimal(5, 2)	☑

图 11-1 studentinfo 表结构

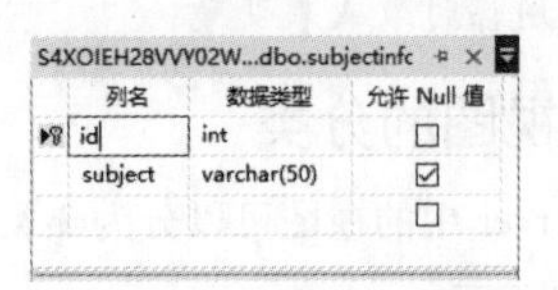

列名	数据类型	允许 Null 值
id	int	☐
subject	varchar(50)	☑

图 11-2 subjectinfo 表结构

id	studentid	name	major	subjectid	score
1	190801	李智	计算机	5	85.00
2	190802	郭雨研	历史	1	90.00
3	190803	刘明明	经济	2	98.00
4	190804	刘小琪	土木工程	5	95.00
5	190805	陈璇	建筑	4	75.00
6	190806	张玲	表演	3	63.00
7	190807	王杰	计算机	1	52.00
8	190808	胡翔宇	植物	4	76.00
9	190809	张晓明	美术	2	82.00
NULL	NULL	NULL	NULL	NULL	NULL

图 11-3 studentinfo 表数据记录

id	subject
1	大学英语
2	高等数学
3	线型代数
4	计算机基础
5	大学体育
NULL	NULL

图 11-4 subjectinfo 表数据记录

实例 1：在数据表 studentinfo 上创建一个名为 view_stu 的视图，用于查看学生的学号、姓名、所在专业，语句如下。

```
CREATE VIEW view_stu
AS SELECT studentid AS 学号,name AS 姓名, major AS 所在专业
FROM studentinfo;
```

单击“执行”按钮，即可完成视图的创建，并在“消息”窗格中显示“命令已成功完成”，如图 11-5 所示。

下面使用创建的视图，来查询数据信息，语句如下。

```
USE mydb;
SELECT * FROM view_stu;
```

单击“执行”按钮，即可完成通过视图查询数据信息的操作，并在“结果”窗格中查询结果，如图 11-6 所示。从结果中可以看到，从视图 view_stu 中查询的内容和基本表中是一样的，这里的 view_stu 中包含了 3 列。

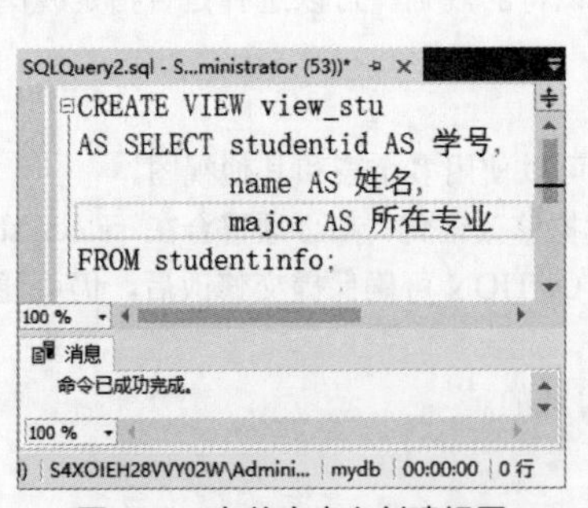

图 11-5 在单个表上创建视图

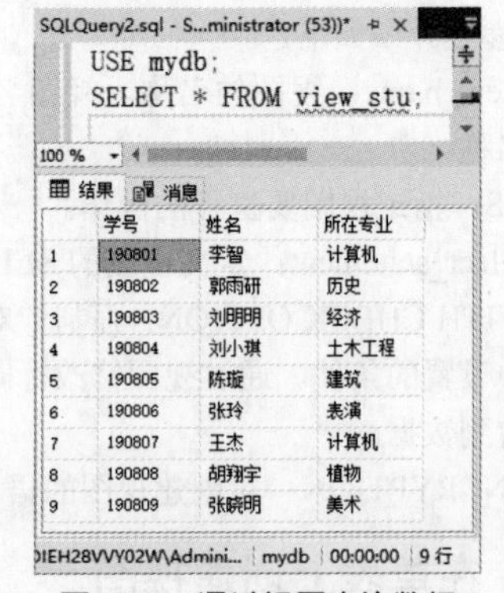

	学号	姓名	所在专业
1	190801	李智	计算机
2	190802	郭雨研	历史
3	190803	刘明明	经济
4	190804	刘小琪	土木工程
5	190805	陈璇	建筑
6	190806	张玲	表演
7	190807	王杰	计算机
8	190808	胡翔宇	植物
9	190809	张晓明	美术

图 11-6 通过视图查询数据

注意：如果用户创建完视图后立刻查询该视图，有时候会提示错误信息为该对象不存在，此时刷新一下视图列表即可解决问题。

11.2.3 在多表上创建视图

在多表上创建视图，也就是说视图中的数据是从多张数据表中查询出来的，创建的方法就是通过更

改 SQL 语句。

实例 2：创建一个名为 view_info 的视图，用于查看学生的姓名、所在专业、课程名称以及成绩，语句如下。

```
CREATE VIEW view_info
AS SELECT studentinfo.name AS 姓名, studentinfo.major AS 所在专业,
subjectinfo.subject AS 课程名称, studentinfo.score AS 成绩
FROM studentinfo, subjectinfo
WHERE studentinfo.subjectid=subjectinfo.id;
```

单击“执行”按钮，即可完成视图的创建，并在“消息”窗格中显示“命令已成功完成”，如图 11-7 所示。

下面使用创建的视图，来查询数据信息，语句如下。

```
USE mydb;
SELECT * FROM view_info;
```

单击“执行”按钮，即可完成通过视图查询数据信息的操作，并在“结果”窗格中查询结果，如图 11-8 所示。从查询结果中可以看出，通过创建视图来查询数据，可以很好地保护基本表中的数据。

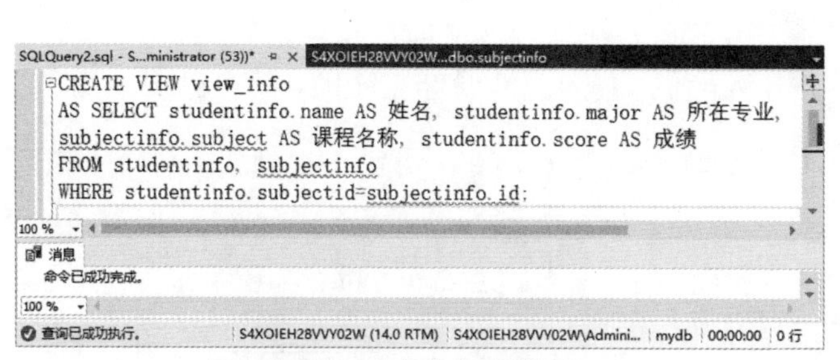

图 11-7　在多表上创建视图

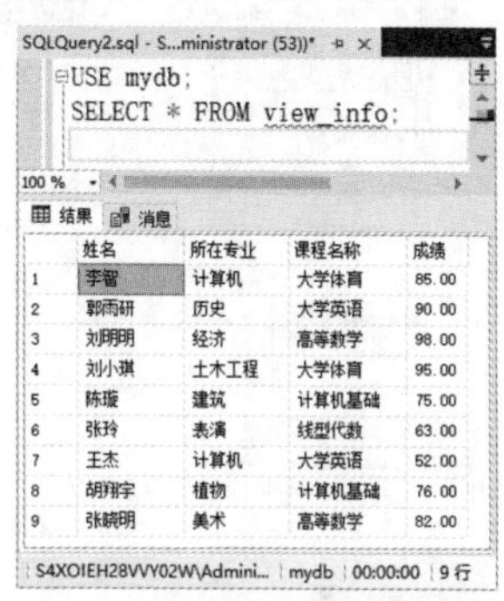

图 11-8　通过视图查询数据

11.2.4　以图形向导方式创建视图

在 SQL Server Management Studio 中，我们可以以图形向导的方式来创建视图，例如：创建视图 view_stuinfo_01，查询学生成绩表中学生的学号、姓名、所在专业信息，创建过程可以分为如下几步。

（1）登录 SQL Server 2017 数据库，在“对象资源管理器”窗口中打开数据库 mydb 节点，再打开该数据库下的“表”节点，在“表”节点下选择“视图”节点，然后右击“视图”节点，在弹出的快捷菜单中选择“新建视图”命令，如图 11-9 所示。

（2）弹出“添加表”对话框。在“表”选项卡中列出了用来创建视图的基本表，选择 studentinfo 表，单击“添加”按钮，然后单击“关闭”按钮，如图 11-10 所示。

图 11-9　选择“新建视图”命令

图 11-10　“添加表”对话框

提示：视图的创建也可以基于多个表，如果要选择多个数据表，按住 Ctrl 键，然后分别选择列表中的数据表。

（3）此时，即可打开“视图编辑器”窗口，窗口包含了 3 块区域，第一块区域是“关系图”窗格，在这里可以添加或者删除表。第二块区域是“条件”窗格，在这里可以对视图的显示格式进行修改。第三块区域是 T-SQL 窗格，在这里用户可以输入 T-SQL 执行语句。在“关系图”窗格区域中单击表中字段左边的复选框选择需要的字段，如图 11-11 所示。

在 SQL 窗格区域中，可以进行以下具体操作。

（1）通过输入 T-SQL 语句创建新查询。

（2）根据在“关系图”窗格和“条件”窗格中进行的设置，对查询和视图设计器创建的 T-SQL 语句进行修改。

（3）输入语句可以利用所使用数据库的特有功能。

（4）单击工具栏上的“保存”按钮，打开“选择名称”对话框，输入视图的名称后，单击“确定”按钮即可完成视图的创建，如图 11-12 所示。

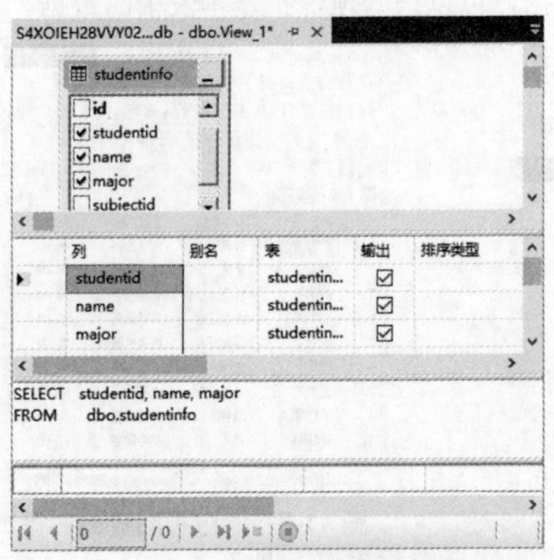

图 11-11 “视图编辑器”窗口

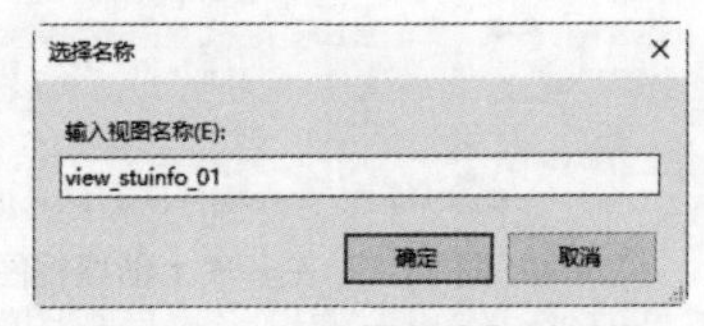

图 11-12 “选择名称”对话框

提示：用户也可以单击工具栏上的对应按钮选择打开或关闭这些窗格按钮，在使用时将鼠标放在相应的图标上，将会提示该图标命令的作用。

微视频

11.3 修改视图

当视图创建完成后，如果觉得有些地方不能满足需要，这时就可以修改视图，而不必重新再创建视图了。

11.3.1 修改视图的语法规则

在 SQL Server 中，修改视图的语法规则与创建视图的语法规则非常相似，具体的语法格式如下。

```
ALTER VIEW view_name
AS select_statement
[ WITH CHECK OPTION ]
[ENCRYPTION];
```

从语法中可以看出，修改视图只是把创建视图的 CREATE 关键字换成了 ALTER，其他内容不变。

11.3.2 修改视图的具体内容

在了解了修改视图的语法格式后，下面就来介绍修改视图具体内容的方法。

实例 3：修改名为 view_info 的视图，用于查看学生的学号、姓名、所在专业、课程名称以及成绩，语句如下。

```
    ALTER VIEW view_info
    AS SELECT studentinfo.studentid AS 学号,studentinfo.name AS 姓名, studentinfo.major AS 所在专业,
    subjectinfo.subject AS 课程名称, studentinfo.score AS 成绩
    FROM studentinfo, subjectinfo
    WHERE studentinfo.subjectid=subjectinfo.id;
```

单击“执行”按钮，即可完成视图的修改，并在“消息”窗格中显示“命令已成功完成”，如图 11-13 所示。

下面使用修改后的视图，来查询数据信息，语句如下。

```
    USE mydb;
    SELECT * FROM view_info;
```

单击“执行”按钮，即可完成通过视图查询数据信息的操作，并在“结果”窗格中查询结果，如图 11-14 所示。

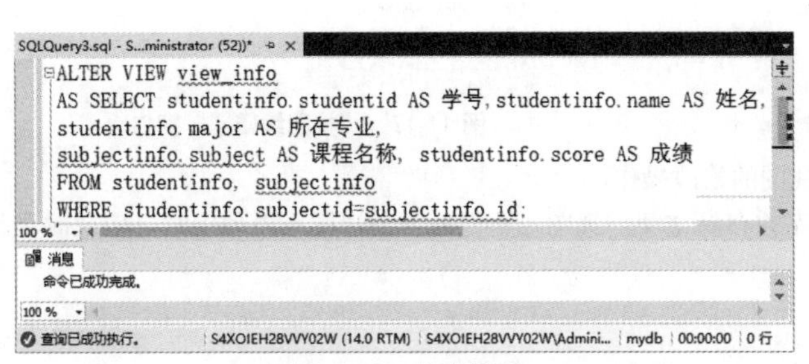

图 11-13　修改视图

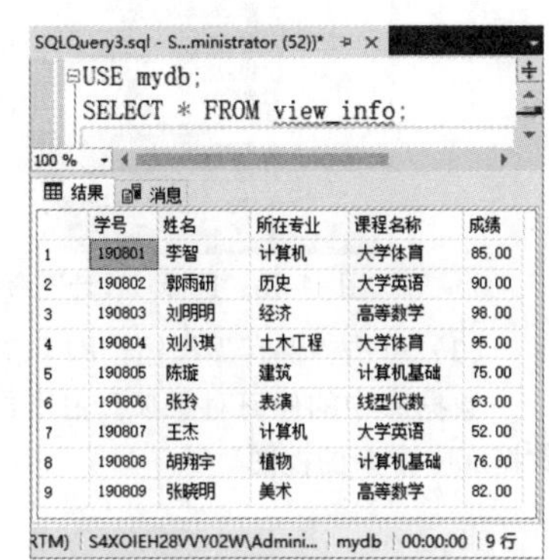

	学号	姓名	所在专业	课程名称	成绩
1	190801	李智	计算机	大学体育	85.00
2	190802	郭雨研	历史	大学英语	90.00
3	190803	刘明明	经济	高等数学	98.00
4	190804	刘小琪	土木工程	大学体育	95.00
5	190805	陈璇	建筑	计算机基础	75.00
6	190806	张玲	表演	线型代数	63.00
7	190807	王杰	计算机	大学英语	52.00
8	190808	胡翔宇	植物	计算机基础	76.00
9	190809	张晓明	美术	高等数学	82.00

图 11-14　通过修改后的视图查询数据

从结果中可以看出，通过修改后视图来查询数据，返回的结果中除姓名、所在专业、课程名称与成绩外，又添加了学号一列。

11.3.3　重命名视图的名称

使用系统存储过程 sp_rename 可以为视图进行重命名操作。

实例 4：重命名视图 view_info，将 view_info 修改为 view_info_01。

```
    sp_rename 'view_info', 'view_info_01';
```

单击“执行”按钮，即可完成视图的重命名操作，并在“消息”窗格中显示注意信息，如图 11-15 所示。

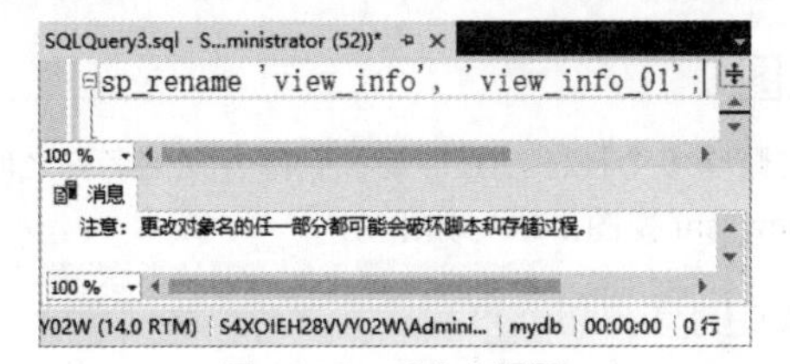

图 11-15　重命名视图

从结果中可以看出，在对视图进行重命名后会给使用该视图的程序造成一定的影响。因此，在给视图重命名前，要先知道是否有一些其他数据库对象使用该视图名称，在确保不会对其他对象造成影响后，再进行重命名操作。

11.3.4　以图形向导方式修改视图

以图形向导的方式修改视图的界面与创建视图的界面非常相似。例如：修改视图 view_stuinfo_01，只

查询学生成绩表中学生的姓名、所在专业信息，修改的具体过程可以分为以下几步：

（1）登录 SQL Server 2017 数据库，在“对象资源管理器”窗口中打开数据库 mydb 节点，再打开该数据库下的“表”节点，在“表”节点下打开“视图”节点，选择需要修改的视图，右击，在弹出的快捷菜单中选择“设计”命令，如图 11-16 所示。

（2）修改视图中的语句，在“视图编辑器”窗口中的数据表中取消 studentid 的选中状态，如图 11-17 所示。

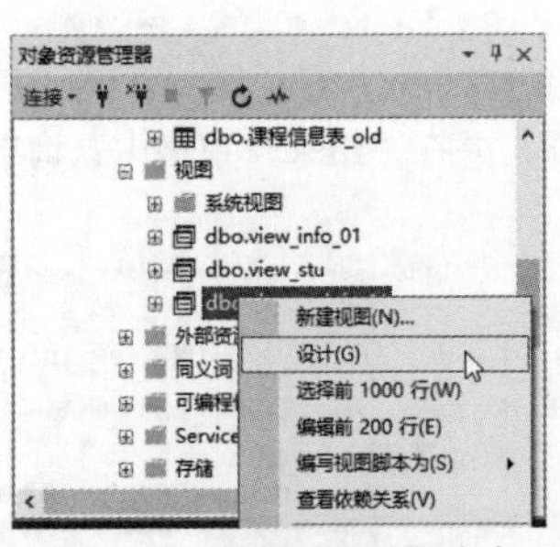

图 11-16 选择“设计”命令

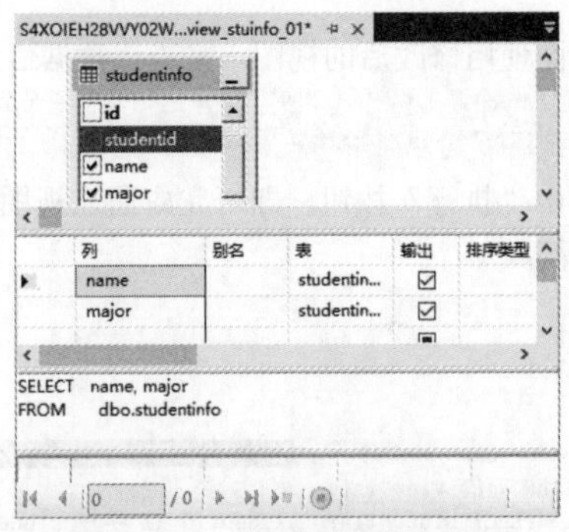

图 11-17 “视图编辑器”窗口

（3）单击“保存”按钮，即可完成视图的修改操作。

数据库中的任何对象都会占用数据库的存储空间，视图也不例外。当视图不再使用时，应及时删除数据库中多余的视图。

微视频

11.4 删除视图

11.4.1 删除视图的语法

删除视图的语法很简单，但是在删除视图之前，一定要确认该视图是否不再使用，因为一旦删除，就不能被恢复了。使用 DROP 语句可以删除视图，具体的语法规则如下。

```
DROP VIEW [schema_name] view_name1, view_name2... , view_nameN;
```

主要参数介绍如下。

- schema_name：指该视图所属架构的名称。
- view_name：指要删除的视图名称。

注意：schema_name 可以省略。

11.4.2 删除不用的视图

使用 DROP 语句可以同时删除多个视图，只需要在删除各视图名称之间用逗号分隔即可。

实例 5：删除系统中的 view_stu 视图，语句如下。

```
USE mydb
DROP VIEW dbo.view_stu;
```

单击“执行”按钮，即可完成视图的删除操作，并在“消息”窗格中显示“命令已成功完成”，如图 11-18 所示。

删除完毕后，下面再查询一下该视图的信息，语句如下。

```
USE mydb;
GO
EXEC sp_help 'mydb.dbo.view_stu';
```

单击“执行”按钮，即可完成视图的查看操作，在“消息”窗格中显示错误提示，说明该视图已经被成功删除，如图 11-19 所示。

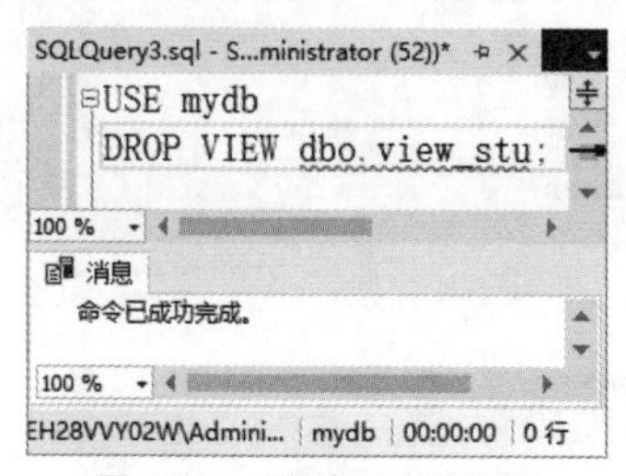

图 11-18　删除不用的视图

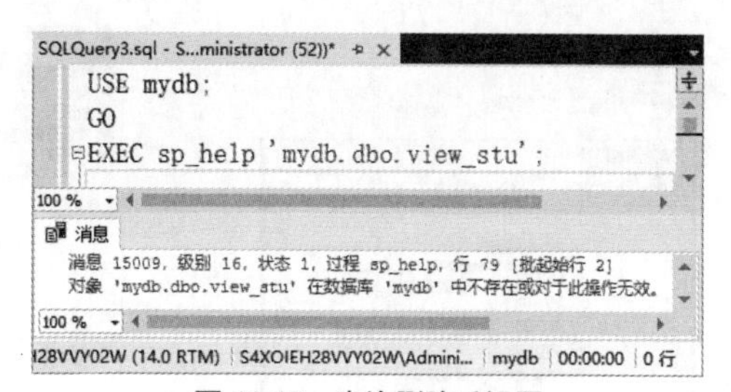

图 11-19　查询删除后视图

11.4.3　以图形向导方式删除视图

以图形向导的方式删除视图的操作非常简单，具体分为如下几步：

（1）登录 SQL Server 2017 数据库，在“对象资源管理器”窗口中打开数据库 mydb 节点，再打开该数据库下的“表”节点，在“表”节点下打开“视图”节点，选择需要删除的视图，右击，在弹出的快捷菜单中选择“删除”命令，如图 11-20 所示。

（2）弹出“删除对象”窗口，单击“确定”按钮，即可完成视图的删除，如图 11-21 所示。

图 11-20　选择“删除”命令

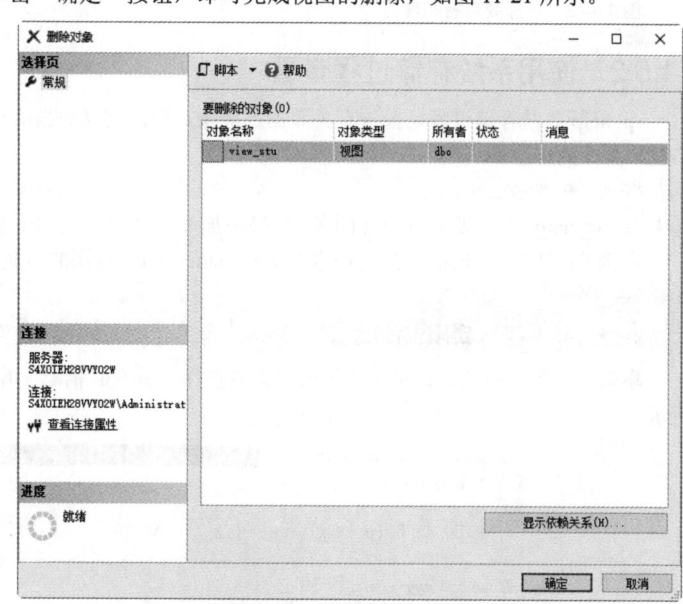

图 11-21　“删除对象”窗口

11.5　查看视图信息

微视频

视图定义好之后，用户可以随时查看视图的信息，可以直接在 SQL Server 查询编辑窗口中查看，也可以使用系统的存储过程查看。

11.5.1　以图形向导方式查看

登录到 SQL Server 2017 数据库，在“对象资源管理器”窗口中选择视图所在的数据库位置，选择要查看的视图，如图 11-22 所示，右击，在弹出的快捷菜单中选择“属性”命令，打开“视图属性”窗口，即可查看视图的定义信息，如图 11-23 所示。

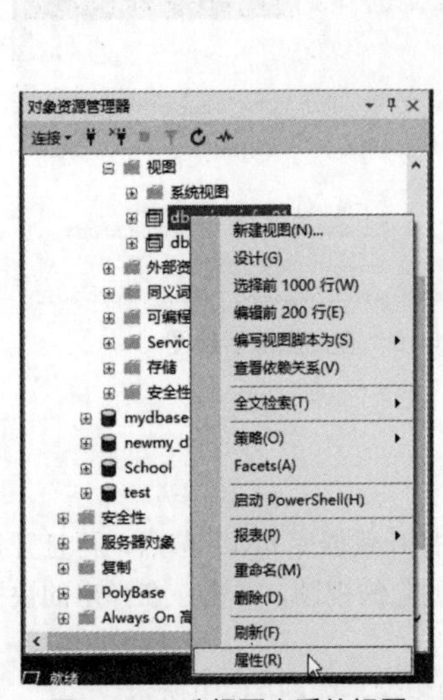

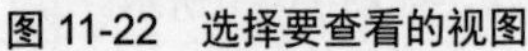
图 11-22 选择要查看的视图

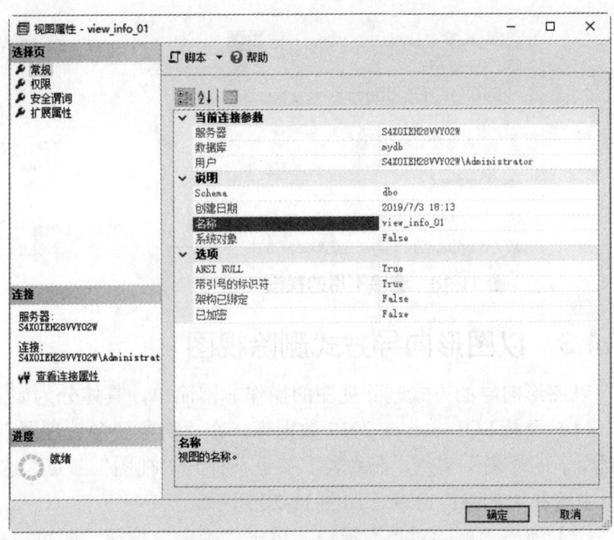

图 11-23 “视图属性”窗口

11.5.2 使用系统存储过程查看

sp_help 系统存储过程是报告有关数据库对象、用户定义数据类型或 SQL Server 所提供的数据类型的信息，具体的语法格式如下。

```
sp_help view_name
```

其中，view_name 表示要查看的视图名，如果不加参数名称，将列出有关 master 数据库中每个对象的信息。

实例 6：使用 sp_help 存储过程查看 view_stuinfo_01 视图的定义信息，输入如下语句。

```
USE mydb;
GO
EXEC sp_help 'mydb.dbo.view_stuinfo_01';
```

单击“执行”按钮，即可完成视图的查看操作，并在“消息”窗格中显示查看到的信息，如图 11-24 所示。

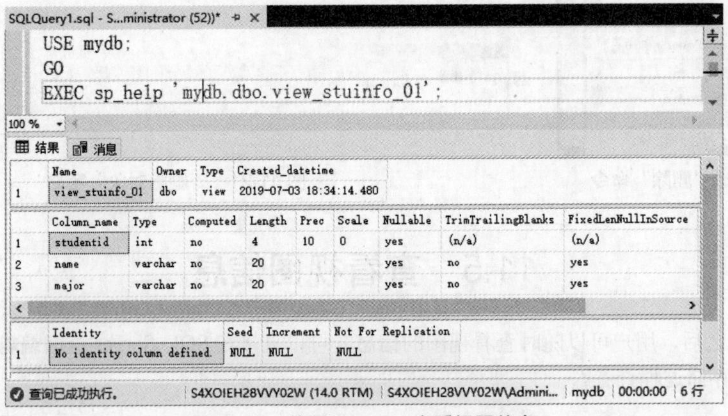

图 11-24 使用 sp_help 查看视图信息

sp_helptext 系统存储过程是用来显示规则、默认值、未加密的存储过程、用户定义函数、触发器或视图的文本，具体的语法格式如下。

```
sp_helptext view_name
```

其中，view_name 表示要查看的视图名。

实例 7：使用 sp_helptext 存储过程查看 view_stuinfo_01 视图的定义信息，输入如下语句。

```
USE mydb;
GO
EXEC sp_helptext 'mydb.dbo.view_stuinfo_01';
```

单击“执行”按钮，即可完成视图的查看操作，并在“消息”窗格中显示查看到的信息，如图 11-25 所示。

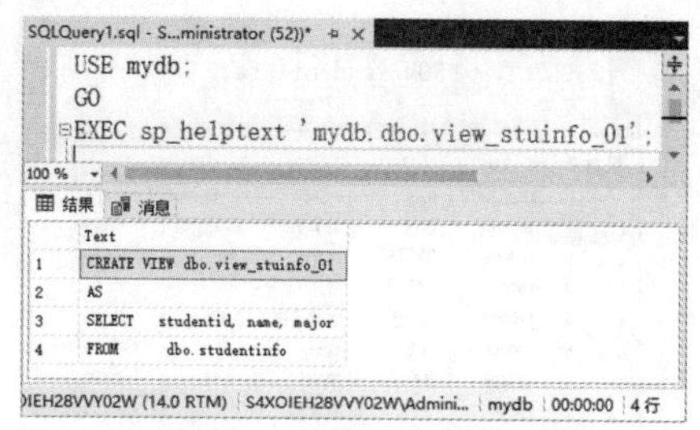

图 11-25　使用 sp_helptext 查看视图定义语句

11.6　使用视图更新数据

通过视图可以向数据库表中插入数据、修改数据和删除表中的数据。由于视图是一个虚拟表，其中没有数据。通过视图更新的时候都是转到基本表进行更新的。如果视图的 SELECT 语句中包含 DISTINCT 表达式，或在 FROM 子句中引用多个表，或引用不可更新的视图，或者有 GROUP BY 或 HAVING 子句，都不能通过视图更新数据。

微视频

11.6.1　通过视图插入数据

通过视图插入数据与在基本表中插入数据的操作相同，都是通过使用 INSERT 语句来实现。

实例 8：通过视图向基本表 studentinfo 中插入一条新记录。首先创建一个视图，语句如下。

```
CREATE VIEW view_stuinfo(编号,学号,姓名,所在专业,课程编号,成绩)
AS
SELECT id,studentid,name,major,subjectid,score
FROM studentinfo
WHERE  studentid='190801';
```

单击“执行”按钮，即可完成视图的创建，并在“消息”窗格中显示“命令已成功完成”，如图 11-26 所示。

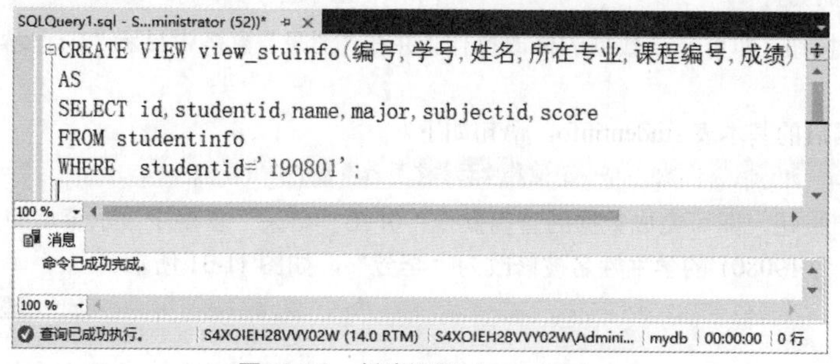

图 11-26　创建视图 view_stuinfo

查询插入数据之前的数据表，语句如下。

```
SELECT * FROM studentinfo;  --查看插入记录之前基本表中的内容
```

单击“执行”按钮，即可完成数据的查询操作，并在“结果”窗格中显示查询的数据记录，如图 11-27 所示。

使用创建的视图向数据表中插入一行数据，语句如下。

```
INSERT INTO view_stuinfo                    --向基本表 studentinfo 中插入一条新记录
VALUES(10,190810,'王尚宇','医药',3,90);
```

单击“执行”按钮，即可完成数据的插入操作，并在“消息”窗格中显示查 1 行受影响，如图 11-28 所示。

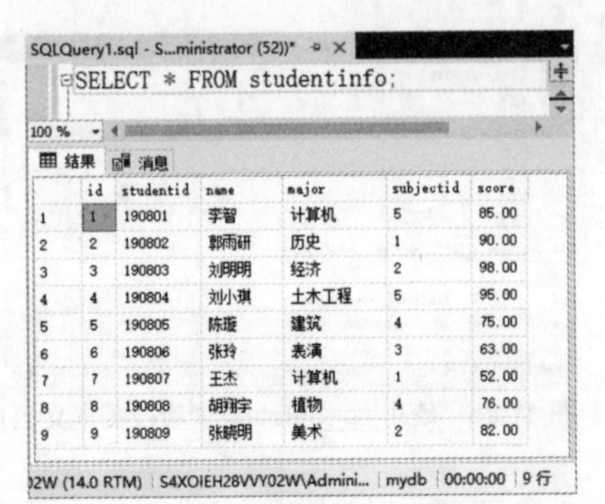
图 11-27 通过视图查询数据

图 11-28 插入数据记录

查询插入数据后的基本表 studentinfo，语句如下。

```
SELECT * FROM studentinfo;          --查看插入记录之后基本表中的内容
```

单击“执行”按钮，即可完成数据的查询操作，并在“结果”窗格中显示查询的数据记录，可以看到最后一行是新插入的数据，如图 11-29 所示。

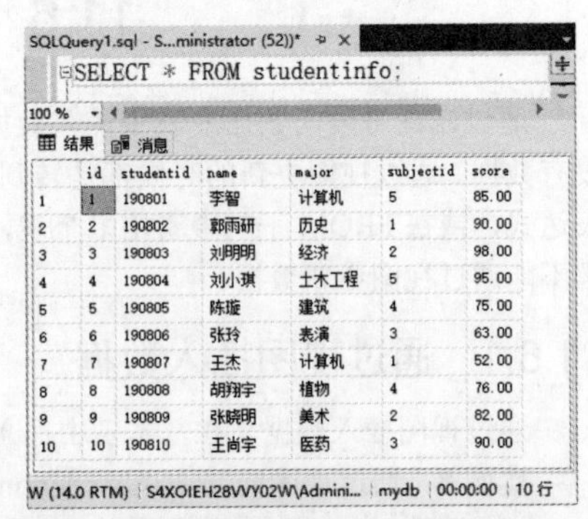
图 11-29 通过视图向基本表插入记录

从结果中可以看到，通过在视图 view_stuinfo 中执行一条 INSERT 操作，实际上向基本表中插入了一条记录。

11.6.2 通过视图修改数据

与修改基本表相同，可以使用 UPDATE 语句修改视图中的数据。

实例 9：通过视图 view_stuinfo 将学号是 190801 的学生姓名修改为“李芳”，语句如下。

```
USE mydb;
UPDATE view_stuinfo
SET 姓名='李芳'
WHERE 学号=190801;
```

单击“执行”按钮，即可完成数据的修改操作，并在“消息”窗格中显示“1 行受影响”，如图 11-30 所示。

查询修改数据后的基本表 studentinfo，语句如下。

```
SELECT * FROM studentinfo;   --查看修改记录之后基本表中的内容
```

单击“执行”按钮，即可完成数据的查询操作，并在“结果”窗格中显示查询的数据记录，从结果中可以看到，学号为 190801 的学生姓名被修改为“李芳”，如图 11-31 所示。

图 11-30 通过视图修改数据

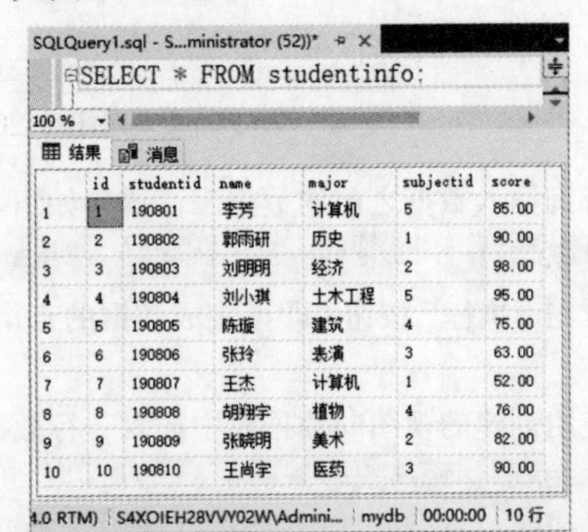
图 11-31 查看修改后基本表中的数据

从结果中可以看出，UPDATE 语句修改 view_stuinfo 视图中的姓名字段，更新之后，基本表中的 name

字段同时被修改为新的数值。

11.6.3　通过视图删除数据

通过使用 DELETE 语句可以删除视图中的数据，不过，在视图中删除的数据同时在表中也被删除。

实例 10：通过视图 view_stuinfo 删除基本表 studentinfo 中的记录，语句如下。

```
DELETE FROM view_stuinfo WHERE 姓名='李芳';
```

单击“执行”按钮，即可完成数据的删除操作，并在“消息”窗格中显示“1 行受影响”，如图 11-32 所示。

查询删除数据后视图中的数据，语句如下。

```
SELECT * FROM view_stuinfo;
```

单击“执行”按钮，即可完成视图的查询操作，从结果中可以看到，视图中的记录为空，如图 11-33 所示。

图 11-32　删除指定数据

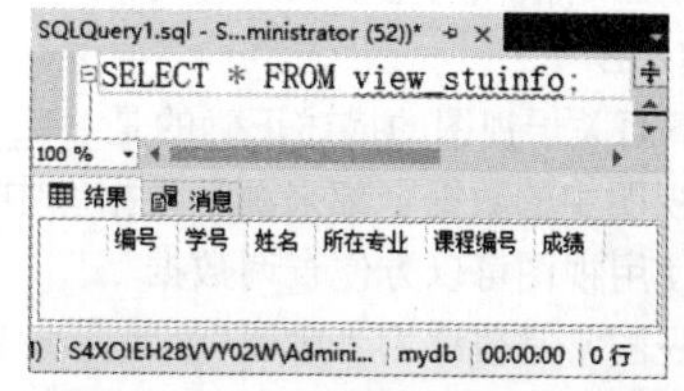

图 11-33　查看删除数据后的视图

查询删除数据后基本表 studentinfo 中的数据，语句如下。

```
SELECT * FROM studentinfo;
```

单击“执行”按钮，即可完成数据的查询操作，从结果中可以看到，基本表中姓名为“李芳”的数据记录已经被删除，如图 11-34 所示。

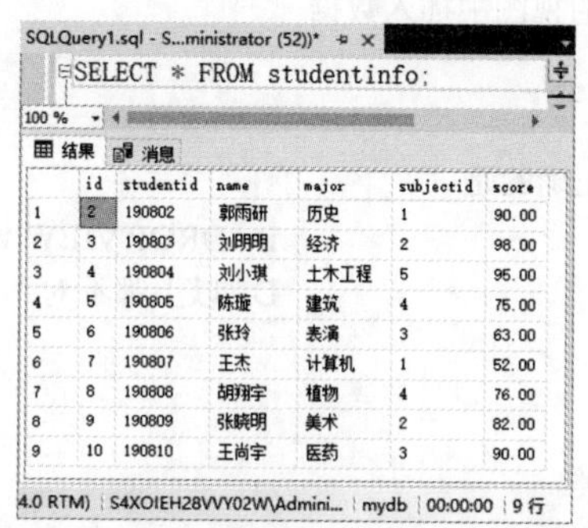

SQLQuery1.sql - S...ministrator (52))*

SELECT * FROM studentinfo;

	id	studentid	name	major	subjectid	score
1	2	190802	郭雨研	历史	1	90.00
2	3	190803	刘明明	经济	2	98.00
3	4	190804	刘小琪	土木工程	5	95.00
4	5	190805	陈璇	建筑	4	75.00
5	6	190806	张玲	表演	3	63.00
6	7	190807	王杰	计算机	1	52.00
7	8	190808	胡翔宇	植物	4	76.00
8	9	190809	张晓明	美术	2	82.00
9	10	190810	王尚宇	医药	3	90.00

图 11-34　通过视图删除基本表中的一条记录

注意：建立在多个表之上的视图，无法使用 DELETE 语句进行删除操作。

11.7　课后习题与练习

一、填充题

1. 在数据库中，视图中存放视图的_______，不存放视图对应的_______。

答案：定义，数据

2. 创建视图的关键字是_______。

答案：CREATE VIEW

3. 视图中的数据可以来源于_________张表。

答案：一张或多

4. 重命名视图使用的是_____系统存储过程。

答案：sp_rename

5. 查询视图中的数据与查询数据表中的数据是一样的，都是使用______语句来查询。

答案：SELECT

二、选择题

1. 视图是一个虚表，它是从______导出的表。

A. 一个基本表　　B. 多个基本表　　C. 一个或多个基本表　　D. 以上都不对

答案：C

2. 当________时，可以通过视图向基本表插入记录。

A. 视图所依赖的基本表有多个　　B. 视图所依赖的基本表只有一个

C. 视图所依赖的基本表只有两个　　D. 视图所依赖的基本表最多有五个

答案：B

3. 下面关于视图的描述正确的是______。

A. 视图中的数据全部来源于数据库中存在的数据表

B. 使用视图可以方便查询数据

C. 视图常常被称为“虚表”

D. 以上都对

答案：D

4. 下面关闭操作视图的描述正确的是______。

A. 不能向视图中插入数据

B. 可以向任意视图中插入数据

C. 只能向由一张基本表构成的视图中插入数据

D. 以上都不对

答案：C

5. 下面关于删除视图的语句正确的是______。

A. RENEW VIEW view_name　　B. DROP VIEW view_name

C. ALTER VIEW view_name　　D. 以上都不对

答案：B

三、简答题

1. 简述一下视图的作用与分类。

2. 查看视图信息的方法有哪些？

3. 如何通过视图来更新数据？

11.8 新手疑难问题解答

疑问 1：在 SQL Server 中，为什么将视图称为“虚表”？

解答：在 T-SQL 中，创建一个视图时，系统只是将视图的定义存放在数据字典中，并不存储视图对应的数据，在用户使用视图时才去找对应的数据，因此，我们将视图称为“虚表”，这样处理的目的是为了节约存储空间，因此视图对应的数据都可从相应的基本表中获得。

疑问 2：所有的视图是否都可以更新？为什么？

解答：更新视图是指通过视图来插入（INSERT）、删除（DELETE）和修改（UPDATE）数据，由于视图是不实际存储数据的虚拟表，因此对视图的更新最终要转换为对基本表的更新。为了防止用户通过视图对数据进行插入、删除和修改，有意无意地对不属于视图范围的基本表数据进行操作，所以一些相关措施使得不是所有的视图都可以更新。

在 T-SQL 中，允许更新的视图在定义时，需要加上 WITH CHECK OPTION 字句，这样在视图上增删改数据时，数据库管理系统会检查视图定义中的条件，如果不满足条件，则拒绝执行更新视图操作。

11.9　实战训练

在创建好的图书管理数据库 Library 中，包含了读者表 Reader、读者分类表 Readertype、图书信息表 Book、图书分类表 Booktype 和借阅记录表 Record。下面通过创建视图来实现各种操作。

（1）创建视图 ViewReaderRecord，包括读者的读者编号、读者姓名、图书名称和借阅时间，使用该视图查询所有读者的读者编号、读者姓名、图书名称和借阅时间。

（2）修改视图 ViewReaderRecord，要求添加读者的归还时间，使用该视图查询所有读者的读者编号、读者姓名、图书名称、借阅时间和归还时间。

（3）使用视图 ViewReaderRecord 修改读者借阅记录，例如修改为：读者编号为 1005，图书名称为“不抱怨的世界”，归还时间为“2019-8-1”。

（4）删除视图 ViewReaderRecord。

第12章

索引的创建与应用

本章内容提要

在关系数据库中，索引是一种可以加快数据检索速度的数据结构，主要用于提高数据库查询数据的性能。在 SQL Server 中，一般在基本表上建立一个或多个索引，从而快速定位数据的存储位置。本章介绍索引的创建与应用，主要内容包括创建索引、修改索引、查询索引属性、删除索引等。

12.1 了解索引

微视频

在 SQL Server 中，索引与图书中的目录相似。使用索引可以帮助数据库操作人员更快地查找数据库中的数据。

12.1.1 索引的作用

索引是建立在数据表中列上的一个数据库对象，在一张数据表中可以给一列或多列设置索引。如果在查询数据时，使用了设置索引列作为检索列，就会大大提高数据的查询速度。总之，在数据库中添加索引的作用体现在以下几个方法。

在数据库中合理地使用索引可以提高查询数据的速度。

（1）通过创建唯一索引，可以保证数据库表中每一行数据的唯一性。

（2）可以大大加快数据的查询速度，这也是创建索引的最主要的原因。

（3）实现数据的参照完整性，可以加速表和表之间的连接。

（4）在使用分组和排序子句进行数据查询时，可以显著减少查询中分组和排序的时间。

（5）可以在检索数据的过程中使用隐藏器，提高系统的安全性能。

12.1.2 索引的分类

在 SQL Server 中，索引主要分为聚集索引和非聚集索引。在一张数据表中，只有一个聚集索引，可以有多个非聚集索引。

1. 聚集索引

数据表中，最常见的聚集索引就是主键约束，它根据数据行的键值在表或视图中排序或存储这些数据。在数据表中可以使用聚集索引的列如下：

- 被大范围地搜索的主键，如账户。
- 返回大结果集的查询。
- 用于许多查询的列。
- 强选择性的列。
- 用于 ORDER BY 或者 GROUP BY 查询的列。

● 用于表级联的列。

2. 非聚集索引

一张数据表中可以包含多个非聚集索引。非聚集索引中包含非聚集索引键值，并且每个键值项都有指向包含该键值的数据行的指针。在数据表中可以使用非聚集索引的列如下：

● 顺序的标识符的主键，如标识列。
● 返回小结果集的查询。
● 用于聚合函数的列。
● 外键列。

12.1.3　索引的使用标准

虽然索引具有很多优点，但是仍要注意避免在一个表上创建大量的索引，否则不但会影响数据库插入、删除、更新数据的性能，也会在更改表中数据时，由于要调整索引而降低系统的维护速度，主要体现在以下几点。

● 创建索引和维护索引需要耗费时间，这种时间随着数据量的增加而增加。
● 除了数据表占用数据空间外，每一个索引还要占一定的物理空间，如果要建立聚集索引，那么需要的空间就会更大。
● 对表中的数据进行增加、删除、修改时，索引也要维护，这样就降低了数据的维护速度。

数据库中的索引是建立在表的某些列上的，因此，在创建索引时，应该考虑在哪些列上可以创建索引，哪些列上不可以创建索引，下面给出一个表，如表 12-1 所示，该表列出了一些适合和不适合创建索引的表和列。

表 12-1　选择表或列创建索引的原则

适合创建索引的表或者列	不适合创建索引的表或者列
有许多行数据的大型数据表	具有很少行数据的数据表
经常用于查询数据的列	很少用于查询的列
用于聚合函数的列	列的字节数据比较大
用于 ORDER BY 查询的列	有许多修改，但很少实际查询的表
用于 GROUP BY 查询的列	
用于表级联的列	

12.2　创建索引

微视频

使用索引的前提是创建索引，在 SQL Server 中，创建索引的方法主要有两种，一种是使用 T-SQL 语句创建索引，另一种在 SQL Server Management Studio 中创建索引。

12.2.1　创建索引的语法

使用 CREATE INDEX 语句可以创建索引，在创建索引的语法中包括了创建聚集索引和非聚集索引两种方式，用户可以根据实际需要进行选择，具体的语法格式如下。

```
CREATE [UNIQUE] [CLUSTERED | NONCLUSTERED]
INDEX index_name ON {table | view}(column[ASC | DESC][,...n])
[ INCLUDE ( column_name [ ,...n ] ) ]
[with
(
  PAD_INDEX = { ON | OFF }
  | FILLFACTOR = fillfactor
```

```
  | SORT_IN_TEMPDB = { ON | OFF }
  | IGNORE_DUP_KEY = { ON | OFF }
  | STATISTICS_NORECOMPUTE = { ON | OFF }
  | DROP_EXISTING = { ON | OFF }
  | ONLINE = { ON | OFF }
  | ALLOW_ROW_LOCKS = { ON | OFF }
  | ALLOW_PAGE_LOCKS = { ON | OFF }
  | MAXDOP = max_degree_of_parallelism
) ] [...n]
```

主要参数介绍如下。

- UNIQUE：表示在表或视图上创建唯一索引。唯一索引不允许两行具有相同的索引键值。视图的聚集索引必须唯一。
- CLUSTERED：表示创建聚集索引。在创建任何非聚集索引之前创建聚集索引。创建聚集索引时会重新生成表中现有的非聚集索引。如果没有指定 CLUSTERED，则创建非聚集索引。
- NONCLUSTERED：表示创建一个非聚集索引，非聚集索引数据行的物理排序独立于索引排序。每个表都最多可包含 999 个非聚集索引。NONCLUSTERED 是 CREATE INDEX 语句的默认值。
- index_name：指定索引的名称。索引名称在表或视图中必须唯一，但在数据库中不必唯一。
- ON {table | view}：指定索引所属的表或视图。
- column：指定索引基于的一列或多列。指定两个或多个列名，可为指定列的组合值创建组合索引。{table| view}后的括号中，按排序优先级列出组合索引中要包括的列。一个组合索引键中最多可组合 16 列。组合索引键中的所有列必须在同一个表或视图中。
- [ASC | DESC]：指定特定索引列的升序或降序排序方向。默认值为 ASC。
- INCLUDE (column_hame [, …n])：指定要添加到非聚集索引的叶级别的非键列。
- PAD_INDEX：表示指定索引填充。默认值为 OFF。ON 值表示 fillfactor 指定的可用空间百分比应用于索引的中间级页。
- FILLFACTOR = fillfactor：指定一个百分比，表示在索引创建或重新生成过程中数据库引擎应使每个索引页的叶级别达到的填充程度。fillfactor 必须为介于 1 至 100 之间的整数值，默认值为 0。
- SORT_IN_TEMPDB：指定是否在 tempdb 中存储临时排序结果。默认值为 OFF。ON 值表示在 tempdb 中存储用于生成索引的中间排序结果。OFF 表示中间排序结果与索引存储在同一数据库中。
- IGNORE_DUP_KEY：指定对唯一聚集索引或唯一非聚集索引执行多行插入操作时，出现重复键值的错误响应。默认值为 OFF。ON 表示发出一条警告信息，但只有违反了唯一索引的行才会失败。OFF 表示发出错误消息，并回滚整个 INSERT 事务。
- STATISTICS_NORECOMPUTE：指定是否重新计算分发统计信息。默认值为 OFF。ON 表示不会自动重新计算过时的统计信息。OFF 表示启用统计信息自动更新功能。
- DROP_EXISTING：指定应删除并重新生成已命名的先前存在的聚集或非聚集索引。默认值为 OFF。ON 表示删除并重新生成现有索引。指定的索引名称必须与当前的现有索引相同；但可以修改索引定义。例如，可以指定不同的列、排序顺序、分区方案或索引选项。OFF 表示如果指定的索引名已存在，则会显示一条错误。
- ONLINE = { ON | OFF }：指定在索引操作期间，基础表和关联的索引是否可用于查询和数据修改操作。默认值为 OFF。
- ALLOW_ROW_LOCKS：指定是否允许行锁。默认值为 ON。ON 表示在访问索引时允许行锁。数据库引擎确定何时使用行锁。OFF 表示未使用行锁。
- ALLOW_PAGE_LOCKS：指定是否允许页锁。默认值为 ON。ON 表示在访问索引时允许页锁。数据库引擎确定何时使用页锁。OFF 表示未使用页锁。
- MAXDOP：指定在索引操作期间，覆盖“最大并行度”配置选项。使用 MAXDOP 可以限制在执行并行计划的过程中使用的处理器数量，最大数量为 64 个。

12.2.2　创建聚集索引

为了演示创建索引的方法，下面创建一个作者信息数据表 authors，语句如下。

```
USE mydb
CREATE TABLE authors(
     id       Int   IDENTITY(1,1)  NOT NULL,
     name     VARCHAR(20)  NOT NULL,
     gender   TINYINt  NOT NULL,
     age      INT   NOT NULL,
     phone    VARCHAR(15)  NULL,
     remark   VARCHAR(100) NULL
) ;
```

单击“执行”按钮，即可完成数据表的创建，执行结果如图 12-1 所示。

数据表创建完成后，下面使用 T-SQL 语句创建聚集索引，使用 CREATE UNIQUE CLUSTERED INDEX 语句可以创建唯一性聚集索引。

实例 1：在 authors 表中的 phone 列上，创建一个名称为 Idx_phone 的唯一聚集索引，降序排列，填充因子为 30%，输入如下语句。

```
CREATE UNIQUE CLUSTERED INDEX Idx_phone
ON authors(phone DESC)
WITH
FILLFACTOR=30;
```

单击“执行”按钮，即可完成聚集索引的创建，执行结果如图 12-2 所示。

图 12-1　创建数据表

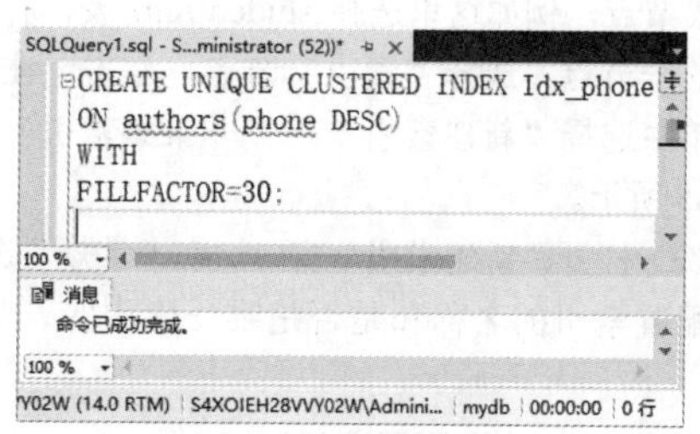

图 12-2　创建聚集索引

12.2.3　创建非聚集索引

非聚集索引在一张数据表中可以存在多个，并且创建非聚集索引时，可以不将其列设置成唯一索引，创建非聚集索引的 T-语句如下。CREATE UNIQUE NONCLUSTERED INDEX。

实例 2：在 authors 表中的 name 列上，创建一个名称为 Idx_name 的唯一非聚集索引，升序排列，填充因子为 10%，语句如下。

```
CREATE UNIQUE NONCLUSTERED INDEX Idx_name
ON authors(name)
WITH
FILLFACTOR=10;
```

单击“执行”按钮，即可完成非聚集索引的创建，执行结果如图 12-3 所示。

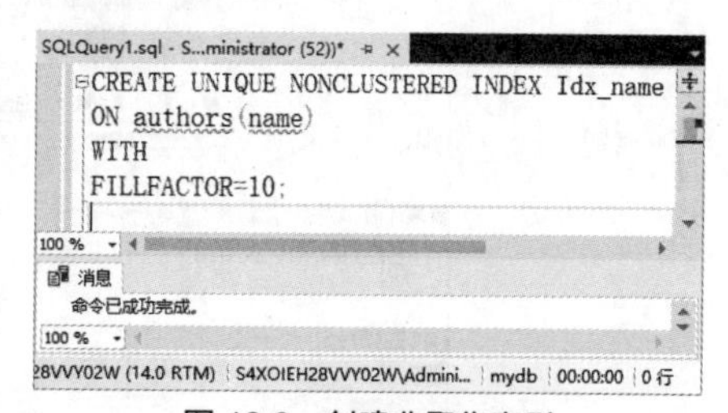

图 12-3　创建非聚集索引

12.2.4　创建复合索引

所谓复合索引就是指在一张表中创建索引时，索引列可以由多列组成，有时也被称为组合索引。

实例 3：在 authors 表中的 name 和 gender 列上，创建一个名称为 Idx_nameAndgender 的唯一非聚集

组合索引，升序排列，填充因子为20%，语句如下。

```
CREATE UNIQUE NONCLUSTERED INDEX Idx_nameAndgender
ON authors(name,gender)
WITH
FILLFACTOR=20;
```

单击“执行”按钮，即可完成非聚集组合索引的创建，执行结果如图 12-4 所示。

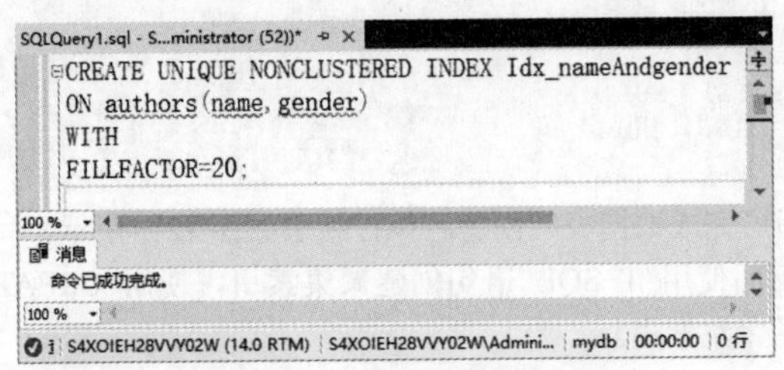

图 12-4 创建非聚集组合索引

12.2.5 以图形向导方式创建索引

创建索引的语法中有些关键字是比较难记的，这时就可以在 SQL Server Management Studio 中以向导方式来创建索引了，具体操作步骤如下：

（1）登录到 SQL Server 2017 数据库，在“对象资源管理器”窗口中打开“数据库”节点下面要创建索引的数据表节点，例如这里选择 studentinfo 表，打开该节点下面的子节点，选择“索引”节点，右击，在弹出的快捷菜单中选择“新建索引”→“非聚集索引”命令，如图 12-5 所示。

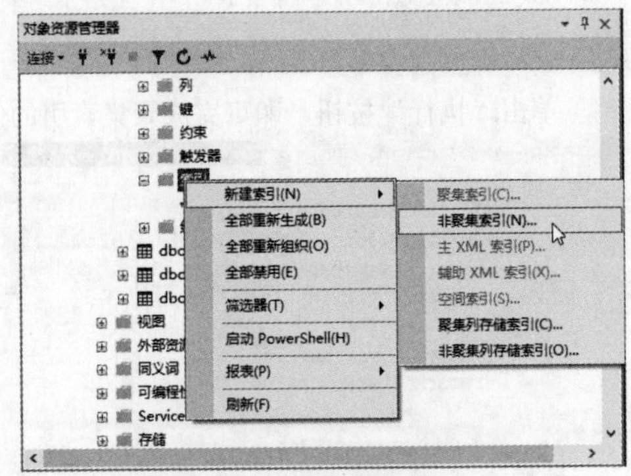

图 12-5 选择“新建索引”命令

（2）打开“新建索引”窗口，在“常规”选项卡中，可以配置索引的名称和是否是唯一索引等，如图 12-6 所示。

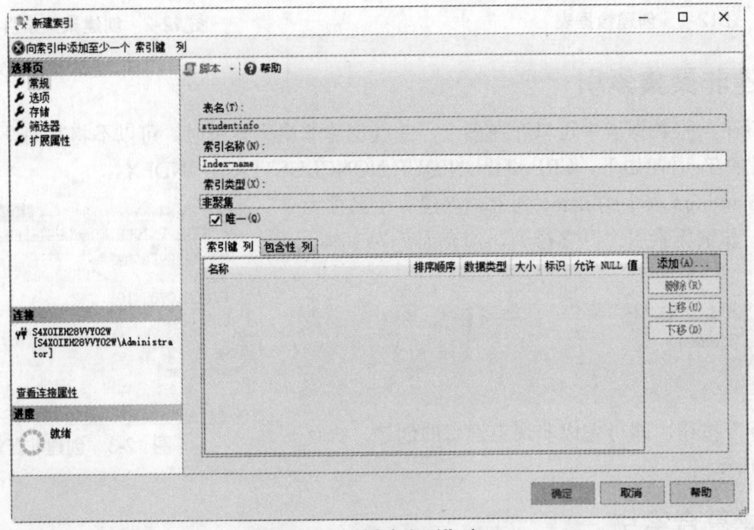

图 12-6 “新建索引”窗口

（3）单击“添加”按钮，打开选择添加索引的列窗口，从中选择要添加索引的表中的列，这里选择在数据类型为 varchar 的 name 列上添加索引，如图 12-7 所示。

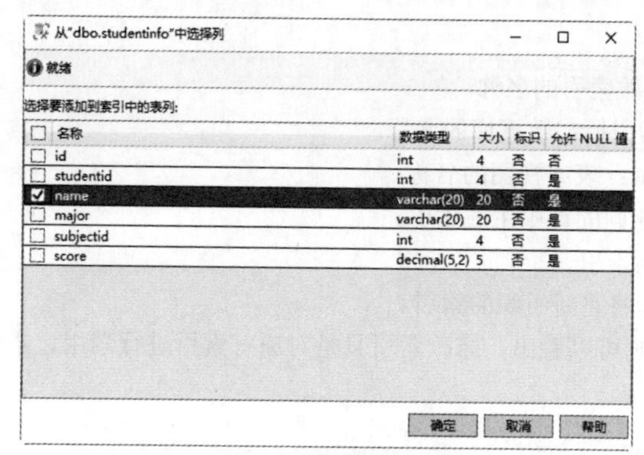

图 12-7　选择索引列

（4）选择完之后，单击“确定”按钮，返回“新建索引”窗口，如图 12-8 所示。

（5）单击该窗口中的“确认”按钮，返回“对象资源管理器”窗口之后，可以在索引节点下面看到名称为 Index_name 的新索引，说明该索引创建成功，如图 12-9 所示。

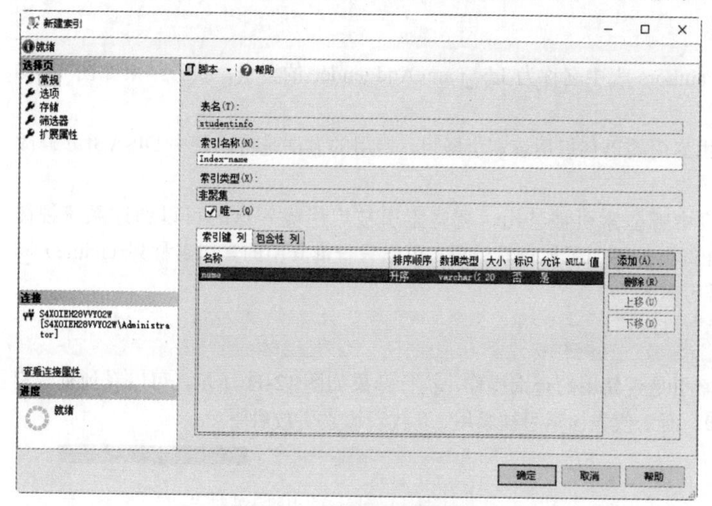

图 12-8　“新建索引”窗口

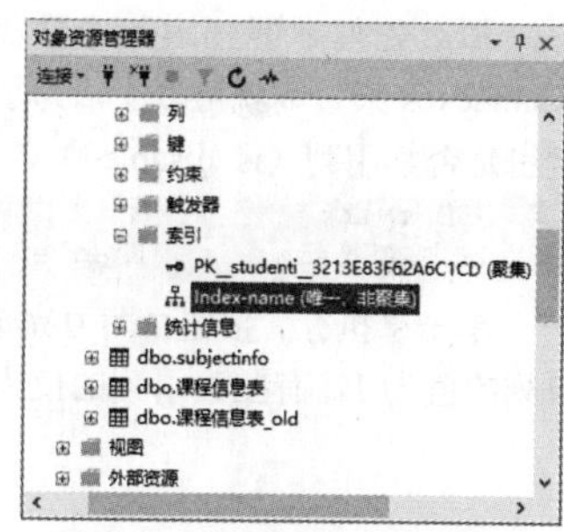

图 12-9　非聚集索引创建成功

12.3　修改索引

微视频

当数据表中的数据更新后，就要重新生成索引、重新组织索引等，这些就是修改索引的操作，用户可以使用 T-SQL 语句或在 SQL Server Management Studio 中修改索引。

12.3.1　修改索引的语法

修改索引的语法格式与创建索引的语法格式有很大的差异，修改索引的语法格式如下。

```
ALTER INDEX index_name
ON {
[database_name].table_or_view_name
}
{[REBUILD]
    [with(<rebuild_index_option>[,…n ] ) ]
[DISABLE]
[REORGANIZE]
  [PARTITION=partition_number]
}
```

主要参数介绍如下。

- index_name：要修改索引的名称。
- database_name：索引所在数据库的名称。
- table_or_view_name：表或视图的名称。
- REBUILD：使用相同的规则生成索引。
- DISABLE：将禁用索引。
- PARTITION：执行将重新组织的索引。

从修改索引的语法规则可以看出，修改索引只是对原有索引进行禁用，重新生成等操作，并不是直接修改原有索引的表或列。

12.3.2 禁用索引

在数据库中，对于一些暂时不用的索引，我们可以将其禁用掉，当再次需要时再启用该索引。

实例 4：禁用 authors 表中名称为 Idx_nameAndgender 的唯一非聚集组合索引，语句如下。

```
USE mydb;
ALTER INDEX Idx_nameAndgender
ON authors
DISABLE;
```

单击“执行”按钮，即可禁用 authors 表中名称为 Idx_nameAndgender 的索引，执行结果如图 12-10 所示。

当用户希望使用该索引时，使用启用的语句启用该索引即可，启用的方法是将语句中 DISABLE 修改为 ENABLE 即可。

那么如何才能知道一个数据表中哪些索引被禁用，哪些索引被启用呢？这时可以通过系统视图 sys.indexes 来查询就可以了，为了让读者能够明了地查看结果，可以只查询其中的索引名称列（name）和索引是否禁用列（is_disabled），语句如下。

```
USE mydb;
SELECT name, is_disabled FROM sys.indexes;
```

单击“执行”按钮，即可完成索引是否禁用的查询操作，执行结果如图 12-11 所示，可以看到有些索引列的值为 1，有些索引列的值为 0，而 1 代表该索引被禁用，0 代表该索引被启用。

图 12-10 禁用不要的索引

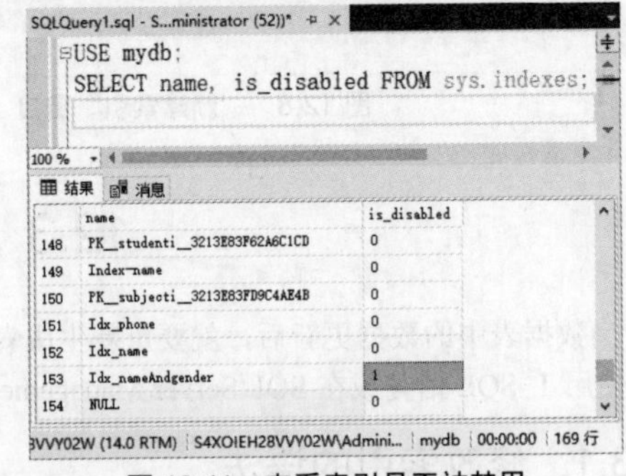

图 12-11 查看索引是否被禁用

12.3.3 重新生成索引

重新生成新的索引实际上就是将原来的索引删除掉，再创建一个新的索引。重新生成新索引使用的是修改索引语法中的 REBUILD 关键字来实现的。

实例 5：在 authors 表中重新生成名称为 Idx_nameAndgender 的索引，语句如下。

```
USE mydb;
ALTER INDEX Idx_nameAndgender
```

```
    ON authors
    REBUILD;
```

单击“执行”按钮，即可完成重新生成新索引的操作，执行结果如图 12-12 所示。

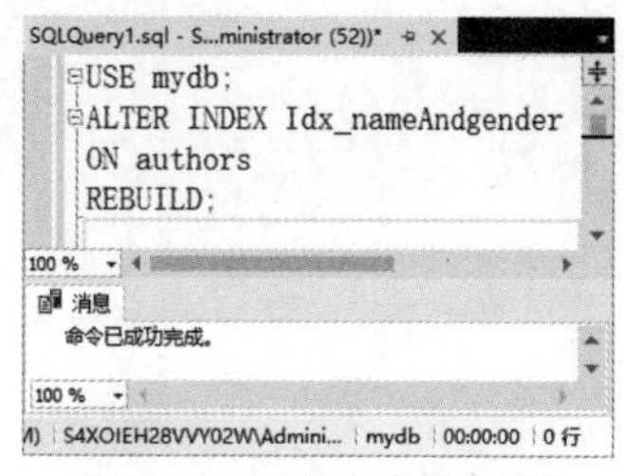

图 12-12　重新生成新的索引

12.3.4　重命名索引

使用系统存储过程 sp_rename 可以重命名索引的名称，其语法格式如下。

```
sp_rename 'object_name','new_name', 'object_type'
```

主要参数介绍如下。

- object_name：用户对象或数据类型的当前限定或非限定名称。此对象可以是表、索引、列、别名数据类型或用户定义类型。
- new_name：指定对象的新名称。
- object_type：指定修改的对象类型。

实例 6：将 authors 表中的索引名称 idx_nameAndgender 更改为 fuhe_index，输入如下语句。

```
USE mydb;
GO
exec sp_rename 'authors.idx_nameAndgender', 'fuhe_index','index' ;
```

单击“执行”按钮，即可完成索引重命名操作，执行结果如图 12-13 所示。刷新索引节点下的索引列表，即可看到修改名称后的效果，如图 12-14 所示。

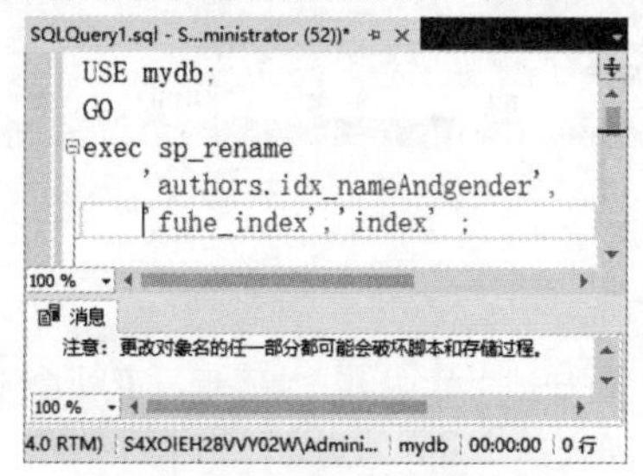

图 12-13　重命名索引的名称

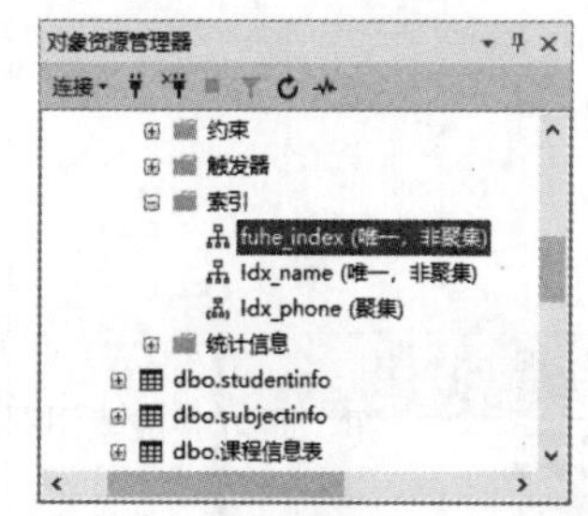

图 12-14　查看重命名后的索引

12.3.5　以图形向导方式修改索引

在 SQL Server Management Studio 中可以以图形向导方式修改索引，包括禁用索引、重新生成索引以及重命名索引，具体操作步骤如下：

(1) 登录到 SQL Server 2017 数据库，在“对象资源管理器”窗口中打开“数据库”节点下面要创建索引的数据表节点，例如这里选择 authors 表，打开该节点下面的子节点，选择需要禁用的索引，右击，在弹出的快捷菜单中选择“禁用”命令，如图 12-15 所示。

(2) 弹出“禁用索引”窗口，在其中可以查看要禁用的索引列表，单击“确定”按钮，即可完成禁用索引的操作，如图 12-16 所示。

(3) 如果想要重新生成索引，可以在“索引”节点下选择禁用的索引，右击，在弹出的快捷菜单中选择“重新生成”命令，如图 12-17 所示。

(4) 弹出“重新生成索引”窗口，在其中可以查看要重新生成的索引列表，单击“确定”按钮，即可完成重新生成索引的操作，如图 12-18 所示。

(5) 如果想要重命名索引的名称，可以在“索引”节点下选择要重命名的索引，右击，在弹出的快捷菜单中选择“重命名”命令，如图 12-19 所示。

(6) 进入索引重命名工作状态，在其中输入新的名称，然后单击“对象资源管理器”窗口中的任意位置，即可完成重命名索引名称的操作，如图 12-20 所示。

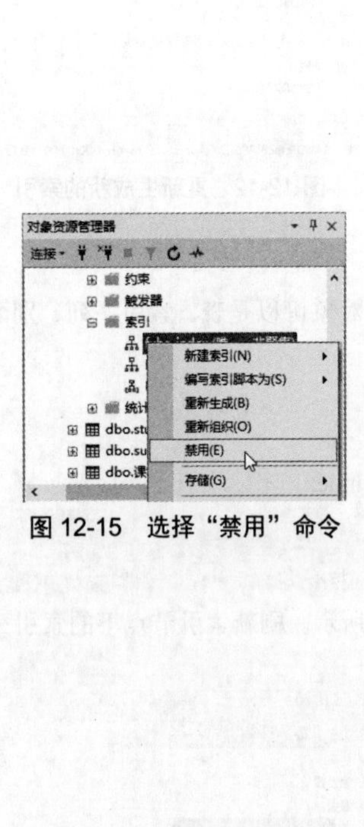

图 12-15 选择“禁用”命令

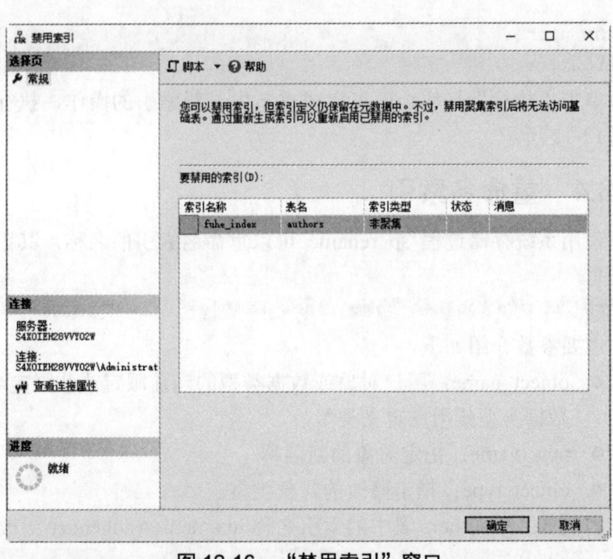

图 12-16 “禁用索引”窗口

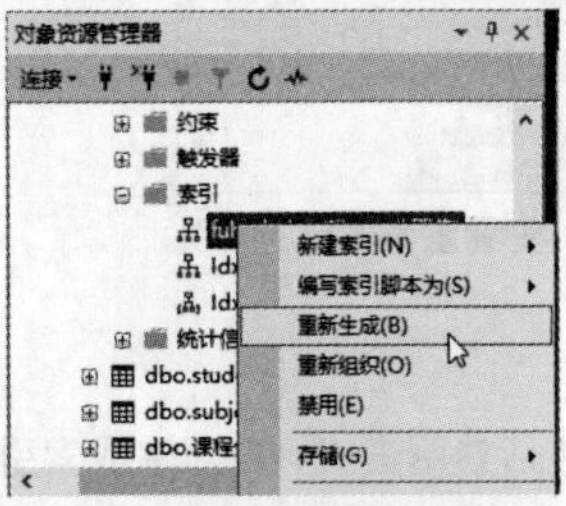

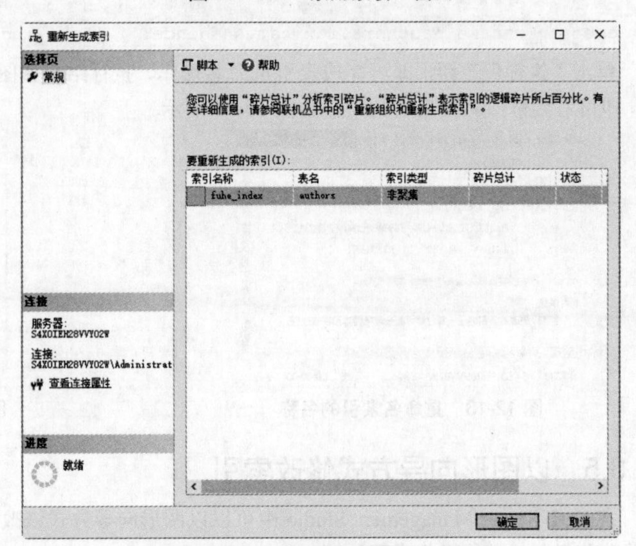

图 12-17 选择“重新生成”命令

图 12-18 “重新生成索引”窗口

图 12-19 选择“重命名”命令

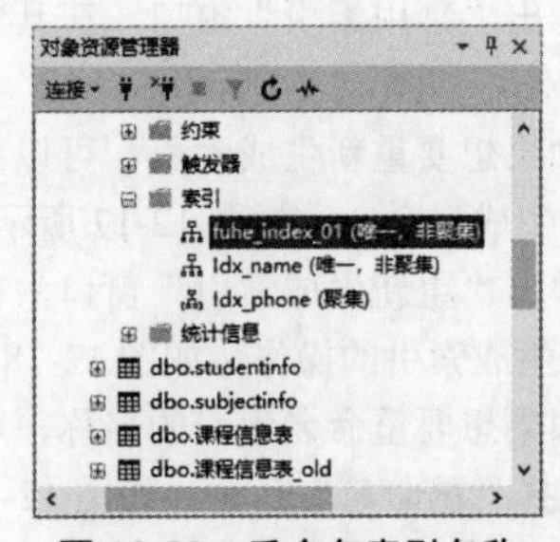

图 12-20 重命名索引名称

索引创建成功后，用户还可以查询数据表中创建的索引信息，下面介绍查询索引信息的方法。

12.4　查询索引

微视频

12.4.1　使用系统存储过程查询索引

使用系统存储过程 sp_helpindex 可以查看数据表或视图中的索引信息，具体的语法格式如下。

```
sp_helpindex [ @objname = ] 'name'
```

其中，[@objname =]'name'：用户定义的表或视图的限定或非限定名称。仅当指定限定的表或视图名称时，才需要使用引号。如果提供了完全限定的名称，包括数据库名称，则该数据库名称必须是当前数据库的名称。

实例 7：使用存储过程查看 mydb 数据库中 authors 表中定义的索引信息，输入如下语句。

```
USE mydb
GO
exec sp_helpindex 'authors';
```

单击“执行”按钮，即可完成索引信息的查询操作，执行结果如图 12-21 所示。

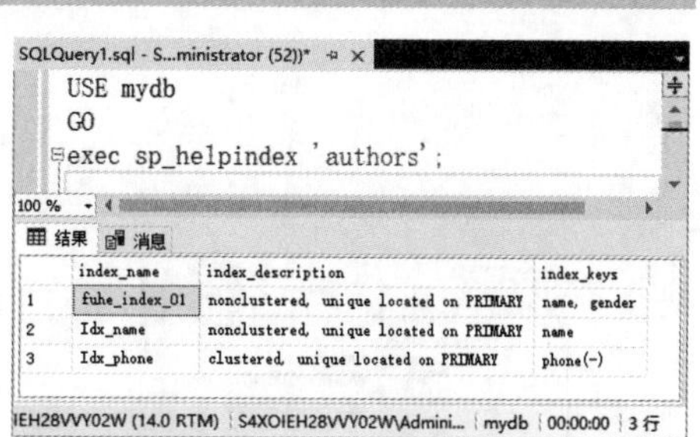

图 12-21　查看索引信息

从结果中可以看到，这里显示了 authors 表中的索引信息，相关参数介绍如下。

- Index_name：指定索引名称，这里创建了 3 个不同名称的索引。
- Index_description：包含索引的描述信息，例如唯一性索引、聚集索引等。
- Index_keys：包含了索引所在的表中的列。

12.4.2　以图形向导方式查看索引

除使用系统存储过程查看索引信息外，用户还可以在 SQL Server Management Studio 中查看索引信息，具体的方法为：在“对象资源管理器”窗口中打开指定数据库节点，这里选择 mydb，然后选择该数据库中的数据表 authors，并展开该表中的索引节点，选中表中的索引项，这里选择 fuhe_index_01 索引，右击，在弹出的快捷菜单中选择“属性”命令，或双击要查看信息的索引，如图 12-22 所示。

打开“索引属性”窗口，在该窗口中可以查看索引的相关信息，还可以修改索引的名称、索引类型等信息，如图 12-23 所示。

图 12-22　选择“属性”命令

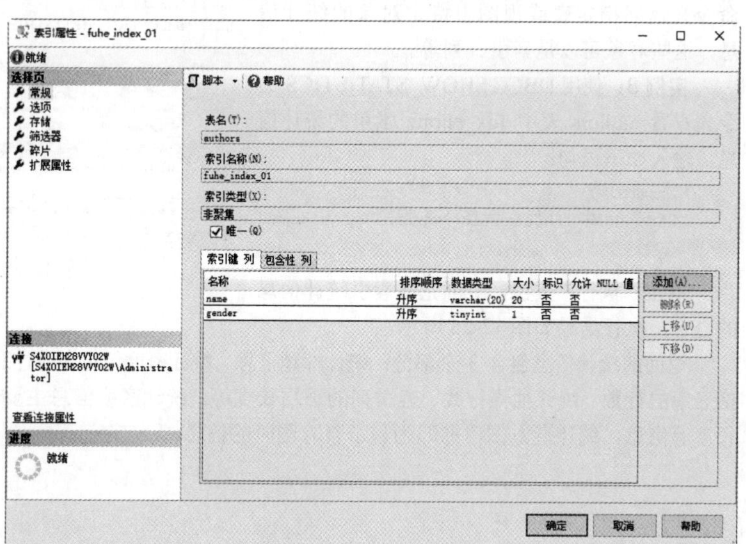

图 12-23　“索引属性”窗口

12.4.3 查看索引的统计信息

索引信息还包括统计信息，这些信息可以用来分析索引性能，更好地维护索引。索引统计信息是查询优化器用来分析和评估查询、制定最优查询方式的基础数据，用户可以在 SQL Server Management Studio 中查看索引统计信息，也可以使用 DBCC SHOW_STATISTICS 命令来查看指定索引的信息。

1. 以图形向导方式查看索引统计信息

打开 SQL Server 管理平台，在“对象资源管理器”窗口中打开 authors 表中的“统计信息”节点，选择要查看统计信息的索引（例如 fuhe_index_01），右击，在弹出的快捷菜单中选择“属性”命令，如图 12-24 所示。打开“统计信息属性”窗口，选择“选择页”中的“详细信息”选项，可以在右侧的窗格中看到当前索引的统计信息，如图 12-25 所示。

图 12-24 选择“属性”命令

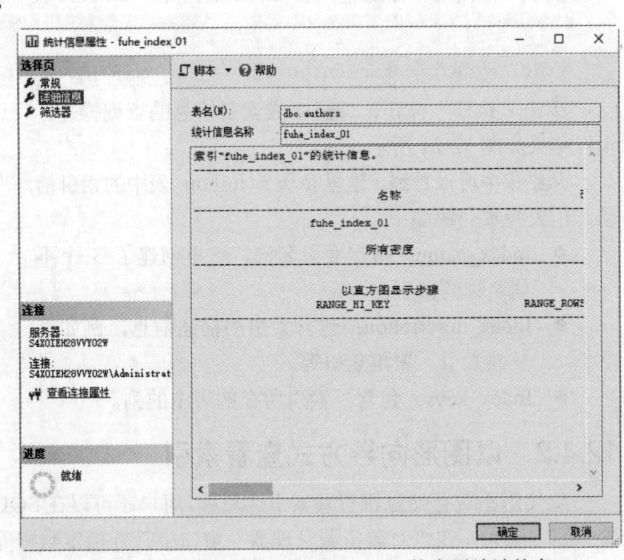

图 12-25 当前（fuhe_index_01）的索引统计信息

2. 使用 DBCC SHOW_STATISTICS 命令查看

用户还可以使用 DBCC SHOW_STATISTICS 命令来返回指定表或视图中特定对象的统计信息，这些对象可以是索引、列等。

实例 8：使用 DBCC SHOW_STATISTICS 命令来查看 authors 表中 Idx_phone 索引的统计信息，输入如下语句。

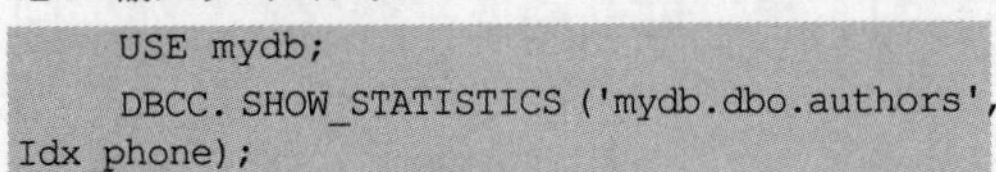

```
USE mydb;
DBCC. SHOW_STATISTICS ('mydb.dbo.authors',
Idx_phone);
```

单击“执行”按钮，即可完成索引统计信息的查看，执行结果如图 12-26 所示。

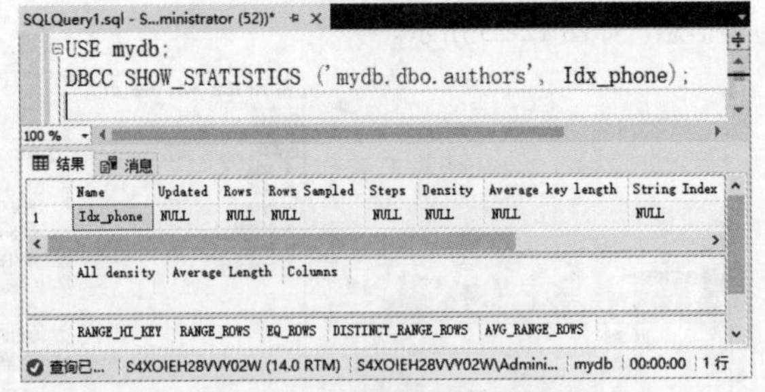

图 12-26 查看索引统计信息

返回的统计信息包含 3 个部分：统计标题信息、统计密度信息和统计直方图信息。统计标题信息主要包括表中的行数、统计抽样行数、索引列的平均长度等。统计密度信息主要包括索引列前缀集选择性、平均长度等信息。统计直方图信息即为显示直方图时的信息。

12.5　删除索引

微视频

在数据库中使用索引，既可以给数据库的管理带来好处，也会造成数据库存储中的浪费。因此，当不再需要表中的索引时，就需要及时将这些索引删除。

12.5.1　删除索引的语法

使用 DROP 语句可以删除索引，删除索引的语法格式如下。

```
DROP INDEX
{
  index_name ON
{
[database_name.[schema_name]. [schema_name]
table_or_view_name
}
[,...n]
| [owner_name] table_or_view_name.index_name
[,...n]
}
```

主要参数介绍如下。

- index_name 项：索引的名称。
- database_name 项：数据库的名称。
- schema_name 项：该表或视图所属架构的名称。
- table_or_view_name 项：与该索引关联的表或视图的名称。

12.5.2　一次删除一个索引

从删除索引的语法格式可以看出，在删除索引时可以一次删除一个索引，也可以同时删除多个索引，下面介绍一次删除一个索引的方法。

实例 9：删除数据表 authors 中的 Idx_name 索引，输入如下语句。

```
USE mydb
DROP INDEX Idx_name ON dbo.authors;
```

单击“执行”按钮，即可完成索引的删除操作，执行结果如图 12-27 所示。

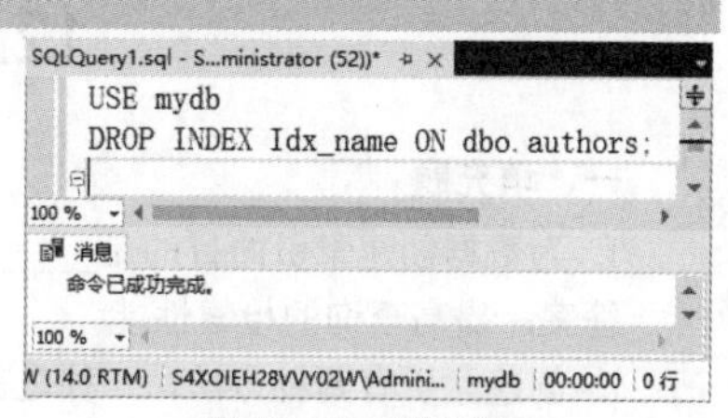

图 12-27　删除索引

12.5.3　一次删除多个索引

当需要删除多个索引时，只需要把多个索引名依次写在 DROP INDEX 后面即可。

实例 10：一次删除数据表 authors 中的 fuhe_index_ 01 和 Idx_phone 索引，输入如下语句。

```
USE mydb
DROP INDEX
fuhe_index_01 ON dbo.authors,Idx_phone ON dbo.authors;
```

单击“执行”按钮，即可完成一次删除多个索引的删除操作，执行结果如图 12-28 所示。

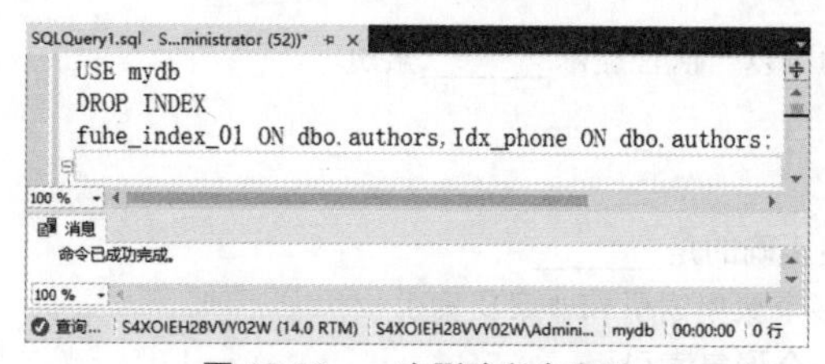

图 12-28　一次删除多个索引

12.5.4 以图形向导方式删除索引

在 SQL Server Management Studio 中可以以图形向导方式修改索引，包括禁用索引、重新生成索引以及重命名索引。具体操作步骤如下：

（1）登录到 SQL Server 2017 数据库，在“对象资源管理器”窗口中打开“数据库”节点下面要删除索引的数据表节点，例如这里选择 authors 表，打开该节点下面的子节点，选择需要删除的索引，右击，在弹出的快捷菜单中选择“删除”命令，如图 12-29 所示。

（2）弹出“删除索引”对话框，在其中显示了需要删除的所有对象，单击“删除”按钮，即可完成索引的删除操作，如图 12-30 所示。

图 12-29 选择“删除”命令

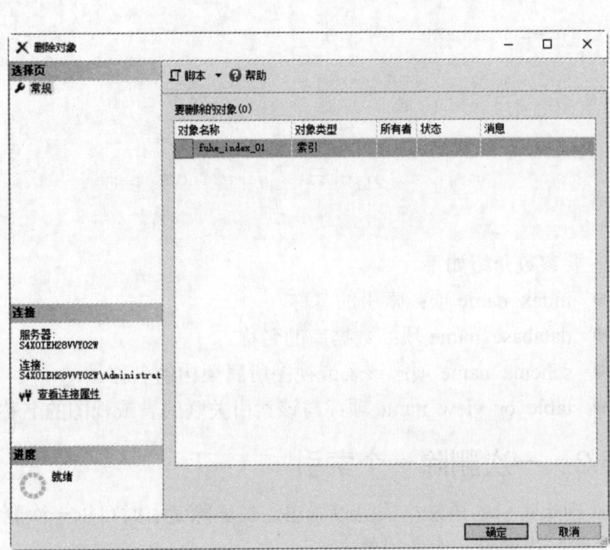

图 12-30 “删除对象”窗口

12.6 课后习题与练习

一、填充题

1. 为数据创建索引的目的是________。

答案：提高查询的检索性能

2. 创建索引有两种方法，一种是在创建表时用________来创建唯一性索引，也可以用______来创建唯一性索引。

答案：设置主键约束，CREATE INDEX

3. 当不需要某个索引，但是不能将其删除，这时可以将其禁用，禁用索引的关键字是______。

答案：DISABLE

4. 如果想要删除某个索引，使用的关键字是______。

答案：DROP INDEX

5. 当删除索引时，我们可以一次性删除_______索引。

答案：一个或多个

二、选择题

1. 下面关于索引的描述正确的是_______。

A. 在一张表中可以有多个聚集索引和非聚集索引

B. 在一张表中只能有一个聚集索引

C. 在一张表中只能有一个非聚集索引

D. 以上都对

答案：B

2. 下面关于索引的操作描述正确的是______。

A. 一旦创建索引，不能删除　　B. 一次只能删除一个索引

C. 一次可以删除多个索引　　D. 以上都不对

答案：C

3. 重新生成索引的关键字是_______。

A. reuse　　B. renew　　C. rebuild　　D. 以上都不对

答案：C

4. 在 SQL Server 中，索引主要分为________。

A. 聚集索引和非聚集索引　　B. 复合索引和唯一性索引

C. 聚集索引和复合索引　　D. 非聚集索引和唯一性索引

答案：A

5. 在给数据表添加索引时，索引通常是以______开头。

A. IX　　B. ID　　C. IN　　D. INDEX

答案：A

三、简答题

1. 简述一下索引的作用。

2. 聚集索引和非聚集索引的区别有哪些？

3. 如何查看已经创建的索引的属性？

12.7　新手疑难问题解答

疑问 1：在给索引进行重命名时，为什么提示找不到呢？

解答：在给索引重命名时，一定要将原来的索引名前面加上该索引所在的表名，否则在数据库中是找不到的。

疑问 2：如果在数据表中没有创建索引，那么该数据表中也存在聚集索引吗？

解答：是这样的。聚集索引几乎在每张数据表中都存在，如果一张表中有了主键，那么系统就会认为主键列就是聚集索引列。

12.8　实战训练

在创建好的图书管理数据库 Library 中，包含了读者表 Reader、读者分类表 Readertype、图书信息表 Book、图书分类表 Booktype 和借阅记录表 Record。下面通过创建索引来实现各种操作。

（1）在读者表 Reader 中的读者编号字段上创建聚集索引 PK_Reader。

（2）在读者表 Reader 中的姓名字段上创建非聚集索引 IX_Reader。

（3）在读者表 Reader 中修改索引 PK_Reader 的名称为“PK_Reader_01”

（4）删除索引 PK_Reader_01。

第13章

存储过程的创建与应用

本章内容提要

在SQL Server中，存储过程是一个非常重要的数据库对象，它是一组为了完成特定功能而编写的SQL语句集，通过使用存储过程，可以将经常使用的SQL语句封装起来，以免重复编写相同的SQL语句。本章介绍存储过程的创建与应用，主要内容包括了解存储过程、创建存储过程、修改存储过程、执行存储过程、删除存储过程等。

13.1 了解存储过程

微视频

存储过程是由一系列SQL语句组成的程序，经过编译后保存在数据库中。因此，存储过程要比普通SQL语句的执行效率更高，且可以多次重复调用。另外，存储过程还可以接收输入、输出参数，并可以返回一个或多个查询结果集和返回值，以便满足各种不同需求。

13.1.1 存储过程的作用

用户通过指定存储过程的名称并给出参数可以直接执行存储过程。存储过程中可以包含逻辑控制语句和数据操纵语句，它可以接收参数、输出参数、返回单个或多个结果集以及返回值。相对于直接执行SQL语句，使用存储过程有以下作用：

1. 存储过程允许标准组件式编程

存储过程创建后可以在程序中被多次调用执行，而不必重新编写该存储过程的T-SQL语句。而且数据库专业人员可以随时对存储过程进行修改，但对应用程序源代码却毫无影响，从而极大地提高了程序的可移植性。

2. 存储过程能够实现较快的执行速度

如果操作包含大量的SQL语句代码，分别被多次执行，那么存储过程要比批处理的执行速度快得多。因为存储过程是预编译的，在首次运行一个存储过程时，查询优化器对其进行分析、优化，并给出最终被存在系统表中的存储计划。而批处理的SQL语句每次运行都需要预编译和优化，所以速度就要慢一些。

3. 存储过程减轻网络流量

对于同一个针对数据库对象的操作，如果这一操作所涉及的SQL语句被组织成一存储过程，那么当在客户机上调用该存储过程时，网络中传递的只是该调用语句，否则将会是多条T-SQL语句，从而减轻了网络流量，降低了网络负载。

4. 存储过程可被作为一种安全机制来充分利用

系统管理员可以对执行的某一个存储过程进行权限限制，从而能够实现对某些数据访问的限制，避免非授权用户对数据的访问，保证数据的安全。

不过，任何一个事物都不是完美的，存储过程也不例外，除具有一些优点外，还具有如下缺点。

- 数据库移植不方便，存储过程依赖于数据库管理系统，SQL Server 存储过程中封装的操作代码不能直接移植到其他的数据库管理系统中。
- 不支持面向对象的设计，无法采用面向对象的方式将逻辑业务进行封装，甚至形成通用的可支持服务的业务逻辑框架。
- 代码可读性差、不易维护。
- 不支持集群。

13.1.2　存储过程的类型

在 SQL Server 中，存储过程主要分为系统存储过程、自定义存储过程和扩展存储过程。

1. 系统存储过程

系统存储过程是由 SQL Server 系统自身提供的存储过程，可以作为命令执行各种操作。例如，sp_rename 系统存储过程可以更改当前数据库中用户创建对象的名称；sp_helptext 存储过程可以显示规则、默认值或视图的文本信息等。

系统存储过程位于数据库服务器中，并且以 sp_开头，系统存储过程定义在系统定义和用户定义的数据库中，在调用时不必在存储过程前加数据库限定名。系统存储过程创建并存放于系统数据库 master 中。

2. 自定义存储过程

自定义存储过程即用户使用 SQL 语句编写的、为了实现某一特定业务需求，在用户数据库中编写的 SQL 语句集合，用户存储过程可以接受输入参数、向客户端返回结果和信息、返回输出参数等。

创建自定义存储过程时，存储过程名前面加上“##”表示创建了一个全局的临时存储过程；存储过程名前面加上“#”时，表示创建局部临时存储过程。局部临时存储过程只能在创建它的会话中使用，会话结束时，将被删除。这两种存储过程都存储在系统数据库 tempdb 之中。

3. 扩展存储过程

扩展存储过程是以在 SQL Server 环境外执行的动态连接(DLL 文件)来实现的，可以加载到 SQL Server 实例运行的地址空间中执行，扩展存储过程可以用 SQL Server 扩展存储过程 API 编程，扩展存储过程以前缀 xp_来标识，对于用户来说，扩展存储过程和普通存储过程一样，可以用相同的方法来执行。

13.2　创建存储过程

微视频

在 SQL Server 2017 中，创建存储过程使用 CREATE PROCEDURE 语句，下面就来介绍如何创建存储过程。

13.2.1　创建存储过程的语法格式

使用 CREATE PROCEDURE 语句可以创建存储过程，具体的语法格式如下。

```
CREATE PROCEDURE procedure_name [ ; number ]
[ { @parameter data_type }[ VARYING ] [ = default ] [ OUTPUT ] ] [ ,…n ]
[ WITH { RECOMPILE | ENCRYPTION | RECOMPILE , ENCRYPTION } ]
[ FOR REPLICATION ]
AS sql_statement [ …n ]
```

主要参数介绍如下。

- procedure_name：新存储过程的名称，并且在架构中必须唯一。可在 procedure_name 前面使用一个数字符号（#）(#procedure_name)来创建局部临时过程，使用两个数字符号（##procedure_name）来创建全局临时过程。对于 CLR 存储过程，不能指定临时名称。
- number：是可选整数，用于对同名的过程分组。使用一个 DROP PROCEDURE 语句可将这些分组过程一起删除。例如，称为 orders 的应用程序可能使用名为 orderproc;1、orderproc;2 等的过程。

DROP PROCEDURE ORDERPROC 语句将删除整个组。如果名称中包含分隔标识符，则数字不应包含在标识符中；只应在 procedure_name 前后使用适当的分隔符。

- @ parameter：存储过程中的参数。在 CREATE PROCEDURE 语句中可以声明一个或多个参数。除非定义了参数的默认值或者将参数设置为等于另一个参数，否则用户必须在调用过程时为每个声明的参数提供值。存储过程最多可以有 2100 个参数。如果过程包含表值参数，并且该参数在调用中缺失，则传入空表默认值。通过将 at 符号（@）用作第一个字符来指定参数名称。每个过程的参数仅用于该过程本身；其他过程中可以使用相同的参数名称。默认情况下，参数只能代替常量表达式，而不能用于代替表名、列名或其他数据库对象的名称。如果指定了 FOR REPLICATION，则无法声明参数。
- data_type：指定参数的数据类型，所有数据类型都可以用作 Transact-SQL 存储过程的参数。可以使用用户定义表类型来声明表值参数作为 Transact-SQL 存储过程的参数。只能将表值参数指定为输入参数，这些参数必须带有 READONLY 关键字。cursor 数据类型只能用于 OUTPUT 参数。如果指定了 cursor 数据类型，则还必须指定 VARYING 和 OUTPUT 关键字。可以为 cursor 数据类型指定多个输出参数。对于 CLR 存储过程，不能指定 char、varchar、text、ntext、image、cursor、用户定义表类型和 table 作为参数。
- default：存储过程中参数的默认值。如果定义了 default 值，则无须指定此参数的值即可执行过程。默认值必须是常量或 NULL。如果过程使用带 LIKE 关键字的参数，则可包含下列通配符：%、_、[] 和[^]。
- OUTPUT：指示参数是输出参数。此选项的值可以返回给调用 EXECUTE 的语句。使用 OUTPUT 参数将值返回给过程的调用方。除非是 CLR 过程，否则 text、ntext 和 image 参数不能用作 OUTPUT 参数。使用 OUTPUT 关键字的输出参数可以为游标占位符，CLR 过程除外。不能将用户定义表类型指定为存储过程的 OUTPUT 参数。
- READONLY：指示不能在过程的主体中更新或修改参数。如果参数类型为用户定义的表类型，则必须指定 READONLY。
- RECOMPILE：表明 SQL Server 2014 不会保存该存储过程的执行计划，该存储过程每执行一次都要重新编译。在使用非典型值或临时值而不希望覆盖保存在内存中的执行计划时，就可以使用 RECOMPILE 选项。
- ENCRYPTION：表示 SQL Server 2014 加密后的 syscomments 表，该表的 text 字段是包含 CREATE PROCEDURE 语句的存储过程文本。使用 ENCRYPTION 关键字无法通过查看 syscomments 表来查看存储过程的内容。
- FOR REPLICATION：用于指定不能在订阅服务器上执行为复制创建的存储过程。使用此选项创建的存储过程可用作存储过程筛选，且只能在复制过程中执行。本选项不能和 WITH RECOMPILE 选项一起使用。
- AS：用于指定该存储过程要招待的操作。
- sql_statement：是存储过程中要包含的任意数目和类型的 Transact-SQL 语句。但有一些限制。

13.2.2 创建不带参数的存储过程

最简单的一种自定义存储过程就是不带参数的存储过程，下面介绍如何创建一个不带参数的存储过程。

实例 1：创建查看 School 数据库中 student 表的存储过程，语句如下。

```
USE School;
GO
CREATE PROCEDURE Proc_sch_01
AS
SELECT * FROM student;
GO
```

单击“执行”按钮，即可完成存储过程的创建操作，执行结果如图 13-1 所示。

另外，存储过程可以是很多语句的复杂的组合，其本身也可以调用其他函数，来组成更加复杂的操作。

实例 2：创建一个获取 student 表记录条数的存储过程，名称为 Count_Proc，语句如下。

```
USE School;
GO
CREATE PROCEDURE Count_Proc
AS
SELECT COUNT(*) AS 总数 FROM student;
GO
```

输入完成之后，单击“执行”按钮，即可完成存储过程的创建操作，执行结果如图 13-2 所示。

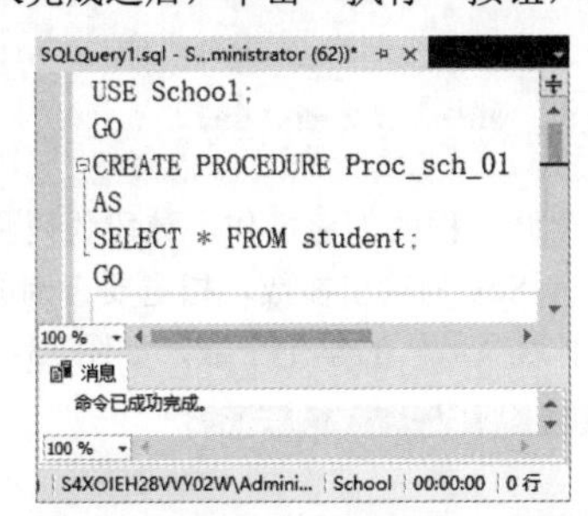

图 13-1　创建不带参数的存储过程

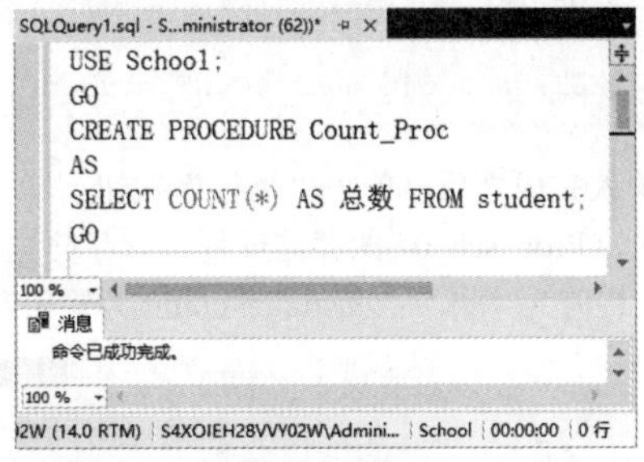

图 13-2　创建存储过程 Count_Proc1

13.2.3　创建带输入参数的存储过程

在设计数据库应用系统时，可能会需要根据用户的输入信息产生对应的查询结果，这时就需要把用户的输入信息作为参数传递给存储过程，即开发者需要创建带输入参数的存储过程。

实例 3：创建存储过程 Proc_sch_02，根据输入的学号，查询学生的相关信息，如姓名、性别与班号，语句如下。

```
USE School;
GO
CREATE PROCEDURE Proc_sch_02 @sID INT
AS
SELECT * FROM student WHERE 学号=@sID;
GO
```

输入完成之后，单击“执行”按钮，即可完成存储过程的创建操作，该段代码创建一个名为 Proc_sch_02 的存储过程，使用一个整数类型的参数@sID 来执行存储过程，如图 13-3 所示。

实例 4：创建带默认参数的存储过程 Proc_sch_03，输入如下语句。

```
USE School;
GO
CREATE PROCEDURE Proc_sch_03 @sID INT=101
AS
SELECT * FROM student WHERE 学号=@sID;
GO
```

输入完成之后，单击“执行”按钮，即可完成带默认输入参数存储过程的创建操作，该段代码创建的存储过程在调用时即使不指定参数值也可以返回一个默认的结果集，如图 13-4 所示。

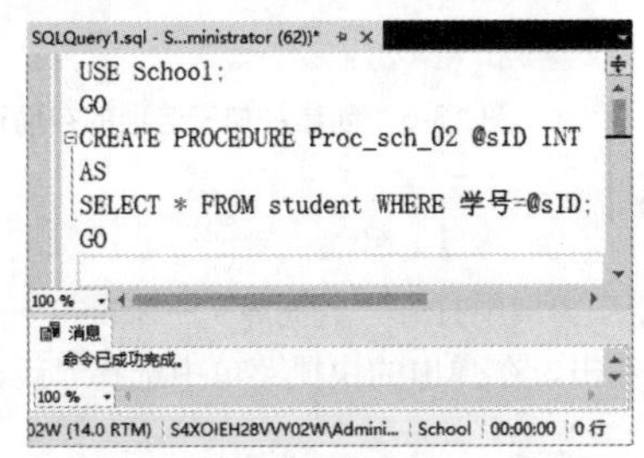

图 13-3　创建存储过程 Proc_sch_02

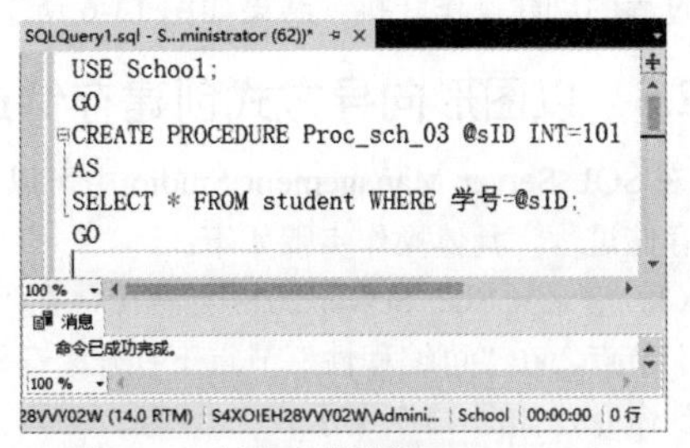

图 13-4　创建存储过程 Proc_sch_03

13.2.4 创建带输出参数的存储过程

存储过程中的默认参数类型是输入参数，如果要为存储过程指定输出参数，还要在参数类型后面加上 OUTPUT 关键字。

实例 5：定义存储过程 Proc_sch_04，根据学生的性别，返回不同性别的学生个数，语句如下。

```
USE School;
GO
CREATE PROCEDURE Proc_sch_04
@sSex char(2)= '男',
@studentcount INT OUTPUT
AS
SELECT @studentcount=COUNT(student.性别)  FROM student WHERE 性别=@sSex;
GO
```

输入完成之后，单击“执行”按钮，即可完成带输出参数存储过程的创建操作。该段代码将创建一个名称为 Proc_sch_04 的存储过程，该存储过程中有两个参数，@sSex 为输出参数，指定要查询的学生性别，默认值为“男”；@studentcount 为输出参数，用来返回性别为“男”的学生个数，如图 13-5 所示。

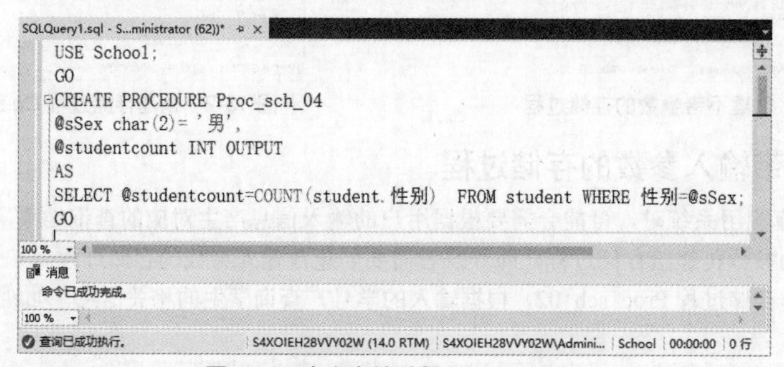

图 13-5 定义存储过程 Proc_sch_04

13.2.5 创建带加密选项的存储过程

所谓加密选项并不是对存储过程中查询到的内容加密，而是将创建存储过程本身的语句加密，通过对创建存储过程的语句加密，可以在一定程度上保护存储过程中用到的表信息，同时也能提高数据的安全性。带加密选项的存储过程使用的是 with encryption。

实例 6：定义带加密选项的存储过程 Proc_sch_05，查询学生的姓名、性别与出生日期等信息，语句如下。

```
CREATE PROCEDURE Proc_sch_05
WITH ENCRYPTION
AS
BEGIN
SELECT 姓名,性别,出生日期 FROM student;
END
```

输入完成之后，单击“执行”按钮，即可完成带加密选项存储过程的创建操作，执行结果如图 13-6 所示。

图 13-6 创建带加密选项的存储过程

13.2.6 以图形向导方式创建存储过程

在 SQL Server Management Studio 中可以以图形向导方式创建存储过程，具体操作步骤如下：

（1）登录到 SQL Server 2017 数据库，在“对象资源管理器”窗口中打开“数据库”→School→“可编程性”节点，在“可编程性”节点下打开“存储过程”节点，右击，在弹出的快捷菜单中选择“新建存储过程”命令，如图 13-7 所示。

（2）打开创建存储过程的代码模板，这里显示了 CREATE PROCEDURE 语句模板，可以修改要创建的存储过程的名称，然后在存储过程中的 BEGIN END 代码块中添加需要的 SQL 语句，最后单击“执行”按钮即可创建一个存储过程，如图 13-8 所示。

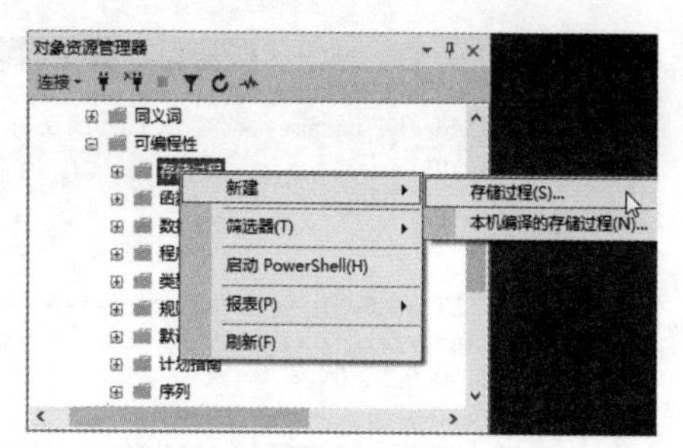

图 13-7　选择“存储过程”命令

实例 7：创建一个名称为 Proc_sch 的存储过程，要求该存储过程实现的功能为：在 student 表中查询男学生的学号、姓名、出生日期，具体操作步骤如下。

（1）在创建存储过程的窗口中选择“查询”→“指定模板参数的值”命令，如图 13-9 所示。

（2）弹出“指定模板参数的值”对话框，将 Procedure_Name 参数对应的名称修改为“Proc_sch”，单击“确定”按钮，即可关闭此对话框，如图 13-10 所示。

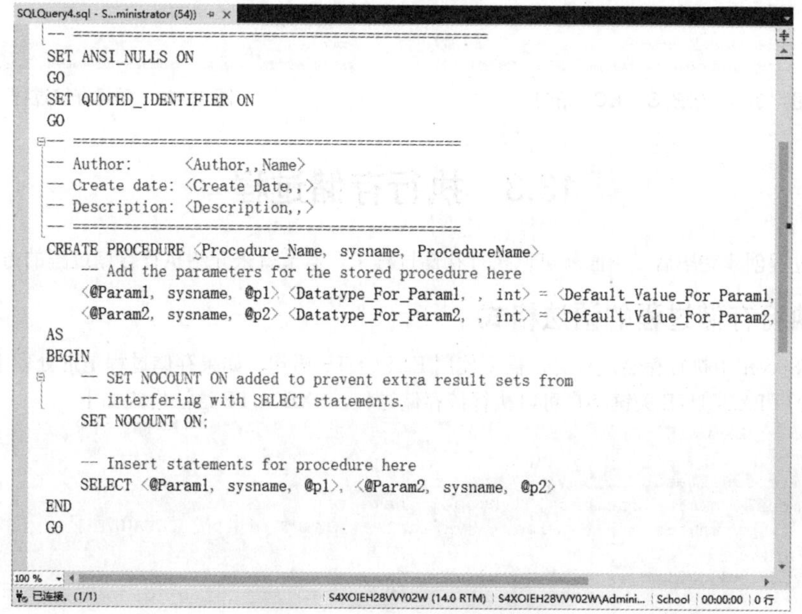

图 13-8　使用模板创建存储过程

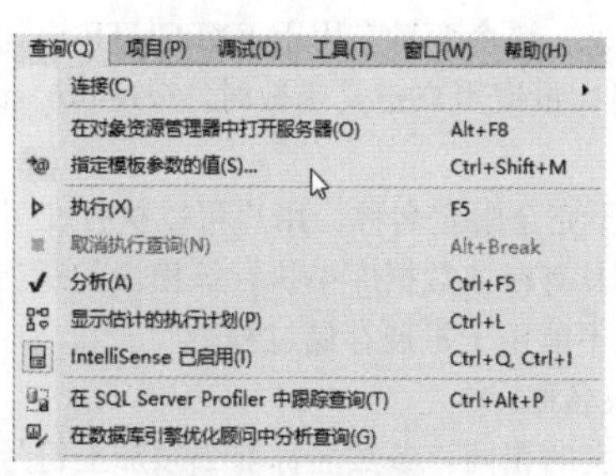

图 13-9　选择“指定模板参数的值”命令

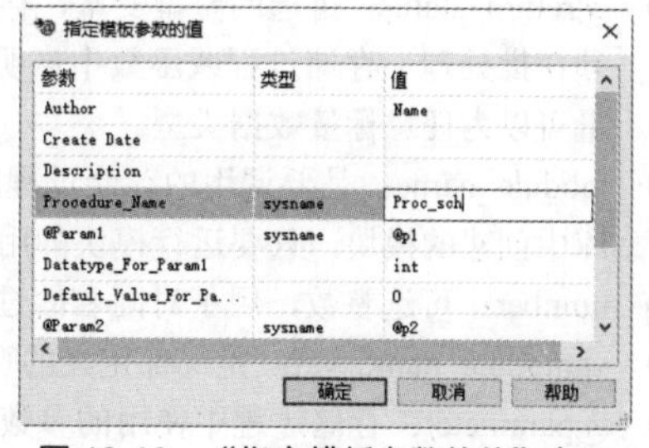

图 13-10　“指定模板参数的值”窗口

（3）在创建存储过程的窗口中，将对应的 SELECT 语句修改为以下语句，如图 13-11 所示。

```
SELECT 学号,姓名,出生日期
FROM student
WHERE 性别='男';
```

（4）单击“执行”按钮，即可完成存储过程的创建操作，执行结果如图 13-12 所示。

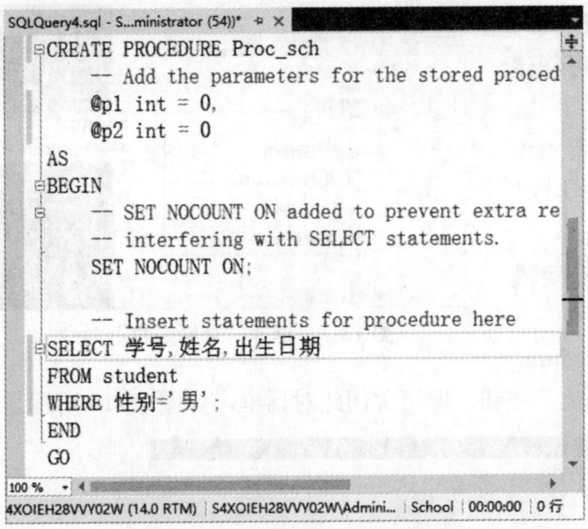

```
SQLQuery4.sql - S...ministrator (54))*
CREATE PROCEDURE Proc_sch
    -- Add the parameters for the stored proced
    @p1 int = 0,
    @p2 int = 0
AS
BEGIN
    -- SET NOCOUNT ON added to prevent extra re
    -- interfering with SELECT statements.
    SET NOCOUNT ON;

    -- Insert statements for procedure here
SELECT 学号,姓名,出生日期
FROM student
WHERE 性别='男';
END
GO
100 %
4XOIEH28VVY02W (14.0 RTM) | S4XOIEH28VVY02W\Admini... | School | 00:00:00 | 0 行
```

图 13-11　修改 SELECT 语句

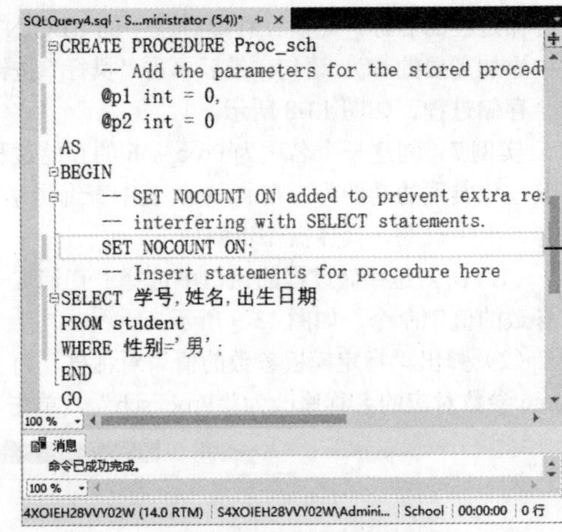

图 13-12　创建存储过程

13.3　执行存储过程

微视频

当存储过程创建完毕后，下面就可以执行存储过程了，本节就来介绍执行存储过程的方法。

13.3.1　执行存储过程的语法格式

在 SQL Server 中执行存储过程时，需要使用 EXECUTE 语句，如果存储过程是批处理中的第一条语句，那么不使用 EXECUTE 关键字也可以执行该存储过程，EXECUTE 语法格式如下。

```
[ { EXEC | EXECUTE } ]
   {
     [ @return_status = ]
     { module_name [ ;number ] | @module_name_var }
      [ [ @parameter = ] { value | @variable [ OUTPUT ] | [ DEFAULT ] } ]
      [ , ...n ]
     [ WITH RECOMPILE ]
   }
```

主要参数介绍如下。

- @return_status：可选的整型变量，存储模块的返回状态。这个变量在用于 EXECUTE 语句前，必须在批处理、存储过程或函数中声明过。在用于调用标量值用户定义函数时，@return_status 变量可以为任意标量数据类型。
- module_name：是要调用的存储过程的完全限定或者不完全限定名称。用户可以执行在另一数据库中创建的模块，只要运行模块的用户拥有此模块或具有在该数据库中执行该模块的适当权限。
- number：可选整数，用于对同名的过程分组。该参数不能用于扩展存储过程。
- @module_name_var：是局部定义的变量名，代表模块名称。
- @parameter：存储过程中使用的参数，与在模块中定义的相同。参数名称前必须加上符号@。在与@parameter_name=value 格式一起使用时，参数名和常量不必按它们在模块中定义的顺序提供。但是，如果对任何参数使用了 @parameter_name=value 格式，则对所有后续参数都必须使用此格式。默认情况下，参数可为空值。
- value：传递给模块或传递命令的参数值。如果参数名称没有指定，参数值必须以在模块中定义的顺序提供。
- @variable：是用来存储参数或返回参数的变量。
- OUTPUT：指定模块或命令字符串返回一个参数。该模块或命令字符串中的匹配参数也必须已使用关键字 OUTPUT 创建。使用游标变量作为参数时使用该关键字。

- DEFAULT：根据模块的定义，提供参数的默认值。当模块需要的参数值没有定义默认值并且缺少参数或指定了 DEFAULT 关键字时，会出现错误。
- WITH RECOMPILE：执行模块后，强制编译、使用和放弃新计划。如果该模块存在现有查询计划，则该计划将保留在缓存中。如果所提供的参数为非典型参数或者数据有很大的改变，使用该选项。该选项不能用于扩展存储过程。建议尽量少使用该选项，因为它消耗较多系统资源。

13.3.2　执行不带参数的存储过程

存储过程创建完成后，可以通过 EXECUTE 语句来执行创建的存储过程，该命令可以简写为 EXEC。

实例 8：执行不带参数的存储过程 Proc_sch_01，来查看员工信息，语句如下。

```
USE School;
GO
EXEC Proc_sch_01;
```

单击“执行”按钮，即可完成执行不带参数存储过程的操作，这里是查询学生信息表，执行结果如图 13-13 所示。

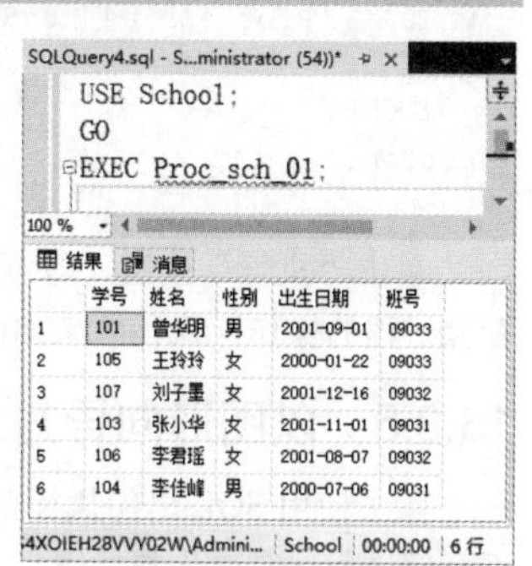

图 13-13　执行不带参数的存储过程 Proc_sch_01

提示：EXECUTE 语句的执行是不需要任何权限的，但是操作 EXECUTE 字符串内引用的对象是需要相应的权限的，例如，如果要使用 DELETE 语句执行删除操作，则调用 EXECUTE 语句执行存储过程的用户必须具有 DELETE 权限。

13.3.3　执行带输入参数的存储过程

执行带输入参数的存储过程时，SQL Server 提供了如下两种传递参数的方式。

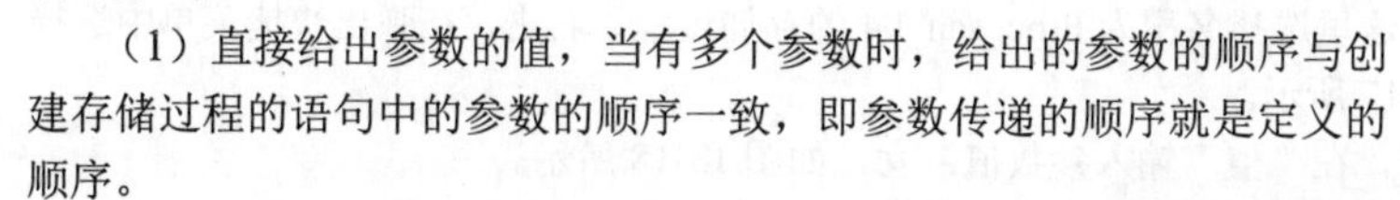

（1）直接给出参数的值，当有多个参数时，给出的参数的顺序与创建存储过程的语句中的参数的顺序一致，即参数传递的顺序就是定义的顺序。

（2）使用“参数名=参数值”的形式给出参数值，这种传递参数的方式的好处是，参数可以按任意的顺序给出。

实例 9：执行带输入参数的存储过程 Proc_sch_02，根据输入的学生学号，查询学生信息，这里学生的学号可以自行定义，如这里定义学生的学号为 103，语句如下。

```
USE School;
GO
EXECUTE Proc_sch_02 103;
```

单击“执行”按钮，即可完成执行带输入参数存储过程的操作，执行结果如图 13-14 所示。

实例 10：执行带输入参数的存储过程 Proc_sch_03，根据输入学生的学号，查询学生信息，这里学生的学号可以自行定义，如这里定义学生的学号为 105，语句如下。

```
USE School;
GO
EXECUTE Proc_sch_03 @sID=105;
```

单击“执行”按钮，即可完成执行带输入参数存储过程的操作，执行结果如图 13-15 所示。

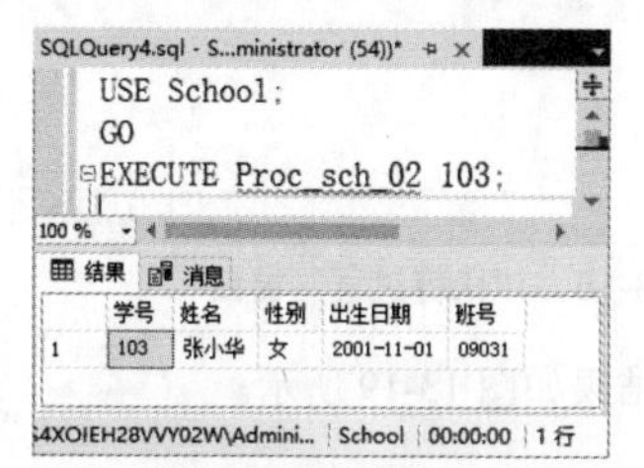

图 13-14　执行带输入参数的存储过程 Proc_sch_02

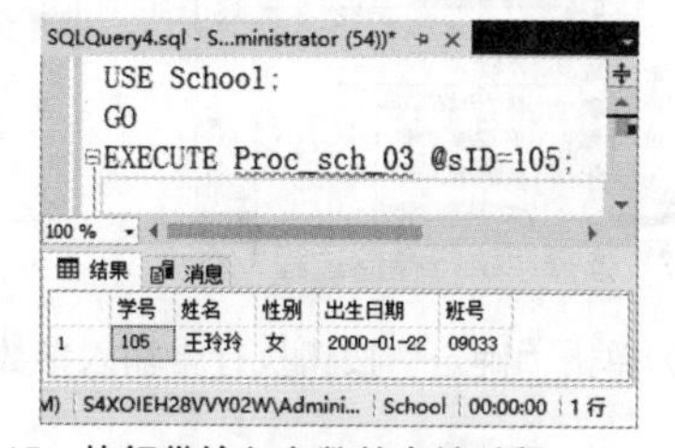

图 13-15　执行带输入参数的存储过程 Proc_sch_03

提示：执行带有输入参数的存储过程时需要指定参数，如果没有指定参数，系统会提示错误，如果希望不给出参数时存储过程也能正常运行，或者希望为用户提供一个默认的返回结果，可以通过设置参数的默认值来实现。

13.3.4 执行带输出参数的存储过程

执行带输出参数的存储过程，既然有一个返回值，为了接收这一返回值，需要一个变量来存放返回参数的值，同时，在执行这个存储过程时，该变量必须加上OUTPUT关键字来声明。

实例 11：执行带输出参数的存储过程Proc_sch_04，并将返回结果保存到@studentcount变量中。

```
USE School;
GO
DECLARE @studentcount INT;
DECLARE @sSex char(2)= '女';
EXEC  Proc_sch_04  @sSex,  @studentcount
OUTPUT
SELECT '女学生一共有' +LTRIM(STR
(@studentcount)) + '名'
GO
```

单击“执行”按钮，即可完成执行带输出参数存储过程的操作，执行结果如图13-16所示。

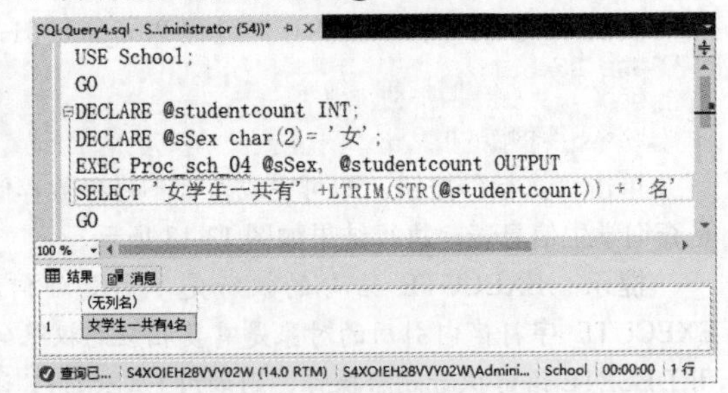

图 13-16 执行带输出参数的存储过程 Proc_sch_04

13.3.5 以图形向导方式执行存储过程

除了使用SQL语句执行存储过程之外，还可以在SQL Server Management Studio中以图形向导方式执行存储过程，具体步骤如下：

（1）选择执行的存储过程，这里选择名称为Proc_sch_04的存储过程，右击，在弹出快捷菜单中选择“执行存储过程”命令，如图13-17所示。

（2）打开“执行过程”窗口，在“值”输入参数值：女，如图13-18所示。

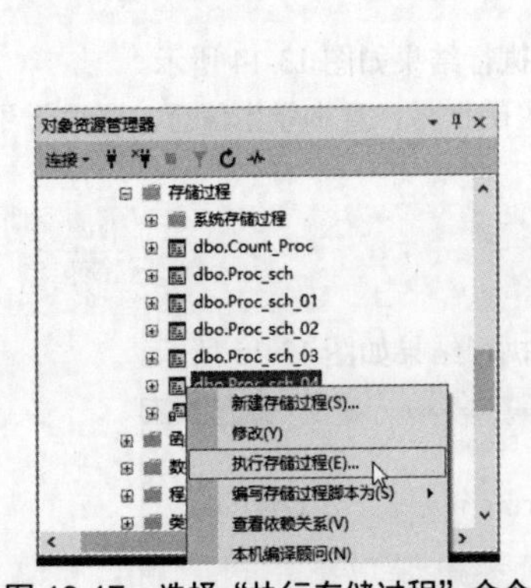

图 13-17 选择“执行存储过程”命令

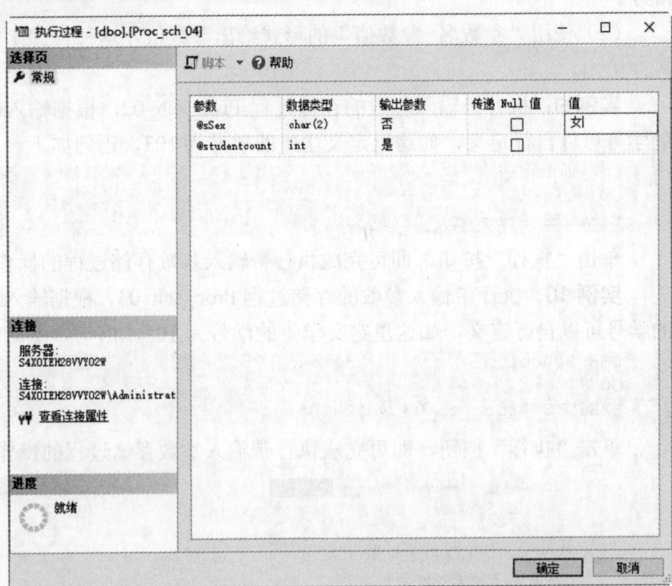

图 13-18 “执行过程”窗口

（3）单击“确定”按钮执行带输入参数的存储过程，执行结果如图13-19所示。

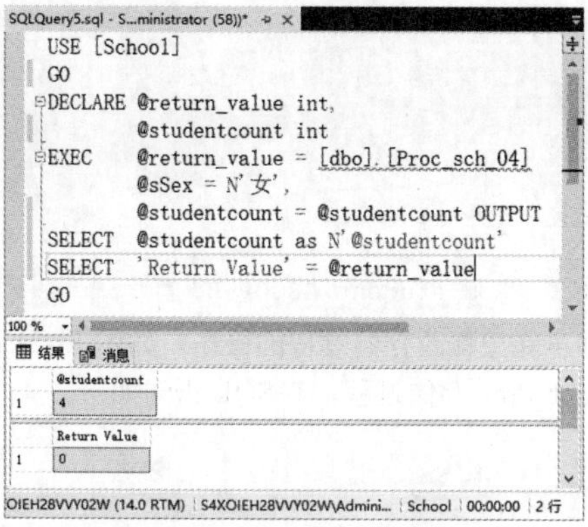

```
USE [School]
GO
DECLARE @return_value int,
        @studentcount int
EXEC    @return_value = [dbo].[Proc_sch_04]
        @sSex = N'女',
        @studentcount = @studentcount OUTPUT
SELECT  @studentcount as N'@studentcount'
SELECT  'Return Value' = @return_value
GO
```

图 13-19　存储过程执行结果

13.4　修改存储过程

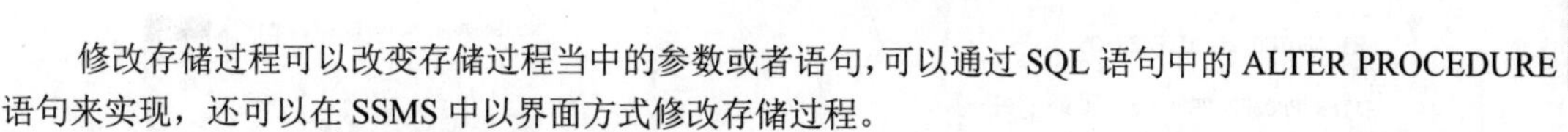

修改存储过程可以改变存储过程当中的参数或者语句，可以通过 SQL 语句中的 ALTER PROCEDURE 语句来实现，还可以在 SSMS 中以界面方式修改存储过程。

13.4.1　修改存储过程的语法格式

使用 ALTER PROCEDURE 语句可以修改存储过程，在修改存储过程时，SQL Server 会覆盖以前定义的存储过程，具体的语法格式如下。

```
ALTER PROCEDURE procedure_name [ ; number ]
[ { @parameter data_type }[ VARYING ] [ = default ] [ OUTPUT ] ] [ ,...n ]
[ WITH { RECOMPILE | ENCRYPTION | RECOMPILE , ENCRYPTION } ]
[ FOR REPLICATION ]
AS sql_statement [ ...n ]
```

提示：除了 ALTER 关键字之外，这里其他的参数与 CREATE PROCEDURE 中的参数作用相同。

13.4.2　使用 T-SQL 语句修改存储过程

使用 T-SQL 语句可以修改存储过程，下面给出一个实例，来介绍使用 T-SQL 语句修改存储过程的方法。

实例 12：通过 ALTER PROCEDURE 语句修改名为 Count_Proc 存储过程，具体的操作步骤如下：

（1）登录到 SQL Server 2017 数据库，然后选择存储过程所在的数据库，如这里选择 School 数据库，如图 13-20 所示。

图 13-20　选择 School 数据库

（2）单击工具栏中的“新建查询”按钮 新建查询(N)，新建查询编辑器，并输入以下语句，将 SELECT 语句查询的结果按“班号”进行分组。

```
USE School
GO
SET ANSI_NULLS ON
GO
SET QUOTED_IDENTIFIER ON
GO
ALTER PROCEDURE [dbo].[Count_Proc]
AS
SELECT 班号,COUNT(*) AS 总数 FROM student GROUP BY 班号;
```

（3）单击“执行”按钮，即可完成修改存储过程的操作，如图 13-21 所示。

（4）下面执行修改后的 Count_Proc 存储过程，T-SQL 语句如下。

```
USE School;
GO
EXEC Count_Proc;
```

单击“执行”按钮，即可完成存储过程的执行操作，执行结果如图 13-22 所示。

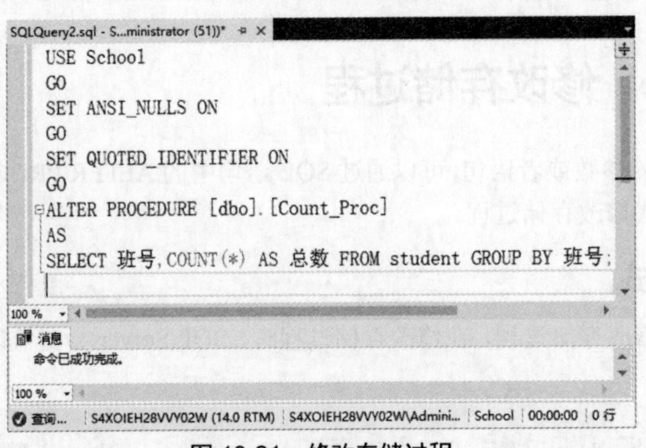

图 13-21 修改存储过程

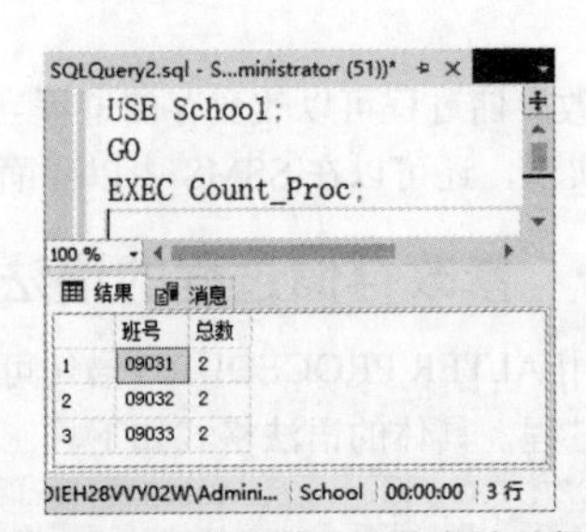

图 13-22 执行修改后的存储过程

13.4.3 修改存储过程的名称

在 SQL Server 中，可以使用两种方式来修改存储过程的名称，一种是使用系统存储过程 sp_name 来修改；另一种是以图形向导方式来修改。

1. 使用 sp_name 修改

使用系统存储过程 sp_rename 可以修改存储过程的名称，具体的语法格式如下。

```
sp_rename oldObjectName,newObjectName
```

主要参数介绍如下。

- oldObjectName：存储过程的旧名称。
- newObjectName：存储过程的新名称。

实例 13：重命名存储过程 Count_Proc 为 Count_Proc_01，语句如下。

```
sp_rename Count_Proc, Count_Proc_01
```

单击“执行”按钮，即可完成存储过程的重命名操作，执行结果如图 13-23 所示。

2. 以图形向导方式修改

重命名存储过程可以在 SQL Server Management Studio 中以图形向导方式来轻松地完成，具体的操作步骤如下：

（1）选择需要重命名的存储过程，右击，在弹出的快捷菜单中选择“重命名”命令，如图 13-24 所示。

（2）在显示的文本框中输入要修改的新的存储过程的名称，这里输入 dbo.Count_Proc_02，按 Enter 键确认即可，如图 13-25 所示。

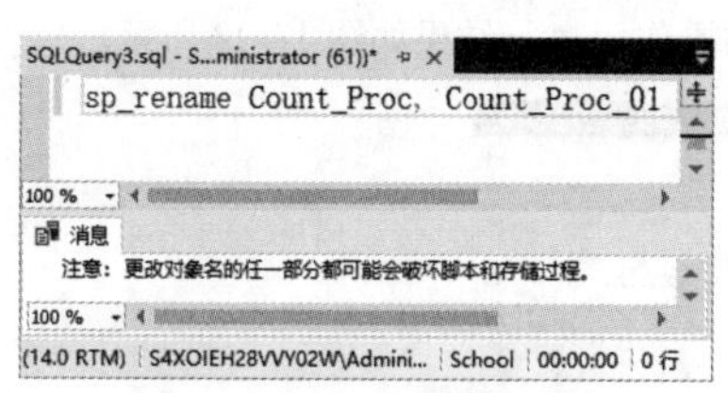

图 13-23　重命名存储过程

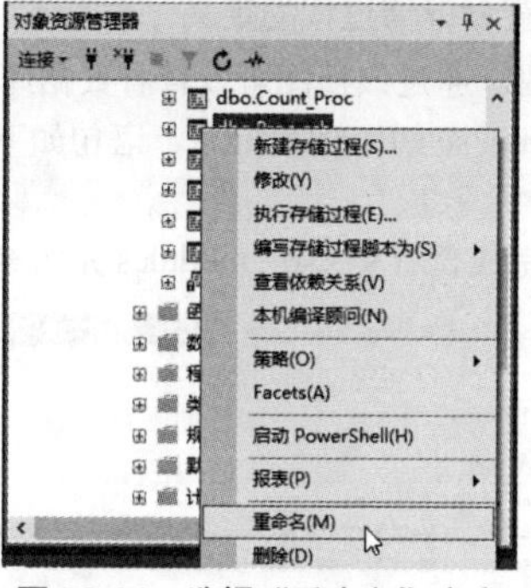

图 13-24　选择“重命名”命令

图 13-25　输入新的名称

注意：输入新名称之后，在“对象资源管理器”中的空白地方单击鼠标，或者直接按 Enter 键确认，即可完成修改操作。也可以在选择一个存储过程之后，间隔一小段时间，再次单击该存储过程；或者选择存储过程之后，直接按 F2 快捷键。这几种方法都可以完成存储过程名称的修改。

13.4.4　以图形向导方式修改存储过程

在 SQL Server Management Studio 中可以以图形向导方式修改存储过程，具体的操作步骤如下：

（1）登录 SQL Server 2017 数据库，在“对象资源管理器”窗口中选择“数据库”节点下创建存储过程的数据库，选择“可编程性”→“存储过程”节点，然后选择要修改的存储过程，右击，在弹出的快捷菜单中选择“修改”命令，如图 13-26 所示。

（2）打开存储过程的修改窗口，用户即可修改存储过程，然后单击“保存”按钮即可，如图 13-27 所示。

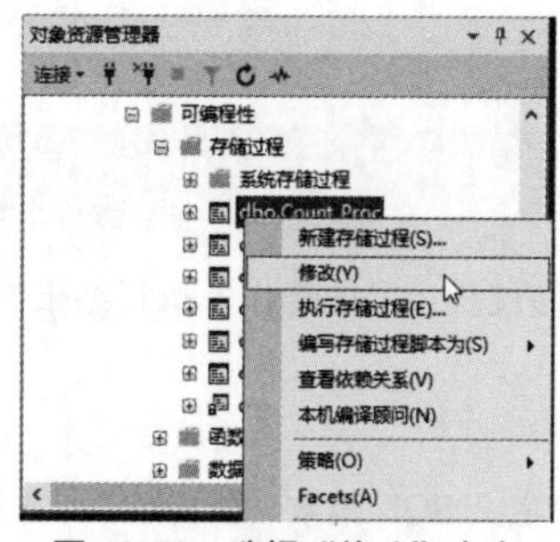

图 13-26　选择“修改”命令

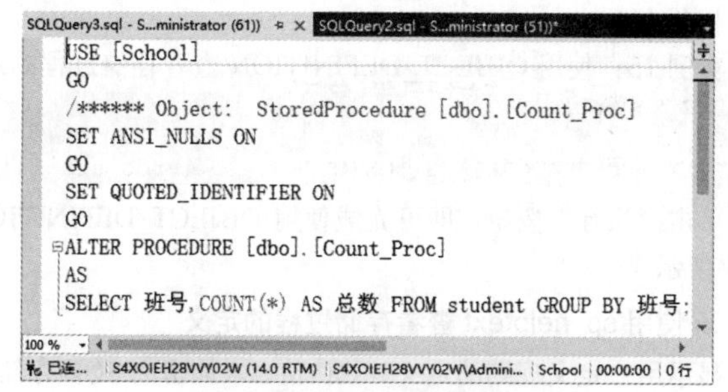

图 13-27　修改存储过程窗口

注意：ALTER PROCEDURE 语句只能修改一个单一的存储过程，如果过程调用了其他存储过程，嵌套的存储过程不受影响。

13.5　查看存储过程

创建和修改完存储过程之后，需要查看创建和修改后的存储过程的内容，查询存储过程有两种方法，一种是使用图形向导方式查看，另一种是使用 SQL 语句查看。

13.5.1　使用系统存储过程查看信息

许多系统存储过程、系统函数和目录视图都提供有关存储过程的信息，可以使用这些系统存储过程来查看存储过程的定义，即用于创建存储过程的 SQL 语句。可以通过下面 3 种系统存储过程和目录视图查看存储过程。

1. 使用 sys.sql_modules 查看存储过程的定义

sys.sql_modules 为系统视图，通过该视图可以查看数据库中的所有存储过程。

实例 14：查看存储过程 Proc_sch_01 相关信息，语句如下。

```
select * from sys.sql_modules
```

单击“执行”按钮，即可完成查看 sys.sql_modules 系统视图的操作，执行结果如图 13-28 所示。

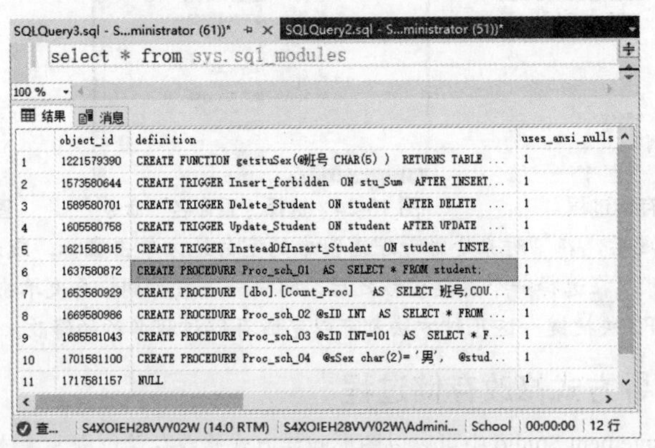

图 13-28 查看存储过程的信息

2. 使用 OBJECT_DEFINITION 查看存储过程的定义

返回指定对象定义的 SQL 源文本，语法格式如下。

```
SELECT OBJECT_DEFINITION(OBJECT_ID);
```

主要参数 OBJECT_ID 为要使用的对象的 ID，object_id 的数据类型为 int，并假定表示当前数据库上下文中的对象。

实例 15：使用 OBJECT_DEFINITION 查看存储过程的定义，语句如下。

```
USE School;
GO
SELECT OBJECT_DEFINITION(OBJECT_ID('Proc_sch_01'));
```

单击“执行”按钮，即可完成使用 OBJECT_DEFINITION 查看存储过程定义的操作，执行结果如图 13-29 所示。

3. 使用 sp_helptext 查看存储过程的定义

显示用户定义规则的定义、默认值、未加密的 SQL 存储过程、用户定义 SQL 函数、触发器、计算列、CHECK 约束、视图或系统对象，具体的语法格式如下。

```
sp_helptext[@objname=]'name'[,[@columnname=]computed_column_name]
```

主要参数介绍如下。

- [@objname=]'name'：架构范围内的用户定义对象的限定名称和非限定名称。
- [@columnname=]computed_column_name]：要显示器定义信息的计算列的名称，必须将包含列的表指定为 name。column_name 的数据类型为 sysname，无默认值。

实例 16：通过 sp_helptext 系统存储过程查看名为 Proc_sch_01 的相关定义信息，语句如下。

```
USE School;
GO
EXEC sp_helptext Proc_sch_01
```

单击“执行”按钮，即可完成通过 sp_helptext 查看存储过程的相关定义信息，执行结果如图 13-30 所示。

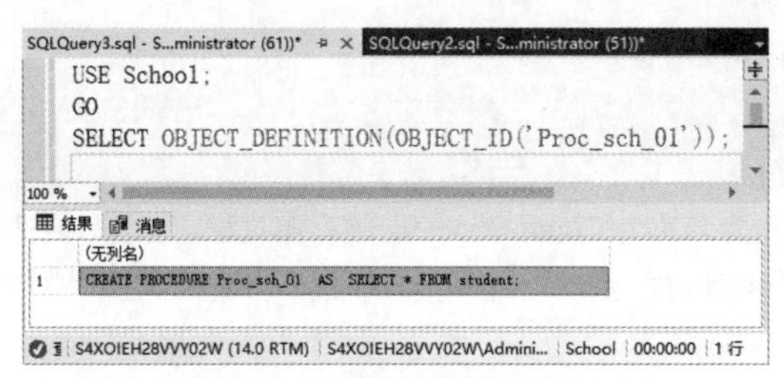

图 13-29　查看存储过程的定义

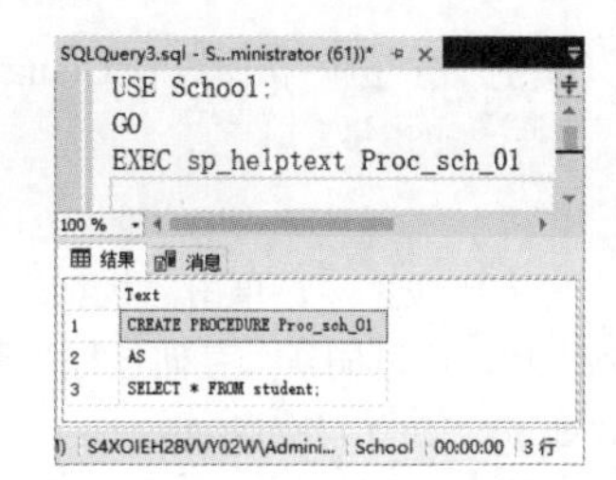

图 13-30　使用 sp_helptext 查看存储过程的定义

13.5.2　以图形向导方式查看存储过程

在 SQL Server Management Studio 中可以以图形向导方式查看存储过程信息，具体的操作步骤如下：

（1）登录 SQL Server 2017 数据库，在“对象资源管理器”窗口中选择“数据库”节点下创建存储过程的数据库，选择“可编程性”→“存储过程”节点，选择需要查看信息的存储过程，右击，在弹出的快捷菜单中选择“属性”命令，如图 13-31 所示。

（2）弹出“存储过程属性”窗口，用户即可查看存储过程的具体属性，如图 13-32 所示。

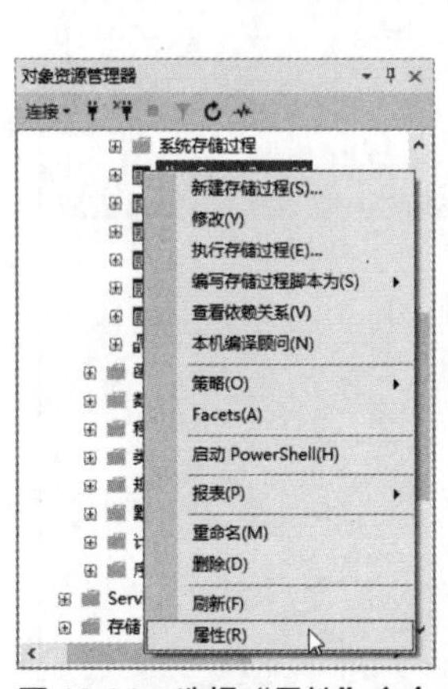

图 13-31　选择“属性”命令

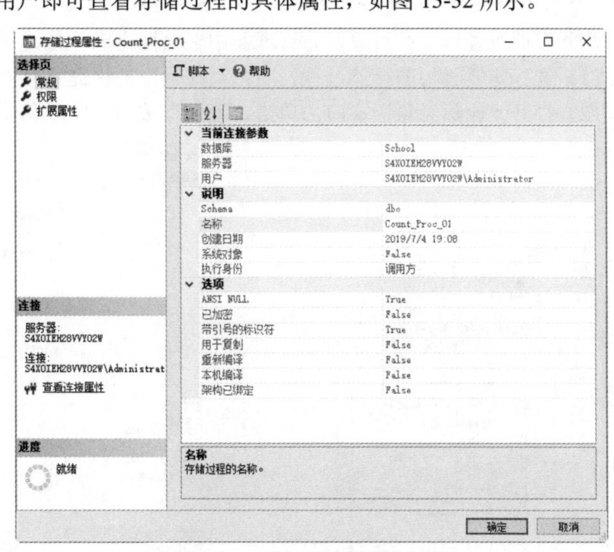

图 13-32　“存储过程属性”窗口

13.6　删除存储过程

微视频

不需要的存储过程可以删除，删除存储过程有两种方法，一种是使用 SQL 语句删除，另一种是通过图形化工具删除。

13.6.1　使用 T-SQL 语句删除存储过程

使用 DROP PROCEDURE 语句可以删除存储过程，该语句可以从当前数据库中删除一个或多个存储过程，具体的语法格式如下。

```
DROP { PROC | PROCEDURE } { [ schema_name ] procedure } [ ,...n ]
```

主要参数介绍如下。

- schema_name：存储过程所属架构的名称。不能指定服务器名称或数据库名称。
- procedure：要删除的存储过程或存储过程组的名称。

实例 17：删除存储过程 Count_Proc_01，语句如下。

```
USE School;
GO
DROP PROCEDURE dbo.Count_Proc_01
```

输入完成之后，单击“执行”命令，即可删除名称为 Count_Proc_01 的存储过程，如图 13-33 所示。删除之后，可以刷新“存储过程”节点，即可查看删除结果，可以看到名称为 Count_Proc_01 的存储过程不存在了，如图 13-34 所示。

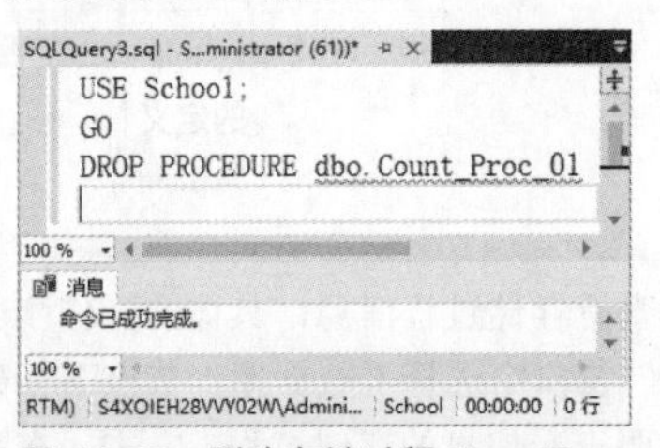

图 13-33 删除存储过程 CountProc

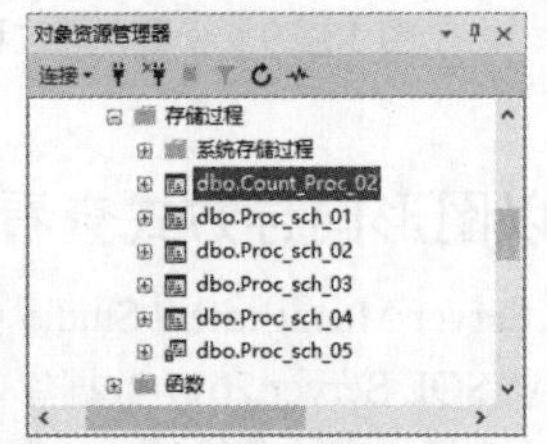

图 13-34 “对象资源管理器”窗口

13.6.2 以图形向导方式删除存储过程

删除存储过程可以在对象资源管理器中轻松地完成，具体的操作步骤如下：

（1）选择需要删除的存储过程，右击，在弹出的快捷菜单中选择“删除”命令，如图 13-35 所示。

（2）打开“删除对象”窗口，单击“确定”按钮，完成存储过程的删除，如图 13-36 所示。

图 13-35 选择“删除”命令

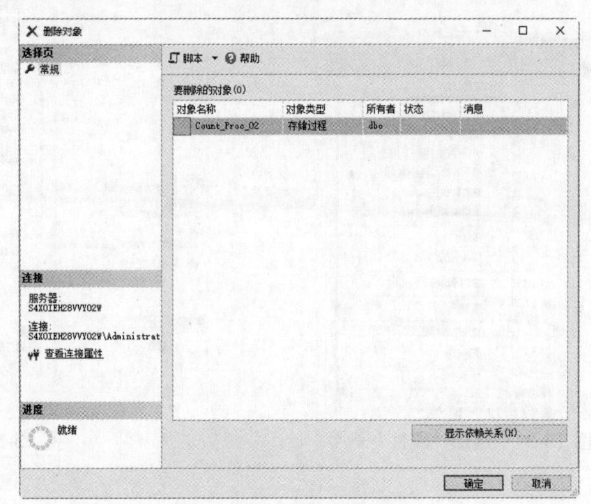

图 13-36 删除对象窗口

提示：*该方法一次只能删除一个存储过程。*

13.7 课后习题与练习

一、填充题

1. 系统存储过程的名称通常是以________开头的。

答案：sp_

2. 系统存储过程被存放在________数据库中，可以被服务器中的所有数据库调用。

答案：master

3. 创建带加密选项的存储过程需要使用的语句是___________。

答案：WITH ENCRYPTION

4. 如果需要修改一个数据表的名称，可以使用________系统存储过程。

答案：sp_rename

5. 修改存储过程，可以使用________命令。

答案：ALTER PROCEDURE

二、选择题

1. 调用存储过程的语句是________。

A. EXIT　B. CREATE　C. ALTER　D. EXECUTE

答案：D

2. 如果需要查看存储过程的文本信息，可以调用系统存储过程________。

A. sp_attach_db　B. sp_help　C. sp_helptext　D. sp_tables

答案：C

3. 存储过程的类型包括________。

A. 系统存储过程　B. 自定义存储过程　C. 扩展存储过程　D. 以上都是

答案：D

4. 使用________可以修改存储过程的名字。

A. ALTER 语句　B. sp_rename　C. DROP 语句　D. 以上都不是

答案：B

5. 下面关于存储过程的描述正确的是________。

A. 删除后的存储过程可以被恢复

B. 一次只能删除一个存储过程

C. 使用 ALTER 语句不能修改存储过程的名称

D. 以上都不对

答案：C

13.8　新手疑难问题解答

疑问 1：存储过程创建完毕后，如何查看存储过程的运行效果呢？

解答：对于系统存储过程，可以直接用存储过程名调用。但是，如果是自定义的存储过程，就需要使用 EXECUTE 或 EXEC 来调用了，例如调用名称为 pro_1 的自定义存储过程，具体的语句如下：EXEC pro_1;

疑问 2：在调用带有参数的存储过程时，为什么会报错？

解答：在调用带有参数的存储过程时，传递参数的个数和数据类型一定要与调用的存储过程相匹配，此外，在传递日期时间类型和字符串类型的数据时，还要注意给这些数据加上单引号，否则，在执行的过程中，就会报错。

13.9　实战训练

在创建好的图书管理数据库 Library 中，包含了读者表 Reader、读者分类表 Readertype、图书信息表 Book、图书分类表 Booktype 和借阅记录表 Record。下面通过创建存储过程来实现各种操作。

（1）创建存储过程 Proc_reader_01，用来查询 VIP 读者的信息，包括读者号、读者姓名、电话号码。

（2）创建存储过程 Proc_reader_02，用来查询某个读者的借书记录。

（3）创建存储过程 Proc_Book_01，用来统计过期没有归还图书的读者姓名、电话号码。

（4）修改存储过程 Proc_Book_01 的名称为 Proc_Book。

（5）删除不要的存储过程 Proc_reader_02。

第14章

触发器的创建与应用

本章内容提要

为保证数据的完整性和强制使用规则，在 SQL Server 中除了使用约束外，还可以使用触发器来实现。本章介绍触发器的创建与应用，主要内容包括了解触发器、创建触发器、修改触发器、管理触发器、删除触发器等。

14.1 了解触发器

微视频

触发器与表紧密相连，可以将触发器看作是表定义的一部分，当对表执行插入、删除或更新操作时，触发器会自动执行以检查表的数据完整性和约束性。

14.1.1 触发器的作用

触发器最重要的作用是能够确保数据的完整性，但同时也要注意每一个数据操作只能设置一个触发器。另外，触发器是建立在触发事件上的，例如我们在对表执行插入、删除或更新操作时，SQL Server 就会触发相应的事件，并自动执行和这些事件相关的触发器。

总之，触发器的作用主要体现在以下几个方面：

（1）强制数据库间的引用完整性。

（2）触发器是自动的。当对表中的数据做了任何修改之后立即被激活。

（3）触发器可以通过数据库中的相关表进行层叠更改。

（4）触发器可以强制限制。这些限制比用 CHECK 约束所定义的更复杂，与 CHECK 约束不同的是，触发器可以引用其他表中的列。

14.1.2 触发器的分类

在 SQL Server 数据库中，按照触发事件的不同，可以将触发器分为 3 类，分别是登录触发器、DML 触发器和 DDL 触发器，下面介绍这 3 类触发器的主要作用。

1. 登录触发器

登录触发器是响应 LOGIN 事件而触发的触发器，是一种 AFTER 类型触发器，表示在登录后触发。使用登录触发器可以控制用户会话的创建过程以及限制用户名和会话的次数。例如，跟踪登录活动、限制 SQL Server 的登录名或限制特定登录名的会话数。

2. DML 触发器

当数据库中发生数据操作语言事件时，将调用 DML 触发器，DML 事件包括所有对表或视图中数据进行改动的操作，如插入、更新或删除。按照 DML 事件类型的不同，可以将 DML 触发器分为 INSERT

触发器、UPDATE 触发器和 DELETE 触发器。它们分别在对表执行插入、更新和删除操作时执行。

另外，按照触发器和触发事件操作时间的不同，可以将 DML 触发器分为两类。一类是 AFTER 类型，另一类是 INSTEAD OF 类型。AFTER 类型表示对表或视图操作完成后激发触发器，INSTEAD OF 类型表示当表或视图执行 DML 操作时，替代这些操作执行其他一些操作。

3. DDL 触发器

当数据库中发生数据定义语言事件时将调用 DDL 触发器，DDL 事件主要包括 CREATE、ALTER、DROP 等操作。

需要注意的是，DDL 触发器仅在 DDL 事件发生之后触发，所以 DDL 触发器只能作为 AFTER 触发器使用，而不能作为 INSTEAD OF 触发器使用。

14.2　创建 DML 触发器

微视频

创建 DML 触发器是开始使用 DML 触发器的第一步，DML 触发器是指当数据库服务器中发生数据库操作语言事件时要执行的操作，DML 事件包括对表或视图发出的 UPDATE、INSERT 或者 DELETE 语句。

14.2.1　创建触发器的语法

触发器是一种特殊类型的存储过程，因此创建触发器的语法格式与创建存储过程的语法格式相似，基本的语法格式如下。

```
CREATE TRIGGER schema_name.trigger_name
ON { table | view }
[ WITH <dml_trigger_option> [ , ...n ] ]
{ FOR | AFTER | INSTEAD OF }
{ [ INSERT ] [ , ] [ UPDATE ] [ , ] [ DELETE ] }
[ WITH APPEND ]
[ NOT FOR REPLICATION ]
AS { sql_statement  [ ; ] [ , ...n ] | EXTERNAL NAME <method specifier [ ; ] > }
<dml_trigger_option> ::=
    [ ENCRYPTION ]
    [ EXECUTE AS Clause ]
<method_specifier> ::=
    assembly_name.class_name.method_name
```

主要参数介绍如下。

- trigger_name：用于指定触发器的名称，其名称在当前数据库中必须是唯一的。
- table | view：用于指定在其上执行触发器的表或视图，有时称为触发器表或触发器视图。
- AFTER：用于指定触发器只有在触发 T-SQL 语句中指定的所有操作都已成功执行后才激发。所有的引用级联操作和约束检查也必须成功完成后，才能执行此触发器。如果仅指定 FOR 关键字，则 AFTER 是默认设置。注意该类型触发器仅能在表上创建，而不能在视图上定义。
- INSTEAD OF：用于规定执行的是触发器而不是执行触发 T-SQL 语句，从而用触发器替代触发语句的操作。在表或视图上，每个 INSERT、UPDATE 或 DELETE 语句最多可以定义一个 INSTEAD OF 触发器。然而，可以在每个具有 INSTEAD OF 触发器的视图上定义视图。INSTEAD OF 触发器不能在 WITH CHECK OPTION 的可更新视图上定义。如果向指定的 WITH CHECK OPTION 选项的可更新视图添加 INSTEAD OF 触发器，系统将产生一个错误。用户必须用 ALTER VIEW 删除该选项后才能定义 INSTEAD OF 触发器。
- {[DELETE][,][INSERT][,][UPDATE]}：用于指定在表或视图上执行哪些数据修改语句时，将激活触发器的关键字。必须至少指定一个选项。在触发器定义中允许使用以任何的顺序组合这些关键字。如果指定的选项多于一个，需要用逗号分隔。
- [WITH APPEND]：指定应该再添加一个现有类型的触发器。
- AS：触发器要执行的操作。

- sql_statement：触发器的条件和操作。触发器条件指定其他准则，以确定 DELETE、INSERT 或 UPDATE 语句是否导致执行触发器操作。

14.2.2 INSERT 触发器

当用户向表中插入新的记录行时，被标记为 FOR INSERT 的触发器的代码就会执行，如前所述，同时 SQL Server 会创建一个新行的副本，将副本插入到一个特殊表中。该表只在触发器的作用域内存在。下面来创建当用户执行 INSERT 操作时触发的触发器。

实例 1：在 School 数据库中的 student 表上创建一个名称为 Insert_Student 的触发器，在用户向 student 表中插入数据时触发，输入如下语句。

```
CREATE TRIGGER Insert_Student
ON student
AFTER INSERT
AS
BEGIN
  IF OBJECT_ID(N'stu_Sum',N'U') IS NULL           --判断 stu_Sum 表是否存在
     CREATE TABLE stu_Sum(number INT DEFAULT 0); --创建存储学生人数的 stu_Sum 表
  DECLARE @stuNumber INT;
  SELECT @stuNumber = COUNT(*) FROM student;
  IF NOT EXISTS (SELECT * FROM stu_Sum)           --判断表中是否有记录
     INSERT INTO stu_Sum VALUES(0);
  UPDATE stu_Sum SET number = @stuNumber;--把更新后总的学生人数插入到 stu_Sum 表中
END
GO
```

单击“执行”按钮，即可完成触发器的创建，执行结果如图 14-1 所示。

触发器创建完成之后，接着向 student 表中插入记录，触发触发器的执行，语句如下。

```
SELECT COUNT(*) student表中总人数 FROM student;
INSERT INTO student (学号,姓名,性别,出生日期,班号) VALUES(107,'白云飞', '男',
'2001-08-07',09031);
SELECT COUNT(*) student表中总人数 FROM  student;
SELECT number AS stu_Sum表中总人数 FROM stu_Sum;
```

单击“执行”按钮，即可完成激活触发器的执行操作，执行结果如图 14-2 所示。

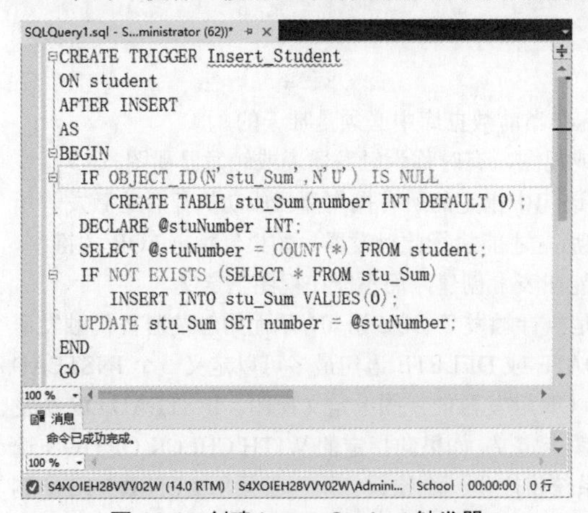

图 14-1 创建 Insert_Student 触发器

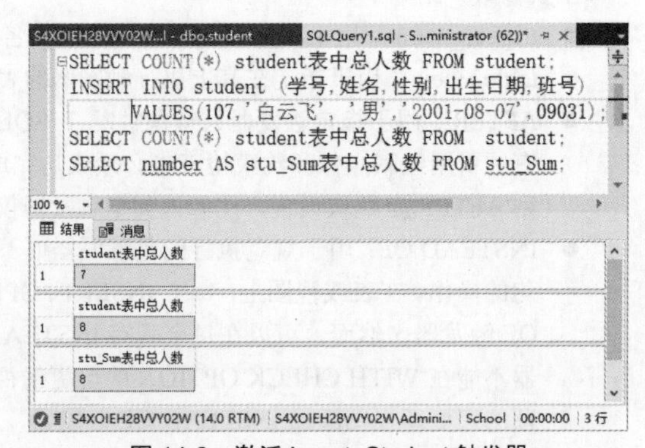

图 14-2 激活 Insert_Student 触发器

提示：由触发器的触发过程可以看到，查询语句中的第 2 行执行了一条 INSERT 语句，向 students 表中插入一条记录，结果显示插入前后 student 表中总的记录数；第 4 行语句查看触发器执行之后 stu_Sum 表中的结果，可以看到，这里成功地将 student 表中总的学生人数计算之后插入到 stu_Sum 表，实现了表的级联操作。

在某些情况下，根据数据库设计需要，可能会禁止用户对某些表的操作，可以在表上指定拒绝执行插入操作。例如前面创建的 stu_Sum 表，其中插入的数据是根据 student 表中计算得到的，用户不能随便插入数据。

实例 2：创建触发器，当用户向 stu_Sum 表中插入数据时，禁止操作，语句如下。

```
CREATE TRIGGER Insert_forbidden
ON stu_Sum
AFTER INSERT
AS
BEGIN
  RAISERROR('不允许直接向该表插入记录,操作被禁止',1,1)
ROLLBACK TRANSACTION
END
```

单击“执行”按钮，即可完成触发器的创建，执行结果如图 14-3 所示。

验证触发器的作用，输入向 stu_Sum 表中插入数据的语句，从而激活创建的触发器，语句如下。

```
INSERT INTO stu_Sum VALUES(5);
```

单击“执行”按钮，即可完成激活创建的触发器的操作，执行结果如图 14-4 所示。

```
SQLQuery1.sql - S...ministrator (62))*
CREATE TRIGGER Insert_forbidden
ON stu_Sum
AFTER INSERT
AS
BEGIN
  RAISERROR('不允许直接向该表插入记录，操作被禁止',1,1)
ROLLBACK TRANSACTION
END
100 %
消息
命令已成功完成。
100 %
查询... S4XOIEH28VVY02W (14.0 RTM) S4XOIEH28VVY02W\Admini... School 00:00:00 0 行
```

图 14-3　创建 Insert_forbidden 触发器

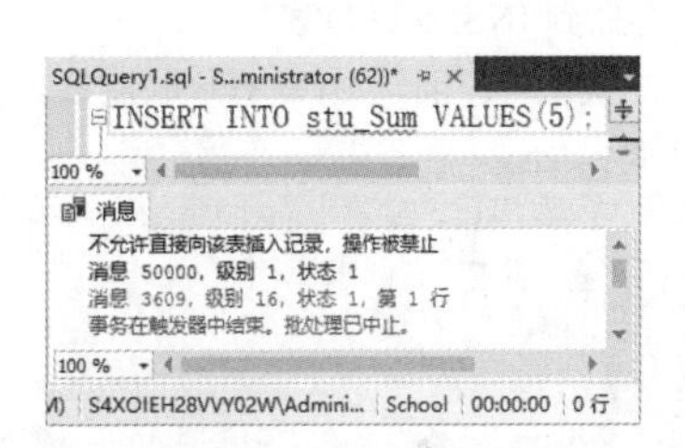

图 14-4　激活 Insert_forbidden 触发器

14.2.3　DELETE 触发器

用户执行 DELETE 操作时，就会激活 DELETE 触发器，从而控制用户能够从数据库中删除的数据记录。触发 DELETE 触发器之后，用户删除的记录行会被添加到 DELETED 表中，原来表中的相应记录被删除，所以可以在 DELETED 表中查看删除的记录。

实例 3：创建 DELETE 触发器，用户对 student 表执行删除操作后触发，并返回删除的记录信息，语句如下。

```
CREATE TRIGGER Delete_Student
ON student
AFTER DELETE
AS
BEGIN
  SELECT 学号 AS 已删除学生编号,姓名,性别,出生日期,班号
FROM DELETED
END
GO
```

单击“执行”按钮，即可完成触发器的创建，如图 14-5 所示。与创建 INSERT 触发器过程相同，这里 AFTER 后面指定 DELETE 关键字，表明这是一个用户执行 DELETE 删除操作触发的触发器。

创建完成，执行一条 DELETE 语句触发该触发器，语句如下。

```
DELETE FROM student WHERE 学号=102;
```

单击“执行”按钮，即可执行 DELETE 语句并触发该触发器，如图 14-6 所示。

```
CREATE TRIGGER Delete_Student
ON student
AFTER DELETE
AS
BEGIN
  SELECT 学号 AS 已删除学生编号,姓名,性别,出生日期,班号
FROM DELETED
END
GO
```

命令已成功完成。

图 14-5　创建 Delete_Student 触发器

图 14-6　调用 Delete_Student 触发器

提示：这里返回的结果记录是从 DELETED 表中查询得到的。

14.2.4　UPDATE 触发器

UPDATE 触发器是当用户在指定表上执行 UPDATE 语句时被调用。这种类型的触发器用来约束用户对现有数据的修改。UPDATE 触发器可以执行两种操作：更新前的记录存储到 DELETED 表；更新后的记录存储到 INSERTED 表。

实例 4：创建 UPDATE 触发器，用户对 student 表执行更新操作后触发，并返回更新的记录信息，语句如下。

```
CREATE TRIGGER Update_Student
ON student
AFTER UPDATE
AS
BEGIN
DECLARE @stuCount INT;
SELECT @stuCount = COUNT(*) FROM student;
UPDATE  stu_Sum SET number = @stuCount;
SELECT 学号 AS 更新前学生学号 ,姓名 AS 更新前学生姓名 FROM DELETED
SELECT 学号 AS 更新后学生学号 ,姓名 AS 更新后学生姓名  FROM INSERTED
END
GO
```

单击“执行”按钮，即可完成触发器的创建操作，执行结果如图 14-7 所示。

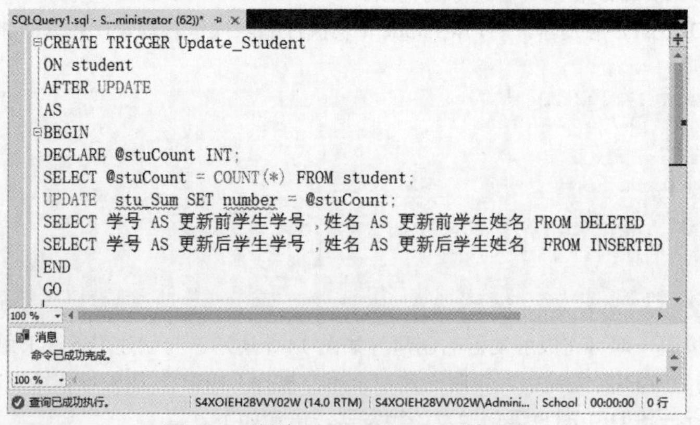

图 14-7　创建 Update_Student 触发器

创建完成，执行一条 UPDATE 语句触发该触发器，输入如下语句。

```
UPDATE student SET 姓名='张小华' WHERE 学号=103;
```

单击“执行”按钮，即可完成修改数据记录的操作，并激活创建的触发器，执行结果如图 14-8 所示。

提示： 由执行过程可以看到，UPDATE 语句触发触发器之后，DELETED 和 INSERTED 两个表中保存的数据分别为执行更新前后的数据。该触发器同时也更新了保存所有学生人数的 stu_Sum 表，该表中 number 字段的值也同时被更新。

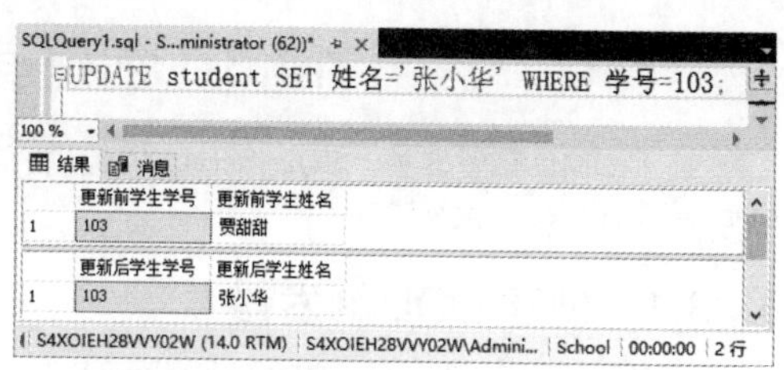

图 14-8　调用 Update_Student 触发器

14.2.5　INSTEAD OF 触发器

INSTEAD OF 触发器可以指定执行触发器的 T-SQL 语句，从而屏蔽原来的 T-SQL 语句，转向执行触发器内部的 T-SQL 语句。SQL Server 服务器在执行触发 INSTEAD OF 触发器的代码时，先建立临时的 INSERTED 和 DELETED 表，然后直接触发 INSTEAD OF 触发器，而拒绝执行用户输入的 DML 操作语句。

另外，基于多个基本表的视图必须使用 INSTEAD OF 触发器来对多个表中的数据进行插入、更新和删除操作。一个表或者视图只能有一个 INSTEAD OF 触发器。

实例 5： 创建 INSTEAD OF 触发器，当用户插入到 student 表中的学生记录中的学号大于 1000 时，拒绝插入，同时提示“插入学号错误”的信息，输入如下语句。

```
CREATE TRIGGER InsteadOfInsert_Student
ON student
INSTEAD OF INSERT
AS
BEGIN
DECLARE @stuid INT;
SELECT @stuid=(SELECT 学号 FROM inserted)
If @stuid>1000
    SELECT '插入学号错误' AS 失败原因
END
GO
```

输入完成，单击“执行”按钮，即可完成创建触发器的操作，执行结果如图 14-9 所示。

创建完成，执行一条 INSERT 语句触发该触发器，输入如下语句。

```
INSERT INTO student (学号,姓名,性别,出生日期,班号)
VALUES(1001,'小明', '男', '2000-01-02', '09032',);
SELECT * FROM student;
```

单击“执行”按钮，即可执行一条 INSERT 语句并触发该触发器，执行结果如图 14-10 所示。

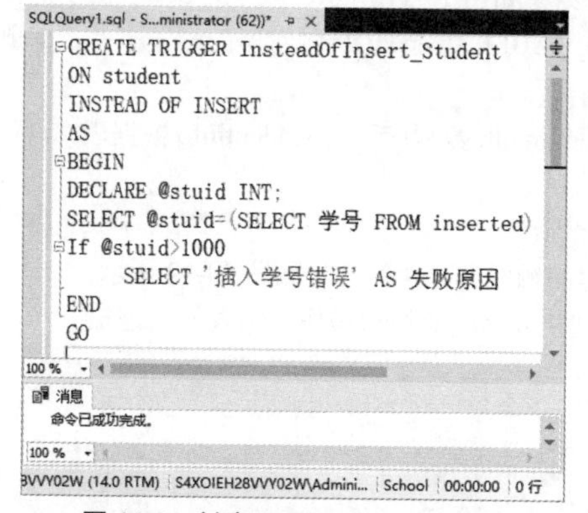

图 14-9　创建 INSTEAD OF 触发器

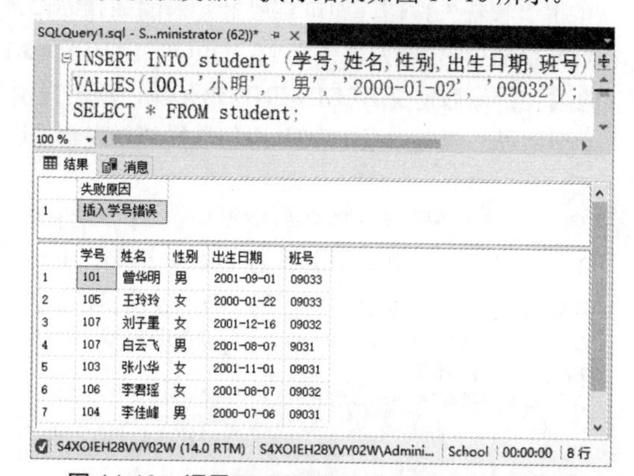

图 14-10　调用 InsteadOfInsert_Student 触发器

从结果中可以看到，将要插入的学号字段值大于 1000，将无法插入到基本表，基本表中的记录没有新增记录。

14.3 创建其他类型的触发器

微视频

除了 DML 触发器外，SQL Server 还提供有其他类型的触发器，如 DDL 触发器、登录触发器、嵌套触发器、递归触发器等。

14.3.1 创建 DDL 触发器

与 DML 触发器相同，DDL 触发器可以通过用户的操作而激活。由其名称数据定义语言触发器是当用户只需数据库对象创建修改和删除的时候触发。对于 DDL 触发器而言，其创建和管理过程与 DML 触发器类似。创建 DDL 触发器的语法格式如下。

```
CREATE TRIGGER trigger_name
ON { ALL SERVER | DATABASE }
[ WITH <ddl_trigger_option> [ , ...n ] ]
{ FOR | AFTER } { event_type | event_group } [ , ...n ]
AS { sql_statement  [ ; ] [ , ...n ] | EXTERNAL NAME < method specifier >  [ ; ] }
<ddl_trigger_option> ::=
    [ ENCRYPTION ]
    [ EXECUTE AS Clause ]
```

主要参数介绍如下。

- DATABASE：表示将 DDL 触发器的作用域应用于当前数据库。
- ALL SERVER：表示将 DDL 或登录触发器的作用域应用于当前服务器。
- event_type：指定激发 DDL 触发器的 SQL 语言事件的名称。

下面以创建数据库或服务器作用域的 DDL 触发器为例来介绍创建 DDL 触发器的方法，在创建数据库或服务器作用域的 DDL 触发器时，需要指定 ALL SERVER 参数。

实例 6：创建数据库作用域的 DDL 触发器，拒绝用户对数据库中表的删除和修改操作，语句如下。

```
USE mydb;
GO
CREATE TRIGGER DenyDelete_mydbase
ON DATABASE
FOR DROP_TABLE,ALTER_TABLE
AS
BEGIN
PRINT '用户没有权限执行删除操作!'
ROLLBACK TRANSACTION
END
GO
```

单击“执行”按钮，即可完成触发器的创建操作，执行结果如图 14-11 所示。其中，ON 关键字后面的 DATABASE 指定触发器作用域；DROP_TABLE，ALTER_TABLE 指定 DDL 触发器的触发事件，即删除和修改表；最后定义 BEGIN END 语句块，输出提示信息。

创建完成，执行一条 DROP 语句触发该触发器，这里删除 mydb 数据库下的 studentinfo 数据表，语句如下。

```
DROP TABLE studentinfo;
```

单击“执行”按钮，开始执行 DROP 语句，并激活创建的触发器，执行结果如图 14-12 所示。

实例 7：创建服务器作用域的 DDL 触发器，拒绝用户创建或修改数据库操作，输入如下语句。

```
CREATE TRIGGER DenyCreate_AllServer
ON ALL SERVER
FOR CREATE_DATABASE,ALTER_DATABASE
AS
BEGIN
PRINT '用户没有权限创建或修改服务器上的数据库!'
ROLLBACK TRANSACTION
END
GO
```

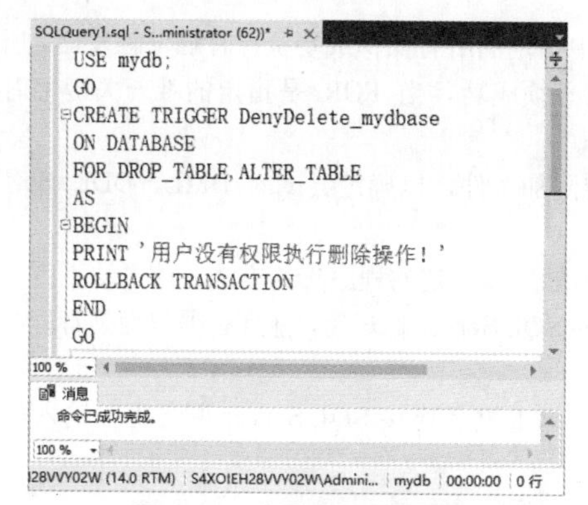

图 14-11　创建 DDL 触发器

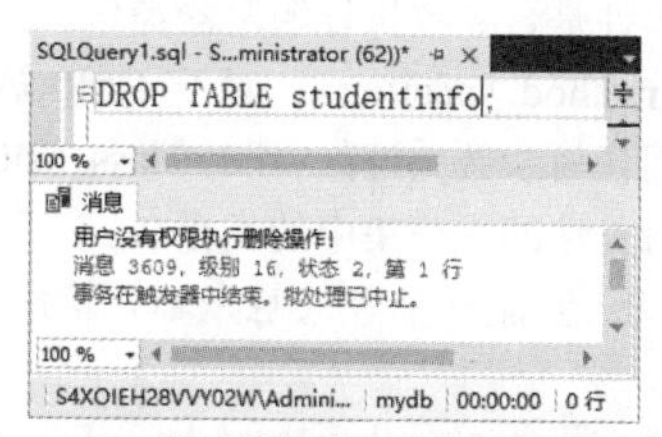

图 14-12　激活数据库级别的 DDL 触发器

单击“执行”按钮，即可完成触发器的创建操作，执行结果如图 14-13 所示。

创建成功之后，依次打开服务器的“服务器对象”下的“触发器”节点，可以看到创建的服务器作用域的触发器 DenyCreate_AllServer，如图 14-14 所示。

```
CREATE TRIGGER DenyCreate_AllServer
ON ALL SERVER
FOR CREATE_DATABASE, ALTER_DATABASE
AS
BEGIN
PRINT '用户没有权限创建或修改服务器上的数据库！'
ROLLBACK TRANSACTION
END
GO
```

消息

命令已成功完成。

图 14-13　创建服务器作用域的 DDL 触发器

图 14-14　打开的服务器“触发器”节点

上述代码成功创建了整个服务器作为作用域的触发器，当用户创建或修改数据库时触发触发器，禁止用户的操作，并显示提示信息，语句如下。

```
CREATE DATABASE mydb01;
```

单击“执行”按钮，即可完成测试触发器的执行过程，执行结果如图 14-15 所示，即可看到触发器已经激活。

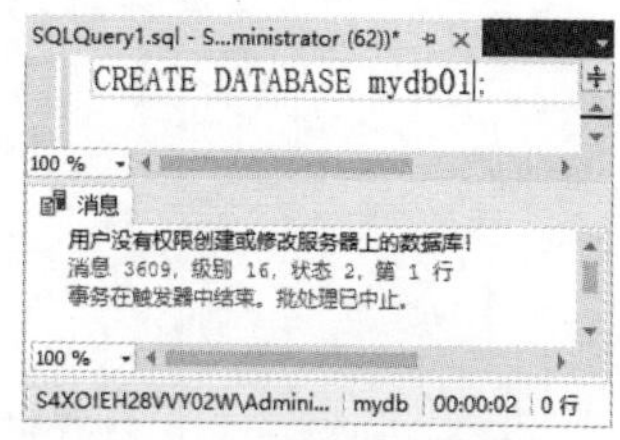

图 14-15　激活服务器域的 DDL 触发器

14.3.2　创建登录触发器

登录触发器是在遇到 LOGON 事件时触发，LOGON 事件是在建立用户会话时引发的，创建登录触发器的语法格式如下。

```
CREATE [ OR ALTER ] TRIGGER trigger_name
ON ALL SERVER
[ WITH <logon_trigger_option> [', ...n ] ]
{ FOR| AFTER } LOGON
AS { sql_statement  [ ; ] [ , ...n ] | EXTERNAL NAME < method specifier >  [ ; ] }
<logon_trigger_option> ::=
    [ ENCRYPTION ]
    [ EXECUTE AS Clause ]
```

主要参数介绍如下。

- trigger_name：用于指定触发器的名称，其名称在当前数据库中必须是唯一的。
- ALL SERVER：表示将登录触发器的作用域应用于当前服务器。

- FOR|AFTER：AFTER 指定仅在触发 T-SQL 语句中指定的所有操作成功执行时触发触发器。所有引用级联操作和约束检查在此触发器触发之前也必须成功。当 FOR 是指定的唯一关键字时，AFTER 是默认值。视图无法定义 AFTER 触发器。
- sql_statement：是触发条件和动作。触发条件指定附加条件，以确定尝试的 DML、DDL 或登录事件是否导致执行触发器操作。
- <method_specifier>：对于 CLR 触发器，指定要与触发器绑定的程序集的方法。该方法不得不引用任何参数并返回 void。class_name 必须是有效的 SQL Server 标识符，并且必须作为具有程序集可见性的程序集中的类存在。

实例 8：创建一个登录触发器，该触发器仅允许白名单主机名连接 SQL Server 服务器，输入如下语句。

```
CREATE TRIGGER MyHostsOnly
ON ALL SERVER
FOR LOGON
AS
BEGIN
   IF
   (
      HOST_NAME() NOT IN ('ProdBox','QaBox','DevBox')
   )
   BEGIN
      RAISERROR('允许白名单主机名连接 SQL Server 服务器!', 16, 1);
      ROLLBACK;
   END
END
```

单击“执行”按钮，即可完成登录触发器的创建，执行结果如图 14-16 所示。

```
SQLQuery1.sql - S...ministrator (62))*
CREATE TRIGGER MyHostsOnly
ON ALL SERVER
FOR LOGON
AS
BEGIN
    IF
    (
        HOST_NAME() NOT IN ('ProdBox','QaBox','DevBox')
    )
    BEGIN
        RAISERROR('允许白名单主机名连接SQL Server服务器!', 16, 1);
        ROLLBACK;
    END
END

消息
命令已成功完成。

查询已成功执行。 | S4XOIEH28VVY02W (14.0 RTM) | S4XOIEH28VVY02W\Admini... | mydb | 00:00:00 | 0 行
```

图 14-16 创建登录触发器

设置登录触发器后，当用户再次尝试使用 SQL Server Management Studio 登录时，会出现类似下面的错误，如图 14-17 所示，因为用户要连接的主机名并不在当前的白名单上。

图 14-17 警告信息框

14.3.3　创建嵌套触发器

如果一个触发器在执行操作时调用了另外一个触发器，而这个触发器接着又调用了下一个触发器，那么就形成了嵌套触发器，DML 触发器和 DDL 触发器最多可以嵌套 32 层。嵌套触发器在安装时就被启用，但是可以使用系统存储过程 sp_configure 禁用和重新启用嵌套触发器。

使用如下语句可以禁用嵌套。

```
EXEC sp_configure 'nested triggers',0
```

如要再次启用嵌套可以使用如下语句。

```
EXEC sp_configure 'nested triggers',1
```

如果不想对触发器进行嵌套，还可以通过“允许触发器激发其他触发器”的服务器配置选项来控制。但不管此设置是什么，都可以嵌套 INSTEAD OF 触发器。

设置触发器嵌套选项更改的具体操作步骤如下：

（1）在“对象资源管理器”窗口中选择服务器名，右击，在弹出的快捷菜单中选择“属性”命令，如图 14-18 所示。

（2）打开“服务器属性”窗口，选择“高级”选项。设置“高级”选项卡“杂项”中“允许触发器激活其他触发器”为 True 或 False，分别代表激活或不激活，设置完成后，单击“确定”按钮，如图 14-19 所示。

图 14-18　选择“属性”命令

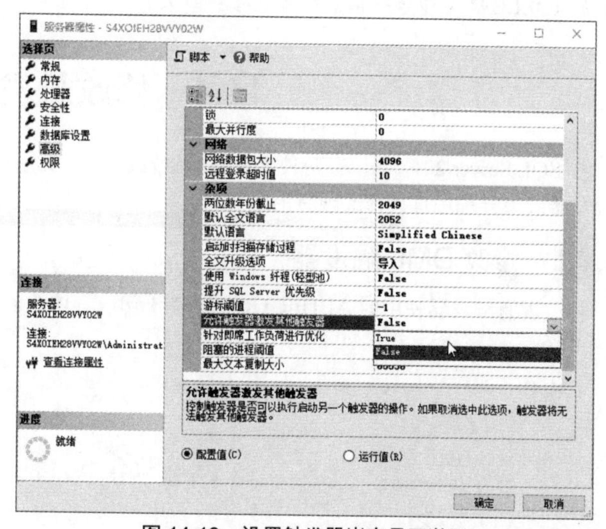

图 14-19　设置触发器嵌套是否激活

14.3.4　创建递归触发器

触发器的递归是指一个触发器从其内部再一次激活该触发器，例如 UPDATE 操作激活的触发器内部还有一条对数据表的更新语句，那么这个更新语句就有可能再次激活这个触发器本身，当然，这种递归的触发器内部还会有判断语句，只有在一定情况下才会执行那个 SQL 语句。否则就成了无限调用的死循环了。

SQL Server 中的递归触发器包括两种：直接递归和间接递归。

- 直接递归：触发器被触发并执行一个操作，而该操作又使同一个触发器再次被触发。
- 间接递归：触发器被触发并执行一个操作，而该操作又使另一个表中的某个触发器被触发，第二个触发器使原始表得到更新，从而再次触发第一个触发器。

默认情况下，递归触发器选项是禁用的，但可以通过管理平台来设置启用递归触发器，操作步骤如下：

（1）选择需要修改的数据库，右击，在弹出的快捷菜单中选择“属性”命令，如图 14-20 所示。

（2）打开“数据库属性”窗口，选择“选项”选项，在选项卡的“杂项”选项组的“递归触发器已启用”后的下拉列表框中选择 True，单击“确定”按钮，完成修改，如图 14-21 所示。

图 14-20 设置触发器嵌套是否激活

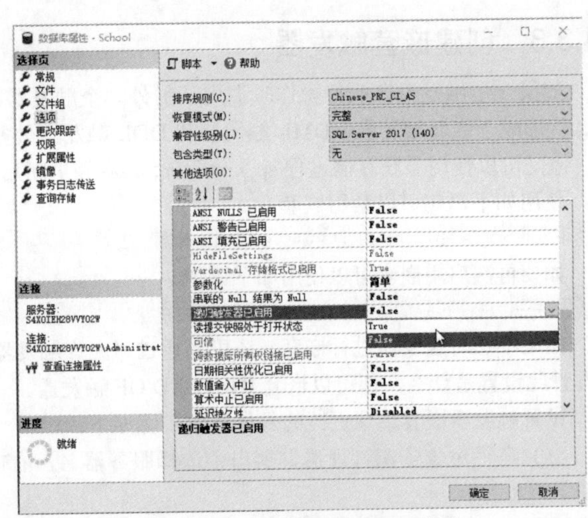

图 14-21 设置递归触发器已启用

提示：递归触发器最多只能递归 16 层，如果递归中的第 16 个触发器激活了第 17 个触发器，则结果与发布 ROLLBACK 命令一样，所有数据将回滚。

14.4 修改触发器

微视频

在 SQL Server 2017 中，有两种方法修改触发器，一种是先删除指定的触发器，再重新创建与之同名的触发器；另一种是直接修改现有的触发器。

14.4.1 修改 DML 触发器

修改现有触发器使用的 ALTER TRIGGER 语句，具体的语法格式如下。

```
ALTER  TRIGGER  schema_name.trigger_name
ON { table | view }
[ WITH <dml_trigger_option> [ , ...n ] ]
{ FOR | AFTER | INSTEAD OF }
{ [ INSERT ] [ , ] [ UPDATE ] [ , ] [ DELETE ] }
 [ NOT FOR REPLICATION ]
AS { sql_statement  [ ; ] [ , ...n ] | EXTERNAL NAME <method specifier [ ; ] > }
<dml_trigger_option> ::=
    [ ENCRYPTION ]
    [ EXECUTE AS Clause ]
<method_specifier> ::=
    assembly_name.class_name.method_name
```

除了关键字由 CREATE 换成 ALTER 之外，修改 DML 触发器的语句和创建 DML 触发器的语法格式相同。对各个参数的作用这里不再赘述，读者可以参考创建 DML 触发器小节。

实例 9：修改 Insert_Student 触发器，将 INSERT 触发器修改为 DELETE 触发器，输入如下语句。

```
ALTER TRIGGER Insert_Student
ON student
AFTER DELETE
AS
BEGIN
  IF OBJECT_ID(N'stu_Sum',N'U') IS NULL                  --判断 stu_Sum 表是否存在
     CREATE TABLE stu_Sum(number INT DEFAULT 0);         --创建存储学生人数的 stu_Sum 表
  DECLARE @stuNumber INT;
  SELECT @stuNumber = COUNT(*) FROM student;
  IF NOT EXISTS (SELECT * FROM stu_Sum)
     INSERT INTO stu_Sum VALUES(0);
```

```
    UPDATE stu_Sum SET number = @stuNumber;  --把更新后总的学生人数插入到 stu_Sum 表中
  END.
```

单击“执行”按钮，即可完成对触发器的修改操作，这里也可以根据需要修改触发器中的操作语句内容，如图 14-22 所示。

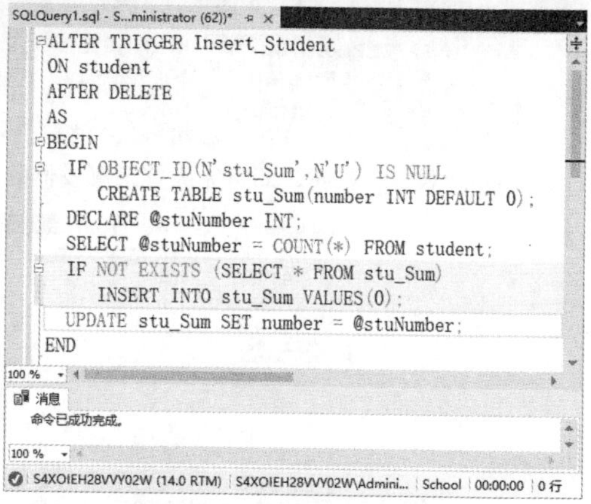

图 14-22　修改触发器的内容

14.4.2　修改 DDL 触发器

修改 DDL 触发器的语法格式如下。

```
    ALTER TRIGGER trigger_name
    ON { ALL SERVER | DATABASE }
    [ WITH <ddl_trigger_option> [ , ...n ] ]
    { FOR | AFTER } { event_type | event_group }
[ , ...n ]
    AS { sql_statement  [ ; ] [ , ...n ] | EXTERNAL
NAME < method specifier >  [ ; ] }
    <ddl_trigger_option> ::=
       [ ENCRYPTION ]
       [ EXECUTE AS Clause ]
    <method_specifier> ::=
       assembly_name.class_name.method_name
```

除了关键字由 CREATE 换成 ALTER 之外，修改 DDL 触发器的语句和创建 DDL 触发器的语法格式完全相同。

实例 10：修改服务器作用域的 DDL 触发器，拒绝用户对数据库进行修改操作，输入如下语句。

```
ALTER TRIGGER DenyCreate_AllServer
ON ALL SERVER
FOR DROP_DATABASE
AS
BEGIN
PRINT '用户没有权限删除服务器上的数据库！'
ROLLBACK TRANSACTION
END
GO
```

单击“执行”按钮，即可完成 DDL 触发器的修改操作，执行结果如图 14-23 所示。

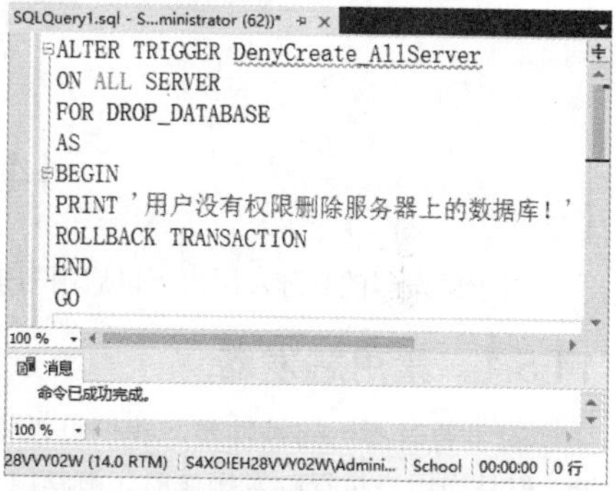

图 14-23　修改服务器作用域的 DDL 触发器

14.4.3　修改登录触发器

修改登录触发器的语法格式如下。

```
ALTER TRIGGER trigger_name
ON ALL SERVER
[ WITH <logon_trigger_option> [ , ...n ] ]
{ FOR| AFTER } LOGON
AS { sql_statement  [ ; ] [ , ...n ] | EXTERNAL NAME < method specifier >  [ ; ] }
<logon_trigger_option> ::=
    [ ENCRYPTION ]
    [ EXECUTE AS Clause ]
```

除了关键字由 CREATE 换成 ALTER 之外，修改登录触发器的语句和创建登录触发器的语法格式完全相同。

实例 11：修改登录触发器 MyHostsOnly，添加允许登录 SQL Server 服务器的白名单主机名为“'UserBox'”，输入如下语句。

```
ALTER TRIGGER MyHostsOnly
ON ALL SERVER
FOR LOGON
AS
BEGIN
   IF
```

```
    (
        HOST_NAME() NOT IN ('ProdBox','QaBox','DevBox','UserBox')
    )
    BEGIN
        RAISERROR('允许白名单主机名连接 SQL Server 服务器!', 16, 1);
        ROLLBACK;
    END
END
```

单击“执行”按钮，即可完成登录触发器的修改操作，执行结果如图 14-24 所示。

```
ALTER TRIGGER MyHostsOnly
ON ALL SERVER
FOR LOGON
AS
BEGIN
    IF
    (
        HOST_NAME() NOT IN ('ProdBox','QaBox','DevBox','UserBox')
    )
    BEGIN
        RAISERROR('允许白名单主机名连接SQL Server服务器!', 16, 1);
        ROLLBACK;
    END
END
```

消息
命令已成功完成。
查询已成功执行。 S4XOIEH28VVY02W (14.0 RTM) S4XOIEH28VVY02W\Admini... School 00:00:00 0 行

图 14-24 修改登录触发器

14.5 管理触发器

微视频

对于触发器的管理，用户可以启用与禁用触发器、修改触发器的名称，还可以查看触发器的相关信息。

14.5.1 禁用触发器

对于暂时不用的触发器，我们可以将其禁用，当再需要时，可以重启用。触发器被禁用后并没有删除，但是当用户执行触发操作时，被禁用的触发器不会被调用。禁用触发器可以使用 ALTER TABLE 语句或者 DISABLE TRIGGER 语句。

实例 12：禁用 Update_Student 触发器，输入如下语句。

```
ALTER TABLE student
DISABLE TRIGGER Update_Student
```

单击“执行”按钮，禁止使用名称为 Update_Student 的触发器，执行结果如图 14-25 所示。

也可以使用下面的语句禁用 Update_Student 触发器。

```
DISABLE TRIGGER Update_Student ON student
```

输入完毕后，单击“执行”按钮，禁止使用名称为 Update_Student 的触发器，执行结果如图 14-26 所示。

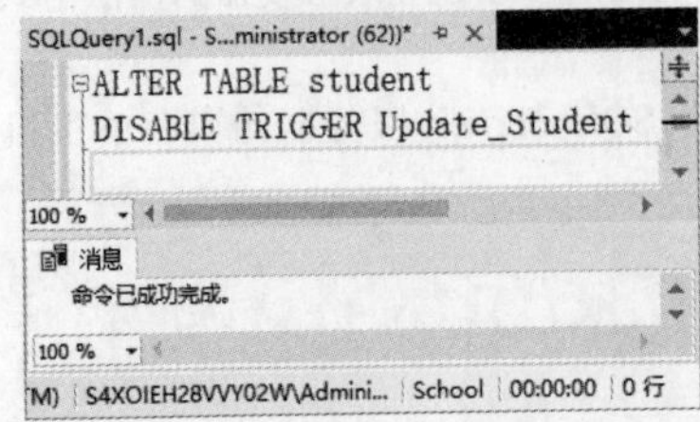

图 14-25 禁用 Update_Student 触发器

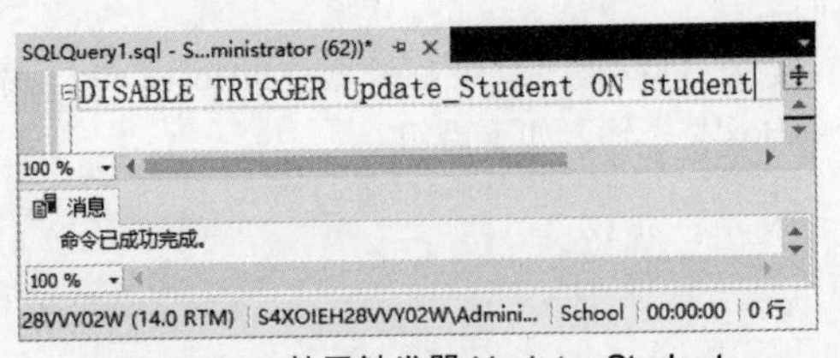

图 14-26 禁用触发器 Update_Student

可以看到，这两种方法的思路是相同的，指定要禁用的触发器的名称和触发器所在的表。读者在禁用时选择其中一种即可。

实例 13：禁止使用数据库作用域的触发器 DenyDelete_mydbase，输入如下语句。

```
DISABLE TRIGGER DenyDelete_mydbase ON DATABASE;
```

单击“执行”按钮，即可禁用数据库作用域的 DenyDelete_mydbase 触发器，执行结果如图 14-27 所示。其中，ON 关键字后面指定触发器的作用域。

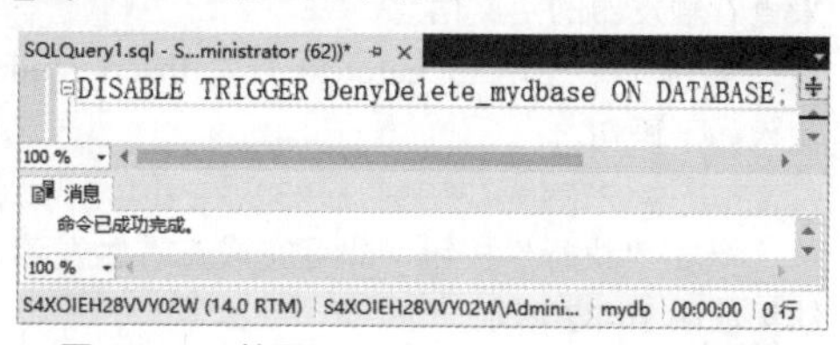

图 14-27　禁用 DenyDelete_mydbase 触发器

14.5.2　启用触发器

被禁用的触发器可以通过 ALTER TABLE 语句或 ENABLE TRIGGER 语句重新启用。

实例 14：启用 Update_Student 触发器，输入如下语句。

```
ALTER TABLE student
ENABLE TRIGGER Update_Student
```

单击“执行”按钮，即可启用名称为 Update_Student 的触发器，执行结果如图 14-28 所示。

另外，也可以使用下面的语句启用 Update_Student 触发器，语句如下。

```
ENABLE TRIGGER Update_Student ON student
```

单击“执行”按钮，即可启用名称为 Update_Student 的触发器，执行结果如图 14-29 所示。

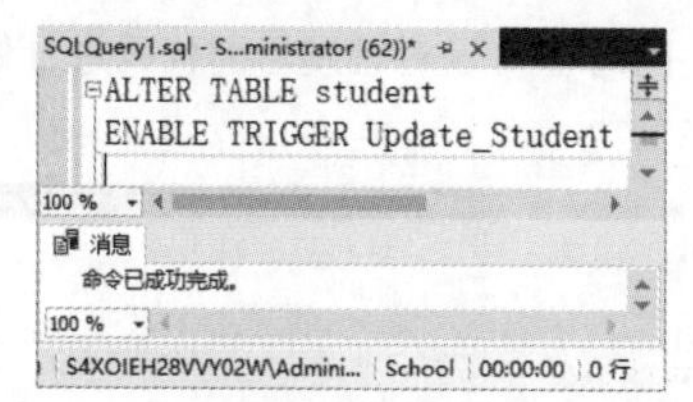

图 14-28　启用触发器 Update_Student

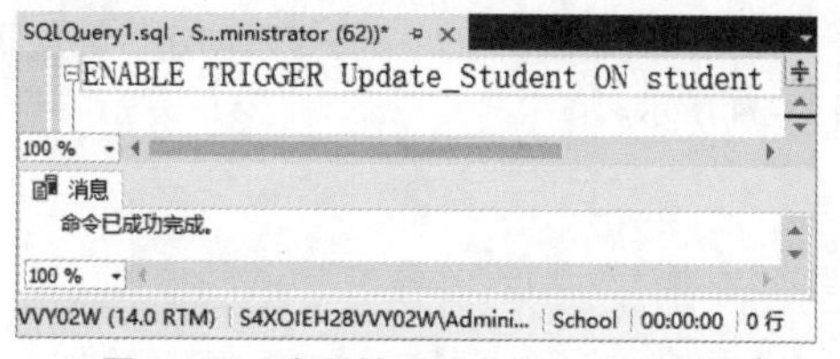

图 14-29　启用触发器 Update_Student

实例 15：启用数据库作用域的触发器 DenyDelete_mydbase，输入如下语句。

```
ENABLE TRIGGER DenyDelete_mydbase ON DATABASE;
```

单击“执行”按钮，即可启用名称为 DenyDelete_mydbase 的触发器，执行结果如图 14-30 所示。

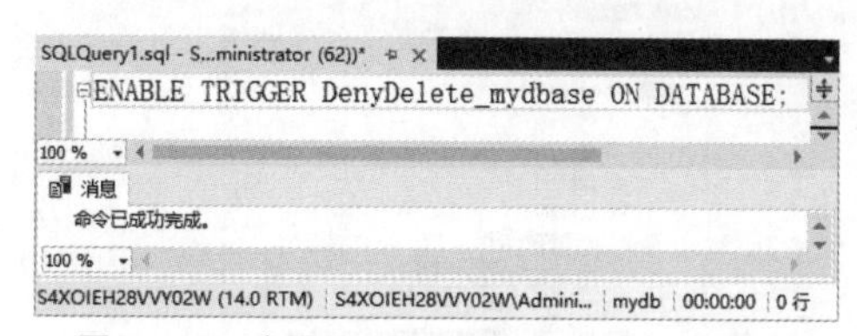

图 14-30　启用 DenyDelete_mydbase 触发器

14.5.3　重命名触发器

用户可以使用 sp_rename 系统存储过程来重命名触发器。

实例 16：重命名触发器 Delete_Student 为 Delete_Stu，输入如下语句。

```
sp_rename 'Delete_Student', 'Delete_Stu';
```

单击“执行”按钮，即可完成触发器的重命名操作，执行结果如图 14-31 所示。

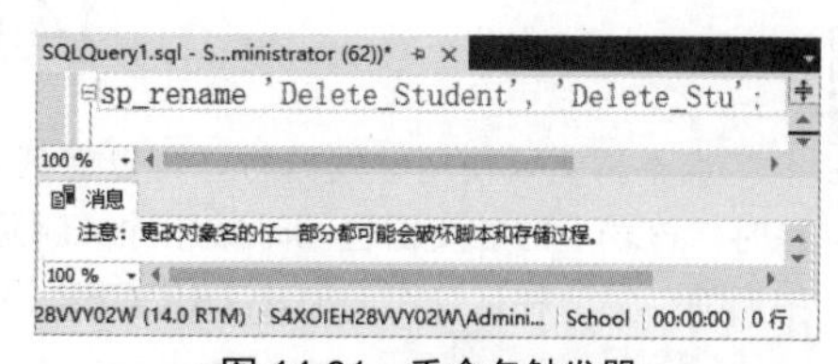

图 14-31　重命名触发器

注意：使用 sp_rename 系统存储过程重命名触发器，不会更改 sys.sql_modules 类别视图的 definition 列中相应对象名的名称，所以建议用户不要使用该系统存储过程重命名触发器，而是删除该触发器，然后使用新名称重新创建该触发器。

14.5.4 使用 sp_helptext 查看触发器

使用存储过程可以查看触发器的内容，例如使用 sp_helptext 来查看触发器的定义信息。

实例 17：使用 sp_helptext 查看 Insert_student 触发器的信息，输入如下语句。

```
sp_helptext Insert_student;
```

单击“执行”按钮，即可完成查看触发器信息的操作，执行结果如图 14-32 所示。

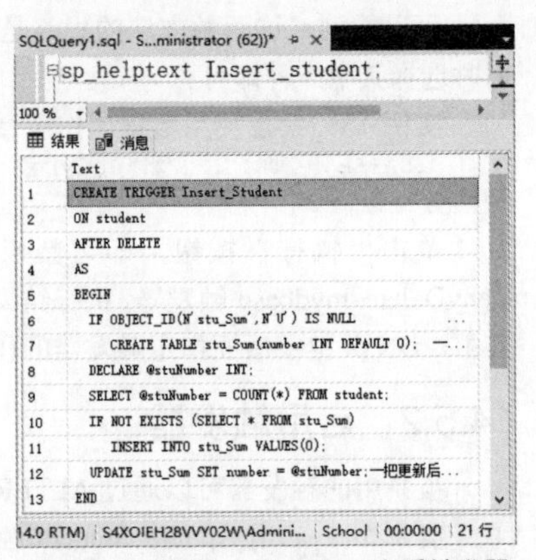

图 14-32 使用 sp_helptext 查看触发器定义信息

从结果中可以看到，使用系统存储过程 sp_helptext 查看的触发器的定义信息，与用户输入的代码是相同的。

14.5.5 以图形向导方式查看触发器信息

在 SQL Server Management Studio 中可以以图形向导方式查看触发器信息，具体的操作步骤如下：

（1）登录到 SQL Server 2017 服务器，在“对象资源管理器”窗口中打开需要查看的触发器所在的数据表节点。在触发器列表选择要查看的触发器，右击，在弹出的快捷菜单中选择“修改”命令，或者双击该触发器，如图 14-33 所示。

（2）在查询编辑窗口中将显示创建该触发器的代码内容，同时也可以对触发器的代码进行修改，如图 14-34 所示。

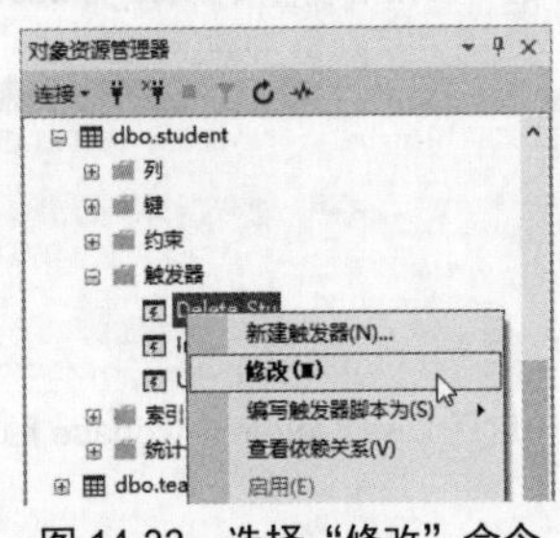

图 14-33 选择“修改”命令

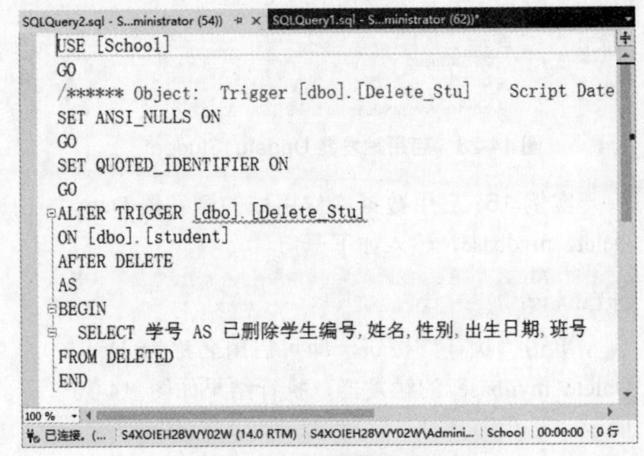

图 14-34 查看触发器内容

14.6 删除触发器

微视频

当不再需要使用触发器时，可以将其删除，删除触发器不会影响其操作的数据表，而当某个表被删除时，该表上的触发器也同时被删除。删除触发器有两种方式：一种是在 SQL Server Management Studio 中删除；另一种是使用 DROP TRIGGER 语句删除。

14.6.1 使用 T-SQL 语句删除触发器

DROP TRIGGER 语句可以删除一个或多个触发器，具体的语法格式如下。

```
DROP TRIGGER trigger_name [ , …n ]
```

其中，trigger_name 为要删除的触发器的名称。

实例 18：使用 DROP TRIGGER 语句删除 Insert_Student 触发器，输入如下语句。

```
USE School;
GO
DROP TRIGGER Insert_Student;
```

输入完成，单击“执行”按钮，删除该触发器，执行结果如图 14-35 所示。

实例 19：删除服务器作用域的触发器 MyHostsOnly，输入如下语句。

```
DROP TRIGGER MyHostsOnly ON ALL Server;
```

单击“执行”按钮，即可完成触发器的删除操作，执行结果如图 14-36 所示。

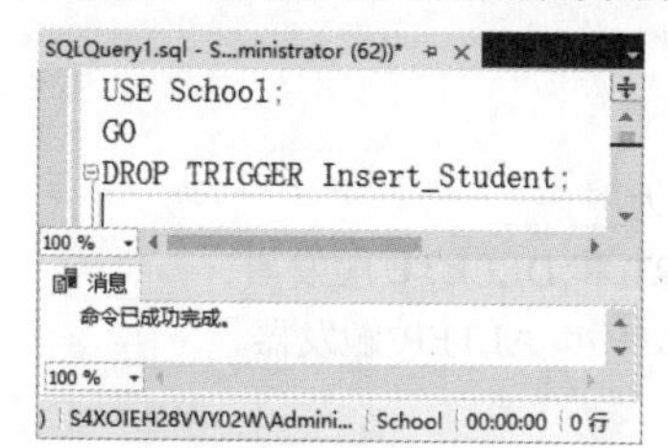

图 14-35 删除触发器 Insert_Student

图 14-36 删除触发器 DenyCreate_AllServer

14.6.2 以图形向导方式删除触发器

与前面介绍的删除数据库、数据表以及存储过程类似，在 SQL Server Management Studio 中选择要删除的触发器，选择弹出菜单中的“删除”命令或者按 Delete 键进行删除，如图 14-37 所示，在弹出的“删除对象”窗口中单击“确定”按钮，即可完成触发器的删除操作，如图 14-38 所示。

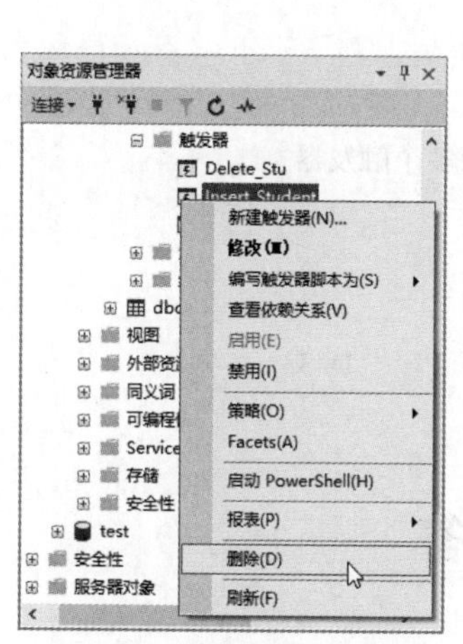

图 14-37 选择“删除”命令

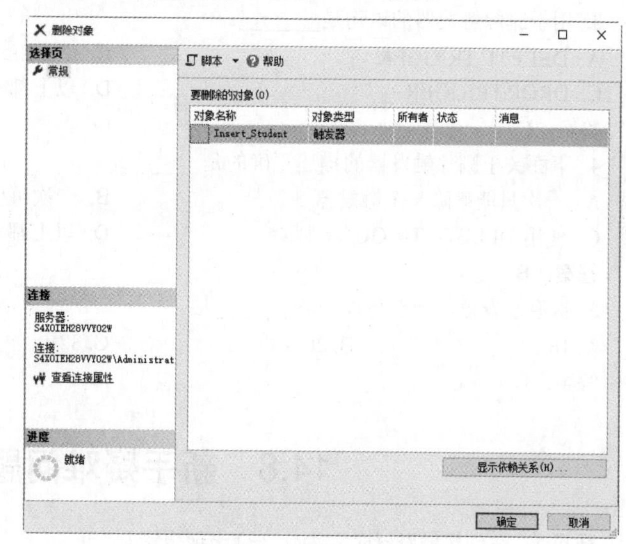

图 14-38 “删除对象”窗口

14.7 课后习题与练习

一、填充题

1. 在 SQL Server 中，触发器的类型有 DML 触发器、_________和登录触发器。

答案：DDL 触发器

2. 在触发器中，有两个特殊的表，分别是______和______，分别用于存放向表中插入的行和从表中删除的行。

答案：INSERTED 表，DELETED 表

3. SQL Server 中的递归触发器包括两种，分别为________和________。

答案：直接递归，间接递归

4. 创建触发器的语句是________。

答案：CREATE TRIGGER

5. 当触发器不用时，可以将其禁用，禁用触发器的语句是________，当再次需要时，可以将其重新启用，启用的语句是________。

答案：DISABLE，ENABLE

二、选择题

1. 按触发器触发事件的操作时间，可以将 DML 触发器分为________。

A. ALTER 和 INSTEAD OF 触发器　　B. INSERT 和 DELETE 触发器

C. UPDATE 和 INSTEAD OF 触发器　　D. UPDATE 和 ALTER 触发器

答案：A

2. 下面关于触发器的描述正确的是________。

A. 触发器的重要作用是确保数据的完整性

B. 调用触发器时，不再需要使用 EXEC 语句

C. 可以通过数据表中数据的变化来触发触发器

D. 以上都对

答案：D

3. 用于删除触发器的语句是________。

A. DELETE TRIGGER　　B. CLOSE TRIGGER

C. DROP TRIGGER　　D. 以上都不对

答案：C

4. 下面关于删除触发器的描述正确的是________。

A. 一次只能删除一个触发器　　B. 一次可以删除多个触发器

C. 使用 DELETE TRIGGER 删除　　D. 以上都不对

答案：B

5. 嵌套触发器，最多可以嵌套________层。

A. 16　　B. 20　　C. 32　　D. 33

答案：C

14.8 新手疑难问题解答

疑问 1：在创建触发器时，为什么会出现报错？

解答：在创建触发器时，首先需要做的是检查该表中是否存在其他类型的触发器，如果该表已经存在 INSERT 触发器、UPDATE 触发器或 DELETE 触发器中的任意一种，当再在该表中创建这一类型的触发器时，就会出现报错，这是因为一张表中只能有一种类型的操作触发器。

疑问 2：当在数据表中创建后触发的 INSERT 触发后，什么时候能调用该触发器？

解答：触发器是在数据表执行触发事件时自动执行的。本问题中的触发器是在表中创建的，而且是一个后触发的 INSERT 触发器，它会在表中执行 INSERT 操作之后自动触发。

14.9　实战训练

在创建好的图书管理数据库 Library 中，包含了读者表 Reader、读者分类表 Readertype、图书信息表 Book、图书分类表 Booktype 和借阅记录表 Record。下面通过创建触发器来实现各种操作。

（1）创建一个 DELETE 触发器，实现当删除某位读者信息后，就删除该读者的借阅信息。

（2）创建一个 UPDATE 触发器，实现当更新某位读者 ID 号时，借阅记录中的读者 ID 号也进行修改。

（3）创建一个 INSTEAD OF 触发器，不允许将 Book 表进行修改和删除。

（4）创建一个 DDL 触发器，不允许删除 Reader 表。

第15章 游标、事务和锁的应用

本章内容提要

在 SQL Server 中的游标提供了一种操作结果集的机制，使用它可以从多条数据记录的结果集中提取一条需要的记录，从而解决数据库中面向单条记录数据处理的难题。使用事务和锁机制可以帮助我们保证数据的完整性。本章介绍游标、事务和锁的应用，主要内容包括游标的声明、打开、读取、关闭和删除，事务的应用，锁机制的应用等。

15.1 游标的应用

微视频

用户在数据库中查询数据时，查询出的结果都是一组数据。如果想要查看其中的某一条数据，只能透过 WHERE 条件语句来控制。使用 WHERE 语句来控制的方法比较简单，但是缺乏灵活性。为改善 WHERE 语句带来的不便，在 SQL Server 中提供了游标这种操作结果集的方式。

15.1.1 声明游标

在 SQL Server 中，声明游标可以使用 DECLARE CURSOR 语句，该语句有两种语法声明格式，分别为 ISO 标准语法和 SQL 扩展语法，一般常用的是 SQL 扩展语法，具体的语法格式如下。

```
DECLARE cursor_name [INSENSITIVE] [SCROLL] CURSOR
    FOR select_statement
    [ FOR { READ ONLY | UPDATE [ OF column_name [ , …n ] ] } ]
```

主要参数介绍如下。

- cursor_name：指定一个游标的名称，其游标名称必须符合标识符规则。
- INSENSITIVE：指定创建所定义的游标使用的数据临时副本。也表明该游标的所有请求均在 tempdb 得到回应，该游标不允许修改。
- SCROLL：指定游标的提取方式。
- select_statement：是定义游标结果集的标准 SELECT 语句。
- READ ONLY：禁止通过该游标进行更新。
- UPDATE [OF column_name [, …n]]：声明游标中能够更新的列。

实例 1：声明名称为 cursor_stu 的标准游标，语句如下。

```
USE School;
DECLARE cursor_stu CURSOR FOR
SELECT * FROM student
GO;
```

单击“执行”按钮，即可完成声明标准游标的操作，运行结果如图 15-1 所示。

实例 2：声明名称为 cursor_stu_01 的只读游标，语句如下。

```
USE School;
```

```
DECLARE cursor_stu_01 CURSOR FOR
SELECT * FROM student
FOR READ ONLY
GO
```

单击“执行”按钮，即可完成声明只读游标的操作，运行结果如图 15-2 所示。

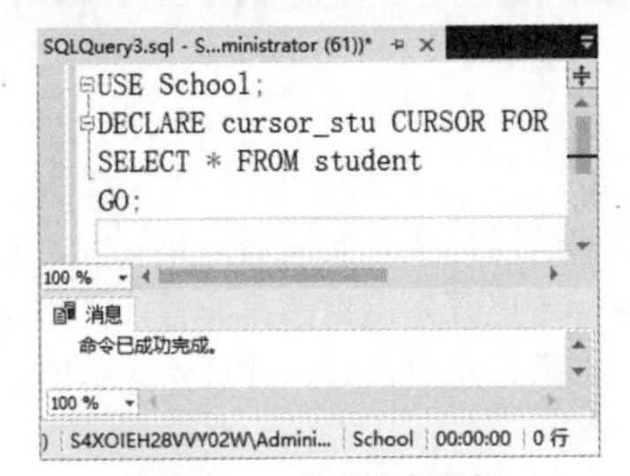

图 15-1 声明标准游标

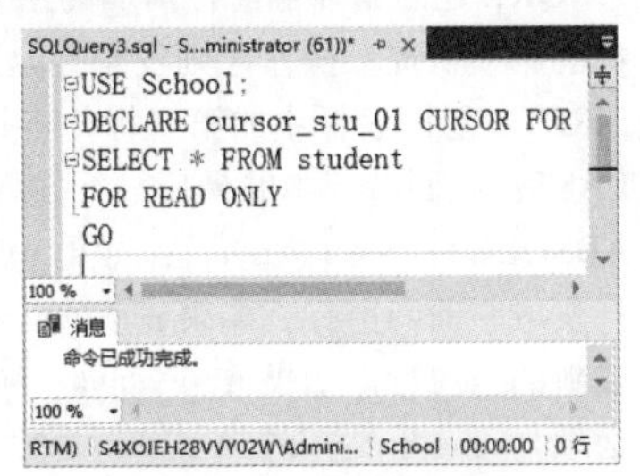

图 15-2 声明只读游标

实例 3：声明名称为 cursor_stu_02 的更新游标，语句如下。

```
USE School;
DECLARE cursor_stu_02 CURSOR FOR
SELECT 学号,姓名,性别,出生日期 FROM student
FOR UPDATE
GO
```

单击“执行”按钮，即可完成声明更新游标的操作，运行结果如图 15-3 所示。

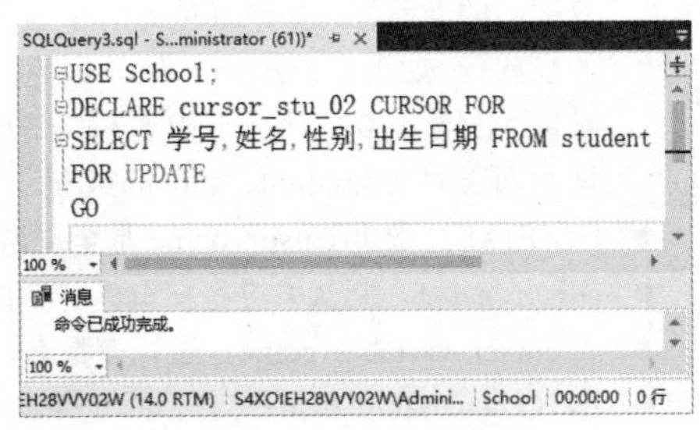

图 15-3 声明更新游标

15.1.2 打开游标

在使用游标之前，必须先打开游标，可以使用 OPEN 命令打开游标，具体的语法格式如下。

```
OPEN { { [GLOBAL] cursor_name} | cursor_variable_name}
```

主要参数介绍如下。

- GLOBAL：指定 cursor_name 是全局游标。
- cursor_name：已声明游标的名称。如果全局游标和局部游标都使用 cursor_name 作为其名称，那么如果指定了 GLOBAL，则 cursor_name 指的是全局游标；否则 cursor_name 指的是局部游标。
- cursor_variable_name：游标变量的名称，该变量引用一个游标。

实例 4：打开上述实例中声明的名称为 cursor_stu 的游标，输入如下语句。

```
USE School;
GO
OPEN  cursor_stu;
```

单击“执行”按钮，即可完成打开游标的操作，运行结果如图 15-4 所示。

图 15-4 打开游标

15.1.3 读取游标

读取游标中的数据是使用游标的关键一步，当打开游标之后，就可以读取游标中的数据了，使用 FETCH 命令可以读取游标中的某一行数据，具体的语法格式如下。

```
FETCH
    [ [ NEXT | PRIOR | FIRST | LAST
            | ABSOLUTE { n | @nvar }
            | RELATIVE { n | @nvar }
        ]
        FROM
    ]
{ { [ GLOBAL ] cursor_name } | @cursor_variable_name }
[ INTO @variable_name [ , ...n ] ]
```

主要参数介绍如下。

- NEXT：紧跟当前行返回结果行，并且当前行递增为返回行。如果 FETCH NEXT 为对游标的第一次提取操作，则返回结果集中的第一行。NEXT 为默认的游标提取选项。
- PRIOR：返回紧邻当前行前面的结果行，并且当前行递减为返回行。如果 FETCH PRIOR 为对游标的第一次提取操作，则没有行返回并且游标置于第一行之前。
- FIRST：返回游标中的第一行并将其作为当前行。
- LAST：返回游标中的最后一行并将其作为当前行。
- ABSOLUTE { n | @nvar}：如果 n 或@nvar 为正，则返回从游标头开始向后的第 n 行，并将返回行变成新的当前行。如果 n 或@nvar 为负，则返回从游标末尾开始向前的第 n 行，并将返回行变成新的当前行。如果 n 或@nvar 为 0，则不返回行。n 必须是整数常量，并且@nvar 的数据类型必须为 smallint、tinyint 或 int。
- RELATIVE { n | @nvar}：如果 n 或@nvar 为正，则返回从当前行开始向后的第 n 行，并将返回行变成新的当前行。如果 n 或@nvar 为负，则返回从当前行开始向前的第 n 行，并将返回行变成新的当前行。如果 n 或@nvar 为 0，则返回当前行。在对游标进行第一次提取时，如果在将 n 或@nvar 设置为负数或 0 的情况下指定 FETCH RELATIVE，则不返回行。n 必须是整数常量，@nvar 的数据类型必须为 smallint、tinyint 或 int。
- GLOBAL：指定 cursor_name 是全局游标。
- cursor_name：要从中进行提取的打开的游标的名称。
- @ cursor_variable_name：游标变量名，引用要从中进行提取操作的打开的游标。
- INTO @variable_name[, …n]：允许将提取操作的列数据放到局部变量中。

实例 5：使用名称为 cursor_stu 的游标，检索 student 表中的记录，语句如下。

```
USE School;
GO
FETCH NEXT FROM cursor_stu
WHILE @@FETCH_STATUS = 0
BEGIN
   FETCH NEXT FROM cursor_stu
END
```

输入完成，单击“执行”按钮，即可完成检索 student 表的操作，执行结果如图 15-5 所示。

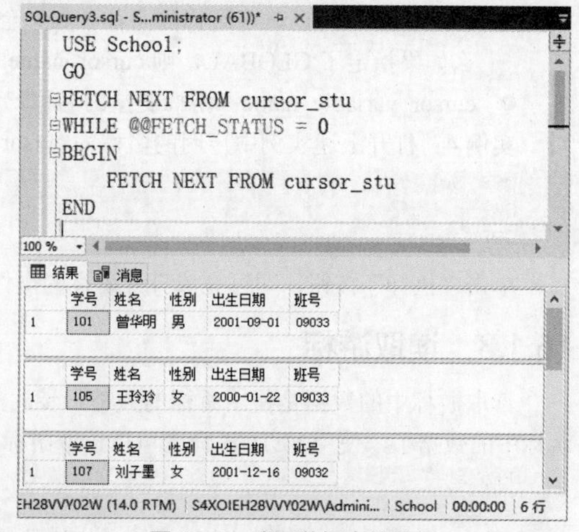

图 15-5 读取游标中的数据

15.1.4 关闭游标

当游标使用完毕后，可以使用 CLOSE 语句关闭游标，但是不释放游标占用的系统资源，具体的语法格式如下。

```
CLOSE [GLOBAL ] cursor_name | cursor_variable_name
```

主要参数介绍如下。

- GLOBAL：指定 cursor_name 是全局游标。
- cursor_name：已声明的游标的名称。
- cursor_variable_name：游标变量的名称，该变量引用一个游标。

实例 6：关闭名称为 cursor_stu 的游标，语句如下。

```
USE School;
CLOSE  cursor_stu;
```

单击“执行”按钮，即可完成关闭游标的操作，执行结果如图 15-6 所示。

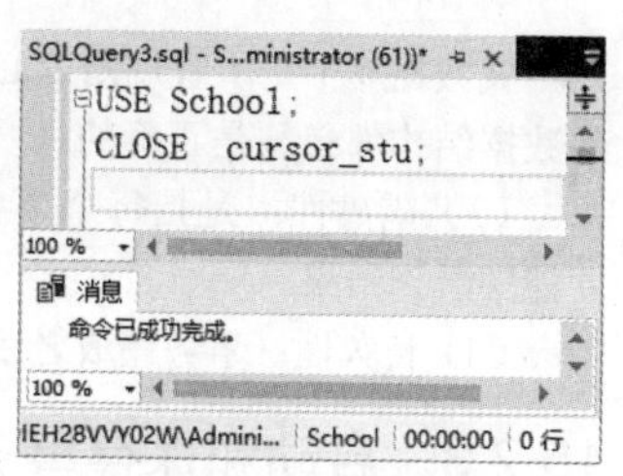

图 15-6 关闭游标

15.1.5 释放游标

当游标被关闭后，并没有在内存中释放所占用的系统资源。要想释放游标所占用的系统资源，可以使用 DEALLOCATE 命令释放游标，具体的语法格式如下。

```
DEALLOCATE [GLOBAL] cursor_name | @cursor_variable_name
```

主要参数介绍如下。

- cursor_name：要释放游标的名称。
- @cursor_variable_name：游标变量的名称。

实例 7：使用 DEALLOCATE 语句释放名称为 cursor_stu 的变量，输入如下语句。

```
USE School;
GO
DEALLOCATE cursor_stu;
```

单击“执行”按钮，即可完成游标的释放操作，运行结果如图 15-7 所示。

图 15-7 释放游标

15.2 事务的应用

微视频

事务可以看作是一件具体的事情，如吃饭、睡觉等，在 SQL Server 中，事务被理解成是一个独立的语句单元，它是用户定义的一个数据库操作序列。

15.2.1 什么是事务

事务的主要功能是为了保证一批相关数据库中数据的操作能全部被完成，从而保证数据的完整性。具体来讲，事务由一组相关的 DML（数据操作语言[增删改]）语句组成，该组的 DML 语句要么全部成功，要么全部失败。

在 SQL Server 中，事务要有非常明确的开始和结束点，SQL Server 中的每一条数据操作语句，例如 SELECT、INSERT、UPDATE 和 DELETE 都是隐式事务的一部分。即使只有一条语句，系统也会把这条语句当作一个事务，要么执行所有语句，要么什么都不执行。

例如：网上转账就是一个用事务来处理的典型案例，它主要分为 3 步：第 1 步在源账号中减少转账金额，例如减少 10 万；第 2 步在目标账号中增加转账金额，增加 10 万；第 3 步在事务日志中记录该事务，这样，可以保证数据的一致性。

在上面的 3 步操作中，如果有一步失败，整个事务都会回滚，所有的操作都将撤销，目标账号和源账号上的金额都不会发生变化。

15.2.2 事务的特性

在数据库中，究竟什么是事务，它有哪些特性呢？其实非常简单，主要满足 4 个特性，就可以成为一个事务，这 4 个特性分别是原子性（Atomic）、一致性（Consistent）、隔离性（Isolated）和持久性（Durable），简称 ACID 属性。

（1）原子性：也被称为事务的不可分割性。也就是说，在数据库中事务中的每一部分都不能省略，不能只执行事务中的一部分，而是要执行事务中的全部内容，例如：对于数据库中数据的修改，要么全都执行，要么全都不执行。

（2）一致性：是指事务要确保数据的一致性。事务在完成时，必须使所有的数据都保持一致状态。

在相关数据库中，所有规则都必须应用于事务的修改，以保持所有数据的完整性。事务结束时，所有的内部数据结构都必须是正确的。

（3）隔离性：是指每个事务之间，在执行时是不能够查看中间状态的，也就是说事务只有提交了，才能够看到结果。

（4）持久性：事务完成之后，它对于系统的影响是永久性的。该修改即使出现系统故障也将一直保持。

15.2.3 启动和保存事务

启动和保存事务是使用事务第一件要做的事情，执行每一个事务时都要先告诉数据库，现在要开启一个事务，并且在事务执行过程中也要注意设置保存点，这样才能够避免事务出现错误。

1. 启动事务

使用BEGIN TRANSACTION语句可以启动一个事务，具体的语法格式如下。

```
BEGIN { TRAN|TRANSACTION} transaction_name
```

主要参数介绍如下。

- transaction_name：要启动事务的名称。
- TRAN | TRANSACTION：表示是事务，用哪个都可以。

2. 保存事务

事务启动之后，还需要设置事务的保存点，通过设置事务的保存点，可以保存语句执行的状态，当后面的内容执行错了，还能够回滚到保存点，使用SAVE TRANSACTION语句可以保存事务，具体的语法格式如下。

```
SAVE { TRAN|TRANSACTION} savepoint_name
```

主要参数介绍如下。

- savepoint_name：事务保存点的名称。
- TRAN | TRANSACTION：表示是事务，用哪个都可以。

注意：事务保存点的名称和变量名不同，保存点在一个事务中可以重复。但是，不建议用户在一个事务中设置相同的保存点，如果设置了相同的保存点，当事务需要回滚时，只能回滚到离当前语句最近的保存点处。

15.2.4 提交和回滚事务

当启动了事务，并设置好事务的保存点，下面就可以提交和回滚事务了，没有了提交和回滚事务环节，即使设置更多的保存点也没有办法完成事务的操作。

1. 提交事务

提交事务实际上就是将事务中所有内容都执行完成，这就好像考试一样，一旦提交了试卷，就不能再进行更改，这是由事务的持久性特点决定的。使用COMMIT TRANSACTION语句可以提交事务，具体的语法格式如下。

```
COMMIT { TRAN|TRANSACTION} transaction_name
```

主要参数介绍如下。

- transaction_name：要提交事务的名称。
- TRAN | TRANSACTION：表示是事务，用哪个都可以。

2. 回滚事务

回滚事务就是将事务全部撤销或回滚到事务中已经设置的保存点处，不过，提交后的事务是无法再进行回滚的。使用ROLLBACK TRANSACTION语句可以在事务失败时执行回滚操作，具体的语法格式如下。

```
ROLLBACK { TRAN|TRANSACTION} [transaction_name| savepoint_name]
```

主要参数介绍如下。

- transaction_name：事务的名称。

- savepoint_name：保存点的名称，必须是在事务中已经设置过的保存点。

注意：BEGIN TRANSACTION 和 COMMIT TRANSACTION 同时使用，用来标识事务的开始和结束。

15.2.5　事务应用案例

在对事务有了了解后，下面就来介绍一个实例，来演示事务的具体应用方法。例如：限定 student 表中最多只能插入 6 条学生记录，如果表中插入条数大于 6，插入失败，操作过程如下。

首先，为了对比执行前后的结果，先查看 student 表中当前的记录，查询语句如下。

```
USE School
GO
SELECT * FROM student;
```

单击“执行”按钮，即可完成数据表的查询操作，查询结果如图 15-8 所示。

图 15-8　执行事务之前 student 表中记录

可以看到当前表中有 6 条记录，接下来输入下面语句，从而插入数据记录。

```
USE School;
GO
BEGIN TRANSACTION
INSERT INTO student VALUES(102,'魏艳婷','女', '2000-10-10', '09031');
INSERT INTO student VALUES(108,'张紫露','女', '2001-01-10', '09032');
INSERT INTO student VALUES(109,'冯少清','男', '2000-08-10', '09033');
INSERT INTO student VALUES(110,'李婷婷','女', '2000-10-28', '09032');
DECLARE @studentCount INT
SELECT @studentCount=(SELECT COUNT(*) FROM student)
IF @studentCount>9
    BEGIN
        ROLLBACK TRANSACTION
        PRINT '插入条数太多，插入失败！'
    END
ELSE
    BEGIN
        COMMIT TRANSACTION
        PRINT '插入成功！'
    END
```

该段代码中使用 BEGIN TRANSACTION 定义事务的开始，向 student 表中插入 4 条记录，插入完成之后，判断 student 表中总的记录数，如果学生人数大于 9，则插入失败，并使用 ROLLBACK TRANSACTION 撤销所有的操作；如果学生人数小于等于 9，则提交事务，将所有新的学生记录插入到 student 表中。

输入完成后单击“执行”按钮，运行结果如图 15-9 所示。

可以看到因为 student 表中原来已经有 6 条记录，插入 4 条记录之后，总的学生人数为 10 人，大于这里定义的人数上限 9，所以插入操作失败，事务回滚了所有的操作。

执行完事务之后，再次查询 student 表中内容，验证事务执行结果，运行结果如图 15-10 所示。

可以看到执行事务前后表中内容没有变化，这是因为事务撤销了对表的插入操作，可以修改插入的记录数小于 4 条，这样就能成功地插入数据。读者可以亲自操作一下，以深刻体会事务的运行过程。

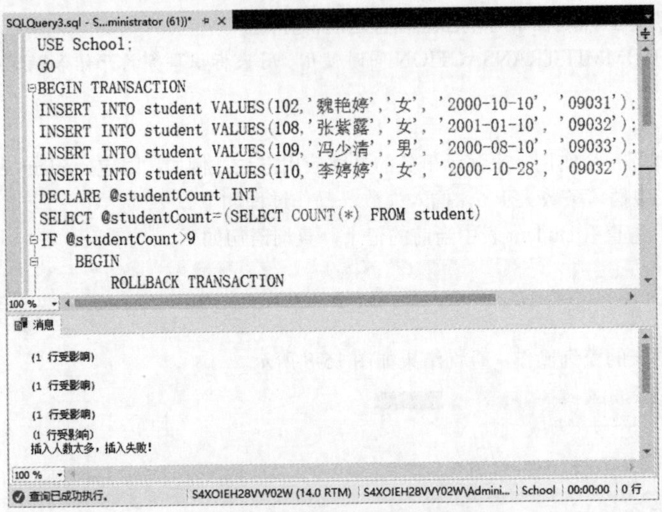

```
USE School;
GO
BEGIN TRANSACTION
 INSERT INTO student VALUES(102,'魏艳婷','女', '2000-10-10', '09031');
 INSERT INTO student VALUES(108,'张紫露','女', '2001-01-10', '09032');
 INSERT INTO student VALUES(109,'冯少清','男', '2000-08-10', '09033');
 INSERT INTO student VALUES(110,'李婷婷','女', '2000-10-28', '09032');
 DECLARE @studentCount INT
 SELECT @studentCount=(SELECT COUNT(*) FROM student)
 IF @studentCount>9
    BEGIN
       ROLLBACK TRANSACTION
```

```
(1 行受影响)

(1 行受影响)

(1 行受影响)

(1 行受影响)
插入人数太多，插入失败！
```

图 15-9 使用事务后的运行结果

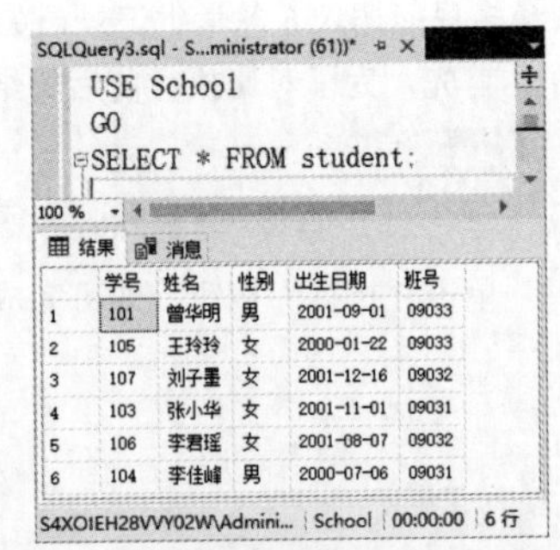

```
USE School
GO
SELECT * FROM student;
```

	学号	姓名	性别	出生日期	班号
1	101	曾华明	男	2001-09-01	09033
2	105	王玲玲	女	2000-01-22	09033
3	107	刘子墨	女	2001-12-16	09032
4	103	张小华	女	2001-11-01	09031
5	106	李君瑶	女	2001-08-07	09032
6	104	李佳峰	男	2000-07-06	09031

图 15-10 执行事务之后 student 表中的记录结果

15.3 锁的应用

微视频

事务和锁是两个紧密联系的概念，事务可以确保多个数据的修改作为一个单元来处理，而锁可以在多用户情况下，防止其他用户修改还没有完成的事务中的数据。

15.3.1 什么是锁

在 SQL Server 中，锁是一种机制，用于防止一个过程在对象上进行操作时，同某些已经在该对象上完成的事情发生冲突。锁可以防止事务的并发问题，如丢失更新、脏读、不可重复读和幻读等问题。

1. 脏读

当一个事务读取的记录是另一个事务的一部分时，如果第一个事务正常完成，就没有什么问题，如果此时另一个事务未完成，就产生了脏读。例如，员工表中编号为 1001 的员工工资为 1600 元，如果事务 1 将工资修改为 1900 元，但还没有提交确认；此时事务 2 读取员工的工资为 1900 元；事务 1 中的操作因为某种原因执行了 ROLLBACK 回滚，取消了对员工工资的修改，但事务 2 已经把编号为 1001 的员工的数据读走了，此时就发生了脏读。如果此时用了行级锁，第一个事务修改记录时封锁改行，那么第二个事务只能等待，这样就避免了脏数据的产生，从而保证了数据的完整性。

2. 幻读

当某一数据行执行 INSERT 或 DELETE 操作，而该数据行恰好属于某个事务正在读取的范围时，就会发生幻读现象。例如，现在要对员工涨工资，将所有工资为低于 1800 元的工资都涨到新的 2500 元，事务 1 使用 UPDATE 语句进行更新操作，事务 2 同时读取这一批数据，但是在其中插入了几条工资小于 2500 元的记录，此时事务 1 如果查看数据表中的数据，会发现自己 UPDATE 之后还有工资小于 2500 元的记录！幻读事件是在某个凑巧的环境下发生的，简而言之，它是在运行 UPDATE 语句的同时有人执行了 INSERT 操作。因为插入了一个新记录行，所以没有被锁定，并且能正常运行。

3. 非重复性读取

如果一个事务不止一次地读取相同的记录，但在两次读取中间有另一个事务刚好修改了数据，则两次读取的数据将出现差异，此时就发生了非重复读取。例如，事务 1 和事务 2 都读取一条工资为 3600 元的数据行，如果事务 1 将记录中的工资修改为 3800 元并提交，而事务 2 使用的员工的工资仍为 3600 元。

4. 丢失更新

一个事务更新了数据库之后，另一个事务再次对数据库更新，此时系统只能保留最后一个数据的修改。例如对一个员工表进行修改，事务 1 将员工表中编号为 1001 的员工工资修改为 1900 元，而之后事务 2 又把该员工的工资更改为 3000 元，那么最后员工的工资为 3000 元，导致事务 1 的修改丢失。

15.3.2 锁的模式

SQL Server 中提供了多种锁模式，在这些类型的锁中，有些类型之间可以兼容，有些类型的锁之间是不可以兼容的，锁模式用于确定锁的用途。表 15-1 为锁模型及其描述信息。

表 15-1 锁模式及其描述信息

锁 模 式	描 述
共享（S）	用于不更改或不更新数据的操作（只读操作），如 SELECT 语句
更新（U）	用于可更新的资源中。防止当多个会话在读取、锁定以及随后可能进行的资源更新时发生常见形式的死锁
排他	用于数据修改操作，例如 INSERT、UPDATE 或 DELETE。确保不会同时同一资源进行多重更新
意向	用于建立锁的层次结构。意向锁的类型为：意向共享（IS）、意向排他（IX）以及与意向排他共享（SIX）
架构	在执行依赖于表架构的操作时使用。架构锁的类型为：架构修改（Sch-M）和架构稳定性（Sch-S）
大容量更新（BU）	向表中大容量复制数据并指定了 TABLOCK 提示时使用

15.3.3 锁的粒度

锁粒度表示被封锁目标的大小，封锁粒度小则并发性高，但开销大；封锁粒度大则并发性低但开销小。SQL Server 支持的锁粒度可以分为行、页、键、索引、表、数据库等。表 15-2 为锁粒度及其描述信息。

表 15-2 锁粒度及其描述信息

锁 大 小	描 述
行锁（RID）	行标识符。用于单独锁定表中的一行
键锁	锁定索引中的节点。用于保护可串行事务中的键范围
页锁	锁定 8KB 的数据页或索引页
扩展盘区锁	锁定相邻的 8 个数据页或索引页
表锁	锁定包括所有数据和索引在内的整个表
数据库锁	锁定整个数据库

提示：上述几种锁类型中，行锁属于排他锁，也被称为事务锁。当修改表的记录时，需要对将要修改的记录添加行锁，防止两个事务同时修改相同的记录，事务结束后，该锁也会释放。表锁的主要作用是防止在修改表的数据时，表的结构发生变化。

15.3.4 锁应用案例

锁的应用情况比较多，本节将对锁可能出现的几种情况进行具体的分析，使读者更加深刻地理解锁的使用。

1. 锁定行

实例 8：锁定 student 表中 ID=103 的学生记录，输入如下语句。

```
USE School;
```

```
GO
SET TRANSACTION ISOLATION LEVEL READ UNCOMMITTED
SELECT * FROM student ROWLOCK WHERE 学号=103;
```

输入完成后单击“执行”按钮，即可给表中某行添加锁，执行结果如图 15-11 所示。

2. 锁定数据表

实例 9：锁定 student 表中记录，输入如下语句。

```
USE School;
GO
SELECT 性别 FROM student TABLELOCKX  WHERE 性别='女';
```

输入完成后单击“执行”按钮，即可完成对数据表添加锁的操作，结果如图 15-12 所示。不过，对表加锁后，其他用户将不能对该表进行访问。

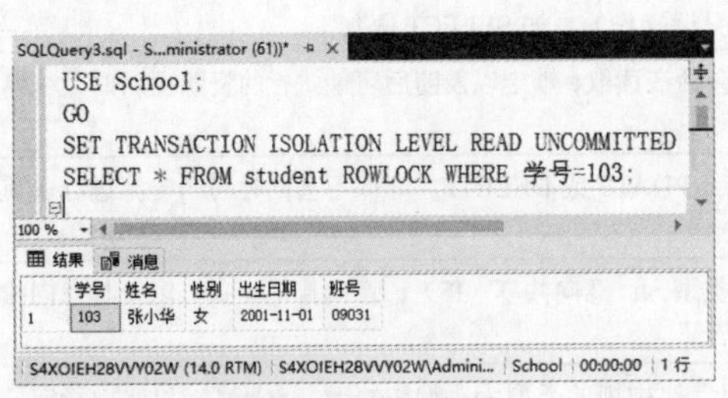

图 15-11 添加行锁

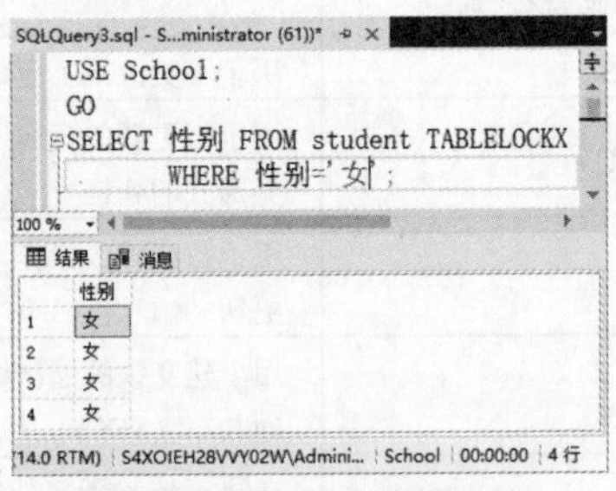

图 15-12 对数据表添加锁

3. 排他锁

实例 10：创建名称为 transaction1 和 transaction2 的事务，在 transaction1 事务上面添加排他锁，事务 1 执行 10s 之后才能执行 transaction2 事务，输入如下语句。

```
USE School;
GO
BEGIN TRAN transaction1
UPDATE student SET 学号=103 WHERE 姓名='张小华' ;
WAITFOR DELAY '00:00:10';
COMMIT TRAN

BEGIN TRAN transaction2
SELECT * FROM student WHERE 姓名='张小华';
COMMIT TRAN
```

输入完成后单击“执行”按钮，执行结果如图 15-13 所示。transaction2 事务中的 SELECT 语句必须等待 transaction1 执行完毕 10s 之后才能执行。

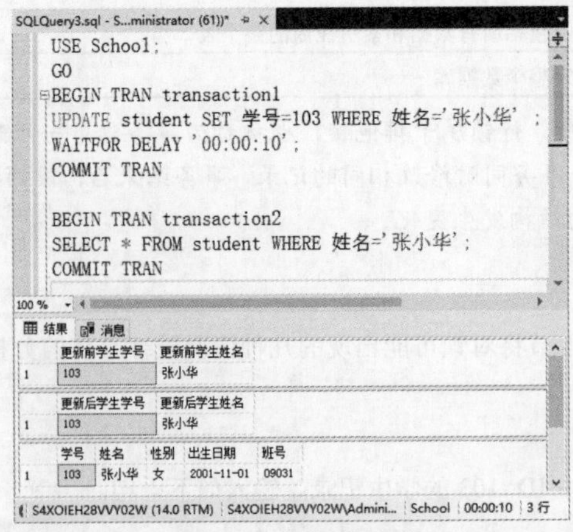

图 15-13 添加排他锁

4. 共享锁

实例 11：创建名称为 transaction1 和 transaction2 的事务，在 transaction1 事务上面添加共享锁，允许两个事务同时执行查询操作，如果第二个事务要执行更新操作，必须等待 10s，输入如下语句。

```
USE School;
GO
BEGIN TRAN transaction1
SELECT 学号,姓名,出生日期 FROM student WITH(HOLDLOCK) WHERE 姓名='张小华';
WAITFOR DELAY '00:00:10';
COMMIT TRAN

BEGIN TRAN transaction2
SELECT * FROM student WHERE 姓名='张小华';
COMMIT TRAN
```

输入完成后单击“执行”按钮，执行结果如图 15-14 所示。

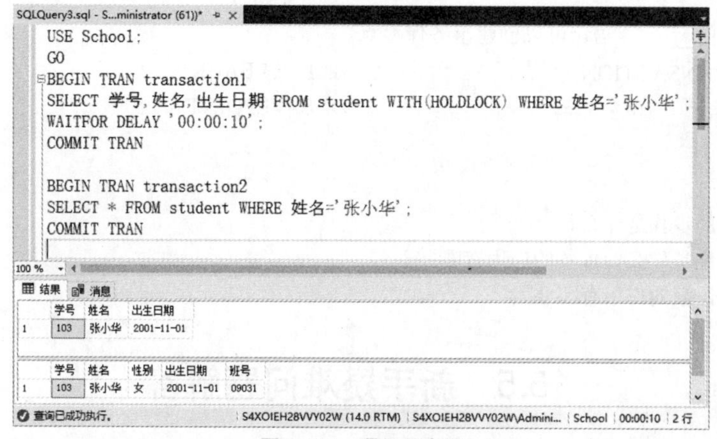

图 15-14　添加共享锁

15.4　课后习题与练习

一、填充题

1. 游标的使用步骤可以分为声明游标、_______、读取游标、_______、释放游标。

答案：打开游标，关闭游标

2. 事务必须具备 4 个特性，分别是原子性、______、_______和______。

答案：一致性，隔离性，持久性

3. 使用锁可以防止事务的并发问题，如丢失更新、______、________和幻读等问题。

答案：脏读，不可重复读

4. 使用____________语句可以启动一个事务。

答案：BEGIN TRANSACTION

5. 当游标使用完毕后，可以使用_____语句关闭游标，最后使用_______释放游标。

答案：CLOSE，DEALLOCATE

二、选择题

1. 下列描述不属于游标特点的是_______。

A. 可以返回一个完整的结果集

B. 可以返回结果集中的一行

C. 支持对结果集中当前位置的行进行数据修改

D. 支持事务

答案：A

2. 如果想要删除名称为 cursor_01 的游标，可以使用语句______。

A. delete cursor_01　　B. drop cursor_01　　C. remove cursor_01　　D. 以上都不对

答案：B

3. 读取游标的语句是______。

A. read cursor　　B. use cursor　　C. fetch　　D. 以上都不对

答案：C

4. 下面对事务的描述正确的是_______。

A. 提交过的事务还可以回滚　　B. 可以将事务回滚到某一个保存点

C. 只能将事务全部回滚　　D. 以上都不对

答案：B

5. 使用下面的_______语句可以创建事务保存点。

A. SAVE TRANSACTION　　B. ROLLBACK

C. COMMIT　　D. SAVEPOINT

答案：A

三、简答题

1. 使用游标的步骤是什么？

2. 事务的特性是什么？事务的作用有哪些？

3. 什么是锁，锁的作用有哪些？

15.5 新手疑难问题解答

疑问 1：在 SQL Server 中，为什么会引入游标呢？

解答：用户在数据库中查询数据时，查询出的结果都是一组数据或者是一个数据集合，如果想要查看其中的一条数据，只能通过 WHERE 条件语句来控制。但是，当数据量比较大时，该语句就显得很麻烦了。为了解决这一问题，在 SQL Server 中就提供了游标，利用游标就可以操作结果集了。

疑问 2：在保存事务中的保存点时，可以将保存点的名称与变量名设置为一样的吗？

解答：可以的，但是不建议设置为一样的。因为如果在一个事务中设置相同的保存点，当事务进行回滚操作时，只能回滚到离当前语句最近的保存点处，这就会出现错误的操作结果。

15.6 实战训练

在创建好的图书管理数据库 Library 中，包含了读者表 Reader、读者分类表 Readertype、图书信息表 Book、图书分类表 Booktype 和借阅记录表 Record。下面通过创建游标、事务与锁来实现各种操作。

（1）在图书信息表 Book 中，声明一个名称为 cursor_Book 的标准游标，该游标的作用是检索图书信息表 Book 中的数据记录。

（2）启用一个事务 TRANS_01，该事务的作用为向读者表中添加一条记录，读者编号 1011，读者姓名为“刘元”，如果有错误则输出错误信息，并撤销插入操作。

（3）使用事务处理将读者“刘元”的所有记录删除，如果有错误，则输出“该读者记录无法删除”，并撤销所有记录删除操作。

（4）在读者表 Reader 中，创建名称为 transaction1 和 transaction2 的事务，在 transaction1 事务上面添加共享锁，允许两个事务同时执行查询数据表的操作，如果第二个事务要执行更新操作，必须等待 10s。

第16章 用户账户及角色权限的管理

本章内容提要

安全性对于任何一个数据库管理系统来说都非常重要。为此，SQL Server 为用户提供了安全机制，通过对用户账户以及角色的管理，可以提高数据的安全性。本章介绍用户账户及角色权限的管理，主要内容包括与数据库安全相关的对象、登录账号的管理、用户的管理、角色的管理以及权限的管理等。

16.1 与数据库安全相关的对象

微视频

在 SQL Server 中，与数据库安全相关的对象主要有用户、角色、权限等，只有了解了这些对象的作用，才能灵活地设置和使用这些对象，从而提高数据库的安全性。

16.1.1 数据库用户

数据库用户就是指能够使用数据库的用户，在 SQL Server 中，可以为不同的数据库设置不同的用户，从而提高数据库访问的安全性。

在 SQL Server 数据库中有两个比较特殊的用户，一个就是 DBO 用户，它是数据库的创建者，每个数据库只有一个数据库所有者，DBO 有数据库中的所有特权，可以提供给其他用户访问权限；另一个是 guest 用户，该用户最大的特点就是可以被禁用。

16.1.2 用户权限

通过给用户设置权限，使每个数据库用户有不同的访问权限，如：让用户只能查询数据库中的信息而不能更新数据库的信息。在 SQL Server 数据库中，用户权限主要分为系统权限与对象权限两类。系统权限是指在数据库基本执行某些操作的权限，或针对某一类对象进行操作的权限；对象权限主要是针对数据库对象执行某些操作的权限，如对表的增删（删除数据）查改等。

16.1.3 认识角色

角色相当于 Windows 操作系统中的用户组，可以集中管理数据库或服务器的权限。假如直接给每一个用户赋予权限，这将是一个巨大又麻烦的工作，同时也不方便 DBA 进行管理，于是就引用了角色这个概念。使用角色具有以下优点：

（1）权限管理更方便。将角色赋予多个用户，实现不同用户相同的授权。如果要修改这些用户的权限，只需修改角色即可。

（2）角色的权限可以激活和关闭。使得 DBA 可以方便地选择是否赋予用户某个角色。

（3）提高性能，使用角色减少了数据字典中授权记录的数量，通过关闭角色使得在语句执行过程中减少了权限的确认。

用户和角色是不同的，用户是数据库的使用者，角色是权限的授予对象，给用户授予角色，相当于给用户授予一组权限。数据库中的角色可以授予多个用户，一个用户也可以被授予多个角色。

16.1.4 登录账户

登录账户是用来访问 SQL Server 数据库系统使用的，它不同于数据库用户，是用来访问某个特定数据库的。一个登录账户可以访问多个数据库，而一个用户只能访问特定的数据库，并且不能直接访问 SQL Server 系统，只有给用户设置登录账户映射才能访问 SQL Server 系统，因此，合理地控制用户使用登录账号，也是确保数据库安全性的一个手段。

16.2 登录账号管理

微视频

管理登录名包括创建登录名、设置密码查看登录策略、查看登录名信息、修改和删除登录名。通过使用不同的登录名可以配置不同的访问级别。

16.2.1 创建登录账户

在创建登录账户时，一定要注意账号不能重名。下面介绍创建登录账户的方法。

1. 使用 T-SQL 语句创建登录账户

创建登录账户的 T-SQL 语法格式如下。

```
CREATE LOGIN loginName WITH PASSWORD='password'
[DEFAULT DATABASE=dbname]
```

主要参数介绍如下。

- loginName：指定创建的登录名。
- password：设置的登录账户密码，密码要尽量复杂一些。
- dbname：指定账户登录的默认数据库名。如果不指定默认数据库名，则会将 master 数据库作为默认的数据库。

实例 1：创建 SQL Server 登录名账户，语句如下。

```
CREATE LOGIN DBAdmin
WITH PASSWORD= 'dbpwd', DEFAULT_DATABASE=test
```

输入完成，单击“执行”按钮，执行完成之后会创建一个名称为 DBAdmin 的 SQL Server 账户，密码为 dbpwd，默认数据库为 test，如图 16-1 所示。

知识扩展：除使用 CREATE LOGIN 语句创建登录账户外，我们还可以使用系统存储过程 sp_addlogin 来创建登录账户，具体的语法格式如下。

```
sp_addlogin username,userpwd default database;
```

其中，username 为登录名，userpwd 为密码，default database 为用户指定的默认数据库。如果使用 sp_addlogin 创建名称为 DBAdmin 的登录账户，具体语句如下。

```
sp_addlogin 'DBAdmin', 'dbpwd';
```

通过这个语句就可以与 CREATE LOGIN 语句一样登录账户了，如图 16-2 所示。

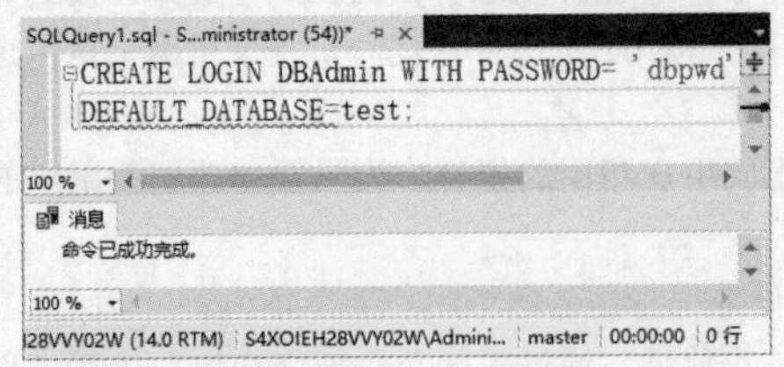

图 16-1 创建 SQL Server 登录名账户

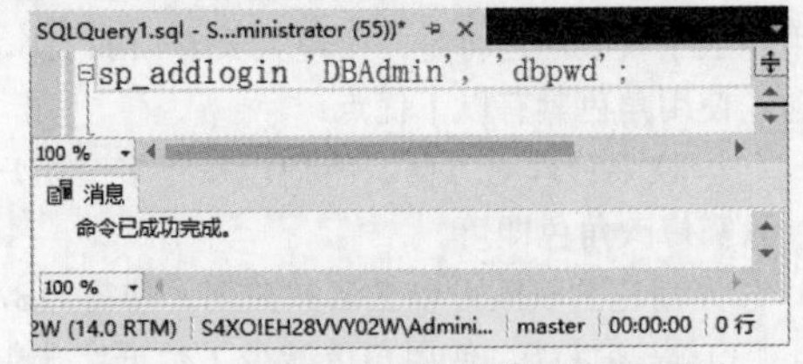

图 16-2 使用系统存储过程创建登录账户

2. 以图形向导方式创建 Windows 登录账户

Windows 身份验证模式是默认的验证方式，可以直接使用 Windows 的账户登录。创建过程可以分为如下几步：

（1）单击“开始”按钮，在弹出的快捷菜单中选择“控制面板”命令，打开“控制面板”窗口，选择“管理工具”选项，如图 16-3 所示。

（2）打开“管理工具”窗口，双击“计算机管理”选项，如图 16-4 所示。

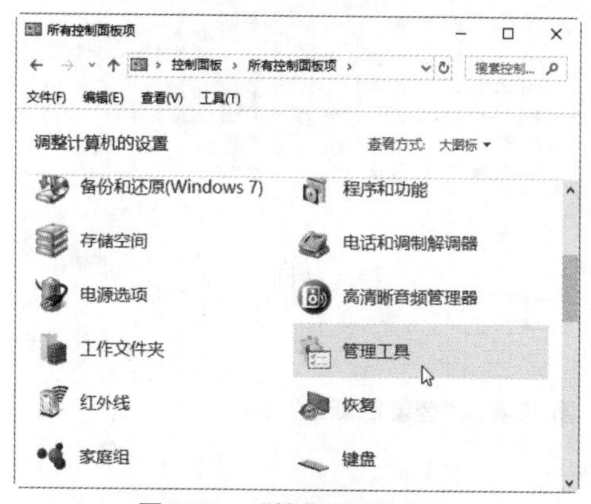

图 16-3　“控制面板”窗口

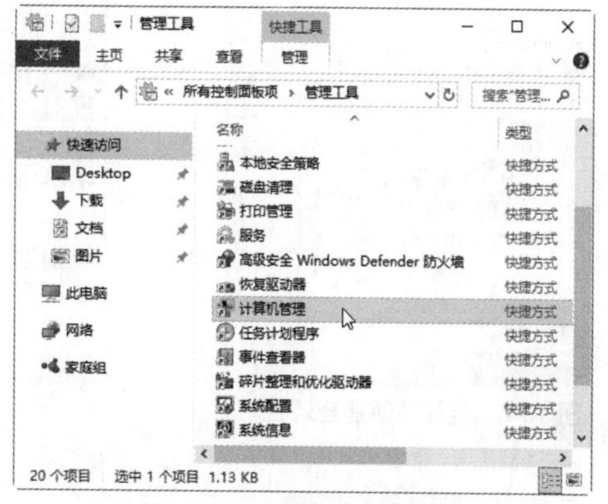

图 16-4　“管理工具”窗口

（3）打开“计算机管理”窗口，选择“系统工具”→“本地用户和组”选项，选择“用户”节点，右击，在弹出的快捷菜单中选择“新用户”命令，如图 16-5 所示。

（4）弹出“新用户”对话框，输入用户名为 DataBaseAdmin，描述为“数据库登录账户名”，设置登录密码之后，选中“密码永不过期”复选框，单击“创建”按钮，完成新用户的创建，如图 16-6 所示。

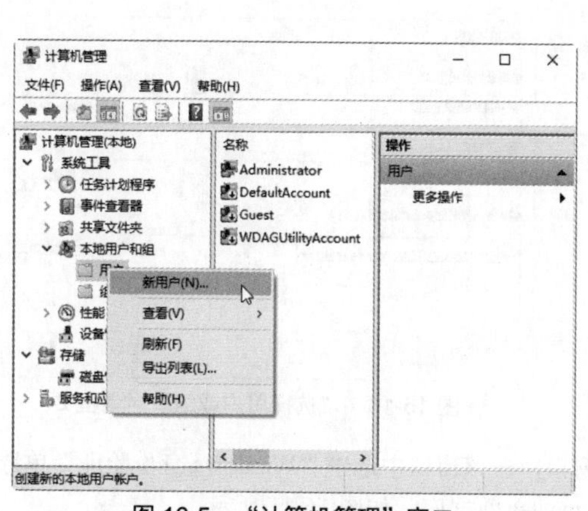

图 16-5　“计算机管理”窗口

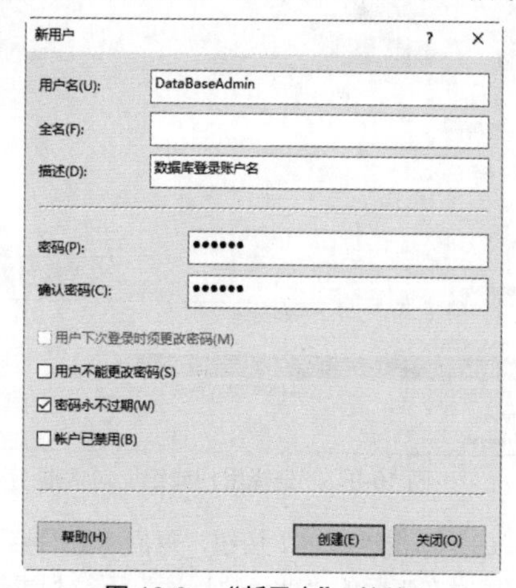

图 16-6　“新用户”对话框

（5）新用户创建完成之后，下面就可以创建映射到这些账户的 Windows 登录。登录到 SQL Server 2017 之后，在“对象资源管理器”窗口中打开“安全性”→“登录名”节点，选择“登录名”节点，右击，在弹出的快捷菜单中选择“新建登录名”命令，如图 16-7 所示。

（6）打开“登录名-新建”窗口，单击“搜索”按钮，如图 16-8 所示。

（7）弹出“选择用户或组”对话框，单击对话框中的“高级”和“立即查找”按钮，从用户列表中选择刚才创建的名称为 DataBaseAdmin 的用户，如图 16-9 所示。

（8）选择用户完毕，单击“确定”按钮，返回“选择用户或组”对话框，这里列出了刚才选择的用户，如图 16-10 所示。

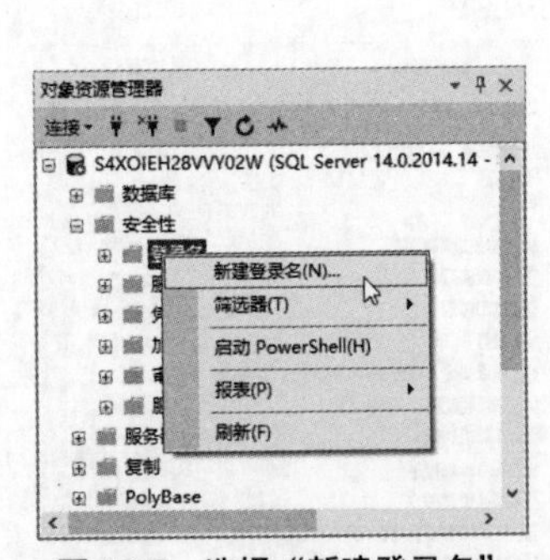

图 16-7 选择“新建登录名”命令

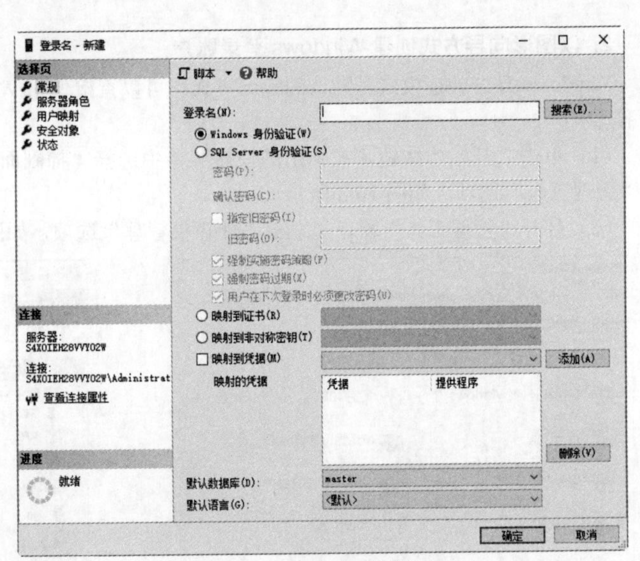

图 16-8 “登录名-新建”窗口

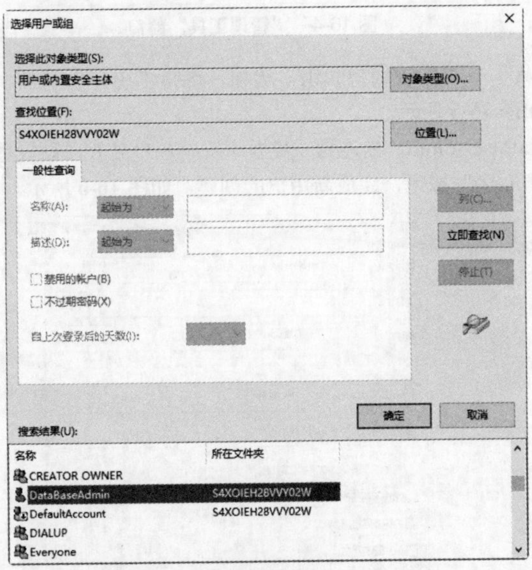

图 16-9 “选择用户或组”对话框 1

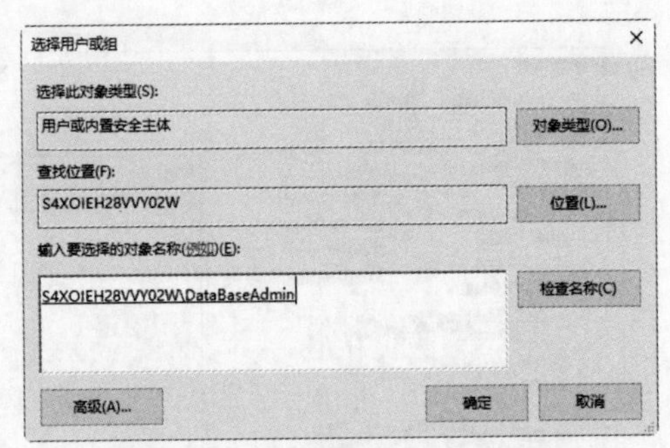

图 16-10 “选择用户或组”对话框 2

（9）单击“确定”按钮，返回“登录名-新建”窗口，在该窗口中选中“Windows 身份验证”单选按钮，同时在下面的“默认数据库”下拉列表框中选择 master 数据库，如图 16-11 所示。

（10）单击“确定”按钮，完成 Windows 身份验证账户的创建。为了验证创建结果，创建完成之后，重新启动计算机，使用新创建的操作系统用户 DataBaseAdmin 登录本地计算机，就可以使用 Windows 身份验证方式连接服务器了。

3. 以图形向导方式创建 SQL Server 登录账户

Windows 登录账户使用非常方便，只要能获得 Windows 操作系统的登录权限，就可以与 SQL Server 建立连接，如果正在为其创建登录的用户无法建立连接，则必须为其创建 SQL Server 登录账户。创建 SQL Server 登录账户可以分为如下几步：

（1）登录到 SQL Server 2017 数据库，在“对象资源管理器”窗口中打开“安全性”→“登录名”

节点，选择“登录名”节点，右击，在弹出的快捷菜单中选择“新建登录名”命令，打开“登录名-新建”窗口，选中“SQL Server 身份验证”单选按钮，然后输入用户名和密码，取消选中的“强制实施密码策略”复选框，选择新账户的默认数据库，如图 16-12 所示。

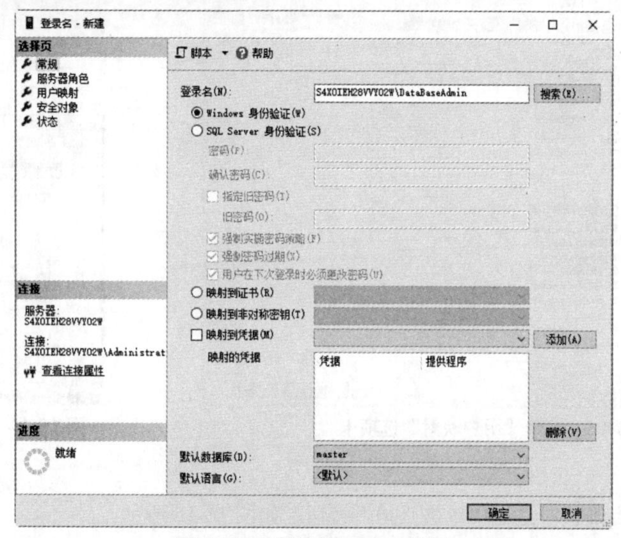

图 16-11　新建 Windows 登录

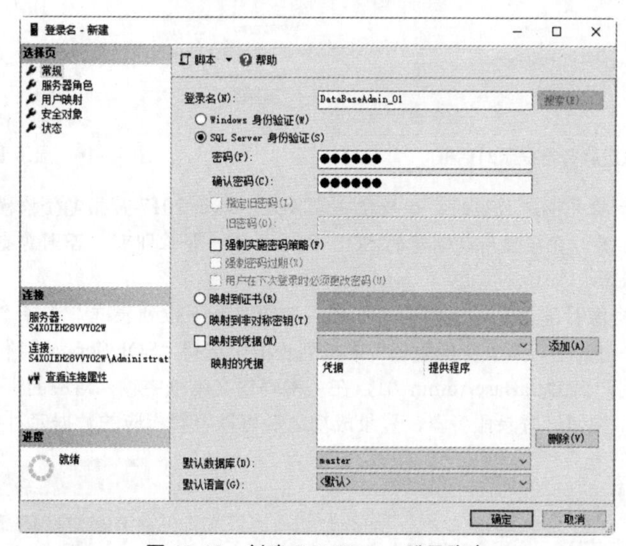

图 16-12　创建 SQL Server 登录账户

（2）选择左侧的“用户映射”选项卡，启用默认数据库 master，系统会自动创建与登录名同名的数据库用户，并进行映射，这里可以选择该登录账户的数据库角色，为登录账户设置权限，默认选择 public 表示拥有最小权限，如图 16-13 所示。

（3）单击“确定”按钮，完成 SQL Server 登录账户的创建。

4. 使用新账户登录 SQL Server

创建完成之后，可以断开服务器连接，重新打开 SQL Server Management Studio，使用登录名 DataBaseAdmin_01 进行连接，具体的操作步骤如下：

（1）使用 Windows 登录账户登录到服务器之后，选择服务器节点，右击，在弹出的快捷菜单中选择“重新启动”命令，如图 16-14 所示。

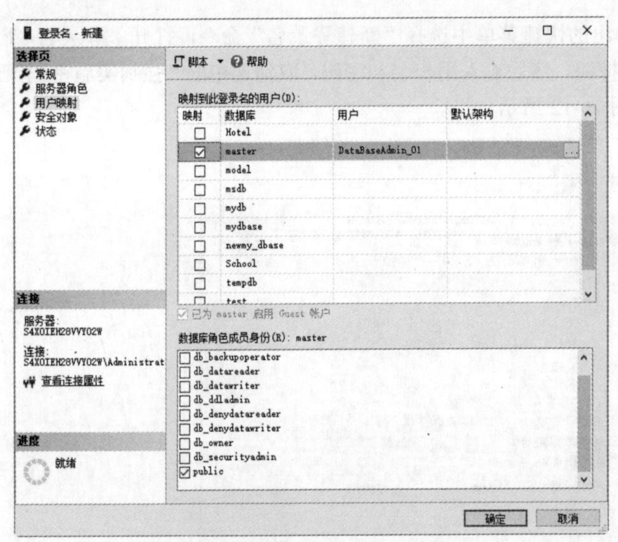

图 16-13　选择“用户映射”选项卡

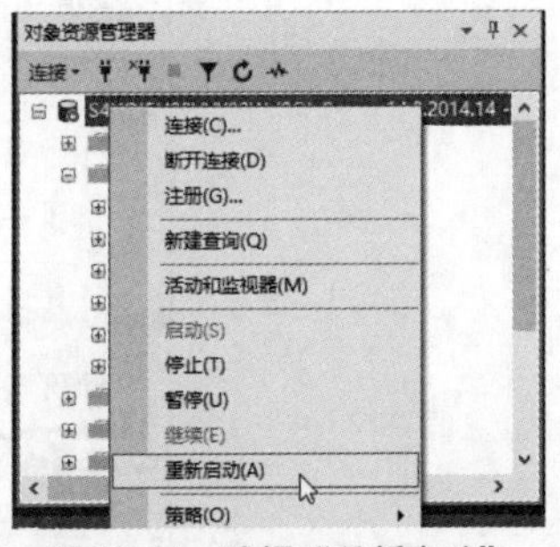

图 16-14　选择“重新启动”命令

（2）在弹出的重启确认对话框中单击“是”按钮，如图 16-15 所示。

（3）系统开始自动重启，并显示重启的进度条，如图 16-16 所示。

图 16-15　重启服务器提示对话框

图 16-16　显示重启进度

注意：上述重启步骤并不是必须的。如果在安装 SQL Server 2017 时指定登录模式为“混合模式”，则不需要重新启动服务器，直接使用新创建的 SQL Server 账户登录即可；否则需要修改服务器的登录方式，然后重新启动服务器。

（4）单击“对象资源管理器”左上角的“连接”按钮，在下拉列表框中选择“数据库引擎”命令，弹出“连接到服务器”对话框，从“身份验证”下拉列表框中选择“SQL Server 身份验证”选项，在“登录名”文本框中输入用户名 DataBaseAdmin_01，在“密码”文本框中输入对应的密码，如图 16-17 所示。

（5）单击“连接”按钮，登录服务器，登录成功之后可以查看相应的数据库对象，如图 16-18 所示。

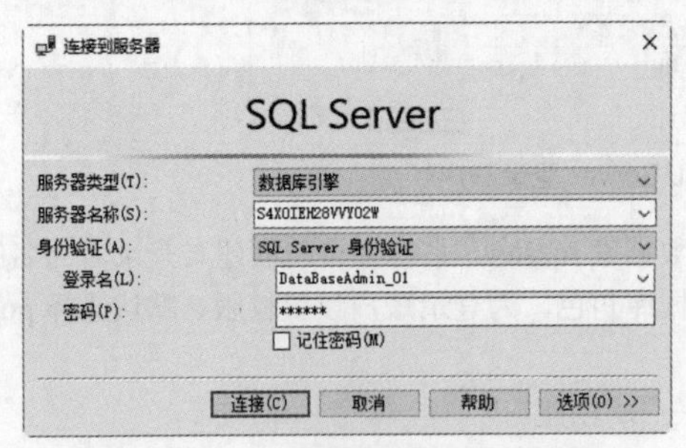

图 16-17　“连接到服务器”对话框

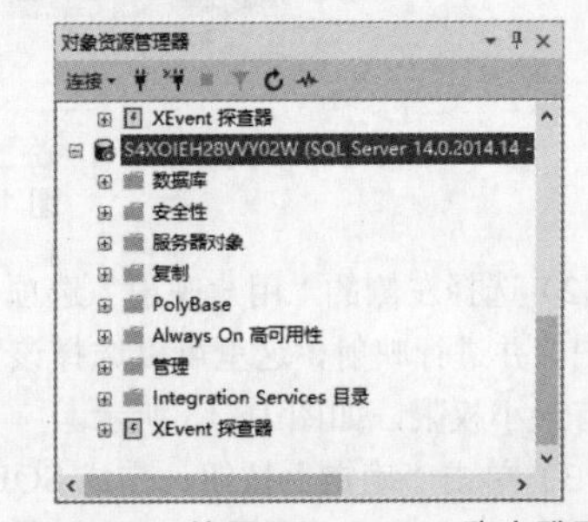

图 16-18　使用 SQL Server 账户登录

注意：使用新建的 SQL Server 账户登录之后，虽然能看到其他数据库，但是只能访问指定的 master 数据库，如果访问其他数据库，因为无权访问，系统将提示错误信息。另外，因为系统并没有给该登录账户配置任何权限，所以当前登录只能进入 master 数据库，不能执行其他操作。

16.2.2　修改登录账户

登录账户创建完成之后，可以根据需要修改登录账户的名称、密码、密码策略、默认数据库以及禁用或启用该登录账户等。

1. 使用 T-SQL 语句修改登录账户

修改登录账户信息使用 ALTER LOGIN 语句，具体的语法格式如下。

```
ALTER LOGIN loginName
     [ENABLE | DISABLE]
     WITH
     {DEFAULT_DATABASE =database|NAME=new_loginName|PASSWORD='password'}
```

主要参数介绍如下。

- login_Name：要修改的登录账户名称。
- ENABLE | DISABLE：启用或禁用此登录。
- database：默认数据库名。
- new_loginName：修改后的账户名称。
- password：密码。

实例 2：使用 ALTER LOGIN 语句将登录名 DBAdmin 修改为 NewAdmin，输入如下语句。

```
ALTER LOGIN DBAdmin WITH NAME=NewAdmin;
```

输入完成，单击“执行”按钮即可完成登录账户名称的修改，如图 16-19 所示。

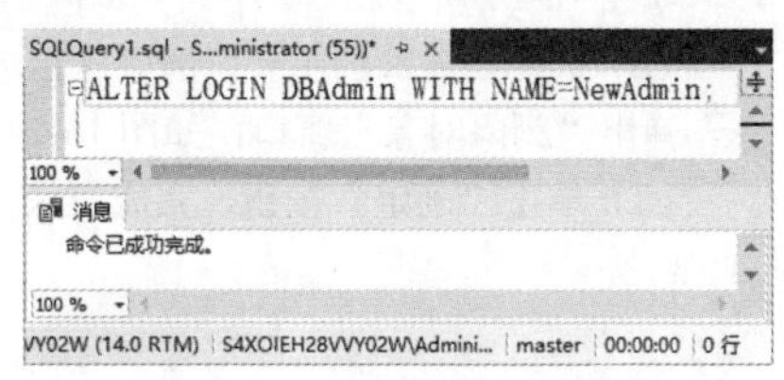

图 16-19　修改登录账户的名称

提示：除了使用 ALTER 语句修改登录账户外，还可以使用系统存储过程来完成，在修改登录账户密码时，可以使用系统存储过程 sp_password 来完成，在修改登录账号的默认数据库时，可以使用系统存储过程 sp_defaultdb 来完成。

2. 以图形向导方式修改登录账户

用户可以通过图形化的管理工具修改登录账户，操作步骤如下。

（1）登录到 SQL Server 2017 数据库，在“对象资源管理器”窗口中打开“安全性”→“登录名”节点，该节点下列出了当前服务器中所有登录账户。

（2）选择要修改的用户，例如这里刚修改过的 DataBaseAdmin，右击，在弹出的快捷菜单中选择“重命名”命令，在显示的虚文本框中输入新的名称即可，如图 16-20 所示。

（3）如果要修改账户的其他属性信息，如默认数据库、权限等，可以在弹出的快捷菜单中选择“属性”命令，然后在弹出的“登录属性”窗口中进行修改，如图 16-21 所示。

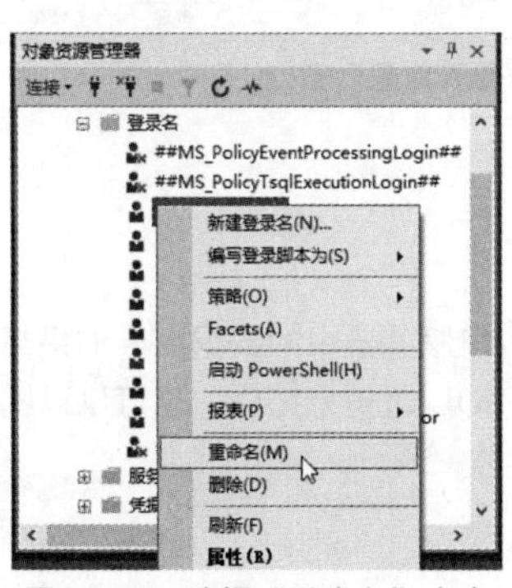

图 16-20　选择“重命名”命令

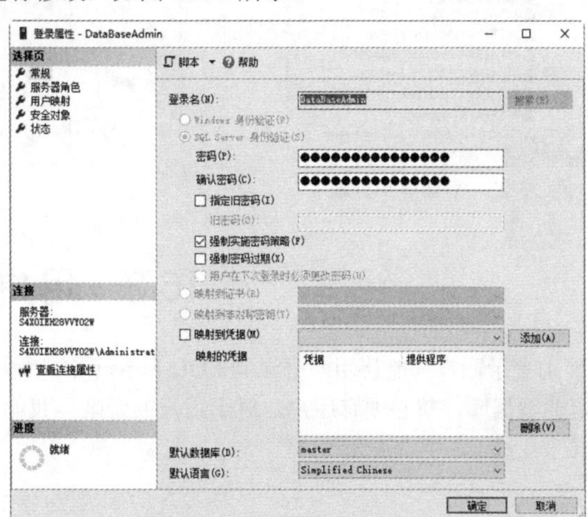

图 16-21　“登录属性”窗口

16.2.3 删除登录账户

对于不需要的登录账户，要及时进行删除，这样可以提高数据库的安全性。

1. 使用 T-SQL 语句删除登录账户

用户可以使用 DROP LOGIN 语句删除登录账户。DROP LOGIN 语句的语法格式如下。

```
DROP LOGIN login_name;
```

主要参数介绍如下。

- login_name：登录账户的登录名。

实例 3：使用 DROP LOGIN 语句删除名称为 NewAdmin 的登录账户，输入如下语句。

```
DROP LOGIN NewAdmin;
```

输入完成，单击“执行”按钮，完成删除操作，如图 16-22 所示。

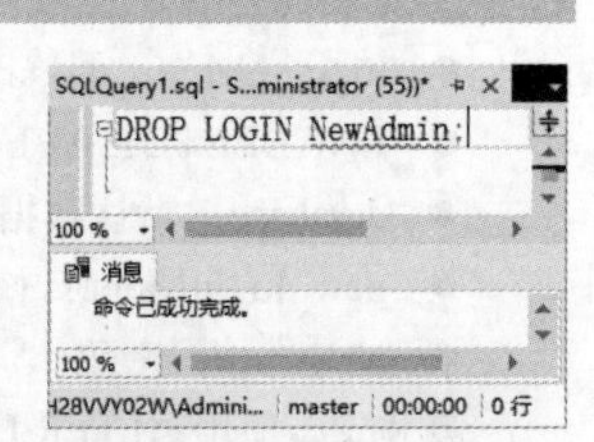

图 16-22 删除登录账户

提示：删除登录账户还可以使用系统存储过程 sp_droplogin 来完成。

2. 以图形向导方式删除登录账户

用户可以在对象资源管理器中删除登录账户，操作步骤如下：

（1）登录到 SQL Server 2017 数据库，在“对象资源管理器”窗口中打开“安全性”→“登录名”节点，该节点下列出了当前服务器中所有登录账户，如图 16-23 所示。

（2）选择要删除的用户，例如这里选择 DataBaseAdmin，右击，在弹出的快捷菜单中选择“删除”命令，弹出“删除对象”窗口，如图 16-24 所示。

（3）单击“确定”按钮，完成登录账户的删除操作。

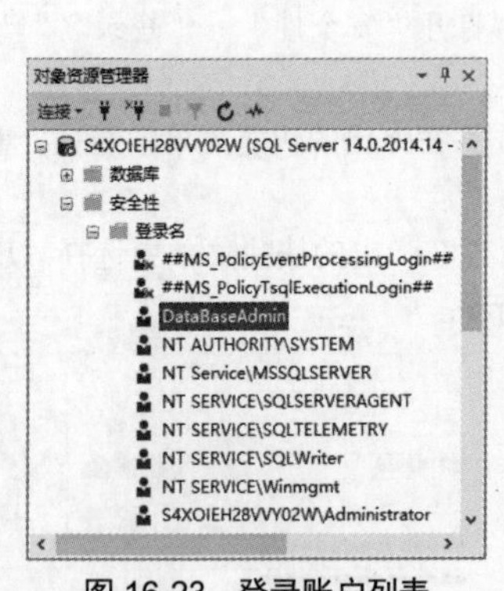

图 16-23 登录账户列表

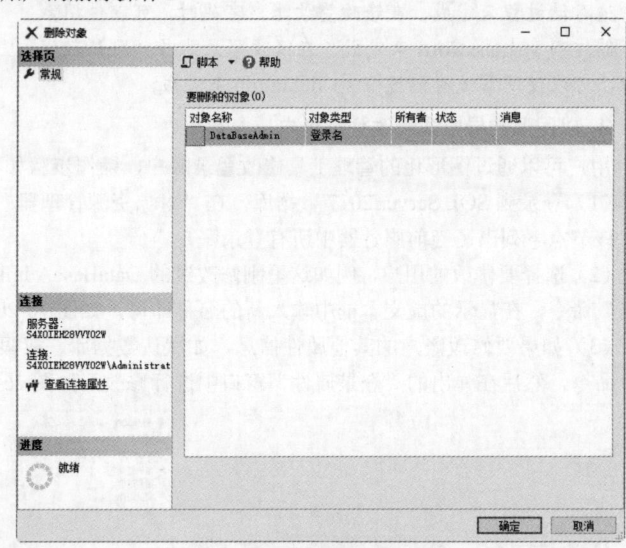

图 16-24 “删除对象”窗口

16.3 用户管理

微视频

使用登录账户只能让用户登录到 SQL Server 中，而不能让用户访问服务器中的数据库。如果想要访问特定的数据库，就必须有用户。对于用户的管理，我们可以通过 T-SQL 语句来完成，也可以以图形向导方式来完成。

16.3.1　创建用户

创建用户是用户管理中的第 1 步，注意，数据库中的用户不能重名，而且用户名不能以数字开头。

1. 使用 T-SQL 语句创建用户

创建用户的语法格式如下。

```
CREATE USER user_name [{{FOR|FROM}
     { LOGIN login_name
     }
     | WITHOUT LOGIN
     ]
```

主要参数介绍如下。

- user_name：用户名，指定登录数据库的用户名。
- login_name：指定要创建数据库用户的 SQL Server 登录名。
- WITHOUT LOGIN：指定不应该将用户映射到现有登录名。

注意：如果在创建用户时没有指定登录名，那么就要将用户名创建成与登录名同名才可以，否则就会出现错误。

实例 4：创建用户 testuser。

为方便创建用户，首先将用户 testuser 创建成登录名，然后再使用 CREATE USER 语句创建用户，语句如下。

```
CREATE LOGIN testuser WITH PASSWORD='000000';
CREATER USER testuser;
```

单击“执行”按钮，即可完成用户 testuser 的创建操作，如图 16-25 所示。

实例 5：在指定数据库上创建用户，名称为 testuser_01，语句如下。

```
USE test
CREATE USER testuser_01 FOR LOGIN testuser;
```

单击“执行”按钮，即可完成用户 testuser_01 的创建操作，如图 16-26 所示。

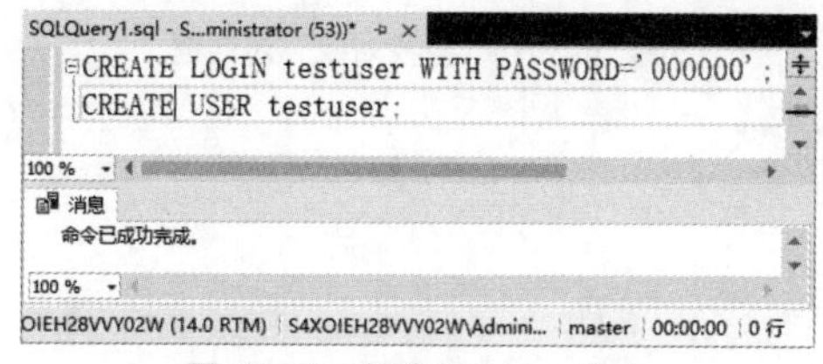

图 16-25　创建 testuser 用户

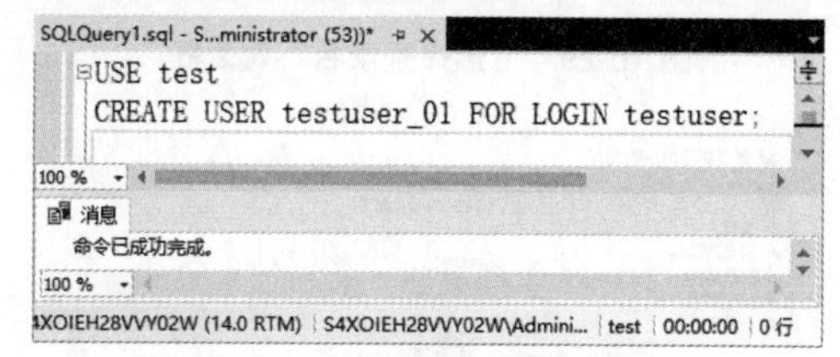

图 16-26　在指定数据库上创建用户

2. 以图形向导方式创建用户

在 SQL Server Management Studio 中，用户可以以图形向导方式创建用户，具体创建过程可分为如下几步：

（1）登录到 SQL Server 2017 数据库中，在“对象资源管理器”窗口中打开“数据库”→test→“安全性”节点，然后选择“用户”节点，右击，在弹出的快捷菜单中选择“新建用户”命令，如图 16-27 所示。

（2）弹出“数据库用户-新建”窗口，在这里需要为新建的用户选择一个登录名，如图 16-28 所示。

（3）单击登录名后面的“...”按钮，弹出“选择登录名”对话框，如图 16-29 所示。

（4）单击“浏览”按钮，打开“查找对象”对话框，在其中选择需要的登录名，这里选择 testuser，如图 16-30 所示。

（5）单击“确定”按钮，返回到“数据库用户-新建”对话框，在“用户名”文本框中输入创建的用户名信息，如图 16-31 所示。

（6）单击“确定”按钮，即可完成用户的创建，打开数据库下“安全性”节点，然后再打开“用户”节点，即可在用户列表中看到创建的用户，如图 16-32 所示。

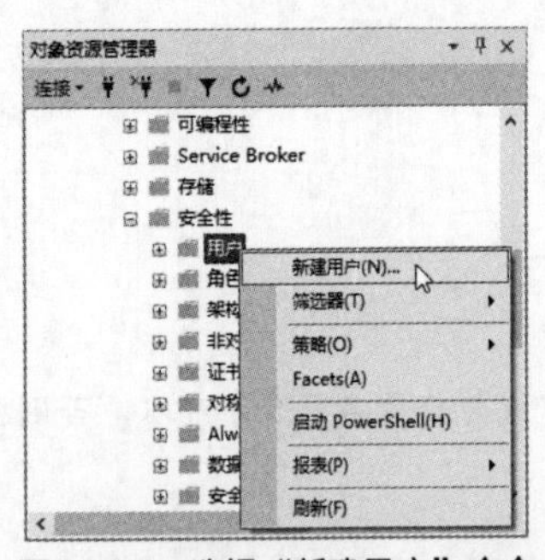

图 16-27 选择“新建用户”命令

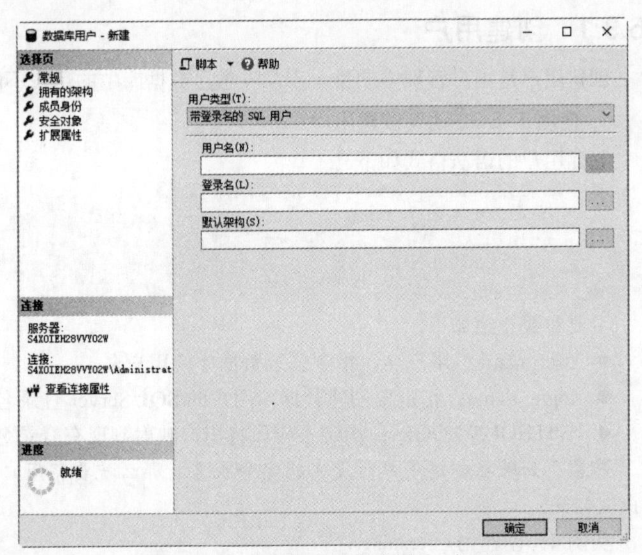

图 16-28 “数据库用户-新建”对话框

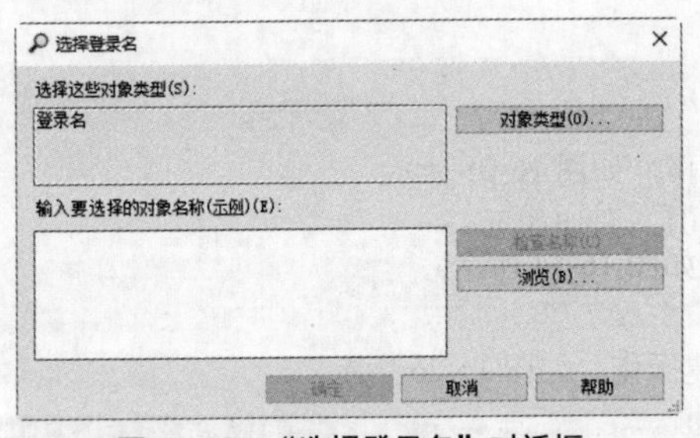

图 16-29 “选择登录名”对话框

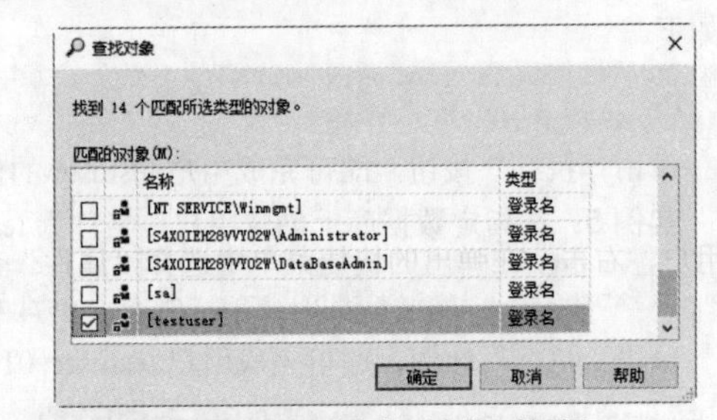

图 16-30 “查找对象”对话框

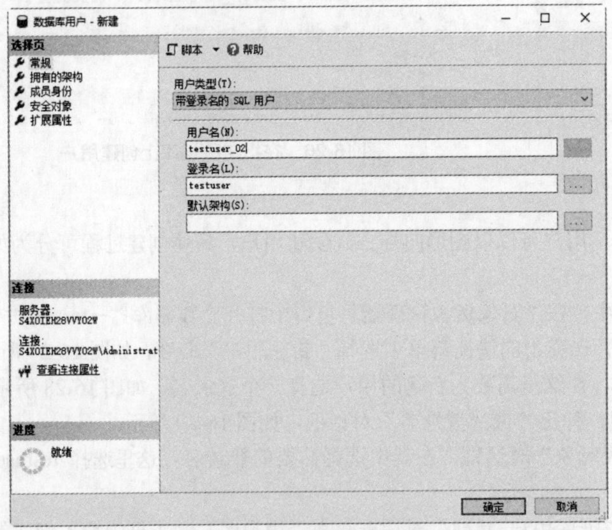

图 16-31 输入用户名信息

图 16-32 完成用户的创建

16.3.2 修改用户

用户创建完成后，我们还可以根据需要对用户进行修改，下面介绍修改用户信息的方法。

1. 使用 SQL 语句修改用户

使用 ALTER USER 语句可以修改用户信息，具体的语法格式如下。

```
ALTER USER user_name WITH
     {
     NAME=new_username|LOGIN=loginname
     }
```

主要参数介绍如下。

- user_name：用户名，指定要修改的用户名。
- new_username：修改后的用户名。
- loginname：修改后的登录名。

实例 6：修改用户 testuser 的名称为 newtestuser，语句如下。

```
USE master
ALTER USER testuser WITH
NAME=newtestuser;
```

单击“执行”按钮，即可完成用户 testuser 名称的修改操作，如图 16-33 所示。

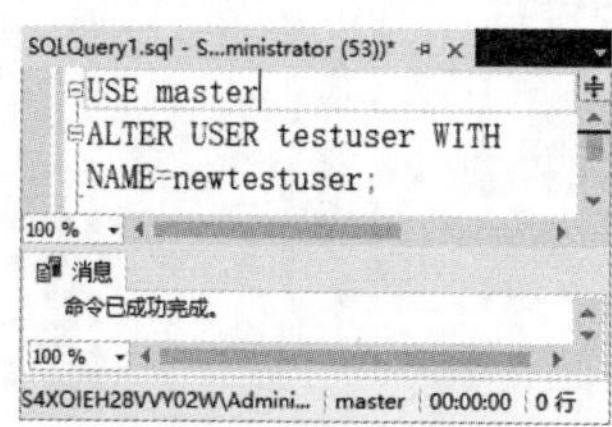

图 16-33 修改用户的名称

2. 以图形向导方式修改用户

在 SQL Server Management Studio 中，用户可以以图形向导方式修改用户，不过，这个方式不能修改用户的登录名，修改用户可分为如下几步：

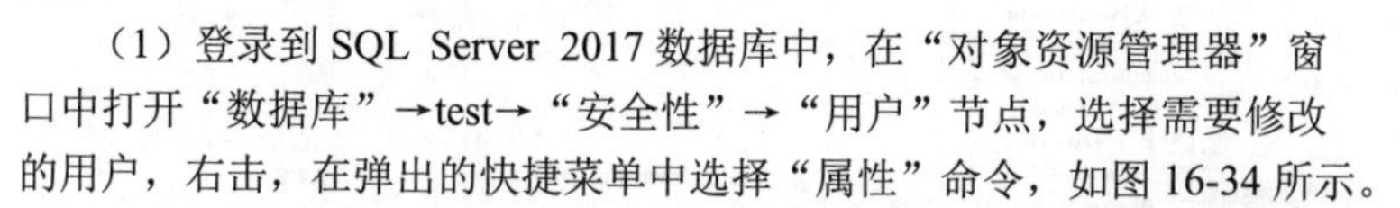

（1）登录到 SQL Server 2017 数据库中，在“对象资源管理器”窗口中打开“数据库”→test→“安全性”→“用户”节点，选择需要修改的用户，右击，在弹出的快捷菜单中选择“属性”命令，如图 16-34 所示。

（2）打开“数据库用户-testuser_01”对话框，选择“常规”选项卡，在打开的界面中可以修改用户的默认架构，但是不能修改用户名与登录名，如图 16-35 所示。

图 16-34 选择“属性”命令

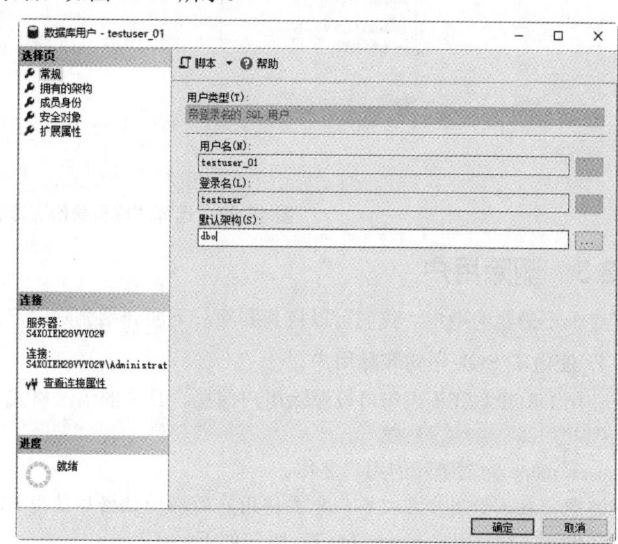

图 16-35 “数据库用户”对话框

（3）选择“拥有的架构”选项卡，在右侧可以查看此用户拥有的架构，并对其进行选择操作，如图 16-36 所示。

（4）选择“成员身份”选项卡，在右侧可以查看此用户拥有的数据库角色成员身份，并对其进行选择操作，如图 16-37 所示。

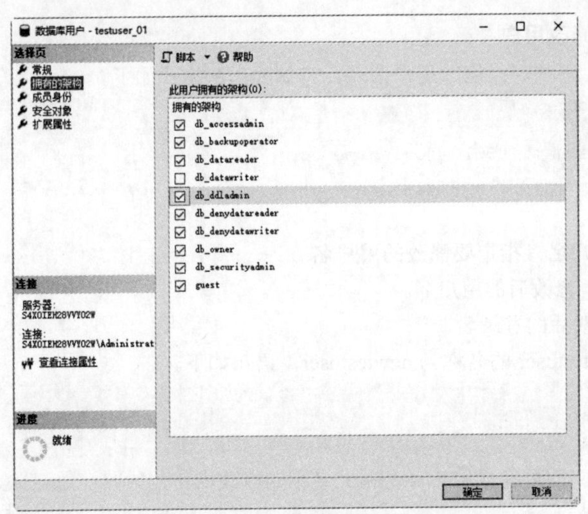

图 16-36 选择“拥有的架构”选项卡

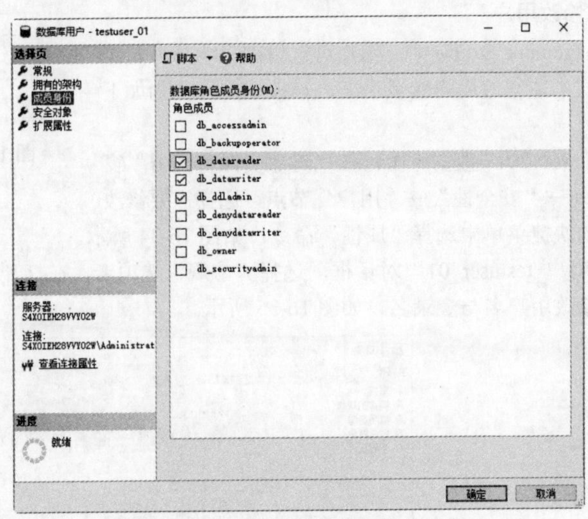

图 16-37 选择“成员身份”选项卡

16.3.3 删除用户

对于不需要的用户，我们可以将其删除，下面介绍删除用户的方法。

1. 使用 T-SQL 语句删除用户

使用 DROP USER 语句可以删除用户信息，具体的语法格式如下。

```
DROP USER user_name;
```

user_name 为要删除的用户名称。

注意： *在删除用户名之前，先要将用户所在的数据库使用 USE 语句打开。*

实例 7： 删除用户 newtestuser，语句如下。

```
USE master
DROP USER newtestuser;
```

单击“执行”按钮，即可完成用户 newtestuser 的删除操作，如图 16-38 所示。

2. 以图形向导方式删除用户

在 SQL Server Management Studio 中，用户可以以图形向导方式删除用户，删除用户可分为如下几步：

（1）登录到 SQL Server 2017 数据库中，在“对象资源管理器”窗口中打开“数据库”→test→“安全性”→“用户”节点，选择需要删除的用户，右击，在弹出的快捷菜单中选择“删除”命令，如图 16-39 所示。

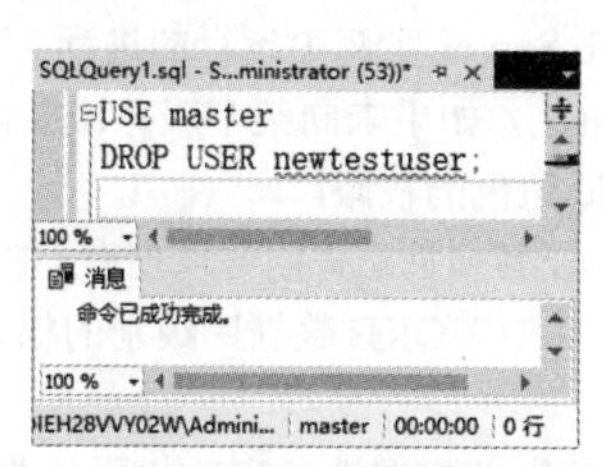

图 16-38　删除用户

图 16-39　选择“删除”命令

（2）打开“删除对象”对话框，单击“确定”按钮，即可删除选择的用户，如图 16-40 所示。

知识扩展： 如果不清楚要删除的用户名，可以通过系统存储过程 SP_HELPUSER 来查看，语句如下。

```
SP_HELPUSER;
```

单击“执行”按钮，即可在“结果”窗格中显示当前数据库的用户信息，如图 16-41 所示。

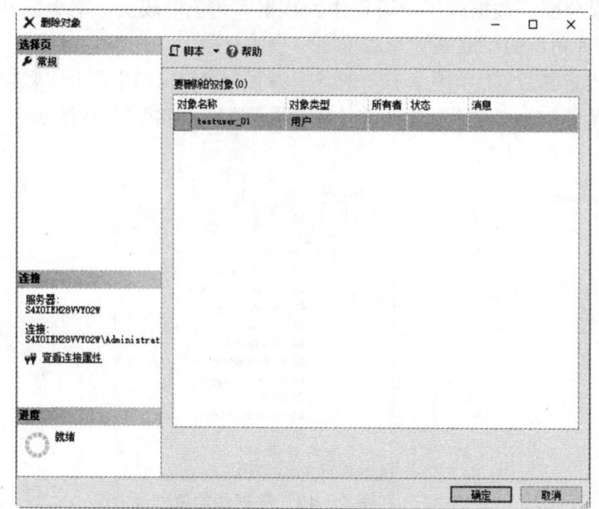

图 16-40　“删除对象”对话框

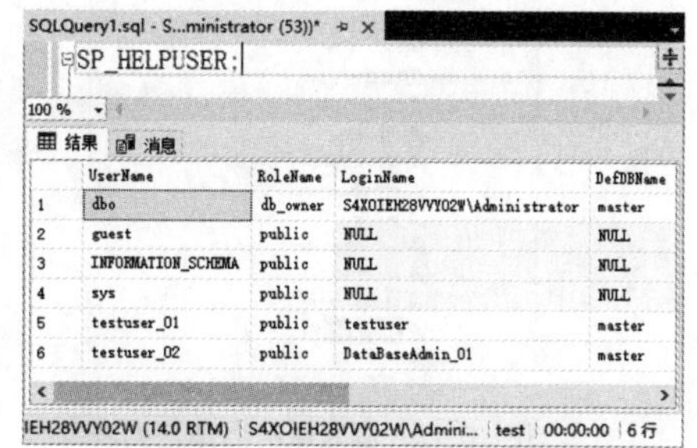

图 16-41　当前数据库用户信息

16.4　角色管理

数据库中的角色相当于 Windows 操作系统中的用户组，可以集中管理数据库或服务器的权限，本节就来介绍角色的管理。

微视频

16.4.1　认识角色

按照角色的作用范围，可以将数据库中的角色分为 4 类，分别为：固定服务器角色、数据库角色、应用程序角色和自定义数据库角色。

1. 固定服务器角色

SQL Server 2017 为用户提供了 9 个固定服务器角色，在“对象资源管理器”窗口中打开“安全性”→“服务器角色”节点，即可看到所有的固定服务器角色，如图 16-42 所示。

下面详细介绍各个服务器角色功能。

（1）bulkadmin：固定服务器角色的成员可以运行 BULK INSERT 语句。

（2）dbcreator：固定服务器角色的成员可以创建、更改、删除和还原任何数据库。

（3）diskadmin：固定服务器角色用于管理磁盘文件。

（4）processadmin：固定服务器角色的成员可以终止在 SQL Server 实例中运行的进程。

（5）public：每个 SQL Server 登录名都属于 public 服务器角色。如果未向某个服务器主体授予或拒绝对某个安全对象的特定权限，该用户将继承授予该对象的 public 角色的权限。

（6）securityadmin：固定服务器角色的成员可以管理登录名及其属性。它们可以拥有 GRANT、DENY 和 REVOKE 服务器级别的权限，也可以拥有 GRANT、DENY 和 REVOKE 数据库级别的权限。此外，它们还可以重置 SQL Server 登录名的密码。

（7）serveradmin：固定服务器角色的成员可以更改服务器范围的配置选项和关闭服务器。

（8）setupadmin：固定服务器角色的成员可以添加和删除连接服务器。

（9）sysadmin：固定服务器角色的成员可以在服务器上执行任何活动。默认情况下，Windows BUILTIN\Administrators 组（本地管理员组）的所有成员都是 sysadmin 固定服务器角色的成员。

2. 数据库角色

数据库角色是针对某个具体数据库的权限分配，数据库用户可以作为数据库角色的成员，继承数据库角色的权限，数据库管理人员也可以通过管理角色的权限来管理数据库用户的权限。

SQL Server 2017 中系统默认添加了 10 个固定的数据库角色，在“对象资源管理器”窗口中打开“数据库”→test→“安全性”→“角色”→“数据库角色”节点，即可看到所有的数据库角色，如图 16-43 所示。

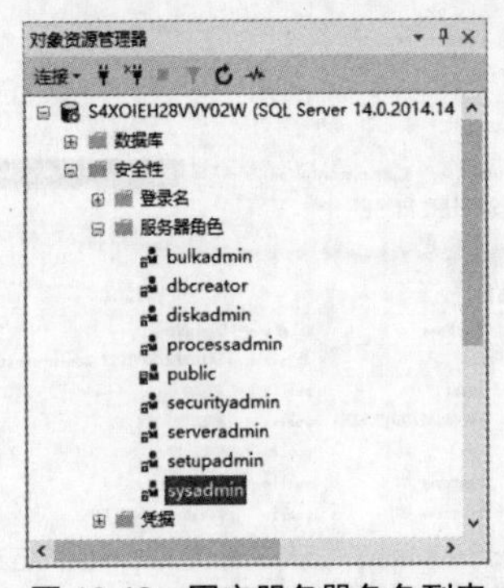

图 16-42 固定服务器角色列表

图 16-43 数据库角色列表

下面详细介绍各个数据库角色的功能。

（1）db_accessadmin：数据库角色的成员可以为 Windows 登录名、Windows 组和 SQL Server 登录名添加或删除数据库访问权限。

（2）db_backupoperator：数据库角色的成员可以备份数据库。

（3）db_datareader：数据库角色的成员可以从所有用户表中读取所有数据。

（4）db_datawriter：数据库角色的成员可以在所有用户表中添加、删除或更改数据。

（5）db_ddladmin：数据库角色的成员可以在数据库中运行任何数据定义语言（DDL）命令。

（6）db_denydatareader：数据库角色的成员不能读取数据库内用户表中的任何数据。

（7）db_denydatawriter：数据库角色的成员不能添加、修改或删除数据库内用户表中的任何数据。

（8）db_owner：数据库角色的成员可以执行数据库的所有配置和维护活动，还可以删除数据库。

（9）db_securityadmin：数据库角色的成员可以修改角色成员身份和管理权限。向此角色中添加主体可能会导致意外的权限升级。

（10）public：每个数据库用户都属于 public 数据库角色。如果未向某个用户授予或拒绝对安全对象的特定权限时，该用户将继承授予该对象的 public 角色的权限。

3. 应用程序角色

应用程序角色能够用其自身、类似用户的权限来运行，它是一个数据库主体。应用程序主体只允许通过特定应用程序连接的用户访问特定数据。与服务器角色和数据库角色不同，SQL Server 2017 中应用程序角色在默认情况下不包含任何成员，并且应用程序角色必须激活之后才能发挥作用。当激活某个应用程序角色之后，连接将失去用户权限，转而获得应用程序权限。

4. 自定义数据库角色

在实际的数据库管理过程中，某些用户可能只能对数据库进行插入、更新和删除的操作，但是固定数据库角色中不能提供这样一个角色，这就需要用户自己来定义数据库角色，这些角色就是自定义数据库角色。

16.4.2 创建角色

我们可以使用 T-SQL 语句和以图形向导方式来创建角色。

1. 使用 T-SQL 语句创建角色

自定义角色使用 CREATE ROLE 语句来完成，具体的语法格式如下。

```
CREATE ROLE role_name [AUTHORIZATION OWNER_name];
```

主要参数介绍如下。

- role_name：角色名称。该角色名称不能与数据库固定角色名称重名。
- OWNER_name：用户名称。角色所作用的用户名称，如果省略了该名称，角色就被创建到当前数据库的用户上。

注意：通过 CREATE ROLE 语句创建的角色并没有设置权限，只是创建了一个角色名称而已，在下面的小节中会介绍如何给角色分配权限。

实例 8：创建角色 role_01，该角色作用于 test 数据库中的 testuser_01 用户上，语句如下。

```
CREATE ROLE role_01 AUTHORIZATION testuser_01;
```

单击“执行”按钮，即可完成角色 role_01 的创建，如图 16-44 所示。

知识扩展：如果想要查看数据库是否存在这个角色，可以通过系统存储过程 SP_HELPROLE 来查看。具体的查询效果如图 16-45 所示，其中第 2 个角色就是我们创建的自定义角色。

图 16-44 创建角色

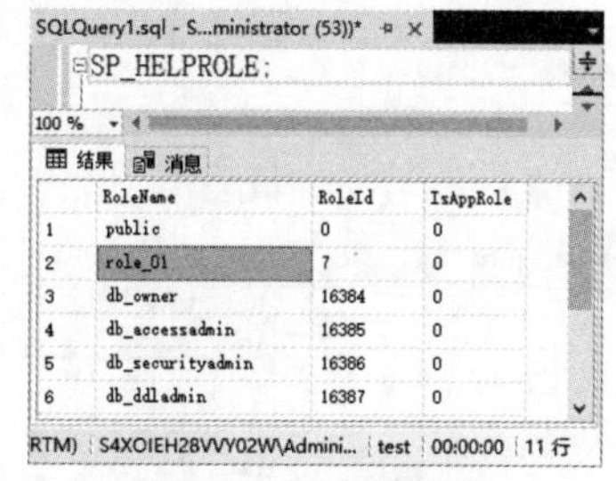

图 16-45 查询角色

2. 以图形向导方式创建角色

在 SQL Server Management Studio 中，用户可以以图形向导方式创建用户，具体创建过程可分为如下几步：

1）添加用户

（1）登录到 SQL Server 2017 数据库，在“对象资源管理器”窗口中打开“数据库”→test→“安全性”→“角色”节点，选择“数据库角色”节点，右击，在弹出的快捷菜单中选择“新建数据库角色”命令，如图 16-46 所示。

（2）打开“数据库角色-新建”窗口。设置角色名称为 role_02，所有者选择 dbo，单击“添加”按钮，如图 16-47 所示。

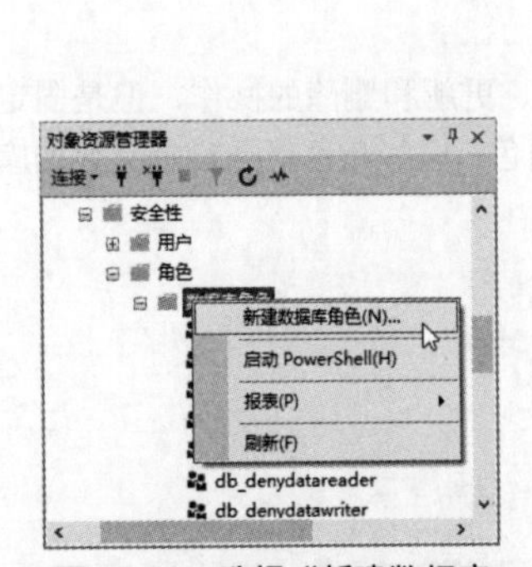

图16-46 选择“新建数据库角色”命令

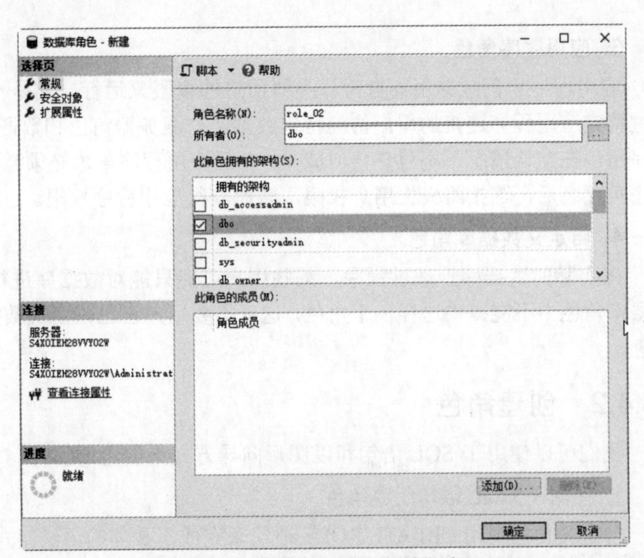

图16-47 “数据库角色-新建”窗口1

（3）打开“选择数据库用户或角色”对话框，单击“浏览”按钮，找到并添加对象public，单击“确定”按钮，如图16-48所示。

（4）添加用户完成，返回“数据库角色-新建”窗口，如图16-49所示。

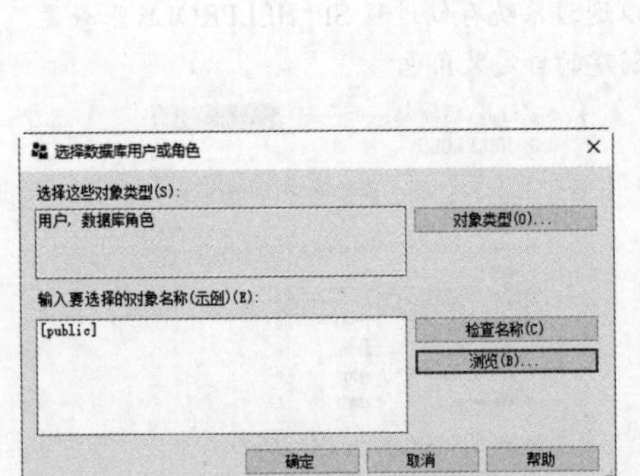

图16-48 “选择数据库用户或角色”对话框

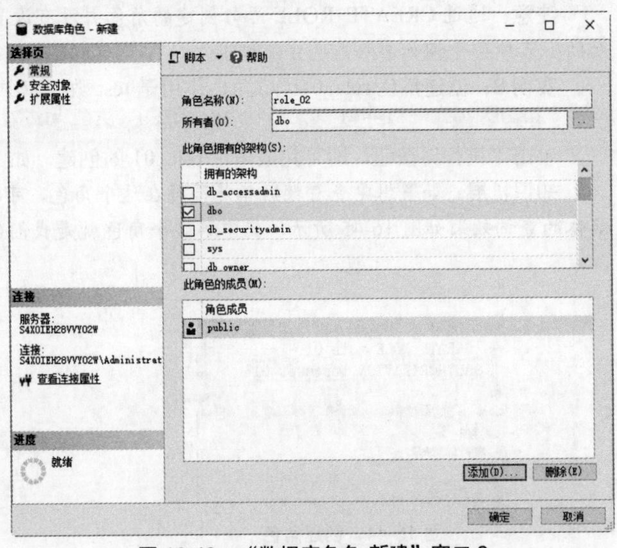

图16-49 “数据库角色-新建”窗口2

2）添加角色

（1）选择“数据库角色-新建”窗口左侧的“安全对象”选项卡，在“安全对象”选项卡中单击“搜索”按钮，如图16-50所示。

（2）打开“添加对象”对话框，选中“特定对象”单选按钮，如图16-51所示。

（3）单击“确定”按钮，打开“选择对象”对话框，单击“对象类型”按钮，如图16-52所示。

（4）打开“选择对象类型”对话框，选中“表”复选框，如图16-53所示。

（5）完成选择后，单击“确定”按钮返回，然后再单击“选择对象”窗口中的“浏览”按钮，如图16-54所示。

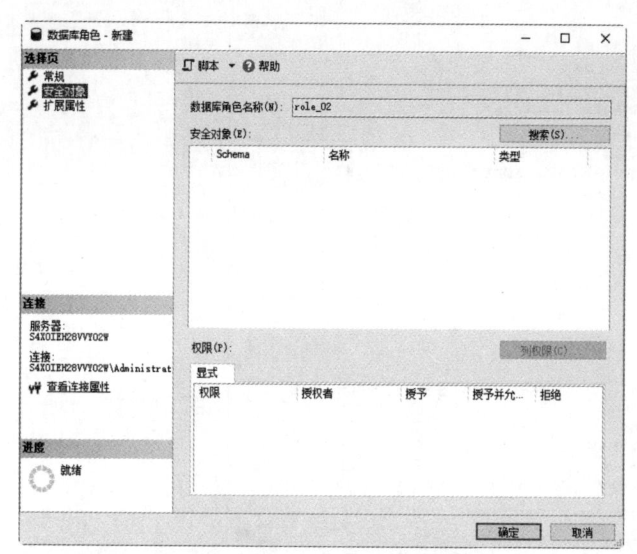

图 16-50 选择“安全对象”选项卡

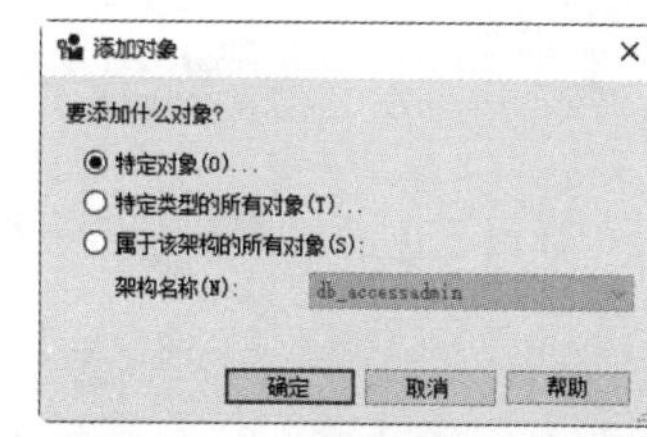

图 16-51 “添加对象”对话框

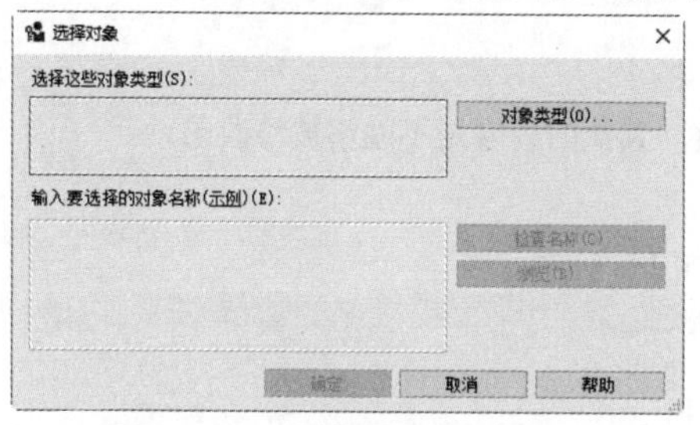

图 16-52 “选择对象”对话框 1

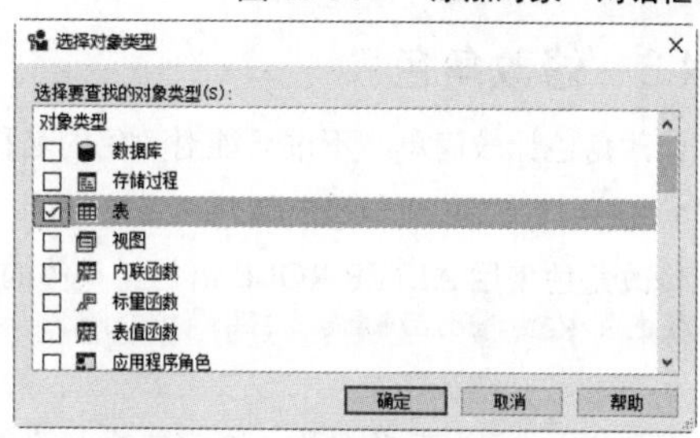

图 16-53 “选择对象类型”对话框

（6）打开“查找对象”对话框，选中匹配的对象列表中的“人员信息表”前面的复选框，如图 16-55 所示。

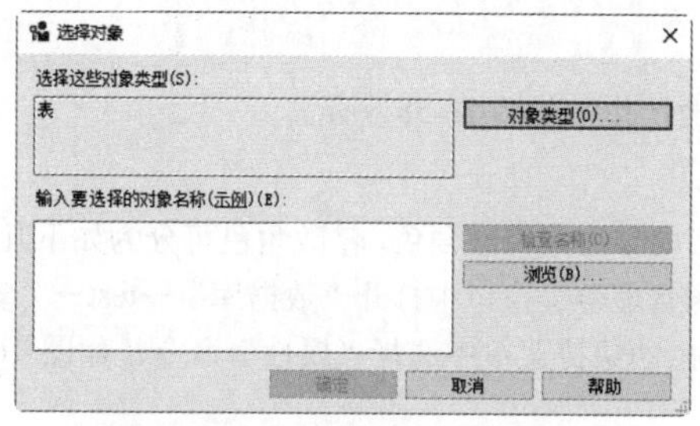

图 16-54 “选择对象”对话框 2

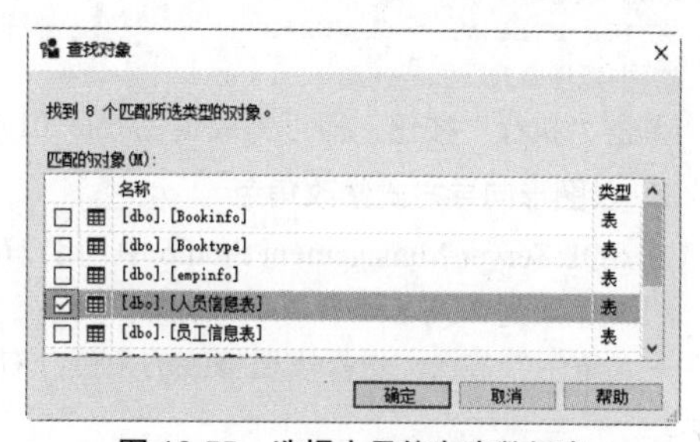

图 16-55 选择人员信息表数据表

（7）单击“确定”按钮，返回“选择对象”对话框，如图 16-56 所示。

（8）单击“确定”按钮，返回“数据库角色-新建”窗口，如图 16-57 所示。

（9）单击“确定”按钮，完成角色的创建。

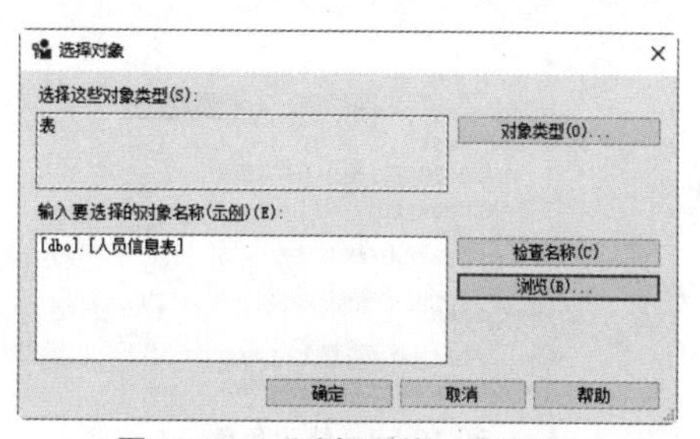

图 16-56 “选择对象”对话框 3

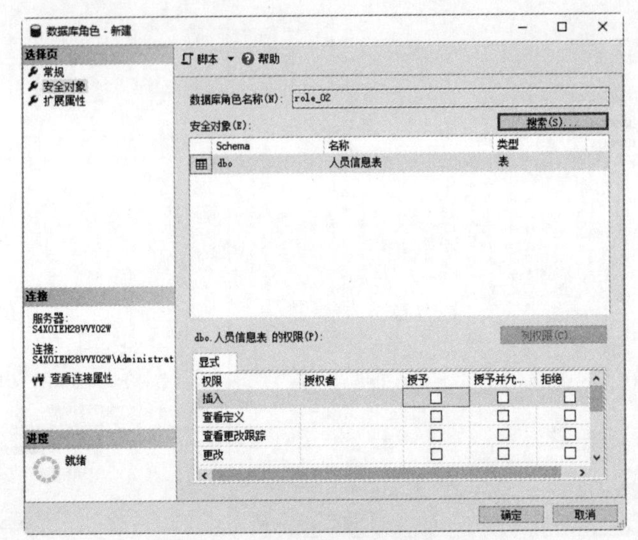

图 16-57 “数据库角色-新建”窗口 3

16.4.3 修改角色

修改角色比较简单，不过只能对角色的名称进行修改，其他的内容是不能够被修改的。

1. 使用 T-SQL 语句修改角色

修改角色使用 ALTER ROLE 语句，具体的语法格式如下。

```
ALTER ROLE role_name WITH NAME=new_rolename;
```

主要参数介绍如下。

- role_name：角色名称，指定要修改的角色名称。
- new_rolename：修改后的角色名称。

实例 9：修改角色 role_01 的名称为 new_role_01，语句如下。

```
USE test
ALTER ROLE role_01 WITH
NAME=new_role_01;
```

单击“执行”按钮，即可完成角色 role_01 名称的修改操作，如图 16-58 所示。

2. 以图形向导方式修改角色

在 SQL Server Management Studio 中，用户可以以图形向导方式修改角色，修改角色可分为如下几步：

（1）登录到 SQL Server 2017 数据库中，在“对象资源管理器”窗口中打开“数据库”→test→“安全性”→“角色”节点，选择需要修改的角色，右击，在弹出的快捷菜单中选择“属性”命令，如图 16-59 所示。

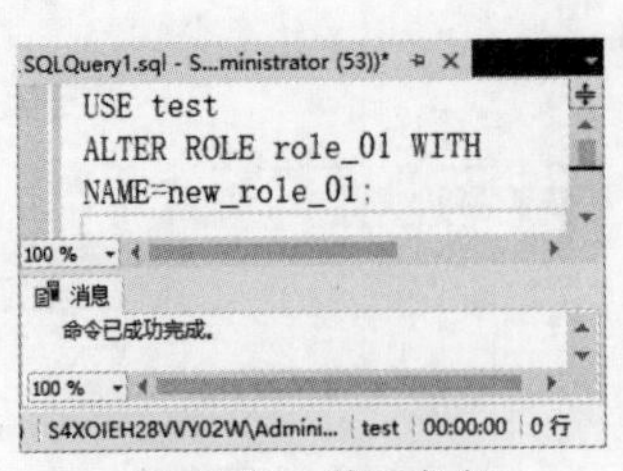

图 16-58 修改角色

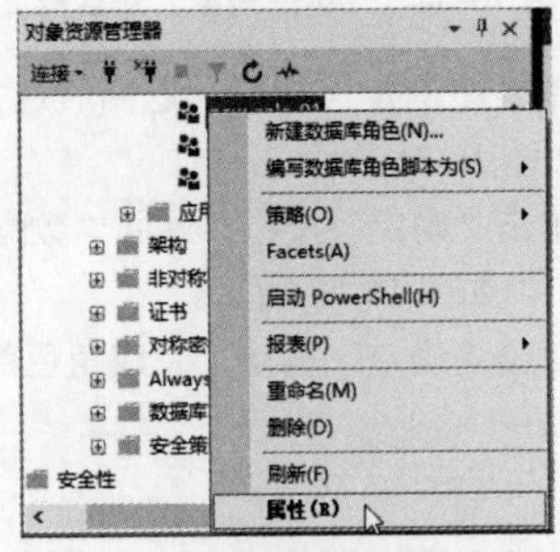

图 16-59 选择“属性”命令

（2）打开“数据库角色属性-new_role_01”窗口，在其中可以修改角色的相关信息，最后单击“确定”按钮，即可完成修改操作，如图 16-60 所示。

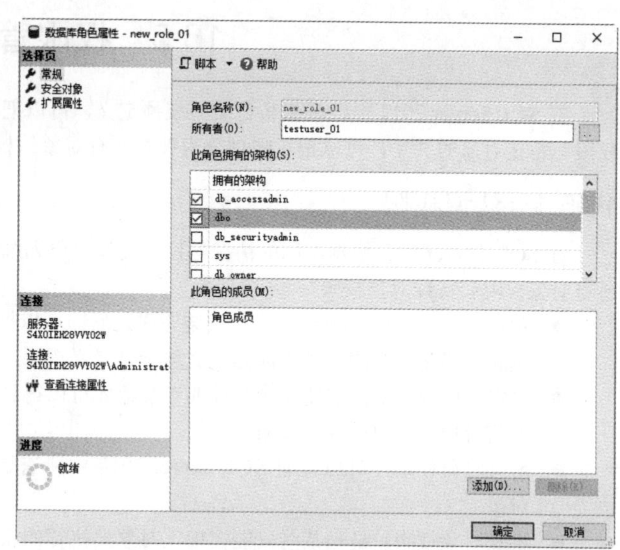

图 16-60　“数据库角色属性- new_role_01”窗口

16.4.4　删除角色

对于不需要的角色，我们可以将其删除，下面介绍删除角色的方法。

1. 使用 T-SQL 语句删除角色

使用 DROP ROLE 语句可以删除角色信息，具体的语法格式如下。

```
DROP ROLE role_name;
```

role_name 为要删除的角色名称。

注意：*在删除角色之前，先要将角色所在的数据库使用 USE 语句打开。*

实例 10：删除角色 new_role_01，语句如下。

```
USE test
DROP ROLE new_role_01;
```

单击“执行”按钮，即可完成角色 new_role_01 的删除操作，如图 16-61 所示。

2. 以图形向导方式删除角色

在 SQL Server Management Studio 中，用户可以以图形向导方式删除角色，删除角色可分为如下几步：

（1）登录到 SQL Server 2017 数据库中，在“对象资源管理器”窗口中打开“数据库”→test→“安全性”→“角色”节点，选择需要删除的角色，右击，在弹出的快捷菜单中选择“删除”命令，如图 16-62 所示。

（2）打开“删除对象”对话框，单击“确定”按钮，即可删除选择的角色，如图 16-63 所示。

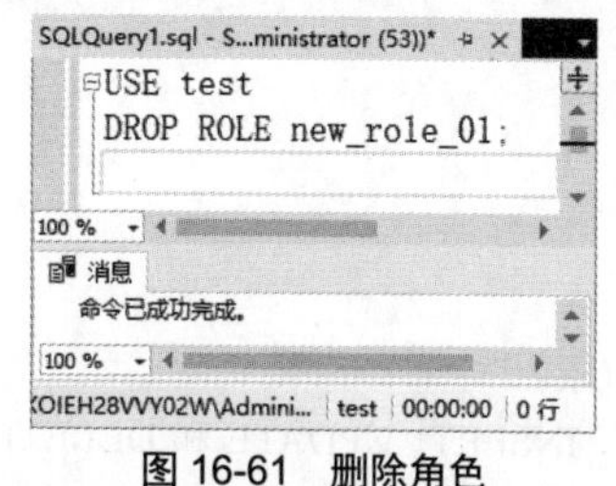

图 16-61　删除角色

图 16-62　选择“删除”命令

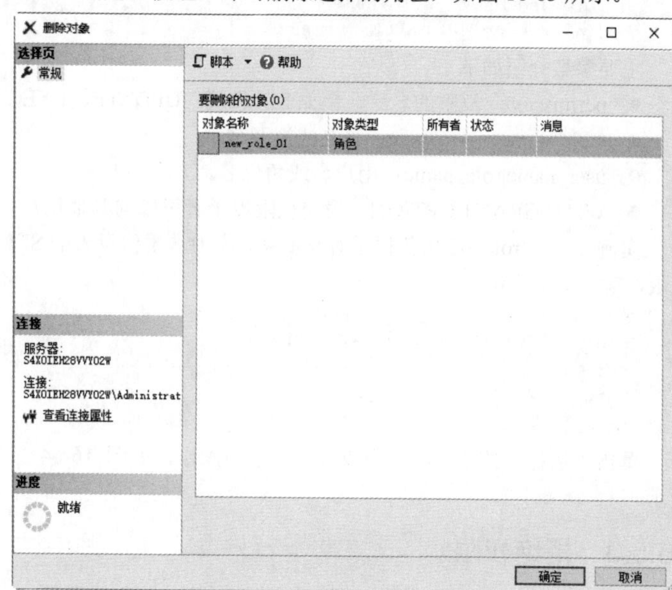

图 16-63　“删除对象”对话框

16.5 权限管理

微视频

在 SQL Server 2017 中，根据是否是系统预定义，可以把权限划分为预定义权限和自定义权限；按照权限与特定对象的关系，可以把权限划分为针对所有对象的权限和针对特殊对象的权限。

16.5.1 认识权限

在 SQL Server 中，根据不同的情况，可以把权限更为细致地分类，包括预定义权限和自定义权限、所有对象权限和特殊对象权限。

- 预定义权限：SQL Server 2017 安装完成之后即可以拥有预定义权限，不必通过授予即可取得。固定服务器角色和固定数据库角色就属于预定义权限。
- 自定义权限：是指需要经过授权或者继承才可以得到的权限，大多数安全主体都需要经过授权才能获得指定对象的使用权限。
- 所有对象权限：可以针对 SQL Server 2017 中所有的数据库对象，CONTROL 权限可用于所有对象。
- 特殊对象权限：是指某些只能在指定对象上执行的权限，例如 SELECT 可用于表或者视图，但是不可用于存储过程；而 EXEC 权限只能用于存储过程，而不能用于表或者视图。

针对表和视图，数据库用户在操作这些对象之前必须拥有相应的操作权限，可以授予数据库用户的针对表和视图的权限有 INSERT、UPDATE、DELETE、SELECT 和 REFERENCES5 种。

用户只有获得了针对某种对象指定的权限后，才能对该类对象执行相应的操作，在 SQL Server 2017 中，不同的对象有不同的权限，权限管理包括下面的内容：授予权限、拒绝权限和撤销权限。

16.5.2 授予权限

为了允许用户执行某些操作，需要授予相应的权限，使用 GRANT 语句进行授权活动，授予权限命令的基本语法格式如下。

```
GRANT permission
    [ ON table_name|view_name]
    TO user_name|role_name
    WITH GRANT OPTION
```

主要参数介绍如下。

- permission：权限的名称，例如 SELECT、UPDATE、EXEC 等。
- table_name|view_name：表名或视图名。
- user_name|role_name：用户名或角色名。
- WITH GRANT OPTION：表明权限授予者可以向其他用户授予权限。

实例 11：向 role_02 角色授予对 test 数据库中水果信息表的 SELECT、INSERT、UPDATE 和 DELETE 权限，输入如下语句。

```
USE test;
GRANT SELECT,INSERT, UPDATE, DELETE
ON 水果信息表
TO role_02
GO
```

单击“执行”按钮，即可完成授予权限的操作，如图 16-64 所示。

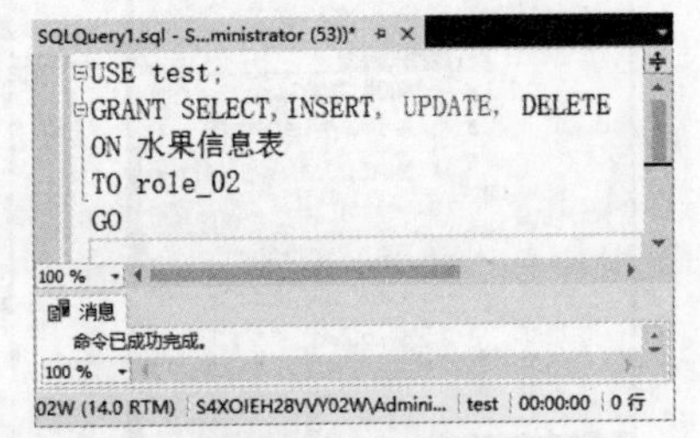

图 16-64 授予权限

16.5.3 拒绝权限

拒绝权限可以在授予用户指定的操作权限之后，根据需要暂时停止用户对指定数据库对象的访问或操作，拒绝对象权限的基本语法格式如下。

```
DENY permission
```

```
    [ ON table_name|view_name]
    TO user_name|role_name
    WITH GRANT OPTION
```

主要参数介绍如下。

- permission：权限的名称，例如 SELECT、UPDATE、EXEC 等。
- table_name|view_name：表名或视图名。
- user_name|role_name：用户名或角色名。
- WITH GRANT OPTION：表明权限授予者可以向其他用户授予权限。

实例 12：拒绝 guest 用户对 test 数据库中水果信息表的 INSERT 和 DELETE 权限，输入如下语句。

```
USE test;
GO
DENY INSERT, DELETE
ON 水果信息表
TO guest
GO
```

单击“执行”按钮，即可完成拒绝权限的操作，如图 16-65 所示。

知识扩展：使用系统存储过程 sp_helprotect 可以查看用户 guest 用户当前所具有的权限，如图 16-66 所示。

图 16-65　拒绝权限

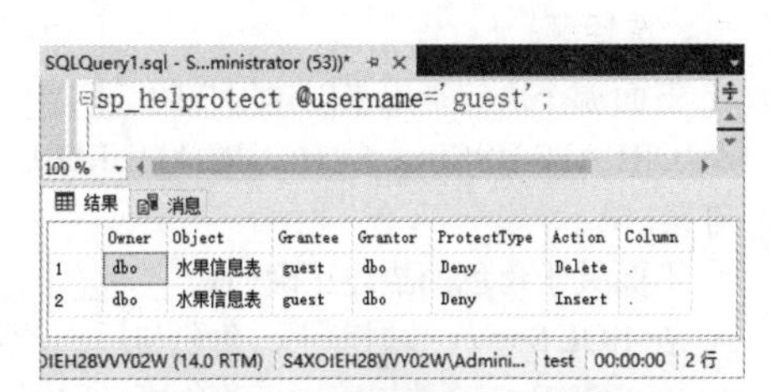

图 16-66　查看用户具有的权限

16.5.4　撤销权限

撤销权限可以删除某个用户已经授予的权限。撤销权限使用 REVOKE 语句，具体的语法格式如下。

```
REVOKE permission
    [ ON table_name|view_name]
    TO user_name|role_name
    WITH GRANT OPTION
```

主要参数介绍如下。

- permission：权限的名称，例如 SELECT、UPDATE、EXEC 等。
- table_name|view_name：表名或视图名。
- user_name|role_name：用户名或角色名。
- WITH GRANT OPTION：表明权限授予者可以向其他用户授予权限。

实例 13：撤销 role_02 角色对 test 数据库中水果信息表的 DELETE 权限，输入如下语句。

```
USE test;
REVOKE DELETE
ON 水果信息表
TO role_02
GO
```

图 16-67　撤销权限

单击“执行”按钮，即可完成撤销权限的操作，如图 16-67 所示。

注意：在数据库中，权限是不能够独立创建的，全部都是在其用户或角色上进行操作的，因此，在 SQL Server Management Studio 中，创建用户或角色时，其权限也就设置完成了。这里就不再介绍以图形向导方式管理权限的操作了。

16.6 课后习题与练习

一、填充题

1. 创建登录账户使用的 SQL 语句是________。

答案：CREATE LOGIN loginName

2. 在 SQL Server 中，授权的 SQL 语句是_______，拒绝权限的 SQL 语句是_______，撤销权限的语句是________。

答案：GRANT，DENY，REVOKE

3. 在 SQL Server 中，角色可分为两类，分别是系统角色和_________。

答案：自定义角色

4. SQL Server 的登录账户可以分为________和 SQL Server 账户两种。

答案：Windows 登录账户

5. 通过系统存储过程_______可以查看固定数据库角色列表。

答案：SP_HELPROLE

二、选择题

1. 下面哪个语句是用来创建用户的________。

A. CREATE USER　　B. CREATE TABLE　　C. CREATE USERS　　D. 以上都不是

答案：A

2. 下面关于角色的描述正确的是________。

A. 在 SQL Server 数据库中，角色与用户是同一个意思

B. 在 SQL Server 数据库中，角色可以理解成权限的一个集合，可以通过角色给用户授予权限

C. 在 SQL Server 数据库中，角色就是权限

D. 以上都不对

答案：B

3. 下面不属于 SQL Server 登录名管理语句的是________。

A. CREATE LOGIN　　B. EXEC SP_GRANTLOGIN

C. EXEC SP_ADDLOGIN　　D. DELETE LOGIN

答案：D

4. 下面________角色不允许用户读取数据库内所有表中的数据。

A. db_datareader　　B. db_datawriter　　C. db_denydatareader　　D. db_denydatawriter

答案：C

5. 将数据库中创建数据表的权限授予数据库用户 testUser，使用下面______语句。

A. GRANT testUser ON CREATE TABLE

B. GRANT CREATE TABLE TO testUser

C. REVOKE CREATE TABLE FROM testUser

D. DENY CREATE TABLE FROM testUser

答案：B

三、简答题

1. 登录账户与用户有什么区别？

2. 在数据库中，使用角色的好处有哪些？

3. 简述角色与权限的关系。

16.7　新手疑难问题解答

疑问 1：创建数据库用户后，给该用户授予操作权限，怎样来验证用户是否具有这些权限？

解答：创建数据库用户之后，可以以数据库用户的身份重新与 SQL Server 建立连接，这时对 SQL Server 执行操作的就是已创建的用户，可以验证该用户的权限。

疑问 2：在删除登录账户时，有时会提示无法删除映射的数据库用户，这是为什么？

解答：在删除登录名之前，最好将其映射到数据库的用户名删除，若没有删除用户名，则系统会给出一个提示信息。

16.8　实战训练

在 SQL Server Management Studio 中，对图书管理数据库 Library 的安全性进行设置。

（1）创建图书管理数据库的管理员 admin，可以对该数据库执行所有的操作。

（2）创建读者用户 user，只能对 Reader 表中 Readername、Birthday、Sex、Address 和 Tel 字段进行操作。

（3）创建图书借阅操作员用户 operator，可以对借阅记录 Record 表进行查看、修改、删除操作。

（4）创建一个角色 Role，只能对 Record 表进行操作。

（5）创建一个图书借阅操作员用户 op，将该用户添入角色 Role 中。

第17章 数据库的备份与还原

本章内容提要

保证数据安全最重要的一个措施就是定期对数据进行备份。如果数据库中的数据丢失或者出现错误，可以使用备份的数据进行还原。本章介绍数据的备份与还原，主要内容包括数据库的备份和数据库的还原。

17.1 认识数据库的备份与恢复

微视频

数据库的备份是对数据库结构和数据对象的复制，以便在数据库遭到破坏时能够及时修复数据库，数据备份是数据库管理员非常重要的工作。数据库备份后，一旦系统发生崩溃或者执行了错误的数据库操作，就可以从备份文件中恢复数据库，数据库恢复是指将数据库备份加载到系统中的过程。

17.1.1 数据库备份的类型

SQL Server 2017 中有 4 种不同的备份类型，分别是完整备份、差异备份、文件和文件组备份及事务日志备份。

1. 完整备份

完整备份，就是将整个数据库的文件全部备份了。通常数据库是由数据文件和日志文件组成的，也就是说完整备份就是将这些文件进行了备份。通过对数据库进行完整备份，可以将数据库恢复到备份时的状态。

由于是对整个数据库的备份，因此这种备份类型速度较慢，并且将占用大量磁盘空间。当对数据库进行完整备份时，是对数据库当前的状态进行备份，不包括任何没有提交的事务。这种备份方法可以快速备份小数据库。

2. 差异备份

差异备份是指备份数据库中每次变化的部分。差异备份能够提高备份的效率，每次只备份一部分修改过的内容，而不必全部备份。通过差异备份可以提高备份的效率，同时减少了备份所占用的空间。这种类型的备份速度比较快，可以频繁地执行，差异备份中也备份了部分事务日志。

3. 文件和文件组备份

数据库文件是存放在文件或文件组中的。因此，备份数据库时也可以通过选择文件或文件组，对数据库进行备份，通过指定文件或文件组能够节省备份数据的空间。一般情况下，文件及文件组备份方式用于数据量巨大的数据库。

4. 事务日志备份

事务日志备份主要就是对数据库中的日志进行备份，也就是记录所有数据库的变化。事务日志备份也相当于一次完整数据库备份，通过事务日志备份也能够将数据库恢复到备份状态，但是不能还原完整的数据库。

17.1.2　数据库的恢复模式

数据库的恢复模式可以保证在数据库发生故障时恢复相关的数据信息，SQL Server 2017 为用户提供了 3 种恢复模式，分别是简单恢复模式、完整恢复模式和大容量日志恢复模式。不同恢复模式在备份、恢复方式和性能方面存在差异，而且不同的恢复模式对避免数据损失的程度也不同。

1. 简单恢复模式

简单恢复模式可以将数据库恢复到上一次的备份，这种模式的备份策略由完整备份和差异备份组成。简单恢复模式能够提高磁盘的可用空间，但是该模式无法将数据库还原到故障点或特定的时间点。对于小型数据库或者数据更改程序不高的数据库，通常使用简单恢复模式。

2. 完整恢复模式

完整恢复模式可以将数据库恢复到故障点或时间点。这种模式下，所有操作被写入日志，例如大容量的操作和大容量的数据加载，数据库和日志都将被备份，因为日志记录了全部事务，所以可以将数据库还原到特定时间点。这种模式下可以使用的备份策略包括完整备份、差异备份及事务日志备份。

3. 大容量日志恢复模式

与完整恢复模式类似，大容量日志恢复模式使用数据库和日志备份来恢复数据库。使用这种模式可以在大容量操作和大批量数据装载时提供最佳性能和最少的日志使用空间。这种模式下，日志只记录多个操作的最终结果，而并非存储操作的过程细节，所以日志更小，大批量操作的速度也更快。

17.1.3　配置恢复模式

用户可以根据实际需求选择适合的数据库恢复模式，在 SQL Server Management Studio 中，可以以图形向导方式配置恢复模式，配置过程可分为如下几步：

（1）登录到 SQL Server 2017 数据库，在“对象资源管理器”窗口中打开“数据库”→test 节点，选择 test 数据库，右击，在弹出的快捷菜单中选择“属性”命令，如图 17-1 所示。

（2）打开“数据库属性-test”窗口，选择“选项”选项，打开右侧的选项卡，在“恢复模式”下拉列表框中选择其中的一种恢复模式，单击“确定”按钮，即可完成恢复模式的配置，如图 17-2 所示。

图 17-1　选择“属性”命令

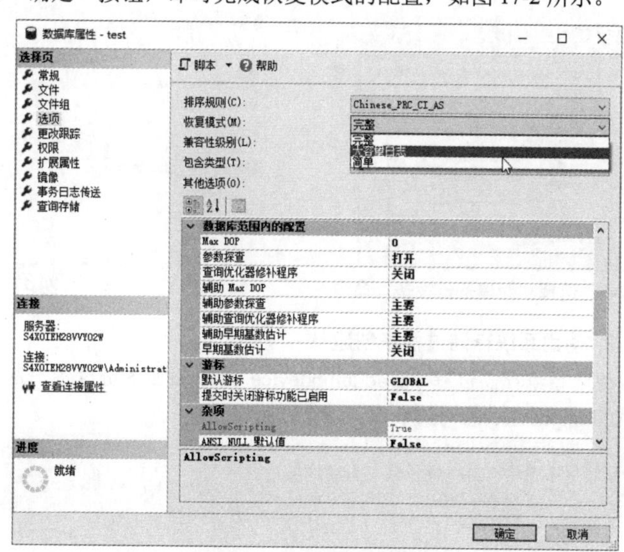

图 17-2　选择一种恢复模式

提示：查看 SQL Server 2017 提供的系统数据库，发现 master、msdb 和 tempdb 使用的是简单恢复模式，model 数据库使用的是完整恢复模式，这是因为 model 是所有新建立数据库的模板数据库，所以用户数据库默认也是使用完整恢复模式。

17.2 数据库的备份设备

微视频

数据库的备份设备是用来存储数据库、事务日志或文件和文件组备份的存储介质，备份数据库之前，必须首先指定或创建备份设备。在 SQL Server 中，允许使用的备份设备为磁盘备份设备和磁带备份设备。

17.2.1 创建数据库备份设备

SQL Server 2017 中创建备份设备的方法有两种，一种是在 SQL Server Management Studio 管理工具中创建，另一种是使用系统存储过程来创建。

1. 在 SQL Server Management Studio 管理工具中创建

（1）使用 Windows 或者 SQL Server 身份验证连接到服务器，在“对象资源管理器”窗口中打开“服务器对象”节点，选择“备份设备”节点，右击，从弹出的快捷菜单中选择“新建备份设备”命令，如图 17-3 所示。

（2）打开“备份设备”窗口，设置备份设备的名称，这里输入“test 数据库备份”，然后设置目标文件的位置或者保持默认值，目标硬盘驱动器上必须有足够的可用空间。设置完成后单击“确定”按钮，完成创建备份设备操作，如图 17-4 所示。

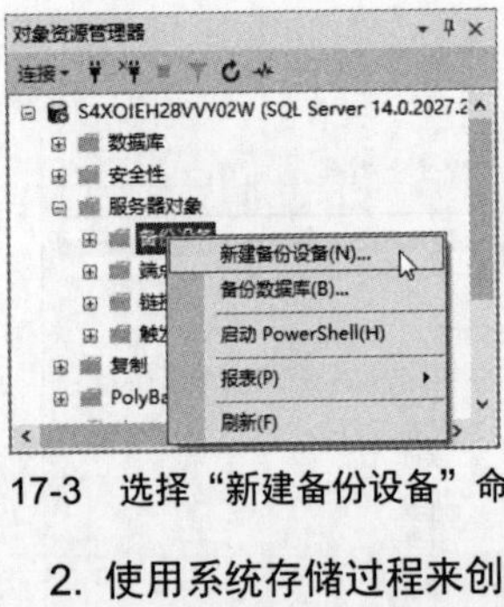

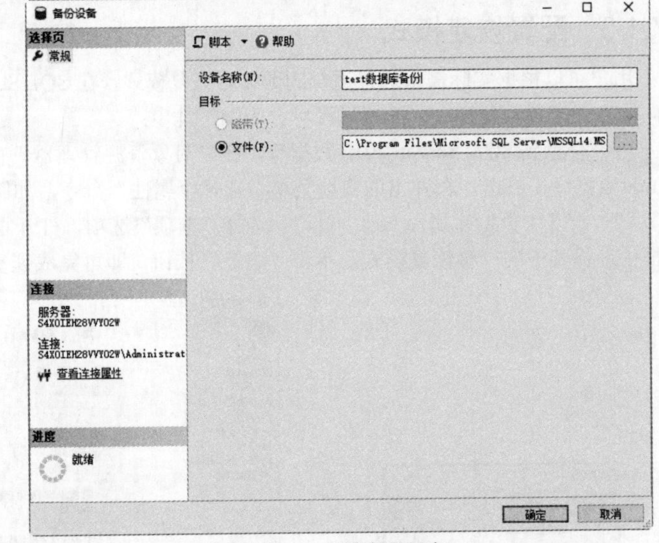

图 17-3 选择“新建备份设备”命令

图 17-4 新建备份设备

2. 使用系统存储过程来创建

使用系统存储过程 sp_addumpdevice 可以添加备份设备，这个存储过程可以添加磁盘或磁带设备。Sp_Addumpdevice 语句的基本语法格式如下。

```
sp_addumpdevice [ @devtype = ] 'device_type'
, [ @logicalname = ] 'logical_name'
, [ @physicalname = ] 'physical_name'
[ , { [ @cntrltype = ] controller_type |
[ @devstatus = ] 'device_status' }
]
```

主要参数介绍如下。

- [@devtype =] 'device_type'：备份设备的类型。
- [@logicalname =] 'logical_name'：在 BACKUP 和 RESTORE 语句中使用的备份设备的逻辑名称。logical_name 的数据类型为 sysname，无默认值，且不能为 NULL。
- [@physicalname =] 'physical_name'：备份设备的物理名称。物理名称必须遵从操作系统文件名规则或网络设备的通用命名约定，并且必须包含完整路径。
- [@cntrltype =] 'controller_type'：已过时。如果指定该选项，则忽略此参数。支持它完全是为了向后兼容。新的 sp_addumpdevice 使用应省略此参数。
- [@devstatus =] 'device_status'：已过时。如果指定该选项，则忽略此参数。支持它完全是为了向后兼容。新的 sp_addumpdevice 使用应省略此参数。

实例 1：添加一个名为 mydiskdump 的磁盘备份设备，其物理名称为 d:\dump\testdump.bak，输入如下语句。

```
USE master;
GO
EXEC sp_addumpdevice 'disk', 'mydiskdump', ' d:\dump\testdump.bak ';
```

单击“执行”按钮，即可完成磁盘备份设备的添加操作，执行结果如图 17-5 所示。

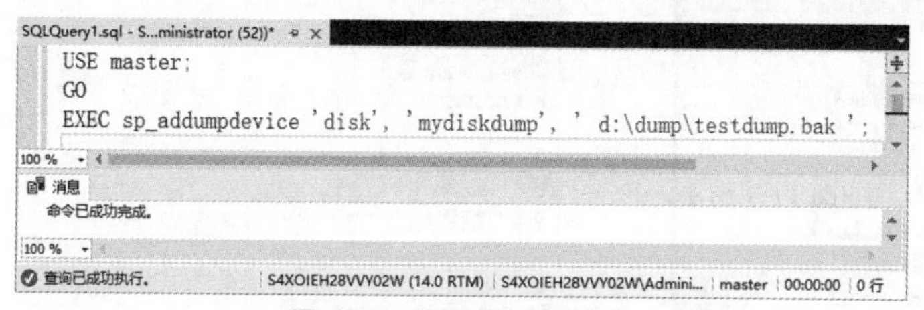

图 17-5　添加磁盘备份设备

提示：使用 sp_addumpdevice 创建备份设备后，并不会立即在物理磁盘上创建备份设备文件，之后在该备份设备上执行备份时才会创建备份设备文件。

17.2.2　查看数据库备份设备

使用系统存储过程 sp_helpdevice 可以查看当前服务器上所有备份设备的状态信息。

实例 2：查看数据库备份设备，输入如下语句。

```
sp_helpdevice;
```

单击“执行”按钮，即可查看数据库的备份设备，执行结果如图 17-6 所示。

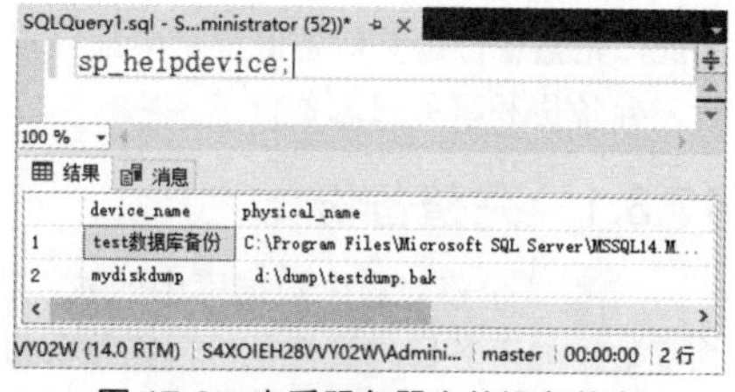

图 17-6　查看服务器上的设备信息

17.2.3　删除数据库备份设备

当备份设备不再需要使用时，可以将其删除，删除备份设备后，备份中的数据都将丢失，删除备份设备使用系统存储过程 sp_dropdevice，该存储过程同时能删除操作系统文件，具体的语法格式如下。

```
sp_dropdevice [ @logicalname = ] 'device'
[ , [ @delfile = ] 'delfile' ]
```

主要参数介绍如下。

- [@logicalname =] 'device'：在 master.dbo.sysdevices.name 中列出的数据库设备或备份设备的逻辑名称。device 的数据类型为 sysname，无默认值。
- [@delfile =] 'delfile'：指定物理备份设备文件是否应删除。如果指定为 DELFILE，则删除物理备份设备磁盘文件。

实例 3：删除备份设备 mydiskdump，输入如下语句。

```
EXEC sp_dropdevice mydiskdump
```

单击“执行”按钮，即可完成数据库备份设备的删除操作，执行结果如图 17-7 所示。

知识扩展：如果服务器创建了备份文件，要同时删除物理文件可以输入如下语句。

```
EXEC sp_dropdevice mydiskdump, delfile
```

另外，在“对象资源管理器”中，也可以执行备份设备的删除操作，在服务器对象下的“备份设备”节点下选择需要删除的备份设备，右击，在弹出的快捷菜单中选择“删除”命令，如图 17-8 所示，弹出“删除对象”窗口，然后单击“确定”按钮，即可完成备份设备的删除操作，如图 17-9 所示。

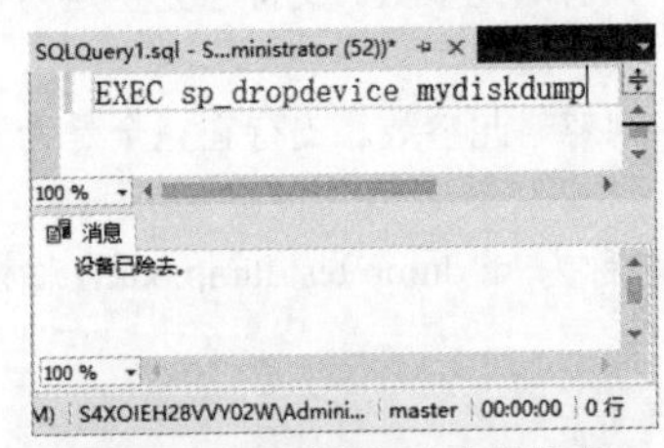

图 17-7　删除数据库备份设备

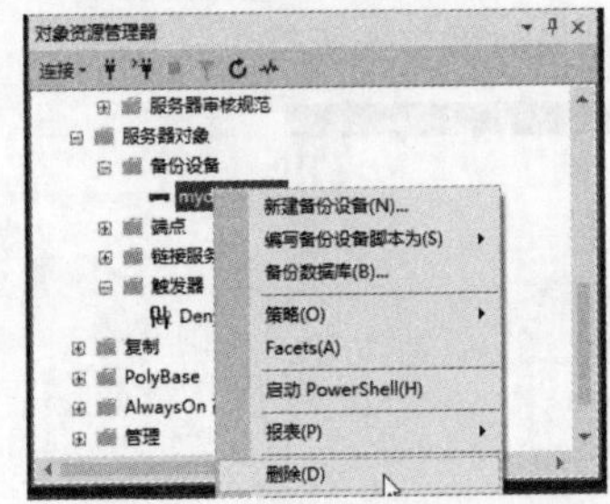

图 17-8　选择“删除”命令

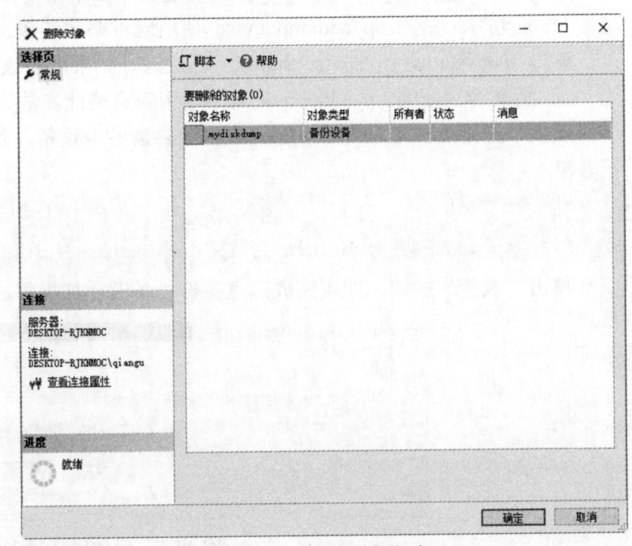

图 17-9　“删除对象”窗口

微视频

17.3　备份数据库

当备份设备添加完成后，接下来就可以备份数据库了，由于其他所有备份类型都依赖于完整备份，因此，完整备份是其他备份策略中都要求完成的第一种备份类型，所以要先执行完整备份，之后才可以执行差异备份和事务日志备份。

17.3.1　完整备份

完整备份将对整个数据库中的表、视图、触发器和存储过程等数据库对象进行备份，同时还对能够恢复数据的事务日志进行备份，完整备份的操作过程比较简单，具体的语法格式如下。

```
BACKUP DATABASE database_name
TO DISK='path'
[WITH DIFFERENTIAL]
```

主要参数介绍如下。

- DATABASE：要备份的数据库名称。
- path：数据库备份的目标文件，数据库备份文件的扩展名为.bak，例如备份的路径为：C\data\db.bak。
- [WITH DIFFERENTIAL]：差异备份数据库，如果省略该语句，则执行的是完整备份数据库。

实例 4：完整备份 test 数据库，输入如下语句。

```
BACKUP DATABASE test
TO DISK='D:\backdata\test.bak';
```

输入完成，单击“执行”按钮，备份过程如图 17-10 所示。

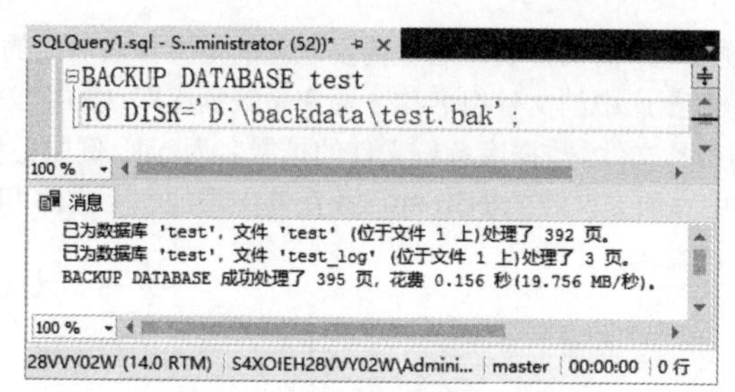

图 17-10　创建 test 数据库完整备份

17.3.2　差异备份

差异数据库备份也使用 BACKUP 命令，与完整备份命令语法格式基本相同，只需要在 WITH 选项中指定 DIFFERENTIAL 参数。

实例 5：差异备份 test 数据库，输入如下语句。

```
BACKUP DATABASE test
TO DISK='D:\backdata\test_01.bak'
WITH DIFFERENTIAL;
```

输入完成，单击“执行”按钮，备份过程如图 17-11 所示。

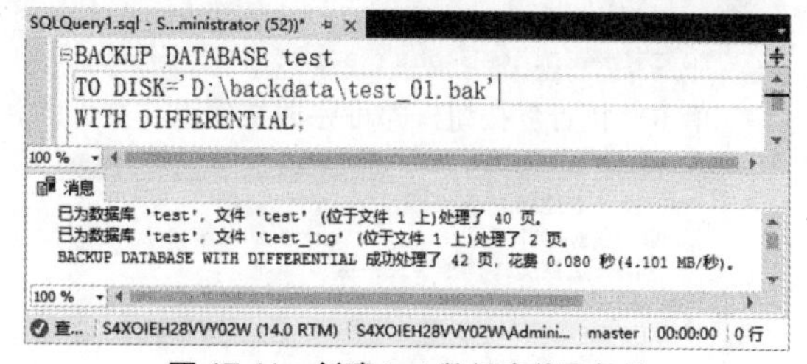

图 17-11　创建 test 数据库差异备份

注意：*差异数据库备份比完整数据库备份数据量更小、速度更快，这缩短了备份的时间，但同时会增加备份的复杂程度。*

17.3.3　事务日志备份

完整备份与差异备份不仅备份了数据库文件，还备份了日志文件，如果我们只需要备份日志文件的话，就可以使用 BACKUP LOG 语句来进行备份操作，具体的语法格式如下。

```
BACKUP LOG database_name
TO DISK='path'
```

主要参数介绍如下。

- database_name：要备份日志文件的数据库名。
- path：数据库备份的目标文件，数据库备份日志文件的扩展名为.trn，例如备份的路径为：C\data\db.trn。

实例 6：对 test 数据库执行日志文件备份，输入如下语句。

```
BACKUP LOG test
TO DISK='D:\backdata\test.trn';
```

单击“执行”按钮，即可完成数据库日志文件的备份操作，如图 17-12 所示。

图 17-12　备份数据库日志文件

17.3.4　文件和文件组备份

对于大型数据库，每次执行完整备份需要消耗大量时间，为此 SQL Server 提供了文件和文件组的备份，来解决大型数据库的备份问题，备份语法格式如下。

```
BACKUP DATABASE database_name
FILE='filename',
FILEGROUP='groupname'
TO DISK='path'
```

主要参数介绍如下。

- database_name：要备份数据库的名称。

- filename：要备份数据库中的文件名。这里需要注意的是文件名后面的逗号不能够省略。
- groupname：要备份数据库中的文件组名称，通常是数据库默认的主文件组 primary。
- path：数据库备份的目标文件，数据库备份文件的扩展名为.bak，例如备份的路径为：C:\data\db.bak。

实例 7：在 test 数据库中添加文件组 FileGroup，并在其中添加一个文件 file_01，然后备份 FileGroup 文件组下的数据文件 file_01，输入如下语句。

```
ALTER DATABASE test
ADD FILEGROUP FileGroup;            --添加文件组
—添加数据文件并指定文件组
ALTER DATABASE test
ADD FILE
(
NAME=file_01,
FILENAME='D:\database\file_01.ndf'
)
TO FILEGROUP FileGroup;
```

单击“执行”按钮，即可完成文件组与文件的添加操作，如图 17-13 所示。

文件与文件组添加完成后，下面就可以备份文件和文件组了，语句如下。

```
BACKUP DATABASE test
FILE='file_01',
FILEGROUP='FileGroup'
TO DISK='D:\backdata\backfile.bak';
```

单击“执行”按钮，即可完成文件组与文件的备份操作，如图 17-14 所示。

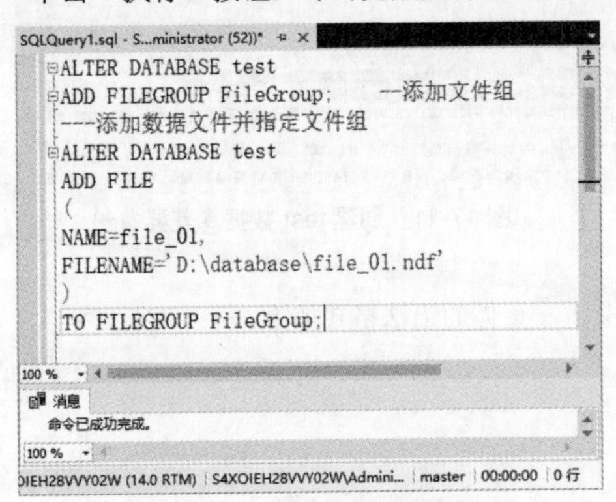

图 17-13 文件组与文件的添加

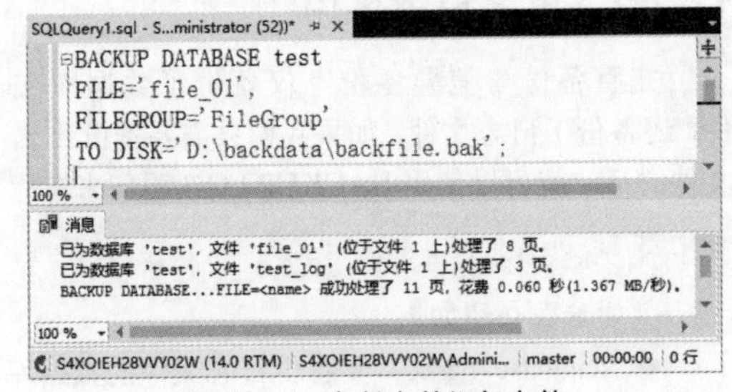

图 17-14 备份文件组与文件

17.3.5 以图形向导方式备份数据库

在 SQL Server Management Studio 中，我们可以以图形向导方式备份数据库，具体备份过程可以分为如下几步：

（1）登录到 SQL Server 2017 数据库，在“对象资源管理器”窗口中打开“数据库”节点，选择需要备份的数据库，如这里选择“test”数据库，右击，在弹出的快捷菜单中选择“任务”→“备份”命令，如图 17-15 所示。

（2）打开“备份数据库-test”窗口，在其中选择备份类型，这里选择“完整”选项，如图 17-16 所示。

（3）单击“备份到”设置区域中的“添加”按钮，打开“选择备份目标”对话框，在其中设置数据库备份的位置，如图 17-17 所示。

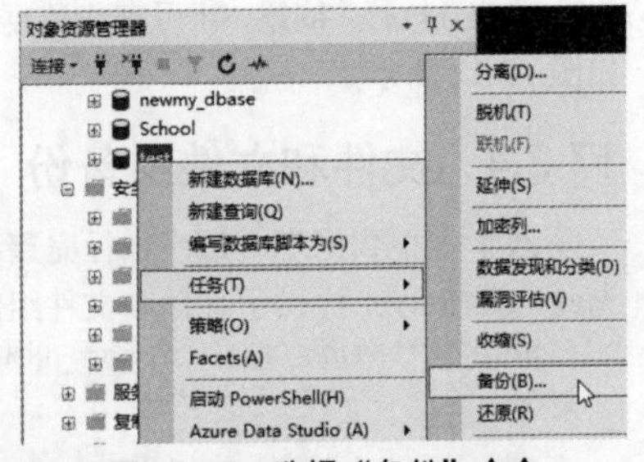

图 17-15 选择“备份”命令

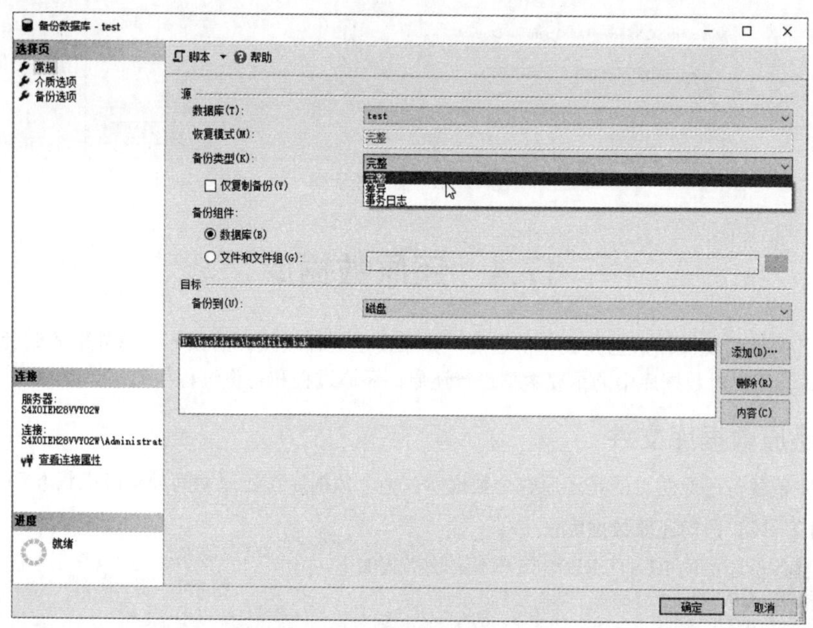

图 17-16　“备份数据库”窗口

（4）单击“确定”按钮，返回到“备份数据库-test”窗口中，可以看到数据库备份的保存路径，如图 17-18 所示。

（5）在设置好备份信息后，单击“备份数据库-test”窗口中的“确定”按钮，即可完成数据库的备份操作，如图 17-19 所示。

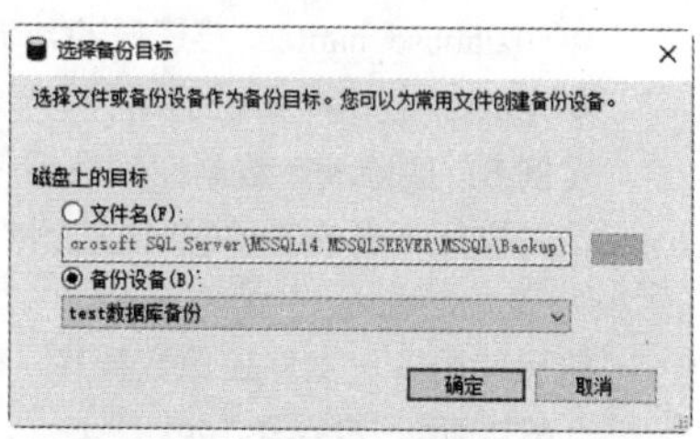

图 17-17　“选择备份目标”对话框

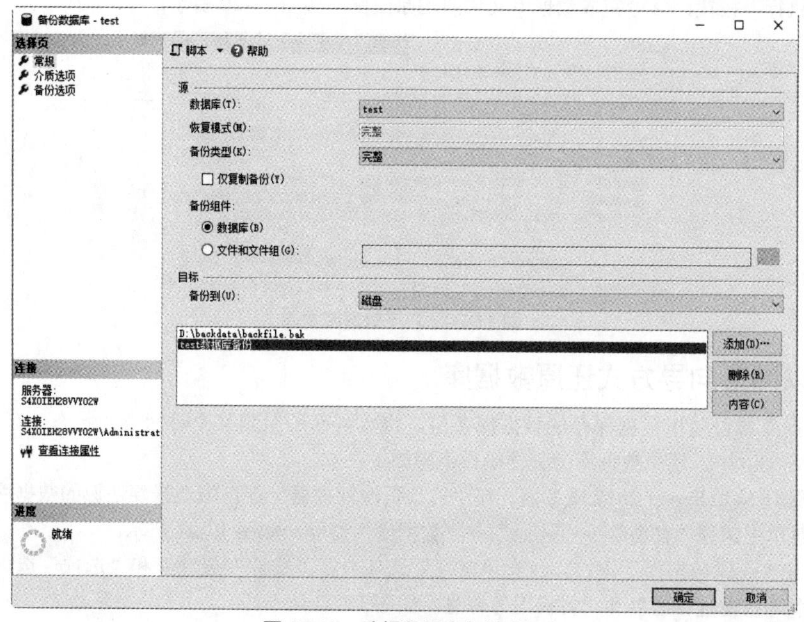

图 17-18　选择数据库备份路径

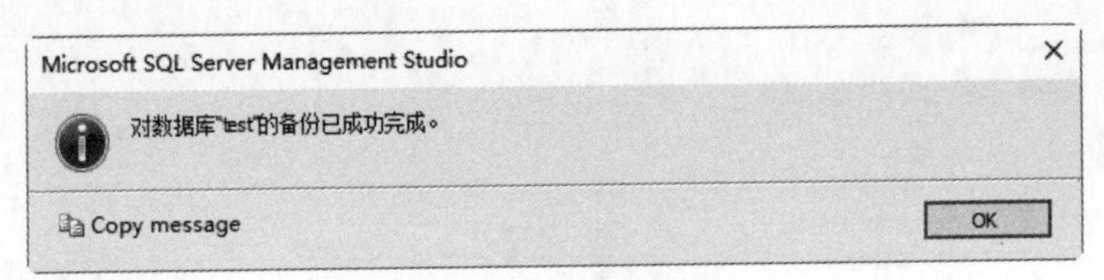

图 17-19 信息提示框

17.4 还原数据库

微视频

还原是备份的相反操作，当完成备份之后，如果发生硬件或软件的损坏、意外事故或者操作失误导致数据丢失时，需要对数据库中的重要数据进行还原，还原过程和备份过程相似。

17.4.1 还原数据库文件

数据库完整备份还原的目的是还原整个数据库。整个数据库在还原期间处于脱机状态。

1. 使用 T-SQL 语句还原数据库

执行完整备份还原的 RESTORE 语句基本语法格式如下。

```
RESTORE DATABASE database_name
FROM DISK='path'
```

主要参数介绍如下。

- database_name：要还原的数据库名称。
- path：数据库备份的路径。

实例 8：删除 test 数据库，然后使用数据库备份文件还原数据库 test。

首先执行下面的 T-SQL 语句删除数据库 test。

```
DROP DATABASE test;
```

然后使用备份文件还原数据库，输入如下语句。

```
RESTORE DATABASE test
FROM DISK='D:\backdata\test.bak';
```

单击“执行”按钮，即可完成数据库文件的还原操作，如图 17-20 所示。

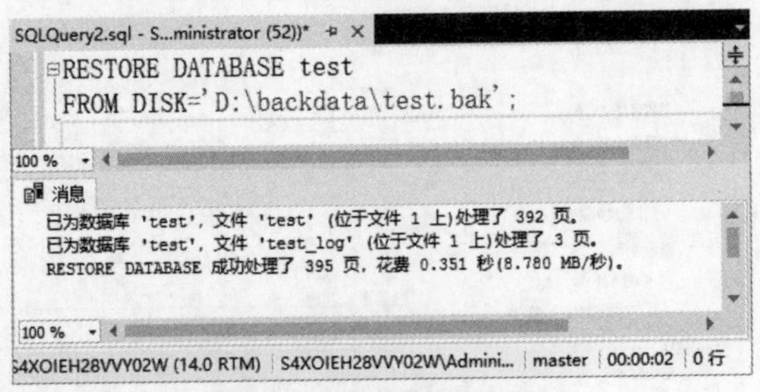

图 17-20 还原数据库文件

17.4.2 以图形向导方式还原数据库

还原数据库备份是指根据保存的数据库备份，将数据库还原到某个时间点的状态。在 SQL Server Management Studio 中，还原数据库的具体操作步骤如下：

（1）登录到 SQL Server 2017 服务器，在“对象资源管理器”窗口中选择要还原的数据库，右击，在弹出的快捷菜单中选择“任务”→“还原”→“数据库”命令，如图 17-21 所示。

（2）打开“还原数据库”窗口，包含“常规”选项卡、“文件”选项卡和“选项”选项卡。在“常规”选项卡中可以设置“源”和“目标”等信息，如图 17-22 所示。

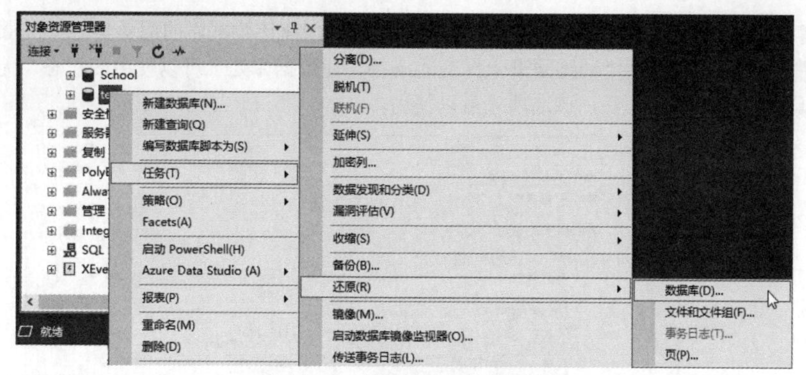

图 17-21　选择要还原的数据库

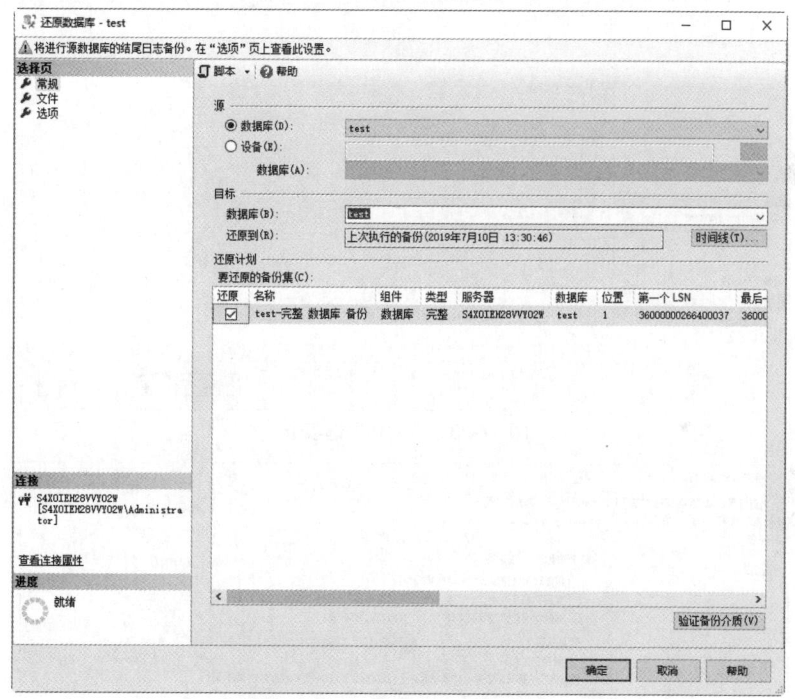

图 17-22　“还原数据库”窗口

“常规”选项卡可以对如下几个选项进行设置。

- “目标数据库”：选择要还原的数据库。
- “目标时间点”：用于当备份文件或设备中的备份集很多时，指定还原数据库的时间，有事务日志备份支持的话，可以还原到某个时间的数据库状态。默认情况下，该选项的值为最近状态。
- “源”区域：指定用于还原的备份集的源和位置。
- “要还原的备份集”列表框：列出了所有可用的备份集。

（3）选择“文件”选项卡，用户可以设置数据库中文件的还原选项，如图 17-23 所示。

（4）选择“选项”选项卡，用户可以设置具体的还原选项，结尾日志备份和服务器连接等信息，如图 17-24 所示。

“选项”选项卡中可以设置如下选项。

- “覆盖现有数据库”选项：会覆盖当前所有数据库以及相关文件，包括已存在的同名的其他数据库或文件。

- “保留复制设置”选项：会将已发布的数据库还原到创建该数据库的服务器之外的服务器时，保留复制设置。只有选择“通过回滚未提交的事务，使数据库处于可以使用的状态。无法还原其他事务日志”单选按钮之后，该选项才可以使用。

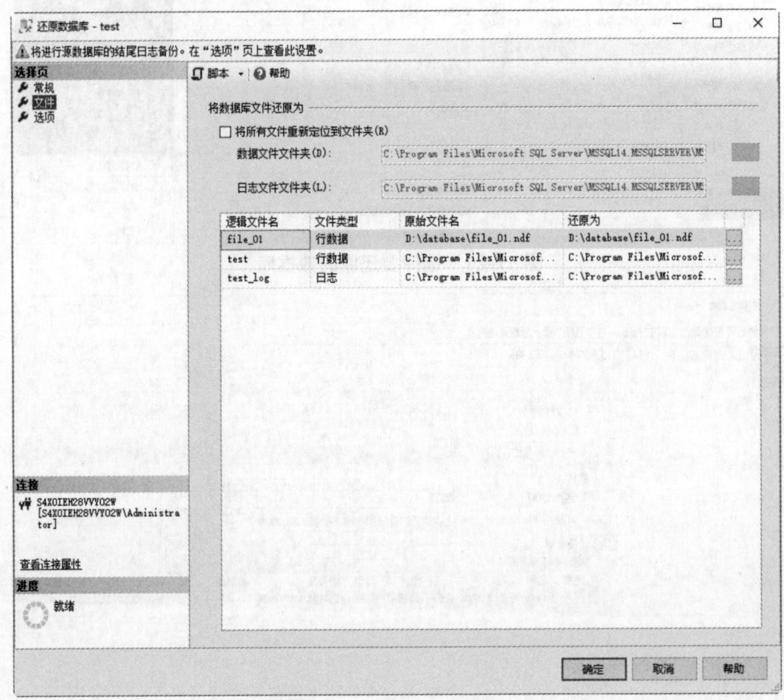

图 17-23 “文件”选项卡

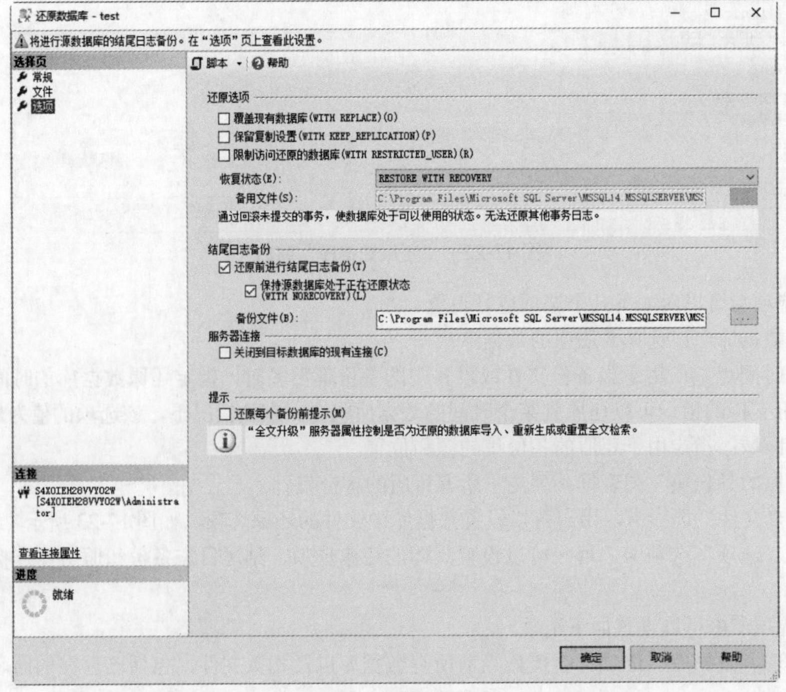

图 17-24 “选项”选项卡

- “限制访问还原的数据库”选项：使还原的数据库仅供 db_owner、dbcreator 或 sysadmin 的成员使用。
- 还原每个备份前提示选项：在还原每个备份设备前都会要求用户进行确认。

（5）完成上述参数设置之后，单击“确定”按钮进行还原操作，如图 17-25 所示。

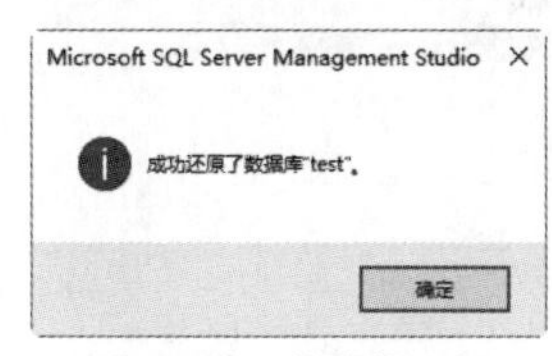

图 17-25　信息提示框

17.4.3　还原文件和文件组

文件还原的目标是还原一个或多个损坏的文件，而不是还原整个数据库。下面介绍还原文件和文件组的方法。

1. 使用 T-SQL 语句还原文件组

RESTORE DATABASE 语句中加上 FILE 或者 FILEGROUP 参数之后可以还原文件和文件组备份，在还原文件和文件组之后，还可以还原其他备份来获得最近的数据库状态，具体的语法格式如下。

```
RESTORE DATABASE database_name
FILE|FILEGROUP ='filename',
FROM DISK='path'
[WITH REPLACE];
```

主要参数介绍如下。

- database_name：要还原的数据库名称。
- filename：要还原数据库中的文件名或文件组名。
- path：文件或文件组的备份路径。
- WITH REPLACE：替换原来的文件组。

实例 9：还原 test 数据库中的文件组 FileGroup。

```
RESTORE DATABASE test
FILEGROUP ='FileGroup'
FROM DISK='D:\backdata\backfile.bak'
WITH REPLACE;
```

单击“执行”按钮，即可完成文件组的还原操作，如图 17-26 所示。

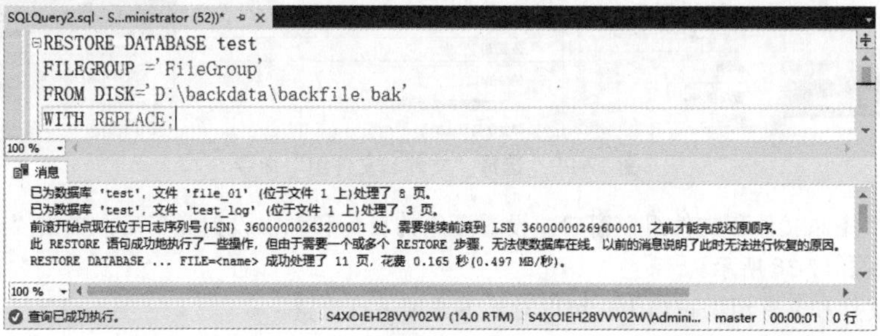

图 17-26

知识扩展：如果在还原文件组时，上述语句不能正常执行，需要实现将 test 数据库设置成脱机状态，具体的方法为：选择 test 数据库，右击，在弹出的快捷菜单中选择“任务”→“脱机”命令，即可打开“使数据库脱机”对话框，单击“确定”按钮，即可完成数据库的脱机操作。

如果还原操作完成了，还需要将 test 数据库设置成联机状态，具体的方法为：选择 test 数据库，右击，在弹出的快捷菜单中选择“任务”→“联机”命令，即可打开“使数据库联机”对话框，如图 17-27 所示。

单击“关闭”按钮，即可完成数据库的联机操作，如图 17-28 所示。

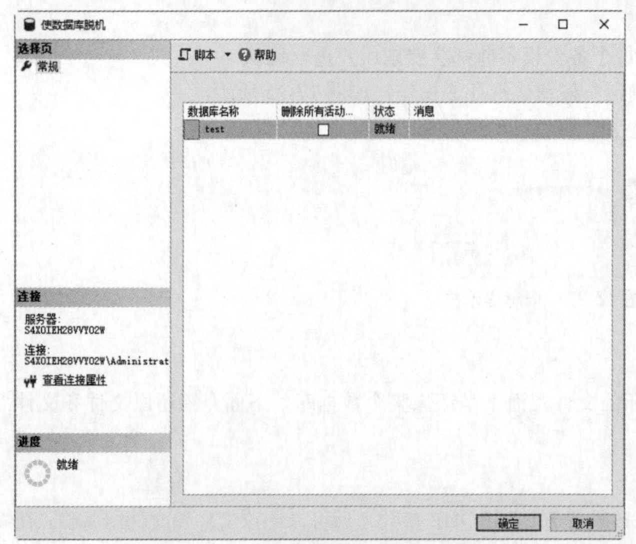

图 17-27 “使数据库联机”对话框

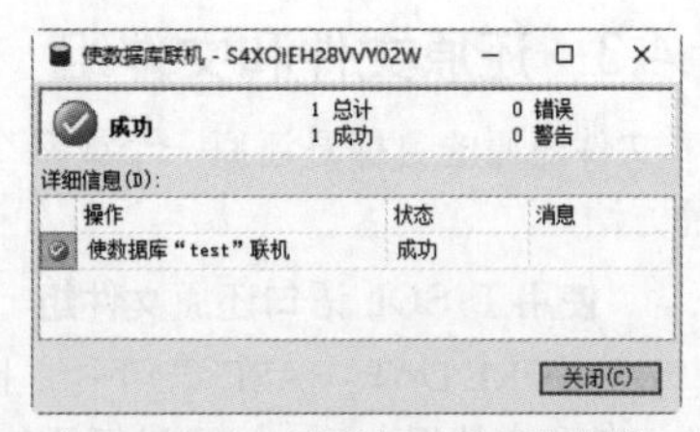

图 17-28 完成数据库的联机操作

17.4.4 以图形向导方式还原文件组

在 SQL Server Management Studio 中，我们可以以图形向导方式还原文件或文件组，具体还原过程可以分为如下几步：

（1）登录到 SQL Server 2017 数据库，在“对象资源管理器”窗口中选择要还原文件或文件组的数据库，右击，在弹出的快捷菜单中选择“任务”→“还原”→“文件和文件组”命令，如图 17-29 所示。

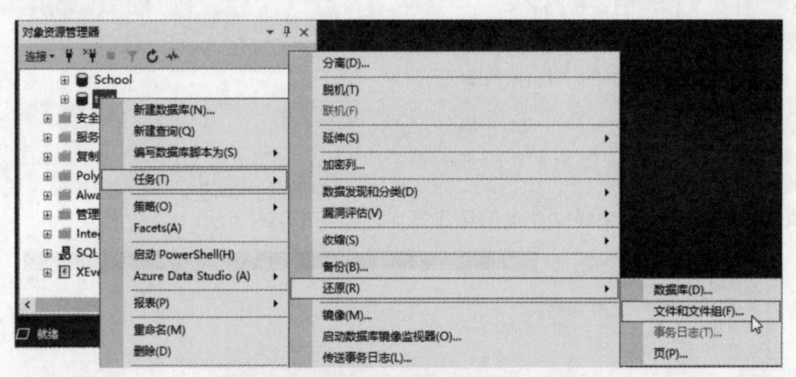

图 17-29 选择“文件和文件组”命令

（2）打开“还原文件和文件组”窗口，设置还原的目标和源，设置完毕后，单击“确定”按钮，执行还原操作，如图 17-30 所示。

在“还原文件和文件组”窗口中，可以对如下选项进行设置。

- “目标数据库”下拉列表框：可以选择要还原的数据库。
- “还原的源”区域：用来选择要还原的备份文件或备份设备。
- “选择用于还原的备份集”列表框：可以选择要还原的备份集。该区域列出的备份集中不仅包含文件和文件组的备份，还包括完整备份、差异备份和事务日志备份，这里不仅可以恢复文件和文件组备份，还可以恢复完整备份、差异备份和事务备份。

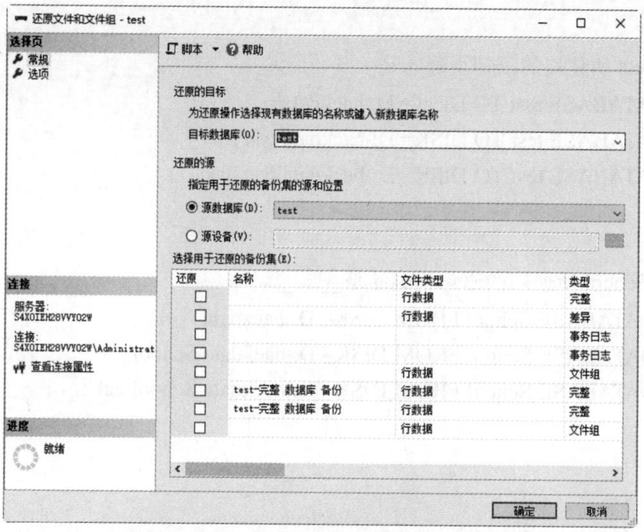

图 17-30　“还原文件和文件组”窗口

17.5　课后习题与练习

一、填充题

1. 在 SQL Server 中，常见的备份方式有________、__________、_________和_________。

答案：完整备份，差异备份，事务日志备份，文件及文件组备份

2. 备份设备分为两种，分别是__________和_________。

答案：磁盘备份设备，磁带备份设备

3. 创建备份设备的存储过程是_________。

答案：sp_addumpdevice

4. 创建数据库备份的 SQL 语句是__________。

答案：BACKUP DATABASE

5. 还原数据库备份的 SQL 语句是____________。

答案：RESTORE DATABASE

二、选择题

1. 数据库的恢复模式可以保证在数据库发生故障时恢复相关的数据信息，SQL Server 2017 为用户提供了_________。

A. 简单恢复模式　　B. 完整恢复模式

C. 大容量日志恢复模式　　D. 以上都是

答案：D

2. 数据库完整备份还原的目的是还原整个数据库，在还原期间，整个数据库应处于_______状态。

A. 脱机状态　　B. 联机状态　　C. 使用状态　　D. 以上都不对

答案：A

3. 下面关于数据库备份的描述正确的是_______。

A. 完整备份会备份数据库中的所有对象

B. 使用 BACKUP LOG 语句只备份日志文件

C. 差异备份只备份数据库中每次变化的部分

D. 以上都对

答案：D

4. 备份数据库test所使用的语句正确的是______。

A. BACKUP DATABASE test TO DISK='D:\backdata';

B. BACKUP DATABASE test TO DISK='D:\backdata\test';

C. BACKUP DATABASE test TO DISK='D:\backdata\test.bak';

D. 以上都不对

答案：C

5. 还原数据库School所使用的语句正确的是______。

A. RESTORE DATABASE School FROM DISK='D:\backdata';

B. RESTORE DATABASE School FROM DISK='D:\backdata\School';

C. RESTORE DATABASE School FROM DISK='D:\backdata\School.bak';

D. 以上都不对

答案：C

三、简答题

1. 简述以图形向导方式备份数据库的过程。

2. 完整备份与差异备份的主要区别是什么？

3. 简述建立自动备份维护计划的过程。

17.6 新手疑难问题解答

疑问1：对数据库School进行事务日志备份之后，还原该备份时“事务日志”还原的命令是灰色的，无法选中，这是为什么？

解答：在进行事务日志备份时，在备份对话框中的“选项”选项页中，将事务日志备份到日志尾部，使数据库处于还原状态，这样备份之后再进行还原的时候，“事务日志”还原的命令是可用的。

疑问2：在还原数据库备份时，提示“数据库正在使用，还原失败”，如何才能解决这个问题？

解答：出现这种情况，说明系统正在使用要还原的数据库，需要在还原数据库之前先停止正在使用的数据库。

17.7 实战训练

对图书管理数据库Library进行备份与还原操作。

（1）对数据库Library进行完整数据库备份。

（2）备份数据库Library的日志文件。

（3）将姓名为“小华”的读者删除。

（4）还原数据库Library，再查看一下姓名为“小华”的读者是否存在。

第18章 SQL Server 数据库的维护

本章内容提要

使用 SQL Server 中的作业、维护计划、警报以及操作员等对象，可以维护与管理数据库，特别是通过合理使用警报能够避免对数据库操作中的一些错误。本章介绍 SQL Server 数据库系统的维护，主要内容包括作业的管理、维护计划的设定、警报的管理等。

18.1 认识 SQL Server 代理

微视频

SQL Server 代理是用来完成所有自动化任务的重要组成部分，可以说，所有的自动化任务都是通过 SQL Server 代理来完成的。

18.1.1 启动 SQL Server 代理

启动 SQL Server 代理服务很简单，在 SQL Server 管理工具 SQL Server Management Studio 中启动 SQL Server 代理，具体操作步骤如下：

（1）在“对象资源管理器”窗口中打开“SQL Server 代理”节点，右击，在弹出的快捷菜单中选择“启动”命令，如图 18-1 所示。

（2）随即弹出一个信息提示框，提示用户是否确实要启动 SQL Server 代理服务，如图 18-2 所示。

图 18-1 选择“启动”命令

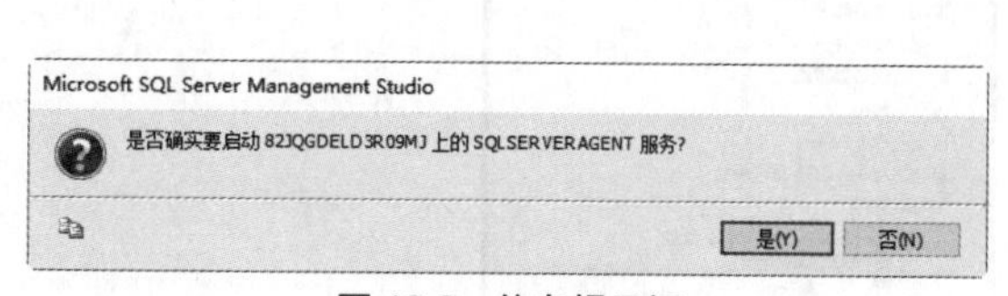

图 18-2 信息提示框

（3）单击“是”按钮，即可弹出“服务控制”对话框，在其中显示了服务启动的进度，如图 18-3 所示。

图 18-3 “服务控制”对话框

18.1.2 关闭 SQL Server 代理

启动 SQL Server 代理服务后，当不使用该服务后，还可以关闭 SQL Server 代理，具体操作步骤如下：

（1）在“对象资源管理器”窗口中打开“SQL Server 代理”节点，右击，在弹出的快捷菜单中选择“停止”命令，如图 18-4 所示。

（2）弹出一个信息提示框，提示用户是否确实要停止 SQL Server 代理服务，如图 18-5 所示。

（3）单击“是”按钮，即可弹出“服务控制”对话框，在其中显示了服务停止的进度，如图 18-6 所示。

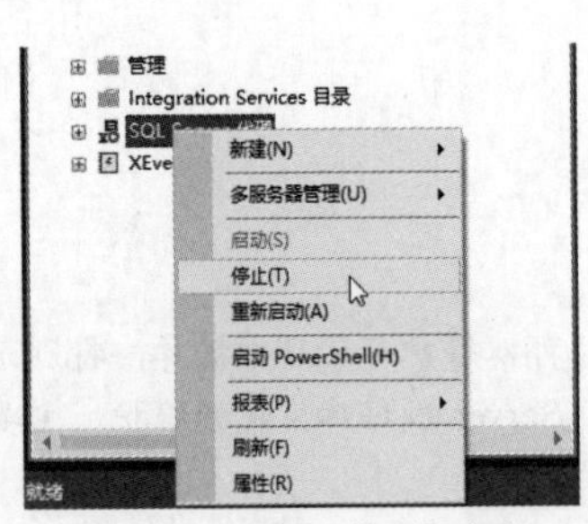

图 18-4　选择“停止”命令

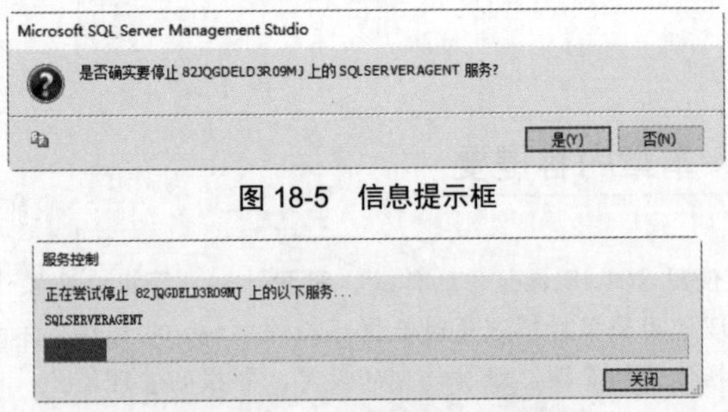

图 18-5　信息提示框

图 18-6　“服务控制”对话框

18.2 维护计划

微视频

维护计划是数据库维护的好帮手，使用维护计划可以实现一些自动的维护工作，例如，通过维护计划可以完成数据的备份、重新生成索引、执行作业等。下面就来创建一个自动备份数据库的维护计划。

18.2.1 创建维护计划

在 SQL Server Management Studio 中，可以使用向导一步一步地创建维护计划，具体的创建过程可以分为如下几步：

（1）登录到 SQL Server 2017 数据库，在“对象资源管理器”窗口中打开“SQL Server 代理”节点，右击，在弹出的快捷菜单中选择“启动”命令，如图 18-7 所示。

（2）弹出警告对话框，单击“是”按钮，如图 18-8 所示。

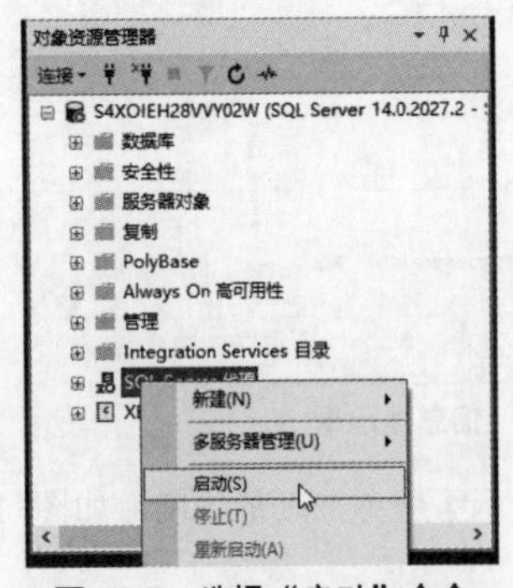

图 18-7　选择“启动”命令

图 18-8　警告对话框

（3）在“对象资源管理器”窗口中展开服务器下的“管理”节点，选择“维护计划”节点，右击，在弹出的快捷菜单中选择“维护计划向导”命令，如图 18-9 所示。

（4）打开“维护计划向导”窗口，单击“下一步”按钮，如图 18-10 所示。

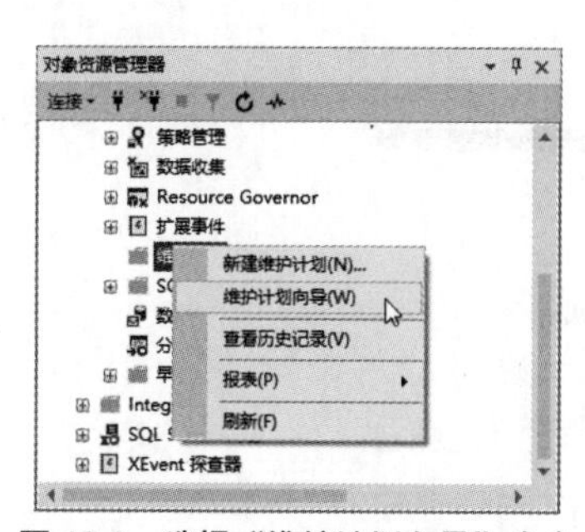

图 18-9　选择“维护计划向导”命令

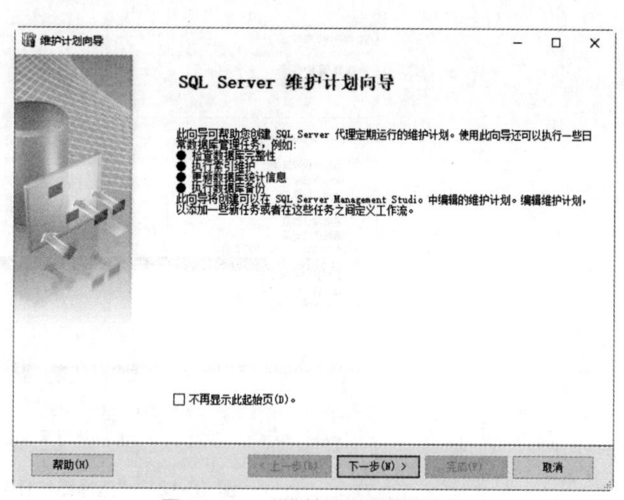

图 18-10　“维护计划向导”窗口

（5）打开“选择计划属性”窗口，在“名称”文本框里可以输入维护计划的名称，在“说明”文本框里可以输入维护计划的说明文字，如图 18-11 所示。

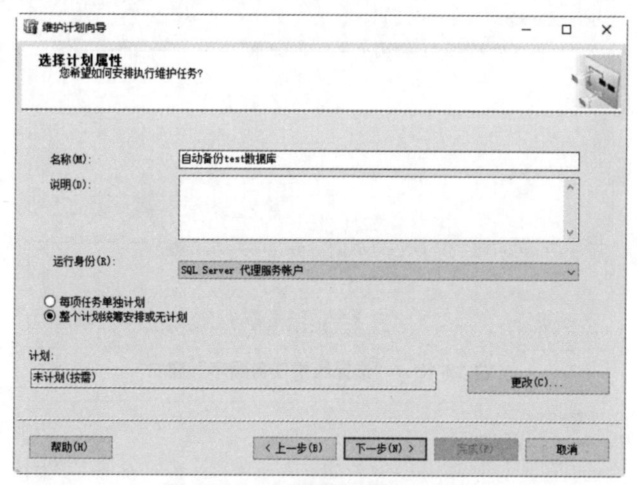

图 18-11　“选择计划属性”窗口

（6）单击“下一步”按钮，进入“选择维护任务”窗口，用户可以选择多种维护任务，例如检查数据库完整性、收缩数据库、重新组织索引或重新生成索引、执行 SQL Server 代理作业、备份数据库等。这里选中“备份数据库（完整）”复选框。如果要添加其他维护任务，选中前面相应的复选框即可，如图 18-12 所示。

（7）单击“下一步”按钮，打开“选择维护任务顺序”窗口，如果有多个任务，这里可以通过单击“上移”和“下移”两个按钮来设置维护任务的顺序，如图 18-13 所示。

（8）单击“下一步”按钮，打开定义任务属性的窗口，在“数据库”下拉列表框里可以选择要备份的数据库名，在“备份组件”区域里可以选择备份数据库还是数据库文件，还可以选择备份介质为磁盘或磁带等，如图 18-14 所示。

（9）单击“下一步”按钮，弹出“选择报告选项”窗口，在该窗口里可以选择如何管理维护计划报告，可以将其写入文本文件，也可以通过电子邮件发送给数据库管理员，如图 18-15 所示。

（10）单击“下一步”按钮，弹出“完成向导”窗口，如图 18-16 所示，单击“完成”按钮，完成创建维护计划的配置。

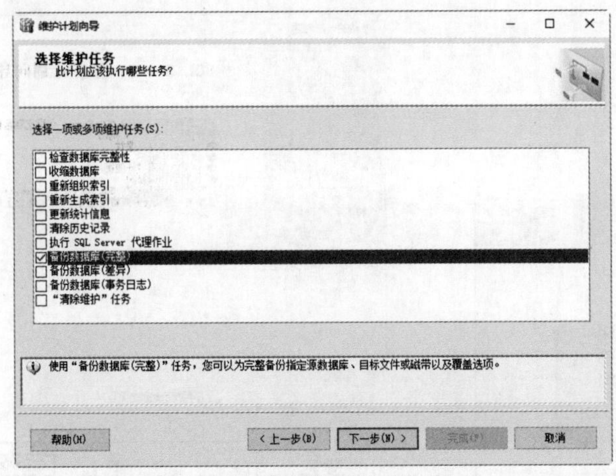

图 18-12 “选择维护任务”窗口

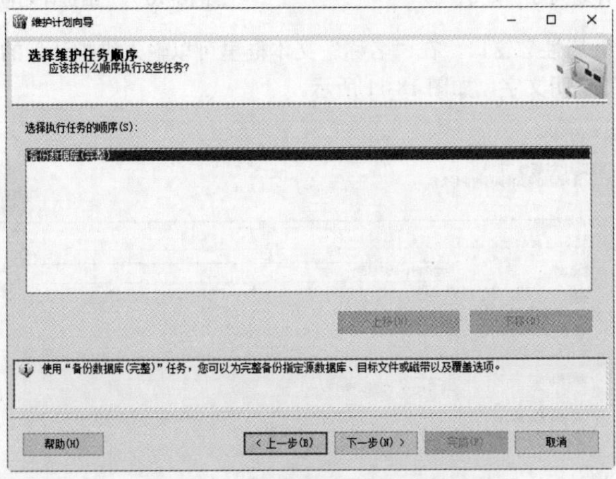

图 18-13 “选择维护任务顺序”窗口

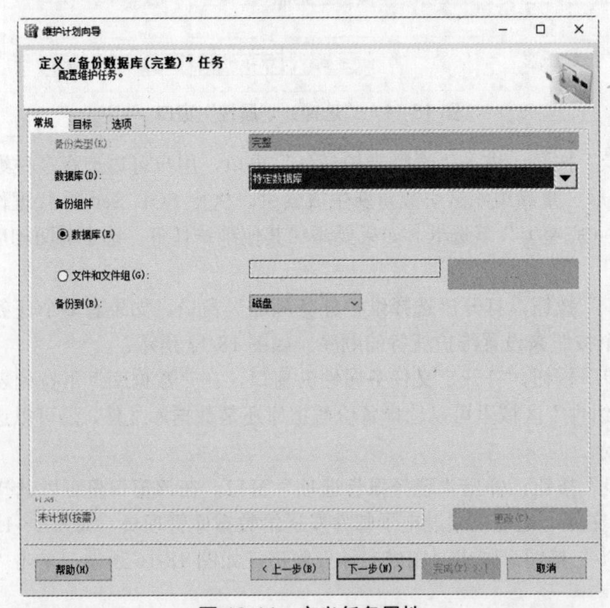

图 18-14 定义任务属性

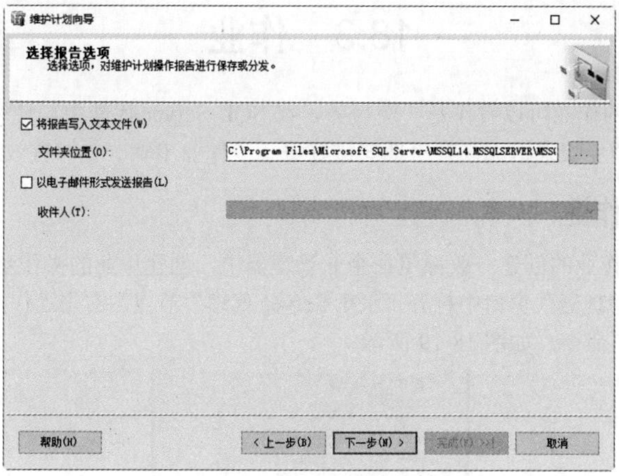

图 18-15　“选择报告选项”窗口

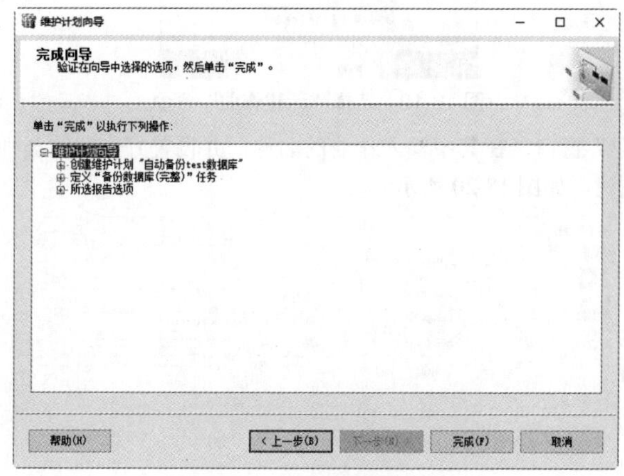

图 18-16　“完成向导”窗口

18.2.2　执行维护计划

维护计划创建完成后，SQL Server 2017 将自动执行维护计划任务，并弹出如图 18-17 所示的窗口。单击“关闭”按钮，完成维护计划任务的创建，打开“维护计划”节点，即可列出创建的自动备份数据库的维护计划，如图 18-18 所示。

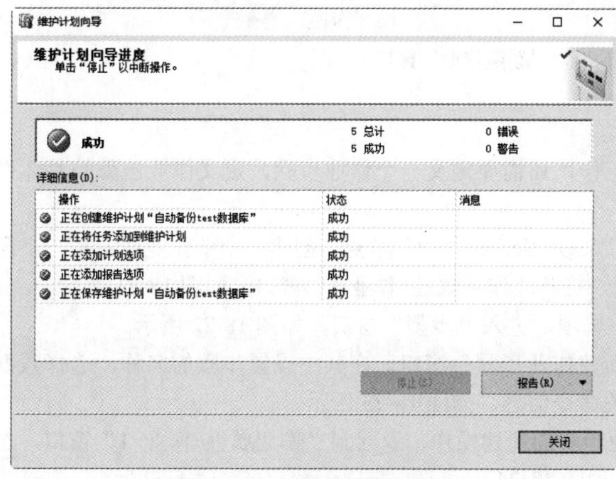

图 18-17　执行维护计划操作

图 18-18　“维护计划”节点列表

微视频

18.3 作业

SQL Server 代理中的作业可以看作是一个任务，在 SQL Server 代理中，使用最多的就是作业了。一个作业可以由一个或多个步骤来组成，有序地安排好每一个作业步骤，能够有效地使用作业。

18.3.1 创建一个作业

在 SQL Server 中，作业的创建一般都是在企业管理器中，创建作业的操作步骤如下：

（1）在“对象资源管理器”窗口中打开“SQL Server 代理”节点，右击“作业”节点，在弹出的快捷菜单中选择“新建作业”命令，如图 18-19 所示。

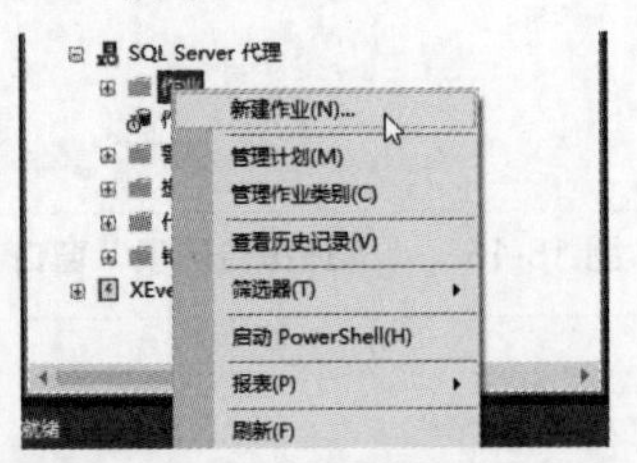

图 18-19 选择“新建作业”命令

（2）弹出“新建作业”窗口，在其中输入作业的名称，并设置好作业的类别等信息，单击“确定”按钮，即可完成作业的创建，如图 18-20 所示。

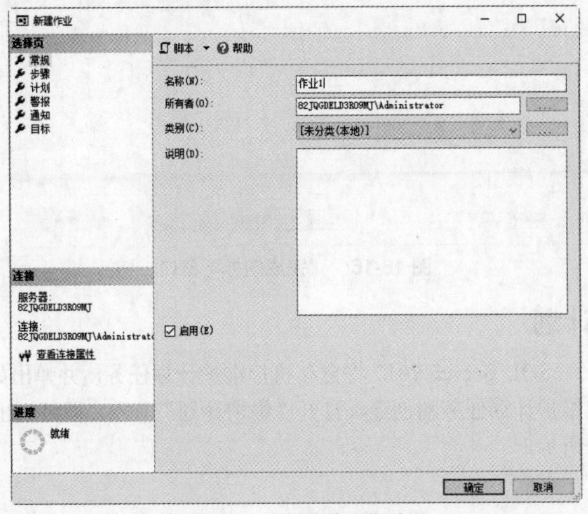

图 18-20 “新建作业”窗口

18.3.2 定义一个作业步骤

作业完成后，还不能帮助用户做什么工作，还需要定义一个作业步骤，定义作业步骤的具体操作步骤如下：

（1）在“对象资源管理器”窗口中打开“SQL Server 代理”节点，创建一个新作业或右击一个现有作业，在弹出的快捷菜单中选择“属性”选项，打开“作业属性-作业 1”窗口，如图 18-21 所示。

（2）在“选择页”列表中选择“步骤”选项，进入“步骤”窗口，如图 18-22 所示。

（3）单击“新建”按钮，即可打开“新建作业步骤”窗口，在其中设置步骤的名称、选择数据库为 test，并在“命令”右侧的空白格中输入相关命令信息，如图 18-23 所示。

（4）单击“确定”按钮，即可完成作业步骤的新建操作，返回到“作业属性-作业 1”窗口，在“作业步骤列表”中可以看到新建的作业步骤，如图 18-24 所示。

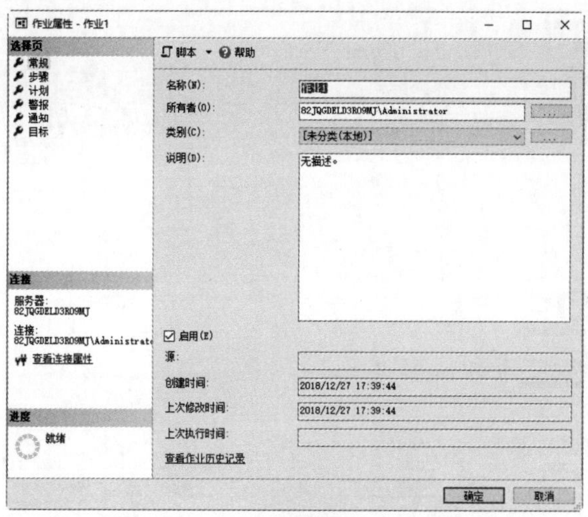

图 18-21　“作业属性-作业 1”窗口

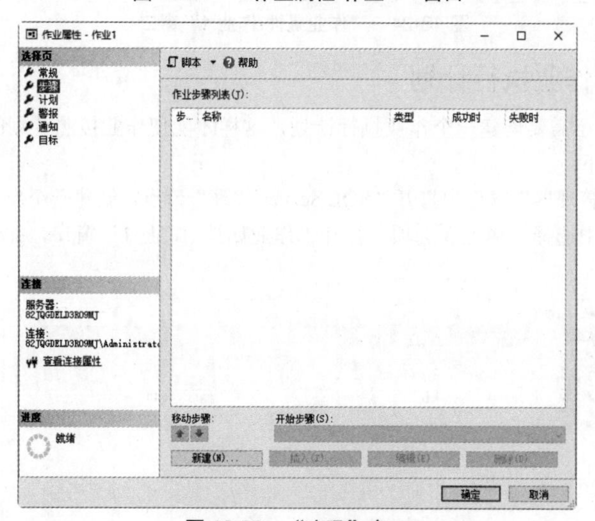

图 18-22　“步骤”窗口

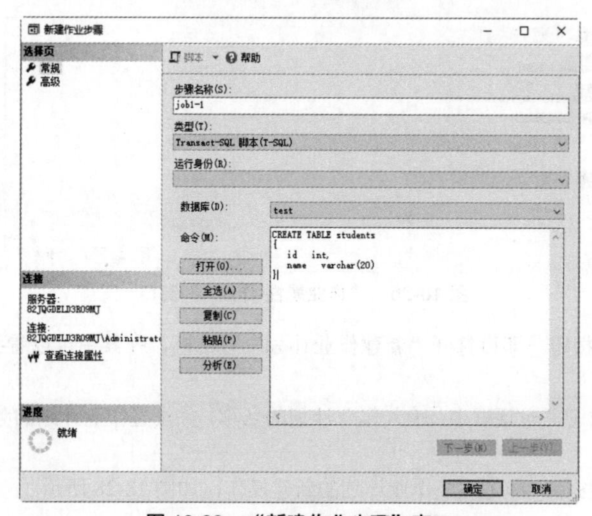

图 18-23　“新建作业步骤”窗口

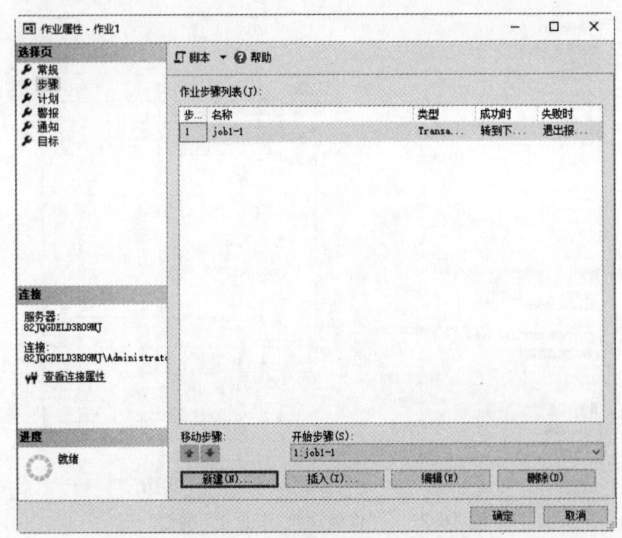

图 18-24 “作业属性-作业 1”窗口

18.3.3 创建一个作业执行计划

作业创建完成后，还需要创建一个作业执行计划，这样才能使作业按照计划的时间执行，创建作业执行计划的操作步骤如下：

（1）在“对象资源管理器”窗口中打开“SQL Server 代理”节点，创建一个新作业或右击一个现有作业，在弹出的快捷菜单中选择“属性”选项，打开“作业属性-作业 1”窗口，并选择“计划”选项，如图 18-25 所示。

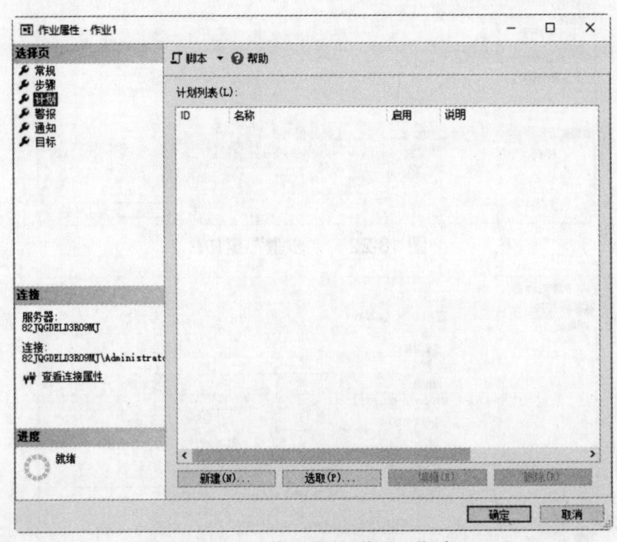

图 18-25 “作业属性-作业 1”窗口

（2）单击“新建”按钮，即可打开“新建作业计划”对话框，在其中可以看到新建作业计划的各个参数，如图 18-26 所示。

（3）在“新建作业计划”对话框中，输入作业计划的名称，并设置作业计划的频率等信息，如图 18-27 所示。

（4）单击“确定”按钮，即可完成作业计划的新建操作，如图 18-28 所示。

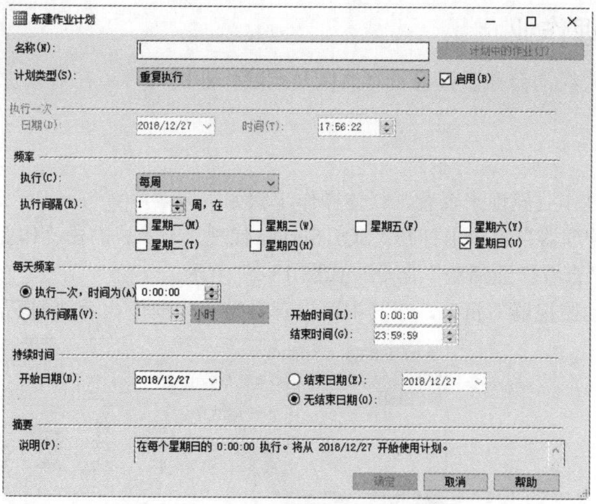

新建作业计划
名称(N):
计划中的作业(J)
计划类型(S): 重复执行　☑ 启用(B)
执行一次
日期(D): 2018/12/27　时间(T): 17:56:22
频率
执行(C): 每周
执行间隔(R): 1 周，在
☐ 星期一(M)　☐ 星期三(W)　☐ 星期五(F)　☐ 星期六(Y)
☐ 星期二(T)　☐ 星期四(H)　☑ 星期日(U)
每天频率
◉ 执行一次，时间为(A) 0:00:00
○ 执行间隔(V): 1 小时　开始时间(I): 0:00:00
结束时间(G): 23:59:59
持续时间
开始日期(D): 2018/12/27　○ 结束日期(E): 2018/12/27
◉ 无结束日期(O):
摘要
说明(P): 在每个星期日的 0:00:00 执行。将从 2018/12/27 开始使用计划。
确定　取消　帮助

图 18-26　“新建作业计划”对话框

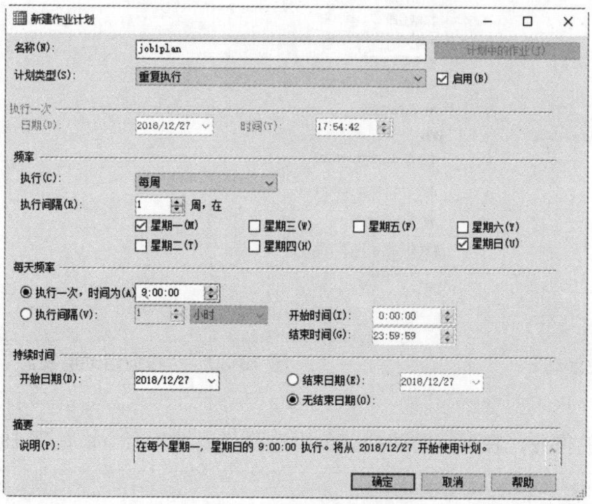

新建作业计划
名称(N): job1plan
计划中的作业(J)
计划类型(S): 重复执行　☑ 启用(B)
执行一次
日期(D): 2018/12/27　时间(T): 17:54:42
频率
执行(C): 每周
执行间隔(R): 1 周，在
☑ 星期一(M)　☐ 星期三(W)　☐ 星期五(F)　☐ 星期六(Y)
☐ 星期二(T)　☐ 星期四(H)　☑ 星期日(U)
每天频率
◉ 执行一次，时间为(A) 9:00:00
○ 执行间隔(V): 1 小时　开始时间(I): 0:00:00
结束时间(G): 23:59:59
持续时间
开始日期(D): 2018/12/27　○ 结束日期(E): 2018/12/27
◉ 无结束日期(O):
摘要
说明(P): 在每个星期一，星期日的 9:00:00 执行。将从 2018/12/27 开始使用计划。
确定　取消　帮助

图 18-27　设置作业计划参数

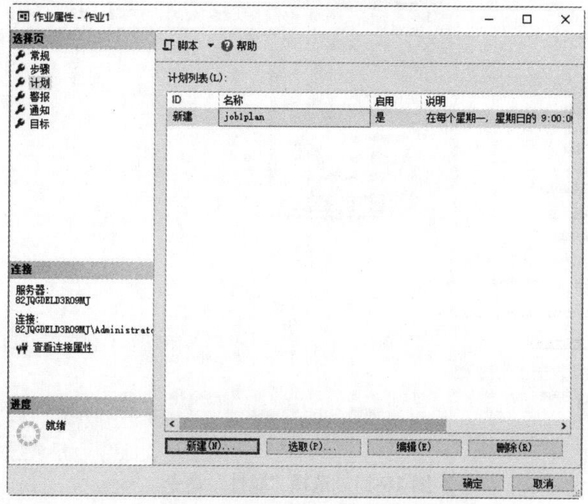

图 18-28　完成作业执行计划的创建

18.3.4 查看与管理作业

在作业创建完成后，经常会需要查看、修改以及删除作业的内容，在对象资源管理器中可以轻松查看与管理作业。

1. 查看作业

作业的内容主要通过作业属性来查看，具体操作步骤如下：

（1）在“对象资源管理器”窗口中打开“SQL Server 代理”节点，右击“作业活动监视器”节点，在弹出的快捷菜单中选择“查看作业活动”命令，如图 18-29 所示。

（2）弹出“作业活动监视器”窗口，在其中可以查看当前代理作业活动列表，如图 18-30 所示。

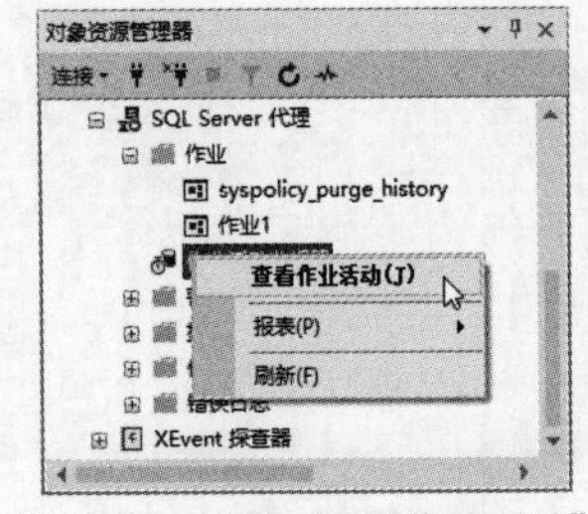

图 18-29 选择“查看作业活动”命令

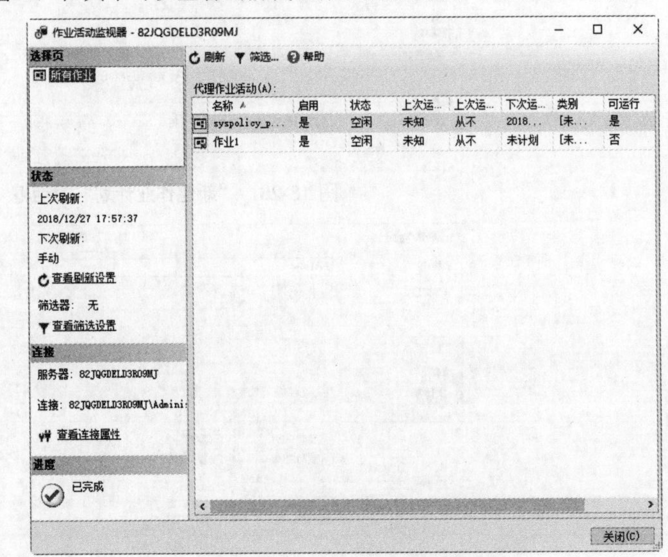

图 18-30 “作业活动监视器”窗口

（3）右击需要查看的作业，在弹出的快捷菜单中选择“属性”命令，如图 18-31 所示。

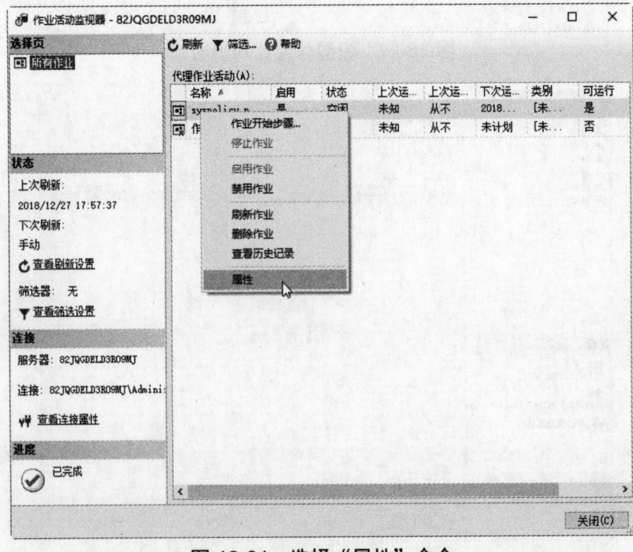

图 18-31 选择“属性”命令

（4）打开“作业属性”窗口，在其中可以看到当前作业的属性信息，如图 18-32 所示。

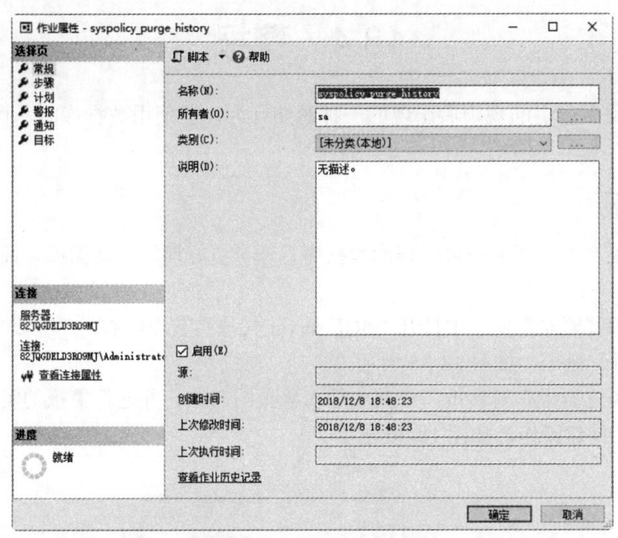

图 18-32　“作业属性”窗口

提示：在“作业活动监视器”对话框中右击任意作业，在弹出的快捷菜单中如果选择“作业开始步骤”选项，则执行该作业；如果选择“禁用作业”选项，则该作业被禁用；如果选择“启用作业”选项，则该作业被启用；如果选择“删除作业”选项，则该作业被删除，如果选择“查看历史记录”选项，则显示该作业执行的日志信息。

2. 管理作业

对于作业的管理，主要包括对作业的修改和删除操作，修改作业与查看作业基本都是一样的，都是在作业的属性界面中完成的。在修改好作业后，一定要记得保存。修改作业的方法与创建作业相似，这里不再赘述。

这里来介绍删除作业的方法，在“对象资源管理器”中删除作业很简单，具体操作步骤如下：

（1）在“对象资源管理器”窗口中打开“SQL Server 代理”节点，选择一个需要删除的作业，然后右击，在弹出的快捷菜单中选择“删除”命令，如图 18-33 所示。

（2）弹出“删除对象”对话框，然后单击“确定”按钮，即可将选中的作业删除，如图 18-34 所示。

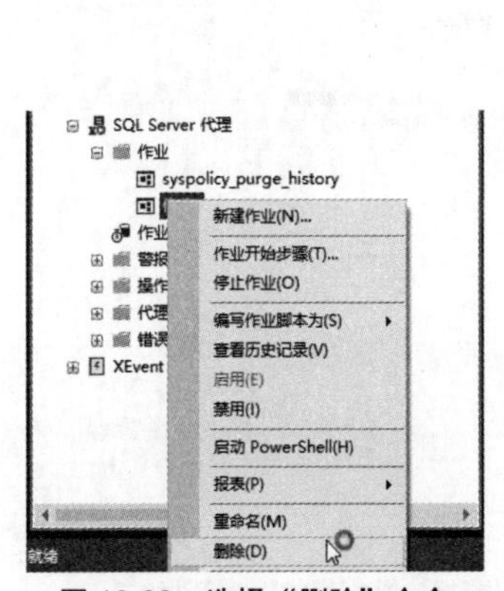

图 18-33　选择“删除”命令

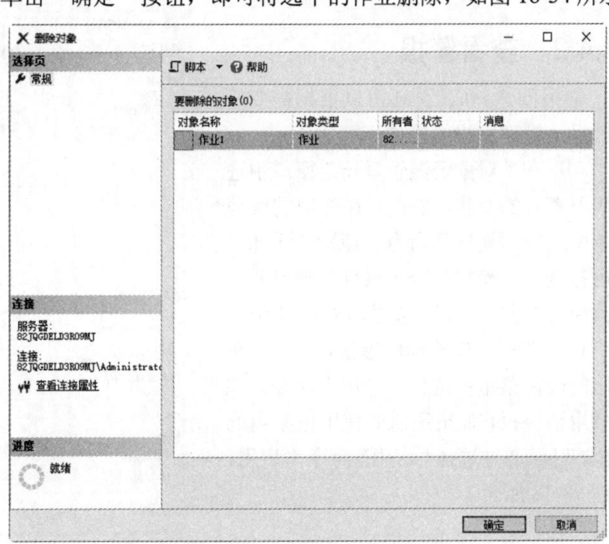

图 18-34　“删除对象”对话框

微视频

18.4 警报

警报通常是在违反了一定的规则后出现的一种通知行为，在使用数据库时，可以预先设定好错误发生时发出警告告知用户。

18.4.1 创建警报

在数据库中，如果合理使用警报可以帮助数据库管理员更好地管理数据库，并提高数据库的安全性。创建警报的操作步骤如下：

（1）在“对象资源管理器”窗口中打开“SQL server 代理”节点，右击“警报”节点，在弹出的快捷菜单中选择“新建警报”命令，如图 18-35 所示。

（2）即可弹出“新建警报”对话框，在其中输入警报的名称，并选择警报的类型，最后单击“确定”按钮，即可完成警报的创建操作，如图 18-36 所示。

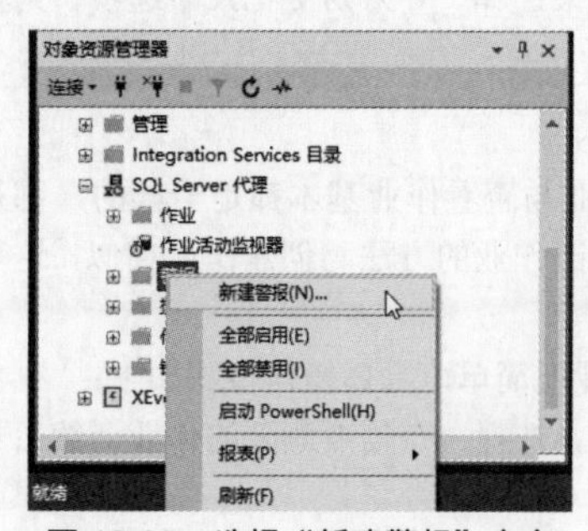

图 18-35 选择“新建警报”命令

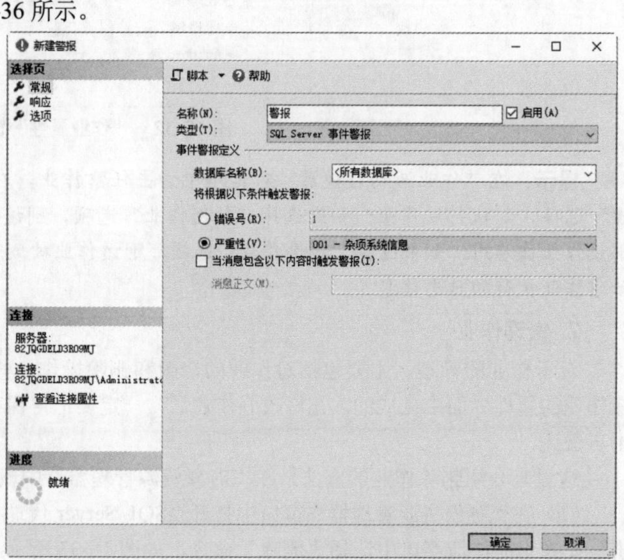

图 18-36 “新建警报”对话框

18.4.2 查看警报

警报创建完成后，还可以根据需要管理警报，管理警报的操作步骤如下：

（1）在“对象资源管理器”窗口中选择需要查看的警报，右击，在弹出的快捷菜单中选择“属性”命令，或双击警报，即可打开“‘警报’警报属性”对话框，在其中查看警报信息，如图 18-37 所示。

（2）选择需要管理的警报，右击，在弹出的快捷菜单中选择“禁用”命令，即可禁用该警报，如果还需要使用被禁用的警报，可以通过选择“启用”命令来启用，如图 18-38 所示。

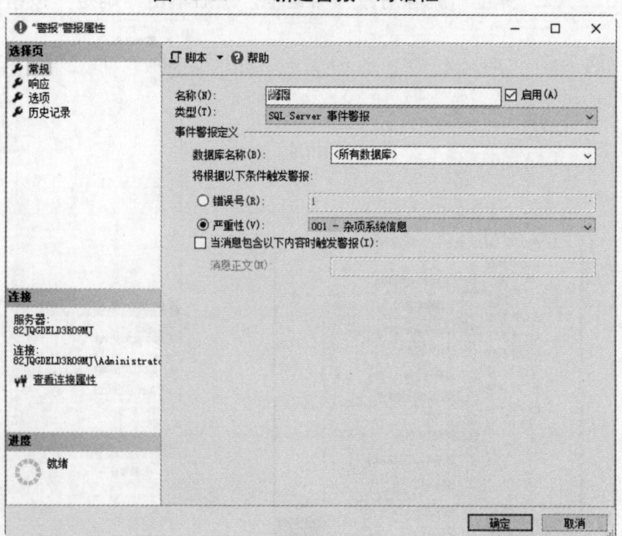

图 18-37 “‘警报’警报属性”对话框

图 18-38　选择“禁用”命令

18.4.3　删除警报

在数据库中，如果某个警报不再需要，则可以将其删除，删除警报的具体操作步骤如下：

（1）在“对象资源管理器”窗口中打开“SQL Server 代理”→“警报”节点，右击需要删除的警报，在弹出的快捷菜单中选择“删除”命令，如图 18-39 所示。

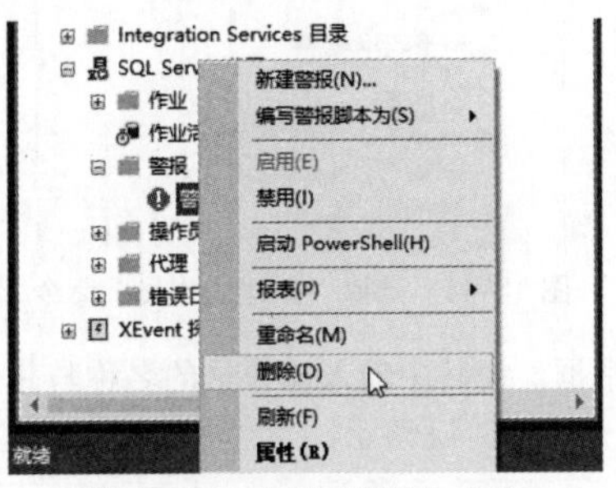

图 18-39　选择“删除”命令

（2）即可弹出“删除对象”对话框，在要删除的对象列表中显示要删除的警报，然后单击“确定”按钮，即可完成警报的删除操作，如图 18-40 所示。

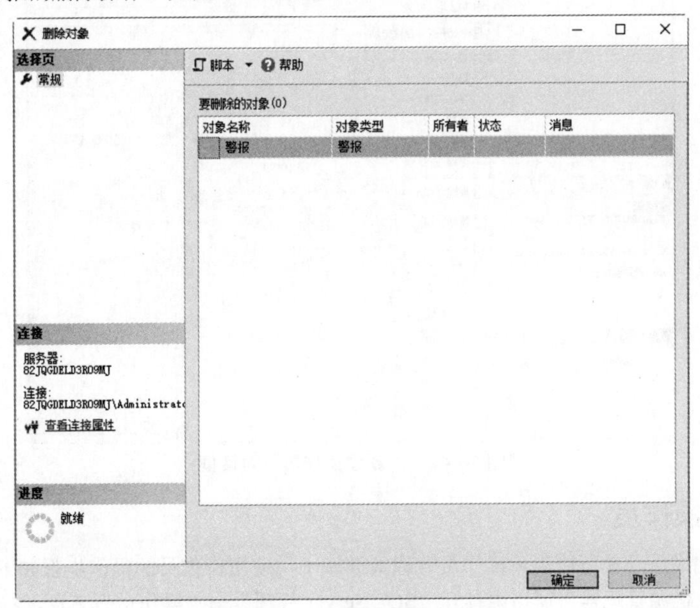

图 18-40　“删除对象”对话框

18.5 操作员

微视频

操作员是 SQL Server 数据库中设定好的信息通知对象。当系统出现警报时，可以直接通知操作员，通知的方式通常为发送电子邮件或通过 Windows 系统的服务发送网络信息。

18.5.1 创建操作员

创建操作员是使用操作员的第 1 步，在 SQL Server Management Studio 中创建操作员的操作步骤如下：

（1）在“对象资源管理器”窗口中打开“SQL Server 代理”节点，右击“操作员”节点，在弹出的快捷菜单中选择“新建操作员”命令，如图 18-41 所示。

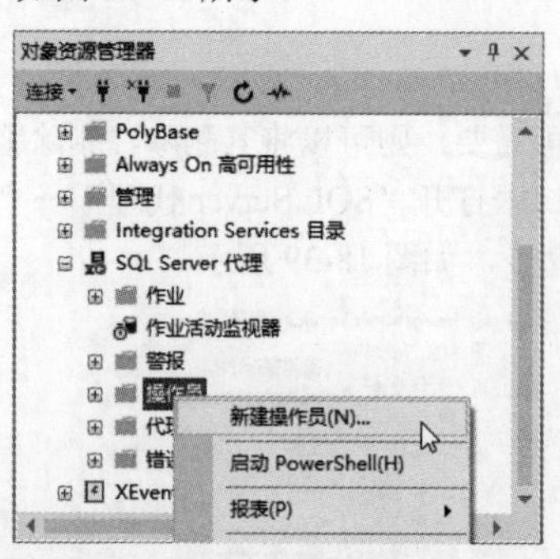

图 18-41 选择“新建操作员”命令

（2）弹出“新建操作员”对话框，在其中输入操作员的名称与其他相关参数信息，单击“确定”按钮，即可完成操作员的创建操作，如图 18-42 所示。

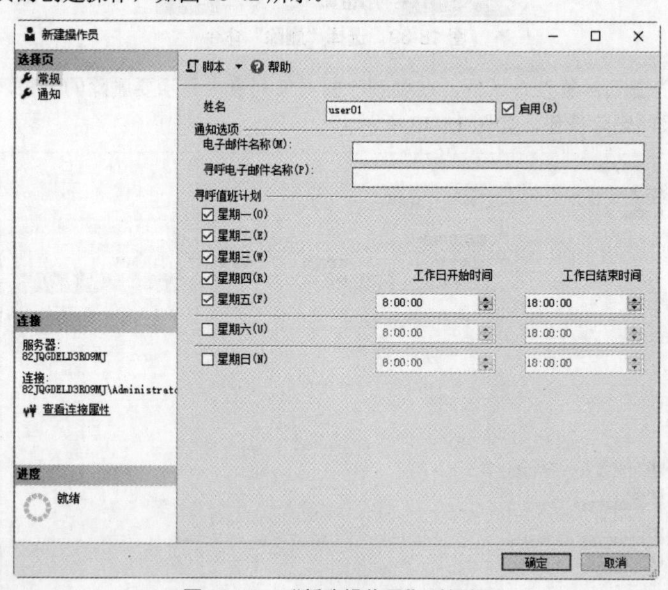

图 18-42 “新建操作员”对话框

18.5.2 使用操作员

操作员创建完成后，就可以使用操作员管理数据库了，使用操作员的操作步骤如下：

（1）在“对象资源管理器”窗口中打开“SQL Server 代理”→“操作员”节点，右击 user01 操作员，在弹出的快捷菜单中选择“属性”命令，即可弹出“user01 属性”窗口，如图 18-43 所示。

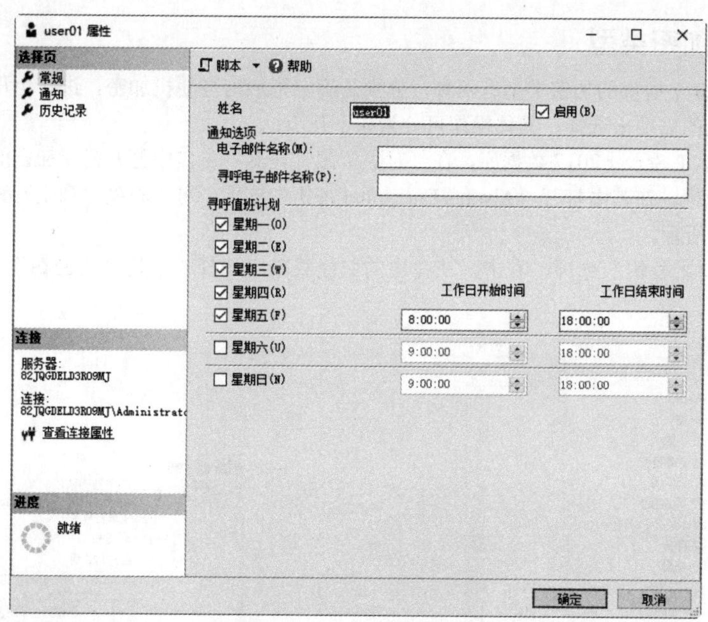

图 18-43　“user01 属性”窗口

（2）选择“通知”选项，进入“通知”设置界面，在其中选中“警报”单选按钮，选中通知的方式为“电子邮件”，最后单击“确定”按钮，即可完成操作员的通知设置，如图 18-44 所示。

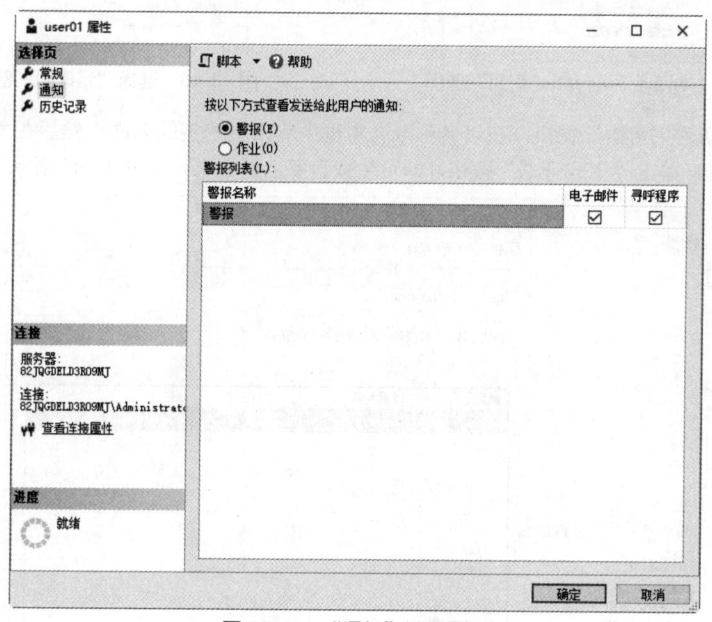

图 18-44　“通知”设置界面

18.6　全程加密

SQL Server 2017 通过全程加密（Always Encrypted）特性可以让加密工作变得更简单，这项特性提供的加密方式，可以确保在数据库中不会看到敏感列中的未加密值，并且无须对应用进行重写。下面将以加密 School 数据库下数据表 student 中的数据为例进行讲解，具体操作步骤如下：

微视频

18.6.1 选择加密类型

SQL Server 2017 提供的加密类型有两种，分别是确定型加密与随机加密，进行全程加密的过程中，我们可以根据自己的需要来选择，具体操作可分为如下几步：

（1）登录到 SQL Server 2017 数据库，在“对象资源管理器”窗口中打开需要加密的数据库 School，选择“安全性”选项，在其中打开“Always Encrypted 密钥”选项，可以看到“列主密钥”和“列加密密钥”，如图 18-45 所示。

（2）选择“列主密钥”选项，右击，在弹出的快捷菜单中选择“新建列主密钥”命令，如图 18-46 所示。

图 18-45 打开“Always Encrypted 密钥”选项

图 18-46 选择“新建列主密钥”命令

（3）打开“新列主密钥”窗口，在“名称”文本框中输入主密钥的名次，然后在“密钥存储”中指定密钥存储提供器，单击“生成证书”按钮，即可生成自签名的证书，如图 18-47 所示。

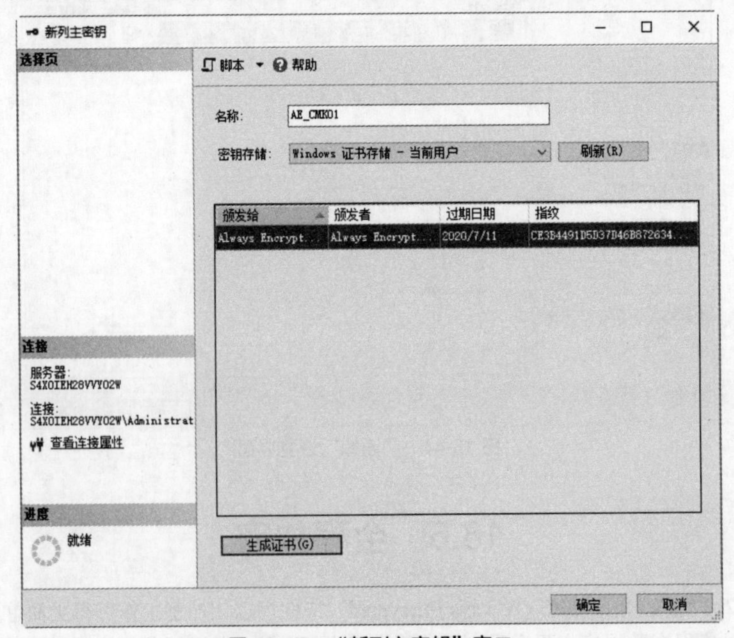

图 18-47 “新列主密钥”窗口

（4）单击“确定”按钮，即可在“对象资源管理器”窗口中查看新增的列主密钥，如图 18-48 所示。

（5）在“对象资源管理器”窗口中打开“列加密密钥”选项，右击，在弹出的快捷菜单中选择“新建列加密密钥”命令，如图 18-49 所示。

图 18-48　查看新增的列主密钥

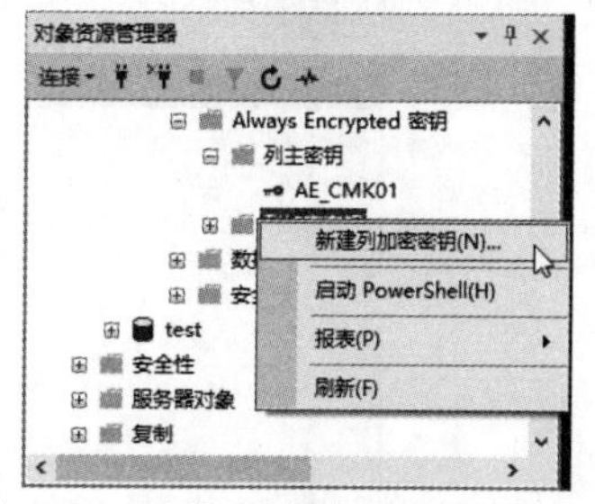

图 18-49　选择“新键列加密密钥”命令

（6）打开“新列加密密钥”窗口，在“名称”中输入加密密钥的名称，选择列主密钥为 AE_CMK01 选项，单击“确定”按钮，如图 18-50 所示。

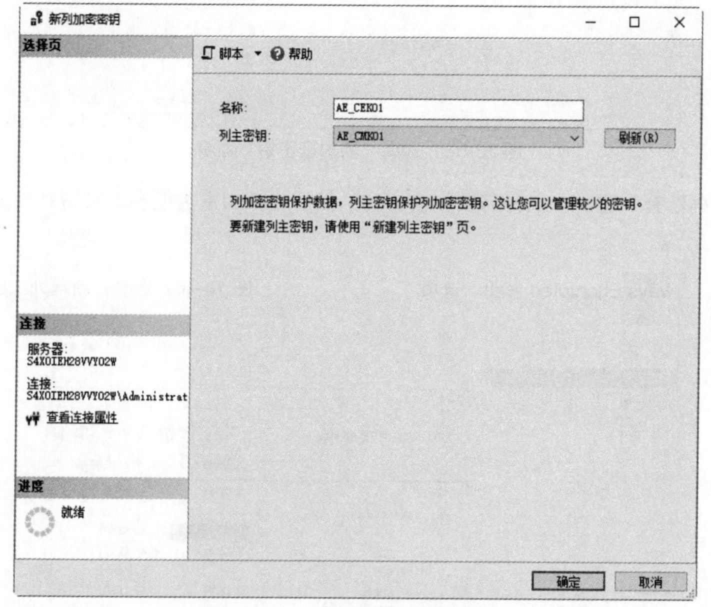

图 18-50　“新列加密密钥”窗口

（7）在“对象资源管理器”窗口中查看新建的列加密密钥，如图 18-51 所示。

（8）在“对象资源管理器”窗口中选择需要加密的数据表，这里选择 student 数据表，右击，在弹出的快捷菜单中选择“加密列”命令，如图 18-52 所示。

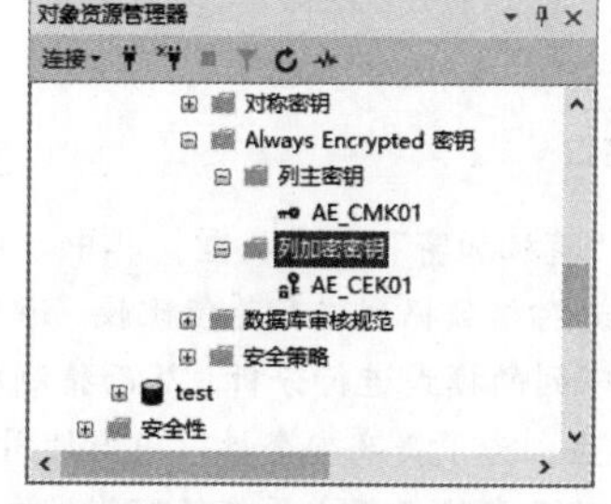

图 18-51　选择“列加密密钥”命令

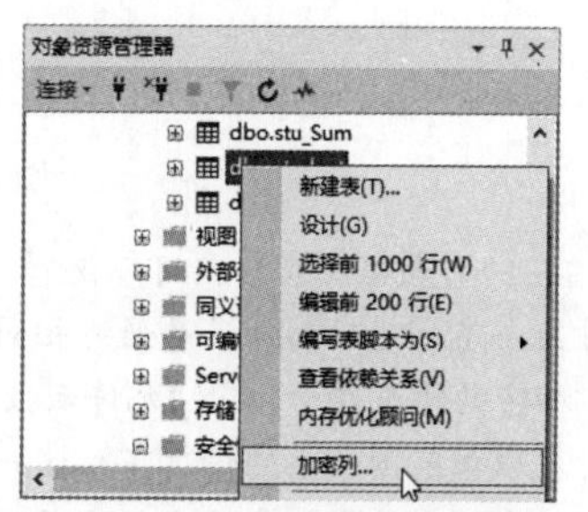

图 18-52　“新列加密密钥”窗口

（9）打开“简介”窗口，单击“下一步”按钮，如图 18-53 所示。

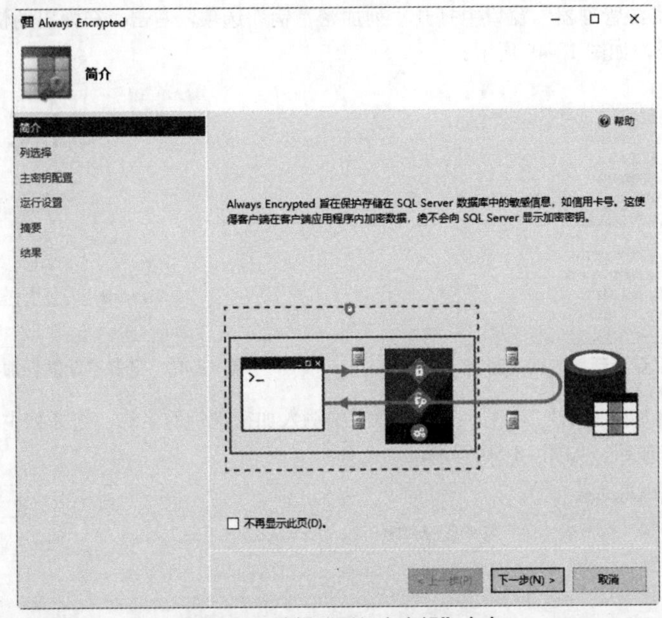

图 18-53　选择“列加密密钥”命令

（10）打开“列选择”窗口，选择需要加密的列，然后选择加密类型和加密密钥，如图 18-54 所示。

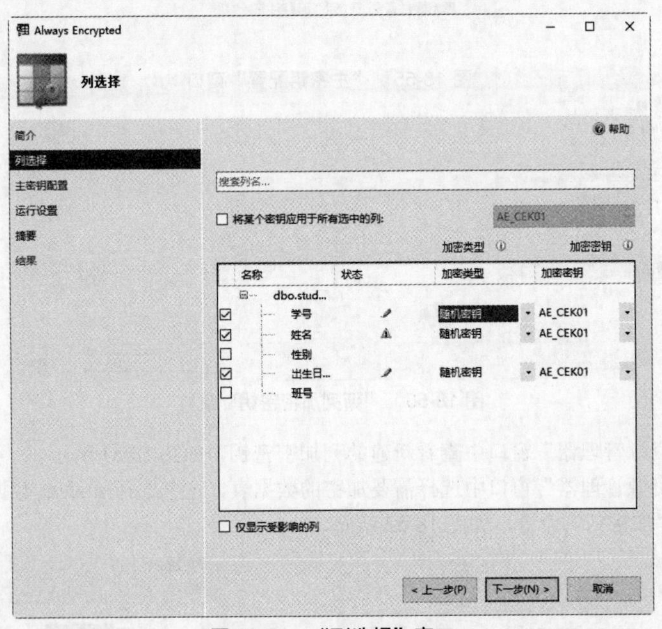

图 18-54　“列选择”窗口

提示：在“列表框”窗口，可以选择“确定型加密”与“随机加密”两种类型。其中，确定型加密能够确保对某个值加密后的结果是始终相同的，这就允许使用者对该数据列进行等值比较、连接及分组操作。确定型加密的缺点在于，它“允许未授权的用户通过对加密列的模式进行分析，从而猜测加密值的相关信息”。在取值范围较小的情况下，这一点会体现得尤为明显。为了提高安全性，应当使用随机加密。它能够保证某个给定值在任意两次加密后的结果总是不同的，从而杜绝了猜出原值的可能性。

18.6.2　设置主密钥配置

加密类型选择完毕后，下面还需要设置主密钥的相关配置，具体过程可以分为如下几步：

（1）紧接着 18.6.1 节来操作，在“列选择”窗口中单击“下一步”按钮，打开“主密钥配置”窗口，如图 18-55 所示。

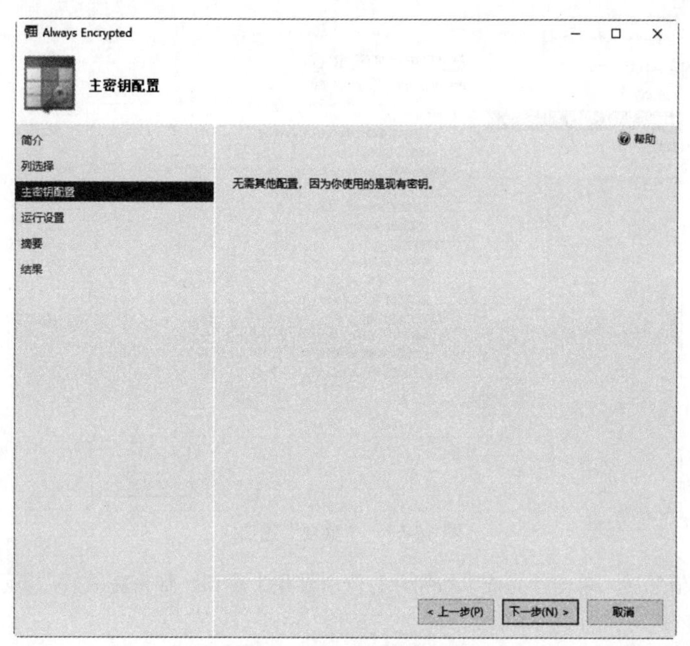

图 18-55　“主密钥配置”窗口

（2）单击“下一步”按钮，打开“运行设置”窗口，选中“现在继续完成”单选按钮，如图 18-56 所示。

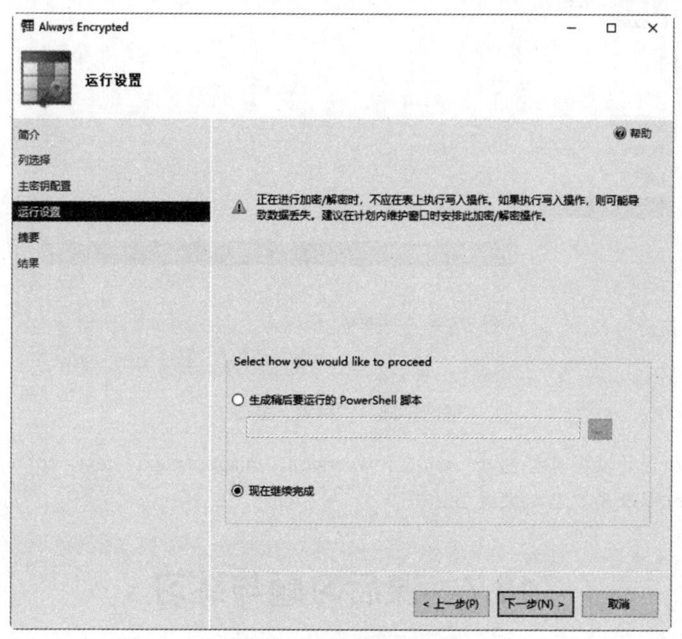

图 18-56　“运行设置”窗口

（3）单击“下一步”按钮，打开“摘要”窗口，如图 18-57 所示。

Always Encrypted
摘要
简介
列选择
主密钥配置
运行设置
摘要
结果
帮助
请确认在此向导中所做的选择。
单击“完成”使用以下设置执行操作:
源数据库设置
源服务器名称: S4XOIEH28VVY02W
源数据库名称: School
加密列 学号
表名称: student
加密密钥名称: AE_CEK01
加密类型: Randomized
加密列 姓名
表名称: student
加密密钥名称: AE_CEK01
加密类型: Randomized
加密列 出生日期
表名称: student
加密密钥名称: AE_CEK01
加密类型: Randomized
< 上一步(P)
完成(F)
取消

图 18-57 “摘要”窗口

（4）确认加密信息后，单击“完成”按钮，打开“结果”窗口，加密完成后，显示“已通过”信息，最后单击“关闭”按钮，如图 18-58 所示。

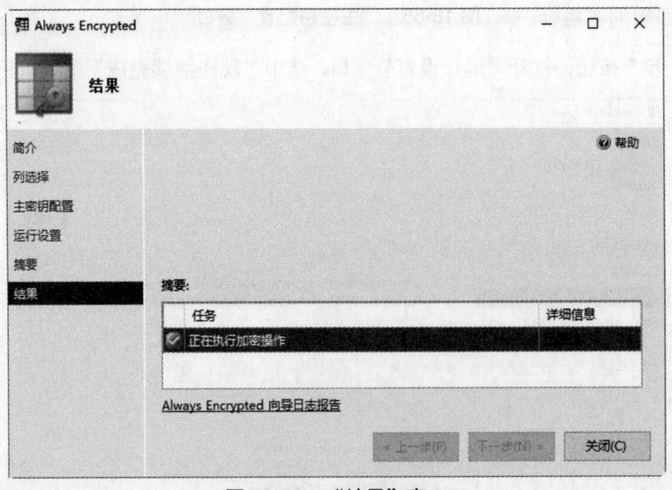

图 18-58 “结果”窗口

注意：不支持加密的数据类型包括：xml、rowversion、image、ntext、text、sql_variant、hierarchyid、geography、geometry 以及用户自定义类型。

18.7 课后习题与练习

一、填充题

1. 使用 SQL Server 代理时，必须要启动的服务是________。

答案：SQL Server 代理服务

2. 如果在数据库操作中，触发了警报，会通知________。

答案：用户

3. 一个作业通常包括________、________、_______等内容。

答案：步骤，计划，警报

二、选择题

1. 操作员的通知方式是________。

A. 通过发送电子邮件　B. 通过发送网络信息

C. 通过发送电子邮件或网络信息　D. 以上都不对

答案：C

2. 下面对象中不是 SQL Server 代理中的内容的是________。

A. 操作员　B. 警报　C. 维护计划　D. 作用

答案：C

3. 操作员可以通过_________进行发送通知。

A. SQL Server 代理　B. 计划　C. 警报和作业　D. 以上都不是

答案：C

4. 不支持加密的数据类型有________。

A. image　B. text　C. 用户自定义类型　D. 以上都是

答案：D

5. 下面关于维护计划的作用描述正确的是________。

A. 用于自动运行 SQL Server 作业

B. 用于定期备份数据库

C. 用于检测数据库的完整性

D. 以上都对

答案：D

三、简答题

1. 简述维护计划有哪些作用？

2. 简述创建作业的主要过程。

3. 简述创建警报的主要作用。

18.8　新手疑难问题解答

疑问 1：当执行维护计划时，为什么操作结果与预计结果不一样？

解答：创建成功后的维护计划向导会直接出现在维护计划的节点下，如果需要修改或删除该向导，则直接右击该向导，在弹出的快捷菜单中选择相应的操作即可。但是，有一点要注意，维护计划不仅存在于维护计划的节点下，还会出现在作业的节点下，因此，我们不能直接操作作业节点下的维护计划，以免造成操作错误。

疑问 2：警报创建完毕，我们还可以对警报进行设置吗？

解答：这是肯定的。警报创建完成后，会出现在警报节点下，如果要查看该警报，可以选择警报，然后右击，在弹出的快捷菜单中选择“属性”选项，即可查看警报属性。同时，我们还可以通过右键命令对警报进行“启用”和“禁用”处理。

18.9 实战训练

对图书管理数据库 Library 进行维护操作。

（1）创建一个名称为“Library 备份”的维护计划。

（2）创建一个名称为“job01”作业，完成在数据库 Library 中创建任意数据表的操作。

（3）设置 job01 作业的执行时间为每周五的下午 5 点。

（4）创建一个维护计划，名称为“执行 job01”，来执行 job01 作业。